Microsoft

Office 2016 非常 Easy

The simple, efficient and effective way to learn Microsoft Office

感謝您購買旗標書,
記得到旗標網站
www.flag.com.tw
更多的加值內容等著您…

● FB 官方粉絲專頁:旗標知識講堂

● 旗標「線上購買」專區:您不用出門就可選購旗標書!

● 如您對本書內容有不明瞭或建議改進之處, 請連上旗標網站, 點選首頁的 聯絡我們 專區。

若需線上即時詢問問題,可點選旗標官方粉絲專頁留言詢問, 小編客服隨時待命, 盡速回覆。

若是寄信聯絡旗標客服emaill, 我們收到您的訊息後, 將由專業客服人員為您解答。

我們所提供的售後服務範圍僅限於書籍本身或內容表達不清楚的地方, 至於軟硬體的問題, 請直接連絡廠商。

學生團體　訂購專線:(02)2396-3257 轉 362
　　　　　傳真專線:(02)2321-2545

經銷商　服務專線:(02)2396-3257 轉 331
　　　　將派專人拜訪
　　　　傳真專線:(02)2321-2545

國家圖書館出版品預行編目資料

Microsoft Office 2016 非常 Easy / 施威銘研究室 著.
-- 臺北市:旗標, 西元 2015.12　面; 公分

ISBN 978-986-312-309-5 (平裝)

1. OFFICE 2016 (電腦程式)

312.49O4　　104025265

作　　者/施威銘研究室
發 行 所/旗標科技股份有限公司
　　　　　台北市杭州南路一段15-1號19樓
電　　話/(02)2396-3257(代表號)
傳　　真/(02)2321-2545
劃撥帳號/1332727-9
帳　　戶/旗標科技股份有限公司
執行企劃/林佳怡
執行編輯/林佳怡
美術編輯/陳慧如・薛詩盈
封面設計/古鴻杰
校　　對/林佳怡

新台幣售價:420 元
西元 2019 年 9 月 初版 7 刷
行政院新聞局核准登記-局版台業字第 4512 號
ISBN 978-986-312-309-5

辦公軟體 學習地圖

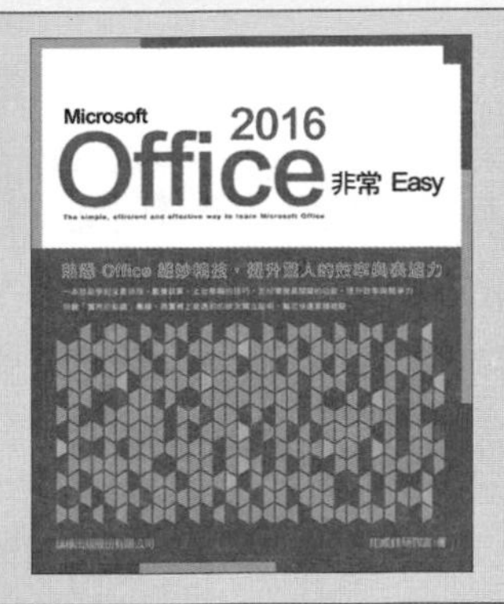

Microsoft Office 2016 非常 Easy

一次帶你學會 Word、Excel、PowerPoint 三大套軟體功能, 無論是製作圖文並茂的報告、繪製專業圖表、上台簡報, 全都能輕鬆搞定。

學習更多 Excel 高招密技

3 分鐘學會! 提高10倍工作效率的 Excel 技巧

3 分鐘就能學會一個妙招！

Excel 在輸入資料、編排報表可是有很多小妙招，只要記住這些小妙招，再多的資料也能整理地快又好、表格瞬間就能調好、開會資料準時備妥，不用問前輩，效率就能提高十倍！

三步驟搞定! 最強 Excel 資料整理術

時間不該浪費在「複製、貼上」的枯燥作業上

教你用簡短又有效的方法來解決牽一髮就動全身的繁雜資料，從今天起你不需把時間浪費在瑣碎枯燥的工作上，準時下班沒煩惱。

超實用 Excel 商務實例函數字典

~易查．易學．易懂！~

所有函數保證學得會、立即活用！

不僅是函數查詢字典，也是超實用的 Excel 技巧書。

學習更多簡報技能

讓人說 YES! 企劃書・提案・報告 - 商用範例隨選即用 PowerPoint

一份報告你可以用 10 頁來長篇大論, 也可以學會技巧用一張 A4 漂亮達陣！

商業簡報聖經 PowerPoint

本書帶你了解準備一場成功簡報的流程, 從事前準備、內容構思, 到投影片製作、上場前的排練, 以及正式上場的應對, 內容面面俱到, 必定可以大幅提升你的簡報技巧。

序 Preface

Microsoft Office 是目前廣為使用的辦公室軟體, 生活中隨處可見 Word 編輯的表單、通知等文件, 會議或展場常見 PowerPoint 製作的簡報, 更有不少人習慣用 Excel 計算家庭收支、分析投資理財…等等。由此可見, 無論學生、社會新鮮人、職場老手、家庭主婦、會計人員…, 或多或少都和 Office 脫離不了關係。

Office 2016 仍以功能面板及圖形按鈕為主, 讓你更方便找到想使用的功能。而且也與雲端服務密切整合, 只要申請一組 Microsoft 帳號, 就能將 Office 文件儲存到 OneDrive 網頁空間, 不論你在哪裡只要能連上網路, 就能編輯與共用 OneDrive 上的 Office 文件, 相當地便利。

本書循序漸進地帶你學習 Word、Excel、PowerPoint 各套軟體的功能, 看完本書不論是製作圖文並茂的報告、繪製各式漂亮的報表/圖表、準備上台的簡報都可以輕鬆搞定, 讓你在職場上無往不利。

施威銘研究室
2015.12

關於光碟 About CD

本書光碟收錄書中所有使用到的範例檔案, 以及 60 個精美投影片範本, 方便您一邊閱讀、一邊操作練習, 讓學習更有效率。我們將範例檔案依照篇名存放在書附光碟中, 例如：Word 篇的範例檔案, 即儲存在 Word 資料夾下、Excel 篇的範例檔案, 則是儲存在 Excel 資料夾下, 依此類推。以下再將各篇的範例檔案命名規則列舉如下：

資料夾名稱	檔案名稱	說明
Word	W02-01.docx	表示 Word 篇中, 第 2 章的第 1 個範例
Excel	E03-01.xlsx	表示 Excel 篇中, 第 3 章的第 1 個範例
PowerPoint	P01-01.pptx	表示 PowerPoint 篇中, 第 1 章的第 1 個範例

使用本書光碟時, 請先將光碟放入光碟機中, 稍待一會兒就會出現**自動播放**交談窗, 按下**開啟資料夾以檢視檔案**項目, 即可瀏覽各章範例檔案；點選 **PowerPoint 範本**資料夾則會看到投影片範本, 使用方法請參考 PowerPoint 篇 2-5 節的說明, 若要瀏覽佈景主題, 可參閱**附錄 A** 的列表。建議您將範例檔案及佈景主題複製一份到硬碟中, 以方便對照書本內容開啟使用。

目錄 Contents

Part 1 Word

Chapter01 Word 的基本操作

Chapter02 Word 快速上手

Chapter03 文件的格式化

Chapter04 插入歸納資料的表格

Chapter05 插入與美化圖片

Chapter06 文件的版面設定

Part 2 Excel

Chapter01 Excel 入門

Chapter02 加快資料輸入的方法

Chapter03 公式與函數

Chapter04 工作表的編輯作業

Chapter05 儲存格的美化與格式設定

Chapter06 建立圖表

Chapter07 列印工作表與圖表

Part 3 PowerPoint

Chapter01 PowerPoint 入門

Chapter02 快速完成一份簡報

Chapter03 編輯投影片的文字與位置區版面

Chapter04 在投影片中加入圖片、組織圖與表格

Chapter05　在「投影片瀏覽模式」調整與複製投影片

Chapter06　列印與放映簡報

Part 4　雲端儲存與編輯

Chapter01　OneDrive 基礎操作

Chapter02　儲存、編輯與共用 OneDrive上的 Office 文件

附錄A　簡報佈景主題綜覽

Part 1 Word

Word 的基本操作

- 啟動 Word 認識工作環境
- 移動插入點與文字換行
- 儲存文件與認識 Word 文件的檔案格式
- 開啟既有的檔案、空白文件與範本
- 多份文件的視窗操作

1-1 啟動 Word 認識工作環境

Word 是一套非常受歡迎的文書處理軟體, 舉凡個人的報告、論文, 以及企業使用的公文、表單、會議記錄、…等, 都能用 Word 編輯出圖文並茂的文件。現在我們就帶你熟悉 Word 2016 的工作環境。

啟動 Word

請按下桌面左下角的**開始**鈕, 執行『**所有應用程式/Word 2016**』命令, 啟動 Word (在此以 Windows 10 做示範)：

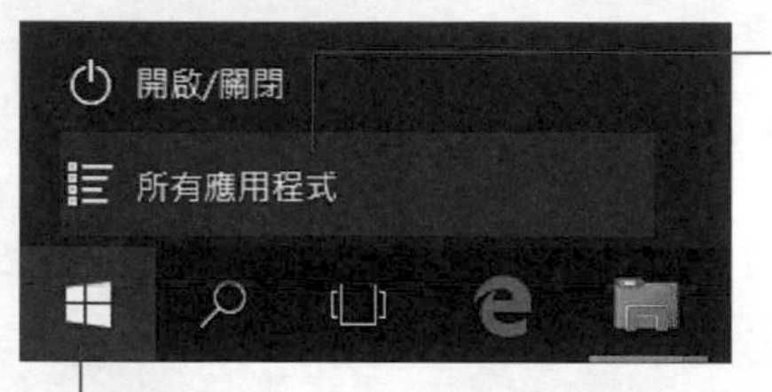

2 執行**所有應用程式**

1 按下**開始**鈕

4 按下 **Word 2016**

3 將捲軸往下拉曳

安裝好 Office 2016 後, 會自動將各軟體的捷徑圖示釘選在**工作列**上, 點選此圖示也可開啟 Word 2016

5 請選擇**空白文件**

▲ 開啟文件範本視窗

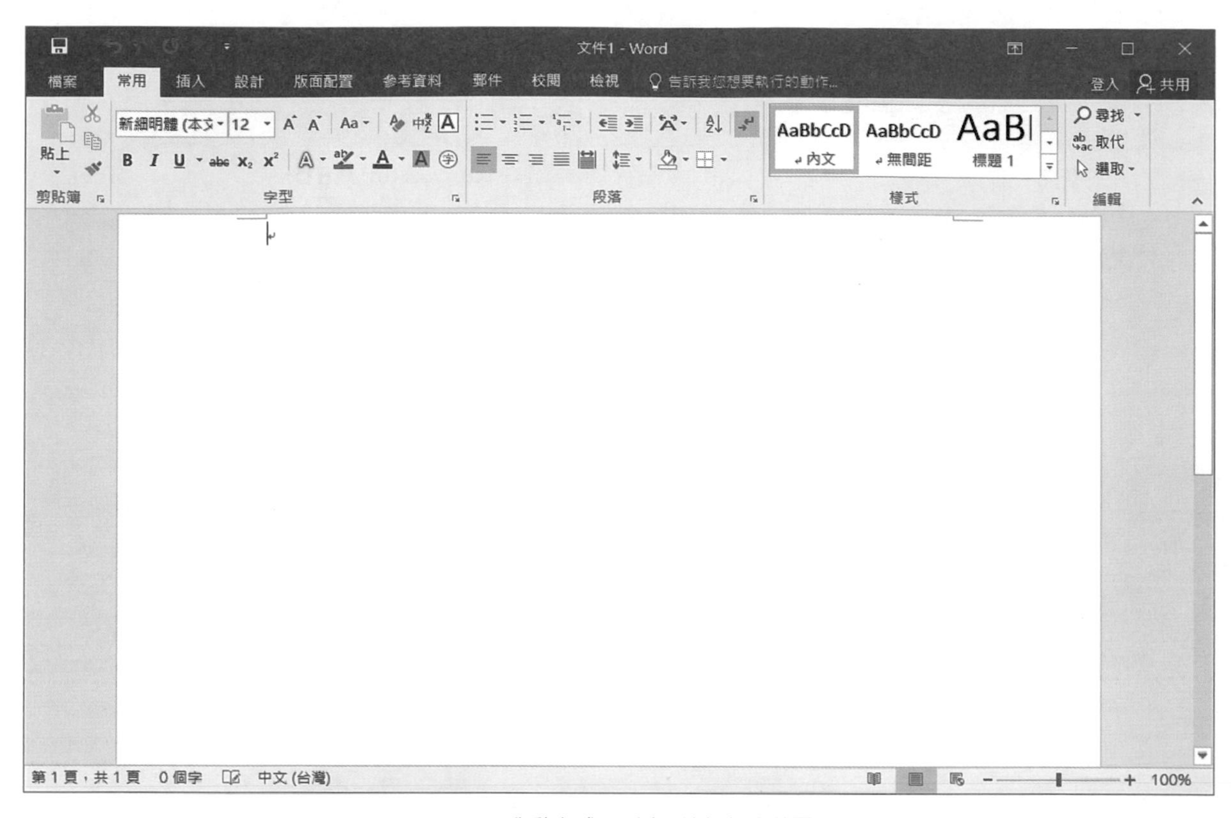

▲ Word 啟動完成, 可以開始編輯文件了

除了執行命令啟動 Word 外, 在 Windows 桌面或檔案資料夾視窗中雙按 Word 文件的檔案名稱或圖示, 同樣可啟動 Word, 並且會直接將文件開啟在工作區中。

認識 Word 工作環境

建立一份新文件後, 就可以開始輸入文字, 此處暫時不做編輯的工作, 先來好好認識工作環境, 讓日後的操作可以進行的更順利、更有效率。

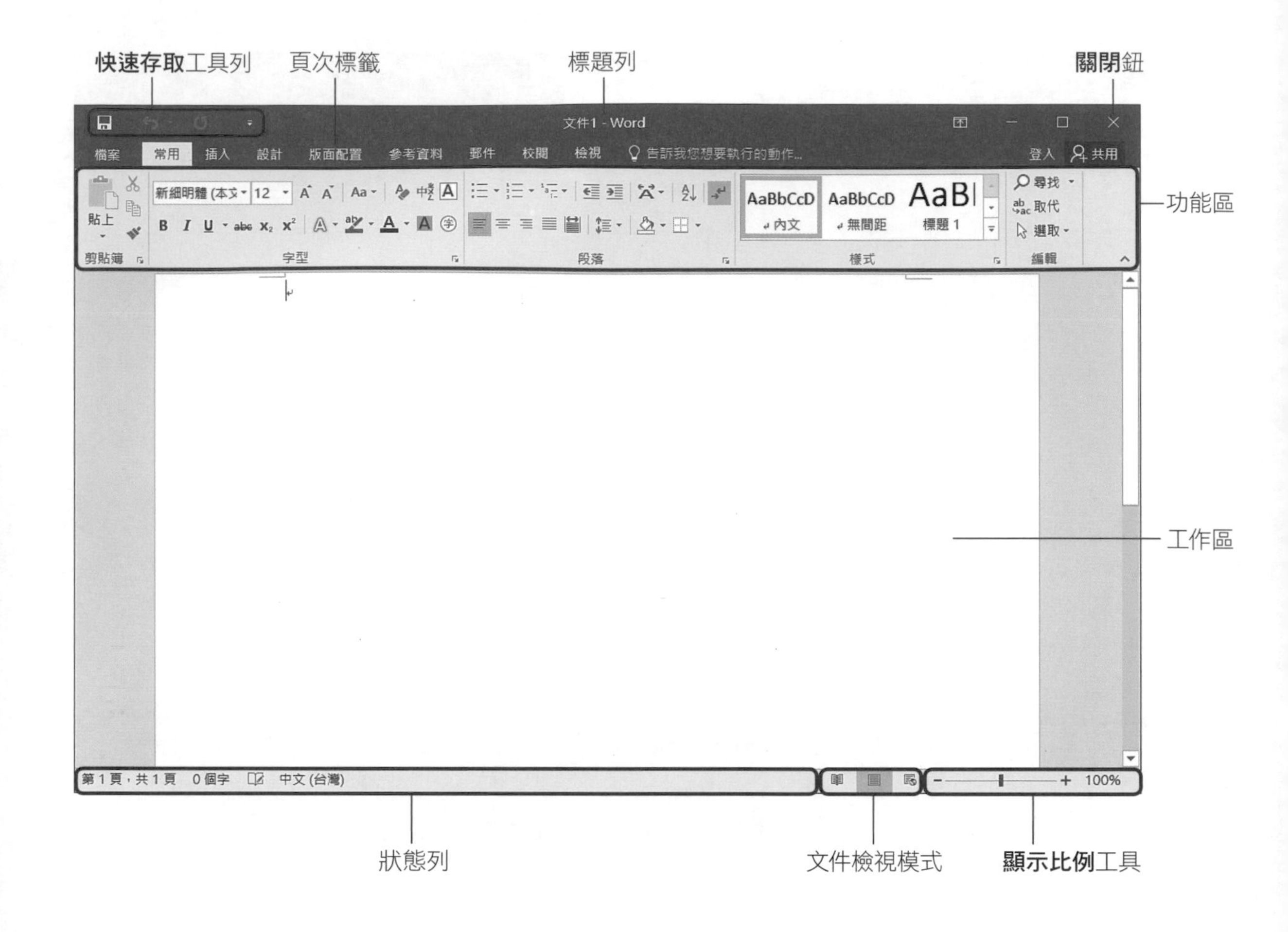

接下來我們就一一說明各區塊的作用及相關操作。

頁次標籤與功能區的操作

Word 將所有的功能分門別類為 9 大頁次標籤，包括**檔案**、**常用**、**插入**、**設計**、**版面配置**、**參考資料**、**郵件**、**校閱**及**檢視**，並將相關的功能群組在其中，方便使用者切換、選用，例如**常用**頁次下有編輯文件的基本功能，像是文字格式、段落設定、複製/貼上、尋找與取代、…等。

在頁次標籤的下方則稱為**功能區**，裡頭收納了編輯文件時所需使用的工具按鈕。開啟 Word 時會顯示在**常用**頁次，當你按下其它頁次標籤，便會顯示該頁次所包含的工具按鈕：

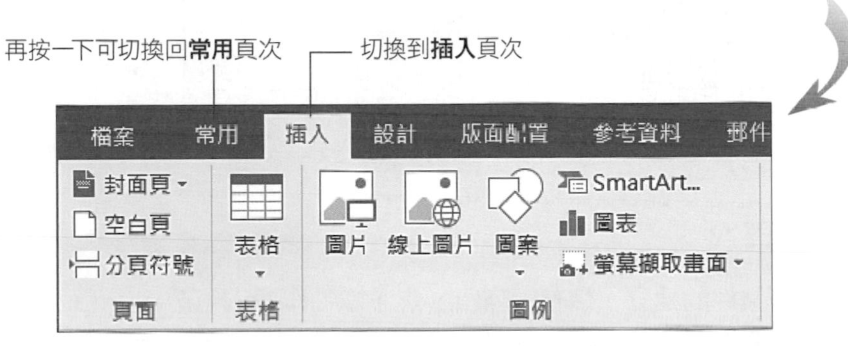

為方便說明，本書在說明功能選項時，統一以「切換至 AA 頁次按下 BB 區的 CC 鈕」來表示，其中 AA 表示頁次標籤名稱、BB 是按鈕所在的區塊、CC 則是按鈕名稱，例如要在文件中插入圖片的動作，我們會簡化為「切換至**插入**頁次按下**圖例**區的**圖片**鈕」：

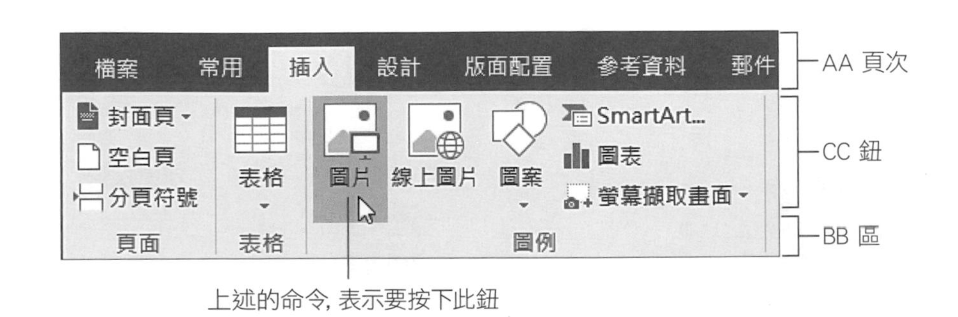

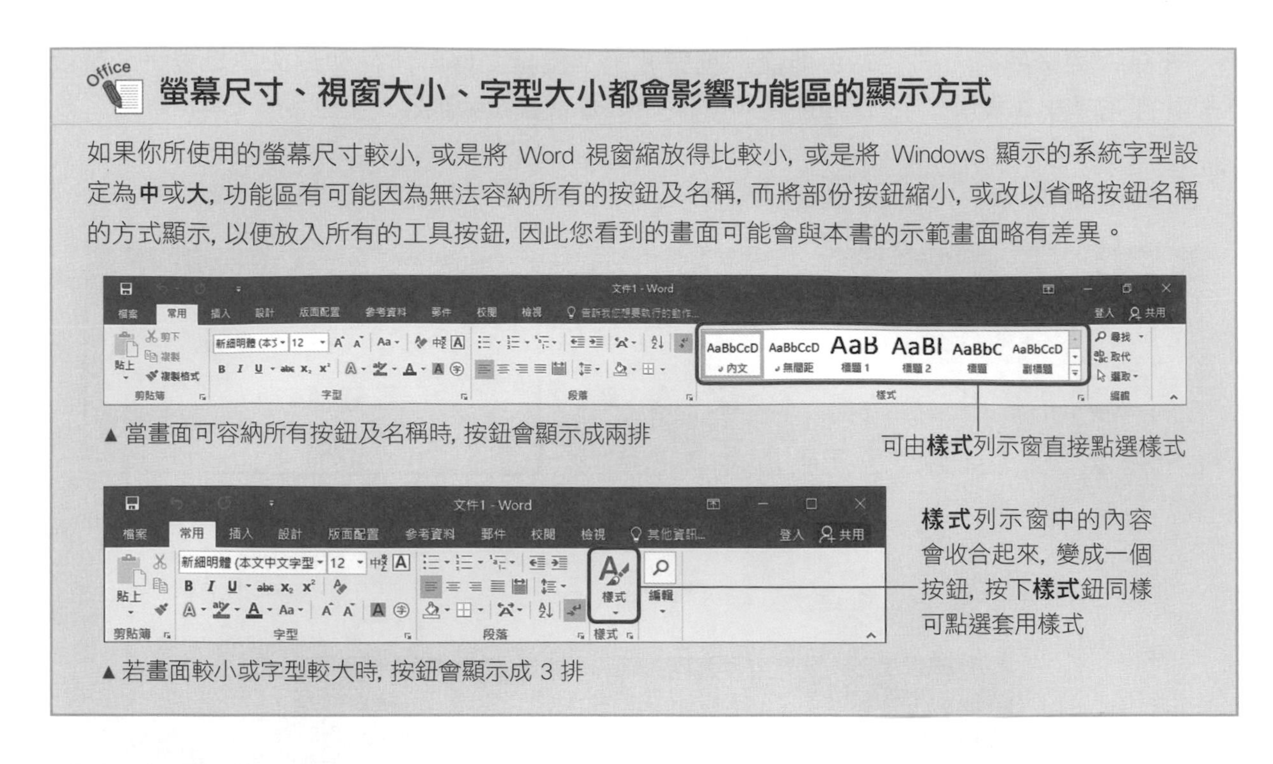

螢幕尺寸、視窗大小、字型大小都會影響功能區的顯示方式

如果你所使用的螢幕尺寸較小, 或是將 Word 視窗縮放得比較小, 或是將 Windows 顯示的系統字型設定為**中**或**大**, 功能區有可能因為無法容納所有的按鈕及名稱, 而將部份按鈕縮小, 或改以省略按鈕名稱的方式顯示, 以便放入所有的工具按鈕, 因此您看到的畫面可能會與本書的示範畫面略有差異。

可由**樣式**列示窗直接點選樣式
樣式列示窗中的內容會收合起來, 變成一個按鈕, 按下**樣式**鈕同樣可點選套用樣式

▲ 當畫面可容納所有按鈕及名稱時, 按鈕會顯示成兩排

▲ 若畫面較小或字型較大時, 按鈕會顯示成 3 排

特殊的「檔案」頁次

檔案頁次掌管了文件的建立、儲存、列印、傳送等工作, 可說是 Word 的文件總管, 當你按下**檔案**頁次標籤, 會開啟如下圖視窗：

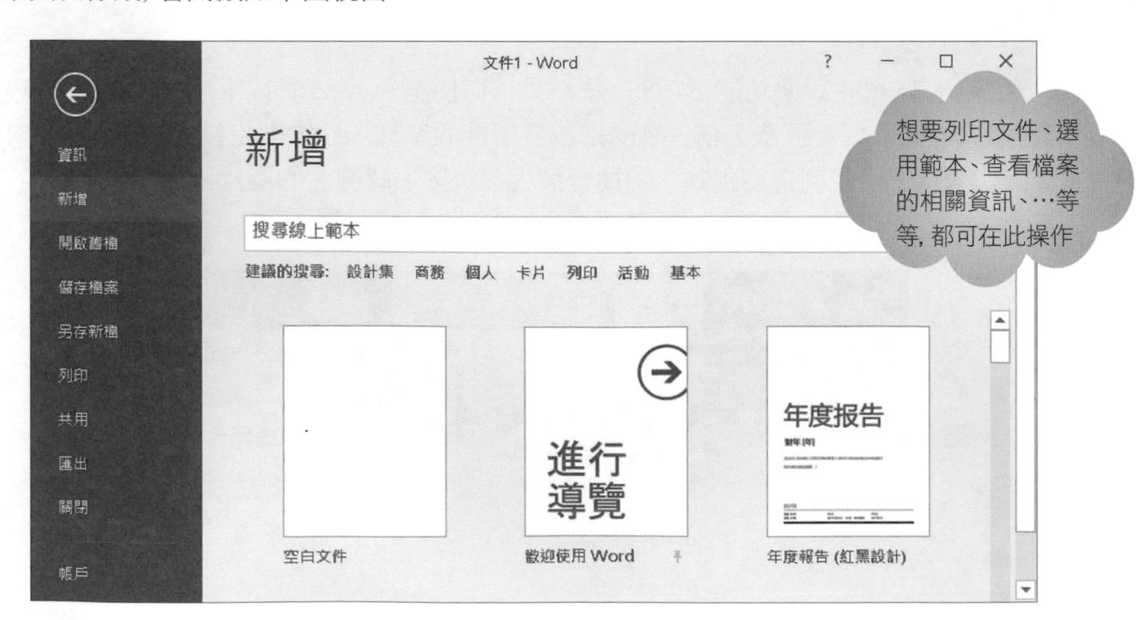

欲關閉**檔案**視窗切換回 Word 的編輯狀態, 請按左上方的 ⊖ 按鈕。如果按下視窗右上角的**關閉** × 鈕, 則會將 Word 關閉！

善用操作提示了解按鈕作用

看著這一大堆按鈕, 你可能搞不清楚按鈕的作用為何。其實只要將指標移到按鈕上 (不要按下), Word 就會貼心的顯示功能說明, 方便你快速了解該按鈕的作用：

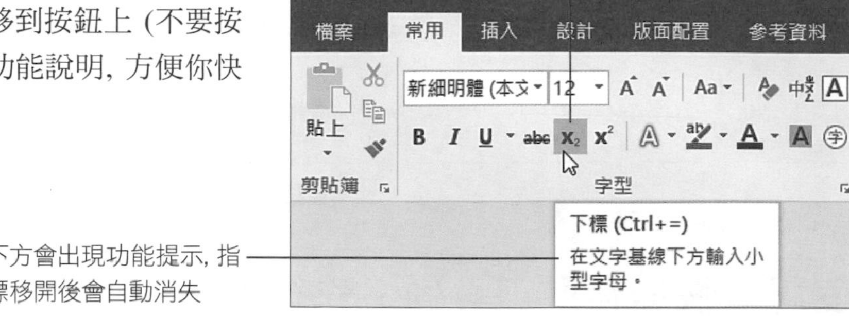

讓功能區自動隱藏

雖然按鈕統一放在**功能區**, 使用起來很方便, 但有時會覺得**功能區**太佔位置 (尤其使用筆記型電腦時, 螢幕尺寸較小), 若能多挪出點編輯空間就好了。如果你想要專心輸入文字, 且需要較大的編輯空間, 可按下**功能區**右下角的 ^ 鈕將**功能區**隱藏起來：

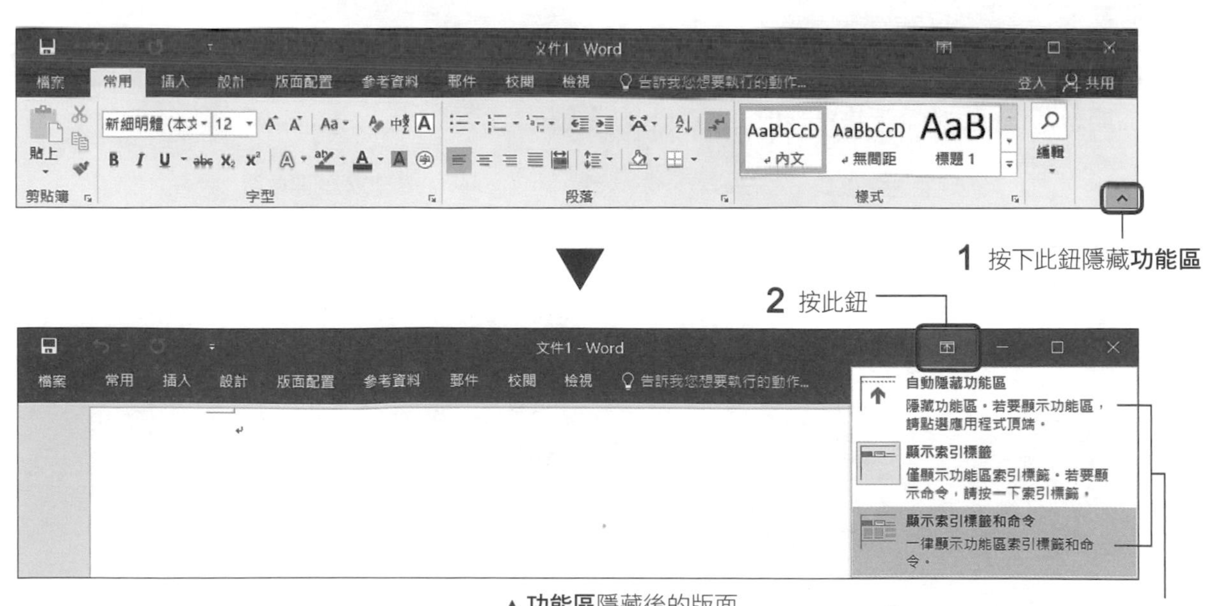

▲ **功能區**隱藏後的版面

按下**功能區顯示選項**鈕 ，選擇**顯示索引標籤和命令**項目，會同時顯示最上面的頁次標籤及各個功能按鈕；若是選擇**顯示索引標籤**項目，只會顯示**檔案**、**常用**、…等頁次標籤，功能按鈕則是隱藏的狀態，按下頁次標籤後，才會顯示功能按鈕；選擇**自動隱藏功能區**項目，則會將視窗最大化，並隱藏整個**功能區**，變成如下的畫面：

按下此鈕，會暫時顯示**功能區**的頁次標籤及按鈕，當你繼續編輯文件時，**功能區**就會自動隱藏起來

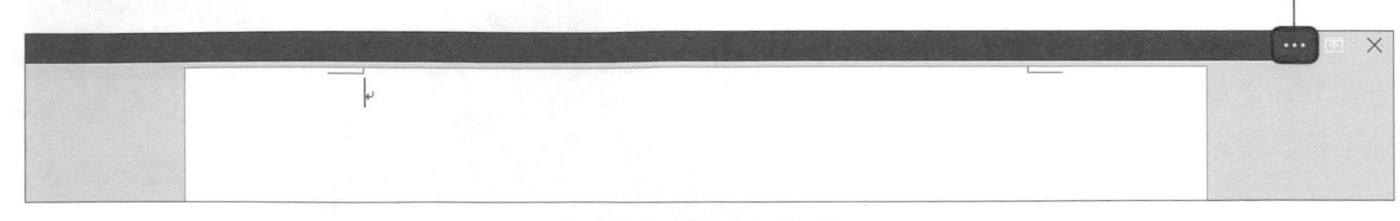

選擇**自動隱藏功能區**項目

使用「快速存取工具列」執行常用的操作

在視窗左上角的工具列稱為**快速存取工具列**，目的是方便我們快速執行經常執行的工作，例如儲存檔案、復原動作等。

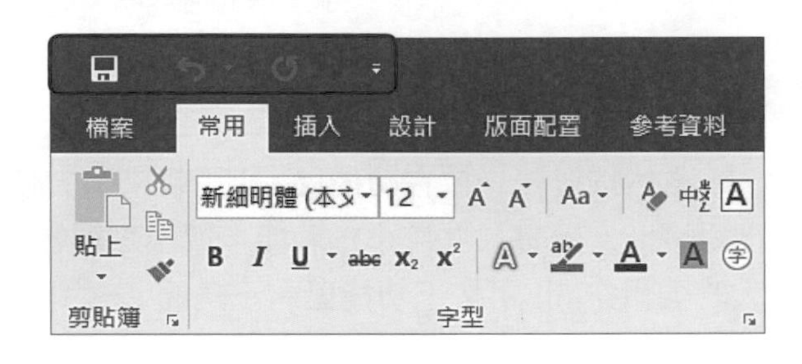

而**快速存取工具列**也保留了設定的彈性，讓我們可以將自己常用的功能也加到其中。例如想要增加**開啟舊檔**鈕，請按下**快速存取**工具列上的 鈕：

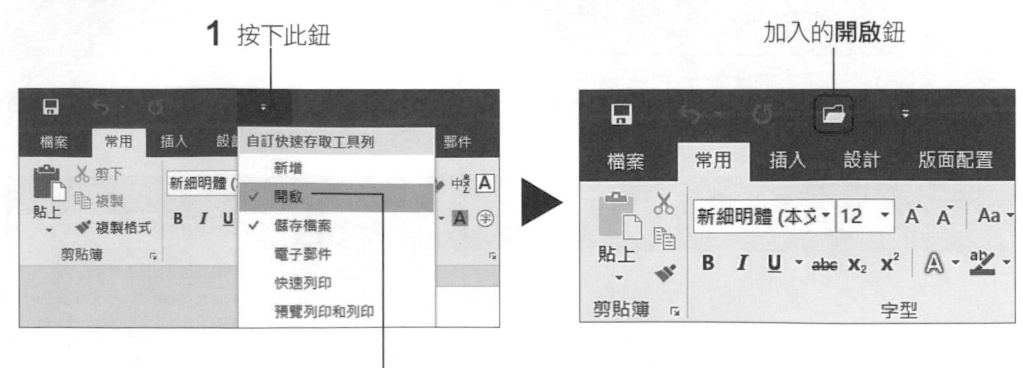

2 選擇『**開啟**』命令 (使項目前顯示打勾符號)

日後按下 [icon] 鈕即會出現**開啟舊檔**視窗讓你選擇要開啟的檔案。若要移除自訂的按鈕同樣是按下 [icon] 鈕, 再按下要移除的命令即可 (取消項目前的打勾符號)。

編輯文件的「工作區」

工作區是我們「輸入、顯示、編輯文件」的地方, 在工作區中會出現一個不停閃動的短直線, 那就是文字插入點, 簡稱**插入點**, 作用是指出下一個鍵入字元出現的位置。此外 Word 還會顯示**段落標記** ↵, 表示一個段落的結束。

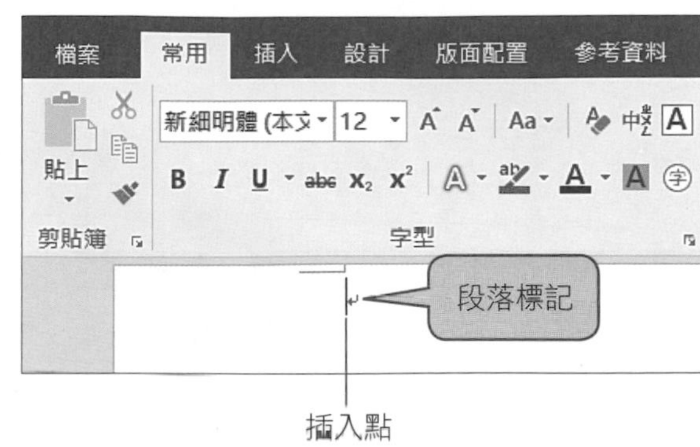

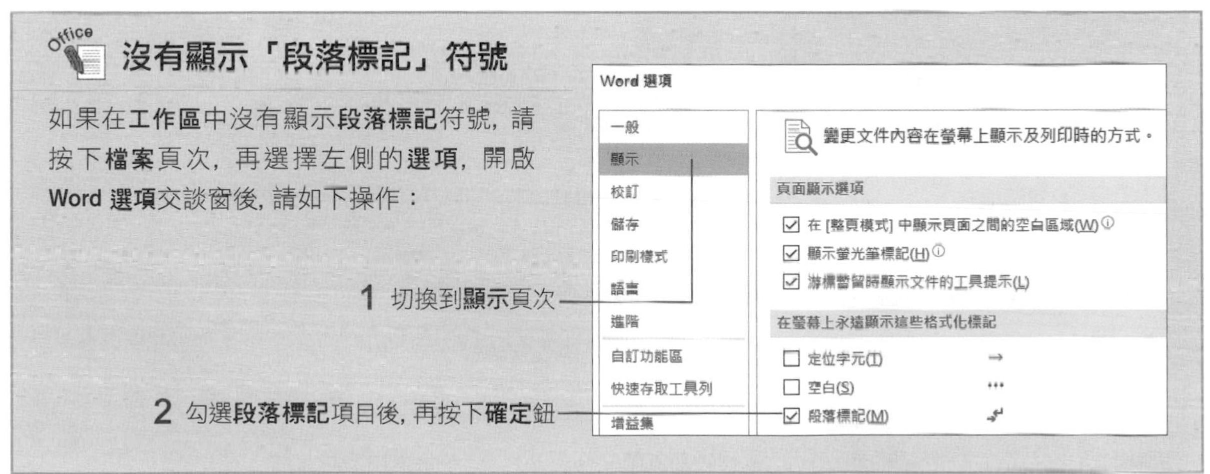

由「狀態列」檢視文件資訊

狀態列位於 Word 視窗的最下方, 用來顯示文件的資訊, 包括插入點所在的頁次、文件總頁數、字數統計、拼字與語言狀態等, 儲存、列印時則會顯示幕後儲存及列印的進度。

切換文件的檢視模式與顯示比例

在 Word 中常用的檢視文件模式有三種, 包含**閱讀模式、整頁模式、Web 版面配置**。檢視模式的按鈕位於 Word 視窗的右下角, 按下按鈕即可切換。

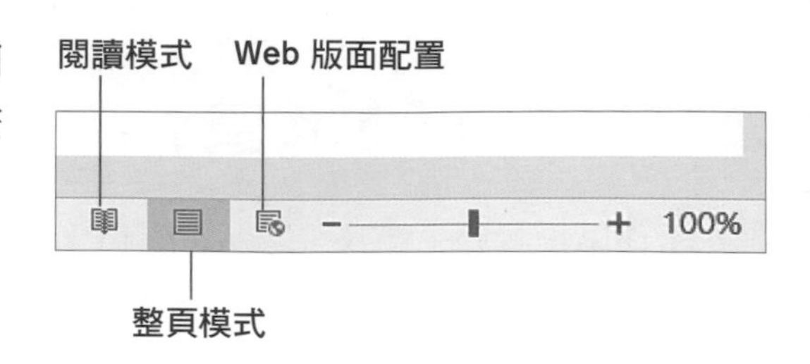

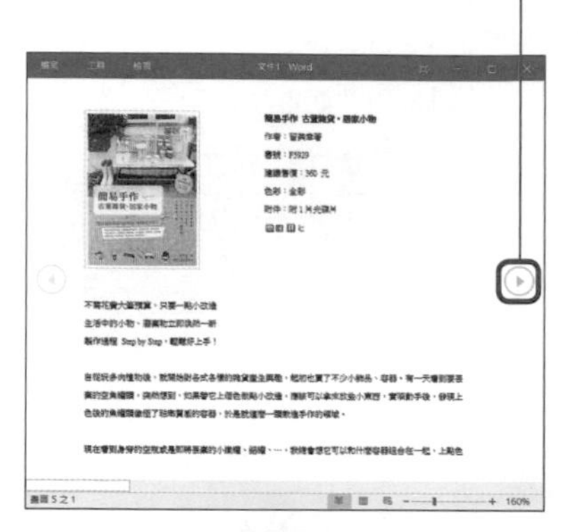

▲ 閱讀模式

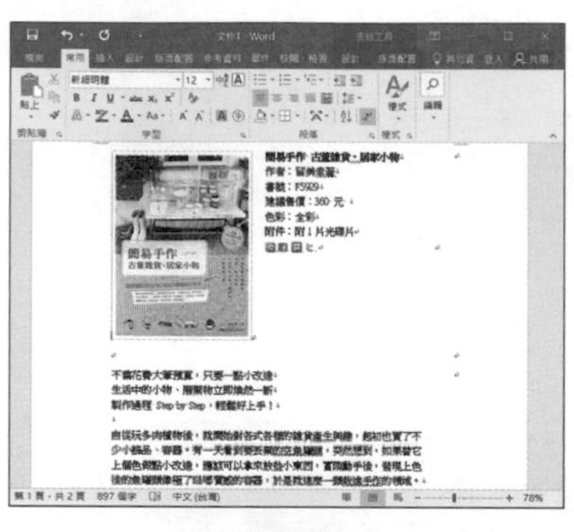

▲ 整頁模式

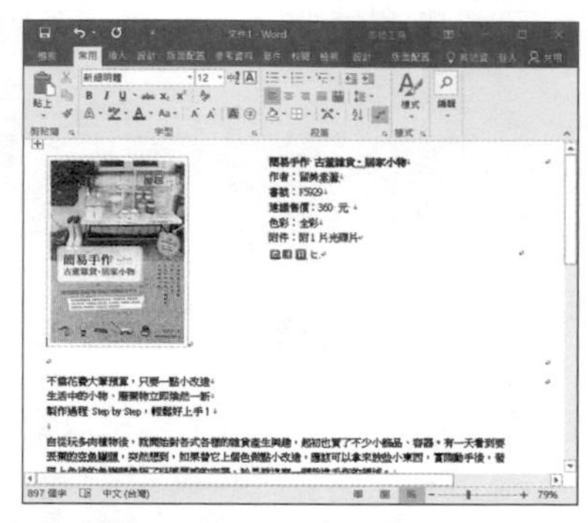

▲ Web 版面配置

您可以根據不同的編輯需求, 選擇適合的檢視模式, 我們將各種檢視模式的特色及使用時機列於下表。

檢視模式	特色	適用時機
閱讀模式	會暫時放大字級, 以便輕鬆閱讀文件內容	適合用於閱讀文件
整頁模式	Word 預設的檢視模式, 可呈現文字樣式、圖片、表格等, 與列印出來的結果最接近	編輯圖文、進行與版面配置有關的編輯
Web 版面配置模式	顯示文件存成網頁的樣子	用 Word 來編輯網頁時, 可預覽網頁版面

在視窗的右下角則是**顯示比例**工具, 除了顯示目前文件的顯示比例外, 也可以讓我們視情況調整至想要的比例。

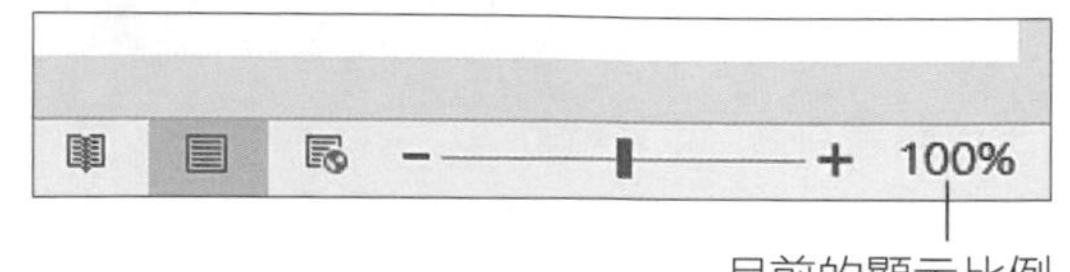

按下**拉近顯示**鈕 ＋ 可放大文件的顯示比例，每按一次放大 10%，例如 90% → 100% → 110%；按下**拉遠顯示**鈕 － 鈕會縮小顯示比例，每按一次縮小 10%，例如 110% → 100% → 90%。此外，您也可以直接拉曳中間的控制滑桿，往 ＋ 鈕方向拉曳可放大比例；往 － 鈕方向可縮小比例。

TIP 放大或縮小文件的顯示比例，並不會放大或縮小字體，也不會影響文件列印出來的結果，只是方便我們在螢幕上檢視而已。

關閉 Word 文件

當你編輯到一個段落想要關閉文件時，你可以按下 Word 視窗右上角的 × 鈕來關閉文件。

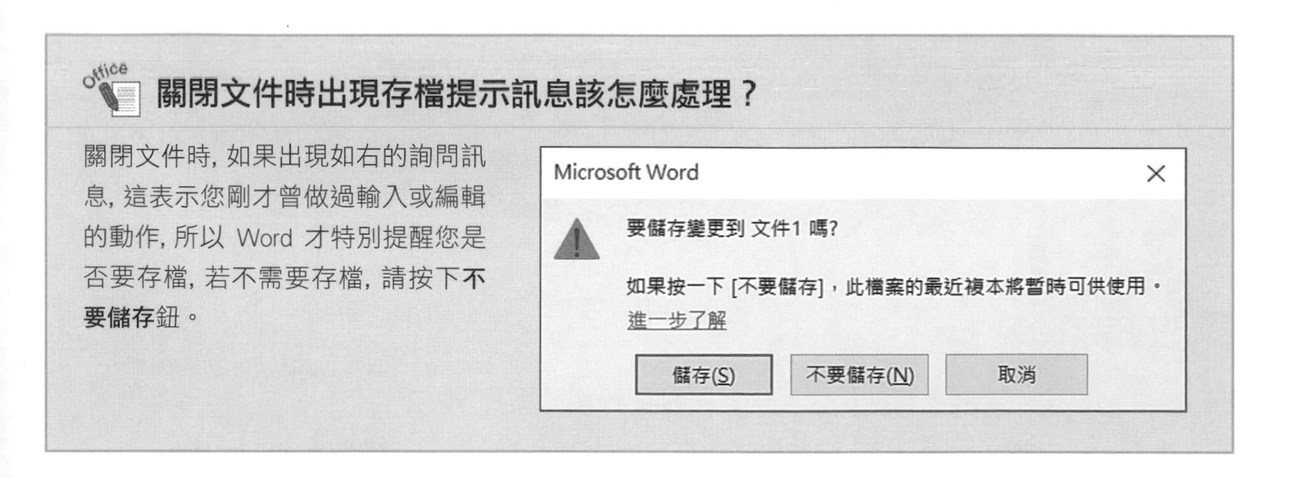

關閉文件時出現存檔提示訊息該怎麼處理？

關閉文件時，如果出現如右的詢問訊息，這表示您剛才曾做過輸入或編輯的動作，所以 Word 才特別提醒您是否要存檔，若不需要存檔，請按下**不要儲存**鈕。

1-2 移動插入點與文字換行

熟悉了 Word 的工作環境, 我們再進一步學習輸入文字時最常遇到的修改方法, 及文字換行方式。別小看這個編輯動作, 其中還包含了 Word 編輯文件時, 很重要的「段落」概念哦！

移動插入點

輸入一段文字後, 您可能需要移動插入點來修改文字內容, 此時可以利用以下幾種方式來移動插入點：

- **方向鍵**：使用 ← 、 → 鍵可以左右移動插入點；利用 ↑ 、 ↓ 鍵可將插入點移到上一行或是下一行。
- **滑鼠**：若文件中已有內容, 將滑鼠指標 I 移到字裡行間按一下, 插入點即出現在該處；若想在空白處輸入文字, 則可以雙按滑鼠左鈕, 亦會顯示插入點讓你輸入文字。
- **快速鍵**：在文件中利用快速鍵可將插入點移動到特定的位置, 以下列出常用的快速鍵供你參考。

插入點位置	按鍵
行首	Home
行尾	End
工作區顯示內容開頭	Alt + Ctrl + Page up
工作區顯示內容結尾	Alt + Ctrl + Page Down
文件開頭	Ctrl + Home
文件結尾	Ctrl + End

刪改錯字

輸入的過程中若想要修改內容, 可按下 Delete 鍵刪除插入點之後的字元, 或按下 ←Backspace 鍵刪除插入點之前的字元：

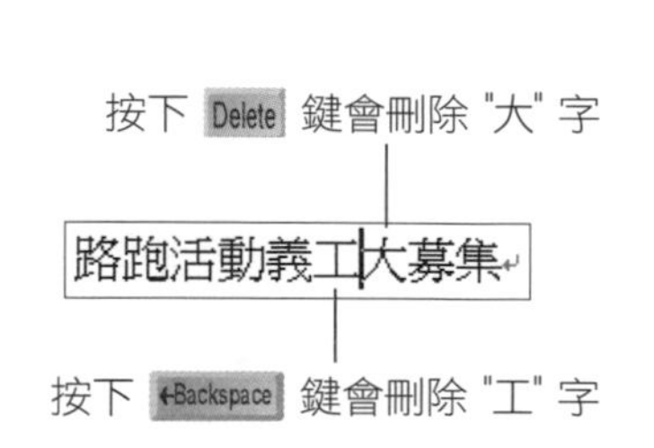
按下 Delete 鍵會刪除 "大" 字
路跑活動義工大募集
按下 ←Backspace 鍵會刪除 "工" 字

文字換行

在輸入文字時, 按下 Enter 鍵可換行, 相信你已經很熟悉了。若輸入超過一行的文字, Word 則會自動依文件設定的版面寬度來換行。以下圖來說, 輸入到 "龍" 字時, 不用按 Enter 鍵也會自動換行：

數位相機裡的相片，風景永遠比人像多；失敗的永遠比出色的多。只要透過畫龍
點睛的編修技巧，就能讓平淡的相片變得更出色。

在 Word 中是以 Enter 鍵來分段, 每按一次 Enter 鍵就會多出一個「段落」, 而許多格式設定也是以段落為單位, 若希望輸入的文字能夠另起一行, 但仍屬同一個段落, 可以按下 Shift + Enter 組合鍵來換行, 就可讓兩行文字同屬一段落。

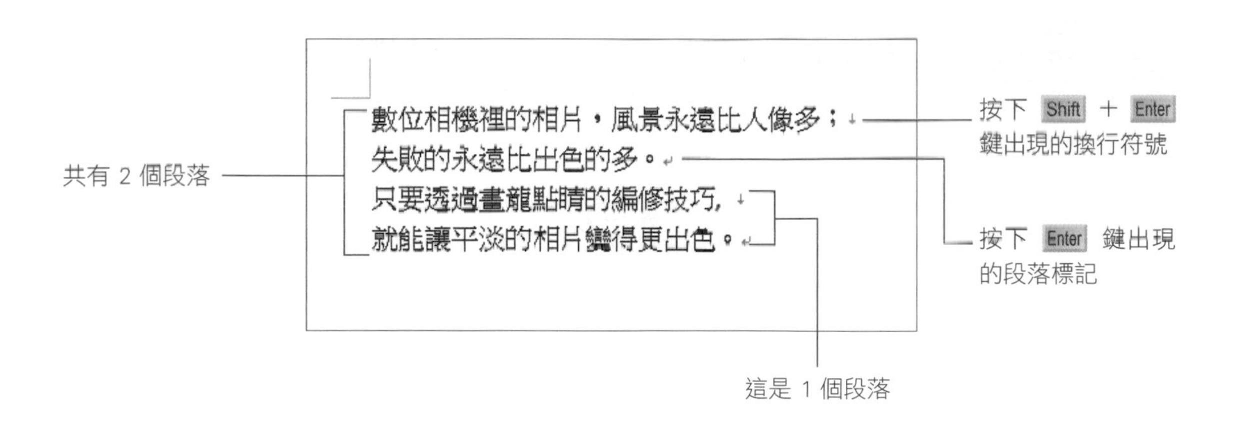

1-3 儲存文件與認識 Word 文件的檔案格式

如果我們沒有將編輯好的文件儲存起來就關閉文件，那麼先前所作的編輯就白費了。因此在文件編輯結束時，我們必須將文件存檔，以便日後開啟。這一節我們就來學習儲存文件的操作，並認識 Word 文件的檔案格式。

儲存文件

對於尚未命名的新文件，Word 會以預設檔名文件 1、文件 2... 來稱呼，第一次進行存檔動作時，會開啟**另存新檔**視窗，要求我們為這份新文件取一個檔案名稱。

請按下**快速存取**工具列上的**儲存檔案**鈕 ，或是點選**檔案**頁次，在開啟視窗後點選視窗左側的**另存新檔**命令，即可選擇文件的儲存位置。我們除了可將文件儲存在個人電腦中的資料夾裡，也可以選擇將文件儲存到 **Microsoft** 公司提供的 **OneDrive** 網路硬碟 (參考第 4 篇的說明)。

方法 1：點選此鈕

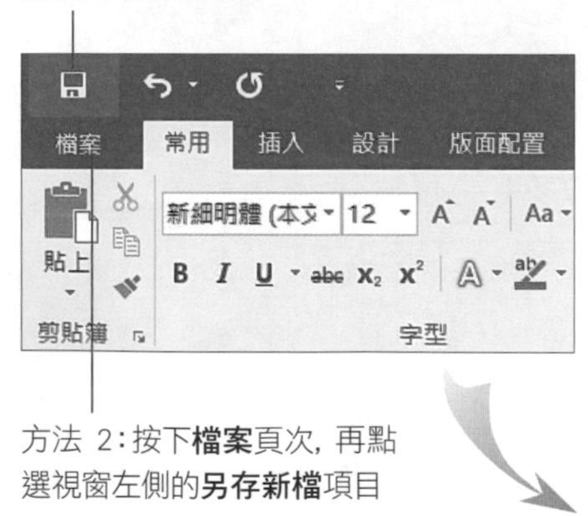

方法 2：按下**檔案**頁次，再點選視窗左側的**另存新檔**項目

將文件儲存到 **OneDrive** 網路硬碟

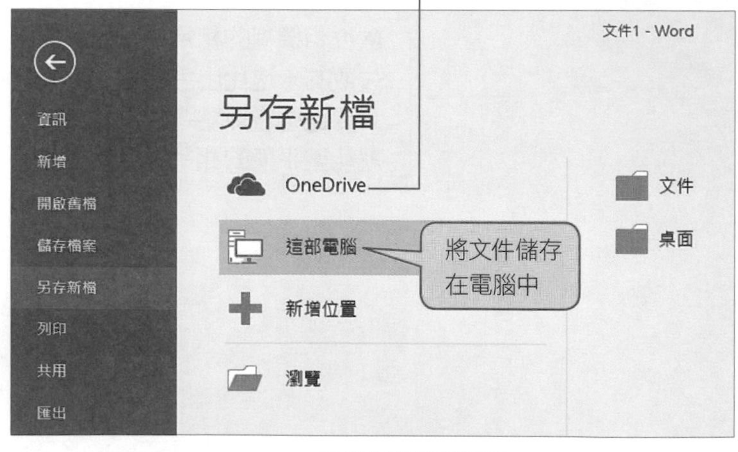

▲ 開啟**另存新檔**視窗

在此我們以儲存到電腦中的資料夾為例, 請按下**瀏覽**鈕, 即可選擇資料夾的位置：

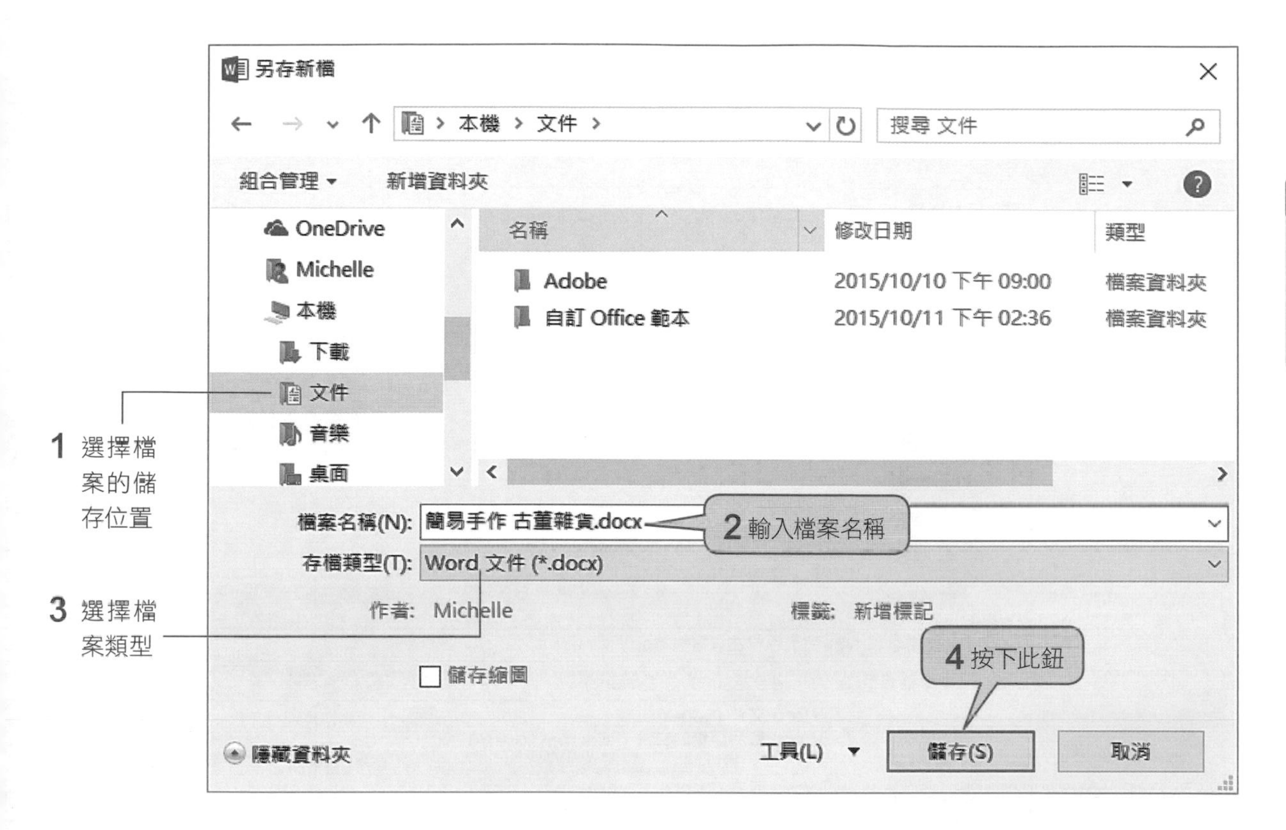

存檔後, 當您修改了文件內容, 只要再次按下**儲存檔案**鈕 , Word 就會將修改過後的文件直接儲存。建議您在編輯文件過程中, 經常按一下**儲存檔案**鈕, 或是直接按 Ctrl + S 快速鍵來儲存文件, 避免發生程式當掉、電腦斷電等情形時, 來不及將文件變更的部份儲存起來。

認識 Word 的檔案格式

在儲存檔案時有個很重要的地方要提醒您, 從 Word 2007 開始 (包括後續版本 Word 2010/2013/2016), Word 的文件格式已更新為 .docx。.docx 檔案格式不僅加強對 xml 的支援, 更擁有增加檔案效率、縮小檔案體積等優點, 所以當我們儲存檔案時, 預設會儲存成 .docx 格式。

簡易手作古董雜貨.docx

雖然 .docx 有這麼多的好處, 但若將這個檔案格式的文件拿到 Word 2000/XP/2003 等版本中使用, 將面臨無法開啟的命運。因此, 如果擔心其它電腦無法開啟 .docx 格式的檔案, 建議你將文件儲存成 **Word 97-2003 文件**的 .doc 格式, 方便在其它 Word 版本開啟此份文件。

儲存檔案時, 可在**另存新檔**交談窗中設定要儲存的格式：

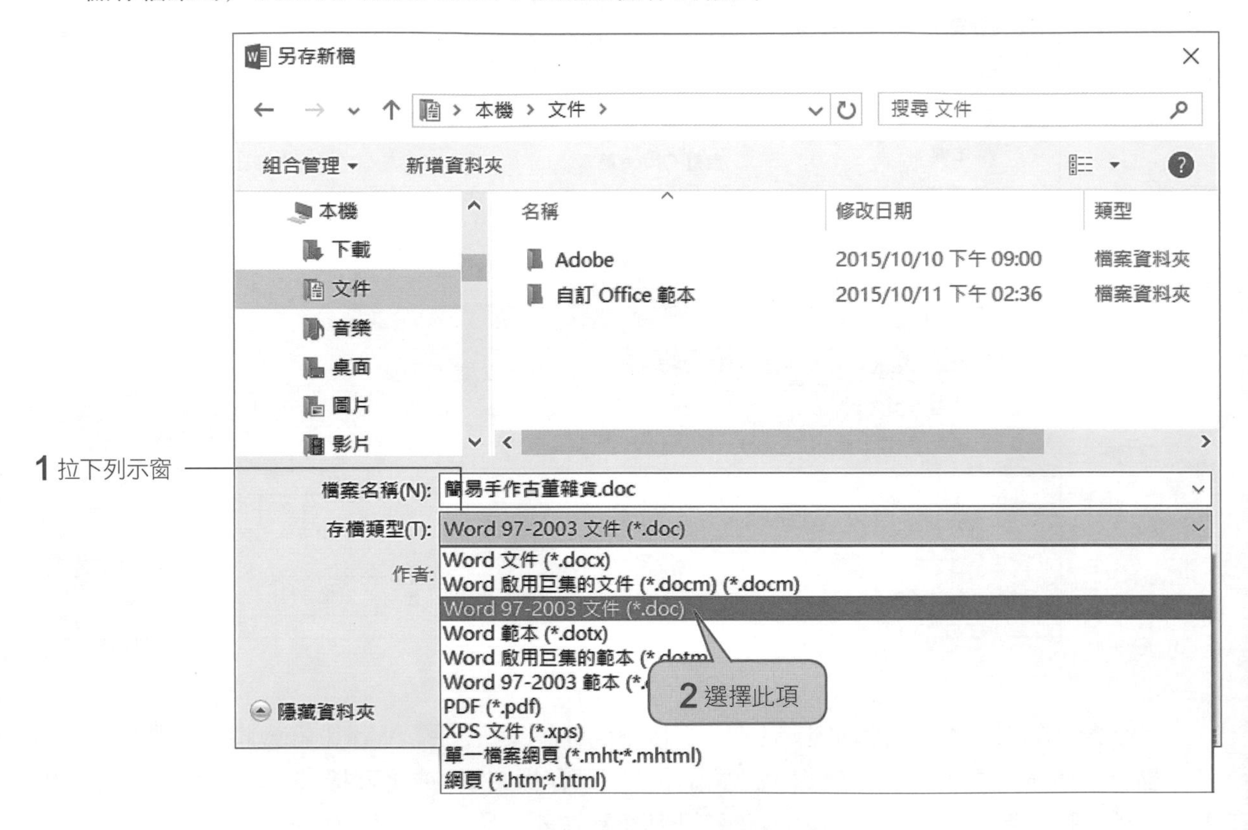

存成 **Word 97-2003 文件**檔案格式後, 在標題列上除了會顯示檔案名稱之外, 還會標示 "[相容模式]" 方便使用者辨認。

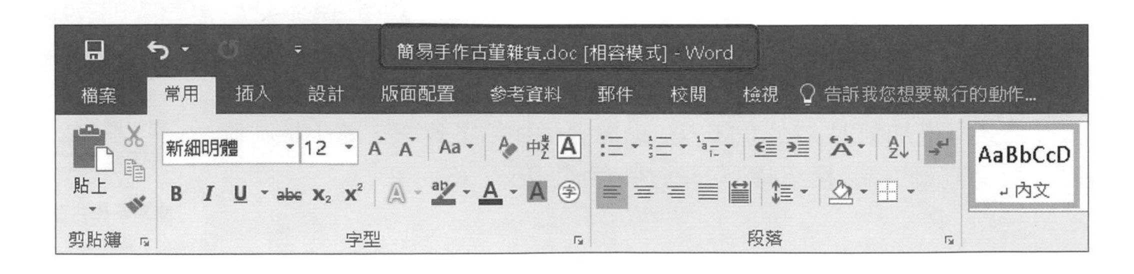

TIP 這裡要特別提醒您, 在 Word 2013/2016 中將檔案另存成 .doc 格式後, 再使用 2013/2016 的各項新功能時, 會發現功能變得比較陽春 (如 SmartArt 圖形), 甚至無法使用。

為避免內容遺失, 請檢查檔案的相容性

如果使用了 Office 2013/2016 的新功能, 又將文件儲存成 .doc 格式, 那麼在儲存時就會出現如下圖的交談窗, 告知您儲存後將會有什麼改變。如下圖的交談窗提醒我們, 文件中的 SmartArt 圖形將轉換成圖片 (表示無法編輯、修改內容):

Microsoft Word 相容性檢查程式 ? ×

舊版 Word 不支援這份文件中的下列功能。當您以舊版檔案格式儲存此文件時，這些功能將會遺失或降級。按一下 [繼續] 以繼續儲存此文件。若要保留所有的功能，請按一下 [取消]，然後以其中一種新的檔案格式來儲存檔案。

摘要	發生次數
SmartArt 圖形將會轉換成無法在舊版 Word 中編輯的單一物件。	1 說明

☑ 儲存文件時檢查相容性(H)

繼續(C) 取消

若仍按下**繼續**鈕儲存, 在 Office 2000/XP/2003 等版本開啟文件時, 將無法編輯圖表的內容 (使用其它新功能時則可能遺失內容), 所以建議您先為文件儲存一份 .docx 的格式, 再轉存成 .doc 格式, 若發現文件內容遺失或需要修改, 都還可以從 .docx 這份文件來補救。

1-4 開啟既有的檔案、空白文件與範本

這一節要說明如何開啟已儲存的檔案, 如果忘記檔名、不記得位置, 還可以在**檔案**頁次的**最近使用的文件**中找找看。若要建立新文件, 可選擇要建立空白新文件, 或開啟已設定格式的範本, 一起來學習這些操作吧！

由「檔案」頁次開啟既有的檔案

要開啟現有的 Word 文件, 可切換到**檔案**頁次, 然後執行『**開啟舊檔**』命令, 再如下操作：

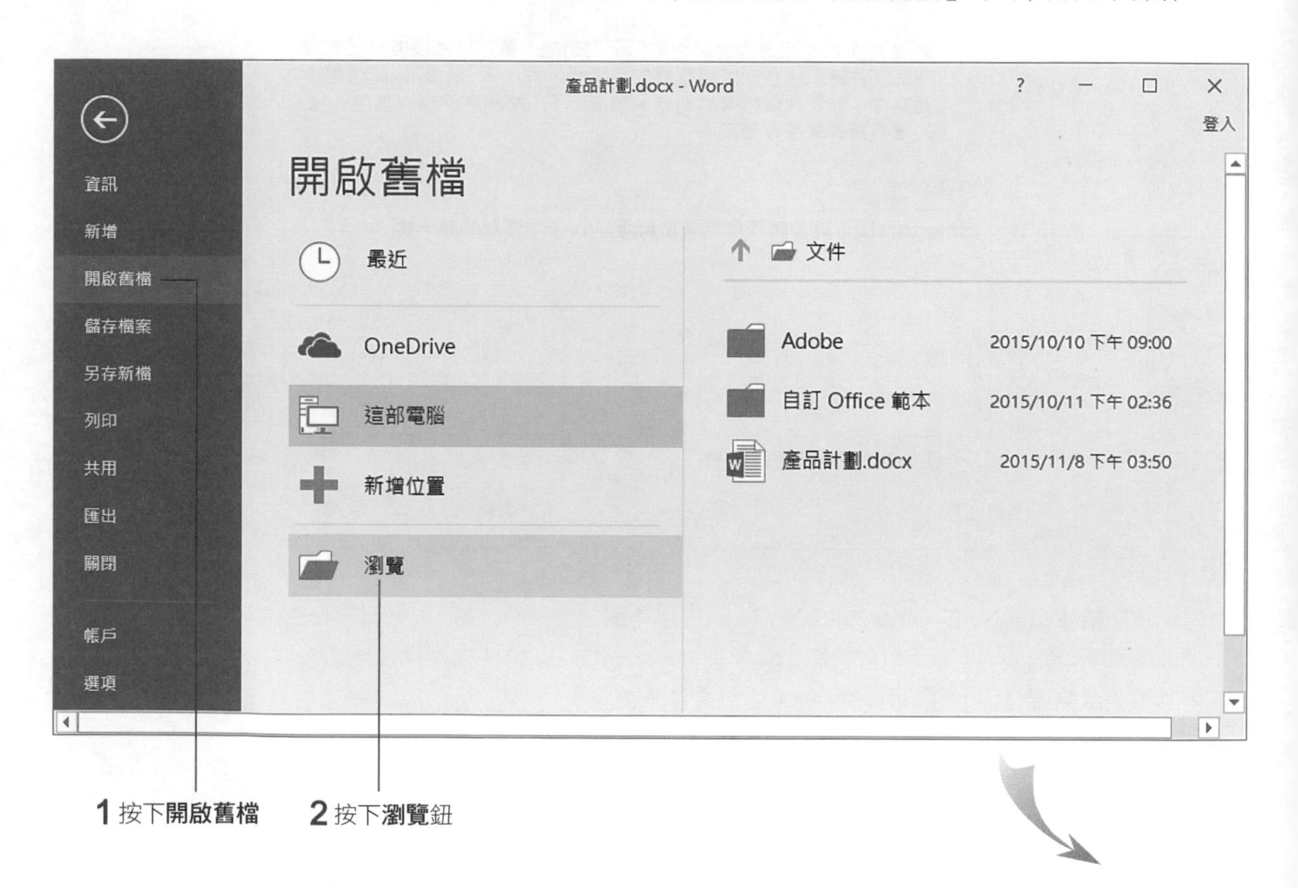

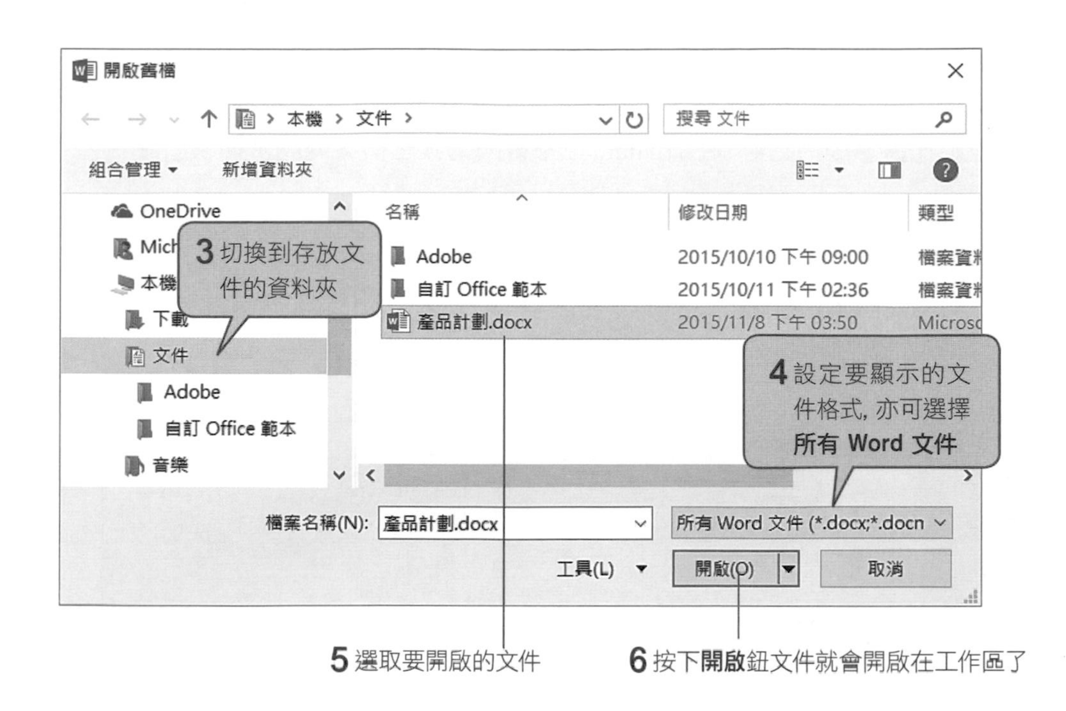

開啟最近編輯過的文件

如果忘記檔案儲存的位置, 還可以到最近編輯過的文件堆中找找看。請同樣切換到**檔案**頁次, 再按下視窗左側的『**開啟舊檔**』命令, 再按下**最近**, 就可在**最近使用的文件**區中看到 Word 列出最近編輯過的文件列表了：

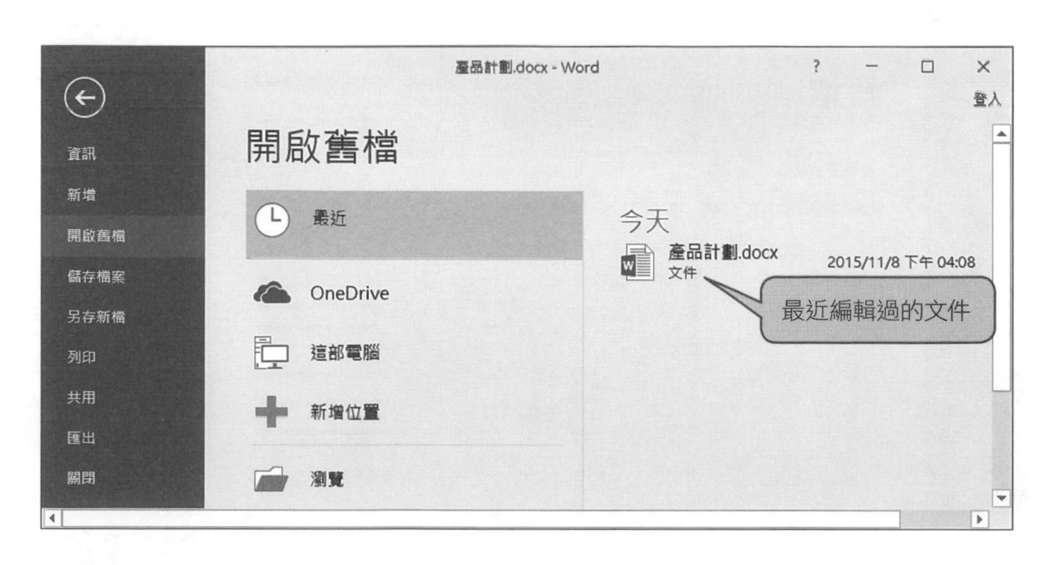

顯示在列表中的文件, 會隨著你開啟的檔案依序替換。如果你希望將某個檔案固定顯示在**最近開啟的文件**清單中, 請將滑鼠移到檔案名稱上, 再按下檔案名稱右邊的 ⊸ 鈕, 使其呈 ⊥ 狀, 它將會被固定在清單中, 並排列在最前面, 也不會因為其它檔案的開啟而被替換。

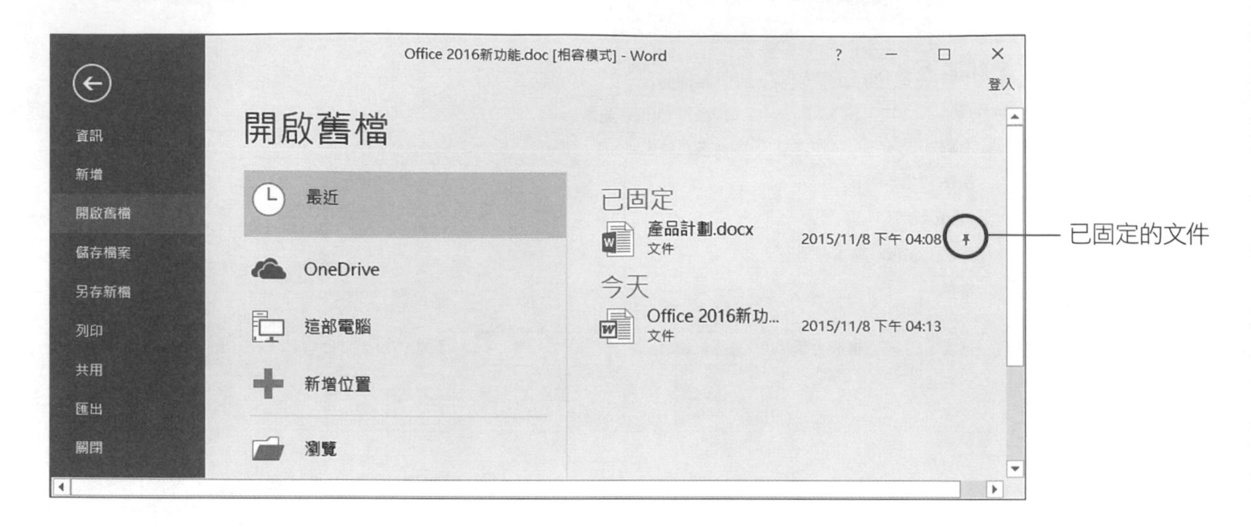

建立空白新文件

想建立新文件時, 請切換到**檔案**頁次, 再按下**新增**項目來建立新文件：

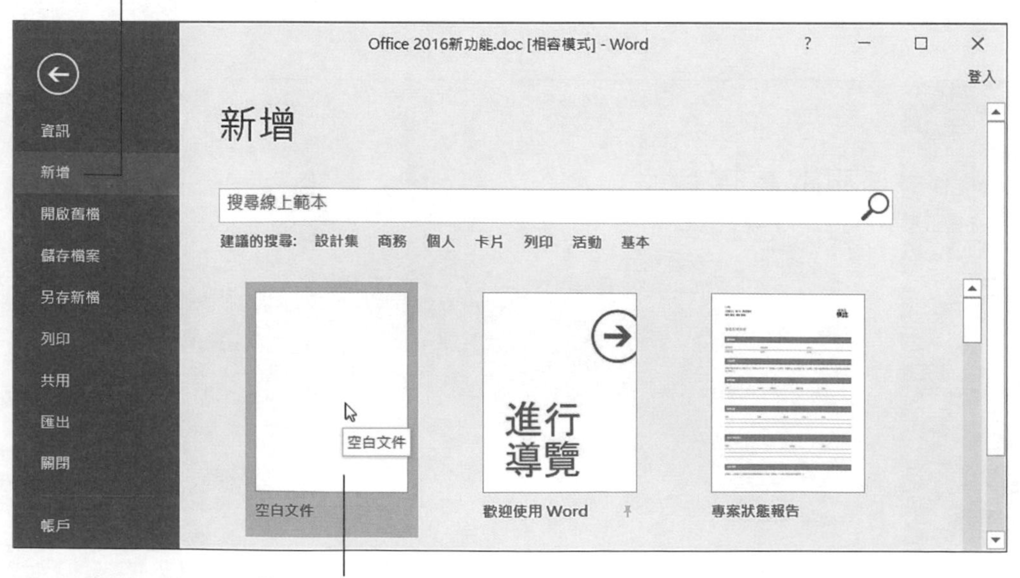

你也可以在**快速存取工具列**上加入**新增**鈕 , 方便日後快速建立新文件：

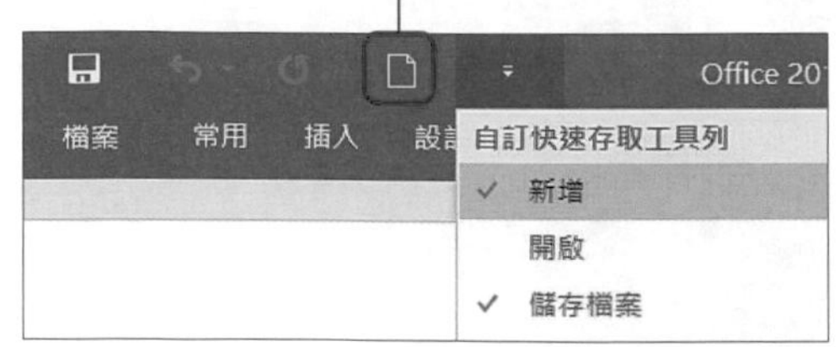

TIP 直接按下 Ctrl + N 鍵也可以建立空白文件。

使用範本迅速建立專業文件

除了空白文件之外, Word 還提供多種範本供我們使用, 例如履歷表、傳真封面、合約、會議記錄等, 只要在其中輸入文字, 就能迅速建立一份完整的文件。請開啟**檔案**頁次, 從中選取合適的範本：

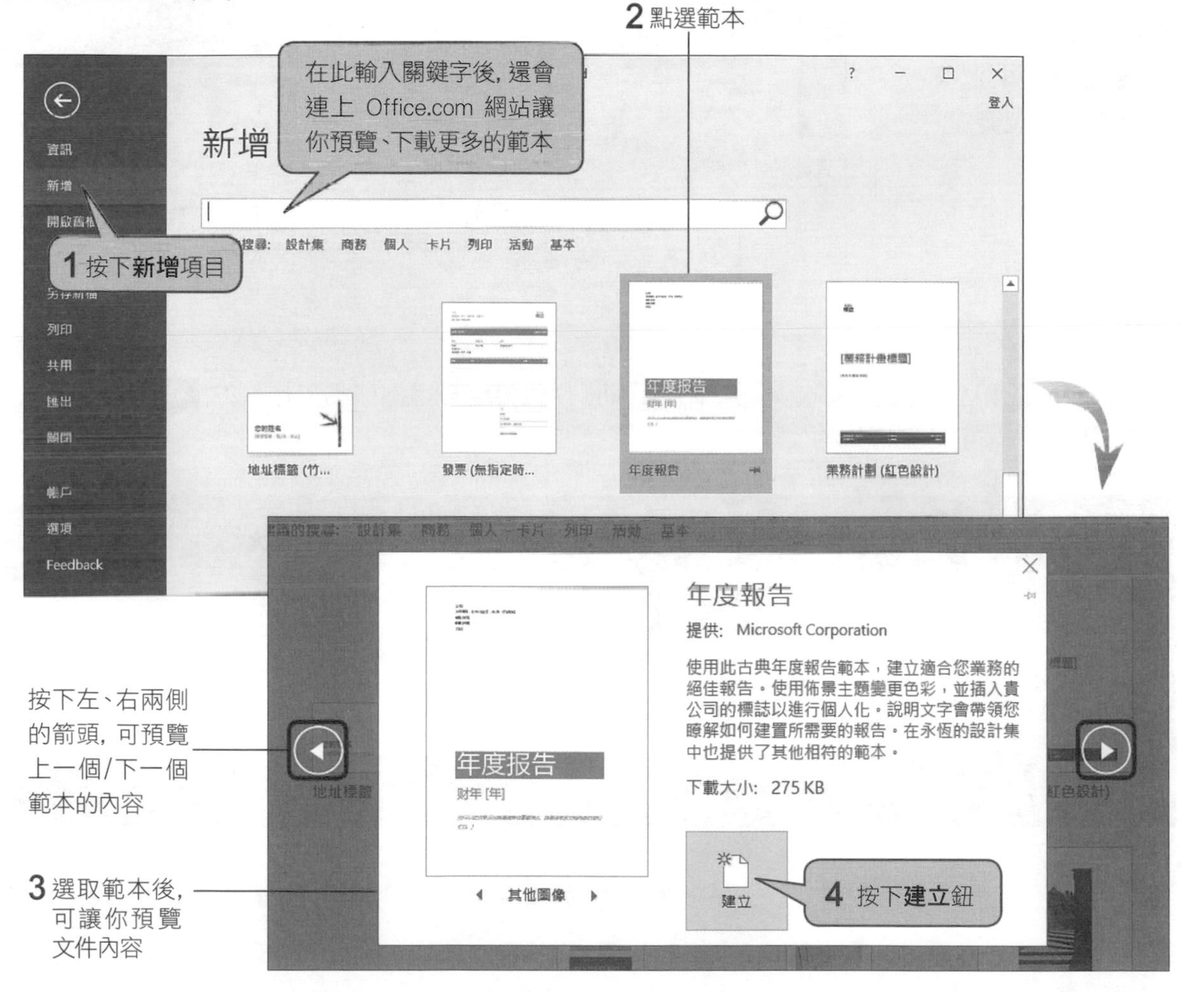

接著會開啟範本文件, 請依照文件設定的版面輸入內容, 完成後就是一份專業的文件了。

1-5 多份文件的視窗操作

有時候我們會需要同時開啟多份 Word 文件, 例如要彙整不同文件的內容、參考其它文件的資料等, 此時若懂得切換文件視窗的方法, 就能讓你的工作效率大為提升。

切換 Word 文件

開啟多份文件後, 請切換到**檢視**頁次, 由**切換視窗**鈕來選擇要編輯的文件視窗：

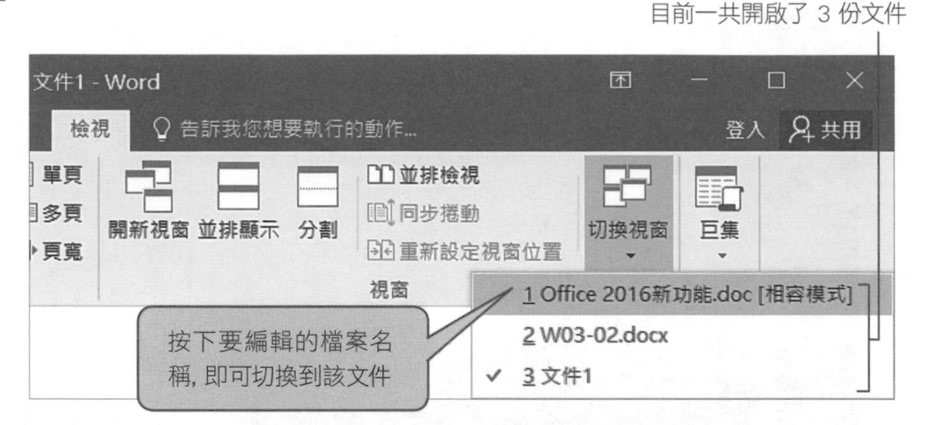

此外, 每個 Word 視窗都有其對應的工作鈕, 你也可以將指標移到工作列的 W 圖示上, 由顯示的文件縮圖來選擇要編輯的文件：

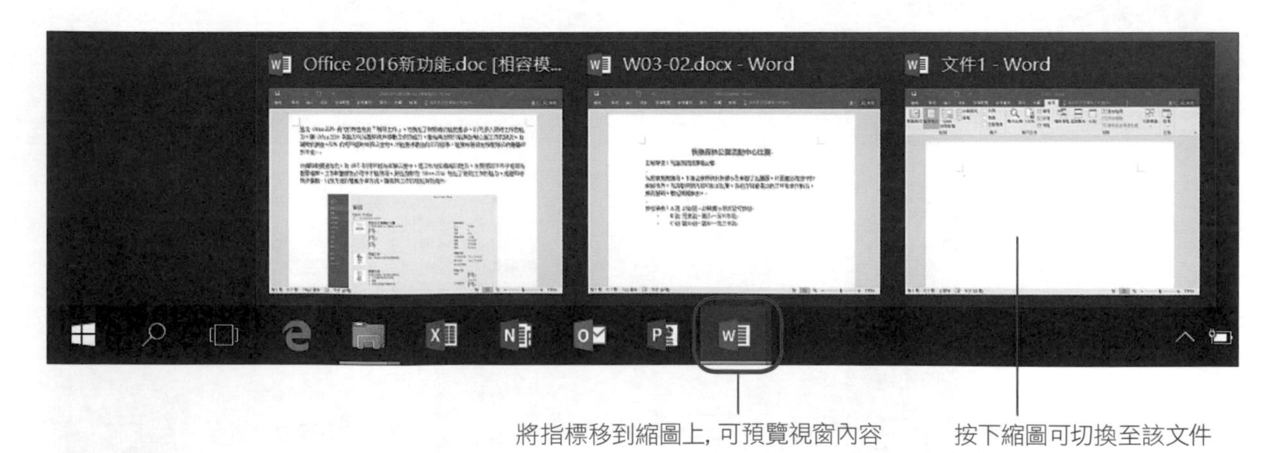

TIP 這裡是以 Windows 10 來示範操作, 若您的作業系統無法顯示縮圖, 亦可按下工作列上對應的檔案名稱來切換至該文件。

並排文件方便比對

若是要同時對照多份文件, 或是在不同文件之間進行資料搬移與複製 (搬移與複製的操作可參考本篇第 2 章), 也可以將文件視窗加以排列, 方便進行內容的比對或複製動作。

同樣是在**檢視**頁次的**視窗**區中進行設定, 請先開啟 2 份文件, 切換到**檢視**頁次後再按下**並排檢視**鈕, 即可將兩文件垂直排列。

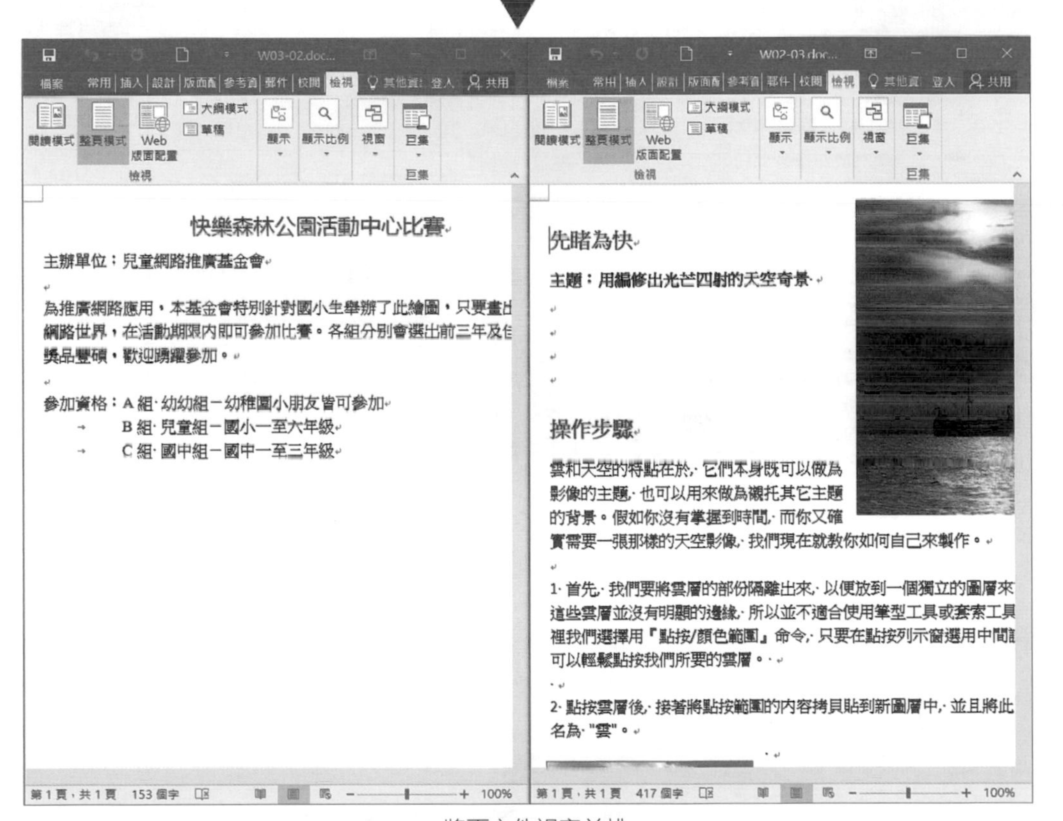

▲ 將兩文件視窗並排

TIP 若按下**並排顯示**鈕 , 可將兩文件視窗水平併排。

實用的
知識

用 Word 開啟與編輯 PDF 文件

以往使用 Word 2010 時，已經可以將 Word 文件儲存成 PDF 檔，現在 Word 2016 更進一步可讓你直接開啟 PDF 檔並進行編輯，你不需額外安裝 PDF 的編輯程式，就能用 Word 輕鬆做編輯。

用 Word 開啟 PDF 文件

請切換到**檔案**頁次按下**開啟舊檔**，點選**瀏覽**鈕，選擇要開啟的 PDF 檔。

1 切換到檔案的所在位置

2 點選要開啟的 PDF 文件

3 按下**開啟**鈕

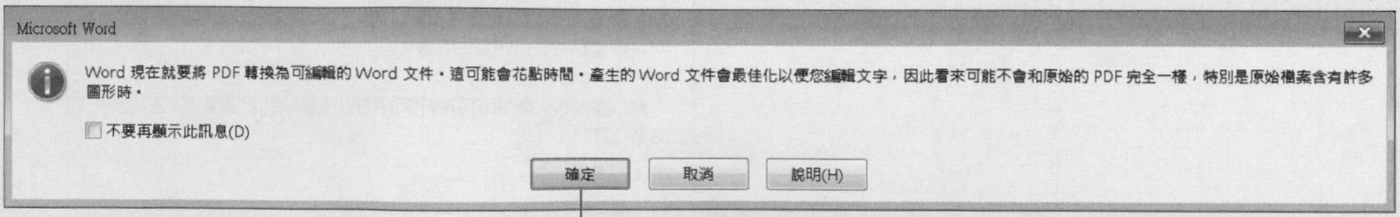

4 提醒你轉檔時可能會需要一點時間，而且轉換後的格式會跟原始的 PDF 有差異，請按下**確定**鈕，開始做轉換

轉換檔案時, Word 視窗最下方的**狀態列**會顯示轉換的進度, 若要取消轉換, 請按 Esc 鍵

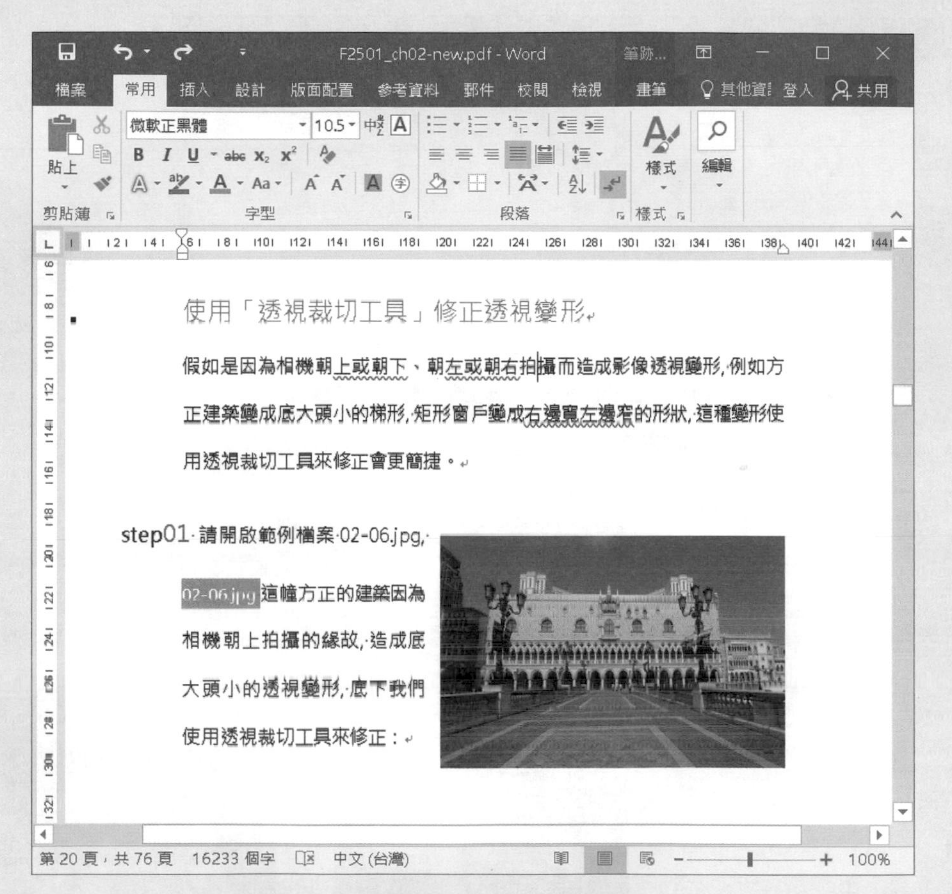

如果 PDF 文件含有較多圖片, 經轉換後格式及圖片位置無法像原始 PDF 般準確, 您得再手動調整

編輯 PDF 文件

將 PDF 檔轉換成 Word 文件後，你可以像編輯一般 Word 文件般，直接做修改，修改後可以儲存成 Word 檔，或是在**另存新檔**交談窗中，從**存檔類型**列示窗中，選擇 **PDF** 儲存成 PDF 格式。

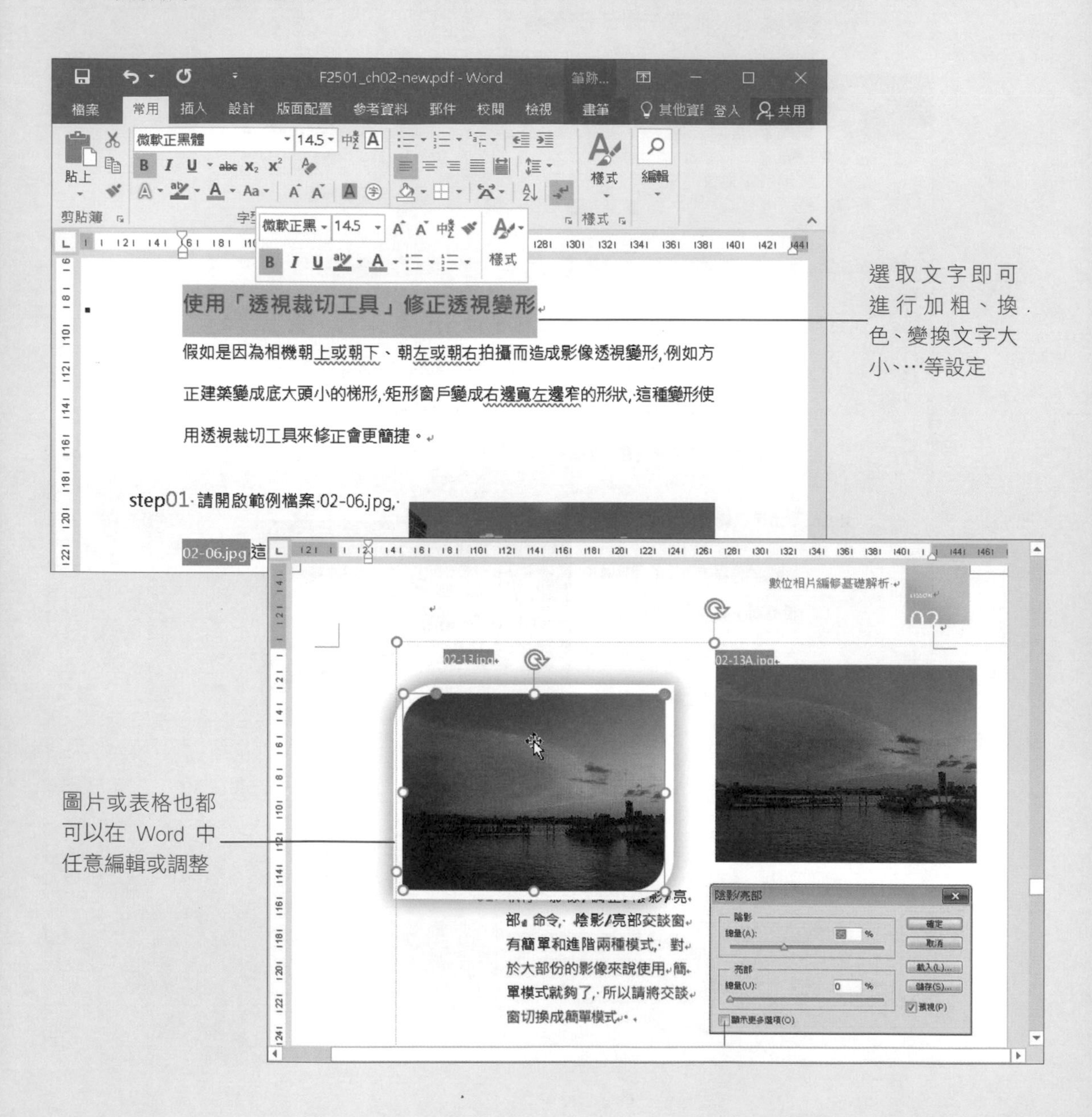

Word 快速上手

- 選定要設定的文字、行和段落
- 設定文字樣式
- 調整段落的縮排、對齊與行距
- 搬移與複製文字的操作
- 復原與重複操作的功能
- 尋找與取代特定字串
- 列印文件

2-1 選取要設定的文字、行和段落

當我們要設定文件中部份文字的字型、顏色時, 必須先選取要設定的文字, 讓 Word 知道要處理的對象是誰。因此在介紹所有的設定前, 我們先來學會如何選取欲處理的對象。

顯示「尺規」以方便查看紙張邊界與文字位置

在**整頁模式**下預設不會顯示**尺規**, 建議你切換到**檢視**頁次, 勾選**顯示**區的**尺規**項目, 將水平及垂直尺規顯示出來, 以方便查看紙張的邊界以及文字位置。

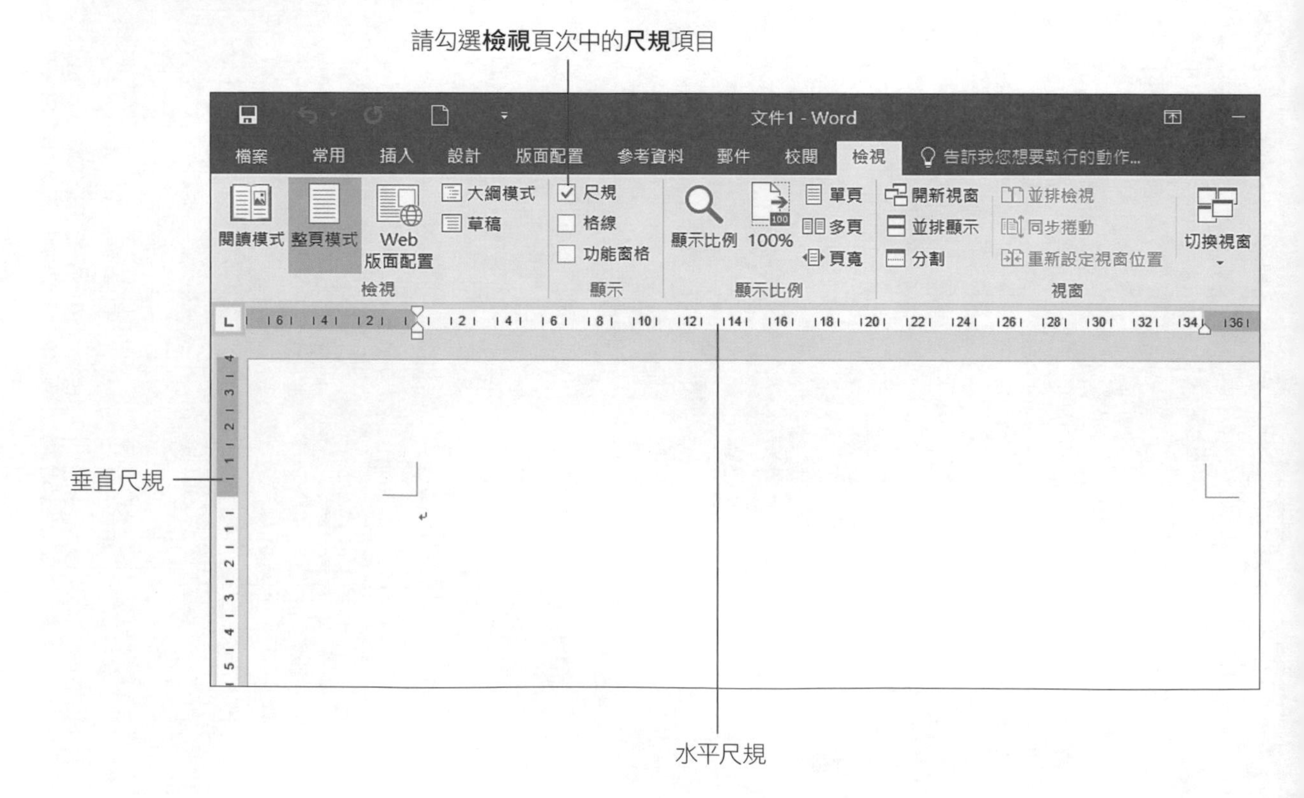

選取文字再編輯內容

選取文字最簡單的方法, 就是直接用滑鼠拉曳來選取。請先建立一份新文件, 並隨意輸入幾個文字 (或是輸入如下圖的文字), 我們來練習選取的操作：

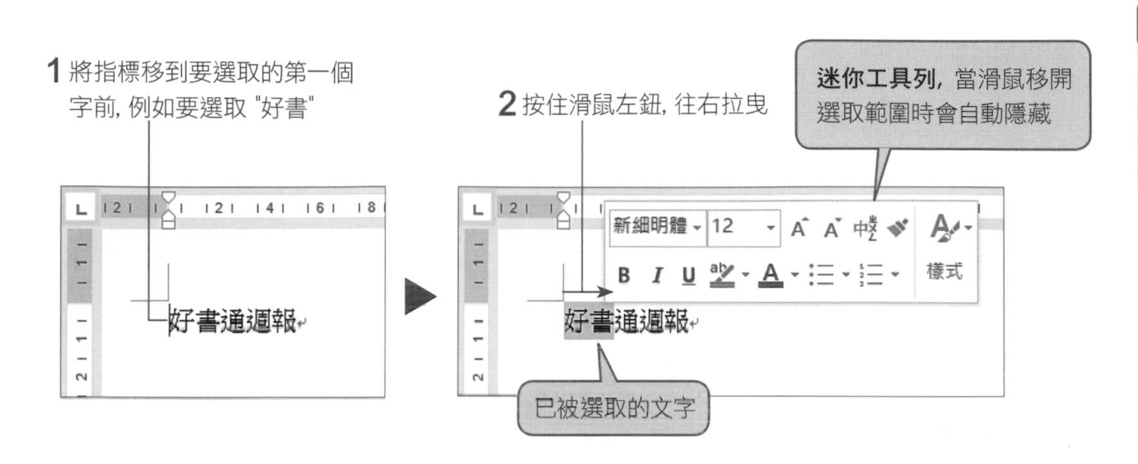

1 將指標移到要選取的第一個字前, 例如要選取 "好書"
2 按住滑鼠左鈕, 往右拉曳
迷你工具列, 當滑鼠移開選取範圍時會自動隱藏
好書通週報
新細明體
12
樣式
已被選取的文字

TIP 在文件中任何地方, 按一下滑鼠左鈕, 可取消選定狀態。

選取文字後, 會自動顯示**迷你工具列**, 方便我們立即設定文字格式；若將滑鼠移開選取範圍, 工具列會自動隱藏起來。由於此處暫時不需要設定格式, 待稍後學會文字的格式設定, 再使用此工具列進行設定。

選取文字後若是輸入文字, 將會取代被選定的文字；按下 Delete 鍵則可將選定的文字刪除。假設我們要將 "好書通週報" 改成 "好書學習報"。

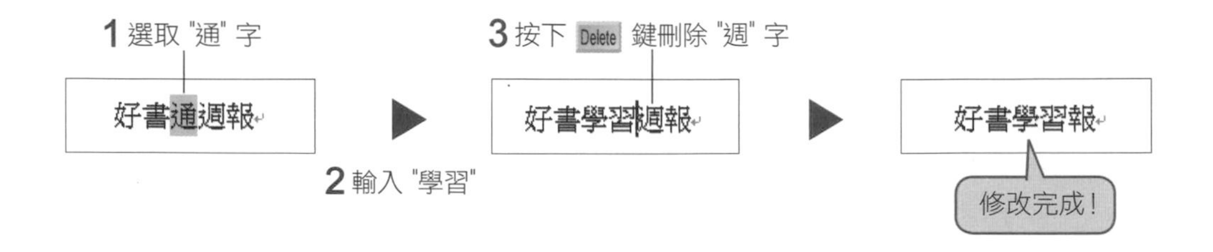

1 選取 "通" 字
好書通週報
2 輸入 "學習"
3 按下 Delete 鍵刪除 "週" 字
好書學習週報
好書學習報
修改完成！

迅速選取整行、整段

要選取的對象有時是字、句子, 有時是行、段落, 甚至整篇文章。如果純粹使用拉曳的方式來選取的話, 當要選定 10 行、20 行的文字內容, 就會有些力不從心, 所以接下來我們要介紹快速選取句子、段落的技巧。

選取整行

當我們要選取以「行」為單位的文字內容, 可利用**選取長條**來輕鬆選取：

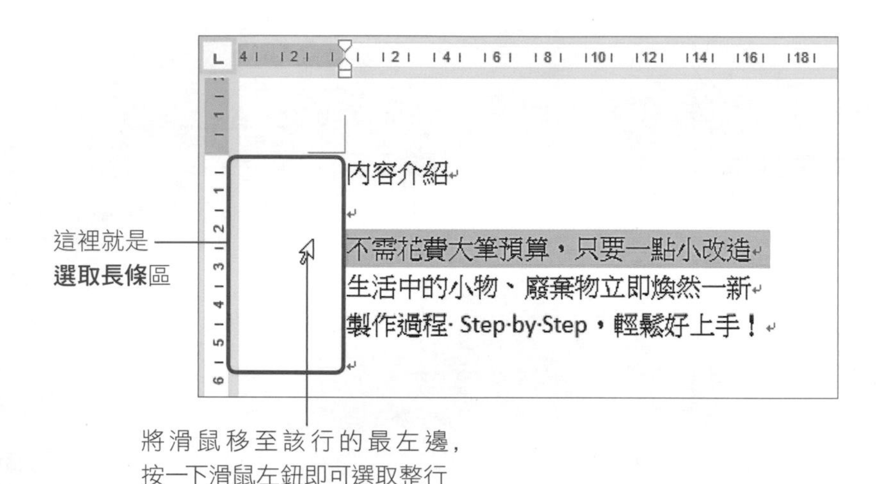

若要選取多行文字, 請在**選取長條**的第 1 行開始按住滑鼠左鈕, 由上往下拉曳至最後一行。

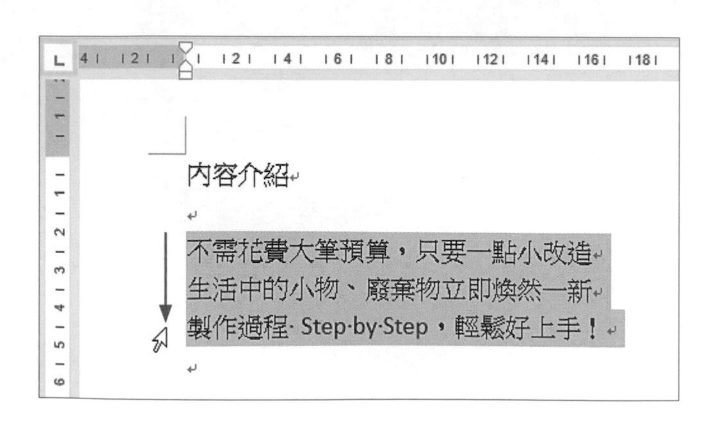

選取段落

要選取整個段落時, 將指標移至段落中任一處, 連按 3 下滑鼠左鈕, 可迅速選取整個段落；另一個方法則是將滑鼠移到**選取長條**, 當指標呈 ↗ 狀時, 雙按滑鼠左鈕也可以選取整個段落。

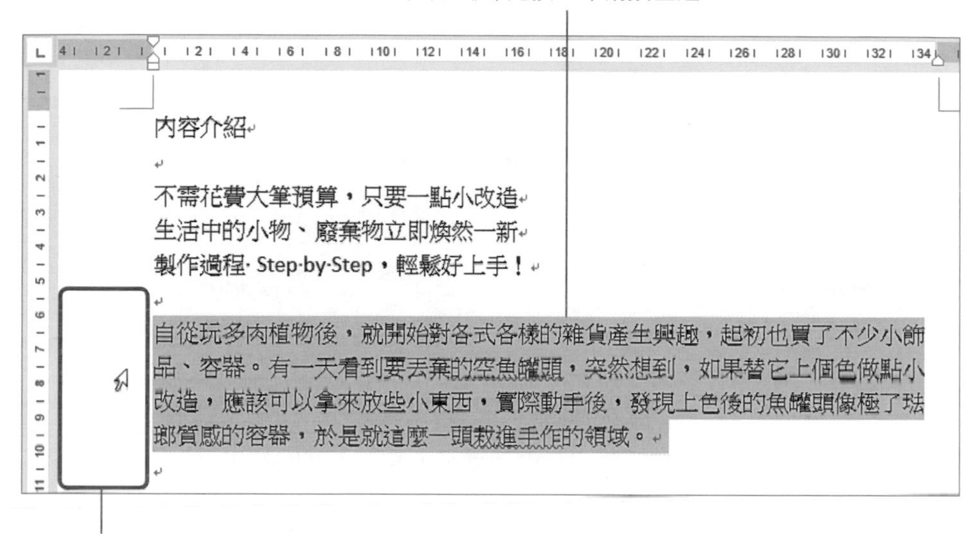

除了上述介紹的方法外, 以下再列出選取不同範圍的小技巧：

選取的對象	選取的方法
中文詞彙或英文單字	在詞彙上雙按滑鼠左鈕
以句點、問號、驚嘆號等結束的一段文字	按住 Ctrl 鍵 + 滑鼠左鈕
由插入點到滑鼠點選之間的文字	按住 Shift 鍵 + 滑鼠左鈕
整份文件	**方法 1** 在**選取長條**連按 3 下滑鼠左鈕 **方法 2** 按 Ctrl + A 快速鍵

TIP 若要選取不連續的範圍, 請先選取第 1 個範圍後按住 Ctrl 鍵不放, 再選取第 2、第 3 個範圍, 等全部都選好之後, 再放開 Ctrl 鍵, 就可同時選取多個範圍了。

2-2 設定文字樣式

除了輸入文字外, 適時的為文字設定樣式, 更能達到強調及美化的作用, 例如可為標題設定比內文大的字級、為想強調的重點變換顏色等, 只要稍加變化就能讓標題、重點更為醒目。

想要改變文字的外觀, 可利用**常用**頁次中**字型**區的工具鈕來進行設定。底下為您介紹**字型**區中最常用到功能。

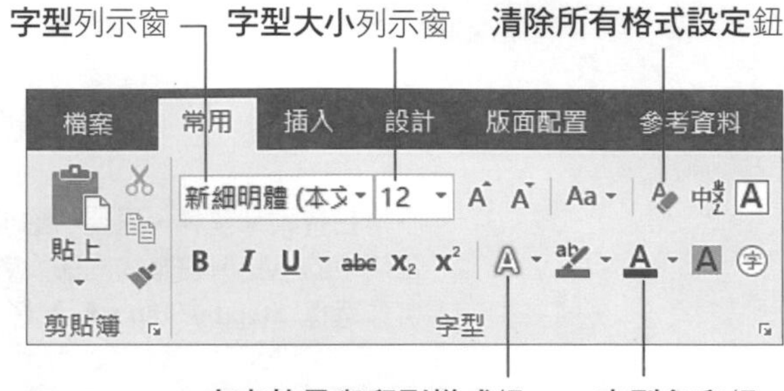

- **字型**列示窗 新細明體 (本文 12 ：拉下此列示窗, 可為選取的文字設定字型。當我們選取文字, 再拉下列示窗將指標移至字型名稱上時, 可直接預覽文字套用字型的結果。

選取文字再將指標移至**標楷體**字型上, 即可預覽結果

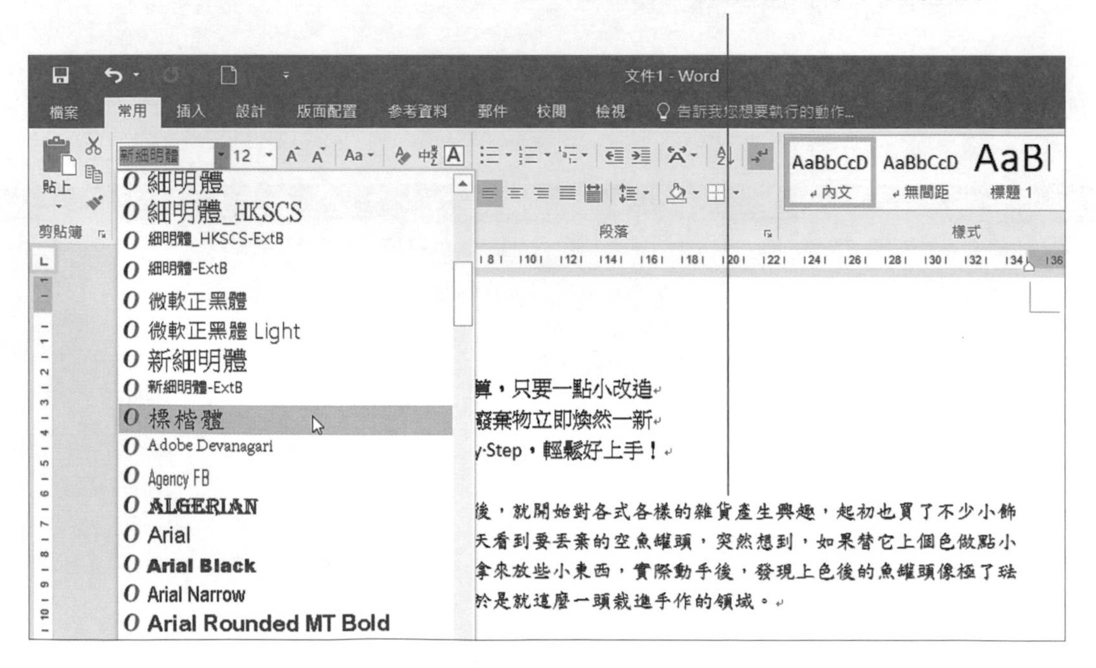

- **字型大小**列示窗 12 ：拉下此列示窗，可選取字級大小，亦可直接在此欄輸入數值自訂字級大小，且與**字型**列示窗一樣具有預覽的功能。

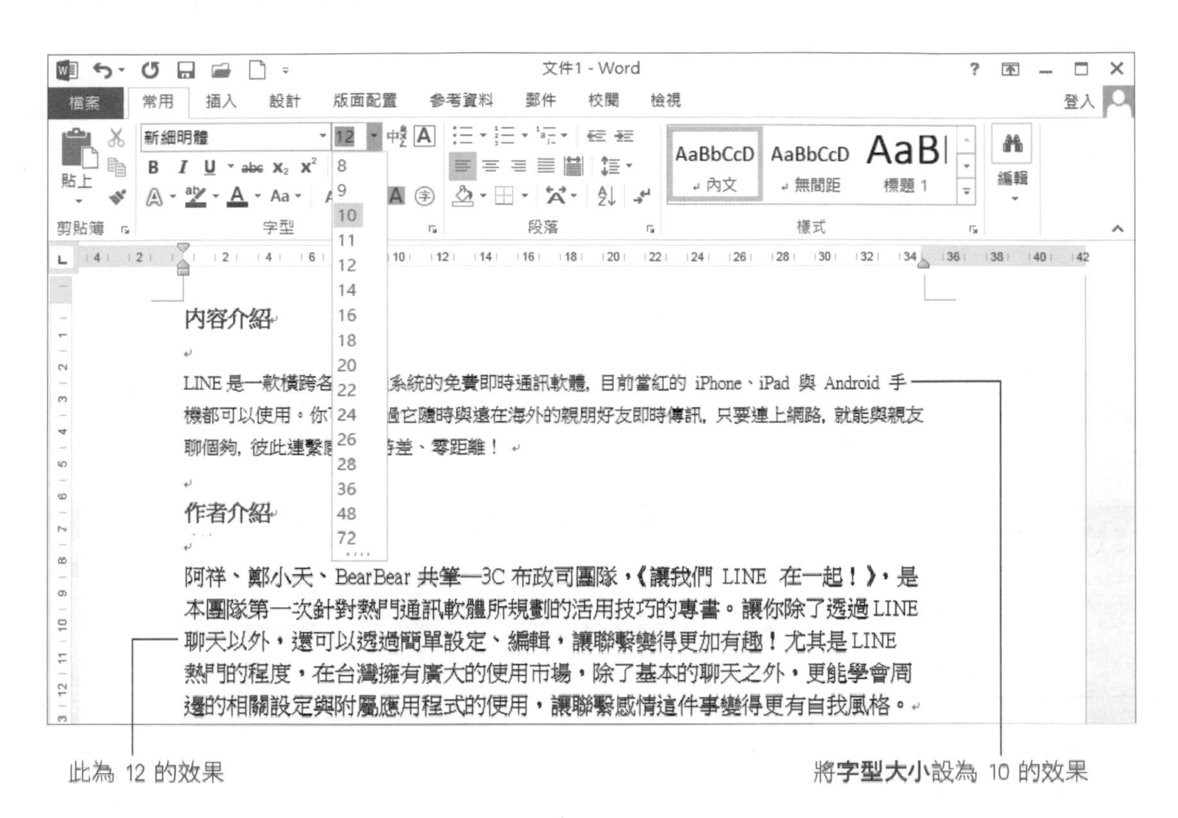

此為 12 的效果

將**字型大小**設為 10 的效果

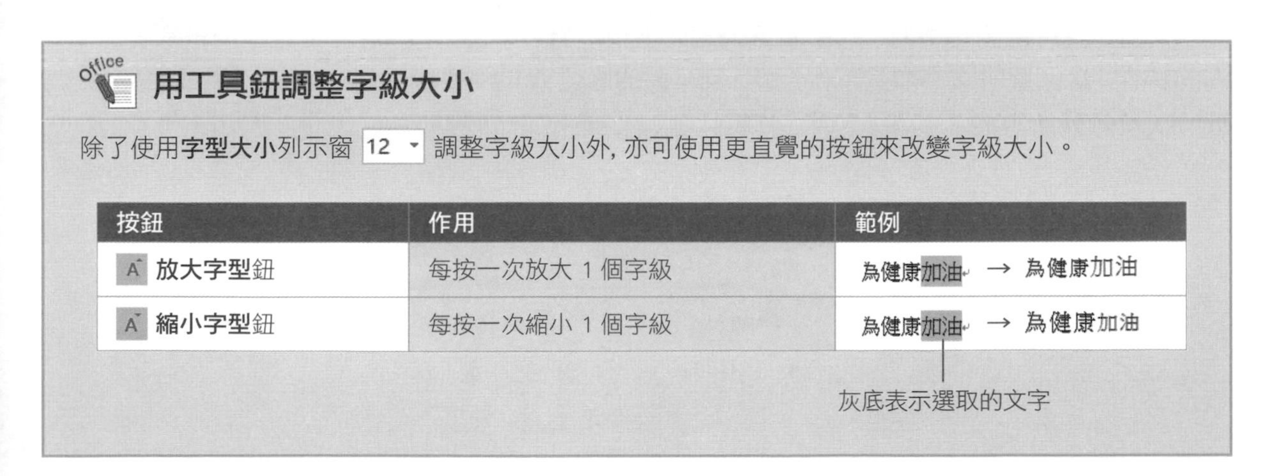

用工具鈕調整字級大小

除了使用**字型大小**列示窗 12 調整字級大小外，亦可使用更直覺的按鈕來改變字級大小。

按鈕	作用	範例
放大字型鈕	每按一次放大 1 個字級	為健康加油 → 為健康加油
縮小字型鈕	每按一次縮小 1 個字級	為健康加油 → 為健康加油

灰底表示選取的文字

- **字型色彩**鈕 ：按下工具鈕旁的下拉鈕, 可選取要套用的文字顏色。
- **清除所有格式設定**鈕 ：清除目前選取文字的所有格式, 若不清楚文字設定了什麼格式, 可利用此鈕清除文字格式再重新設定。

要讓段落中重要的文字、專有名詞、…等更加突顯, 你可以使用**粗體**、**斜體**、**底線**及**刪除線**工具鈕來做強化。

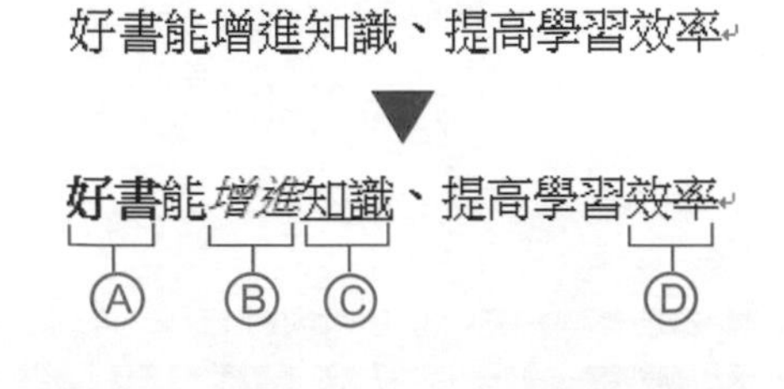

範例中淡灰色部份為設定格式前選取的文字範圍

項目	按鈕	作用	範例
Ⓐ	B **粗體**鈕	可使文字變粗	為健康加油 → 為健康**加油**
Ⓑ	I **斜體**鈕	使文字向右傾斜	為健康加油 → 為健康*加油*
Ⓒ	U **底線**鈕	替文字加上底線	為健康加油 → 為健康加油
Ⓓ	abc **刪除線**鈕	替文字加上刪除線	為健康加油 → 為健康~~加油~~

灰底表示選取的文字

我們再將可直接套用的工具鈕及效果列於下表, 方便您在設定時選用。這些按鈕都有一個相同的特性, 當你選取文字並按下按鈕時, 文字就會套用效果；要取消格式時請同樣選取文字, 再按一次按鈕就能取消。

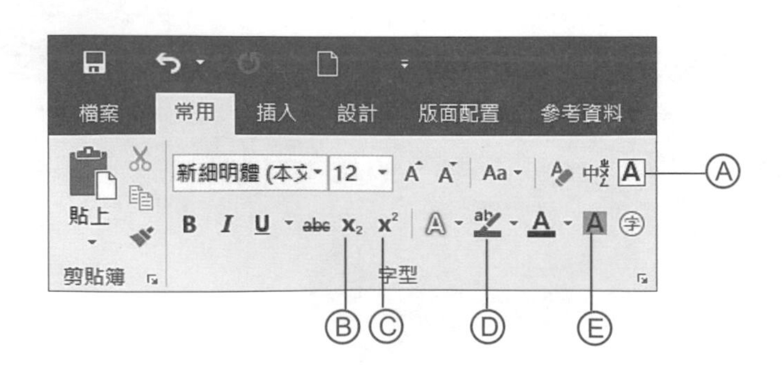

項目	按鈕	作用	範例
Ⓐ	**字元框線**鈕	替文字加上外框	為健康加油 → 為健康加油
Ⓑ	**下標**鈕	將文字設為下標字	為健康加油 2 → 為健康加油 $_2$
Ⓒ	**上標**鈕	將文字設為上標字	為健康加油 2 → 為健康加油 ^{2}
Ⓓ	**文字醒目提示色彩**鈕	為文字加上類似螢光筆的醒目標示	為健康加油 → 為健康加油
Ⓔ	**字元網底**鈕	替文字加上網底	為健康加油 → 為健康加油

灰底表示選取的文字

TIP 除了一次選取一個文字範圍來進行格式的設定外，我們也可以配合按 Ctrl 鍵，一次選取多個不連續的文字範圍一起做設定。

善用「迷你工具列」設定文字樣式

當您選取文字時，在文字的附近會自動顯示**迷你工具列**，方便您進行常用的格式設定。下次要進行格式設定時，記得多加利用哦！

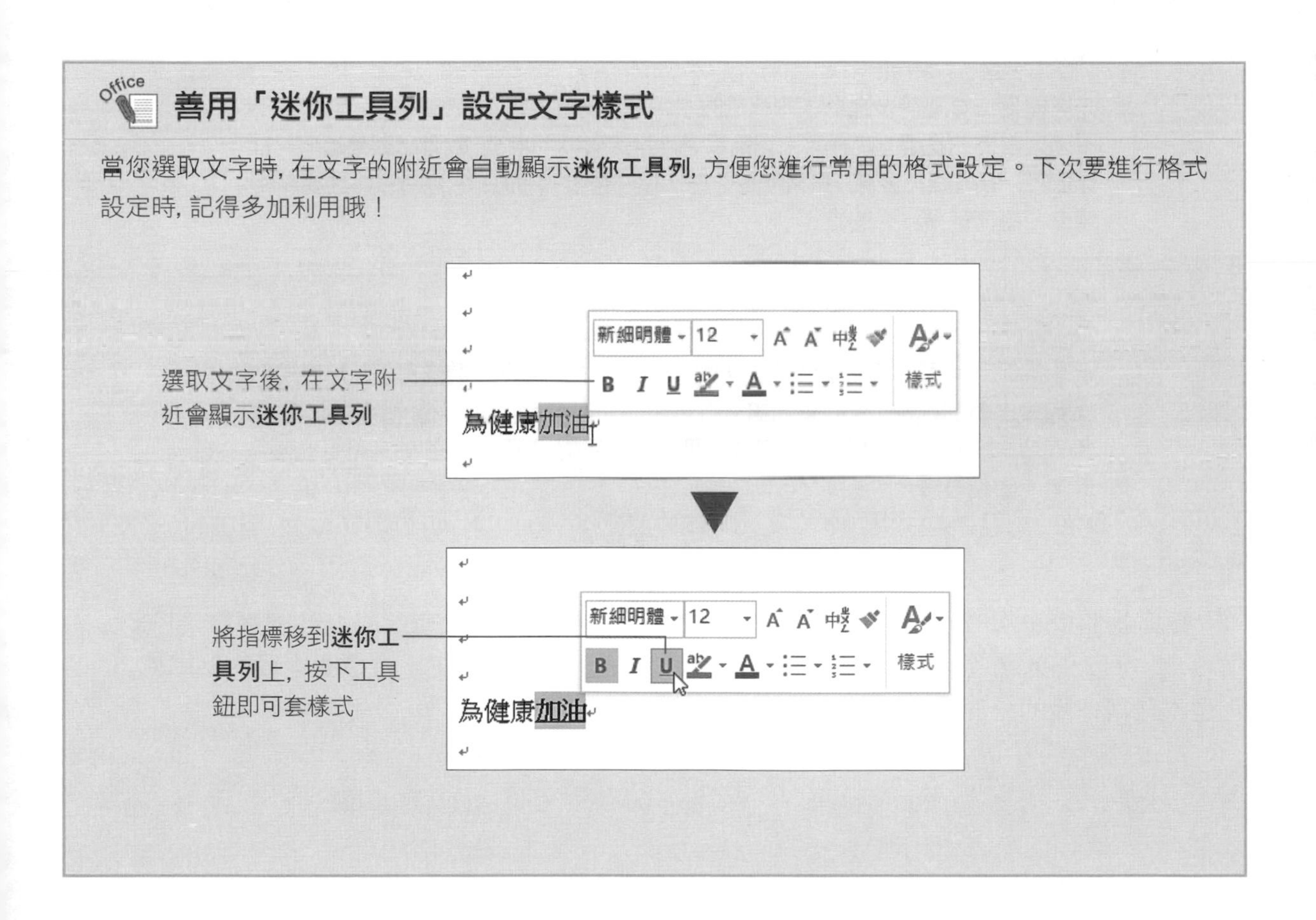
Office
新細明體
12
樣式
為健康加油
選取文字後，在文字附近會顯示**迷你工具列**
將指標移到**迷你工具列**上，按下工具鈕即可套樣式

2-3 調整段落的縮排、對齊與行距

學會了文字的格式設定, 我們再來學習調整段落的外觀, 包括左右縮排設定、段落縮排設定、調整段落的對齊方式, 以及變更行與行的距離等, 透過這些段落設定, 更能提升文件整體的專業程度。

認識段落和段落標記

在學習設定的方法之前, 我們先來釐清 Word 中「段落」的概念。「段落」是一串文字、圖形或符號, 最後再加上一個 Enter 鍵的組合, 在 Word 中是以「段落標記」↵ 做為一個段落的結束記號。

光影變化一直是許多攝影人士追求的主題, 但技術再好、裝備再好, 有時候仍敵不過大自然的捉弄, 或許有人認為用 Adobe Photoshop 來製造光影是造假、投機取巧, 但換個角度想, 那又何嘗不是一種 "藝術"！而且你的創意將更能無拘無束、盡情發揮, 不是嗎？↵

這就是段落標記 ▲ 共有一段

光影變化一直是許多攝影人士追求的主題, 但技術再好、裝備再好, 有時候仍敵↵
不過大自然的捉弄, 或許有人認為用 Adobe Photoshop 來製造光影是造假、投↵
機取巧, 但換個角度想, 那又何嘗不是一種 "藝術"！而且你的創意將更能無拘↵
無束、盡情發揮, 不是嗎？↵

▲ 共有四段

每當我們按一次 Enter 鍵, 不但會往下多加一行, 插入點之後還會加上一個「段落標記」; 換言之, 每按一次 Enter 鍵, 就會新增一個段落。因此, 「段落標記」會標明本段的結尾處, 同時也是本段與下段的分界。一旦刪除此標記, 則本段會與下段合併。

TIP 如果沒看到段落標記, 請先確認**常用**頁次下**段落**區中的**顯示/隱藏編輯標記**鈕 ↵ 是否已啟用 (呈淡灰色狀態)。

設定左右縮排、首行縮排

在開始學習**左右縮排**與**首行縮排**的操作前，我們先來看看稍後要調整的成果：

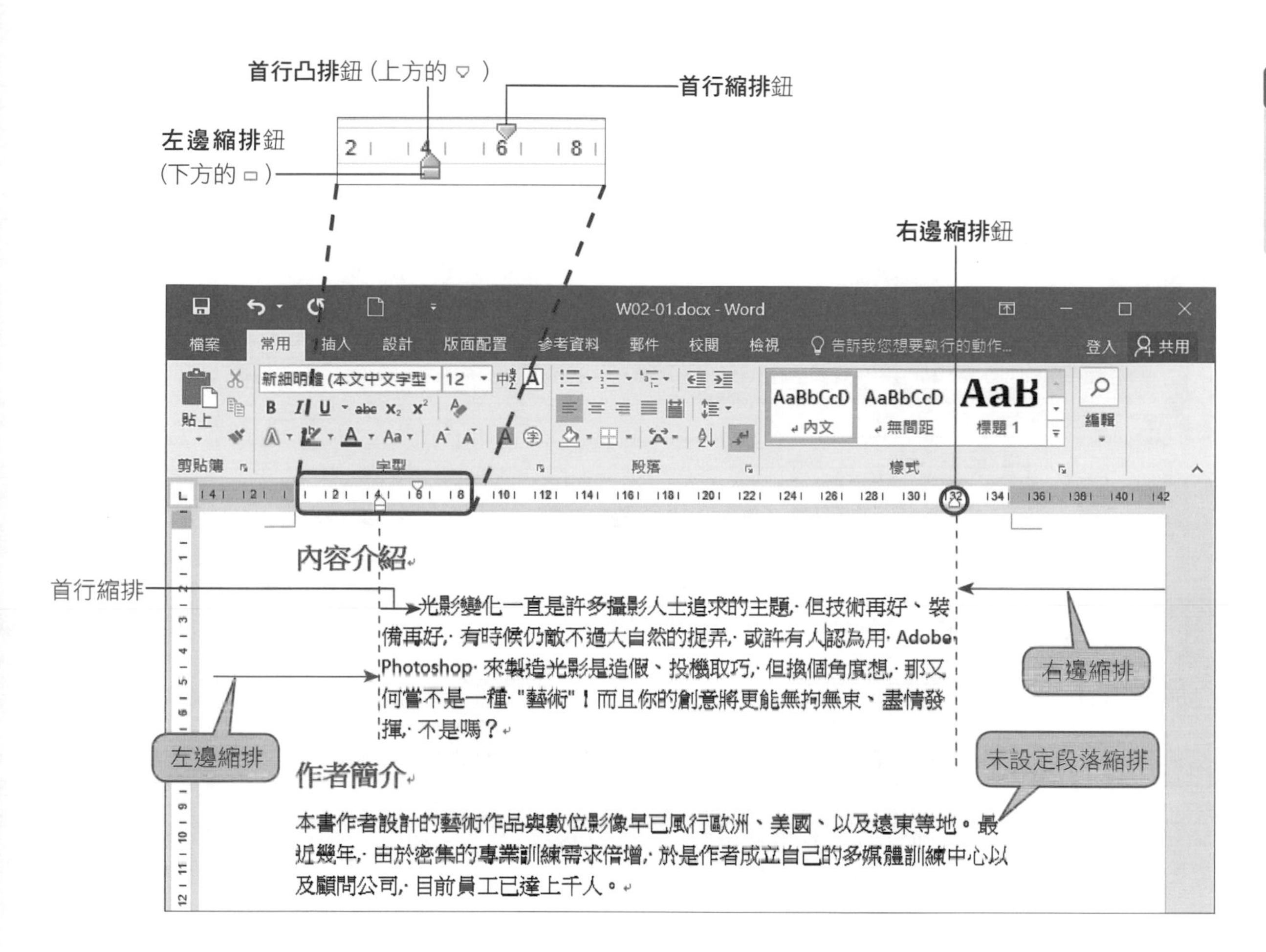

以工具鈕設定段落的左右縮排

左右縮排的文字量是由文字區域的左右邊界算起。我們可以透過**常用**頁次內**段落**區中的**減少縮排**鈕 、**增加縮排**鈕 來控制段落的縮排效果。

請開啟範例檔案 **Word** 資料夾中的 W02-01 來一同練習。假設要調整 "光影..." 段落的左右縮排，先將插入點移至段落中：

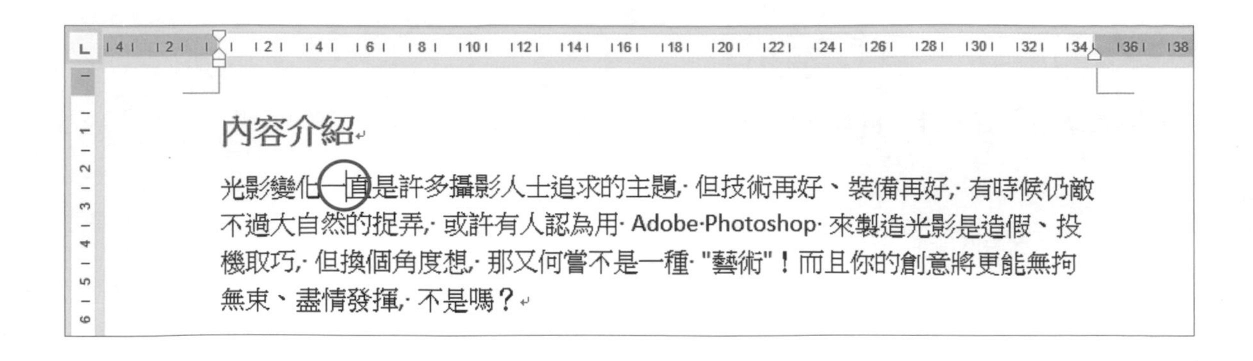

連按兩下**增加縮排**鈕 ![], 每按一次按鈕, 整段即向右縮排一個字, 所以現在整段向右縮排了兩個字：

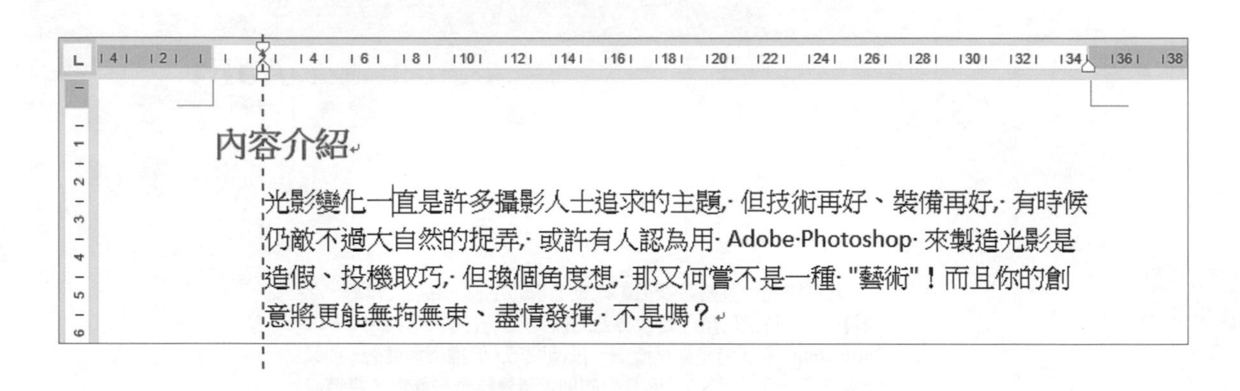

移動縮排鈕的位置設定段落縮排

經由尺規上的**左邊縮排**鈕、**右邊縮排**鈕, 也可以設定段落文字的左右邊界。請接續上例, 將插入點該段落中的任一處, 再拉曳尺規上**左邊縮排**鈕 (左側長方形符號 ▭) 至刻度 4 的位置。

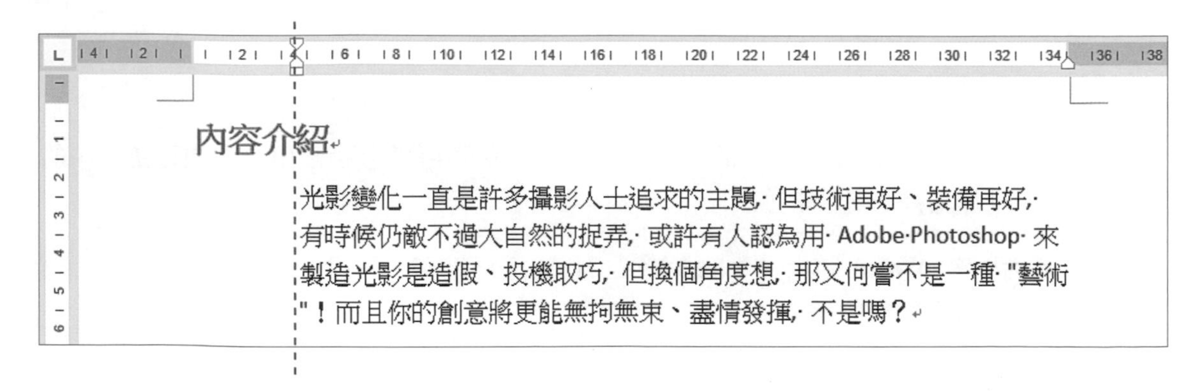

此時**首行縮排**鈕與**首行凸排**鈕會同步移動。接著, 再將**右邊縮排**鈕向左拉曳至刻度 30 的位置。

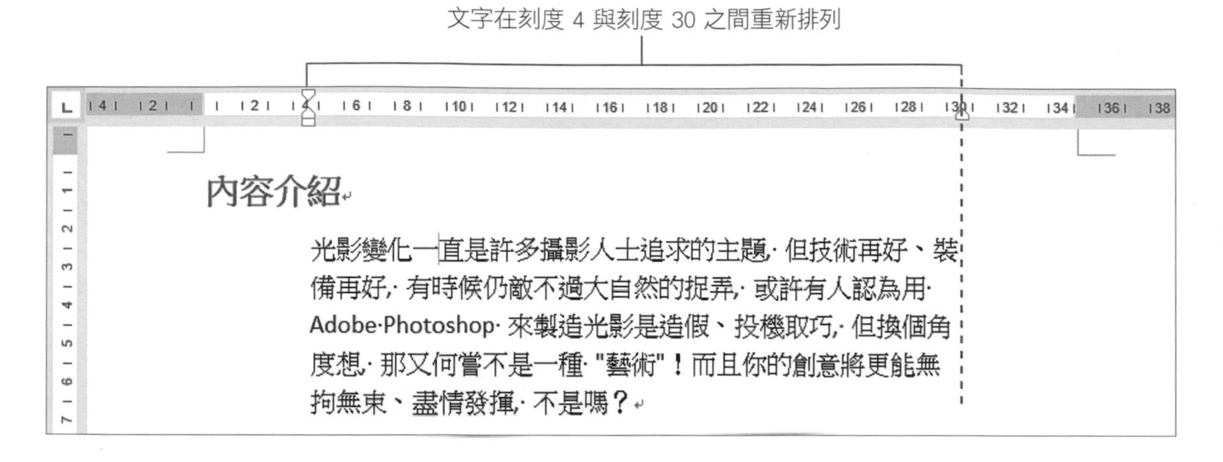

設定段落的首行縮排效果

學會段落的左右縮排後, 再來看看如何設定首行的縮排效果。請確認插入點已在 "光影..." 段落, 按住**首行縮排**鈕 (左側上方倒三角符號) 再向右拉曳至刻度 6 的位置。

此段的第 1 行立即向內縮排了

內容介紹

光影變化一直是許多攝影人士追求的主題, 但技術再好、裝備再好, 有時候仍敵不過大自然的捉弄, 或許有人認為用 Adobe Photoshop 來製造光影是造假、投機取巧, 但換個角度想, 那又何嘗不是一種 "藝術"!而且你的創意將更能無拘無束、盡情發揮, 不是嗎?

設定段落的對齊方式

透過**常用**頁次下**段落**區的**靠左對齊**鈕 、**置中**鈕 、**靠右對齊**鈕 、**左右對齊**鈕 與**分散對齊**鈕 , 我們可以調整段落的對齊方式。

TIP 在還沒做任何設定的情況下, Word 會將段落設定為**靠左對齊**。

請重新開啟範例檔案 **Word** 資料夾中 W02-01 檔案, 由於 "光影..." 段落中含有英文及半形符號, 所以段落結尾不太整齊, 我們利用對齊方式來改善這個情況。先將插入點移至該段落中, 再按下**左右對齊**鈕 :

內容介紹

光影變化一直是許多攝影人士追求的主題, 但技術再好、裝備再好, 有時候仍敵不過大自然的捉弄, 或許有人認為用 Adobe Photoshop 來製造光影是造假、投機取巧, 但換個角度想, 那又何嘗不是一種 "藝術"! 而且你的創意將更能無拘無束、盡情發揮, 不是嗎?

內容介紹

光影變化一直是許多攝影人士追求的主題, 但技術再好、裝備再好, 有時候仍敵不過大自然的捉弄, 或許有人認為用 Adobe Photoshop 來製造光影是造假、投機取巧, 但換個角度想, 那又何嘗不是一種 "藝術"! 而且你的創意將更能無拘無束、盡情發揮, 不是嗎?

▲ 段落**左右對齊**的效果

上述的練習是改變單一段落的對齊方式, 如果想要同時改變多個段落, 例如想將每個標題都置中對齊, 可先按住 Ctrl 鍵, 選定全部要設定的標題段落, 再設定對齊方式。

調整行與行的距離

行與行的距離在 Word 稱為**行距**, 如果想要設定某段落內文字的行距, 只要將插入點移至該段落即可；若想要設定好幾個段落文字的行距, 則可以先選取數個段落, 再進行設定。

接續上例, 請將插入點移至 "光影的變化…" 段落, 再按下**行距與段落間距**鈕 [按鈕圖示], 選定想要調整的行距大小：

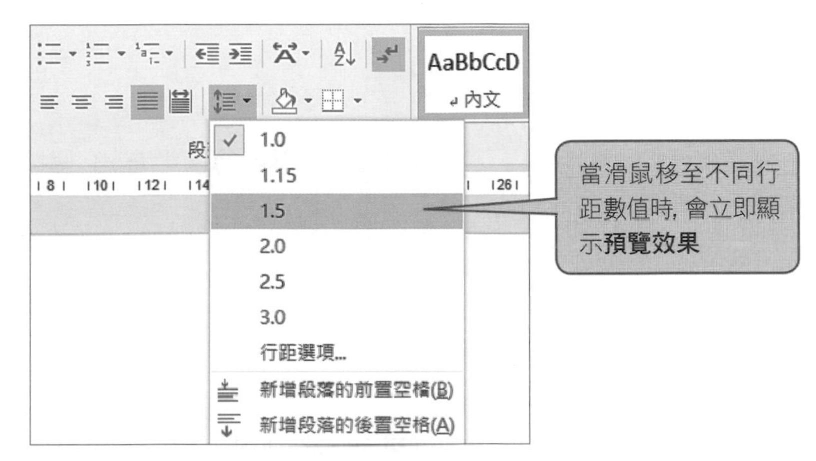

內容介紹

光影變化一直是許多攝影人士追求的主題, 但技術再好、裝備再好, 有時候仍敵不過大自然的捉弄, 或許有人認為用 Adobe Photoshop 來製造光影是造假、投機取巧, 但換個角度想, 那又何嘗不是一種 "藝術"！而且你的創意將更能無拘無束、盡情發揮, 不是嗎？

▲ 原行距 1.0

內容介紹

光影變化一直是許多攝影人士追求的主題, 但技術再好、裝備再好, 有時候仍敵不過大自然的捉弄, 或許有人認為用 Adobe Photoshop 來製造光影是造假、投機取巧, 但換個角度想, 那又何嘗不是一種 "藝術"！而且你的創意將更能無拘無束、盡情發揮, 不是嗎？

▲ 行距改為1.5, 每行距離加大了

2-4 搬移與複製文字的操作

在編輯文件時, 複製和搬移都是經常發生的動作, 這裡我們介紹「剪貼法」和「拉曳法」兩種方式, 來搬移或複製文字, 省去重複輸入相同文字, 以及格式設定的麻煩。

利用工具鈕搬移與複製文字

首先我們來介紹「剪貼法」。在**常用**頁次的**剪貼簿**區中有 3 個按鈕是運用剪貼法搬移、複製時不可或缺的工具：

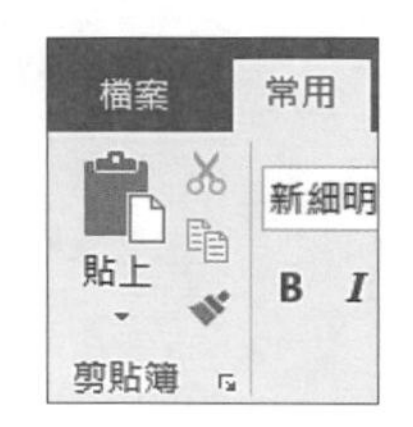

- **剪下**鈕：會將選定的文字拷貝到 **Office 剪貼簿**裡, 並將原選定文字刪除。

TIP **Office 剪貼簿**是 Office 文件剪下、複製時, 暫存資料的地方。

- **複製**鈕：會將選定的文字拷貝到 **Office 剪貼簿**裡, 且保留原選定文字。
- **貼上**鈕：會將上一次剪下或複製的內容, 加在插入點所在的位置。

搬移文字＝剪下文字再貼上

搬移的動作相當於先進行「剪下」動作再「貼上」, 請開啟範例檔案 **Word** 資料夾中的 W02-02 檔案, 和我們一起進行以下的練習。

STEP 01 假設我們要將文件中的 "花草植物" 移至最後一段的前面, 請先選取 "花草植物"：

尋找喜愛的攝影主題
花草植物是許多人喜歡的拍攝主題,
它們可以是相片中搶眼的主角,
也可以化身為主體旁最稱職的配角。

STEP 02 按下**剪下**鈕, 被選定的文字會因被剪下而消失, 其它文字則會重新排列。請再將插入點移至第 4 段 "也可以" 之前：

尋找喜愛的攝影主題
是許多人喜歡的拍攝主題,
它們可以是相片中搶眼的主角,
也可以化身為主體旁最稱職的配角。

STEP 03 按**貼上**鈕 ，剛剛剪下的文字便會出現在插入點之前：

尋找喜愛的攝影主題
是許多人喜歡的拍攝主題,
它們可以是相片中搶眼的主角,
花草植物也可以化身為主體旁最稱職的配角。
(Ctrl)

TIP 完成貼上動作時, 插入點附近會自動顯示**貼上選項**按鈕 (Ctrl), 可先不予理會, 待您進行下一個動作時, 此鈕即會消失。關於此鈕的操作, 我們將在稍後說明。

複製文字＝複製文字再貼上

複製的動作相當於先「複製」再「貼上」。例如我們要把上例中的 "花草植物" 複製到原來段落的最前面, 請用滑鼠選定該字串, 再按下**複製**鈕 。

2 插入點移到要貼上的地方
尋找喜愛的攝影主題
是許多人喜歡的拍攝主題,
它們可以是相片中搶眼的主角,
花草植物也可以化身為主體旁最稱職的配角。
1 選取要複製的字串, 按下
尋找喜愛的攝影主題
花草植物是許多人喜歡的拍攝主題,
它們可以 (Ctrl) 搶眼的主角,
花草植物也可以化身為主體旁最稱職的配角。
3 按下 鈕

用滑鼠拉曳搬移與複製文字

如果要搬移、複製的目的位置, 與原來的位置距離不遠, 我們還可以直接用滑鼠拉曳的方式來完成搬移和複製的動作。

拉曳文字到目的位置

請您利用同樣的範例檔案來練習。我們要將文件中第 3 段的 "搶眼" 字串, 搬到第 4 段的 "主體" 之前：

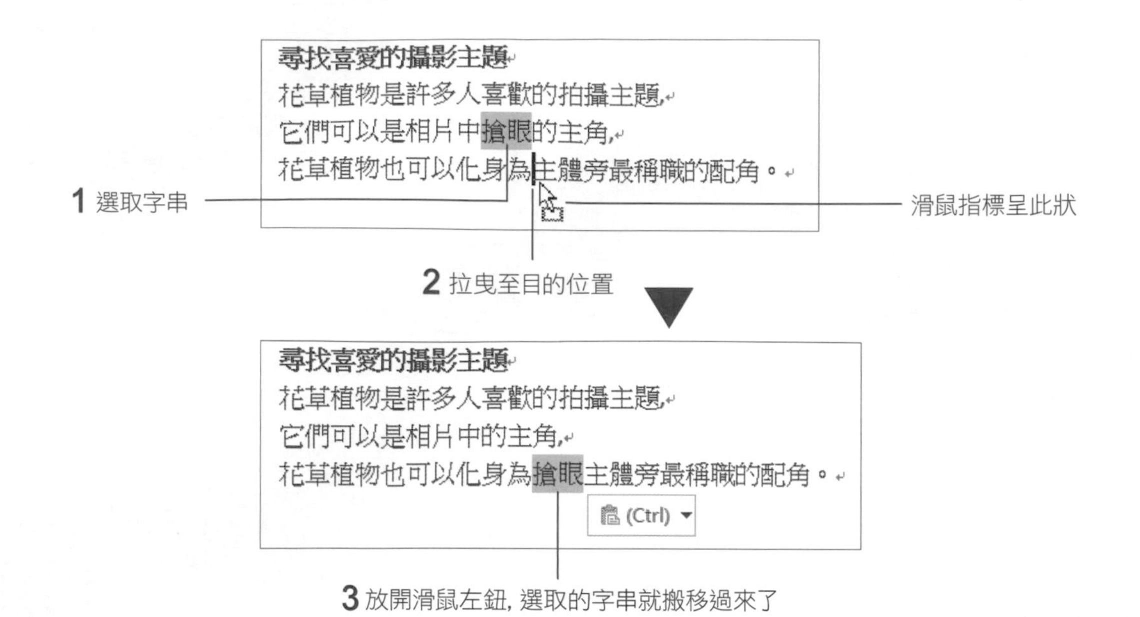
尋找喜愛的攝影主題
花草植物是許多人喜歡的拍攝主題,
它們可以是相片中搶眼的主角,
花草植物也可以化身為主體旁最稱職的配角。
1 選取字串
滑鼠指標呈此狀
2 拉曳至目的位置
尋找喜愛的攝影主題
花草植物是許多人喜歡的拍攝主題,
它們可以是相片中的主角,
花草植物也可以化身為搶眼主體旁最稱職的配角。
(Ctrl)
3 放開滑鼠左鈕, 選取的字串就搬移過來了

複製文字到目的位置

再來試試用滑鼠拉曳來進行複製。我們要將第 4 段的 "最稱職" 字串, 複製到第 3 段 "相片中" 之後：

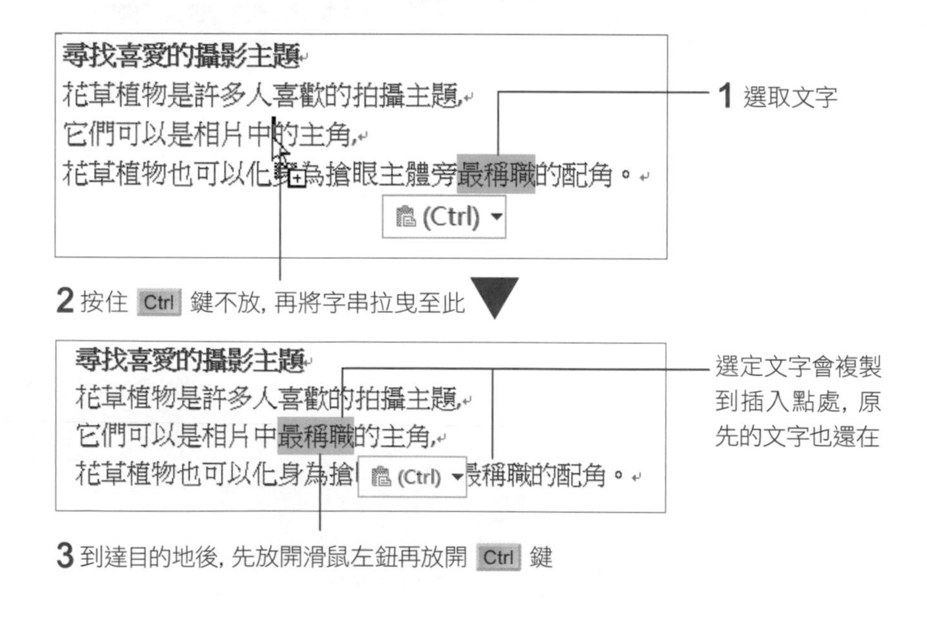
尋找喜愛的攝影主題
花草植物是許多人喜歡的拍攝主題,
它們可以是相片中的主角,
花草植物也可以化身為搶眼主體旁最稱職的配角。
(Ctrl)
1 選取文字
2 按住 Ctrl 鍵不放, 再將字串拉曳至此
尋找喜愛的攝影主題
花草植物是許多人喜歡的拍攝主題,
它們可以是相片中最稱職的主角,
花草植物也可以化身為搶眼主體旁最稱職的配角。
(Ctrl)
選定文字會複製到插入點處, 原先的文字也還在
3 到達目的地後, 先放開滑鼠左鈕再放開 Ctrl 鍵

TIP 搬移與複製除了可以在同一份文件內進行外, 還可以跨文件做資料的共享、交換。

在複製、搬移後選擇如何套用文字格式

在搬移、複製的動作完成時, 你會在目的地附近看到一個小按鈕 (Ctrl), 這是 Word 的貼心設計, 這個按鈕叫做**貼上選項**按鈕, 它會在您進行貼上、複製時自動出現, 目的是方便您選擇如何套用文字的格式化設定。若您不需要設定文字的格式, 也可以不理它, 直接進行下一個動作時, 此按鈕就會自動消失了。

底下仍以範例檔案 W02-02 來說明。我們將第 1 行粗體、紅色效果的標題文字 "尋找喜愛的" 複製到第 3 段綠色文字的段落中, 那麼套用**貼上選項**按鈕後會產生什麼效果？

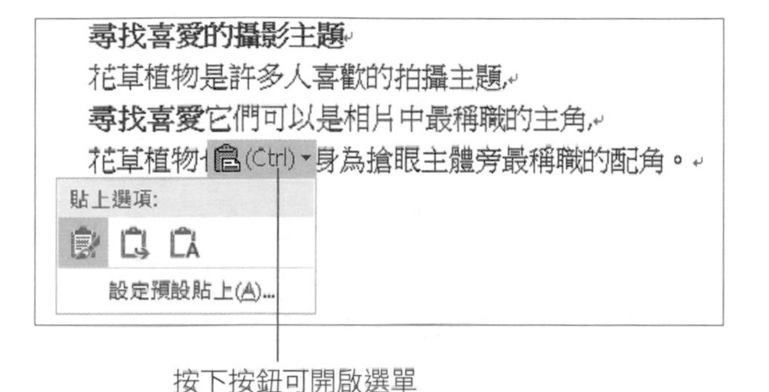

按下按鈕可開啟選單

選項	說明	示範
保持來源格式設定	保持來源的格式設定, 即不改變剪下或複製文字的格式設定	尋找喜愛的攝影主題 花草植物是許多人喜歡的拍攝主題, 尋找喜愛的它們可以是相片中最稱職的主角, 花草植物也可以化身為搶眼主體旁最稱職的配角。
合併格式設定	保留來源的格式設定, 再套用目的地的文字格式	尋找喜愛的攝影主題 花草植物是許多人喜歡的拍攝主題, 尋找喜愛的它們可以是相片中最稱職的主角, 花草植物也可以化身為搶眼主體旁最稱職的配角。
只保留文字	取消來源的格式設定, 再套用目的地的格式	尋找喜愛的攝影主題 花草植物是許多人喜歡的拍攝主題, 尋找喜愛的它們可以是相片中最稱職的主角, 花草植物也可以化身為搶眼主體旁最稱職的配角。

2-5 復原與重複操作的功能

編輯文件時若執行了錯誤的操作, 只要立即進行復原, 就不用重頭來過了, 這是編輯過程中一定要會的操作；若有需要再次執行的動作, 也只要利用重複操作功能, 就能迅速再做一次。

首先來認識**復原**與**重複**按鈕的位置及作用, 你可以在**快速存取**工具列上看到**復原**鈕 與**重複**鈕 , 如果沒看到, 請參考第 1 章的說明, 將這 2 個按鈕加入**快速存取**工具列中。

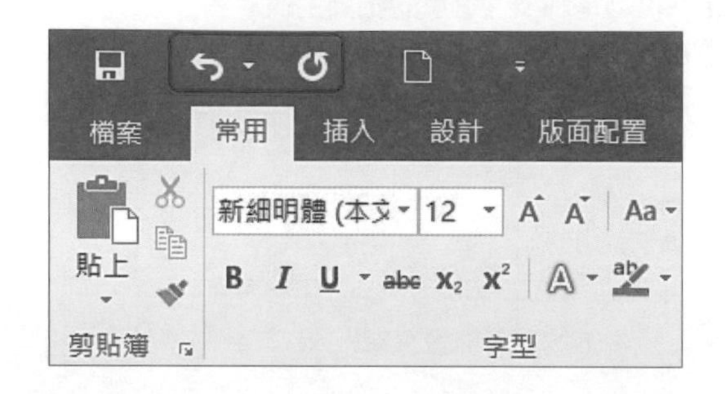

- **復原**鈕 ：可復原 (取消) 上一個動作。
- **重複**鈕 ：可重做上一個動作；若執行了復原的操作, 此鈕的作用會是**取消復原**, 按下此鈕可取消復原的動作。

例如在編輯文件時, 將一整段的文字刪除之後, 可按下 來復原刪除的動作 (或是按下 Ctrl + Z 快速鍵)；但仔細想想還是要刪除, 就可以按下 鈕來取消剛才執行的復原動作。

如果在執行一連串的動作之後, 才後悔想要回復這些操作, 可按下**復原**鈕 右側的下拉鈕, 由其中的命令回復操作, 以下是一個簡單的練習, 一起試試看吧！

STEP 01 假設我們在一份新文件上輸入"美麗新世界" 五個字。接著，選取"美麗" 兩個字，於**迷你工具列**上點選**字型色彩**改變文字顏色。

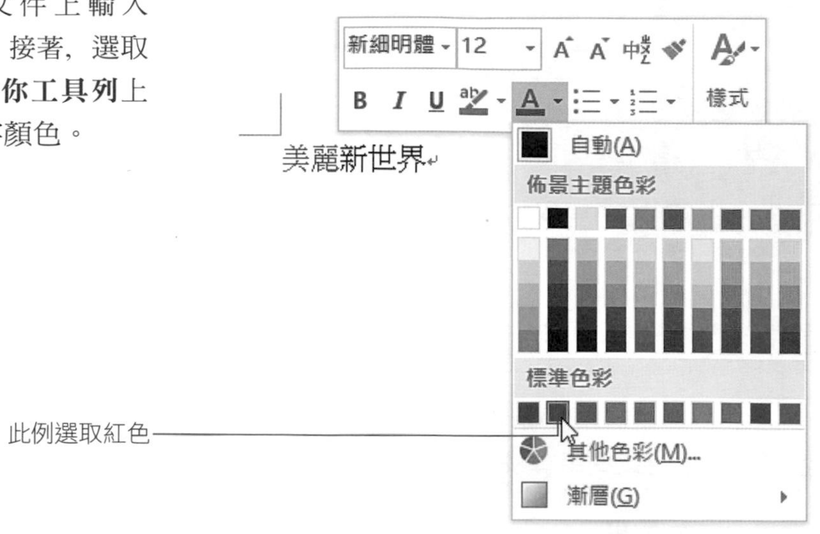

STEP 02 拉下**復原**列示窗，按下『**文字填滿效果**』動作，即可復原至未變更 "美麗" 2 個字的顏色狀態。

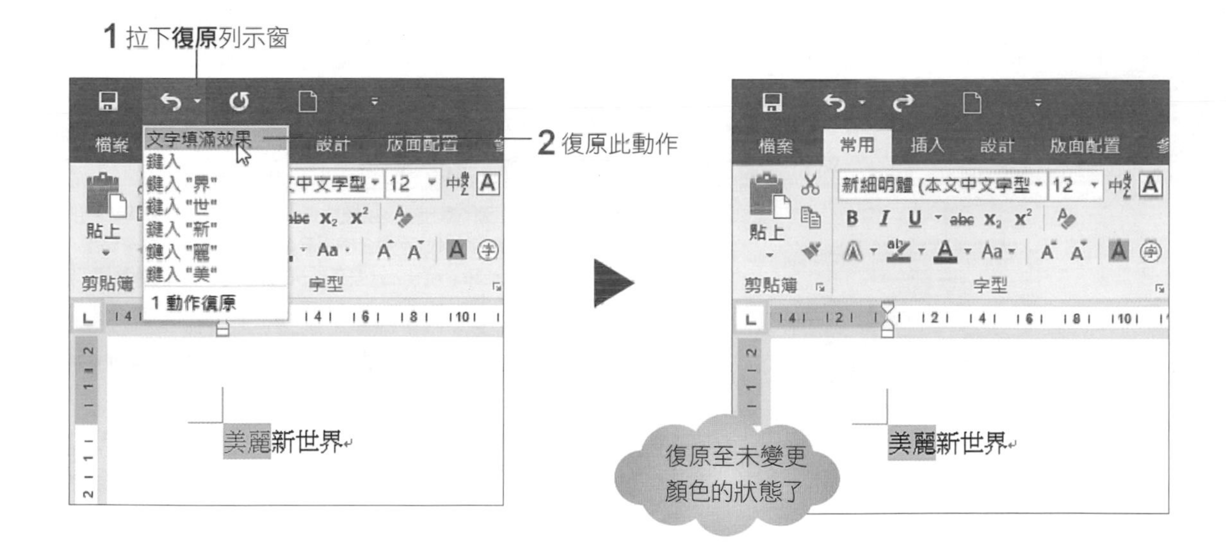

STEP 03 按下 [重做按鈕] 鈕會重做上一個動作，因此會再次使 "美麗"二字的顏色呈現紅色。

在此我們要特別提醒您，無論是復原之前執行的哪一個動作，都必須先從上一個動作開始往前復原，無法跳著回復到上一個動作之前的某個動作。

2-6 尋找與取代特定字串

閱讀文件時, 可能會想要回頭尋找剛才讀到的某個關鍵字；或是編輯到尾聲, 才發現某個文件中一直出現的地名打錯了, 這種情況只要利用 Word 提供的**尋找與取代**功能, 將可替您節省不少尋找、重新輸入的時間。

尋找文件中的關鍵字

請開啟範例檔案 **Word** 資料夾中的 W02-03 檔案, 我們想知道這份文件中出現過幾個 "命令" 文字, 就可以利用尋找 "命令" 關鍵字的方法得到答案。

請切換到**常用**頁次, 再按下最右側的**尋找**鈕 尋找, 此時左側會顯示**導覽**窗格：

TIP 若螢幕尺寸較小, 會看不到**尋找**鈕, 請按下**編輯**鈕再執行『**尋找**』命令。

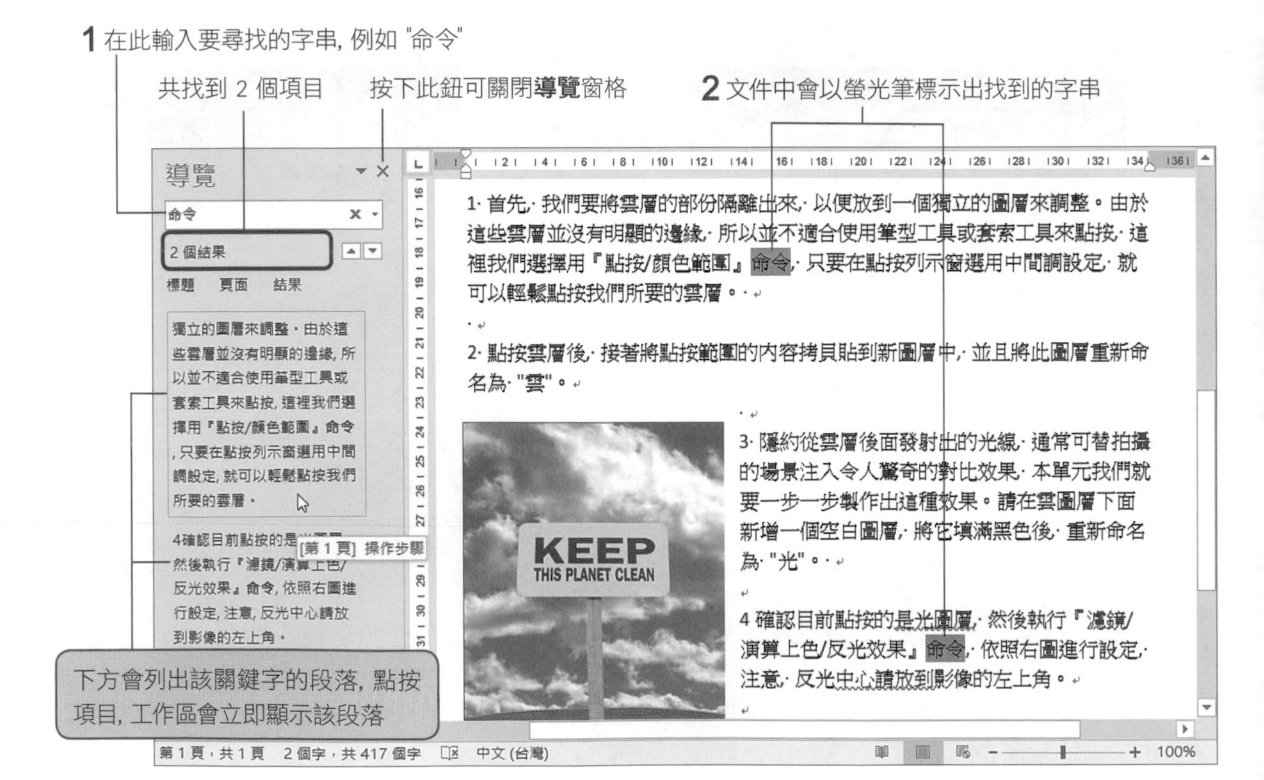

您可以從**導覽**窗格快速切換到要閱讀或修改的段落, 而螢光筆標示會在執行下一個動作時消失 (例如輸入文字), 按下**導覽**窗格**搜尋文件**列中的**停止搜尋**鈕 ✕ 亦可取消尋找字串的標示狀態。

在「導覽」窗格檢視大綱、預覽頁面

導覽窗格除了可用來標示欲尋找的字串外, 還可用來預覽文件的標題或頁面縮圖。例如文件中我們已為文字套用了**標題**樣式, 將**導覽**窗格切換到**標題**頁次時, 就會看到其中有兩個標題, 可快速瀏覽文章的架構; 若是要看整份文件版面, 就可以切換到**頁面**頁次, 以縮圖的方式預覽文件的所有頁面。

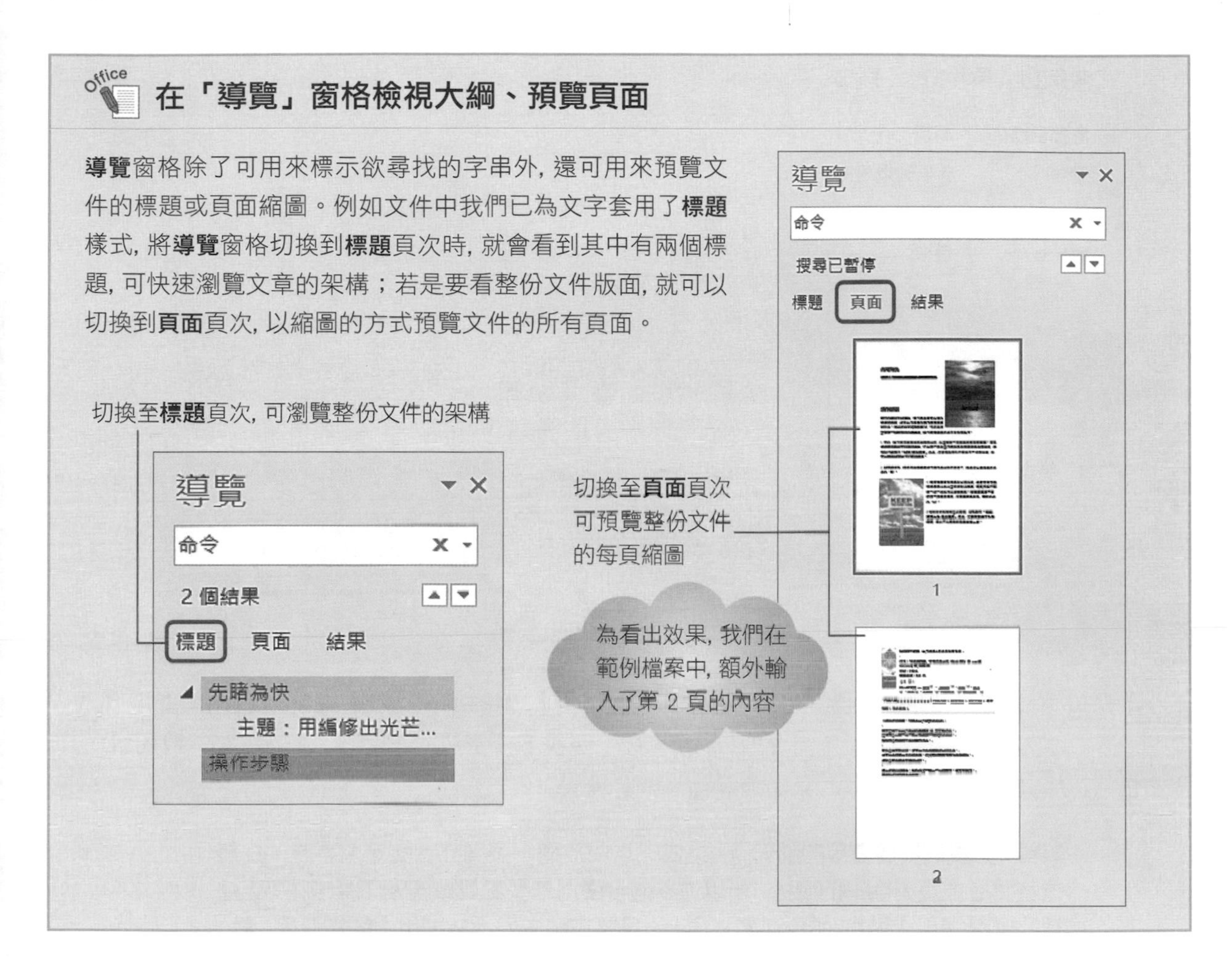
切換至標題頁次, 可瀏覽整份文件的架構
導覽
命令
2 個結果
標題
頁面
結果
先睹為快
主題:用編修出光芒...
操作步驟
切換至頁面頁次
可預覽整份文件
的每頁縮圖
為看出效果, 我們在
範例檔案中, 額外輸
入了第 2 頁的內容
導覽
命令
搜尋已暫停
標題
頁面
結果
1
2

統一取代文件中的特定字串

文章中重複出現的專有名稱、人名、地名...等, 最怕有誤植的情況, 不但要一一找出錯誤的地方, 還得將其全部修正, 這裡要說明利用**取代**功能來統一修正文件中重複出現的特定字串。

STEP 01 以下同樣用範例檔案 W02-03 來練習。請切換到**常用**頁次, 按下最右側的**取代**鈕 取代, 假設我們要將文件中的 "點按" 全都換成 "選取":

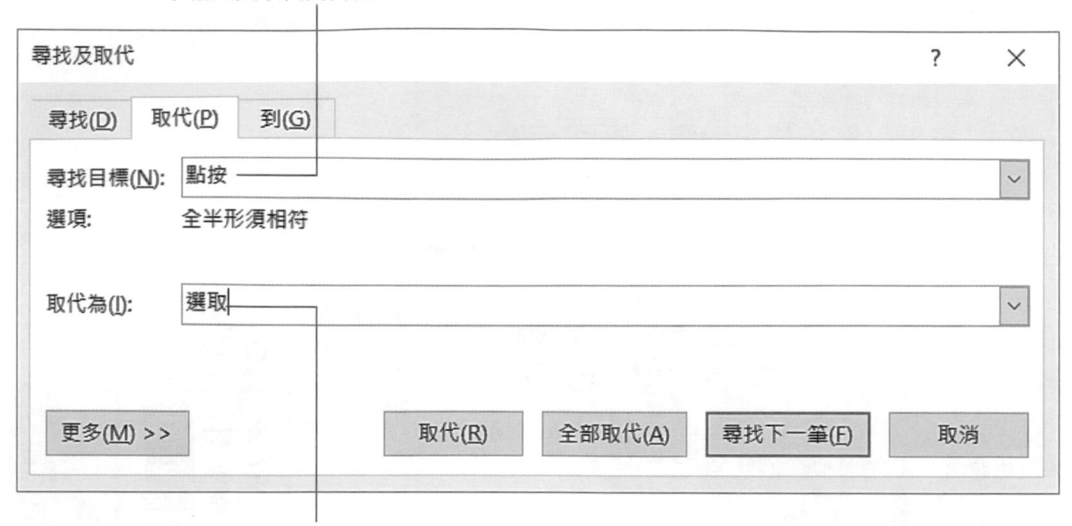

TIP 若希望從文件的最前面開始更正, 請先將插入點移至文件的一開始。

STEP 02 先按下**尋找下一筆**鈕, 讓 Word 在文件中標示出找到的字串, 如果確定是我們想要取代的內容, 就按下**取代**鈕；如果不需要取代, 就再按下**尋找下一筆**鈕向下尋找, 此例請按下**取代**鈕。

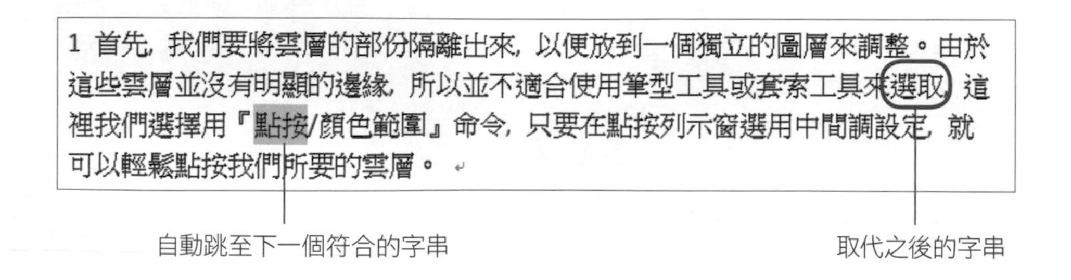

STEP 03 繼續以相同的方式往下尋找, 就能逐一過濾文件中的 "點按" 字串並決定是否要以 "選取" 取代。若想一次將文件中所有符合的字串都替換掉, 請在設定好文字後直接按下**全部取代**鈕。

2-7 列印文件

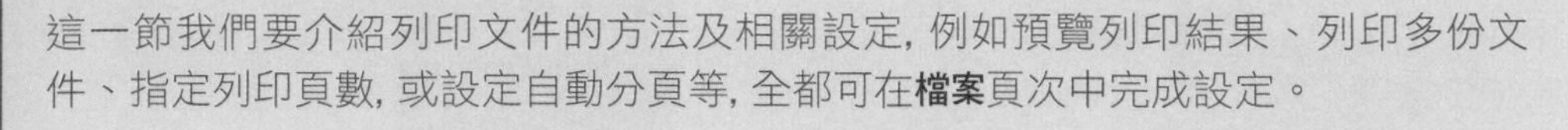

這一節我們要介紹列印文件的方法及相關設定, 例如預覽列印結果、列印多份文件、指定列印頁數, 或設定自動分頁等, 全都可在**檔案**頁次中完成設定。

請開啟要列印的文件, 或是利用範例檔案 W02-03 來練習。然後切換到**檔案**頁次, 再按下左側的**列印**：

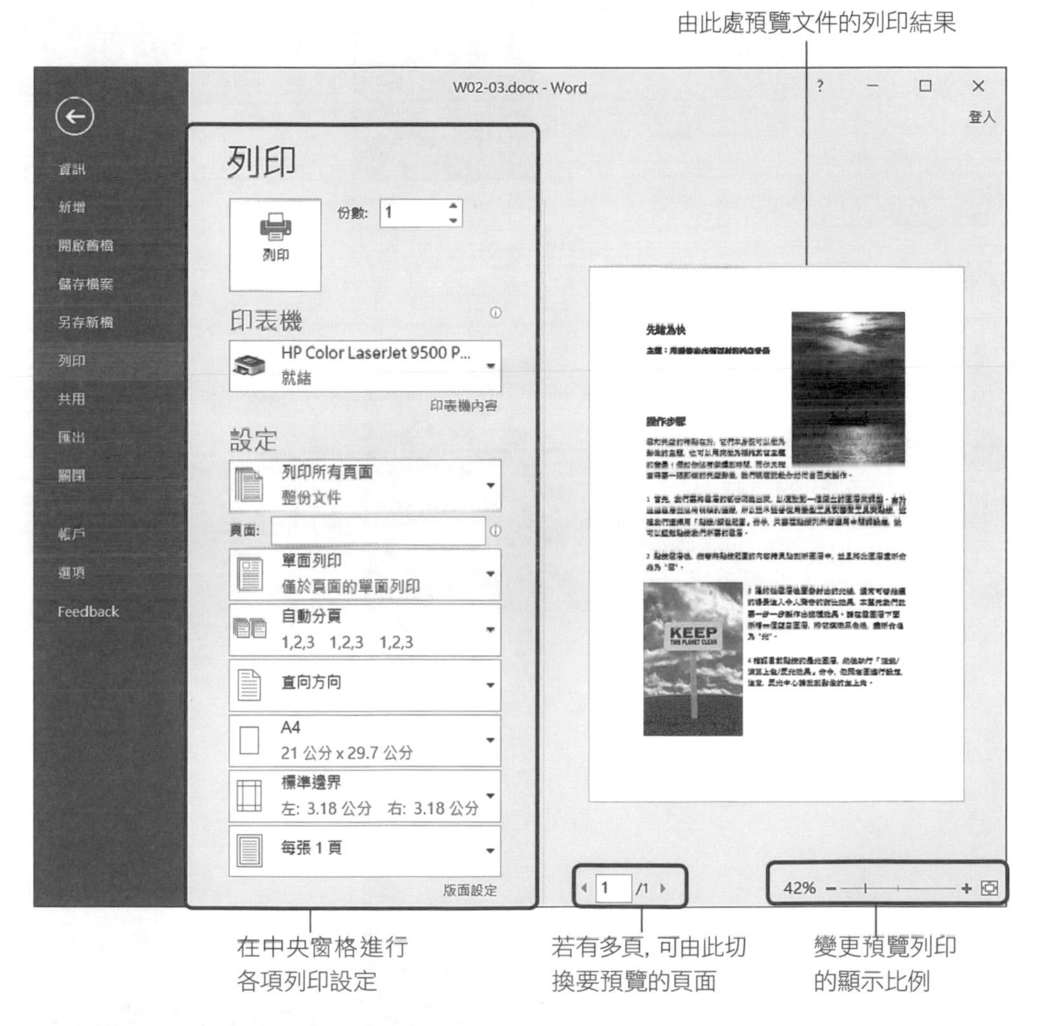

以下為您說明列印選項中實用的功能。

設定文件要直式或橫向列印

我們可以依文件的版面編排來決定文件的列印方向，要變更文件的方向可如右進行設定：

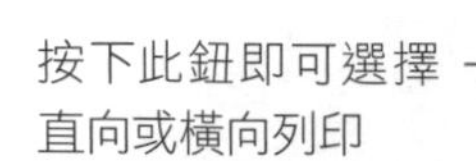

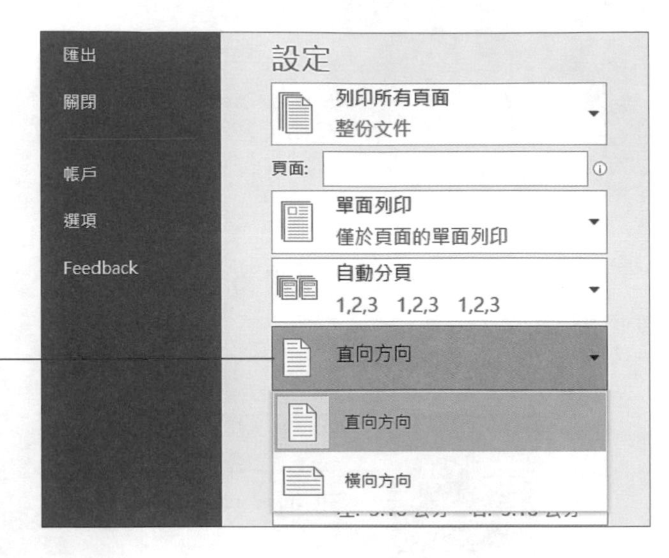

調整文件的版面邊界

若要變更文件四周留白區域的大小，可按下邊界選項進行設定。當整份文件最後一頁只有 1 至 2 行文字時，在重新設定邊界後，可以省下列印的頁數。

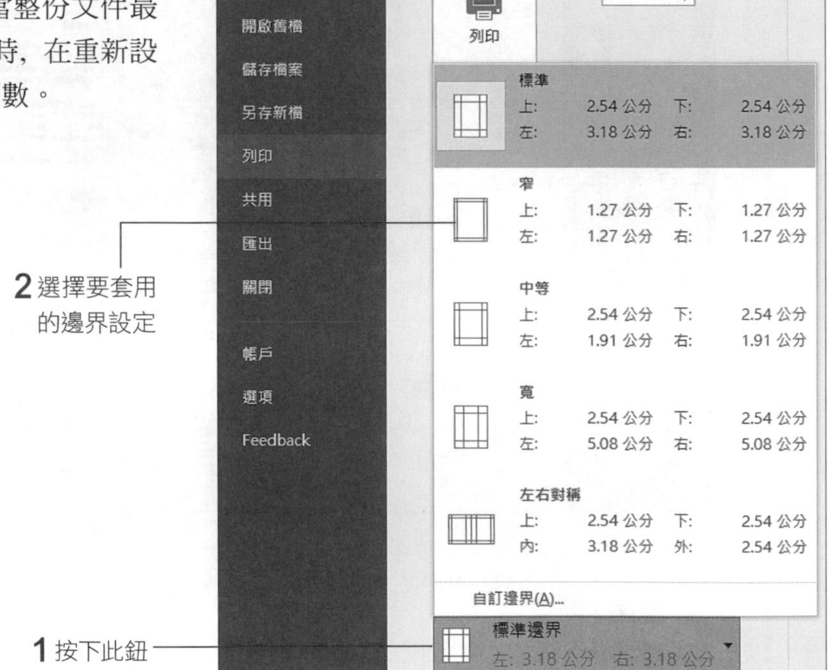

指定要列印的頁數

如果只要列印文件的其中幾頁，就不用浪費地列印整份了，你可以如下設定要列印的頁數：

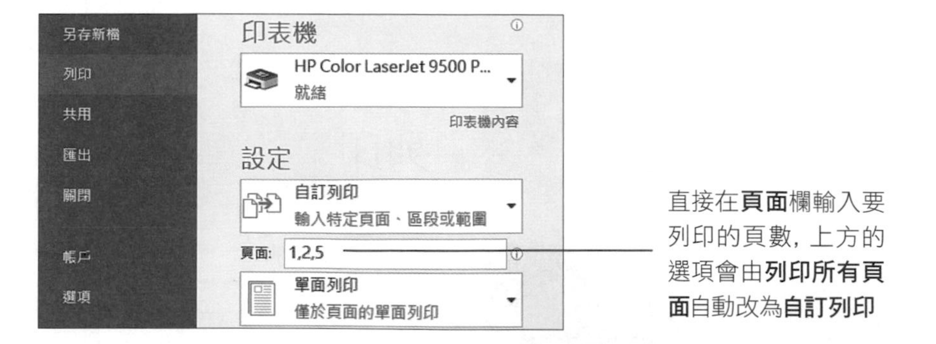

TIP 設定列印不連續的頁數時，可用 "," 隔開，例如：1,5,9；若是連續頁數，可用 "-" 連接，例如：1-3。

設定一張紙要印幾頁內容

你也可以設定將多頁內容印在一張紙上，以節省紙張。例如設定為**每張 2 頁**時，會在一張紙的左右半分別印出第 1、2 頁的內容，不過要提醒您！還是得顧及文件的易讀性，若一頁列印了太多頁面，可能連字都看不清楚哦！

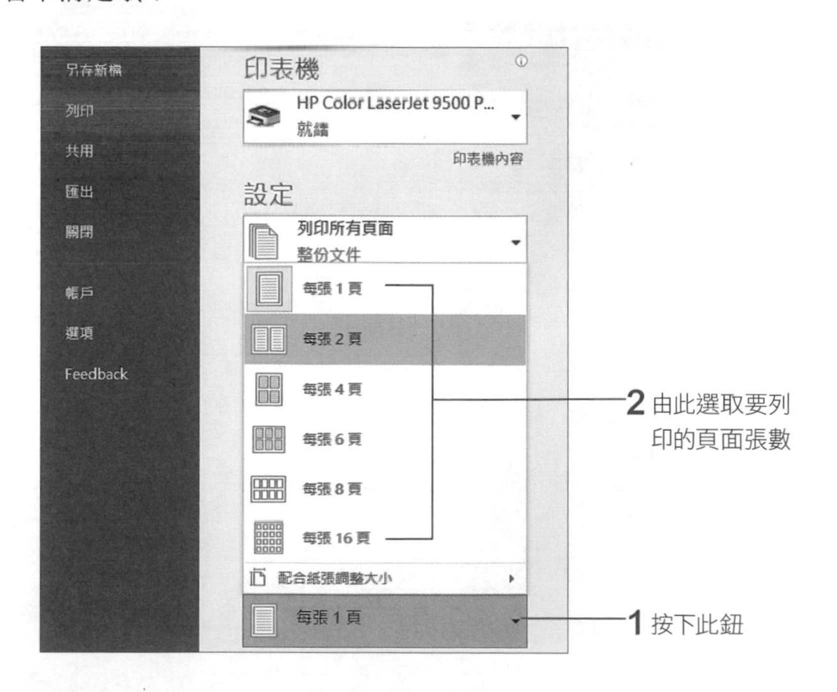

設定列印份數並開始列印

最後要輸入欲列印的份數, 無論這份文件需要列印幾份, 都建議你先列印一份, 看看文件內容、版面、列印設定等是不是有需要修改的地方, 若確認沒問題之後再列印多份：

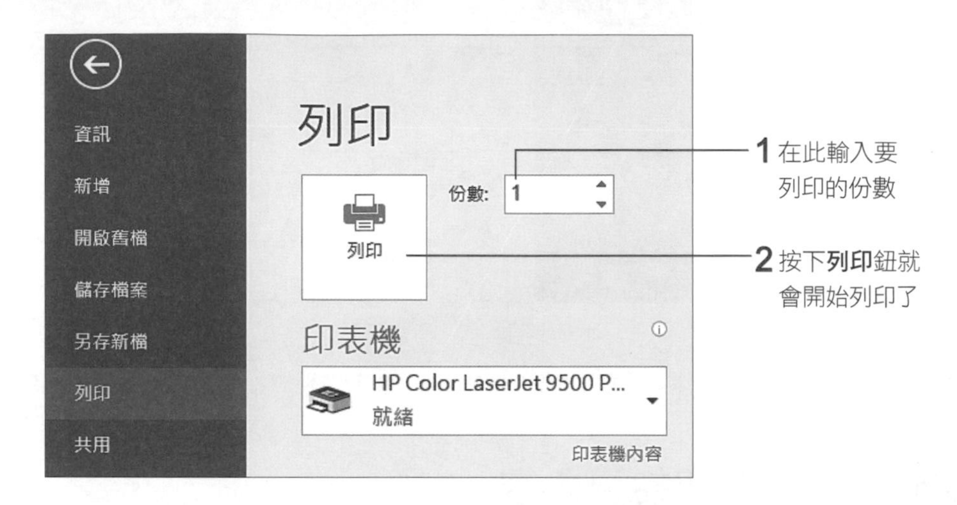

自動分頁

列印多頁時, 還可設定是否要啟用**自動分頁**功能。若**未自動分頁**表示會印完所有份數的第 1 頁, 再列印第 2 頁；設定**自動分頁**的話, 則會完整的印完第 1 份, 再接著列印第 2 份, 節省我們手動分頁的時間。

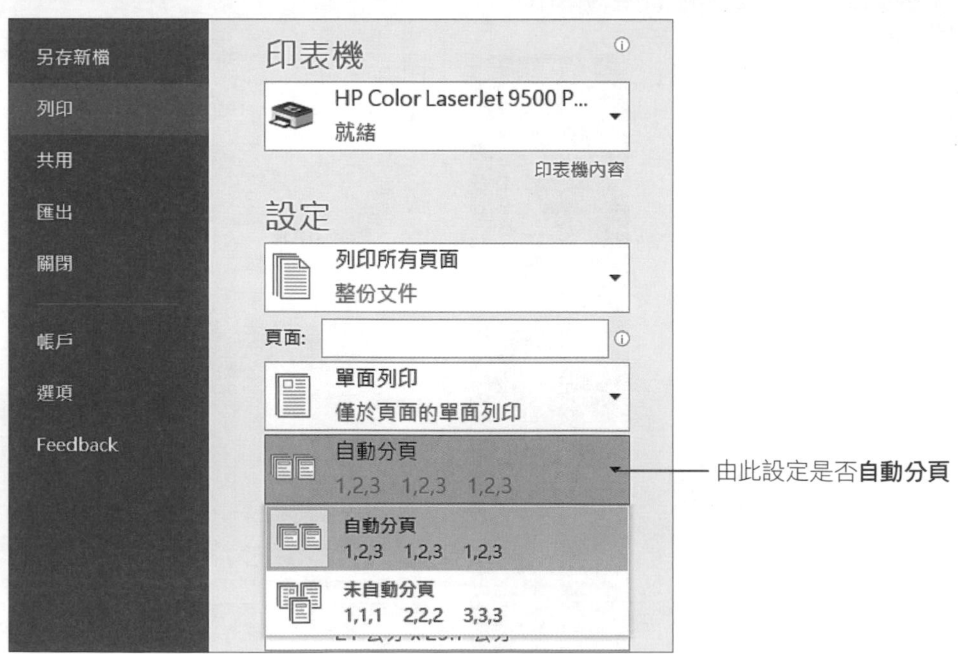

文件的格式化

- 調整字與字的距離
- 調整行或段落的間距
- 套用文件樣式迅速美化文件
- 美化條列項目
- 為文字、段落及頁面加上框線
- 複製文字及段落的格式
- 設定文字的書寫方向
- 將段落的首字放大

3-1 調整字與字的距離

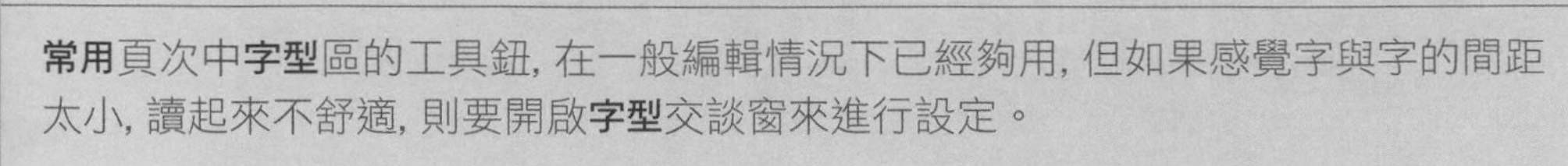

常用頁次中**字型**區的工具鈕, 在一般編輯情況下已經夠用, 但如果感覺字與字的間距太小, 讀起來不舒適, 則要開啟**字型**交談窗來進行設定。

我們實際來練習一下**字型**交談窗的設定。請開啟範例檔案 **Word** 資料夾下的 W03-01, 並選取要調整文字間距的段落, 再按下**常用**頁次**字型**區右下角的 ⧉ 鈕：

活動日期：8 月 15 日
集合時間：早上 08:00
集合地點：台北車站

1 選取這 3 段文字

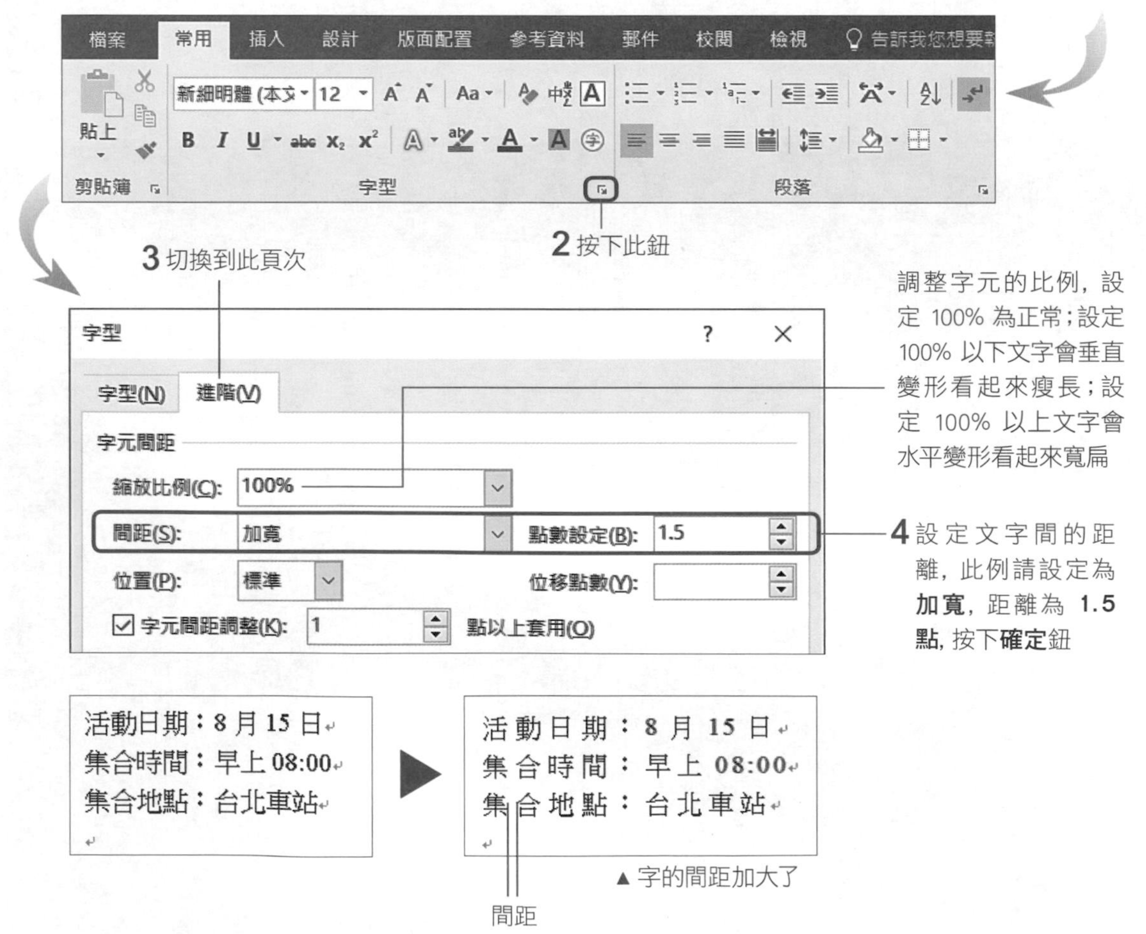

▲ 字的間距加大了

3-2 調整行或段落的間距

當行與行的距離太過擁擠時，您可以變更行與行的間距，或是每個段落前後的間距。請開啟**段落**交談窗來進行設定。

當需要調整行距時，請先選取要變更的文字，再按下**常用**頁次**段落**區的**行距與段落間距**鈕 來進行設定。請重新開啟範例檔案 W03-01。

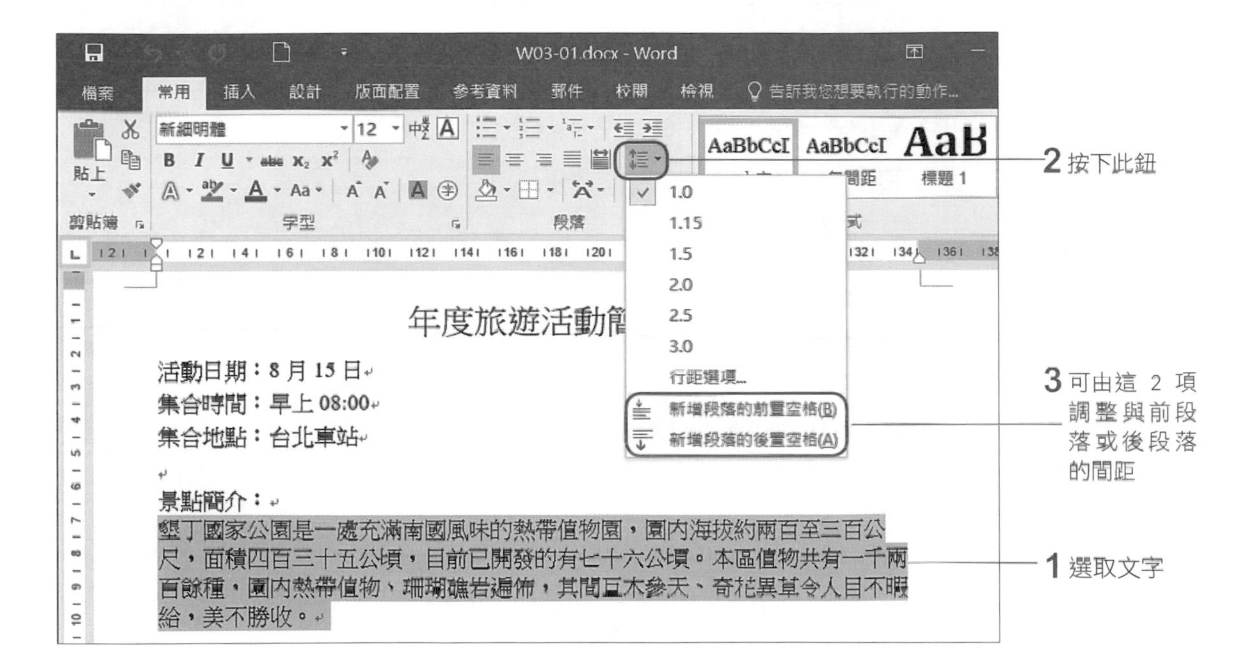

▲ 按下 新增段落的前置空格(B)

▲ 按下 新增段落的後置空格(A)

當您想更加精準地以不同行高調整與前段或後段的距離，或以行距、行高調整段落中行與行之間的距離時，請按下**常用**頁次**段落**區右下角的**段落設定** 鈕，即會開啟**段落**交談窗，用以調整段落或是行與行之間的距離。

3-3 套用文件樣式迅速美化文件

利用**常用**頁次**字型**、**段落**區的工具鈕, 可為文字、段落做各種格式的變化, 但有時急著要交一份書面報告, 沒有時間一一設定文字格式、段落樣式時, 還有一個小技巧可以幫你解決問題。

為標題套用顯眼的樣式

請先開啟要設定樣式的文件, 或重新開啟範例檔案 W03-01, 這是我們已輸入好內容的文件, 但現在看起來還是白紙黑字很單調, 來替文件換個新面貌吧。

STEP 01 將插入點移至 "年度旅遊…" 段落中, 再切換到**常用**頁次, 由**樣式**區選取要套用的樣式:

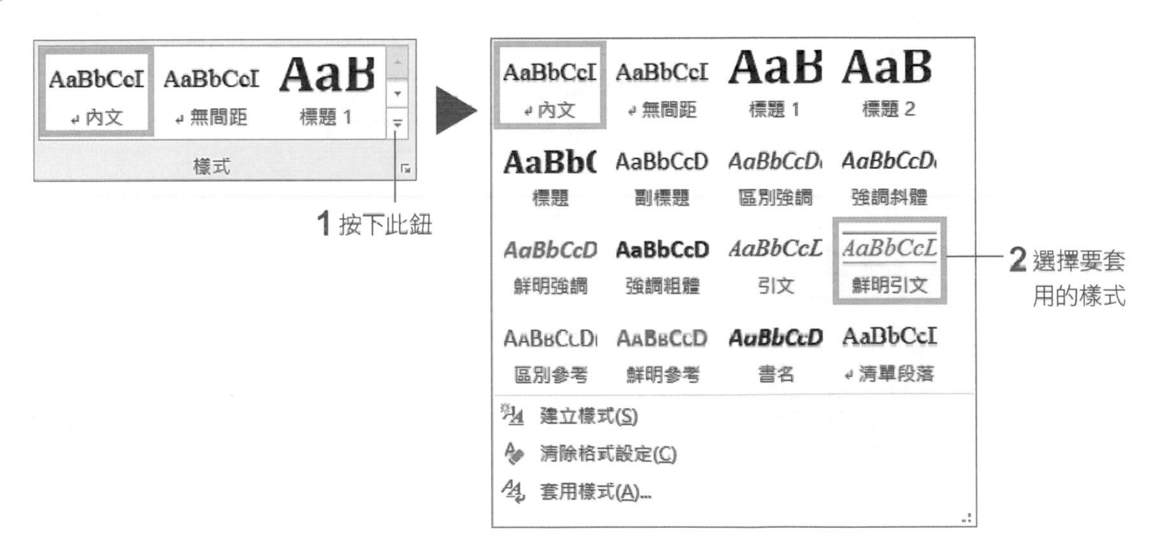

年度旅遊活動簡介
活動日期：8 月 15 日
集合時間：早上 08:00
集合地點：台北車站

▲ 套用前

年度旅遊活動簡介
活動日期：8 月 15 日
集合時間：早上 08:00
集合地點：台北車站

▲ 套用後

STEP 02 接著再選取文件中的 "景點簡介:" 和 "其它景點:" 兩個小標題, 用同樣的方法套用**鮮明參考**樣式, 輕鬆就能完成基本的格式設定了。

景點簡介：

墾丁國家公園是一處充滿南國風味的熱帶值物園，園內海拔約兩百至三百公尺，面積四百三十五公頃，目前已開發的有七十六公頃。本區值物共有一千兩百餘種，園內熱帶值物、珊瑚礁岩遍佈，其間巨木參天、奇花異草令人目不暇給，美不勝收。

其它景點：

1. 墾丁公園 2. 關山落日 3. 墾丁街 4. 龍鑾潭 5. 船帆石 6. 社頂公園 7. 佳樂水 8. 鵝鑾鼻 9. 貓鼻頭 10. 瓊麻展示館

1 選取標題

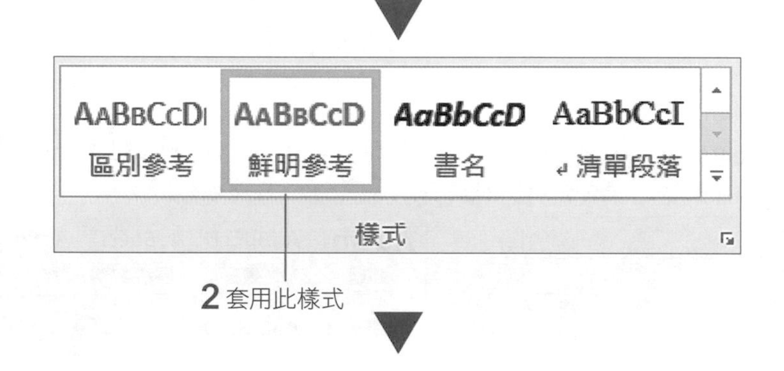

2 套用此樣式

景點簡介：

墾丁國家公園是一處充滿南國風味的熱帶值物園，園內海拔約兩百至三百公尺，面積四百三十五公頃，目前已開發的有七十六公頃。本區值物共有一千兩百餘種，園內熱帶值物、珊瑚礁岩遍佈，其間巨木參天、奇花異草令人目不暇給，美不勝收。

其它景點：

1. 墾丁公園 2. 關山落日 3. 墾丁街 4. 龍鑾潭 5. 船帆石 6. 社頂公園 7. 佳樂水 8. 鵝鑾鼻 9. 貓鼻頭 10. 瓊麻展示館

▲ 套用後結果

想要取消樣式時, 請先選取要移除樣式設定的文字, 再按下**字型**區的**清除所有格式設定**鈕, 就可以移除樣式設定。

3-4 美化條列項目

輸入條列式的項目時, 可利用 Word 提供的「項目符號」與「編號」功能, 在輸入時自動加上 ●、◆ 等項目符號, 或 1、2、3 ...；一、二、三 ... 的編號。

顯示/隱藏項目符號或編號

按下**常用**頁次**段落**區的**項目符號**鈕 及**編號**鈕 , 可以在段落前自動加上項目符號或編號。請建立一份新文件, 再如下輸入文字, 或是重新開啟範例檔案 W03-01 進行練習：

活動日期：8 月 15 日
集合時間：早上 08:00
集合地點：台北車站

▲ 選取要加上項目符號或編號的段落

● 活動日期：8 月 15 日
● 集合時間：早上 08:00
● 集合地點：台北車站

▲ 按下 鈕加入項目符號

再按一次按鈕會取消項目符號或編號

1. 活動日期：8 月 15 日
2. 集合時間：早上 08:00
3. 集合地點：台北車站

▲ 按下 鈕可加上編號

將插入點移到最後一個項目的尾端, 此時再按下 Enter 鍵新增段落, Word 還會自動加上項目符號或編號, 這就是項目符號及自動編號的方便之處！

● 活動日期：8 月 15 日
● 集合時間：早上 08:00
● 集合地點：台北車站
●

▲ 新段落已加上項目符號

1. 活動日期：8 月 15 日
2. 集合時間：早上 08:00
3. 集合地點：台北車站
4.

▲ 新段落自動加上編號

如果新段落不需要套用編號, 只要在最後一個項目符號尾端, 連續按兩下 Enter 鍵就可以取消套用。

變更項目符號或編號的樣式

覺得預設的項目符號樣式不好看嗎？我們也可以用其它符號、甚至圖片來做為項目符號；或想要改以一、二、三… 的方式編號, 都可以再手動調整。

設定編號樣式

先說明變更編號樣式的方法。請將插入點移至已加入編號的段落中, 再按下**編號**鈕的向下箭頭, 從中選取要套用的樣式：

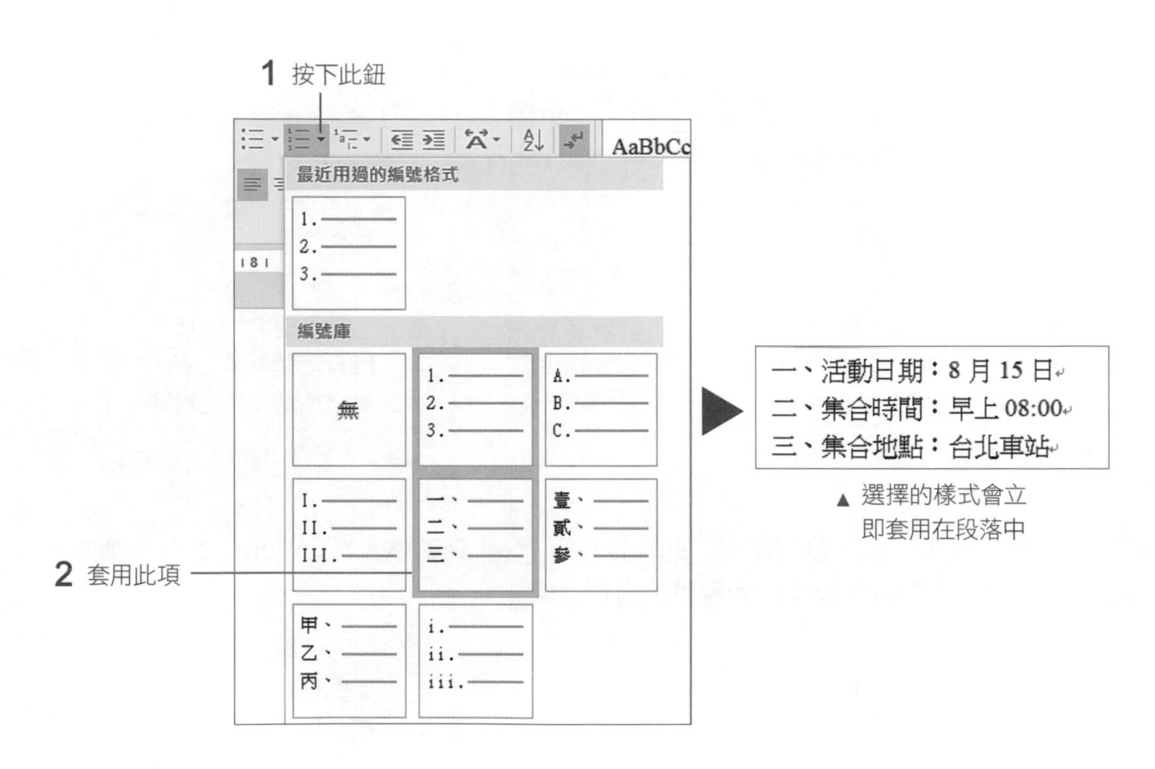

▲ 選擇的樣式會立即套用在段落中

挑選喜愛的符號做為項目符號

項目符號的變化比編號樣式更多, 請先將插入點移至已設定項目符號的段落中, 再按下**項目符號**鈕的向下箭頭, 從中選取要套用的項目符號：

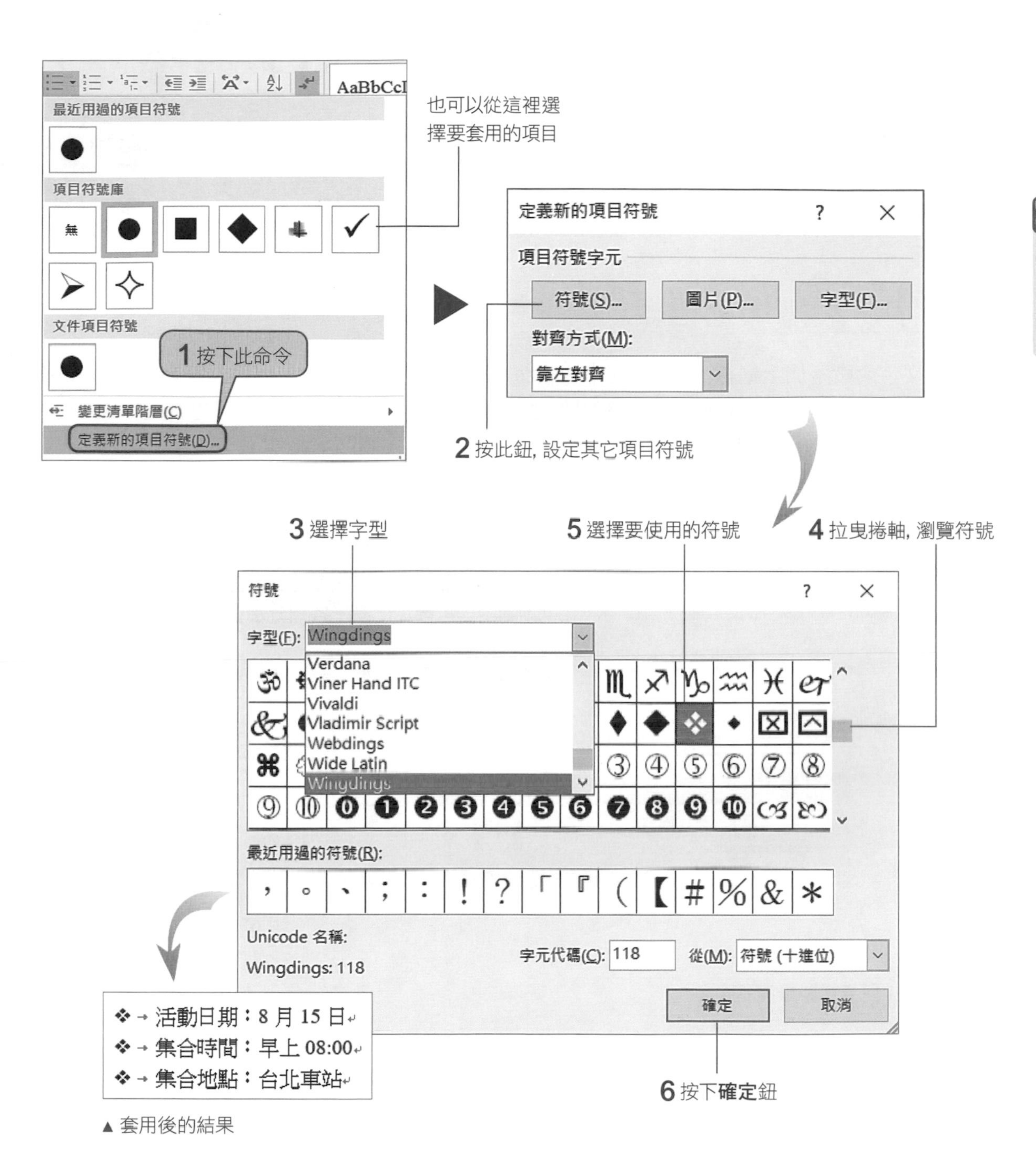
最近用過的項目符號
項目符號庫
無
文件項目符號
1 按下此命令
變更清單階層(C)
定義新的項目符號(D)...
也可以從這裡選擇要套用的項目
定義新的項目符號
項目符號字元
符號(S)...
圖片(P)...
字型(F)...
對齊方式(M):
靠左對齊
2 按此鈕, 設定其它項目符號
3 選擇字型
5 選擇要使用的符號
4 拉曳捲軸, 瀏覽符號
符號
字型(F): Wingdings
Verdana
Viner Hand ITC
Vivaldi
Vladimir Script
Webdings
Wide Latin
Wingdings
最近用過的符號(R):
Unicode 名稱:
Wingdings: 118
字元代碼(C): 118
從(M): 符號 (十進位)
確定
取消
6 按下確定鈕
❖ → 活動日期：8 月 15 日
❖ → 集合時間：早上 08:00
❖ → 集合地點：台北車站

▲ 套用後的結果

3-5 為文字、段落及頁面加上框線

想讓文字更顯目時，我們可以按下**字元框線**鈕或是按下**段落**區的**框線**鈕，幫文字或是段落加入框線。也可以設定框線效果使其有更多變化。

為文字、段落加上框線

為文字或段落加上框線，可以讓文字在版面中更醒目。以下分別說明替文字與段落套用框線的操作。當需要幫文字加框時，請先選取要變更的文字，再按下**常用**頁次**字型**區的**字元框線**按鈕 A 或是按下**段落**區的**框線**鈕 皆可以幫文字加上框線。請開啟範例檔案 W03-02 來練習。

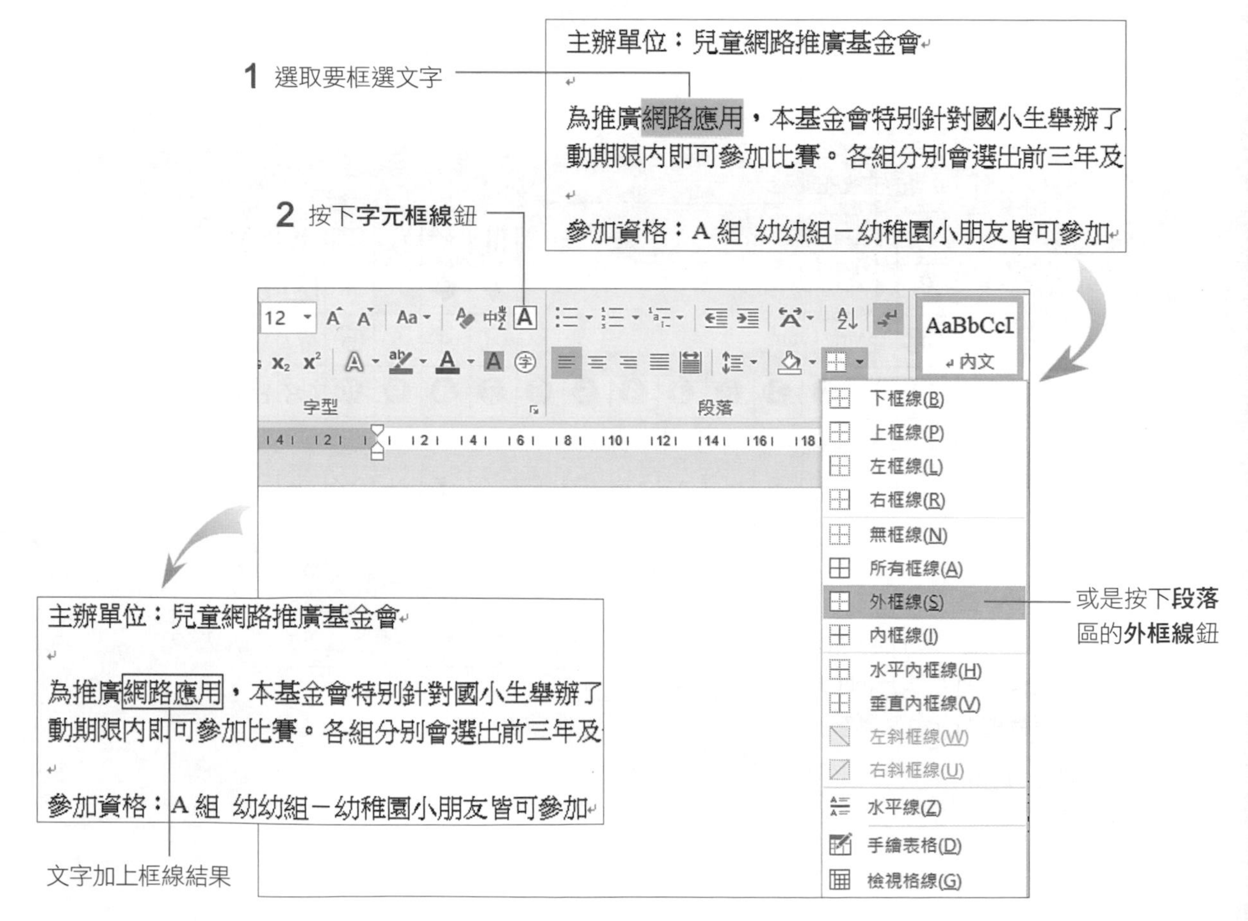

幫段落加上框線時，需選取至段落標記，再按下**段落**區的**外框線**鈕。

1 選取要框選文字

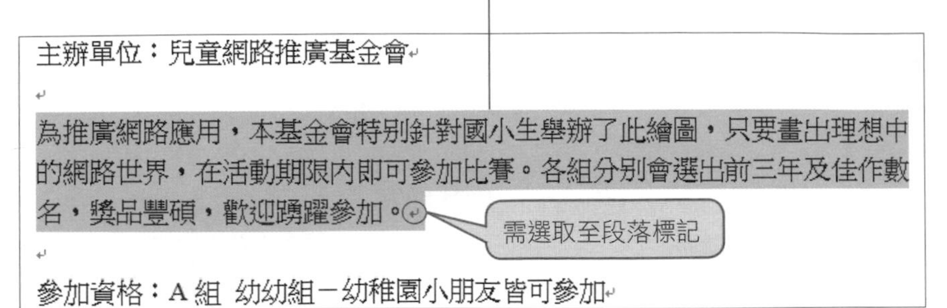

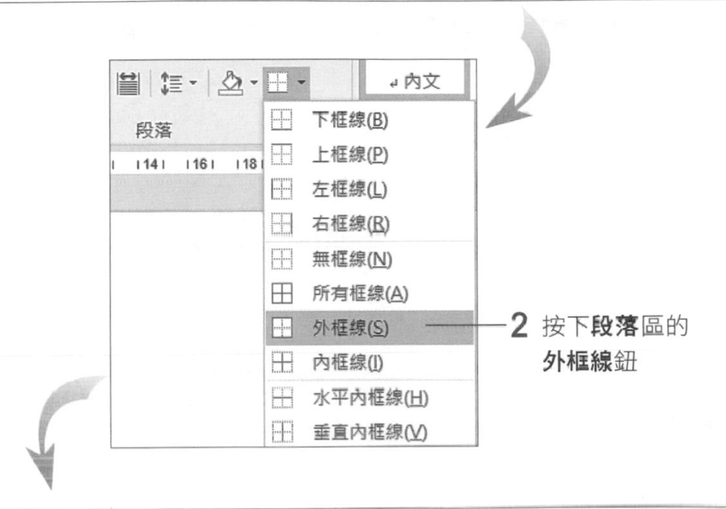

2 按下**段落**區的**外框線**鈕

主辦單位：兒童網路推廣基金會

為推廣網路應用，本基金會特別針對國小生舉辦了此繪圖，只要畫出理想中的網路世界，在活動期限內即可參加比賽。各組分別會選出前三年及佳作數名，獎品豐碩，歡迎踴躍參加。

參加資格：A 組 幼幼組－幼稚園小朋友皆可參加

段落加上框線結果

變更框線的粗細、色彩

請重新開啟範例檔案 **Word** 資料夾中的 W03-02，選取要設定框線的文字，然後按下**段落**區的 鈕執行『**框線及網底**』命令：

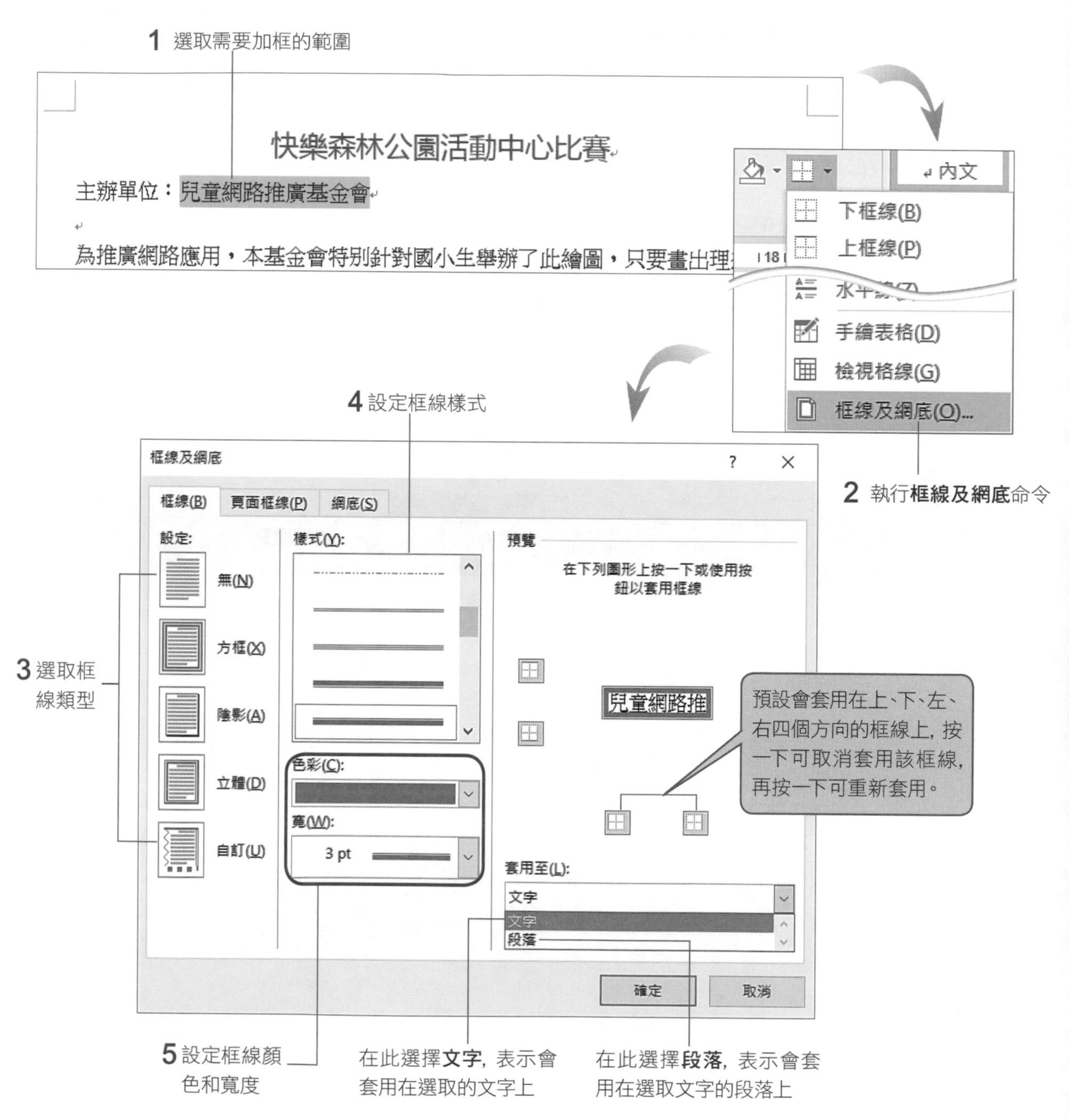

快樂森林公園活動中心比賽

主辦單位：兒童網路推廣基金會

為推廣網路應用，本基金會特別針對國小生舉辦了此繪圖，只要畫出理想中的網路世界，在活動期限內即可參加比賽。各組分別會選出前三年及佳作數名，獎品豐碩，歡迎踴躍參加。

▲ **文字**套用框線效果

快樂森林公園活動中心比賽

主辦單位：兒童網路推廣基金會

為推廣網路應用，本基金會特別針對國小生舉辦了此繪圖，只要畫出理想中的網路世界，在活動期限內即可參加比賽。各組分別會選出前三年及佳作數名，獎品豐碩，歡迎踴躍參加。

▲ **段落**套用框線效果

在**框線及網底/框線**交談窗中, 若將框線設定為**無**, 可取消套用框線；或是按下 ⊞ 鈕選擇其中的**無框線**, 同樣可取消框線。

為頁面套用花邊框線

要讓文件變得更活潑豐富, 我們還可以為整份文件套用花邊框線。請切換至**常用**頁次, 然後按下**段落**區的 ⊞ 鈕執行『**框線及網底**』命令, 並切換至**頁面框線**頁次：

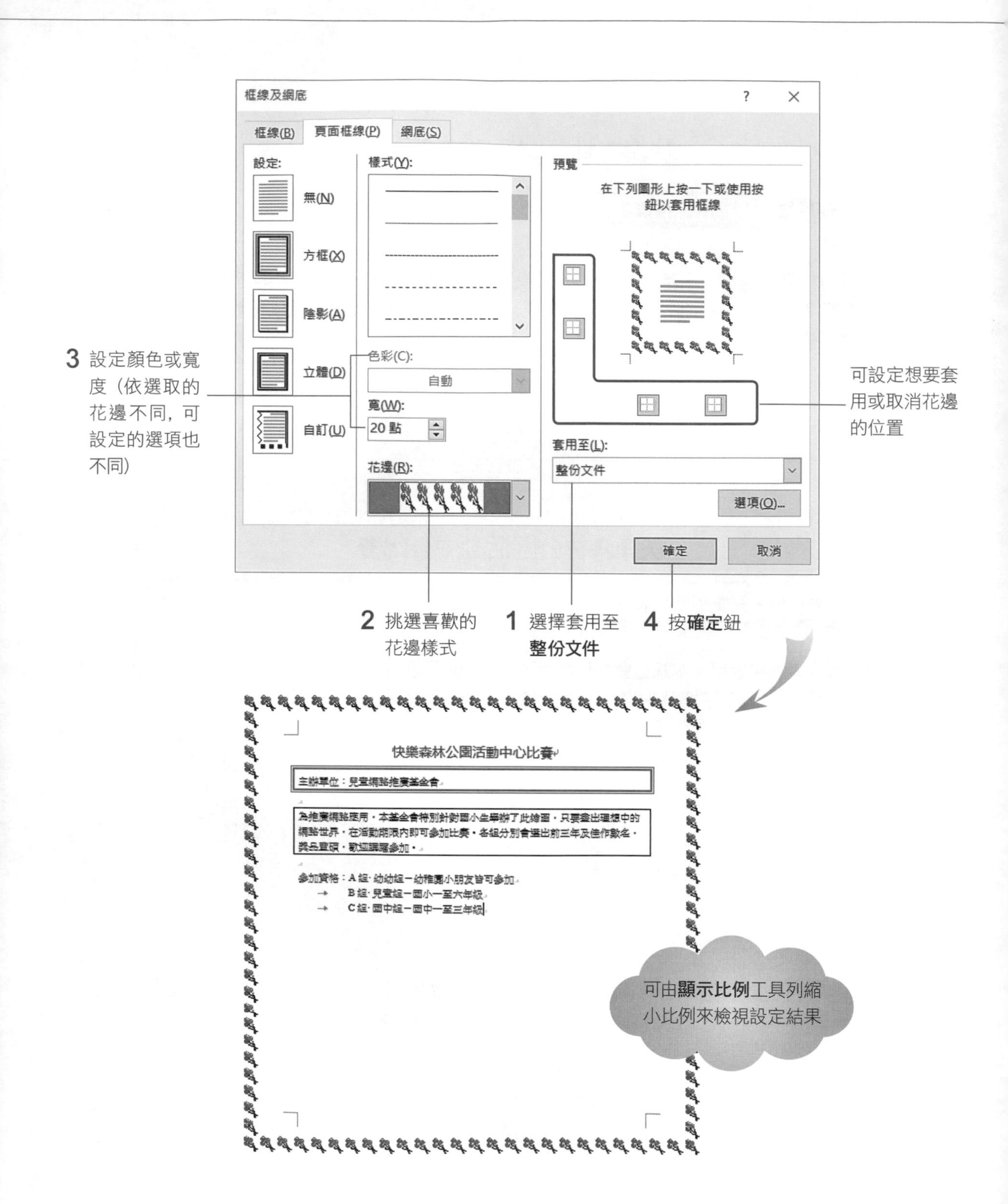
框線及網底
框線(B)
頁面框線(P)
網底(S)
設定:
無(N)
方框(X)
陰影(A)
立體(D)
自訂(U)
樣式(Y):
色彩(C):
自動
寬(W):
20 點
花邊(R):
預覽
在下列圖形上按一下或使用按鈕以套用框線
套用至(L):
整份文件
選項(O)...
確定
取消
3 設定顏色或寬度（依選取的花邊不同，可設定的選項也不同）
可設定想要套用或取消花邊的位置
2 挑選喜歡的花邊樣式
1 選擇套用至**整份文件**
4 按**確定**鈕
快樂森林公園活動中心比賽
主辦單位：兒童網路推廣基金會
為推廣網路應用，本基金會特別針對國小生舉辦了此繪圖，只要畫出理想中的網路世界，在活動期限內即可參加比賽，各組分別會選出前三年及佳作數名，獎品豐碩，歡迎踴躍參加。
參加資格：A 組·幼幼組－幼稚園小朋友皆可參加
B 組·兒童組－國小一至六年級
C 組·國中組－國中一至三年級
可由**顯示比例**工具列縮小比例來檢視設定結果

3-6 複製文字及段落的格式

當你想要讓多段文字或段落套用相同格式時, 可善用**複製格式**鈕 來迅速完成。**複製格式**鈕只會複製文字及段落的格式, 而不影響文字及段落的內容, 利用此鈕來統一文字及段落的樣式, 將可達到事半功倍之效。

請開啟範例檔案 W03-03, 其中我們設定了第 1 個標題及第 2 個段落的格式, 接下來就告訴你如何將格式迅速套用到其它文字及段落上。

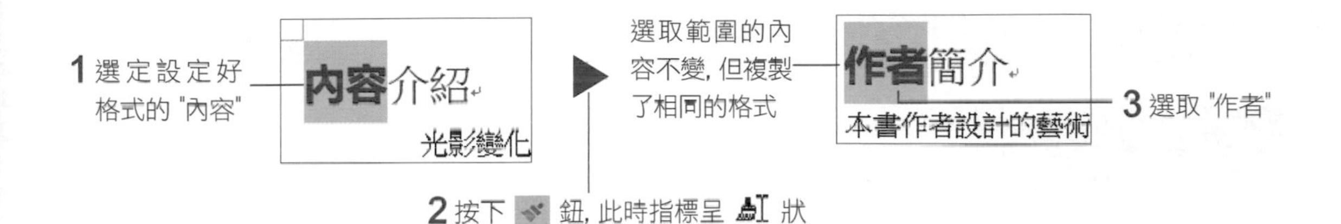

再來練習複製段落格式, 請先選取已設定好格式的 "光影…" 段落, 同樣按下 鈕, 再到 "本書…" 段落中按一下, 格式就複製過來了。

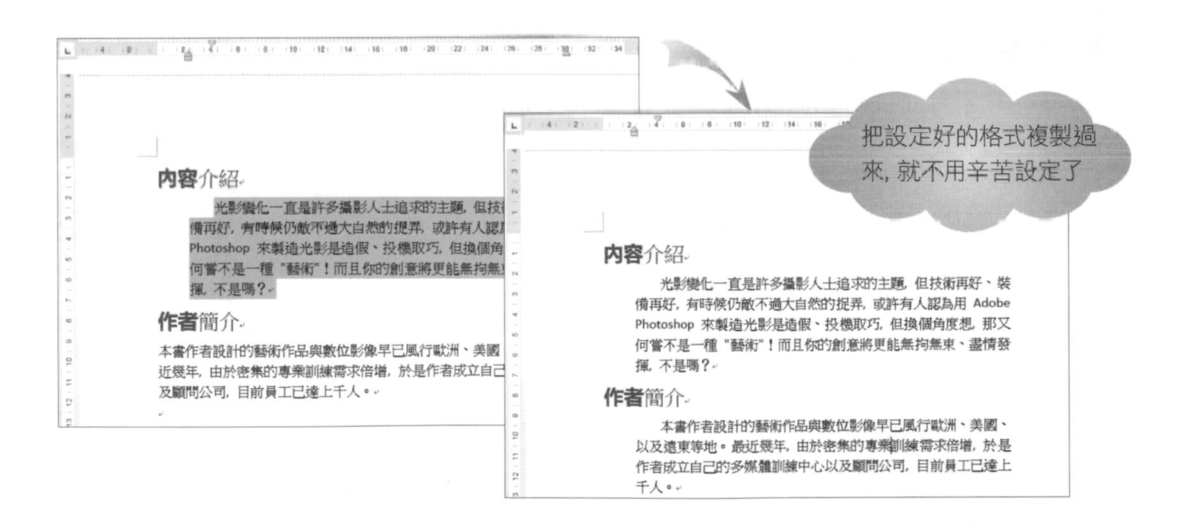

若要進行一連串的複製動作, 可雙按**複製格式**鈕, 再一一點選要套用格式的文字或段落, 待完成所有的複製動作之後, 再按一下**複製格式**鈕 (或按 Esc 鍵), 即可結束複製格式的動作。

3-7 設定文字的書寫方向

在 Word 中輸入的文字通常都是橫式走向, 若需要製作公告、公文等文件時, 直排的文字會比較合適。這一節我們就來看看在 Word 中如何將文件內容改為直排。

將文字改為直書

我們利用範例檔案 W03-02 來練習, 請將插入點移至文件中任一處, 然後切換至**版面配置**頁次, 再按下**版面設定**區的**文字方向**鈕：

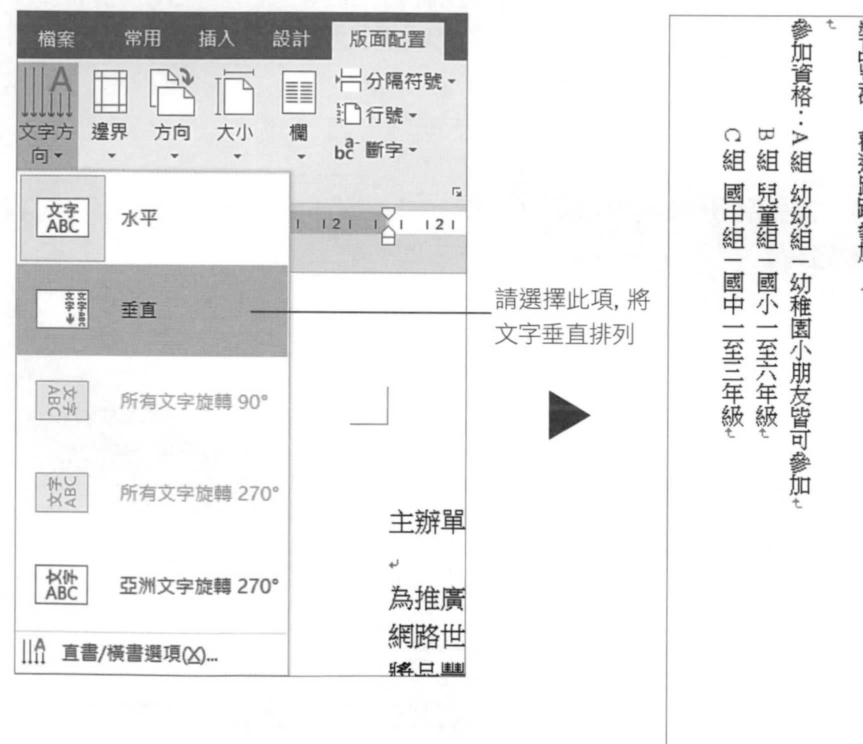

若想改回橫式, 請同樣按下**文字方向**鈕選擇**水平**, 回復到預設的橫排狀態。

設定直書中的英、數字

將文字方向改為直書之後, 文字間的英、數字通常還是維持橫排的樣子。此時, 我們可以利用**橫向文字**功能, 將直書下的英、數字擺正, 接續上例來試試看！請先選取直書中要設定的文字, 切換至**常用**頁次, 按下**段落**區中的**亞洲方式配置**鈕 選擇**橫向文字**：

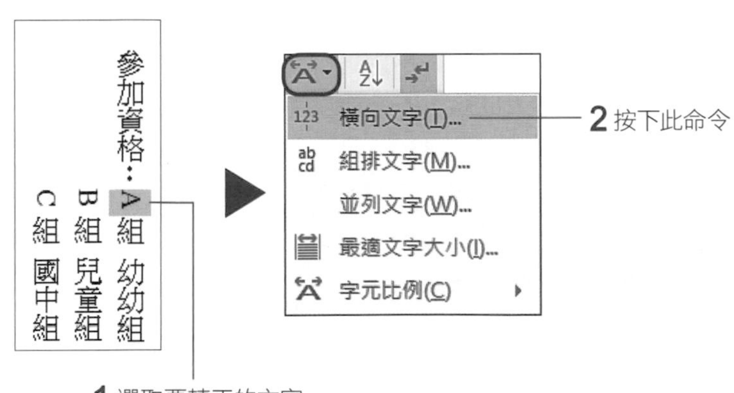

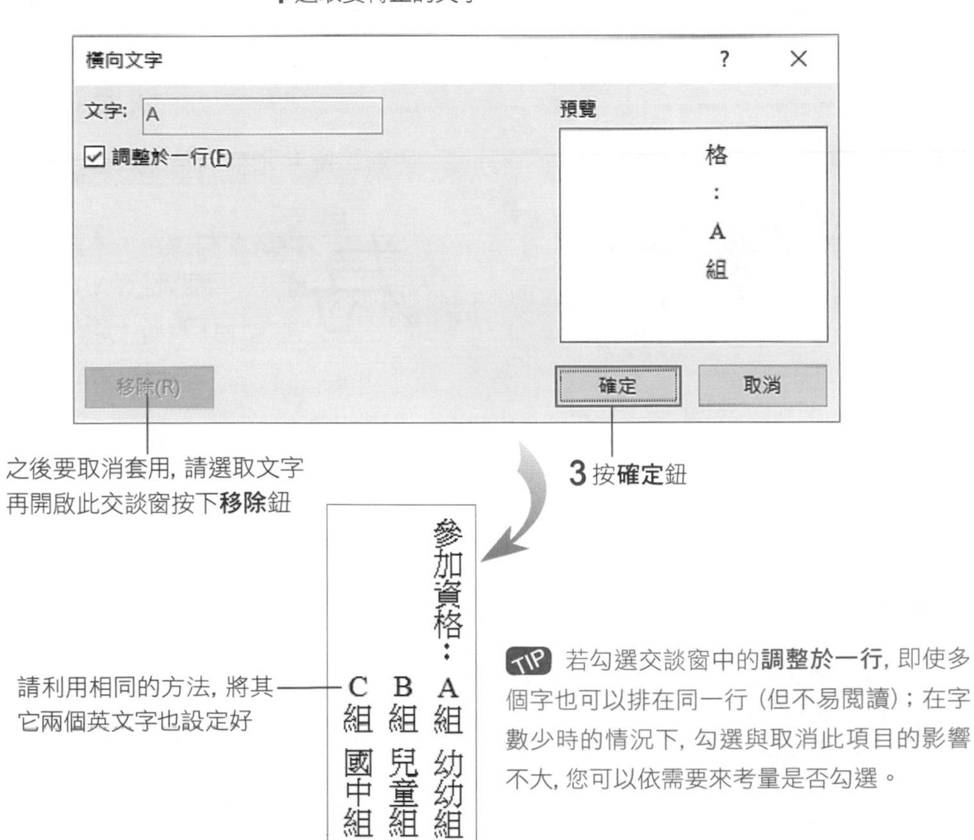

TIP 若勾選交談窗中的**調整於一行**, 即使多個字也可以排在同一行 (但不易閱讀)；在字數少時的情況下, 勾選與取消此項目的影響不大, 您可以依需要來考量是否勾選。

3-8 將段落的首字放大

在報紙、雜誌的文章中, 經常可以看到將第 1 個字放大的排版方式, 以達到引起讀者閱讀興趣的目的, Word 也提供了這樣的版面設定, 而且設定步驟非常容易。

想要設定第 1 個字放大的版面, 可透過**首字放大**功能來達成, 請開啟一份已輸入多行文字的文件, 或重新開啟範例檔案 W03-02 來練習, 首先將插入點移至 "為推廣…" 段落中：

快樂森林公園
主辦單位：兒童網路推廣基金會
為推廣網路應用，本基金會特別針對國
路世界，在活動期限內即可參加比賽。
豐碩，歡迎踴躍參加。

將插入點移至段落內的任一處

然後切換至**插入**頁次按下**文字**區的**首字放大**鈕, 從中選取要套用的樣式。

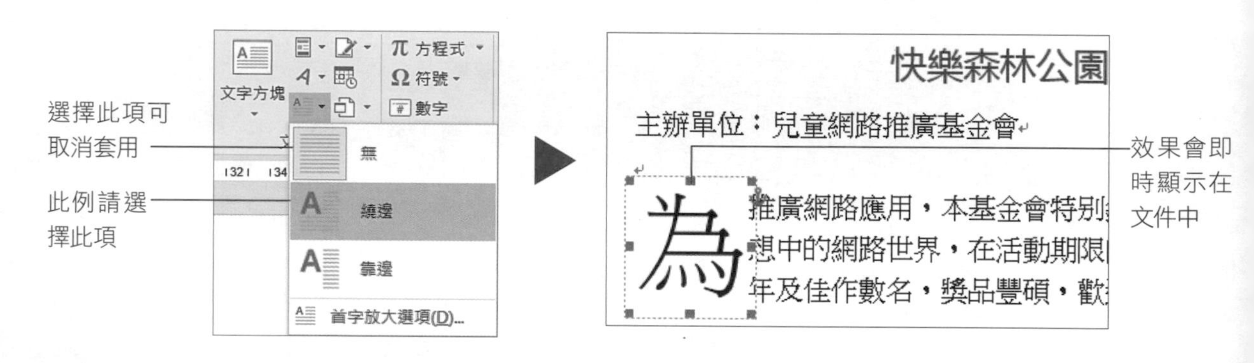

套用首字放大功能後, Word 會將首字設定成一個文字方塊, 若要想變更首字大小, 可拉曳控點來調整：

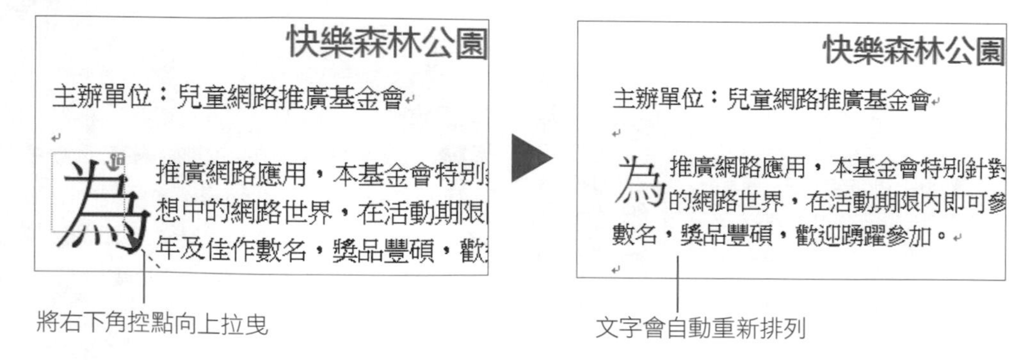

實用的知識　中文的繁簡體轉換

Word 提供了簡、繁體文字轉換的功能，如果您手邊有中國分公司傳來的文件，或是要與中國的客戶互通郵件，有時會不習慣簡體字的用語，這時可善用此功能，無論要將「繁體轉簡體」或是將「簡體換為繁體」，都可以在瞬間完成。

將整份文件轉成繁體或簡體

請開啟範例檔案 W03-04，練習將簡體轉成繁體。

2 按下**中文繁簡轉換**鈕　1 切換到**校閱**頁次

3 在此選擇**簡轉繁**，將簡體轉成繁體

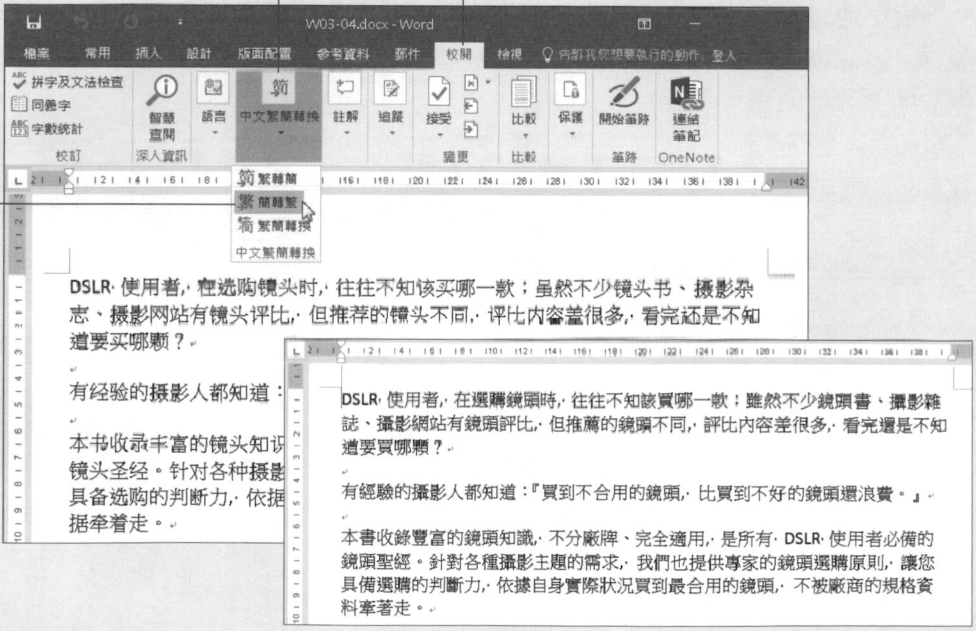

簡體中文轉換成繁體中文了

同理，要將繁體轉換為簡體，只要按下**中文繁簡轉換**鈕，選擇**繁轉簡**命令即可。

TIP 在未選取任何文字的情況下進行繁、簡體轉換，會轉換整份文件。您也可以選取部份內容做轉換。

常用辭彙的轉換

此外，在進行繁簡轉換時，除了文字一對一的轉換之外，Word 還會做常用辭彙的轉換。例如繁體的"硬體"、"軟體"，將會轉換成簡體的"硬件"、"软件"。若是 Word 自動轉換後，這些常用辭彙沒有轉換，可按下**中文繁簡轉換**鈕，然後執行**繁簡轉換**命令，開啟**中文繁簡轉換**交談窗進行設定：

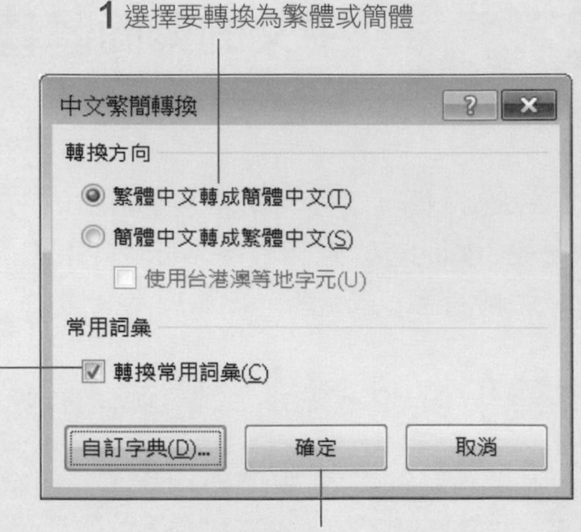

相反地，若有特殊字彙要進行轉換，則可按下**中文繁簡轉換**交談窗中的**自訂字典**鈕來設定，例如要將簡體的 "激光打印机" 轉換為繁體的 "雷射印表機"；將 "在线游戏" 轉為繁體的 "線上遊戲"、…等。

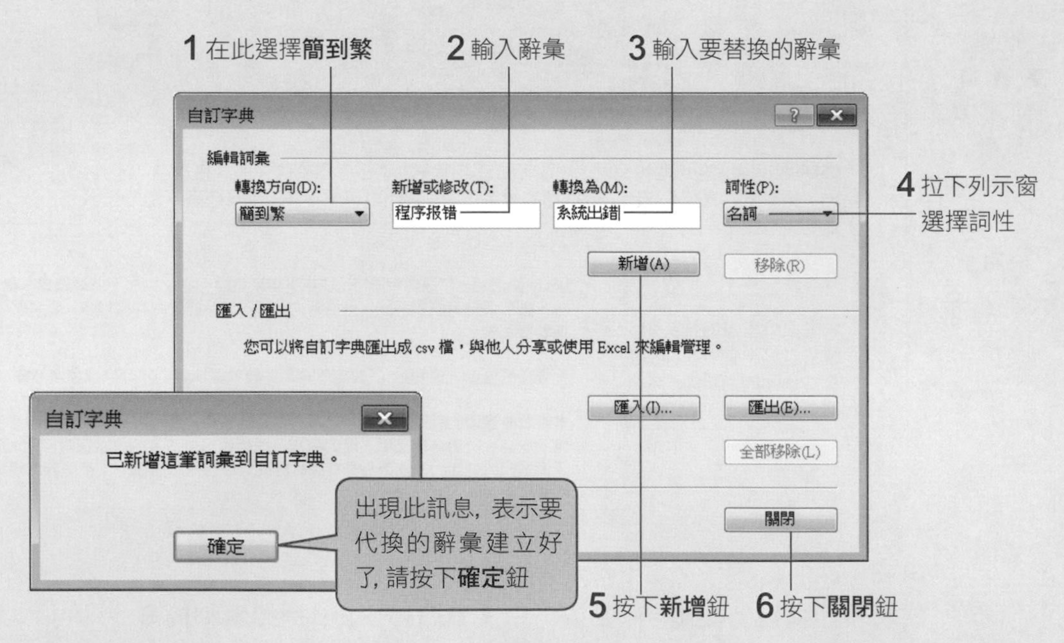

日後，當你在文件中做簡體轉繁體時，就會自動將 "程序报錯" 轉換成繁體的 "系統出錯" 了。

4 插入歸納資料的表格

- 在文件中建立表格
- 在表格中輸入文字
- 選取儲存格、欄、列和表格
- 調整表格大小與欄寬、列高
- 增刪與分割、合併儲存格
- 套用表格樣式快速美化表格
- 自訂表格的框線與底色圖樣
- 調整表格在文件中的位置

4-1 在文件中建立表格

在文件中加入表格, 可以使版面有更多的變化, 對於閱讀者來說, 透過表格的歸納、整理, 更能迅速了解製表人要表達的內容。這一節我們以製作請假單為例, 從無到有建立一個可填寫內容的表格, 並透過編輯的技巧, 讓表格既完善又實用。

在此要建立一個 2 欄、4 列的表格, 請先建立一份新文件, 然後切換到**插入**頁次, 按下**表格**區中的**表格**鈕：

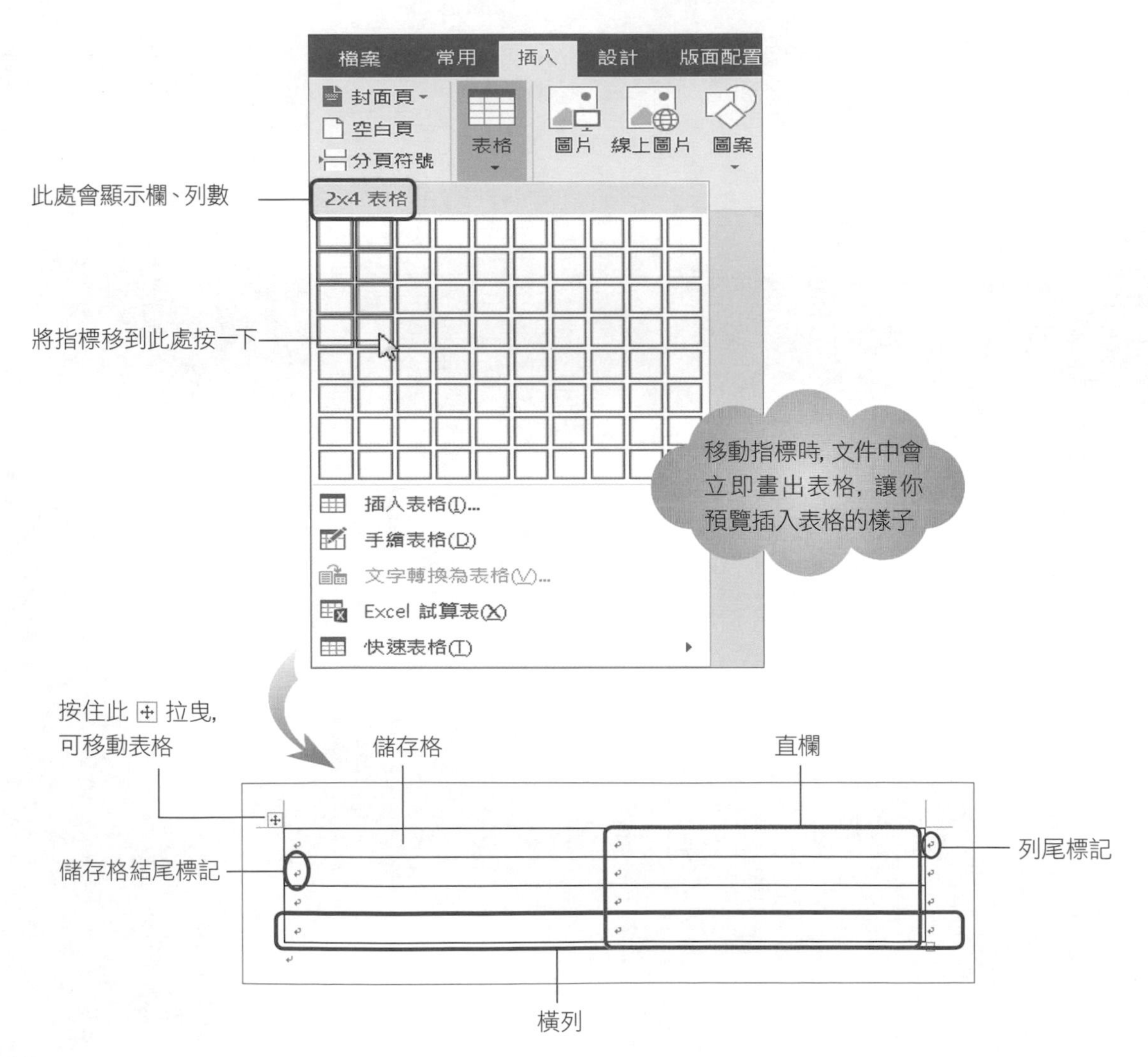

表格中每一儲存格內都有「儲存格結尾標記」, 只要將插入點移至儲存格結尾標記前即可輸入資料。在每一列右端則會顯示「列尾標記」, 表示該列的結束。

建立欄、列數更多的表格

上述建立表格的方法很簡單, 當要建立的表格欄、列數較多時, 可按下**表格**鈕後改執行『**插入表格**』命令, 在交談窗中直接輸入要建立的欄、列數, 也不失為一個好方法：

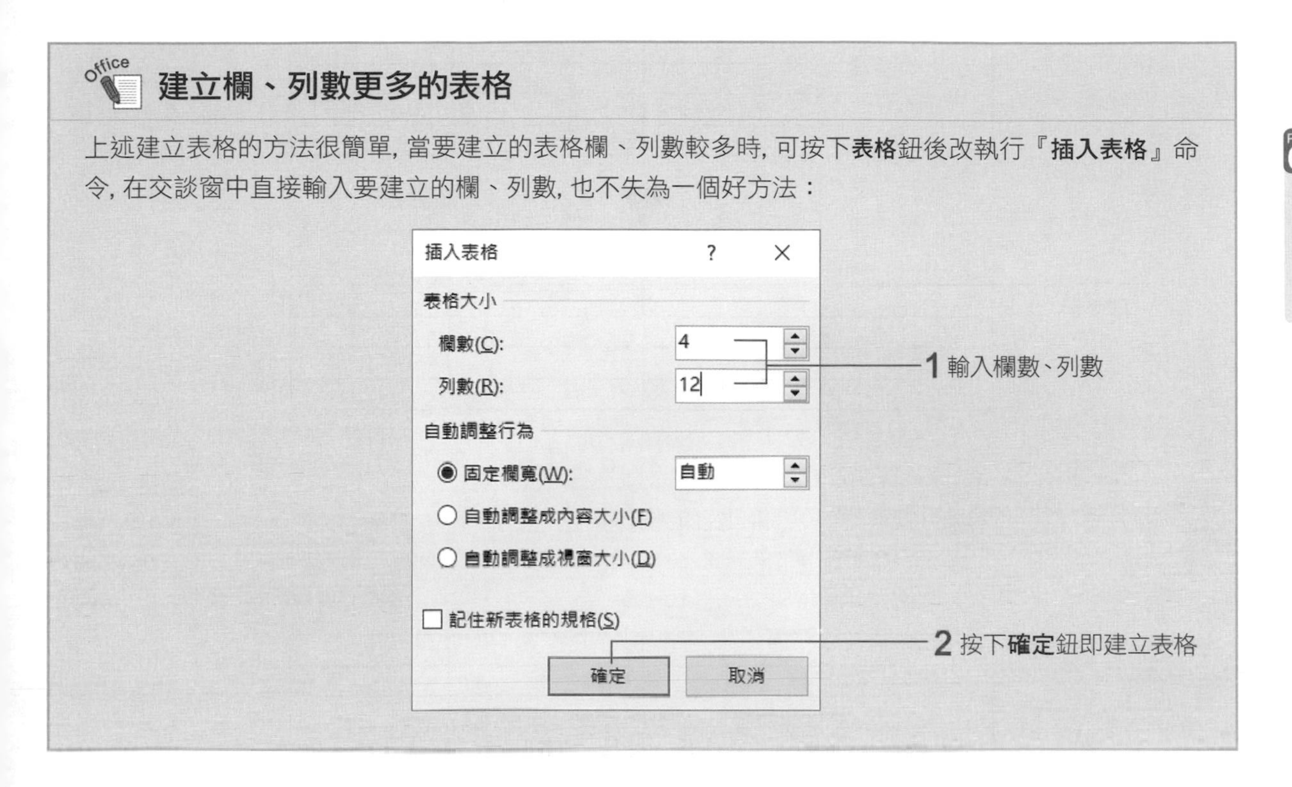

在表格上畫出想要的線段

表格初步的樣子建立好了, 接著要依需求要加以修改, 這裡介紹**手繪表格**的使用方法, 請接續上例, 並確認已切換至**整頁模式**, 然後進行以下的練習：

STEP 01 請在表格內的任意處按一下, 在功能區會出現**表格工具/版面配置**頁次, 切換到該頁次再按下**手繪表格**鈕：

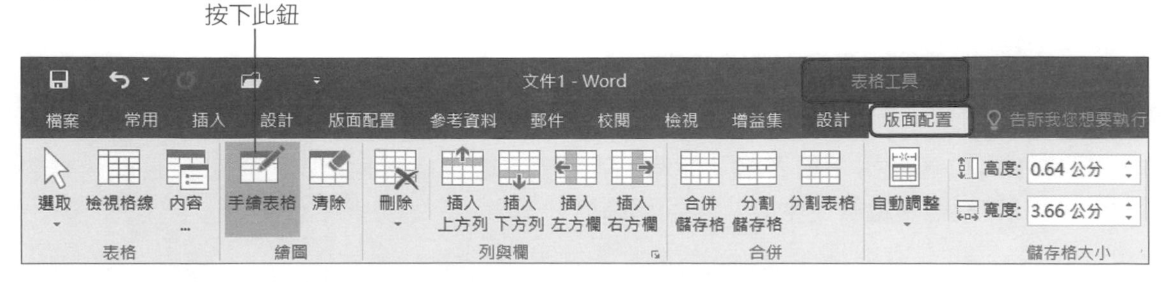

STEP 02 此時指標會變成鉛筆狀 ✎, 按住左鈕拉曳就可以畫出線段。請如圖在表格中拉曳：

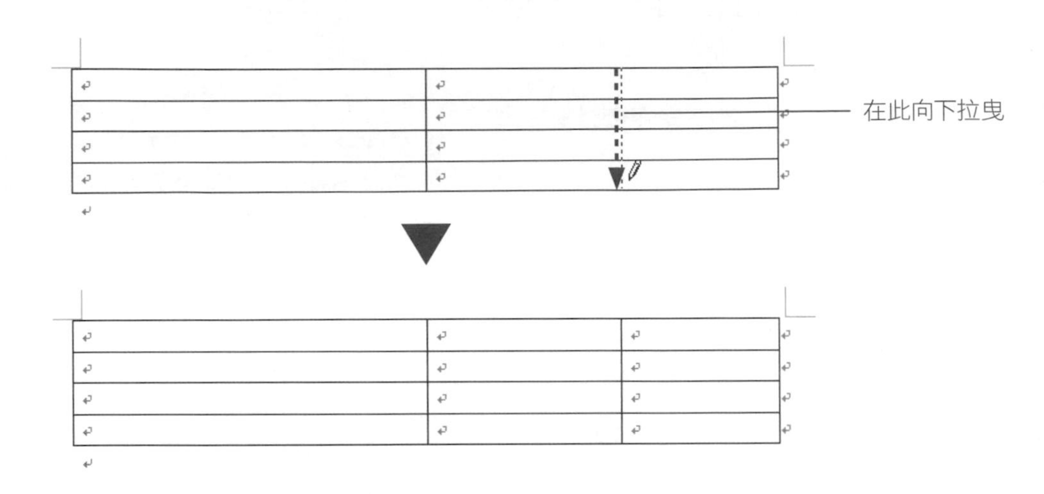

STEP 03 接著到左邊如下圖的位置, 再畫一條垂直的框線。

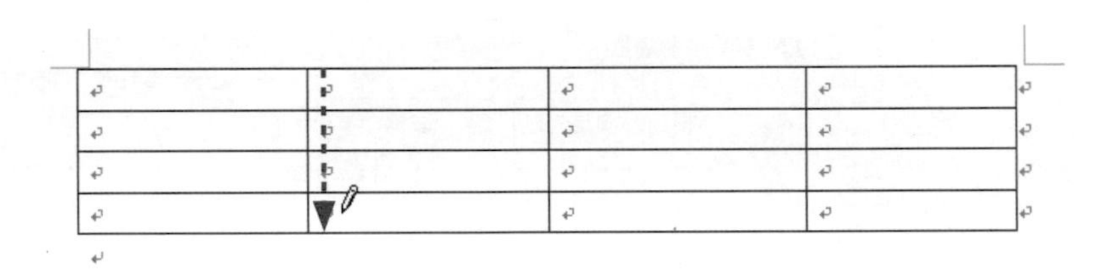

啟動**手繪表格**功能後, 拉曳滑鼠即可畫出線段, 以上的練習是畫出垂直線段；若由左向右拉曳, 可畫出水平線段；在空白處由左上向右下拉曳, 可畫出獨立的方框。另一個常見的應用, 則是在表格內畫一條斜線, 以便輸入欄及列的標題：

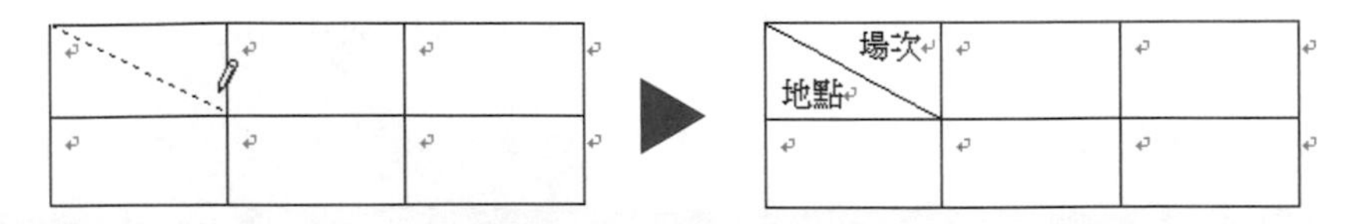

在儲存格內拉曳斜線, 可畫出對角線

當你不需要再使用**手繪表格**功能時, 請按下**手繪表格**鈕 (使其呈彈起狀態), 或直接按下 Esc 鍵, 就可以繼續編輯文件了。

清除表格上不需要的線段

若要清除表格上的線段，可使用**表格工具/版面配置**頁次標籤左側的**清除**鈕 清除 來擦除。按下**清除**鈕時，指標會呈橡皮擦狀，點按框線或在框線上拉曳，就會將框線擦掉，請接續上例的練習：

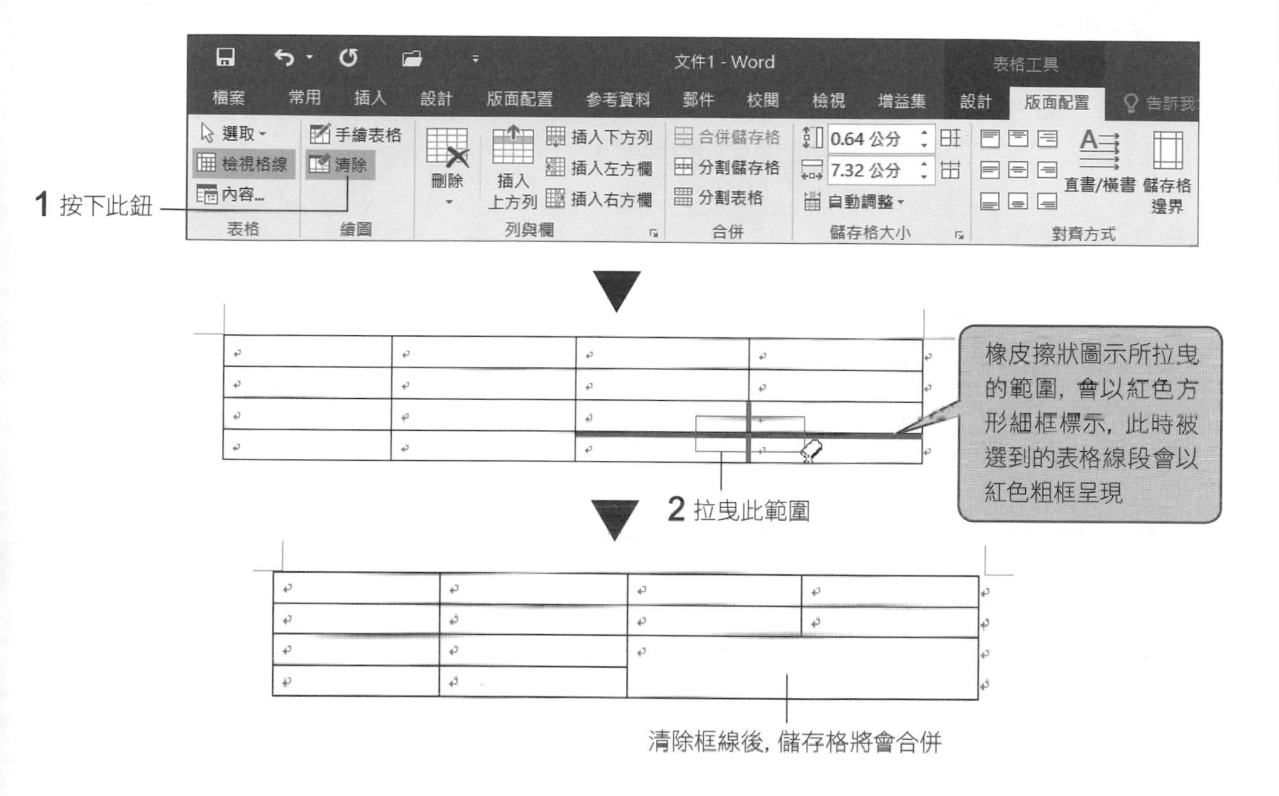

請再如下圖練習清除其它框線，就完成請假單的表格了：

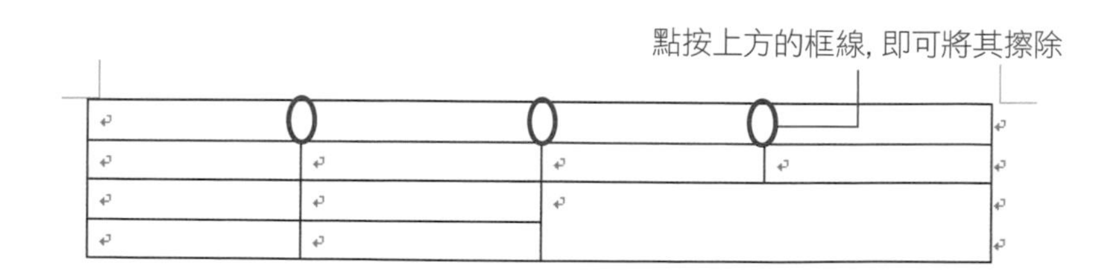

完成後再按一下**清除**鈕，或是按下 Esc 鍵，回到文件的編輯狀態。

4-2 在表格中輸入文字

只要在儲存格內按一下, 將插入點移至儲存格中就能輸入文字了。這一節要介紹在表格中快速移動插入點的技巧, 並說明儲存格內文字的對齊方式。

請在上一節畫好的請假單上練習輸入文字。在欲輸入文字的儲存格內按一下, 顯示插入點就可以開始輸入文字了, 參考下圖完成輸入的練習吧！

請假單			
填寫日期		姓名	
請假日期		主管簽名	
天數			

在儲存格間移動插入點

範例的表格很單純, 點按滑鼠就可以輸入文字、移動插入點位置；萬一是動輒十幾欄、十幾列的表格, 輸入資料的過程中, 就要不斷地來回移動滑鼠點按, 再用鍵盤輸入。以下我們要告訴你如何在儲存格間, 用快速鍵來移動插入點, 這樣就可以專心使用鍵盤來輸入表格資料。

要移動到的位置	按鍵
下一列	↓
上一列	↑
移至插入點位置的右方儲存格	Tab
移至插入點位置的左方儲存格	Shift + Tab
該列的第一格	Alt + Home
該列的最後一格	Alt + End
該欄的第一格	Alt + Page Up
該欄的最後一格	Alt + Page Down

儲存格的文字對齊方式

儲存格內文字的水平對齊方式與一般文字相同，若是表格的列較高，還可以設定文字的垂直對齊方式。對齊時，請將插入點移至儲存格內，再切換到**表格工具/版面配置**頁次，由**對齊方式**中的對齊按鈕進行設定：

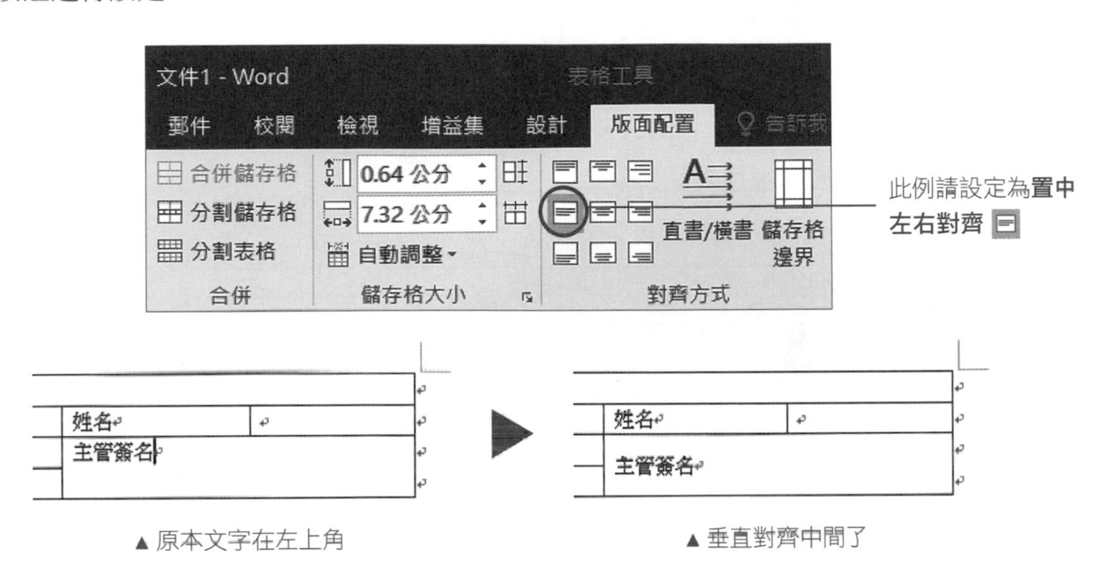

▲ 原本文字在左上角

▲ 垂直對齊中間了

在儲存格中輸入直排文字

要將儲存格內的文字改為直排，請將插入點移到儲存格內，再切換到**表格工具/版面配置**頁次，按下**對齊方式**區的**直書/橫書**鈕，文字就會改為直式走向了：

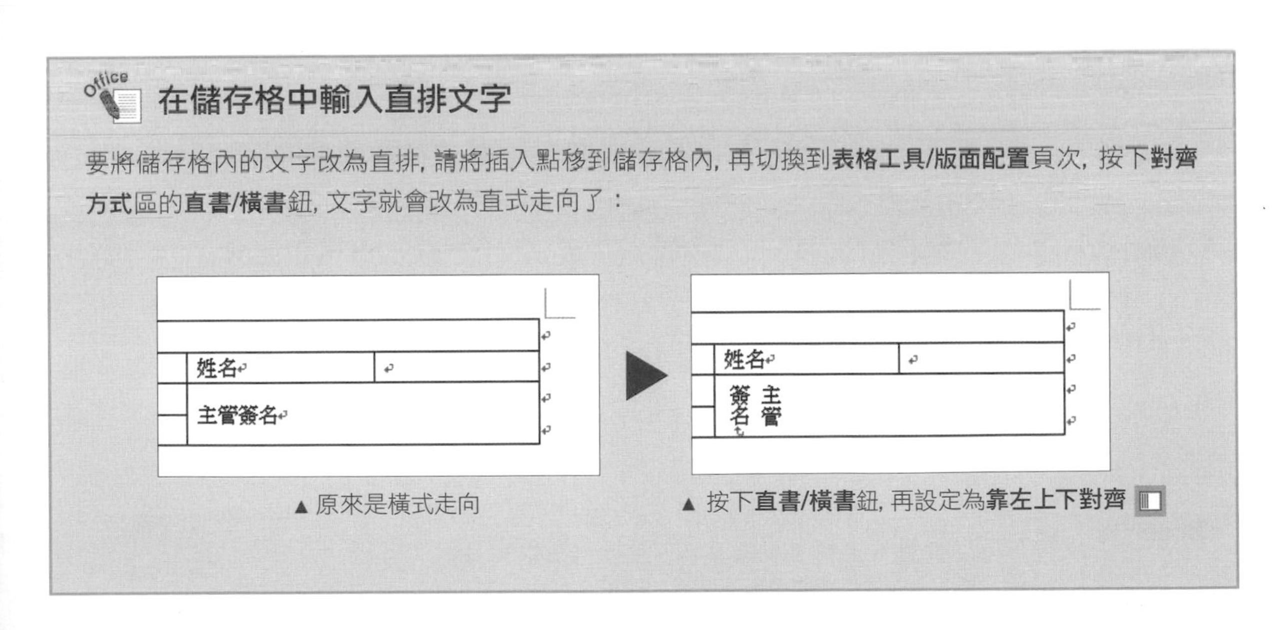

▲ 原來是橫式走向

▲ 按下**直書/橫書**鈕，再設定為**靠左上下對齊**

4-3 選取儲存格、欄、列和表格

接下來的各節我們要介紹多項編輯表格的技巧，但在學習這些技巧之前，得先學會如何選取要處理的對象，所以這裡就先花點時間，好好學習各種選取的操作吧！

選取儲存格最簡單的方法，就是在欲選取的第 1 個儲存格按下滑鼠左鈕，直接向最後一格拉曳，顯示為灰色時，即表示被選取：

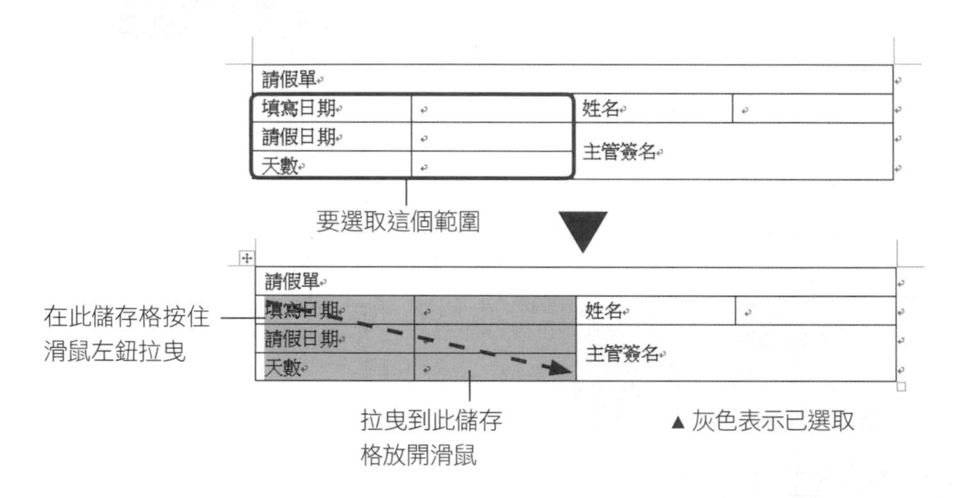

▲ 灰色表示已選取

若是要選取一整欄、一整列、單一儲存格，或是整個表格，還有更方便的做法：

選定範圍	操作方法	範例
單一儲存格	將指標移至儲存格左框線上，當指標變成 ➚ 時按一下	
相鄰儲存格	**方法 1** 在儲存格上按住滑鼠左鈕拉曳，即可選取相鄰的多個儲存格 **方法 2** 將插入點移至儲存格內，按住 Shift ＋ ↑、↓、←、→ 方向鍵來選取相鄰的多個儲存格	

選定範圍	操作方法	範例
不相鄰儲存格	選取不相鄰的多個儲存格, 按住 Ctrl + 滑鼠左鍵拉曳需要的表格	
整列	將指標移到列左端, 當指標變成 ⇗ 時按一下。若按住左鈕垂直拉曳, 可以選取相鄰數列	
整欄	將指標移到欄頂端的格線, 當指標變成 ⬇ 時按一下。若按住左鈕水平拉曳, 可以選取相鄰數欄	
整個表格	將指標移至表格上 (不要按下), 表格左上端會出現 ⊞ 符號, 按一下 ⊞ 即可選取整個表格	

如果覺得上表的操作不好記憶, 也可以切換到**表格工具/版面配置**頁次, 按下最左側的**選取**鈕, 從中選定插入點所在的欄、列或表格。

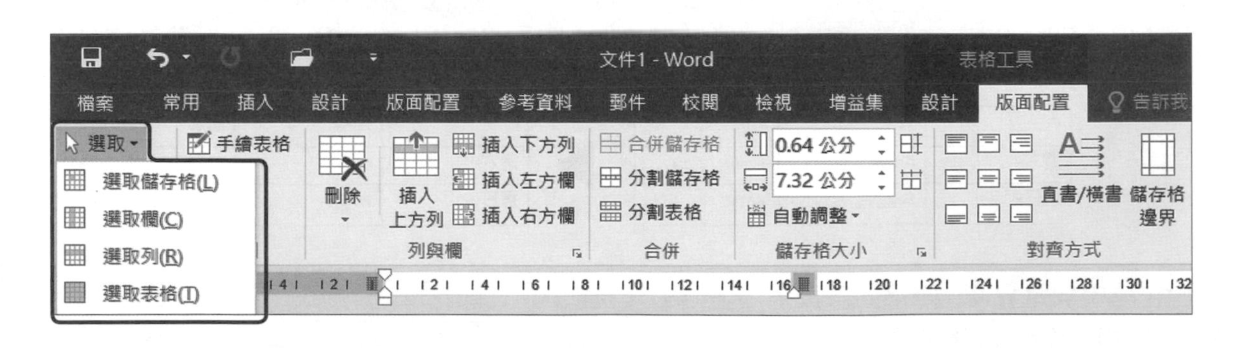

4-4 調整表格大小與欄寬、列高

按下**表格**鈕插入表格時，表格會符合文件的寬度，列則只有一個字的高度，但有時配合版面會希望表格小一點、每列再高一點，甚至希望欄寬可以隨文字數量自動調整…等。這一節就來學習各種調整表格欄寬、列高的方法。

調整表格大小

首先說明調整表格大小的操作，請開啟範例檔案 W04-01，再移動指標到表格上，此時表格的左上角會出現 ⊞ 調整控點，右下角還會出現 ▫ 控點，拉曳 ▫ 控點即可調整表格大小：

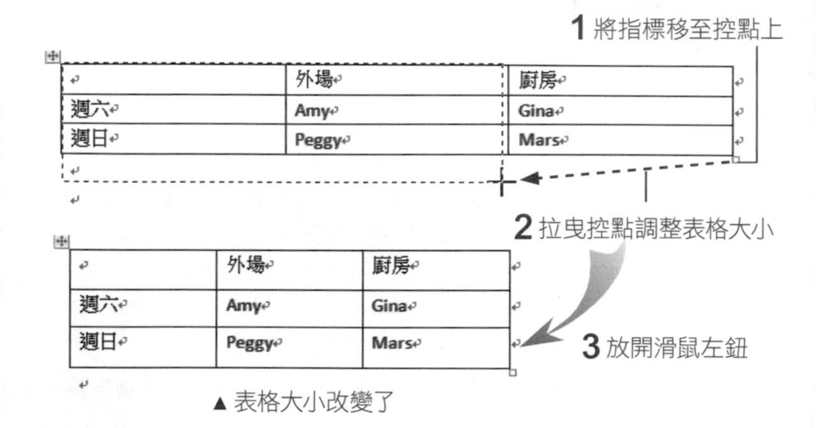

▲ 表格大小改變了

調整表格的欄寬

調整欄位寬度最簡單的方法，就是直接拉曳欄邊界來調整，也可以設定讓表格每一欄的欄寬都相同，或是隨文字量自動調整欄寬。

直接拉曳欄邊界調整欄寬

將指標移至欄邊界上時，指標會呈 ⇹ 狀，直接拉曳框線即可調整欄寬。

	外場	廚房
週六	Amy	Gina
週日	Peggy	Mars

▶

	外場	廚房
週六	Amy	Gina
週日	Peggy	Mars

在拉曳欄邊界時，如果同時按下 Alt 鍵，可直接在尺規上看到目前的欄位寬度：

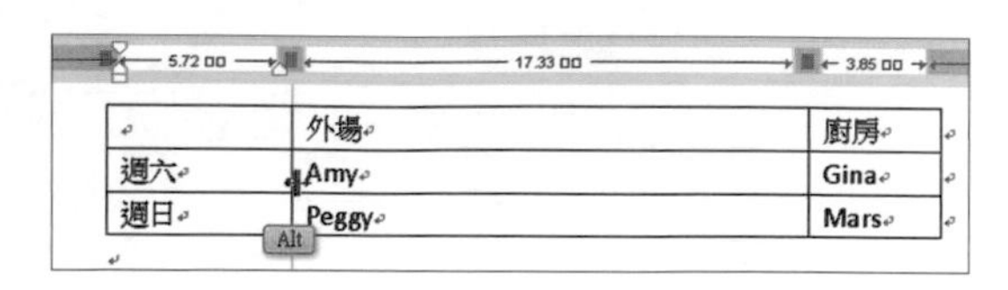

讓每欄的寬度都相同

如果拉曳調整後，覺得每欄的寬度有所差異，可以將插入點移至表格內，再按下**表格工具/版面配置**頁次中**儲存格大小**區的**平均分配欄寬**鈕，就會平均分配所有的欄寬了：

	外場	廚房
週六	Amy	Gina
週日	Peggy	Mars

欄位寬度不同

	外場	廚房
週六	Amy	Gina
週日	Peggy	Mars

▲ 每欄都等寬

TIP 如果要調整某幾欄，可先選定數欄再進行設定。

讓欄寬隨文字量自動調整

如果想讓欄寬隨文字數量自動調整，可將插入點移至表格中，再按下**表格工具/版面配置**頁次中**儲存格大小**區的**自動調整**鈕，從中選擇『**自動調整內容**』命令：

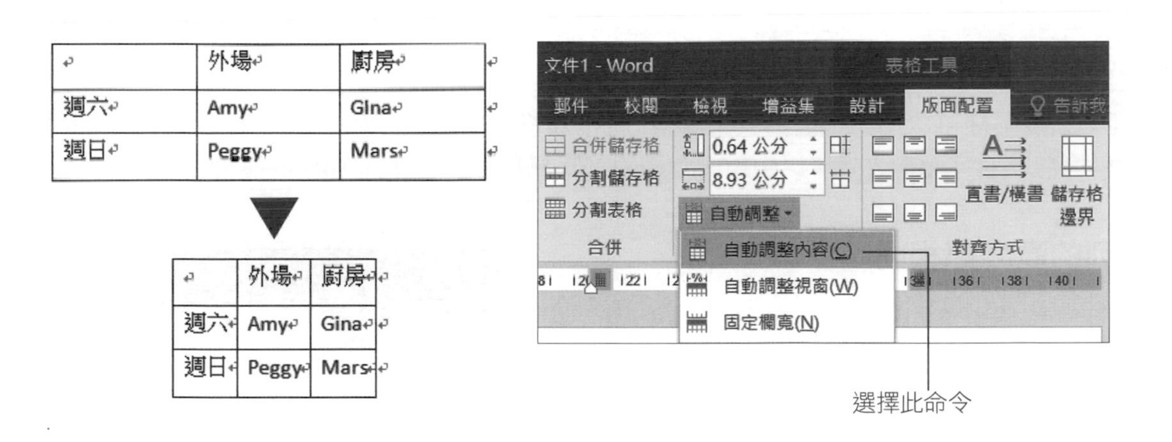

	外場	廚房
週六	Amy	Gina
週日	Peggy	Mars

	外場	廚房
週六	Amy	Gina
週日	Peggy	Mars

相反的，若想讓表格的欄寬固定 (不隨資料量多寡而改變)，請按下**自動調整**鈕再執行『**固定欄寬**』命令，然後自行調整想要的欄寬；而執行『**自動調整視窗**』命令的話，表格的寬度會符合文件的寬度。

設定精準的儲存格寬度

當你需要準確的設定欄位寬度時，請先將插入點移至要設定的儲存格，再由**儲存格大小**區上的**表格欄寬**進行調整，使用的設定單位為**公分**：

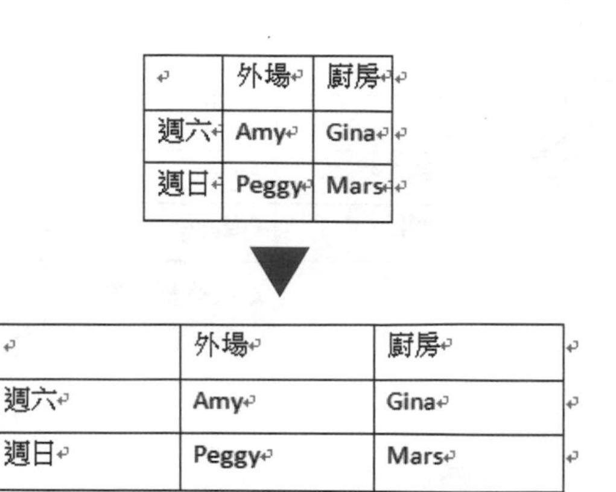

	外場	廚房
週六	Amy	Gina
週日	Peggy	Mars

	外場	廚房
週六	Amy	Gina
週日	Peggy	Mars

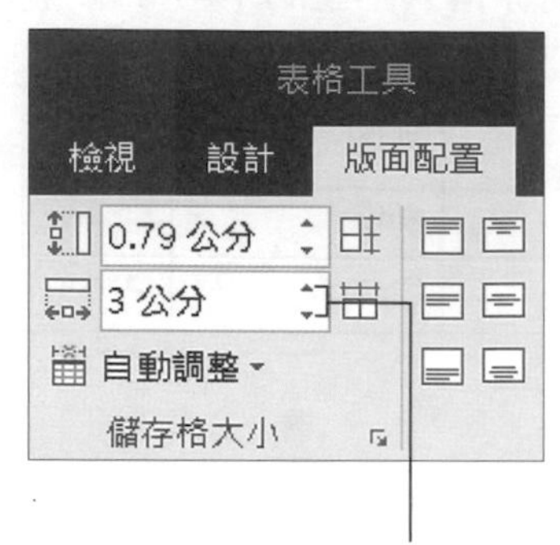

按一下是調整 0.1 公分，也可以直接輸入數字來調整，此例請輸入 "3 公分" (單位不用輸入)

調整表格列的高度

調整列的高度，與調整欄寬的操作大同小異，只不過列高的調整彈性較小。你可以參考上述的說明來進行調整，此處我們僅針對較不同的地方加以說明。

拉曳列高

列的高度同樣可以用拉曳的方式來調整，將指標移至框線上，待指標呈 ÷ 狀時，直接拉曳即可調整列高，按住 Alt 鍵還可以由視窗左側的垂直尺規看到目前儲存格的高度。

讓每列的高度都相同

要統一整個表格的列高時，請將插入點移至表格內，然後按下**表格工具/版面配置**頁次下**儲存格大小**區的**平均分配列高** 鈕：

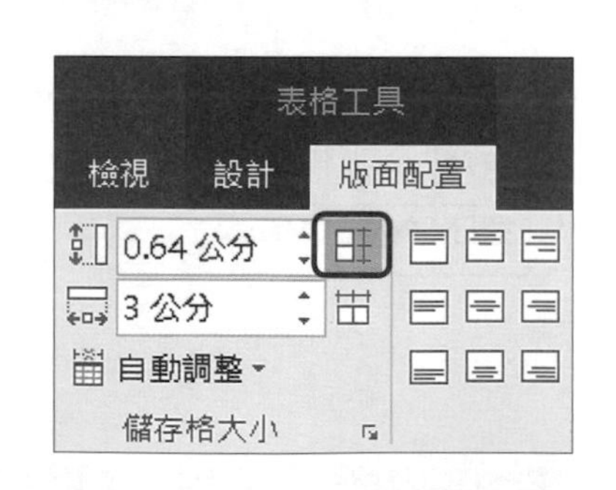

	外場	廚房
週六	Amy	Gina
週日	Peggy	Mars

	外場	廚房
週六	Amy	Gina
週日	Peggy	Mars

4-5 增刪與分割、合併儲存格

在本章一開始我們練習使用**手繪表格**方式來修改表格, 其實 Word 還提供不少可快速增加、刪除儲存格, 以及分割、合併儲存格的方法。這一節我們就來學習這些技巧, 讓日後的工作能更有效率。

增加欄、列與表格

在輸入資料時可能會覺得表格仍有不足, 好像這裡少一欄、那裡少一列, 或是想在表格中間插入一格等, 這些都是編輯表格資料時常會遇到的問題, 只要花點時間學會這些技巧, 日後遇到表格上的問題就能迎刃而解了。

在表格中增加欄或列

在表格中插入欄、列的操作大同小異, 除了之前所述方式外仍有其它方法可以完成, 這裡我們以加入一欄來說明, 您可以接續上例, 或開啟範例檔案 W04-02 來操作。

請將插入點移至 "廚房" 儲存格中, 然後切換至**表格工具/版面配置**頁次, 就可以利用**列與欄**區的按鈕來設定了：

在插入點的上方或下方加入一列

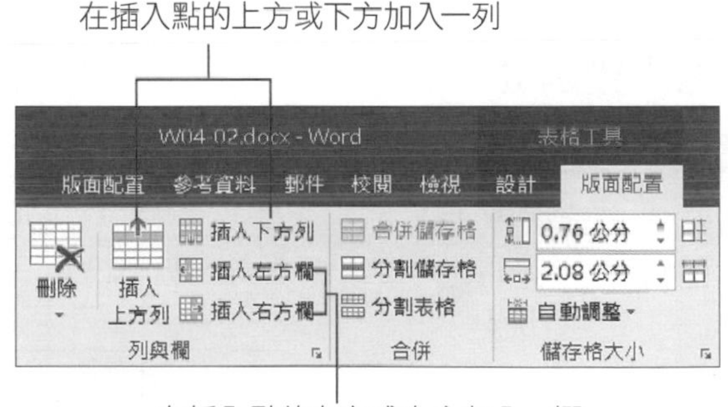

在插入點的左方或右方加入一欄

	外場	廚房
週六	Amy	Gina
週日	Peggy	Mars

1 按下**插入右方欄**

	外場	廚房	打烊
週六	Amy	Gina	Tommy
週日	Peggy	Mars	John

2 再輸入內容

若同時選取多欄 (或多列), 再利用上述的方式來增加欄、列, 可一次增加多欄 (或多列)。例如選取 2 欄, 再按下**插入左方欄**, 就會在選取欄位的左邊新增 2 欄。

此外，將指標移至表格的左側或上方框線時，會出現 ⊕═══ 圖示，按下後將會在指定的位置增加新的一列或一欄。

將滑鼠指標移到此處
按下 ⊕═══ 圖示
新增一列

在表格最後增加一列

使用 Tab 鍵能迅速在表格下方新增一列，也就是在最後一列的最後一格按下 Tab 鍵，輸入資料時可善用這個小技巧來提升工作效率。

指標放在此處
按下 Tab 鍵
迅速增加一列讓你輸入文字

在表格之後建立新表格

想在表格之後再插入一個表格，請先按下 Enter 鍵新增一個段落或輸入文字，再進行建立表格的動作。因為兩個表格間至少要有一個字元的間隔，才能插入另一個表格，如果直接在表格後的段落標記插入表格，則會合併成同一個表格。

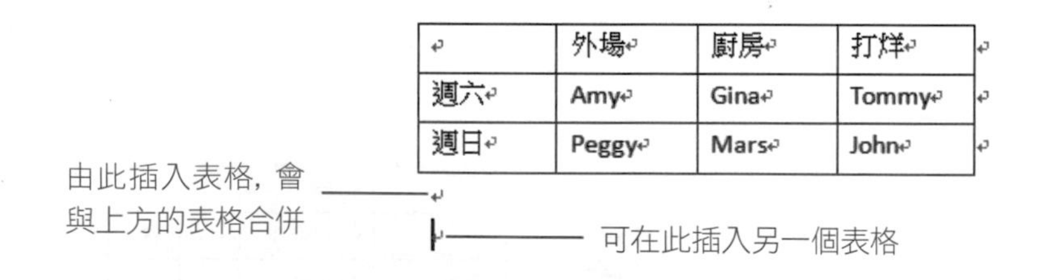
由此插入表格，會
與上方的表格合併
可在此插入另一個表格

當表格在頁面最上方時，如何插入文字

當頁面的最上方為表格，想在表格的上方輸入文字時，你得將指標移到表格的第一個儲存格內，再按下 Enter 鍵，此時表格的最上方會產生段落標記，這時就能輸入文字了。

將指標移到此儲存格, 按下 Enter 鍵

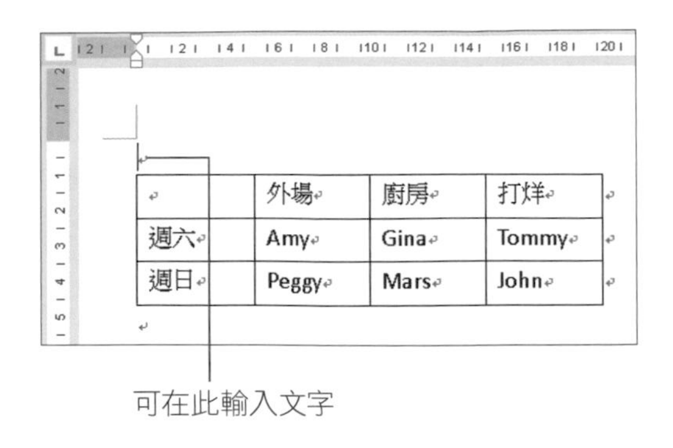

刪除欄、列、儲存格與表格

有增加的需求, 當然就會有刪除的可能, 例如當初建立表格劃分了太多欄, 導致右邊空了好幾欄, 這時就需要動手將它們刪除。

刪除欄、列和儲存格

請將插入點移至要刪除的欄或列, 再切換至**表格工具/版面配置**頁次按下**刪除**鈕, 從中選擇要進行的動作；若要刪除多欄或多列, 則必需先選取欲刪除的範圍, 再進行刪除。

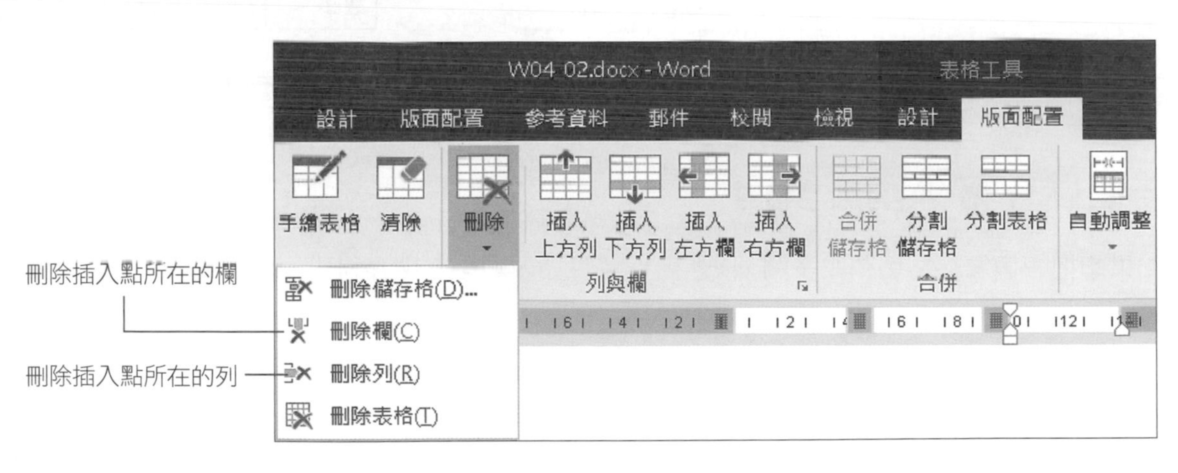

	外場	廚房	打烊
週六	Amy	Gina	Tommy
週日	Peggy	Mars	John

將插入點移至儲存格中

▶

	外場	廚房
週六	Amy	Gina
週日	Peggy	Mars

按下**刪除**鈕選擇『**刪除欄**』命令

刪除與清除表格

如果是整個表格都不需要了，請將插入點移到表格內，按下**刪除**鈕選擇『**刪除表格**』命令。若只是想清除表格中的資料，並保留表格完整的樣子，可在選取儲存格內容後，直接按下 Delete 鍵來清除儲存格的內容。

將多個儲存格合併成一個

要將多個儲存格合併成一個時，請先選取要合併的儲存格，再按下**表格工具/版面配置**頁次中**合併**區的**合併儲存格**鈕，就可以將儲存格合併成一格。

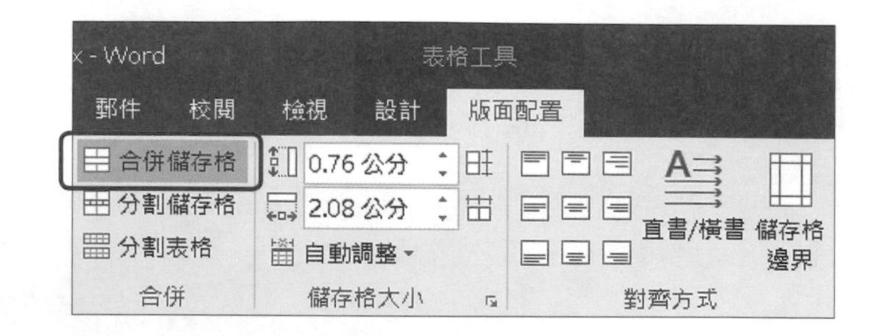

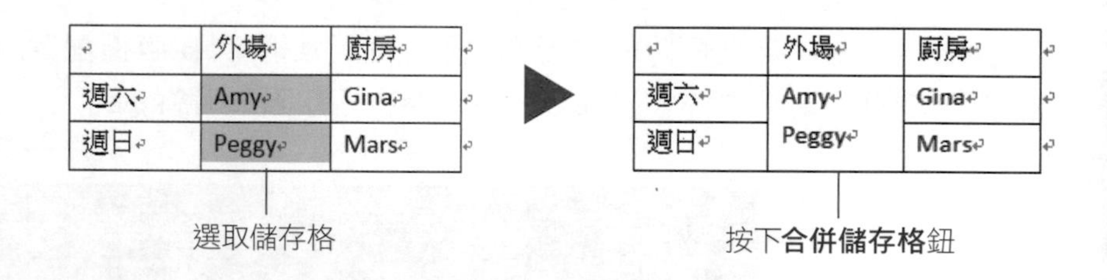

將一個儲存格分割成多個

如果想把一個儲存格切割成多欄 (或多列)，請將插入點移至儲存格內，再按下**合併**區的**分割儲存格**鈕：

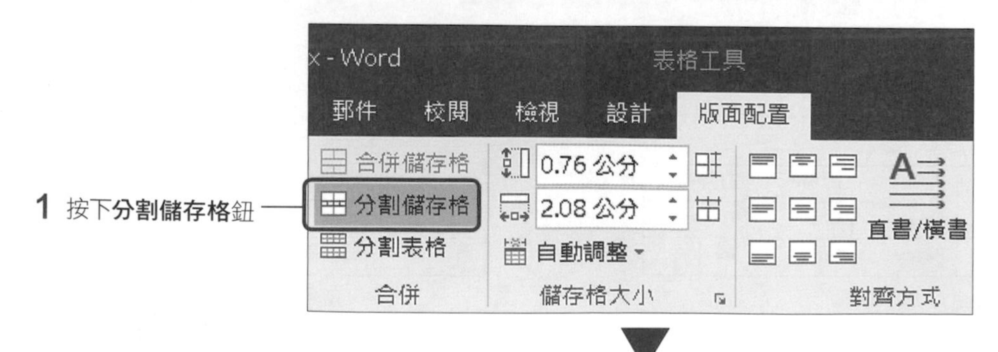

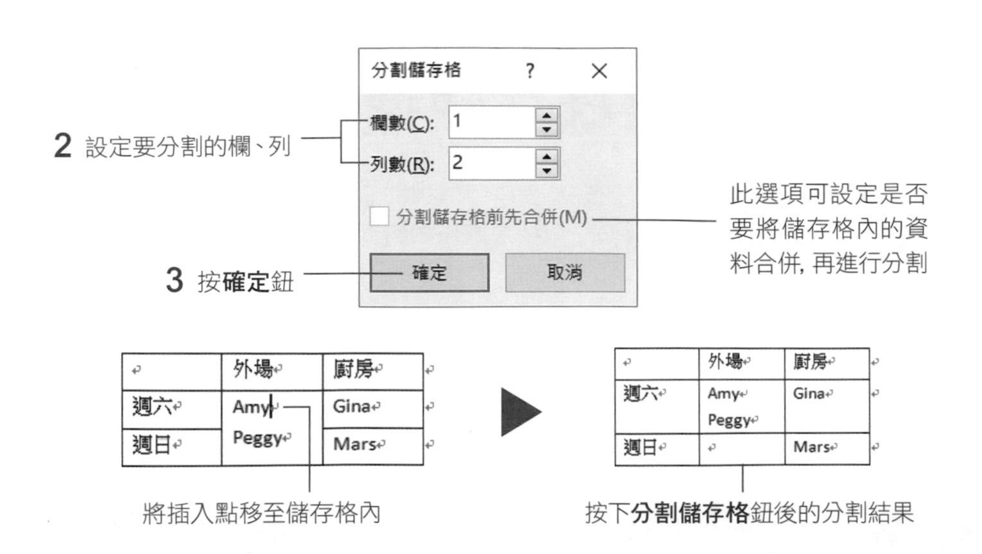

分割表格

我們也可以把表格一分為二, 請將插入點移至儲存格中, 再按下**合併**區的**分割表格**鈕, 即可由插入點的位置將表格分割開來。

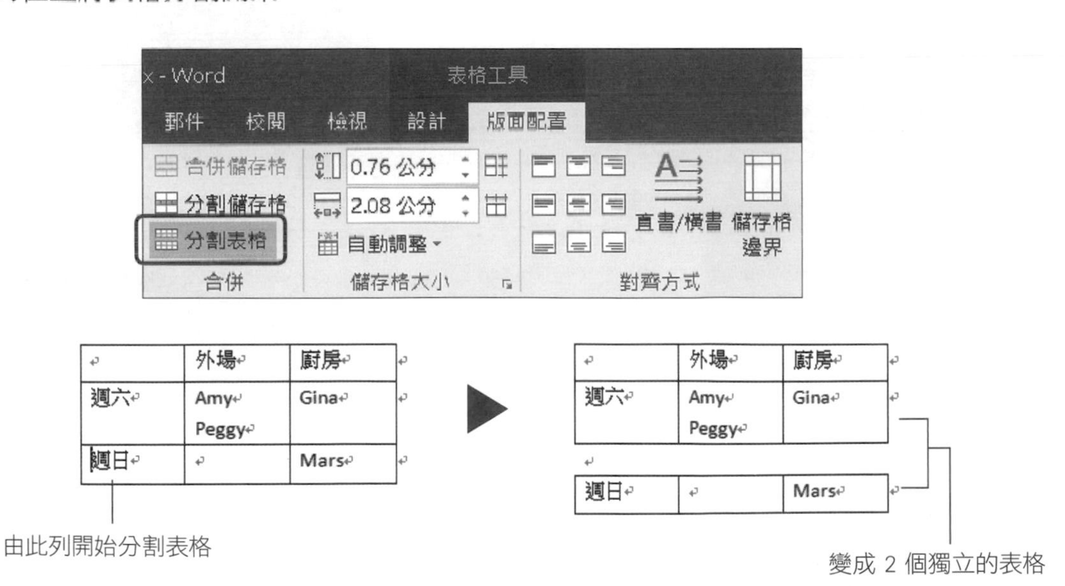

TIP 在中間的空白段落按下 Delete 鍵刪除段落標記, 可將兩個表格再次合併成同一個表格。

4-6 套用表格樣式快速美化表格

表格調整的差不多了, 接著要進行美化的工作。美化工作最速成的方法, 就是套用 Word 提供的表格樣式, 只要選取喜歡的樣式, 就可以為表格套用設計好的框線、網底等設定。

以下請開啟範例檔案 W04-03 來練習, 其中我們已調整好表格的內容, 請將插入點移至表格內, 再切換到**表格工具/設計**頁次, 從**表格樣式**中挑選想要套用的樣式:

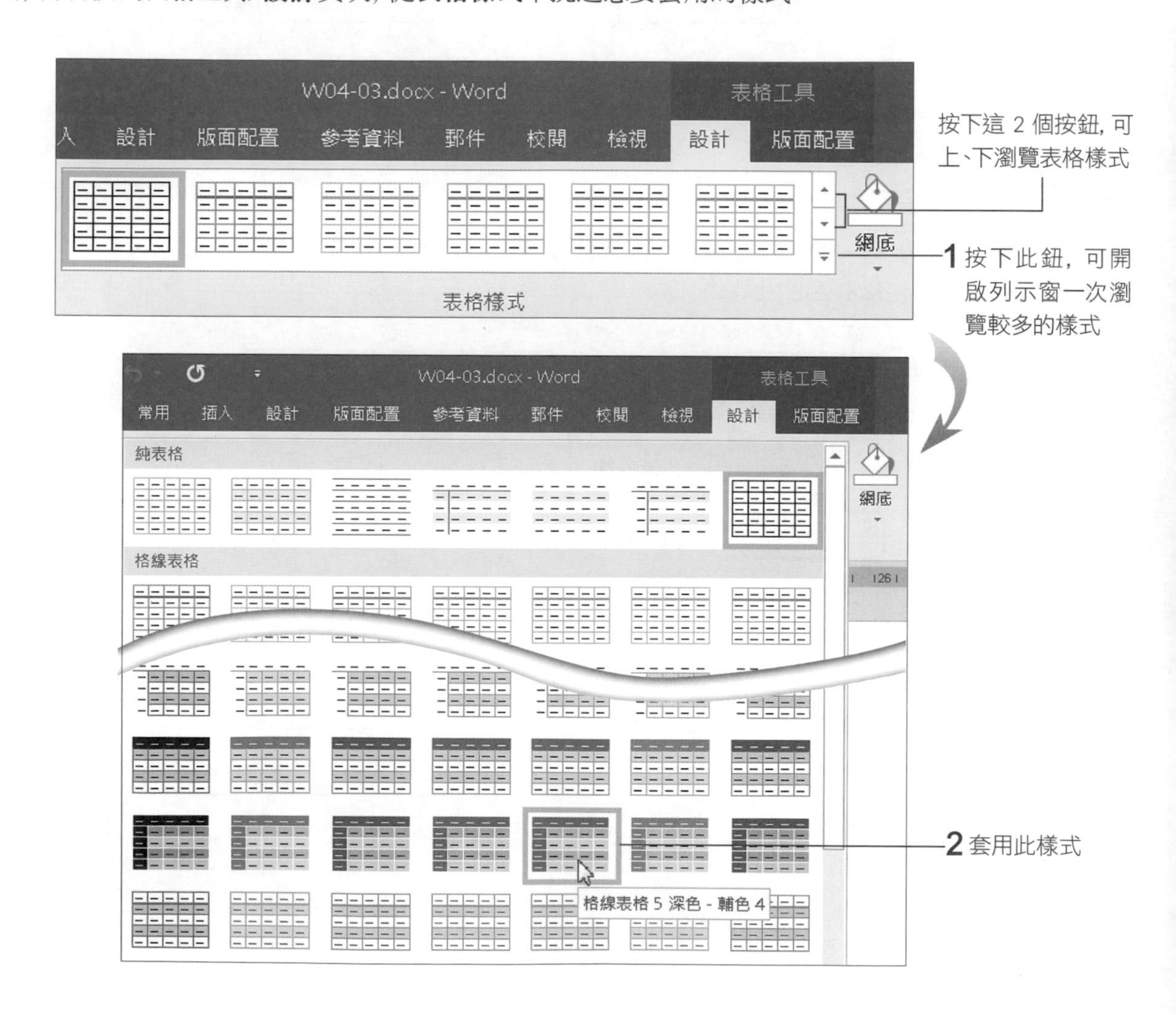

	櫃台	外場	廚房	打烊
週六	Emily	Amy	Gina	Tommy
週日	Austin	Peggy	Mars	John
週一	Emily	Peggy	Mars	Tommy

	櫃台	外場	廚房	打烊
週六	Emily	Amy	Gina	Tommy
週日	Austin	Peggy	Mars	John
週一	Emily	Peggy	Mars	Tommy

表格套用了樣式後, 如果有不需要套用的項目, 可以切換到**表格工具/設計**的**表格樣式選項**區來取消, 例如我們取消**首欄**的設定, 表示第 1 欄不加深底色：

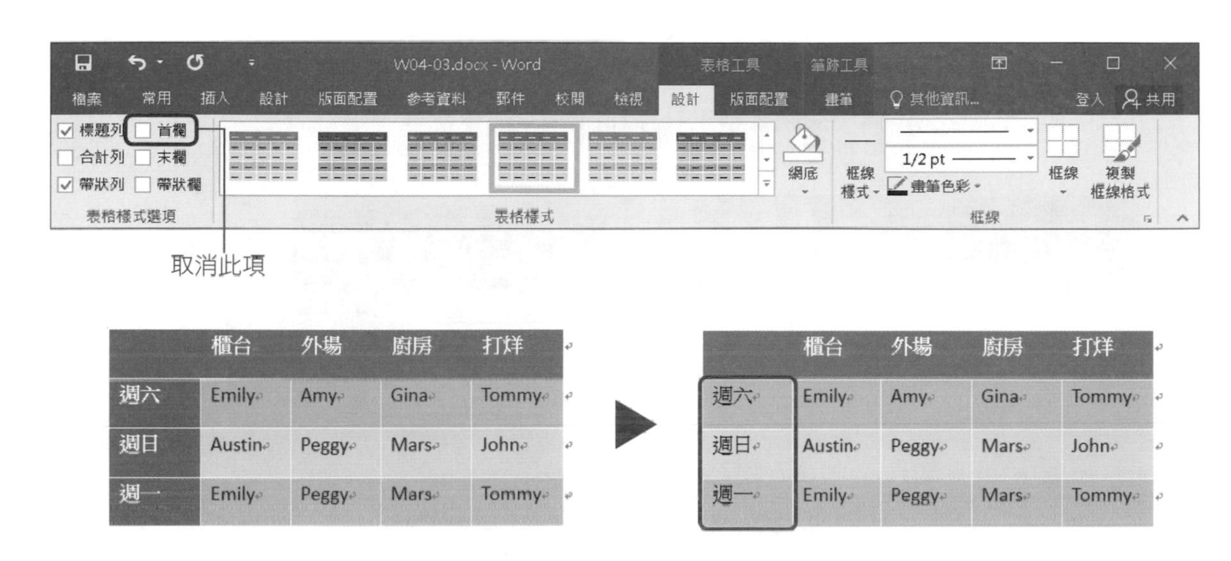

	櫃台	外場	廚房	打烊
週六	Emily	Amy	Gina	Tommy
週日	Austin	Peggy	Mars	John
週一	Emily	Peggy	Mars	Tommy

	櫃台	外場	廚房	打烊
週六	Emily	Amy	Gina	Tommy
週日	Austin	Peggy	Mars	John
週一	Emily	Peggy	Mars	Tommy

若要取消樣式設定, 請將插入點移至表格內, 再切換到**表格工具/設計**頁次, 按下**其他**鈕 ▼ , 選擇**純表格**類別下的**表格格線**樣式；或執行底下的『**清除**』命令再自行設定框線 (參考下一節)。

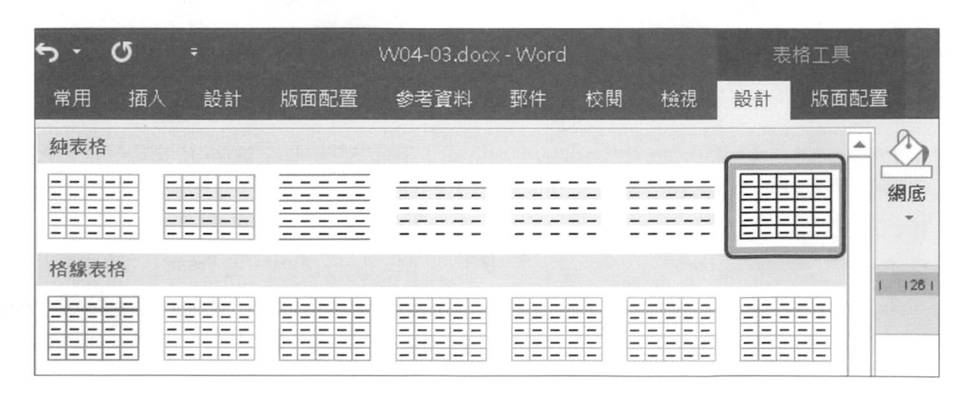

4-7 自訂表格的框線與底色圖樣

雖然表格樣式提供了可直接套用的設定, 但有時仍找不到我們想要的效果, 例如想為表格加上粗外框、第 3 欄加上不一樣的底色等, 這時就需要自行設定表格的框線樣式, 或選擇要填入的底色了。

設定表格的框線

請接續範例檔案 W04-03 的練習, 我們要為表格加上粗一點的外框線, 讓表格看起來更有份量。首先請選取整個表格, 再切換到**表格工具/設計**頁次, 從**框線**區中進行設定：

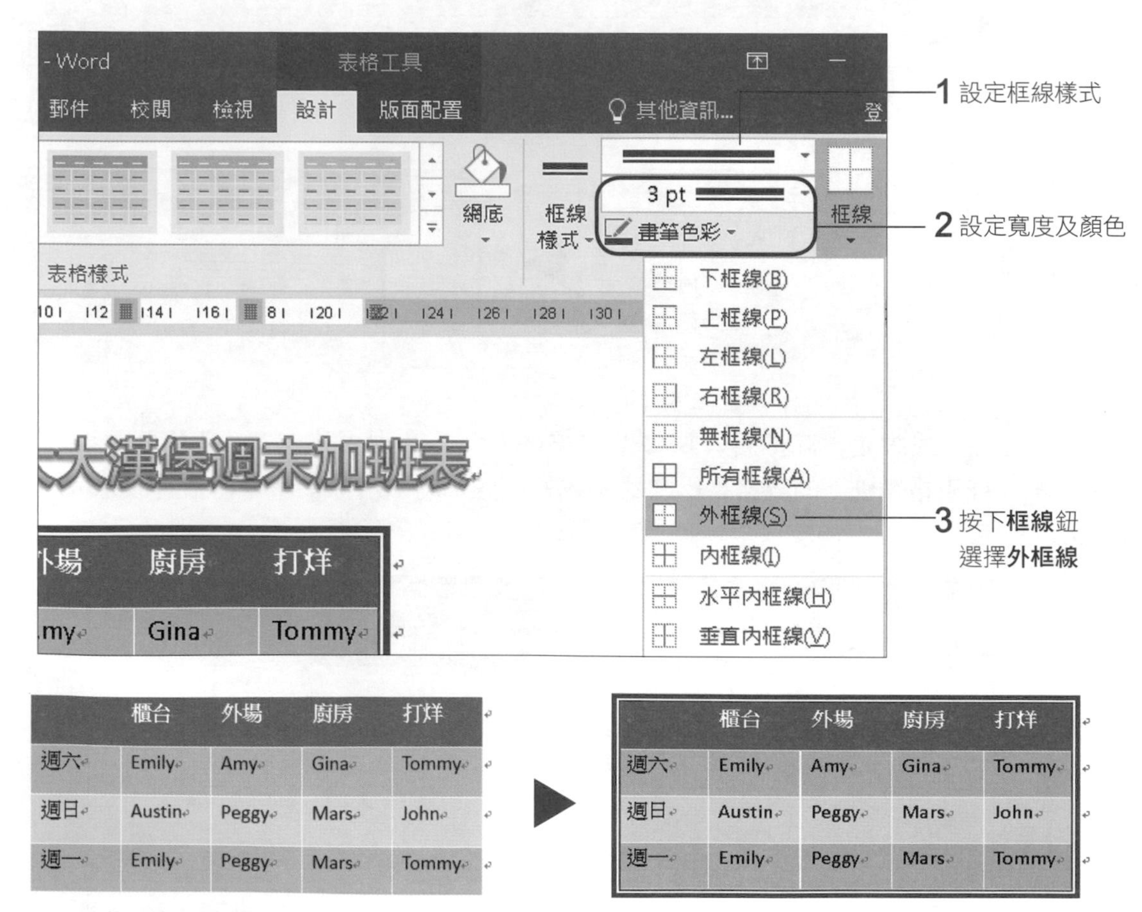

▲ 表格原來的模樣, 請先選取整個表格

▲ 套用外框線的效果

套用之後按下**框線**鈕會看到已套用的框線呈按下狀態, 表示哪些儲存格框線符合目前設定的線條樣式與寬度設定, 再按一下可取消套用。取消套用之後, 將呈現無框線的狀態。

為特定儲存格填入底色

如果表格中有想要特別突顯的部份, 還可以為這個部份填入底色。假設我們要將 "打烊" 這欄填入不同的顏色, 請先選取該欄, 再切換到**表格工具/設計**頁次, 按下**網底**鈕：

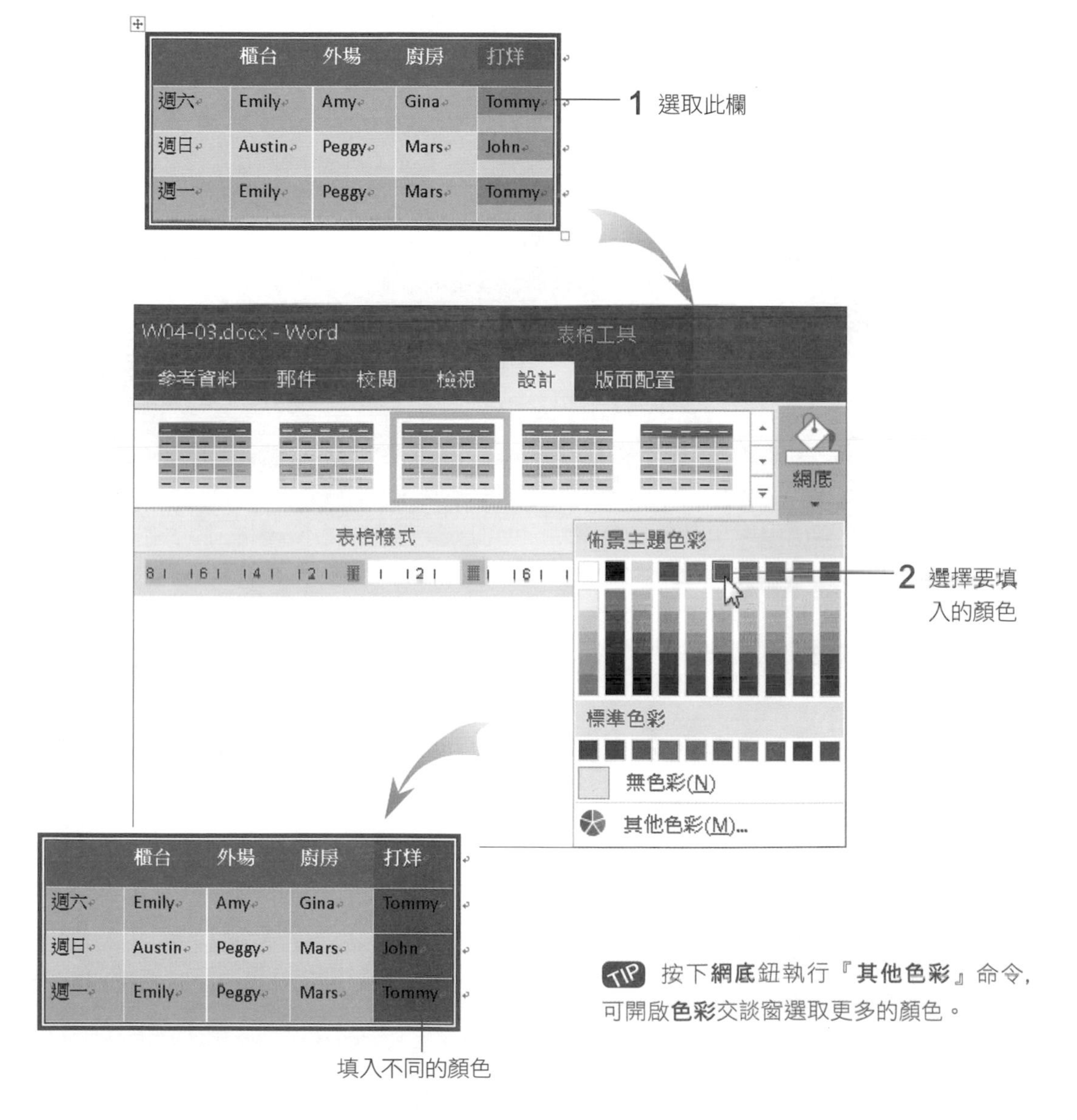

TIP 按下**網底**鈕執行『**其他色彩**』命令, 可開啟**色彩**交談窗選取更多的顏色。

4-8 調整表格在文件中的位置

最後我們要調整表格在文件中的位置，你可以為表格設定對齊方式；或是將表格拉曳到頁面的任何位置，調整位置之後圖片、文字也會自動重新編排哦！

接續剛才的範例檔案 W04-03，我們想讓表格可以置中位於標題下方，所以請先選取表格，再切換到**常用**頁次，按下**段落**區的**置中**鈕：

或是選取表格，再拉曳左上角的 ⊞ 控點，也可以參考虛線的預視框，將表格拉曳到適當的位置，文字和圖片也會跟著重新排列。

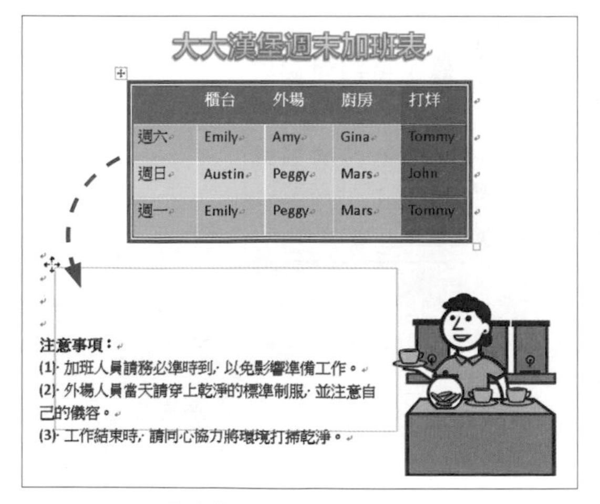

▲ 將表格拉曳到插圖的左邊

▲ 移動後再刪除多餘的空白段落就完成了

插入與美化圖片

5

- 插入圖片豐富文件版面
- 使用 SmartArt 繪製示意圖表
- 使用「文字方塊」將文字放在任意位置

5-1 插入圖片豐富文件版面

文件裡如果只有單調的文字，會讓觀看者提不起興趣，要美化文件可以適時插入圖片做為點綴。插入圖片後，還可以調整圖片的色彩、明暗、替圖片加外框、陰影增加立體感，你不需透過影像處理軟體，就能替圖片增色不少。

插入圖片

請開啟範例檔案 **Word** 資料夾下的 W05-01，將插入點移到要插入圖片的地方，再如下操作：

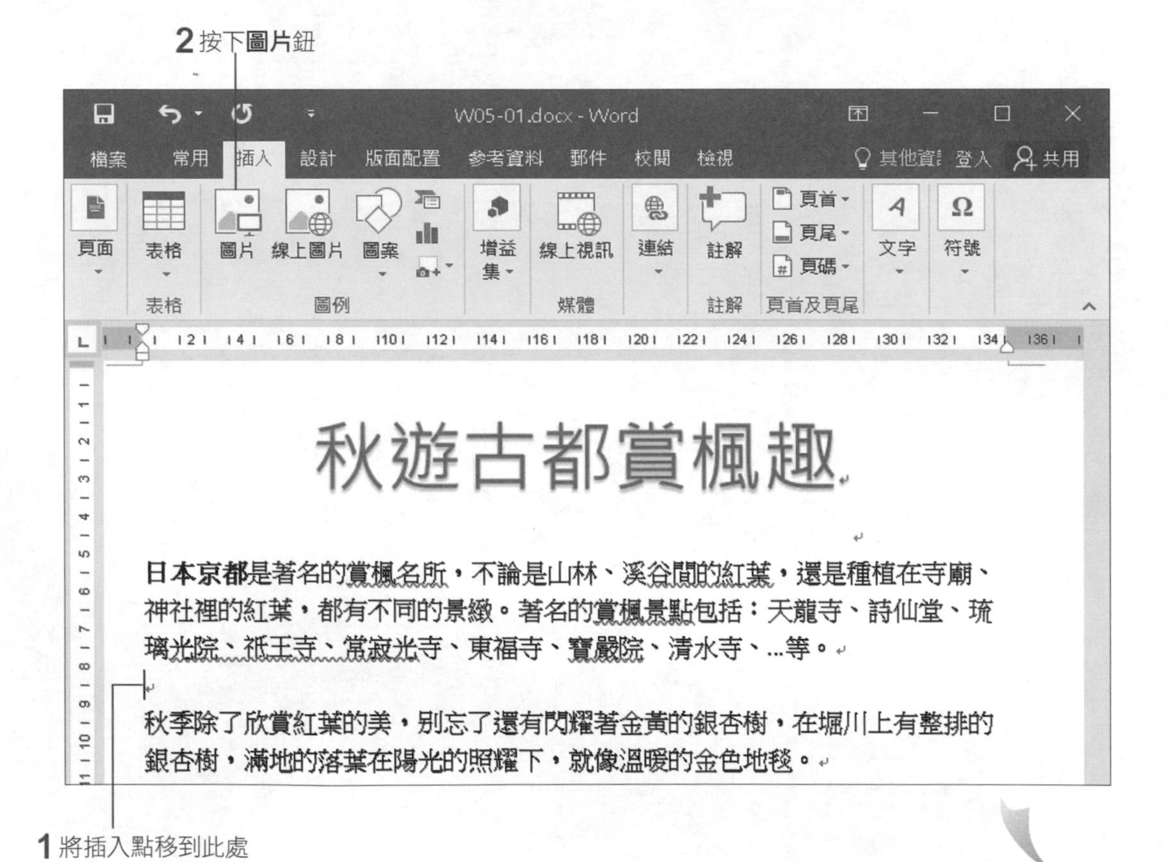

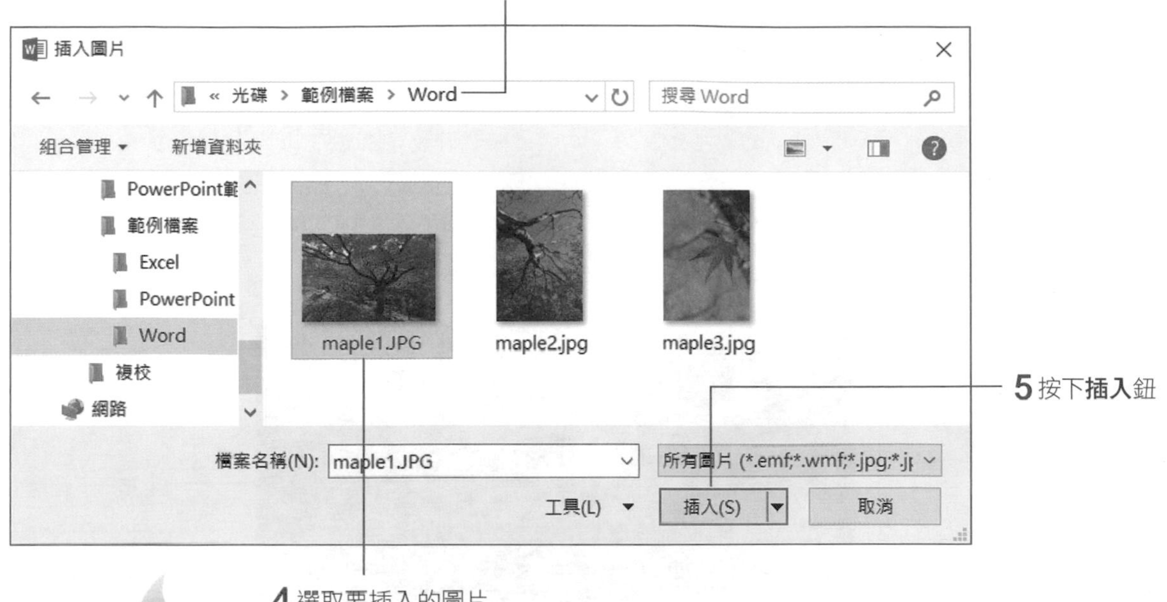

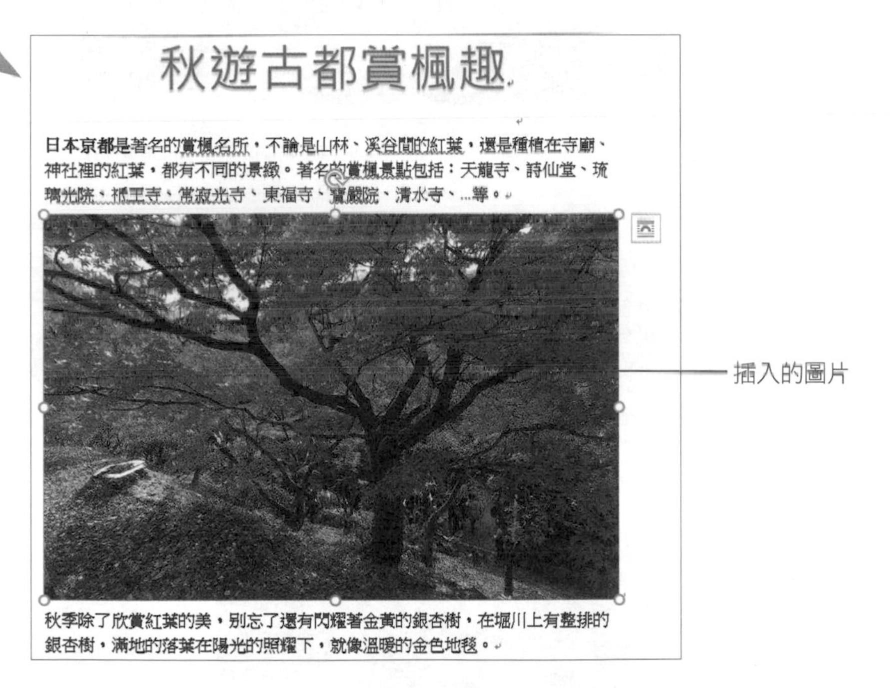

放入文件中的圖片可能會有尺寸太大的問題，尤其是未經過裁切、縮小的相片，因此，接下來我們要介紹一連串編輯圖片的方法。

整圖片的大小

請接續上例，或開啟範例檔案 W05-02 來練習。剛才所插入的圖片其寬度預設與文字範圍一樣，若想要調整大小，請在圖片上按一下，圖片四周出現控點後表示已選取，此時只要拉曳控點就能調整大小了。

日本京都是著名的賞楓名所，不論是山林、溪谷間的紅葉，還是種植在寺廟、神社裡的紅葉，都有不同的景緻。著名的賞楓景點包括：天龍寺、詩仙堂、琉璃光院、祇王寺、常寂光寺、東福寺、寶嚴院、清水寺、...等。
1 按一下圖片
2 向內拉曳控點
秋季除了欣賞紅葉的美，別忘了還有閃耀著金黃的銀杏樹，在堀川上有整排的
3 拉曳到理想大小後放開滑鼠左鈕
拉曳此控點，可旋轉整張圖片

日本京都是著名的賞楓名所，不論是山林、溪谷間的紅葉，還是種植在寺廟、神社裡的紅葉，都有不同的景緻。著名的賞楓景點包括：天龍寺、詩仙堂、琉璃光院、祇王寺、常寂光寺、東福寺、寶嚴院、清水寺、...等。
版面配置選項
與文字排列
文繞圖
隨段落文字移動
固定於頁面上的位置(N)
查看更多...
秋季除了欣賞紅葉的美，別忘了還有閃耀著金黃的銀杏樹，在堀川上有整
銀杏樹，滿地的落葉在陽光的照耀下，就像溫暖的金色地毯。

按下 鈕可以調整文字與圖片的排列方式，稍後會做說明

拉曳四個邊上的控點，則會將圖片壓扁或拉長

拉曳角落的控點，可維持圖片的比例做縮放

調整圖片的亮度、對比與色彩

若覺得圖片的顏色、亮度差強人意，或是對比不夠強烈、色彩不夠鮮豔等，只要在 Word 就可以輕鬆解決這些問題了。以範例檔案為例，我們想要增加圖片的亮度，請先選取圖片並切換到**圖片工具/格式**頁次：

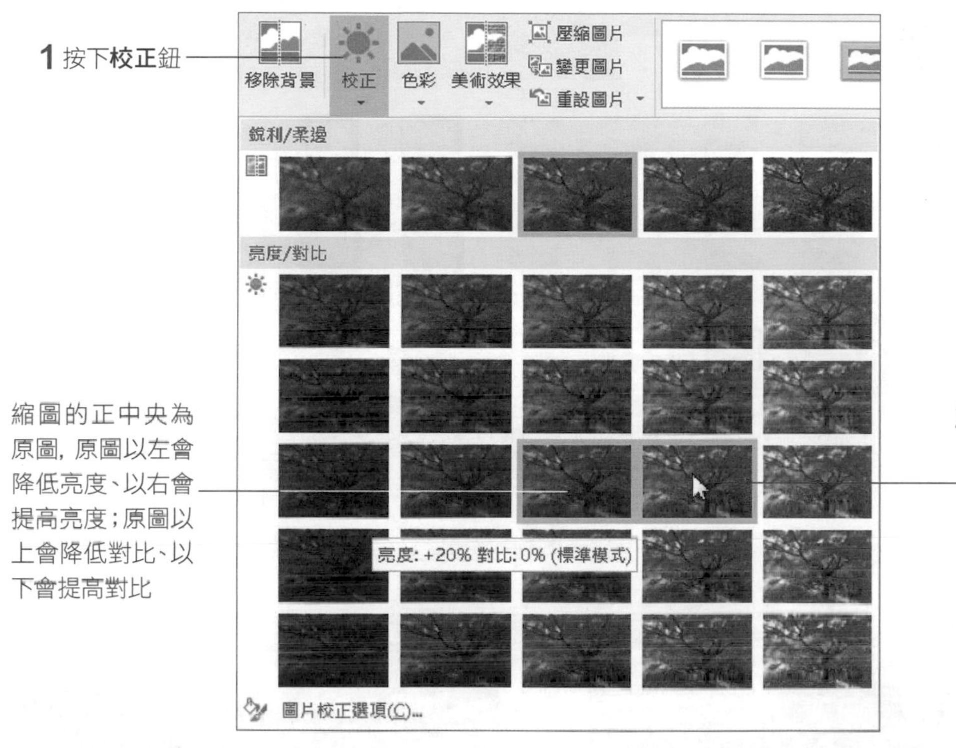

1 按下**校正**鈕

縮圖的正中央為原圖，原圖以左會降低亮度、以右會提高亮度；原圖以上會降低對比、以下會提高對比

2 從中點選縮圖，以校正圖片的亮度及對比，請點選此項

▲ 此例將亮度增加 20%、對比 0%

▲ 調整前，圖片較暗

▲ 調整後，提高圖片亮度

為圖片套用邊框、陰影樣式

在文件中插入圖片後，整份文件已增色不少，你還可以替圖片加上邊框或陰影，讓圖片更立體，請在選取圖片後，切換到**圖片工具/格式**頁次，從**圖片樣式**區挑選喜歡的樣式：

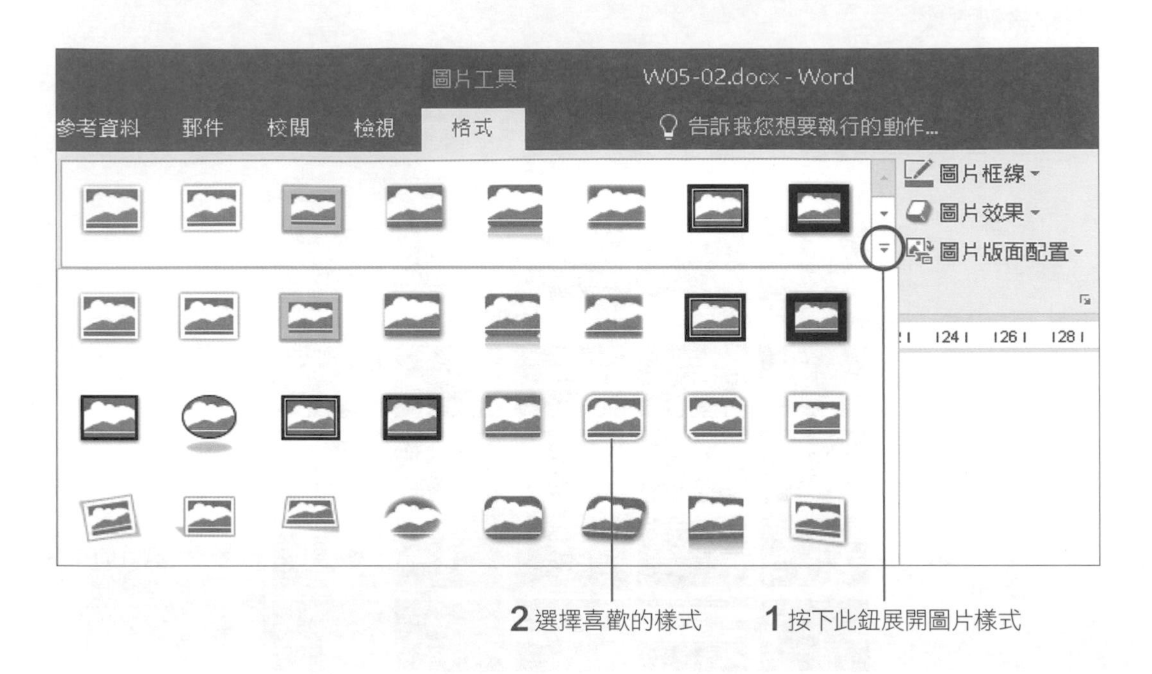

▲ 套用**圓形對角, 白色**的結果

▲ 套用**反射圓角矩形**的結果

設定圖片與文字的排列方式

接著要設定圖片與文字的排列方式。當我們插入圖片時，預設圖片會與文字排列，所以圖片的兩側常會空白一片，版面顯得鬆散不好看，這時只要設定文繞圖的排列方式，就能解決這個問題。以剛才的範例來說明，請先選取圖片，再按下圖片右上角的 鈕或切換至**圖片工具/格式**頁次，由**排列**區的**文繞圖**鈕來設定排列方式：

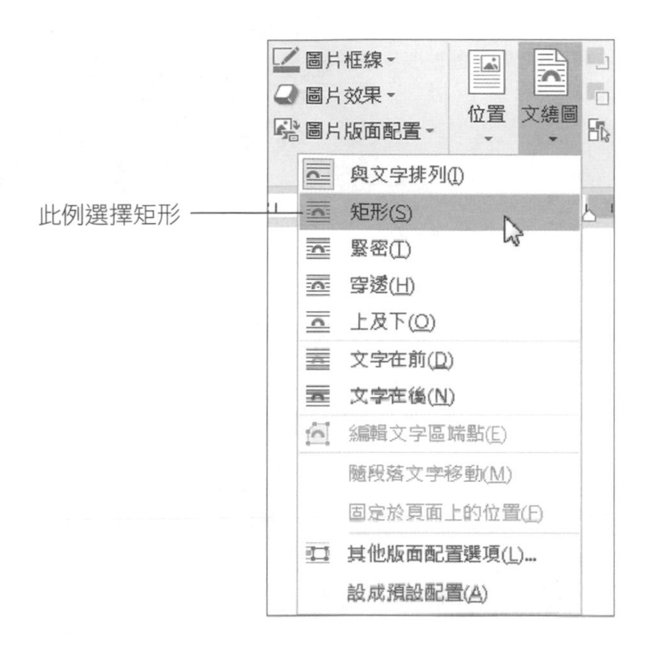
圖片框線
圖片效果
圖片版面配置
位置
文繞圖
與文字排列(I)
矩形(S)
緊密(T)
穿透(H)
上及下(O)
文字在前(D)
文字在後(N)
編輯文字區端點(E)
隨段落文字移動(M)
固定於頁面上的位置(F)
其他版面配置選項(L)...
設成預設配置(A)
此例選擇矩形

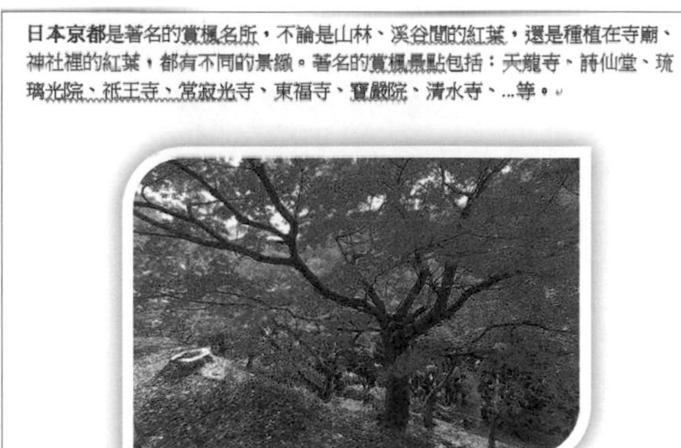
日本京都是著名的賞楓名所，不論是山林、溪谷間的紅葉，還是種植在寺廟、神社裡的紅葉，都有不同的景緻。著名的賞楓景點包括：天龍寺、詩仙堂、琉璃光院、祇王寺、常寂光寺、東福寺、寶嚴院、清水寺、...等。
秋季除了欣賞紅葉的美，別忘了還有閃耀著金黃的銀杏樹，在堀川上有整排的銀杏樹，滿地的落葉在陽光的照耀下，就像溫暖的金色地毯。

▲ 沒有文繞圖

日本京都是著名的賞楓名所，不論是山林、溪谷間的紅葉，還是種植在寺廟、神社裡的紅葉，都有不同的景緻。著名的賞楓景點包括：天龍寺、詩仙堂、琉璃光院、祇王寺、常寂光寺、東福寺、寶嚴院、清水寺、...等。
秋季欣賞的別忘有閃金黃杏在堀有整銀杏滿地葉在的照
除了紅葉美，了還耀著的銀樹，川上排的樹，的落陽光耀
下，就像溫暖的金色地毯。

▲ **矩形**文繞圖

設定好文繞圖之後，還可以拉曳圖片至理想的位置，文字會自動重新排列，不用再自己調整：

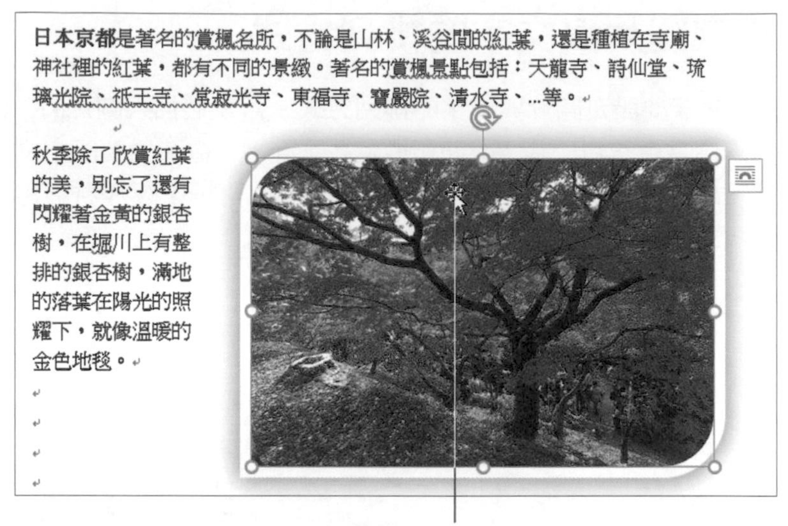

我們將圖片拉曳到文字的右側

選取圖片後，按下**文繞圖**鈕執行選單中的『**其他版面配置選項**』命令，還可開啟交談窗自行設定圖片與文字間的距離：

選項會依設定的排列方式而異，例如**方形**排列，可設定**上**、**下**、**左**、**右**的距離；選擇**上及下**的文繞圖方式就只會有**上**、**下**選項，選擇**文字在前**、**文字在後**則無法做設定

TIP 選取圖片後，按下**文繞圖**鈕，執行選單中的**設成預設配置**命令，可將慣用的文繞圖方式設成預設值。

5-2 使用 SmartArt 繪製示意圖表

Word 的 SmartArt 圖形具有多種設計精美的示意圖, 例如流程圖、組織圖、矩陣圖、金字塔圖等, 能幫您快速建立專業的圖表, 若是要修改階層、變更文字樣式, 也全都做得到, 本節就帶您來一探究竟。

建立 SmartArt 圖表

我們要繼續完成範例檔案 W05-02 的製作, 假設要在下方插入一個 "紅葉、古寺、美食、溫泉" 的標語, 就可以用 SmartArt 圖表來製作。請如下操作：

STEP 01 請接續剛才的範例或開啟範例檔案 W05-03, 先在文件的任意處按一下, 用以取消所有文字及圖片的選取狀態。再將插入點移到文件最後, 並切換到**插入**頁次, 再按下 **SmartArt** 鈕:

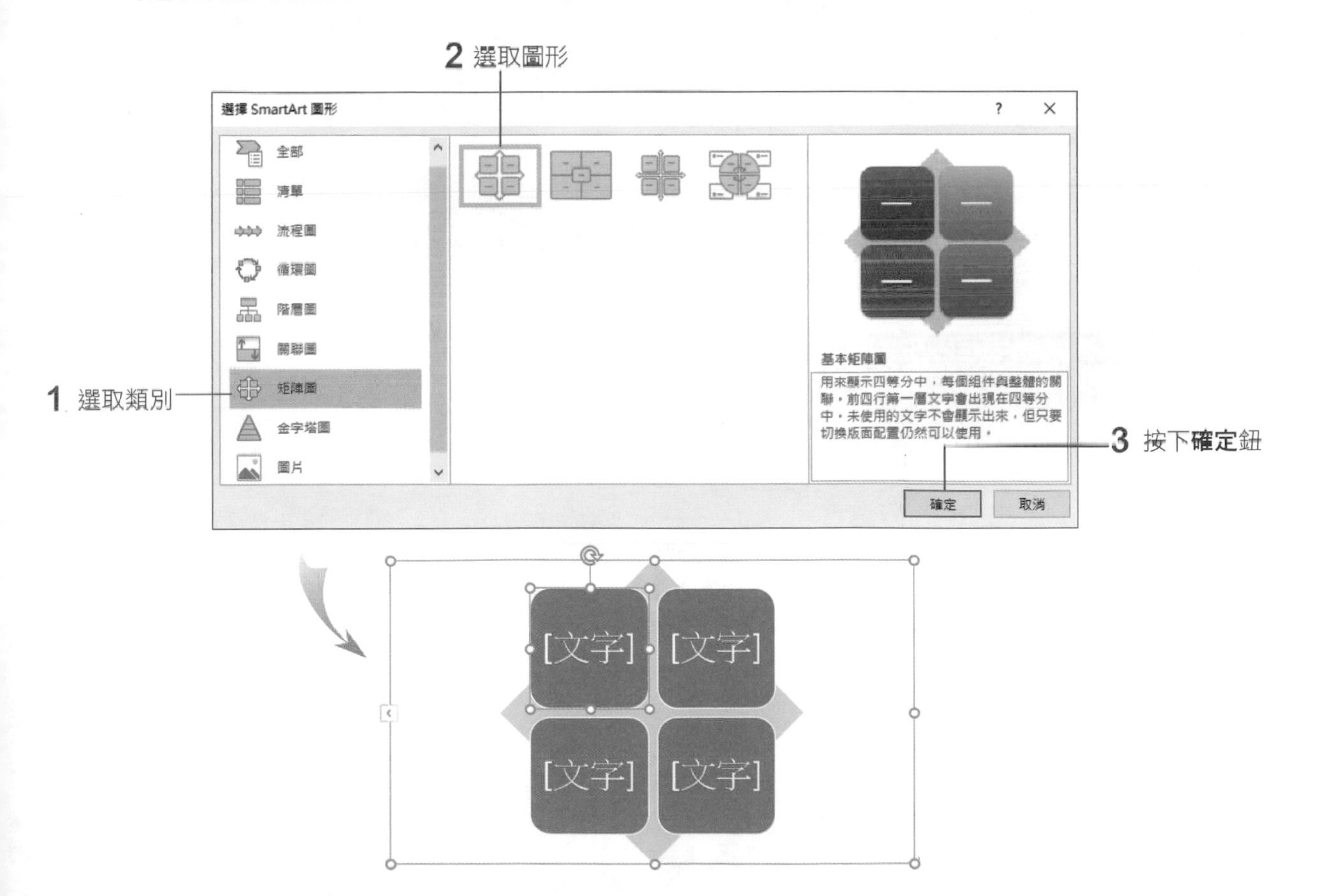

STEP 02 圖表已插入文件中了, 我們需在其中輸入文字以完成圖表。請在標示 "[文字]" 的地方按一下, 出現插入點後開始輸入文字, 可參考右圖完成輸入:

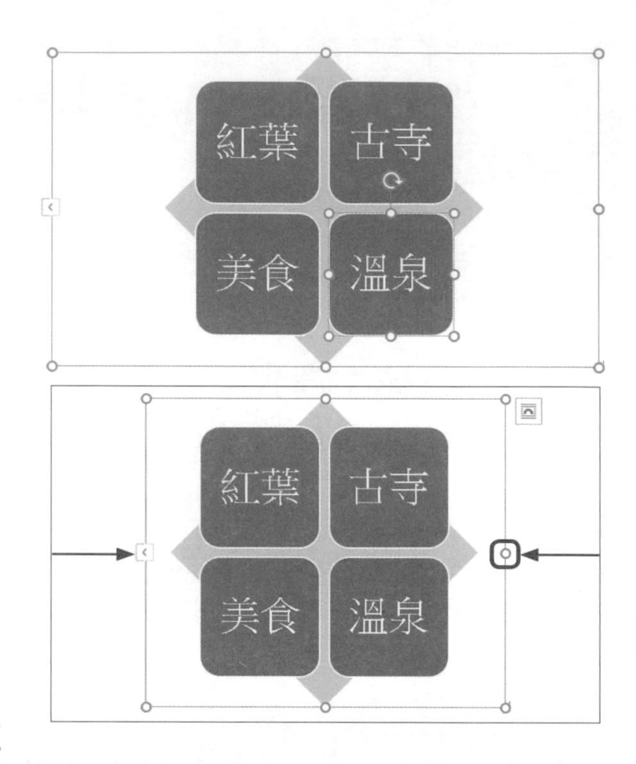

TIP 要在圖表中輸入文字，也可以從 SmartArt 圖表旁的**在此鍵入文字**窗格中輸入。

STEP 03 圖表的邊框太大了, 左、右留有許多空白, 我們可以將圖表框右方的控點 向內拉曳, 用以縮小圖表的顯示範圍, 之後若要移動位置也會比較容易調整。

變更圖表色彩並套用立體樣式

現在圖表還是清湯掛麵的模樣, 我們來幫圖表換個顏色吧！請按一下圖表, 四周顯示框線表示已選取, 然後切換至 **SmartArt 工具/設計**頁次按下**變更色彩**鈕, 從中選取想要的配色：

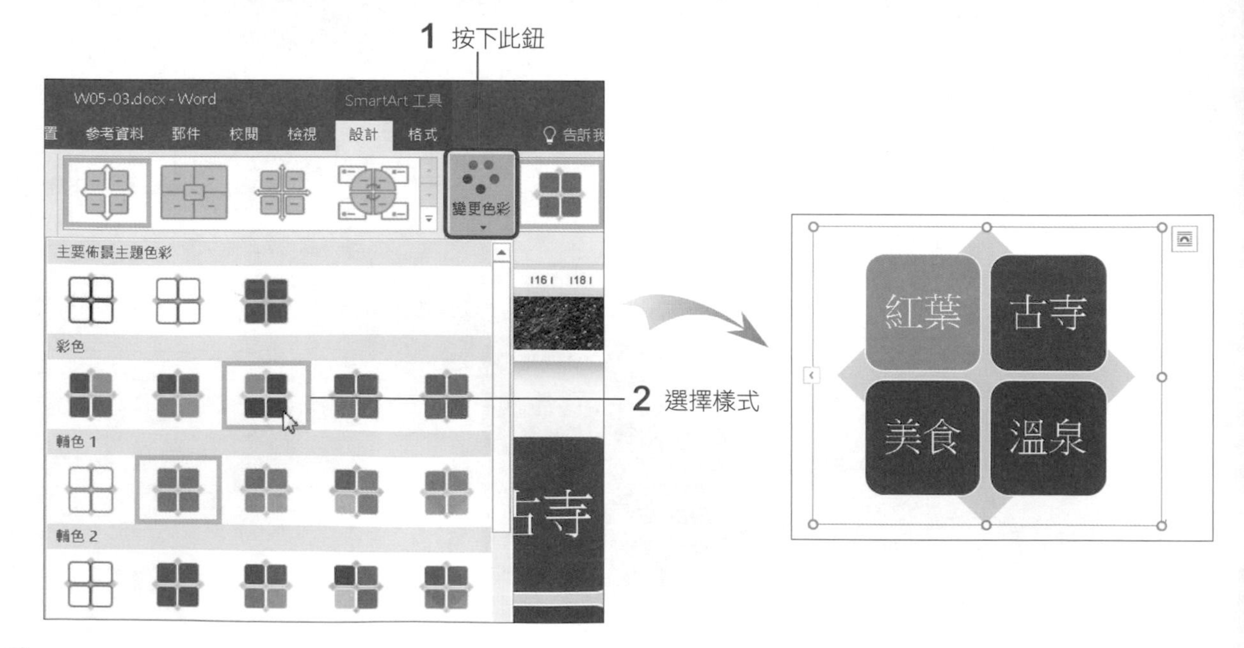

接著再為圖表套用立體樣式，讓圖表看起來更專業！請同樣選取圖表後，切換到 **SmartArt 工具/設計**頁次，在 **SmartArt 樣式**區中選取要套用的效果，此例我們選擇**立體**類的**光澤**效果：

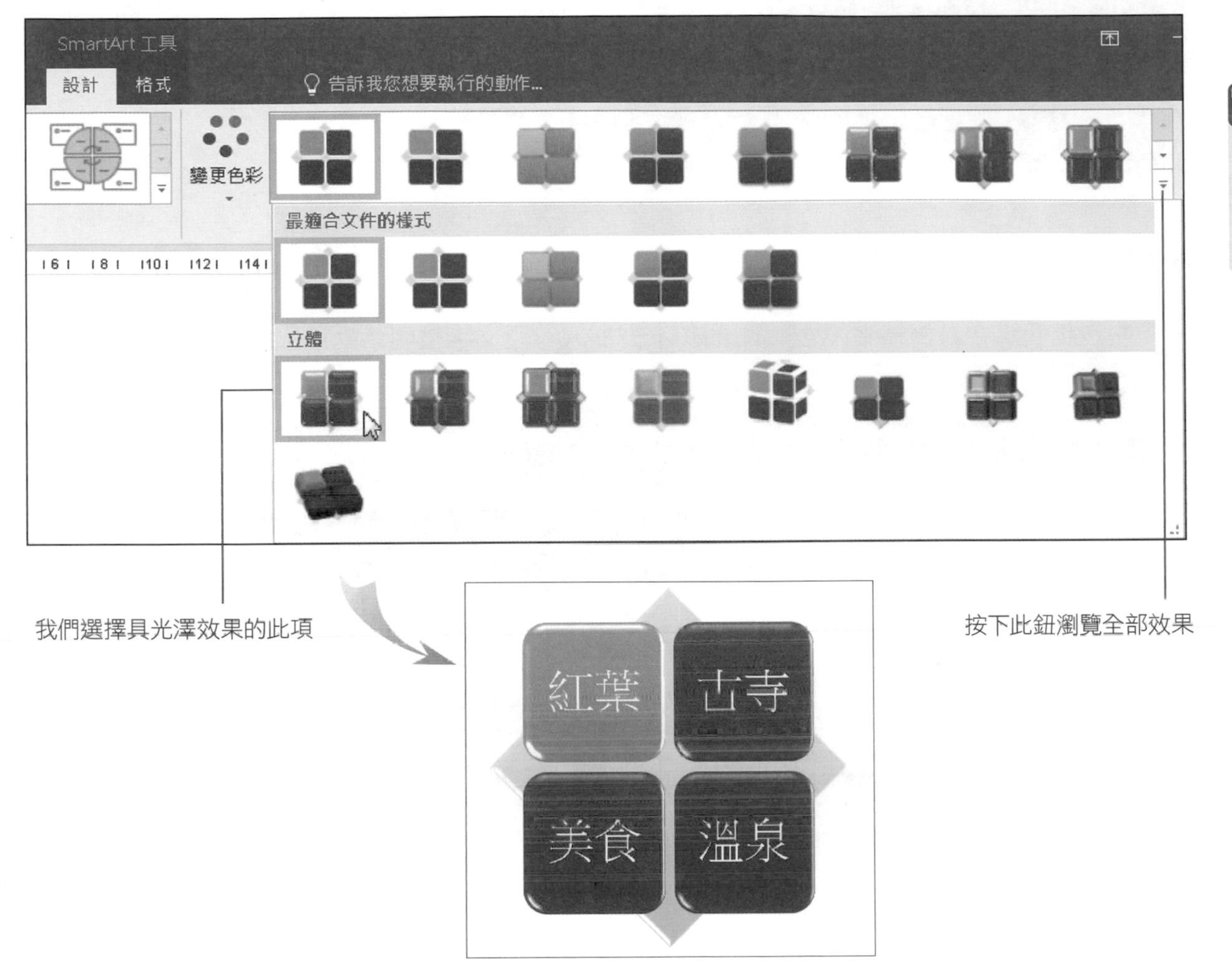

TIP 若是想取消 SmartArt 的效果，可在選取 SmartArt 後，按下**設計**頁次中**重設**區的**重設圖形**鈕。

5-3 使用「文字方塊」將文字放在任意位置

有時我們會需要在空白處加上一段文字, 甚至想為這段文字填入底色, 以便和內文區隔, 那麼在文件中插入**文字方塊**是最簡易的, 不但可以任意移動位置, 還有許多樣式可直接套用。

建立文字方塊並輸入文字

假設我們想在範例檔案 W05-04 的正下方加入一段文字標明活動單位, 就可以使用**文字方塊**來達成。

STEP 01 請切換至**插入**頁次, 再按下**文字方塊**鈕, 從中選擇文字方塊的樣式:

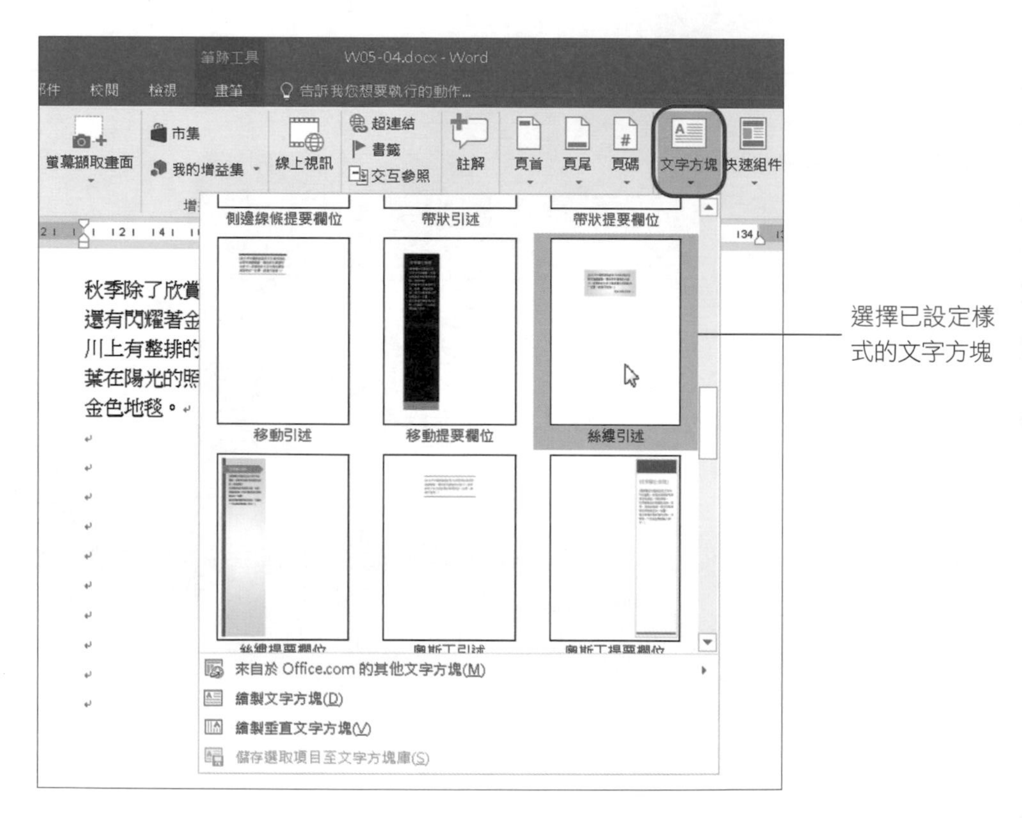

STEP 02 按下樣式後，文件會出現一個填滿文字的方塊。請直接輸入要顯示在方塊的文字，例如 "活動主辦單位、福利委員會"。

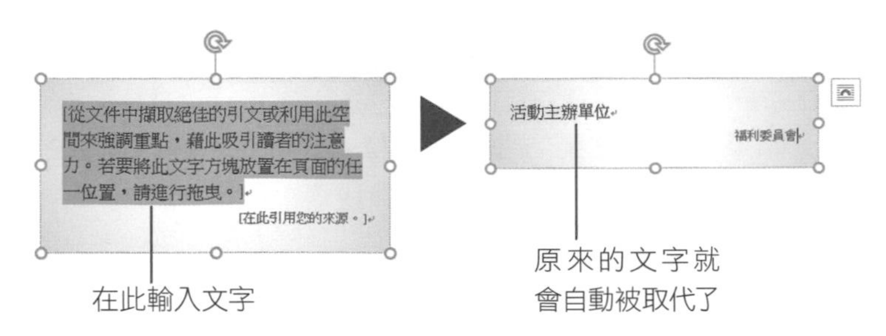

TIP 文字方塊內的文字格式設定，與一般文字相同，只要透過**常用**頁次**字型**區的各個按鈕，就能設定文字的各種格式了。

STEP 03 接著請拉曳文字方塊四周的控點調整其大小，使其呈如圖的矩形，點選最外層的框後切換至**繪圖工具/格式**頁次，再按下**位置**鈕，將文字方塊置於文件右下方。

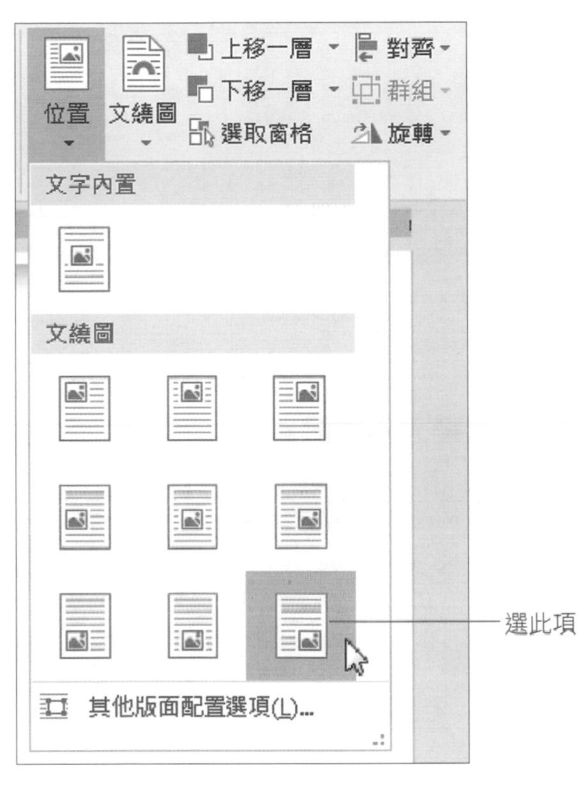

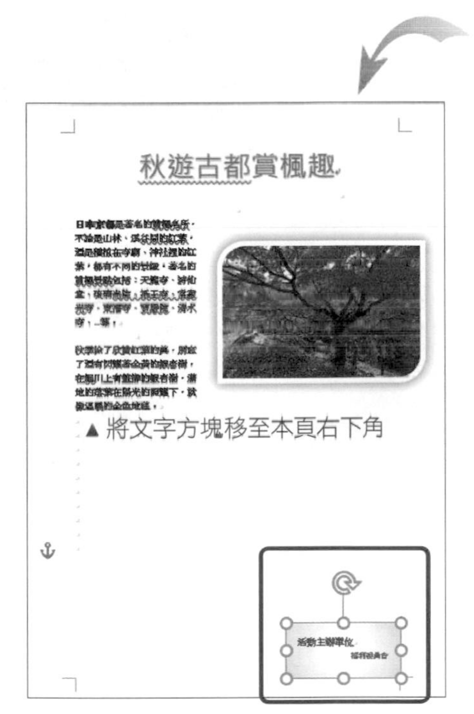

▲將文字方塊移至本頁右下角

除了使用**位置**鈕來設定文字方塊的位置，您也可以直接拉曳文字方塊到想擺放的位置，拉曳時請按住方塊的最外層邊框 (指標呈 ✥ 狀) 再拉曳，如果在方塊的文字範圍上按鈕，會進入文字的編輯狀態。

為文字方塊填入漸層樣式

如果不喜歡文字方塊的簡單樣式, Word 也準備了多種樣式, 讓您可以為它變換新風貌。請選取文字方塊, 再從**圖案樣式**區尋找喜歡的樣式。

1 按下此鈕瀏覽樣式

2 選擇喜歡的效果

按此鈕可瀏覽全部的樣式

插入不同圖案的文字方塊

文字方塊可不是只有矩形一種樣式！當您想要製作其它形狀的文字方塊時, 可切換到**插入**頁次的**圖例**區, 再按下**圖案**鈕從中選擇想要的圖案, 並在文件上拉曳出圖案, 然後在圖案上按右鈕執行『**新增文字**』命令, 圖案就變成文字方塊了。

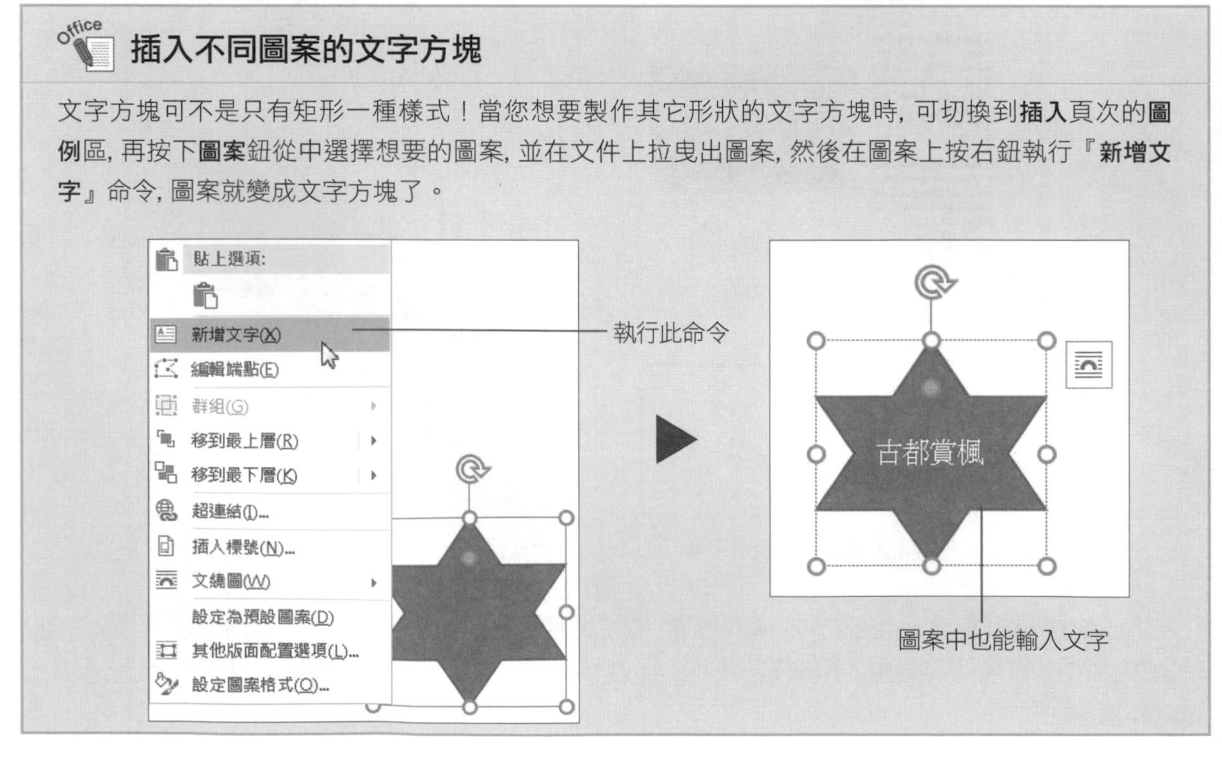

實用的知識

將 Word 文件中的圖片另存成單獨的圖檔

如果想將 Word 文件中的圖片，另外儲存成單獨的圖片檔再做其他利用，該怎麼做呢？其實只要選取圖片後按右鈕，再執行『**另存成圖片**』命令就可以了。

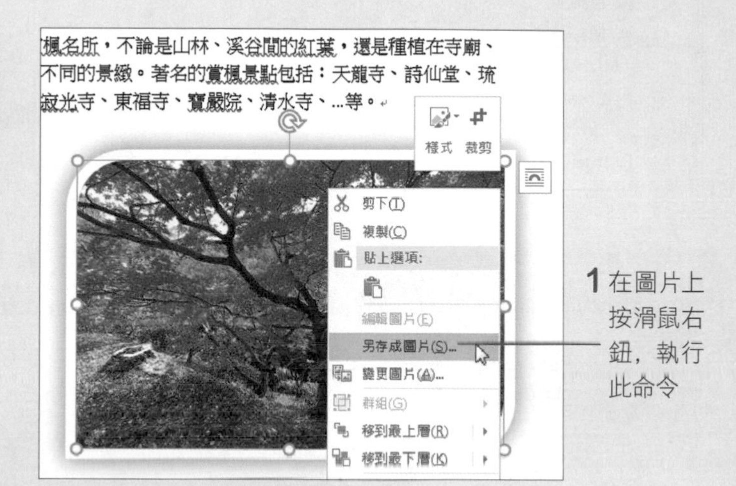

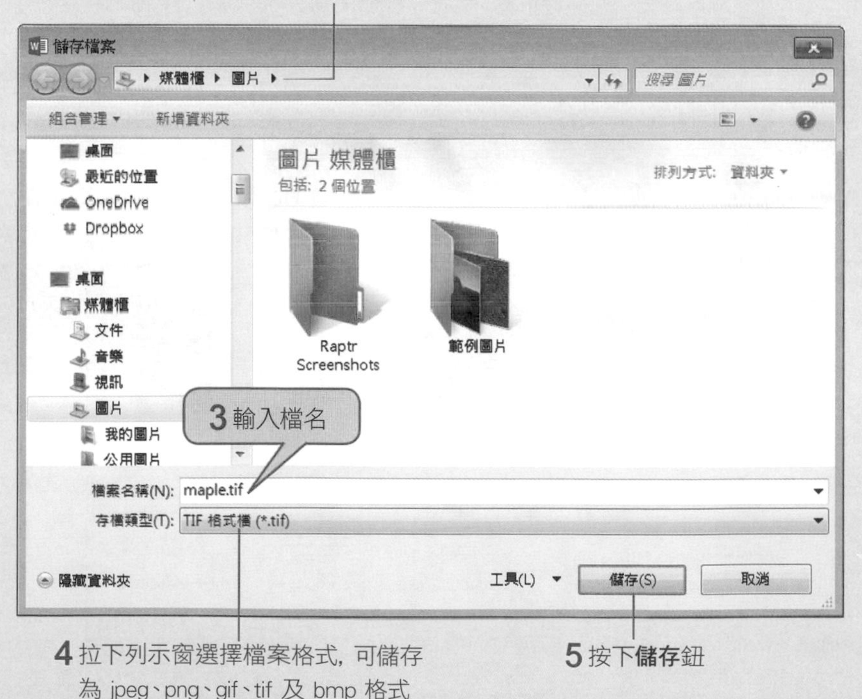

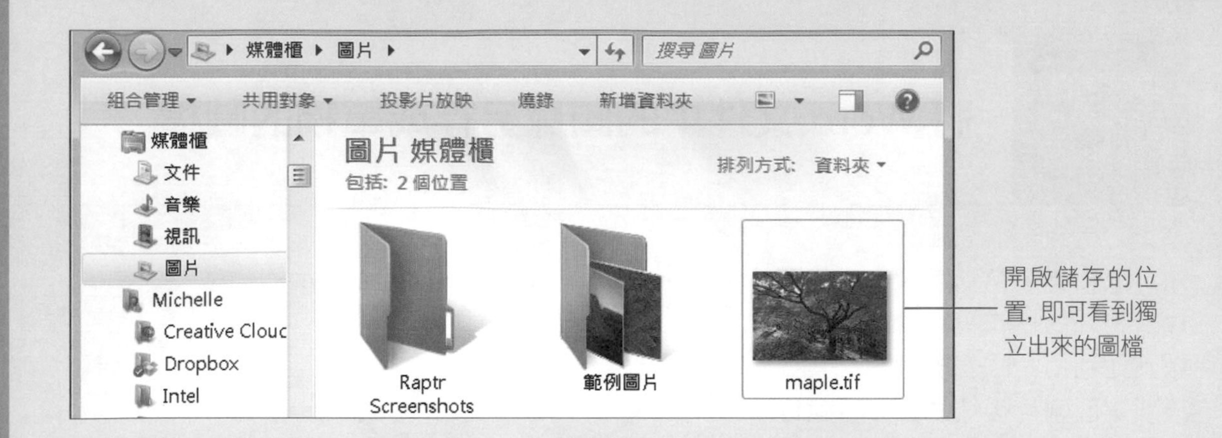

如果 Word 文件中的圖檔很多，一張一張儲存很費時，在此提供您一個小技巧，你可以在**另存新檔**交談窗中，將**存檔類型**改成**網頁 (*.htm,*.html)**，再按下**儲存**鈕。這樣 Word 會自動將文件中的所有圖片，儲存在一個 *.files 的資料夾中，你只要複製出你所要的圖片就可以了，其他的網頁檔案可以放心刪除。

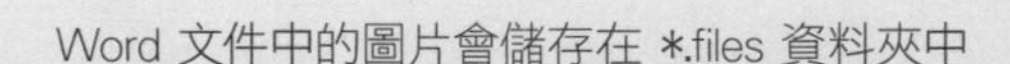

Word 文件中的圖片會儲存在 *.files 資料夾中

文件的版面設定

- 為文件設置頁碼
- 在頁首/頁尾加上文件資訊
- 製作文字及圖片浮水印
- 將文件設定為多欄式編排
- 製作文件封面

6-1 為文件設置頁碼

長篇文章、提案報告等多頁的文件, 頁碼是必要的一項資訊, 不僅為整份文件的裝訂增加效率, 還可以讓閱讀者得知文件的順序。這一節我們就來學習如何在文件中加入頁碼。

在文件下方加入頁碼

我們以一個實際的範例來說明, 請開啟範例檔案 W06-01, 再跟著以下的步驟來操作。

STEP 01 開啟檔案後請切換至**插入**頁次, 再按下**頁首及頁尾**區的**頁碼**鈕, 將指標移至**頁面底端**上, 會出現範本供您預覽、套用:

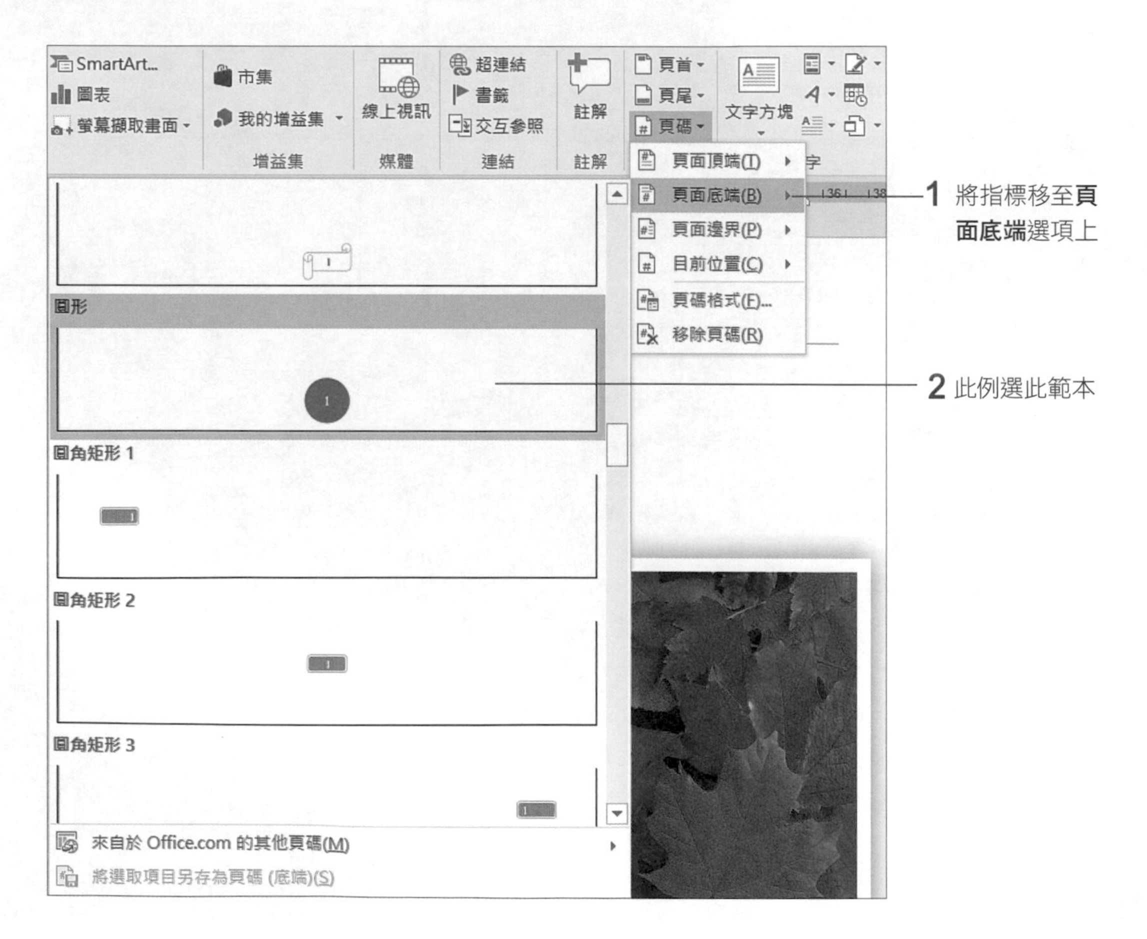

STEP 02 選擇範本後會自動切換至**頁首/頁尾編輯**模式，並加上頁碼。請按下功能區右側的**關閉頁首及頁尾**鈕，或在文件的空白處雙按，回到文件編輯模式。

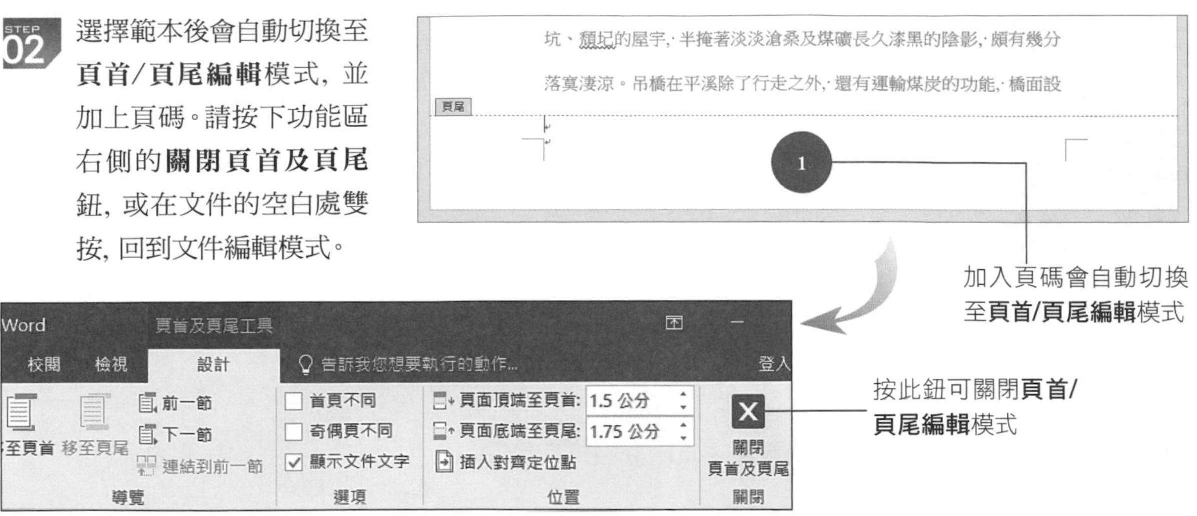

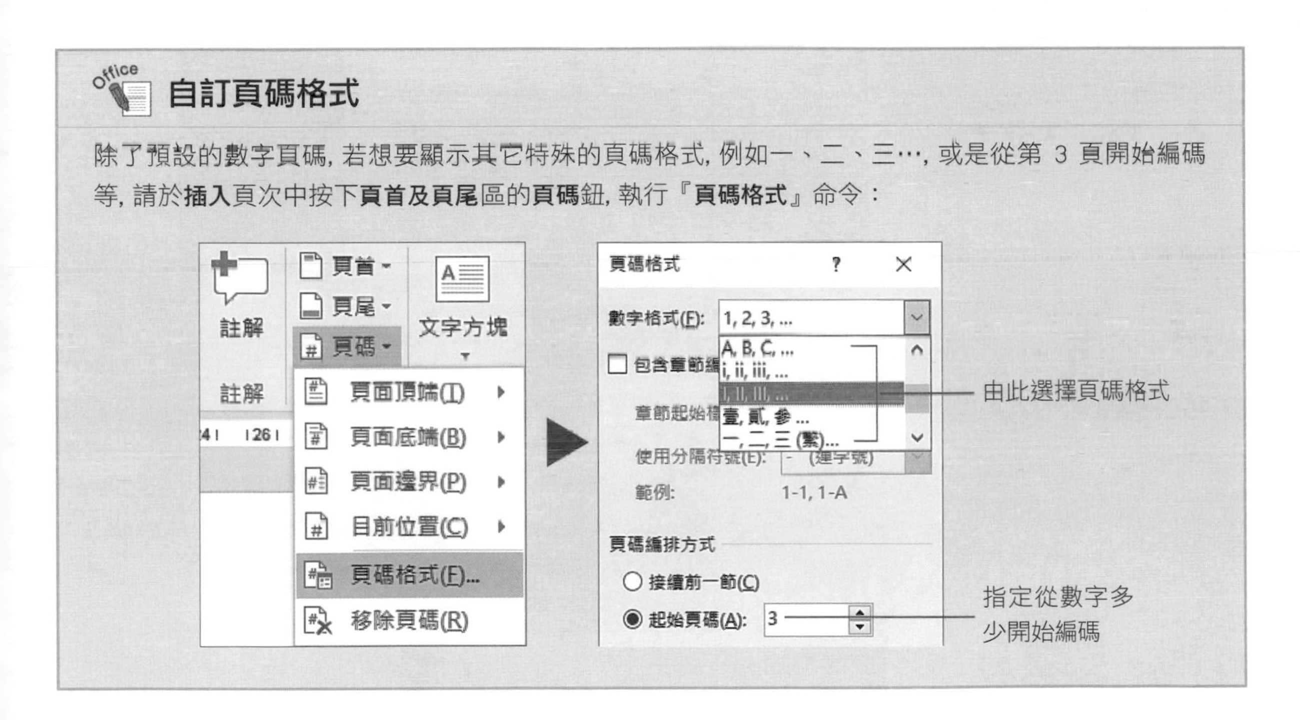

自訂頁碼格式

除了預設的數字頁碼，若想要顯示其它特殊的頁碼格式，例如一、二、三…，或是從第 3 頁開始編碼等，請於**插入**頁次中按下**頁首及頁尾**區的**頁碼**鈕，執行『**頁碼格式**』命令：

移除已設定的頁碼

想要移除頁碼，請切換至**插入**頁次，再按下**頁碼**鈕選擇『**移除頁碼**』命令，就可以將先前加入的頁碼移除了。

6-2 在頁首/頁尾加上文件資訊

一份完整的報告, 除了豐富的內容, 其它文件的資訊也少不得。這些資訊包括剛才介紹過的頁碼, 還有像是文件的建立日期、版次、建立者...等等。

通常我們會把文件的重要資訊加到**頁首**或**頁尾**, 使文件的每一頁都能顯示這些資訊, 而**頁首**、**頁尾**指的就是每頁文件上緣和下緣的部份：

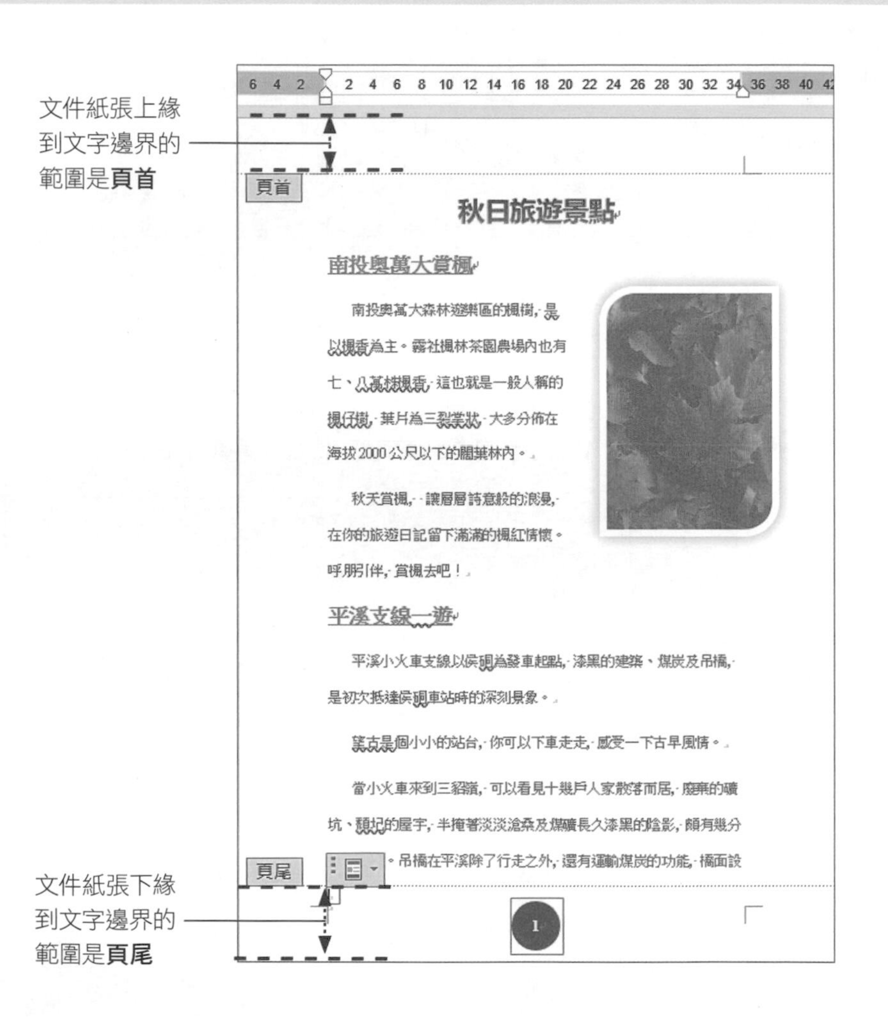

文件紙張上緣到文字邊界的範圍是**頁首**
頁首
秋日旅遊景點
南投奧萬大賞楓
平溪支線一遊
頁尾
文件紙張下緣到文字邊界的範圍是**頁尾**

套用頁首/頁尾樣式

頁首/頁尾和頁碼功能一樣, 都有多種範本供我們選擇。底下以加入**頁首**為例, 請同樣使用範例檔案 W06-01 來操作。

STEP 01 切換至**插入**頁次，按下**頁首及頁尾**區的**頁首**鈕，下方就會列出 Word 提供的範本：

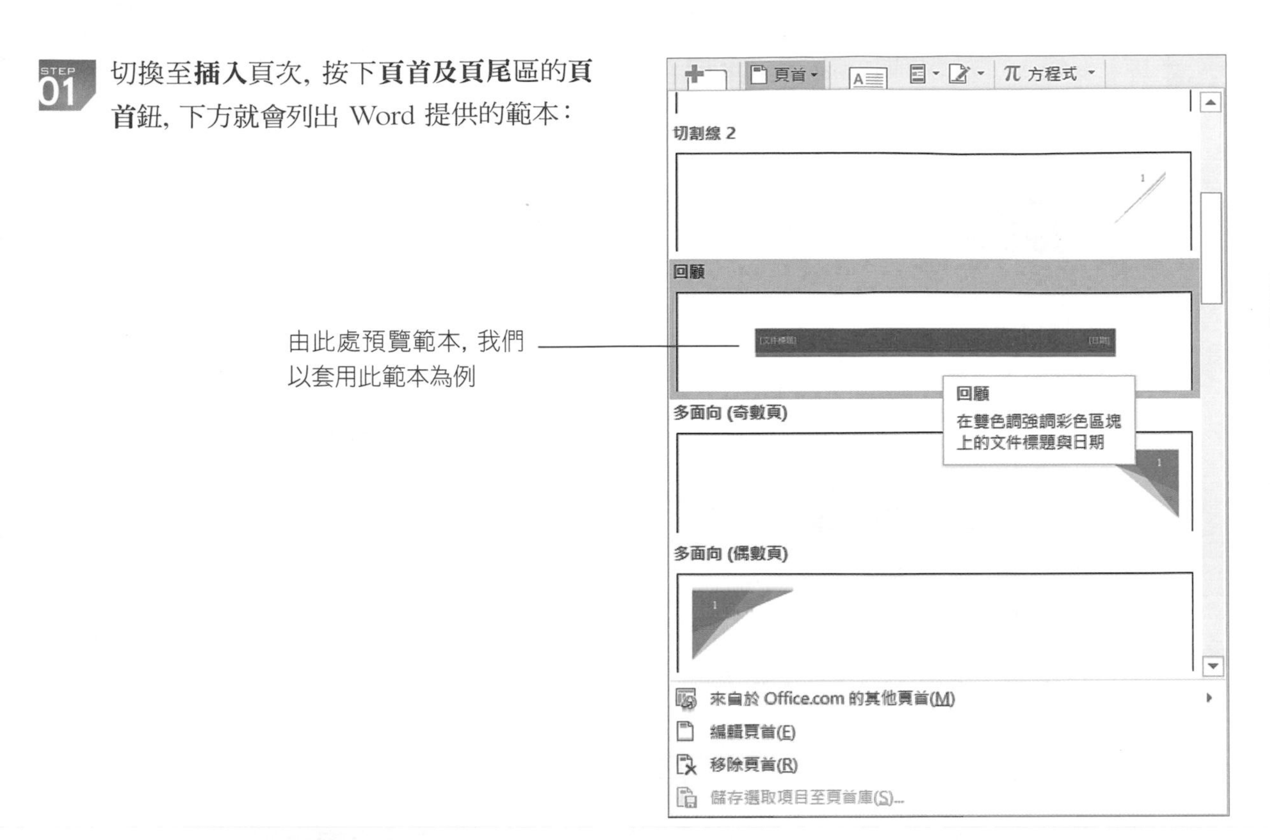

頁首
方程式
切割線 2
回顧
[文件標題]
[日期]
回顧
在雙色調強調彩色區塊上的文件標題與日期
多面向 (奇數頁)
多面向 (偶數頁)
來自於 Office.com 的其他頁首(M)
編輯頁首(E)
移除頁首(R)
儲存選取項目至頁首庫(S)...
由此處預覽範本，我們以套用此範本為例

STEP 02 點選樣式之後，會自動切換至**頁首/頁尾編輯**模式，請將插入點移至頁首中需要修改文字的地方，再輸入要顯示的文字：

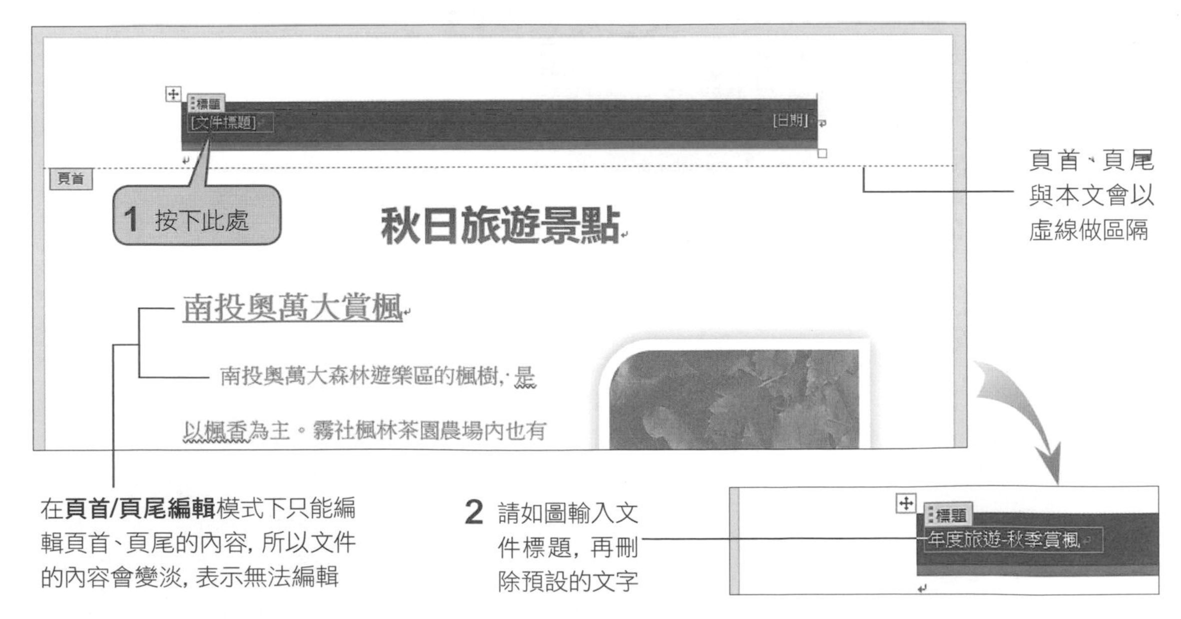

標題
[文件標題]
[日期]
頁首
1 按下此處
秋日旅遊景點
南投奧萬大賞楓
南投奧萬大森林遊樂區的楓樹，是
以楓香為主。霧社楓林茶園農場內也有
頁首、頁尾與本文會以虛線做區隔
在**頁首/頁尾編輯**模式下只能編輯頁首、頁尾的內容，所以文件的內容會變淡，表示無法編輯
2 請如圖輸入文件標題，再刪除預設的文字
標題
年度旅遊-秋季賞楓

STEP 03 接著要輸入右方的日期, 請按下 [日期], 再按下右側的 ▼ 鈕就會出現日期表讓我們選擇日期, 此例請按下**今天**鈕。

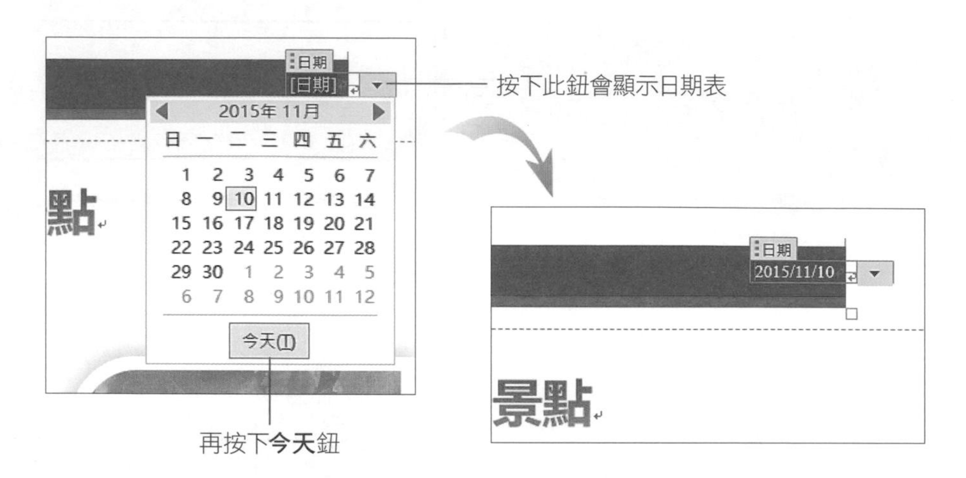

STEP 04 按下功能區上的**關閉頁首及頁尾**鈕, 或是在文件的空白處雙按, 即回到文件的編輯狀態。

TIP 當您想再度修改頁首、頁尾的內容時, 只需要在頁首、頁尾範圍內雙按, 就可以切換至**頁首/頁尾編輯**模式。請注意頁首、頁尾的內容將會出現在文件的每一頁中。

移除頁首/頁尾設定

想要移除頁首、頁尾資訊, 請按下**插入**頁次下**頁首及頁尾**區的**頁首** (或**頁尾**) 鈕, 執行『**移除頁首**』(或『**移除頁尾**』) 命令。

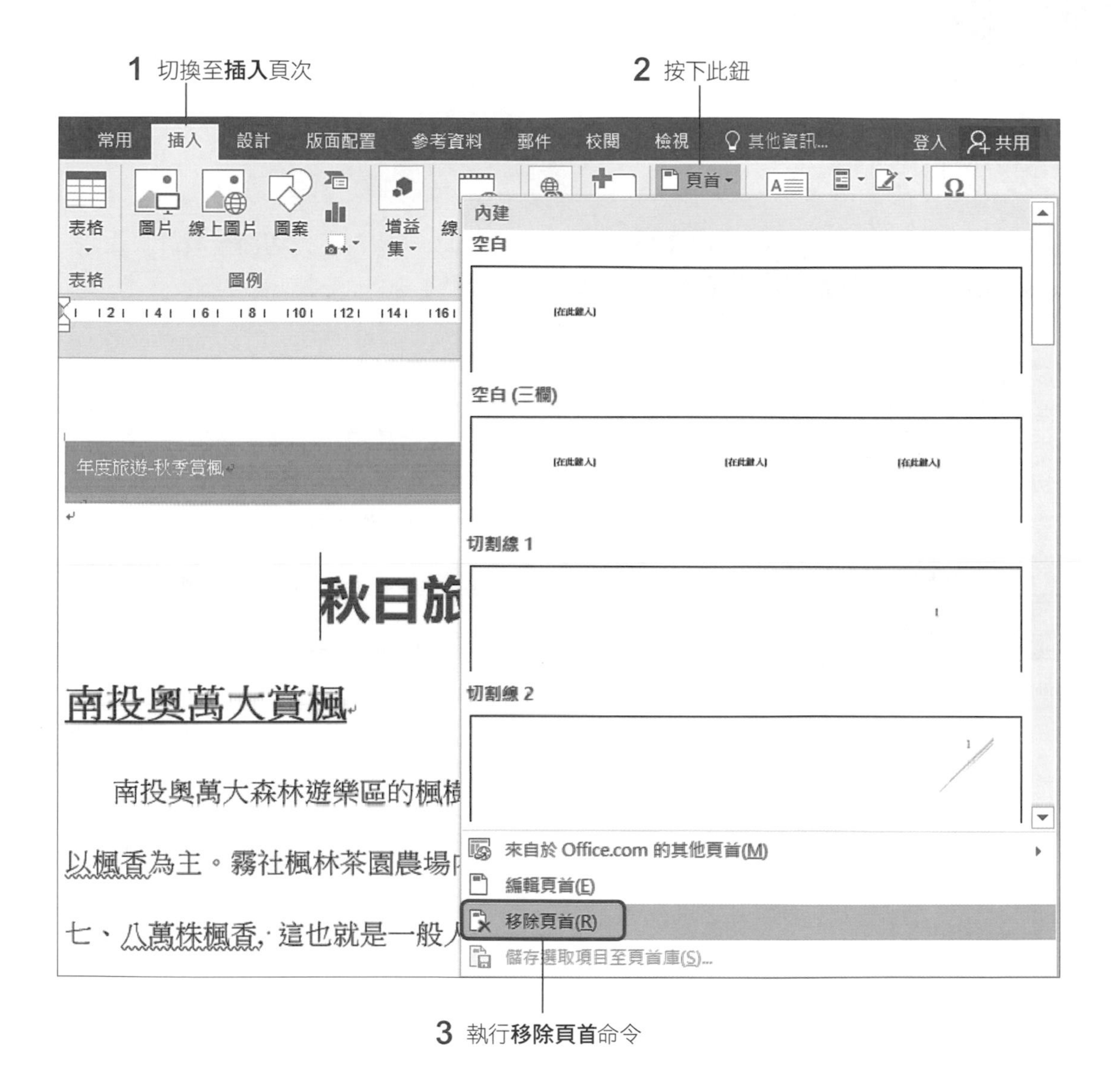

6-3 製作文字及圖片浮水印

有時我們會在宣傳單、公告上看到文字下方有淡淡的文字, 寫著機密、請傳閱、請勿複製⋯等標語提醒讀者；或是在文字下方襯著淺淺的底圖, 這些經過淡化處理而且壓在文字底下的標語、圖片, 就稱為「浮水印」。

自訂浮水印的文字

請開啟要製作浮水印的文件, 或開啟範例檔案 W06-02 來練習。先切換至**設計**頁次, 按下**頁面背景**區的**浮水印**鈕, 我們可以預覽 Word 預設的浮水印範本：

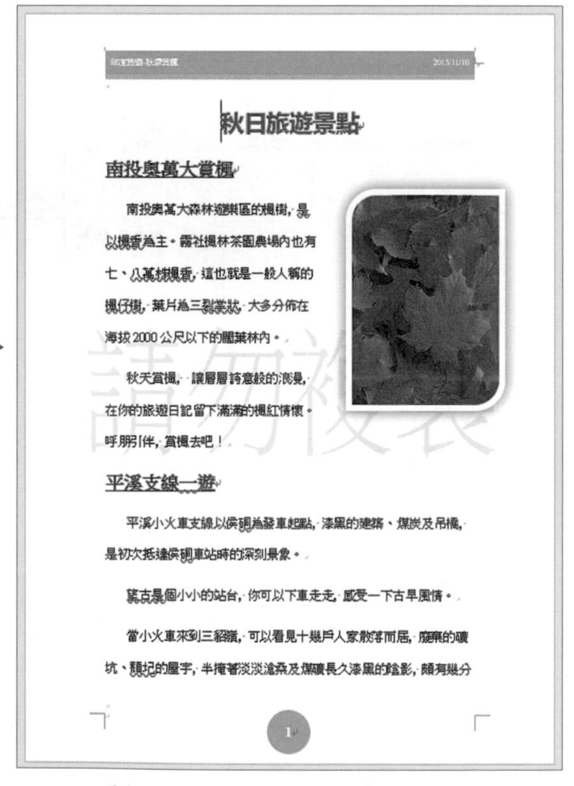

▲ 浮水印會以淡淡的顏色顯示在文字的下方

浮水印範本的文字樣式有限，若覺得都不適用，請在按下**浮水印**鈕後，執行『**自訂浮水印**』命令，開啟如下的交談窗來設定文字內容：

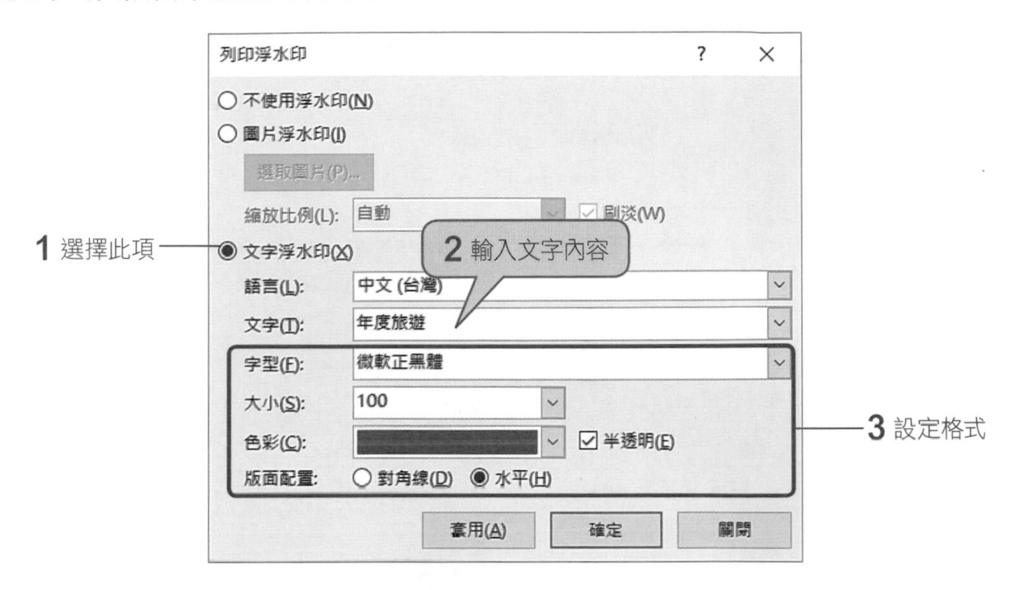

設定完成可先按下**套用**鈕在畫面上預覽效果，確定不需要修改了，再按下**關閉**鈕。若要修改文字，請再次進入**列印浮水印**交談窗中修改。

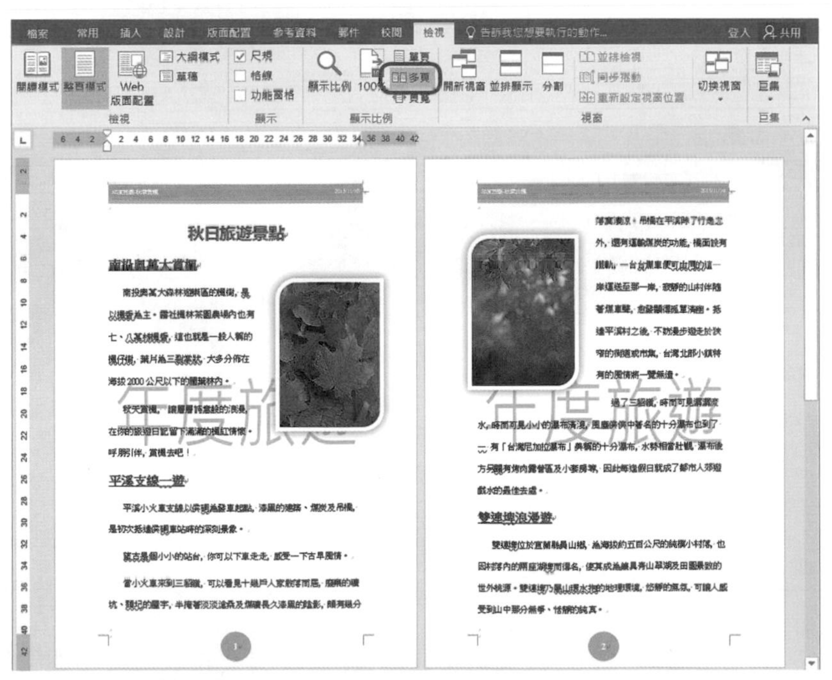

▲ 切換到**檢視**頁次按下**多頁**鈕，可以完整瀏覽浮水印加在文件中的效果

製作圖片浮水印

如果想在文件下方使用圖片做為浮水印，請按下**設計**頁次下**頁面背景**區的**浮水印**鈕，執行『**自訂浮水印**』命令，開啟**列印浮水印**交談窗後再做如下設定：

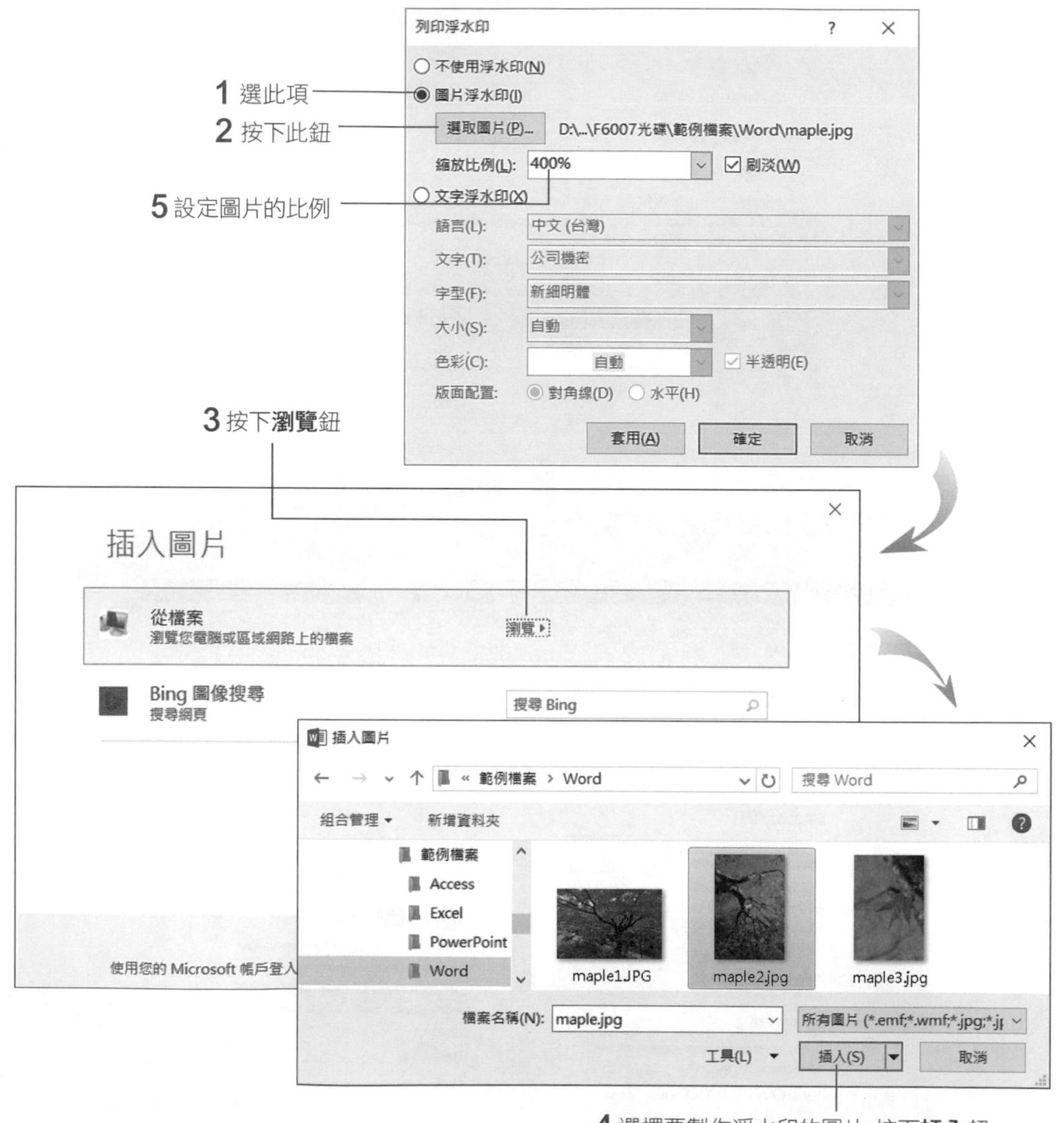

設定完成後按下**套用**鈕再移動交談窗可預覽結果，若沒有要修改可按下**關閉**鈕完成設定。

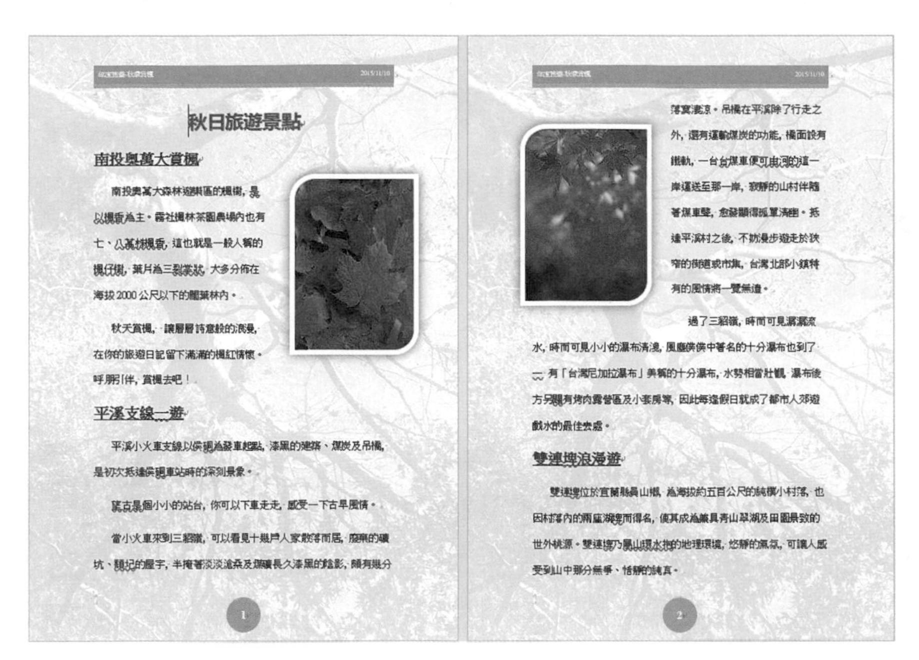

▲ 插入圖片浮水印

要移除浮水印, 請按下**設計**頁次下**浮水印**鈕, 執行『**移除浮水印**』命令即可。

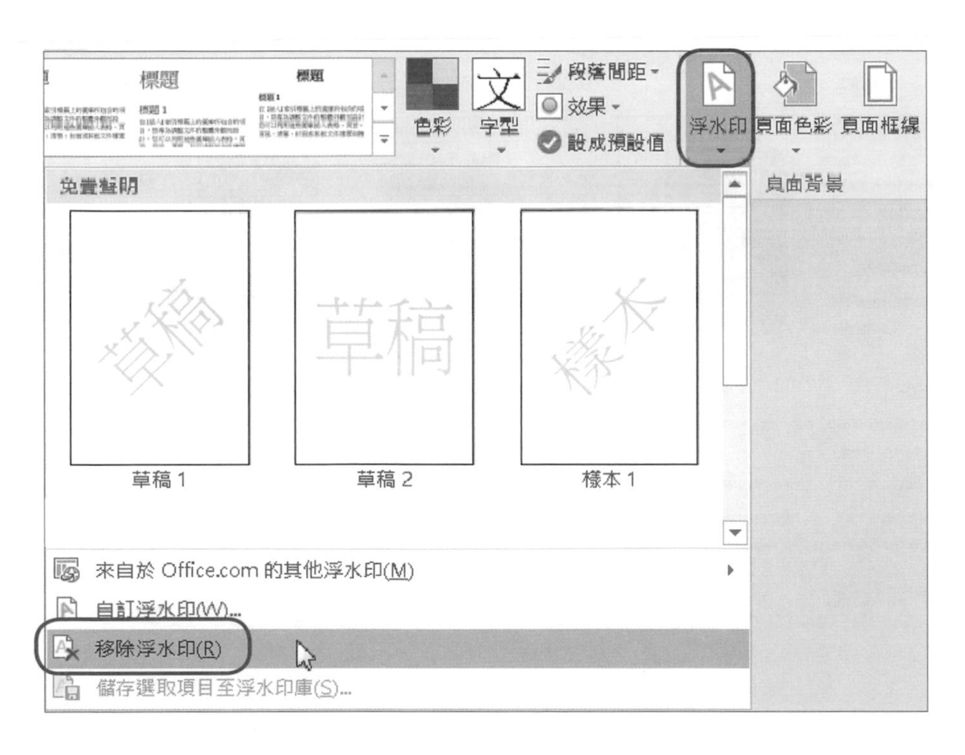

6-4 將文件設定為多欄式編排

我們經常可以在報章雜誌上看到許多分欄式的文章，不僅文章看起來很專業，讀起來也很舒適。這一節我們就來學習如何作出多欄式編排的文件。

設定多欄式編排

請先開啟要設定多欄式編排的文件，或開啟範例檔案 W06-03 來練習。開啟檔案後請切換至**版面配置**頁次的**版面設定**區中按下**欄**，如下進行設定：

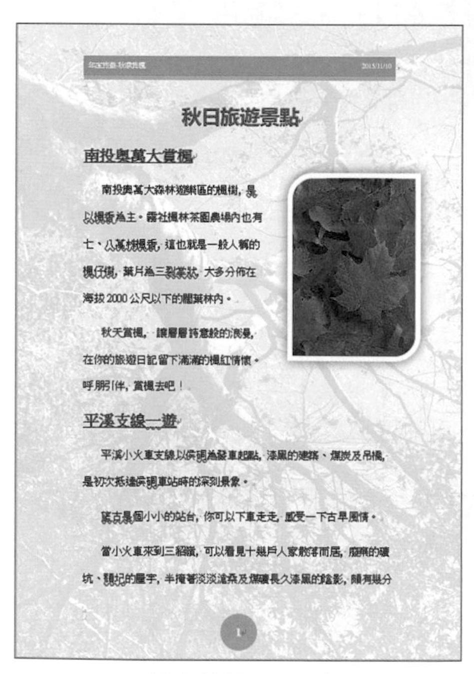

▲ 設定前版面 — 單欄

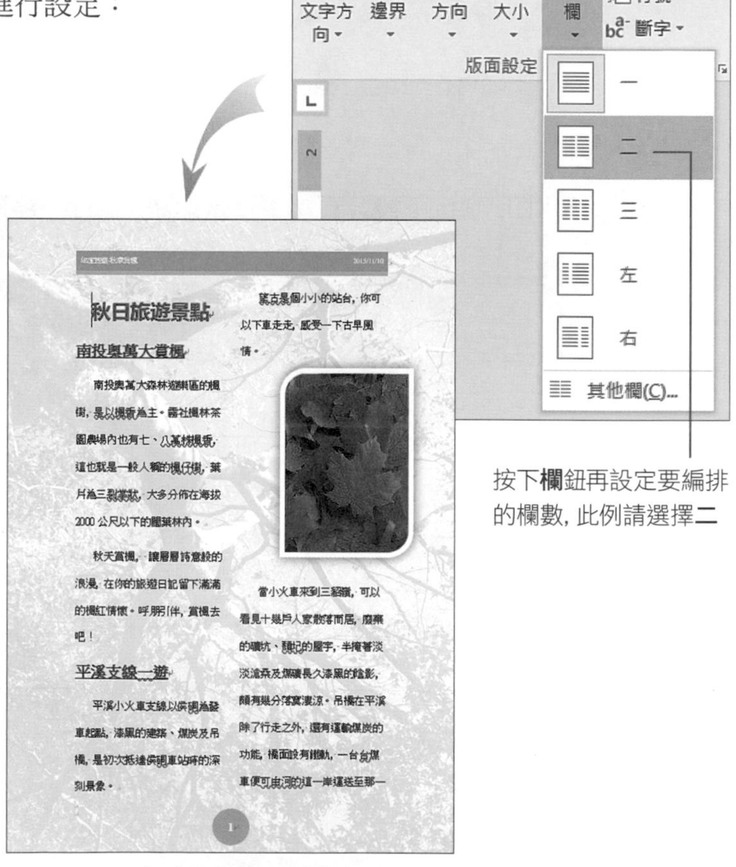

按下**欄**鈕再設定要編排的欄數，此例請選擇**二**

▲ 設定後版面 — 雙欄

插入欄分隔線

雖然使用**欄**鈕可迅速編排成多欄的版面, 但不會加入欄與欄的分隔線, 如此一來, 有可能影響文件的易讀性。請按下**欄**鈕執行『**其他欄**』命令, 在開啟的**欄**交談窗進行設定：

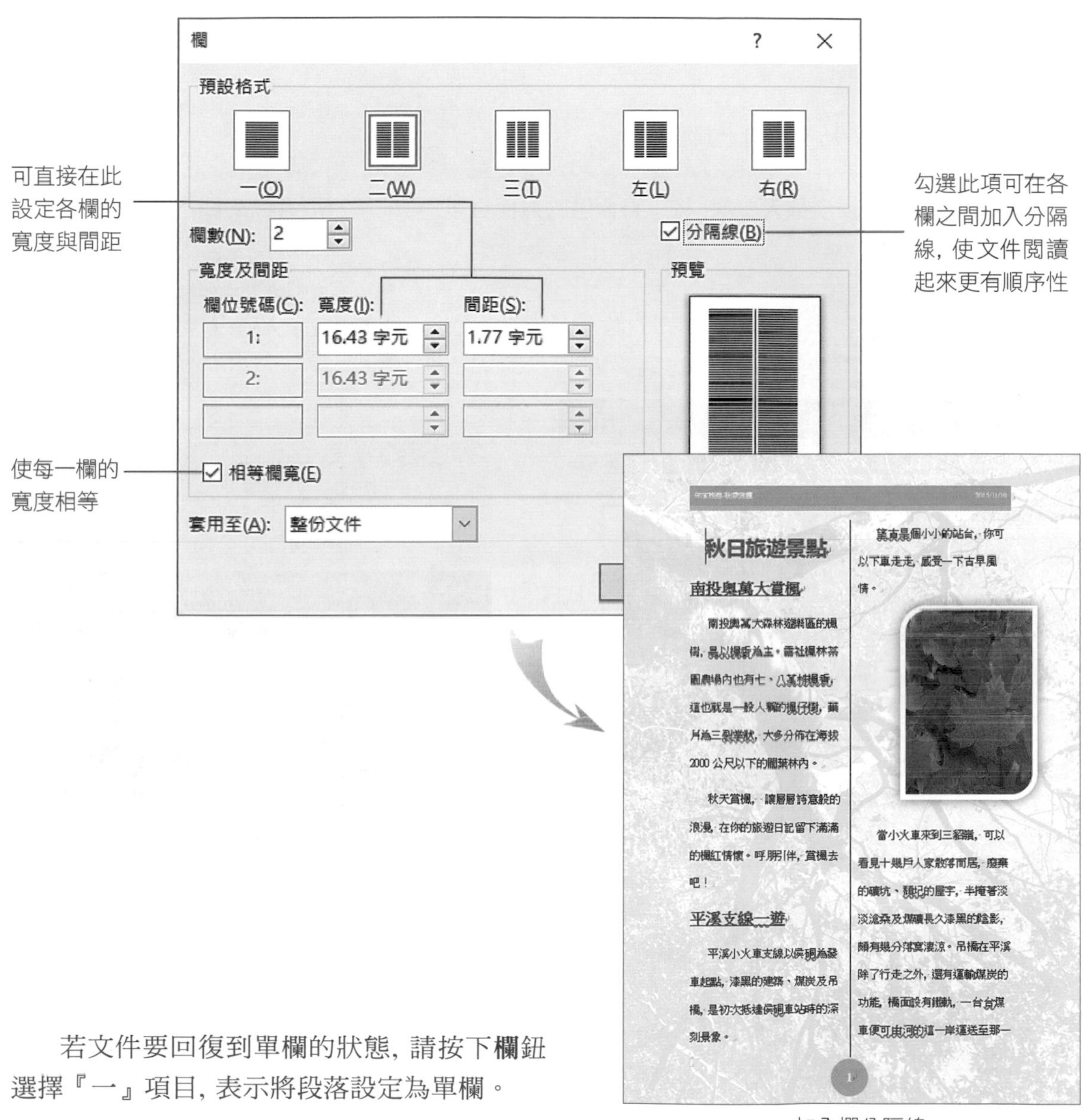

▲加入欄分隔線

若文件要回復到單欄的狀態, 請按下**欄**鈕選擇『一』項目, 表示將段落設定為單欄。

6-5 製作文件封面

當整份文件都編輯好了, 若能再加上封面將會更完整。以往製作文件封面, 總是得大費周章的插入圖片、設定文字樣式等；現在這個工作變容易了, 我們只要選取範本, 再修改其中的文字, 一個專業又好看的封面就能迅速完成。

請您為範例檔案 W06-03 加上封面吧！

STEP 01 開啟檔案後, 請切換至**插入**頁次, 按下**頁面**區的**封面頁**鈕, 再從中選取喜歡的範本套用：

1 按下此鈕選擇封面範本

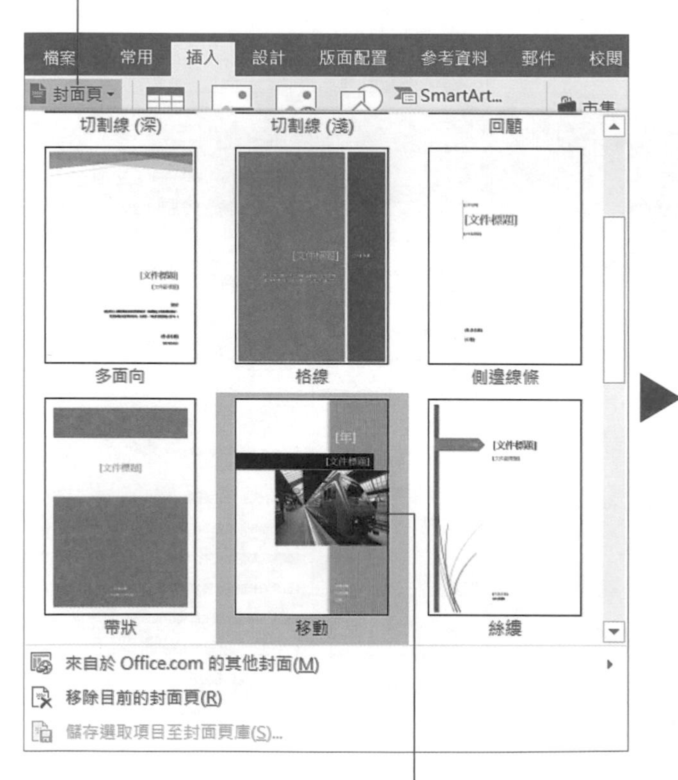

2 例如點選此範本

預設會自動填入文件標題, 例如剛才在**頁首**區填入的 "年度活動-秋季賞楓", 或是自行按下文字來編輯內容

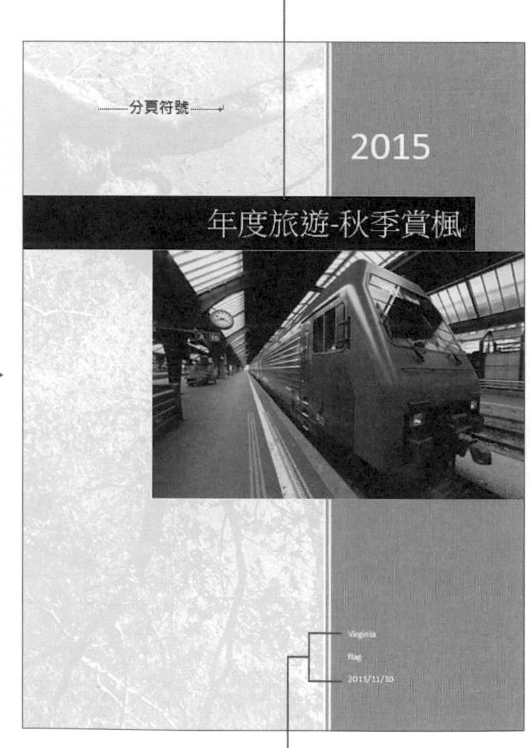

3 填入作者、公司、日期等要顯示的資訊

STEP 02 為了讓文件標題更明顯, 請先點選文件標題, 再做如下設定：

▲ 設定前版面

▲ 設定後版面, 標題更突顯了

STEP 03 若是選擇含有圖片的封面範本，還可將圖片換成自己準備的相片。請先選取封面頁上的圖片，再如下操作：

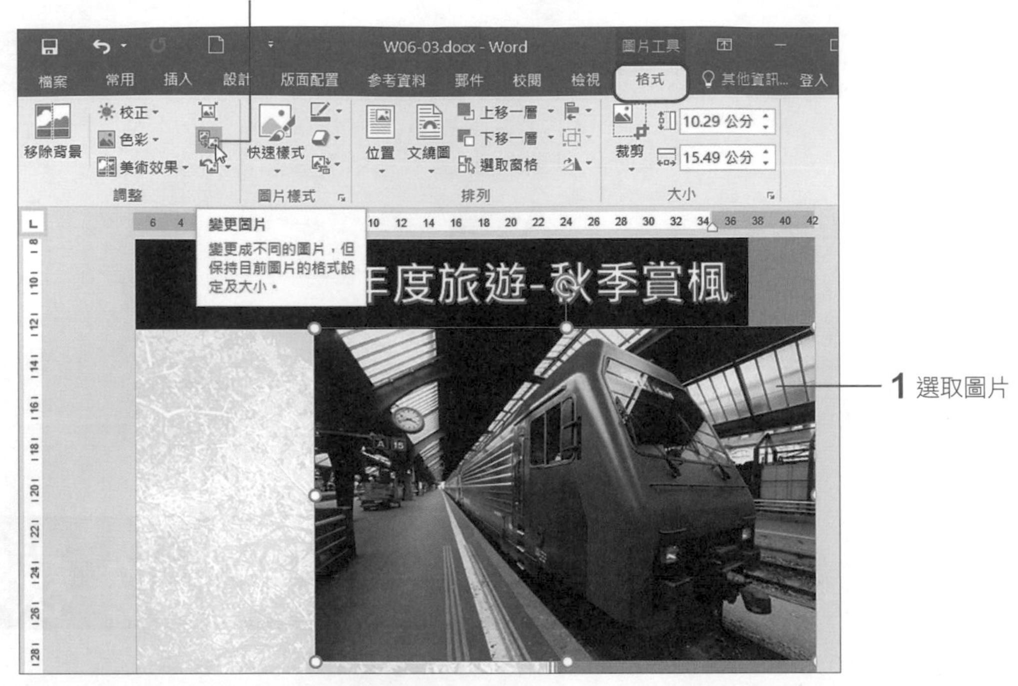

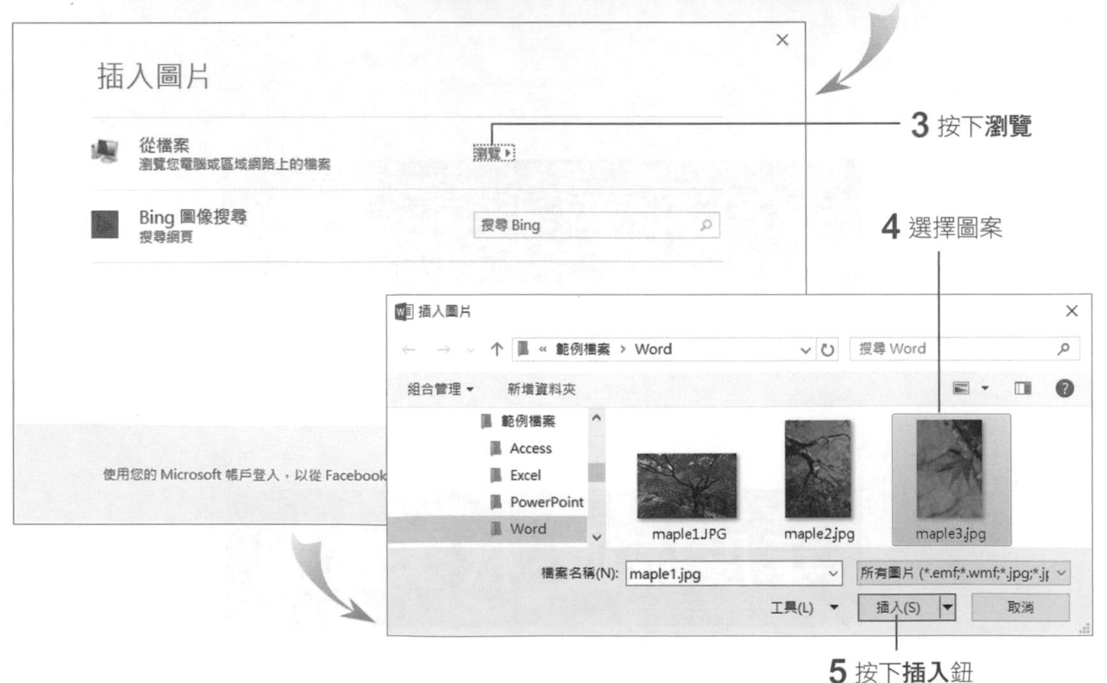

▲ 完成封面的製作

想要移除封面頁時，請切換至**插入**頁次，再按下**封面頁**鈕執行『**移除目前的封面頁**』命令來移除。

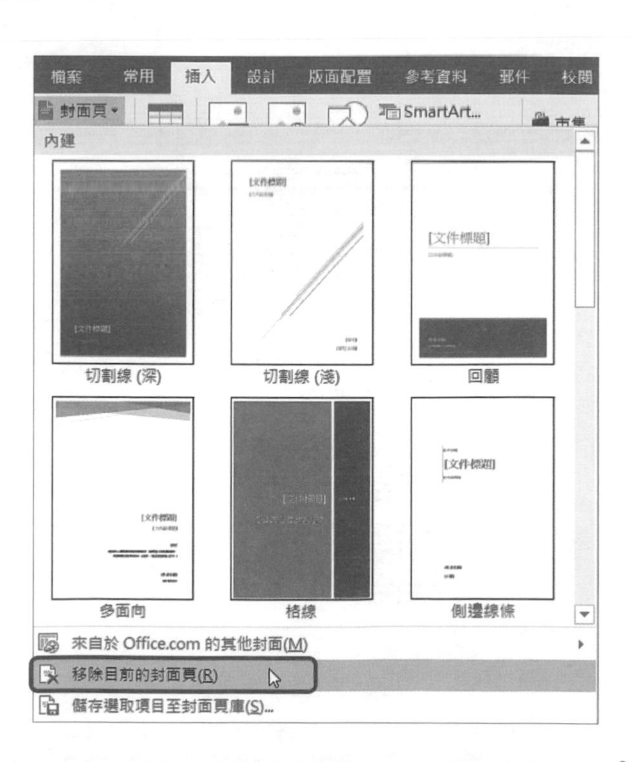

實用的知識

將多份 Word 文件合併成一個檔案

有時我們需要將多份 Word 文件整合到一個檔案裡，但如果逐一開啟每個 Word 檔再複製、貼上，會浪費許多時間。其實 Word 有個非常方便的功能，可以一次在文件中插入多個 Word 檔案的內容。

首先請建立一份新文件，接著切換到**插入**頁次，按下**文字**區中的**物件**鈕，選擇**文字檔**：

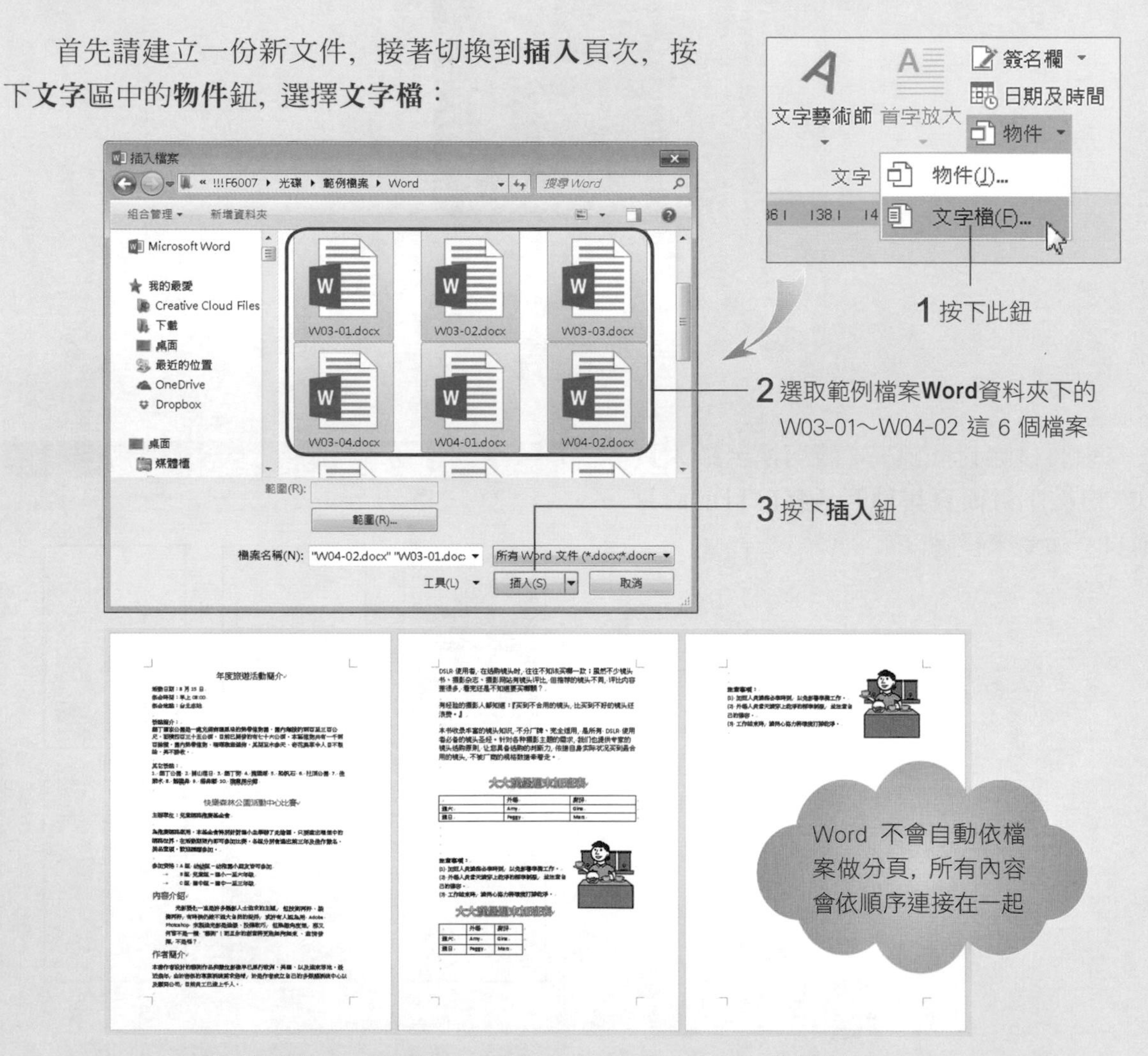

切換到**檢視**頁次，按下**多頁**鈕，即可看到插入了 6 個 Word 文件的內容

Part 2 Excel

Excel 入門

- 啟動 Excel 認識工作環境
- 活頁簿與活頁簿視窗的基本操作
- 儲存、關閉檔案與開啟舊檔

1-1 啟動 Excel 認識工作環境

Excel 是一套功能完整、操作簡易的電子試算表軟體, 提供豐富的函數及強大的圖表製作功能, 能幫助你有效率地建立與管理資料。現在就跟著我們一起啟動 Excel, 對工作環境做個初步的認識吧!

請執行『**開始/所有應用程式/Excel 2016**』命令啟動 Excel (在此以 Windows 10 做示範)。啟動 Excel 後, 先來看看 Excel 的工作環境:

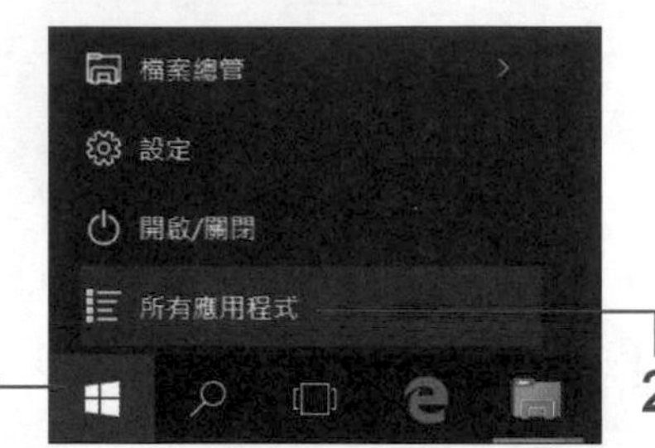

安裝好 Office 2016 後, 會自動將各軟體的捷徑圖示釘選在**工作列**上, 點選此圖示也可開啟 Excel 2016

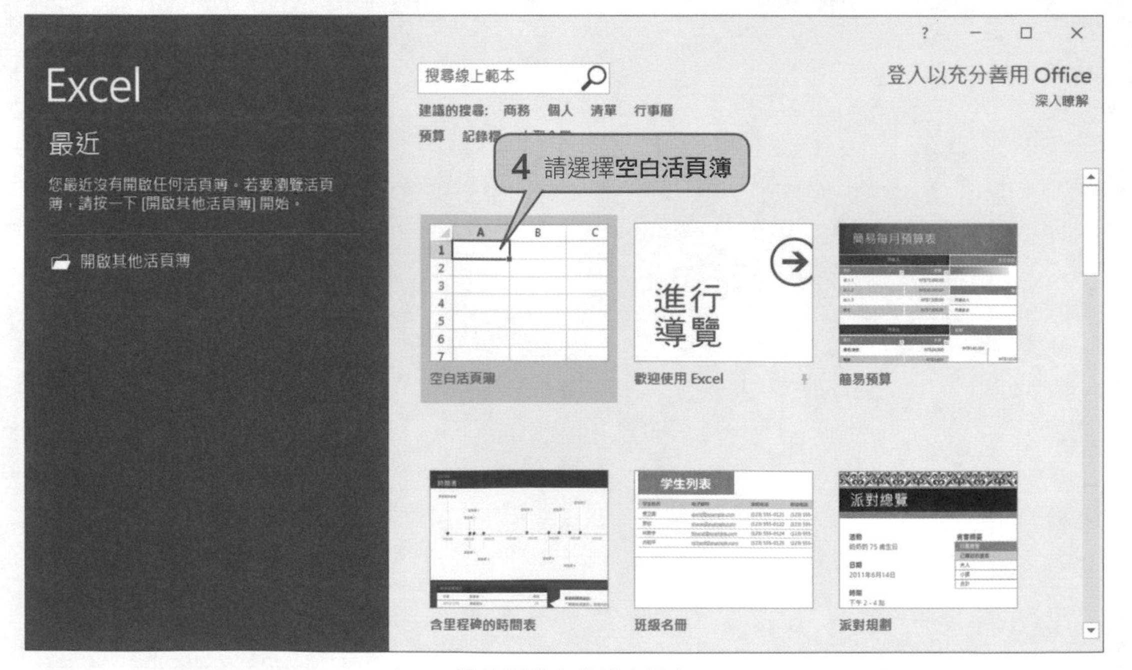

▲進入開啟文件範本視窗

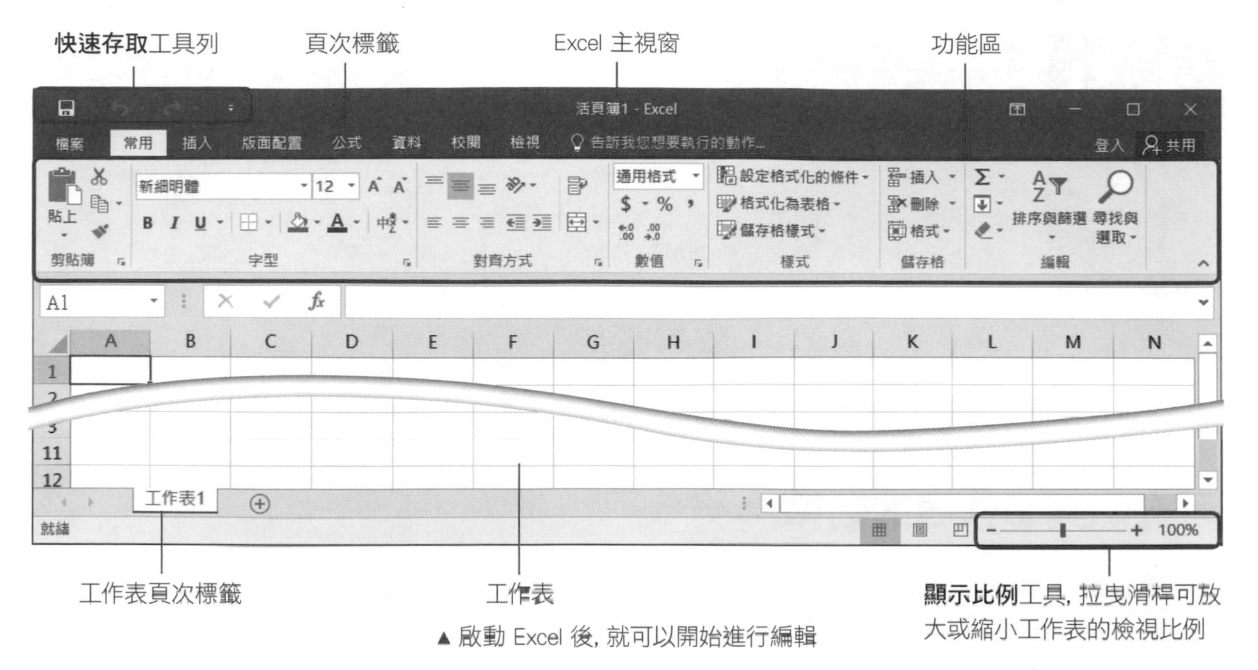

▲ 啟動 Excel 後, 就可以開始進行編輯

建立新活頁簿的動作除了上述操作以外, 您也可以從已開啟的 Excel 主視窗中切換至**檔案**頁次, 再如下操作：

1-2 活頁簿與活頁簿視窗的基本操作

建立一個空白的活頁簿後，其預設名稱為**活頁簿 1**，這一節我們將透過這個檔案來探索活頁簿、工作表的關係，並認識儲存格的位址、練習捲軸的操作以及如何切換活頁簿視窗，為日後的學習奠定更紮實的基礎。

先帶大家認識活頁簿與工作表的關係，開啟 Excel 選擇**空白活頁簿**範本，就會建立一個活頁簿，預設會包含一個工作表，你可以在此活頁簿中建立多個工作表。

活頁簿與工作表的關係

活頁簿是 Excel 使用的檔案架構，我們可以將它想像成一本活頁夾，在這個活頁夾裡面有許多活頁紙，這些活頁紙對 Excel 而言，就是所謂的工作表：

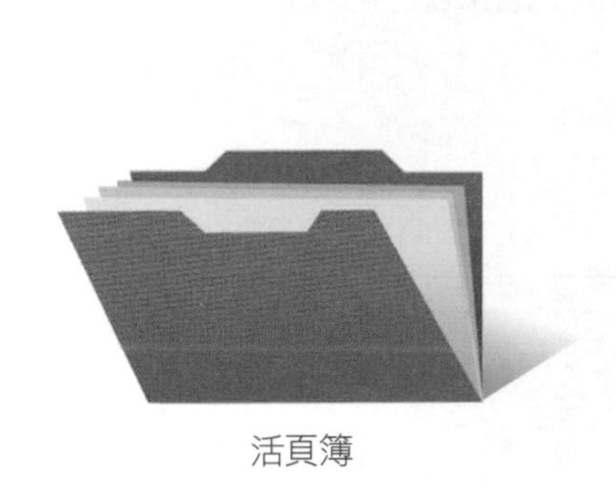

活頁簿

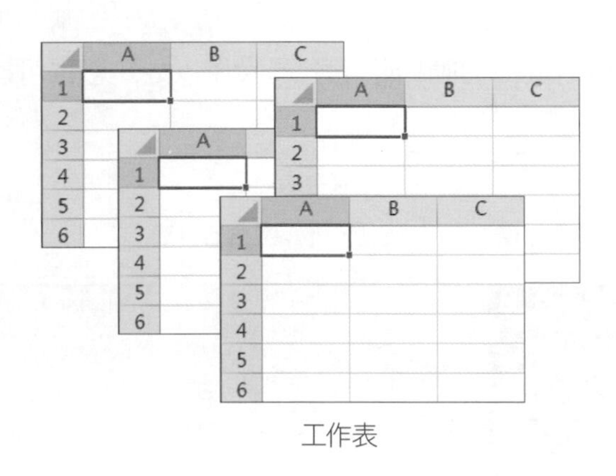

工作表

建立、切換、刪除工作表頁次

建立工作表

當您想在活頁簿中建立多個工作表時，請按下視窗左下角的 ⊕ 圖示即可增加一個工作表。

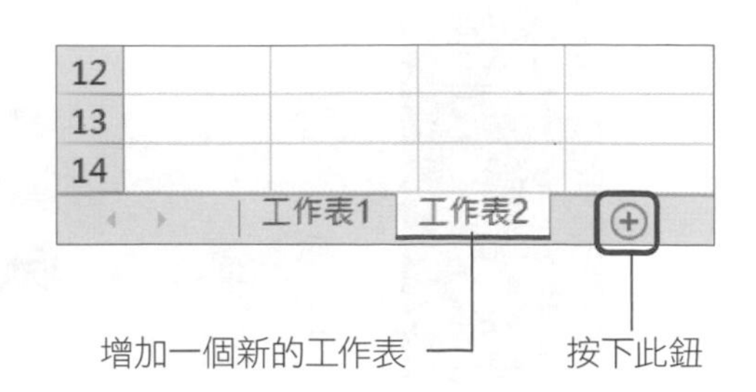

切換工作表

每張工作表會有一個頁次標籤，例如：工作表1、工作表2、…，我們就是使用頁次標籤來區分不同的工作表。如果想編輯其他工作表，只要按下該工作表的頁次標籤，即可將它切換成使用中的**作用工作表**。

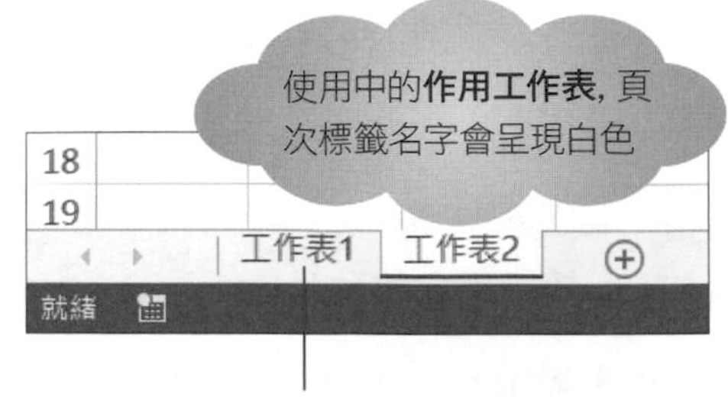

刪除工作表

當您想減少工作表的數量時，請將滑鼠移至想刪除的工作表頁次標籤上，按下右鍵後請於出現的快顯功能表中選取**刪除**命令將它刪除，若是工作表中含有內容，會出現提示訊息請您確認是否要刪除，避免誤刪了重要工作表。

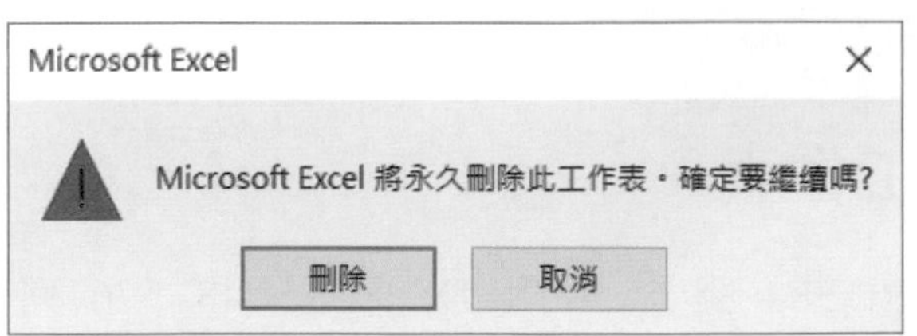

▲ 工作表中含有內容，會出現提示交談窗請您確認是否要刪除

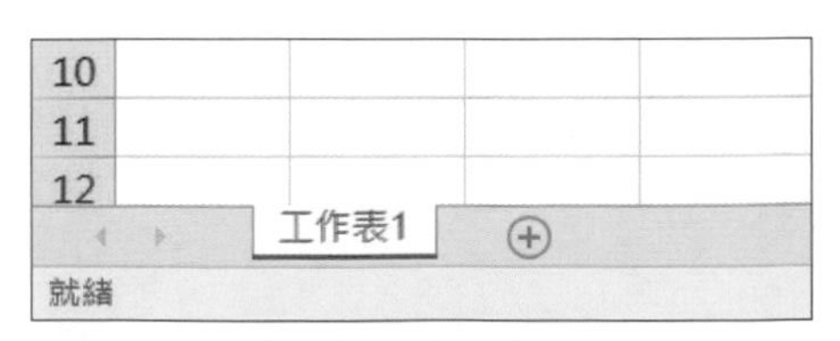

▲ 刪除後只剩一個工作表

儲存格與儲存格位址

工作表內的方格稱為**儲存格**, 我們所輸入的資料便是放在一個個的儲存格中。在工作表的上面有每一欄的欄標題 A、B、C、…, 左邊則有各列的列標題 1、2、3、…, 將欄標題和列標題組合起來, 就是**儲存格位址**。

例如工作表最左上角的儲存格位於第 A 欄第 1 列, 其位址便是 A1；同理, E 欄的第 5 列儲存格, 其位址就是 E5。

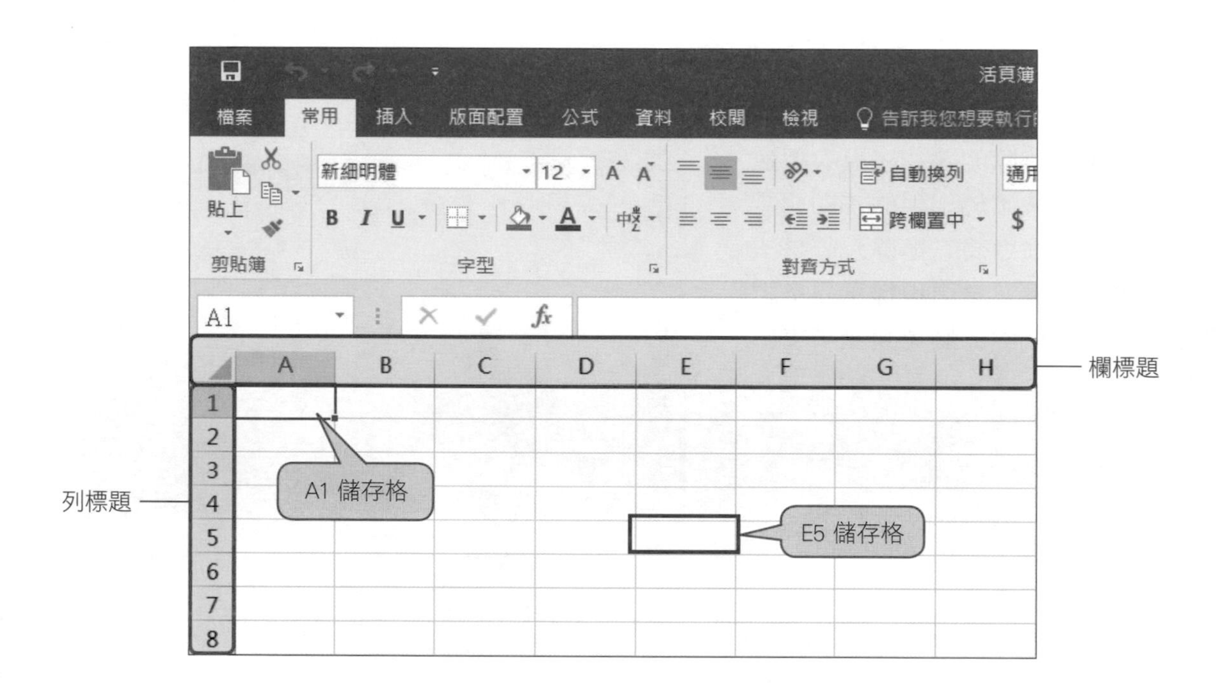

利用捲軸捲動工作表

一張工作表共有 16, 384 欄 (A ~ XFD) × 1, 048, 576 列 (1 ~ 1, 048, 576), 相當於 17,179,869,184 儲存格。這麼大的一張工作表, 不論是 15 吋、17 吋、21 吋的螢幕都容納不下。不過我們可以使用活頁簿視窗的捲軸, 將工作表的各個部份捲動到視窗畫面上。

垂直捲軸
可上下捲
動工作表
水平捲軸可左右捲動工作表

捲軸的前後端各有一個**捲動**鈕, 中間則有一個滑動桿, 底下我們以垂直捲軸來說明其用法, 水平捲軸的用法也是一樣, 不過它捲動的對象是「欄」：

按一下**捲動**鈕
可捲動一列
按一下捲
軸, 可垂直
捲動一個
螢幕畫面
拉曳滑動桿可
同時捲動數列

切換活頁簿視窗

建立了多個活頁簿視窗後，你可以切換至**檢視**頁次，再按下**視窗**區的**切換視窗**鈕，從中切換活頁簿視窗。

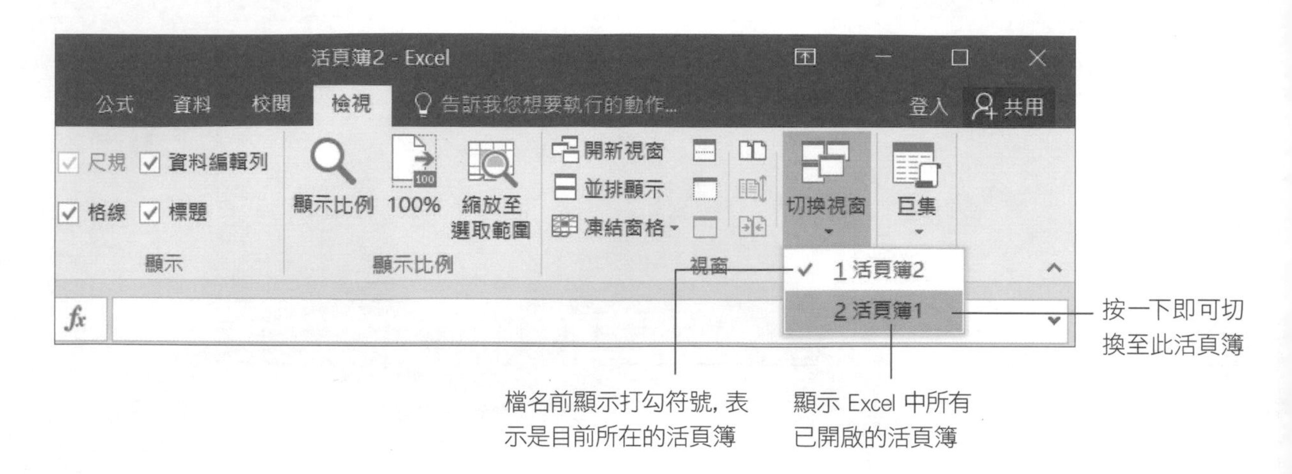

開啟的活頁簿檔案，也會在工作列上顯示對應的工作鈕，按下工作鈕便會顯示活頁簿視窗的縮圖，讓您選擇要切換的活頁簿視窗。

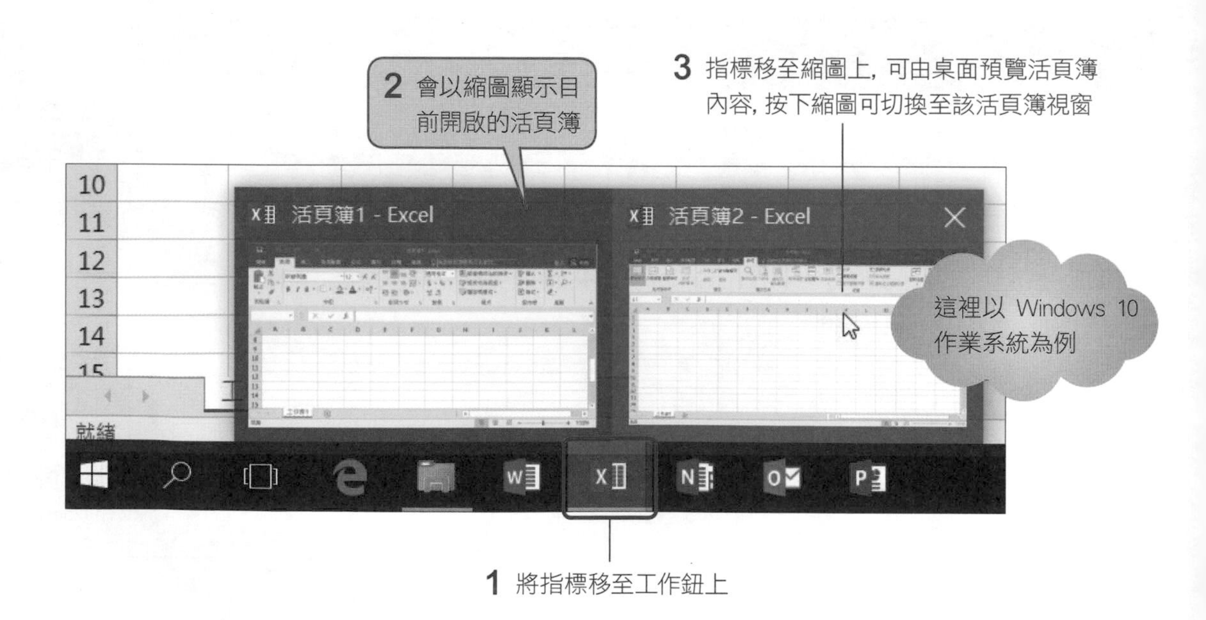

並排活頁簿視窗

在 Excel 中，每建立一份活頁簿就會有一個獨立的 Excel 視窗，並排兩個開啟的活頁簿視窗（切換到**檢視**頁次，按下**並排顯示**鈕，選擇**垂直並排**），可以互相參照資料，比如房車銷售量的資料與繪成圖形後的圖表，放在一起看可以更容易分析資料。

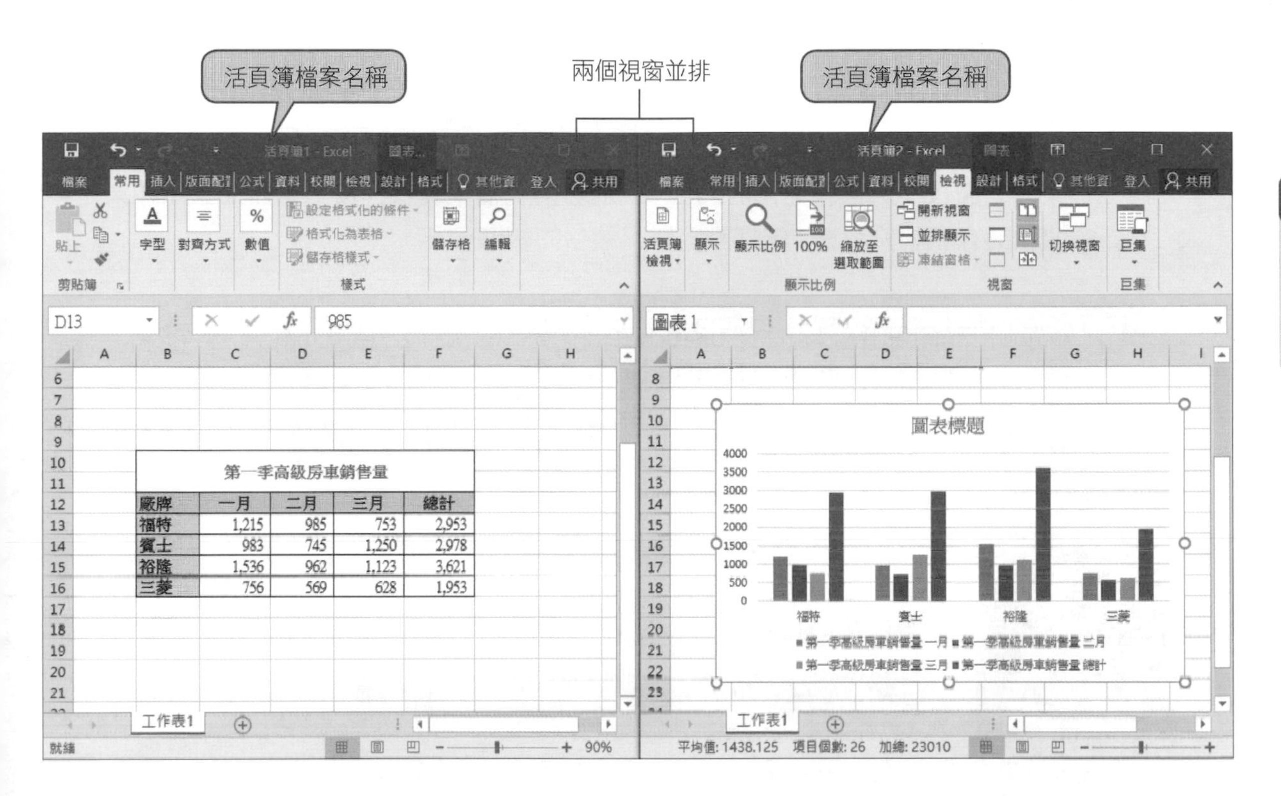

建立新的活頁簿檔案，會依序以**活頁簿1**、**活頁簿2**、… 來命名，要重新幫活頁簿命名，可在儲存檔案時變更。

1-3 儲存、關閉檔案與開啟舊檔

雖然目前我們尚未在儲存格中輸入資料，不過儲存檔案可是非常重要的工作，當你編輯了工作表的資料後，必須將活頁簿儲存起來，否則辛苦編輯的工作就白費囉！儲存資料後，下次要再度開啟檔案，就用**開啟舊檔**功能來開啟檔案。

第一次存檔

需儲存檔案時，請按下視窗左上角的 🖫 或是切換至**檔案**頁次，按下**儲存檔案**，如果是第一次存檔，會開啟**另存新檔**交談窗，讓您設定檔案儲存的相關資訊。

可在此將檔案儲存到 **OneDrive** 網路空間，詳細操作請參閱 Part 4

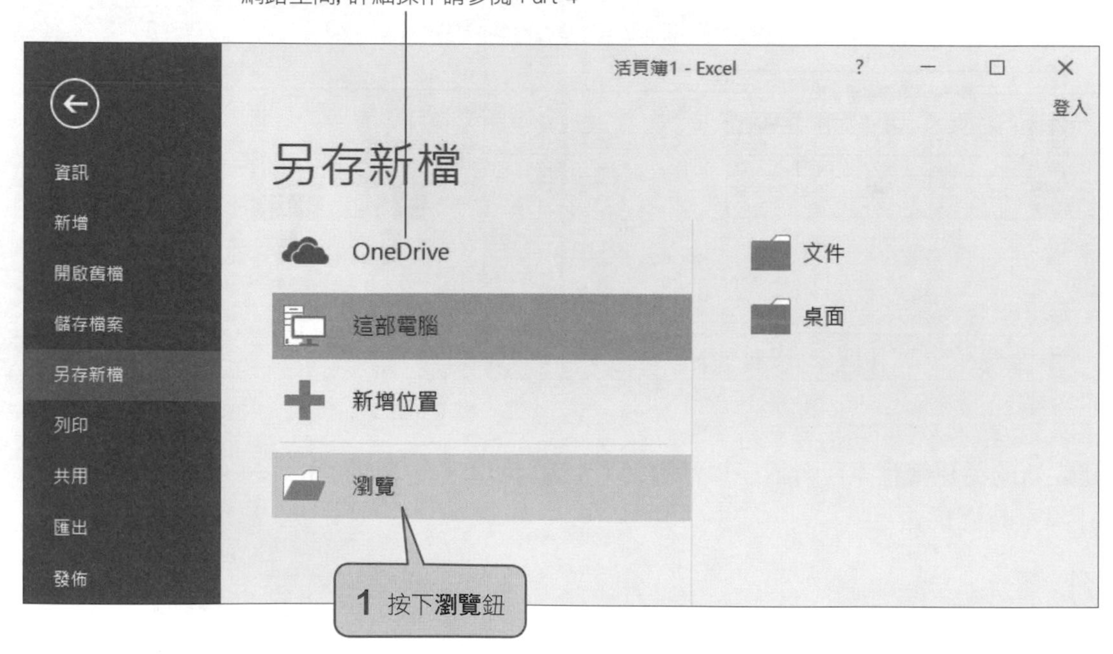

1 按下**瀏覽**鈕

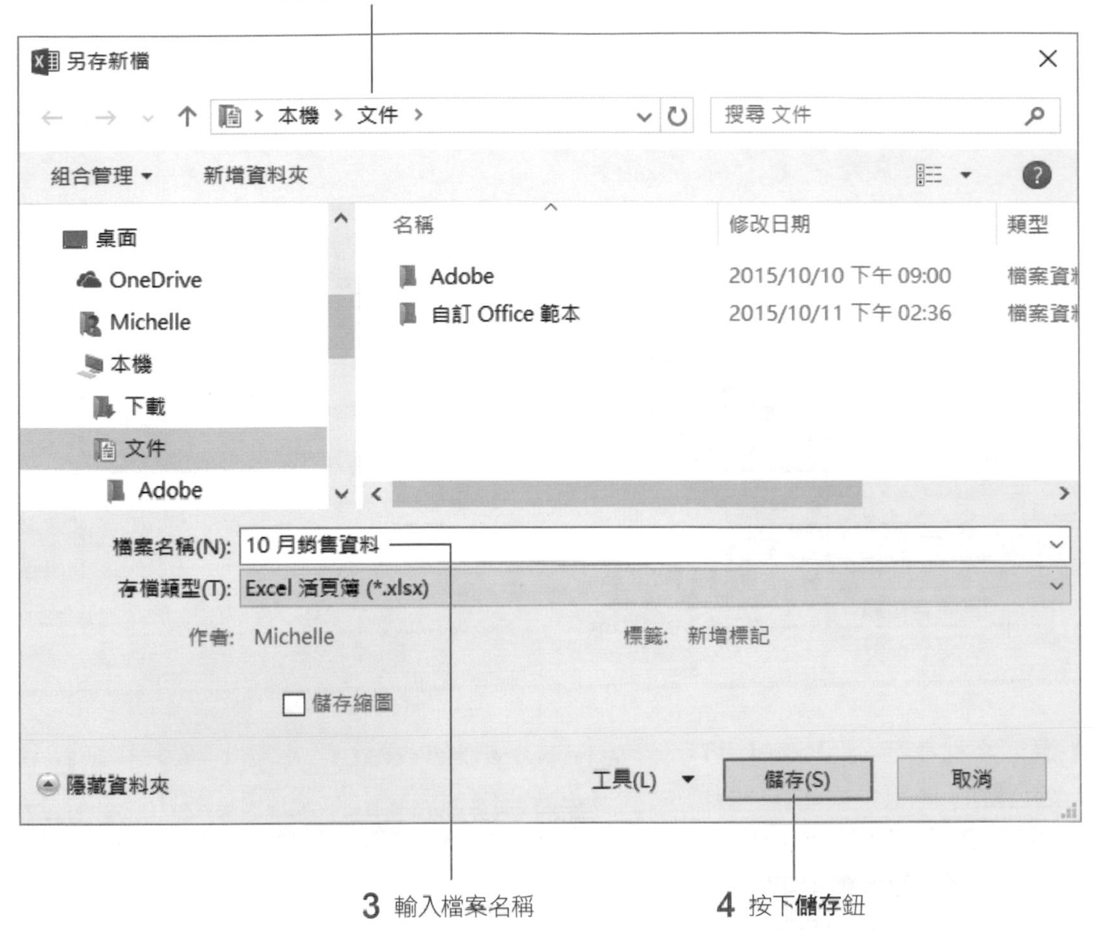

當您修改了活頁簿的內容，再次按下**儲存檔案**鈕時，就會直接儲存修改後的活頁簿。如果想要保留原來的檔案並且儲存新的修改內容，請切換至**檔案**頁次，按下**另存新檔**，以另一個檔名進行儲存。

在這裡特別提醒您，在儲存時預設將**存檔類型**設定為 **Excel 活頁簿**，副檔名為 *.xlsx 的格式，不過此格式的檔案無法在 Excel 2000/XP/2003 等版本開啟，若是需要在這些版本開啟活頁簿，那麼建議您將**存檔類型**設定為 **Excel 97-2003 活頁簿(*.xls)**：

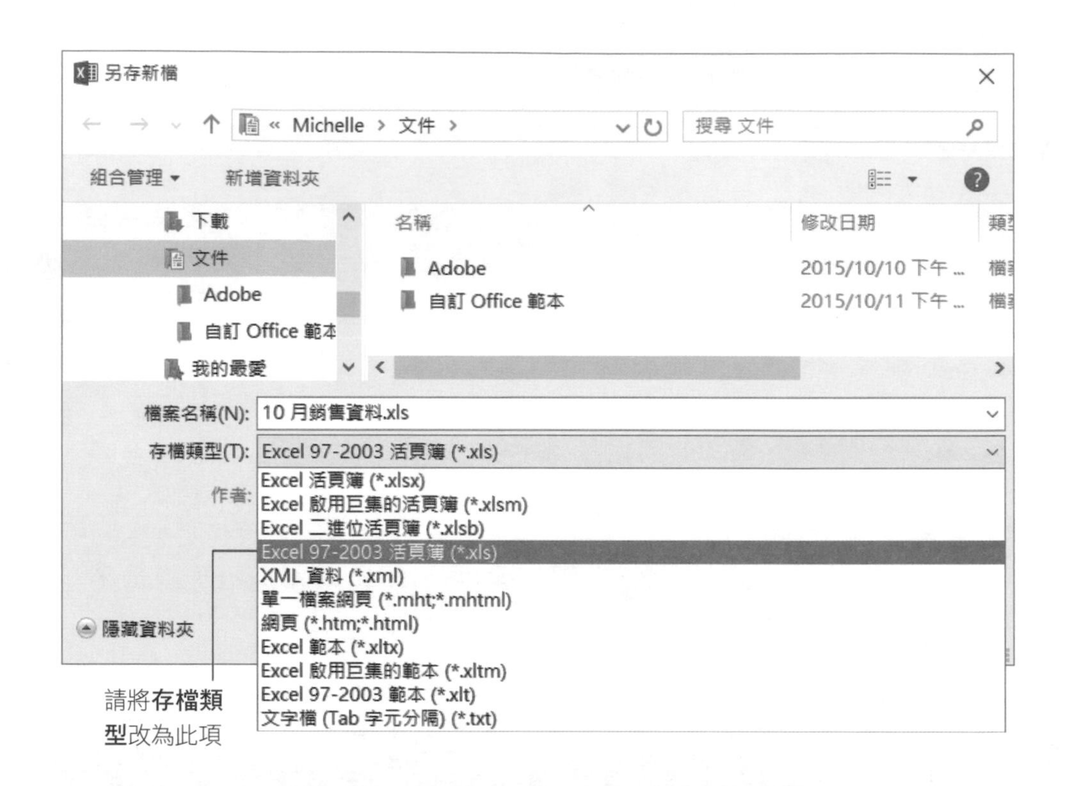

不過，將檔案存成 **Excel 97-2003 活頁簿**的 *.xls 格式後，若檔案中使用了 2007/2010/2013/2016 的新功能，在儲存時會顯示如圖的交談窗，告知您如何儲存這些部分：

Microsoft Excel - 相容性檢查程式

舊版 Excel 不支援此活頁簿中的下列功能。當您以目前選取的檔案格式儲存此活頁簿時，這些功能可能會遺失或降級。按一下 [繼續]，繼續儲存活頁簿。若要保留所有功能，請按一下 [取消]，然後以任一種新的檔案格式儲存檔案。

摘要　發生次數

稍微影響逼真度

此活頁簿中的表格已套用表格樣式。舊版 Excel 將不會顯示表格樣式格式。位置: '工作表1'　1　尋找　說明　Excel 97-2003

此活頁簿中的部分儲存格或樣式包含所選檔案格式不支援的格式。這些格式將會轉換為最接近的可用格式。　11　說明　Excel 97-2003

儲存此活頁簿時檢查相容性(H)

複製到新工作表(N)　繼續(C)　取消

▶ 此交談窗的內容，會隨您使用的新功能而顯示不同的處理方式。此例說明了儲存後圖表將無法編輯

若按下**繼續**鈕儲存，日後開啟時可能發生圖表無法編輯或內容不完整…等情形，所以建議您務必為檔案先儲存一份格式為 *.xlsx 的 **Excel 活頁簿**，再另存一份 **Excel 97-2003 活頁簿** *.xls 格式。

關閉檔案

當您只是單純想關閉檔案，請按下視窗右上角的**關閉**鈕 ，或是切換至**檔案**頁次再按下**關閉**命令。

出現提示存檔類型

如果按下主視窗的**關閉**鈕後，Excel 沒有直接關閉，而是出現如圖的詢問訊息，這表示剛才曾在 Excel 視窗中輸入或編輯內容，所以提醒您是否要存檔。若不需要儲存，請按下**不要儲存**鈕結束 Excel。

開啟舊檔

要重新開啟之前儲存的檔案，請切換至**檔案**頁次再按**開啟舊檔**，您可以選擇開啟檔案位置。

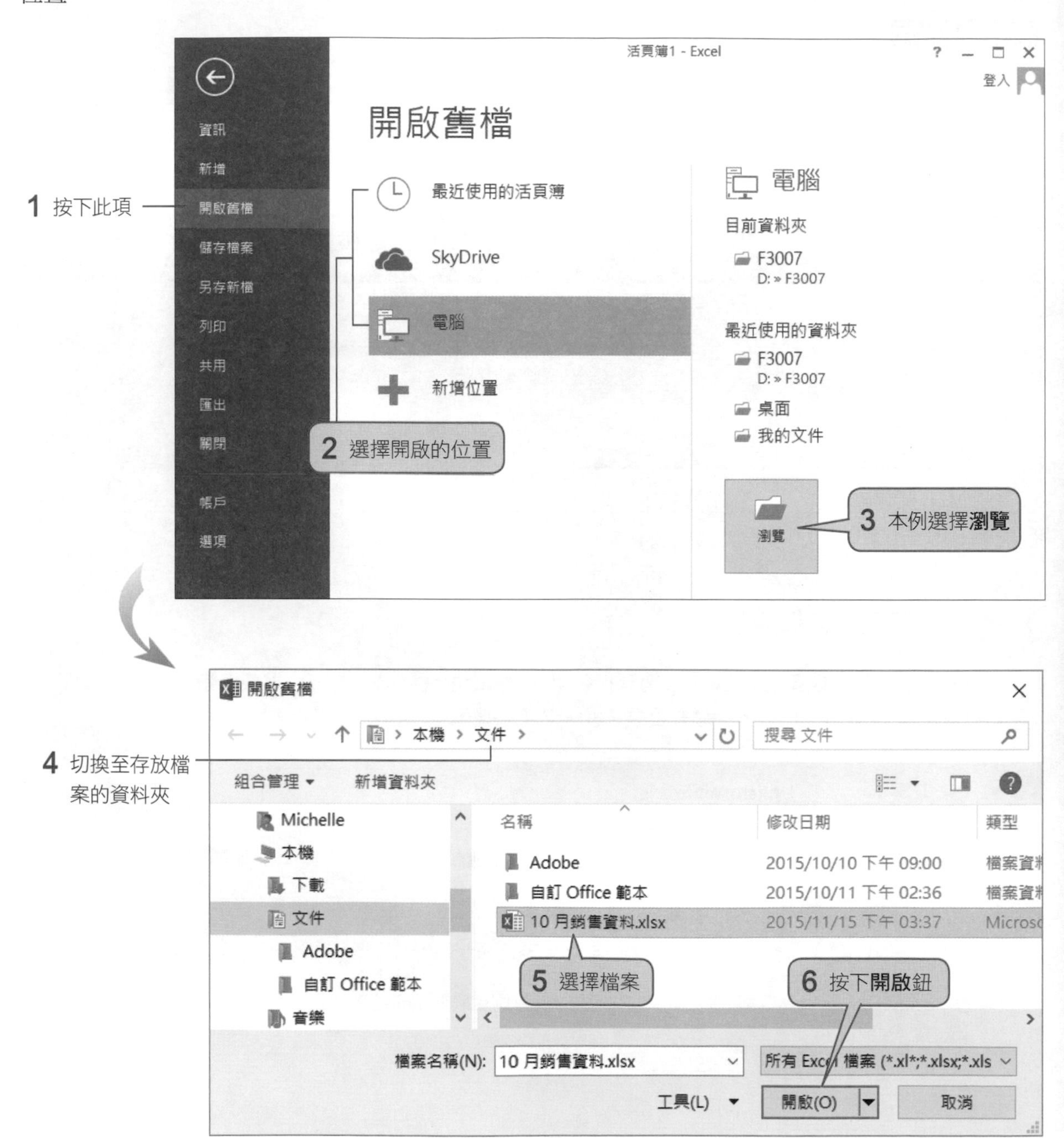

加快資料輸入的方法

- 在儲存格中輸入資料
- 資料的顯示方式與調整儲存格寬度
- 選取儲存格的方法
- 快速輸入出現過的資料
- 快速填滿相同的內容
- 自動建立等差、日期及等比數列
- 工作表的操作

2-1 在儲存格中輸入資料

工作表中一個個方格稱為「儲存格」, 我們所輸入的資料會放入儲存格中。這一節將帶您認識資料的種類, 並練習在儲存格中輸入資料。

認識資料的種類

儲存格的資料大致可分成兩類：一種是可計算的**數字資料** (包括日期、時間), 另一種則是不可計算的**文字資料**。

- **可計算的數字資料**：由數字 0~9 及一些符號 (如小數點、+、-、$、%…) 所組成, 例如 15.36、-99、$350、75% 等都是數字資料。日期與時間也是屬於數字資料, 只不過資料會含有少量的文字或符號, 例如：2016/6/10、8：30 PM、3 月 14 日...等。
- **不可計算的文字資料**：包括中文字、英文字、文數字的組合 (如身份證號碼)。不過, 數字資料有時亦會被當成文字輸入, 如：電話號碼、郵遞區號等。

輸入資料的程序

現在我們要練習在儲存格輸入資料, 不管是文字或數字, 其輸入方法都是一樣的, 底下我們以文字資料來做示範, 請開啟一個新的活頁簿來練習。

STEP 01 首先選取要放入資料的儲存格, 例如在 B2 儲存格按一下:

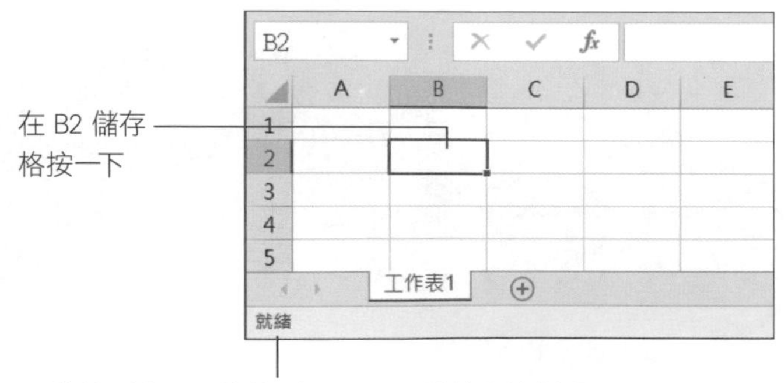

STEP 02 輸入 "貨號" 2 個字, 在輸入資料時, 環境會有一些變化, 請看右圖的說明:

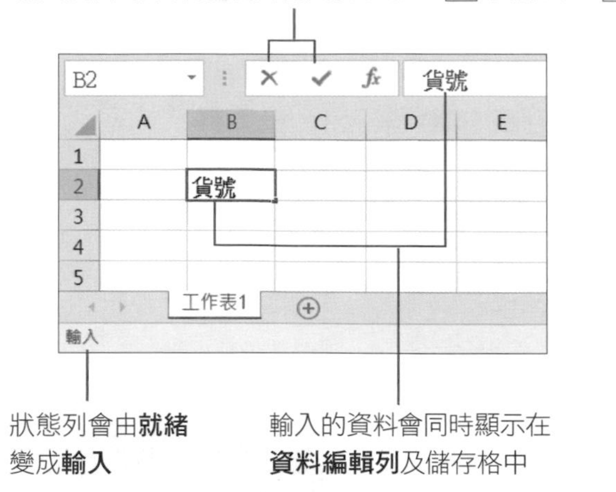
輸入資料時, 資料編輯列會出現取消鈕 及輸入鈕
B2
貨號
A
B
C
D
E
1
2
3
4
5
工作表1
輸入
狀態列會由就緒變成輸入
輸入的資料會同時顯示在資料編輯列及儲存格中

TIP 在**輸入**模式下, 若資料尚未輸入完畢, 請勿按下 ↑、↓、←、→ 方向鍵, 否則會視為已輸入完成並移動作用儲存格, 回到**就緒**模式。

STEP 03 輸入完請按下 Enter 鍵或是**資料編輯列**的**輸入**鈕 ✓ 確認, Excel 便會將資料存入 B2 儲存格並回到**就緒**模式:

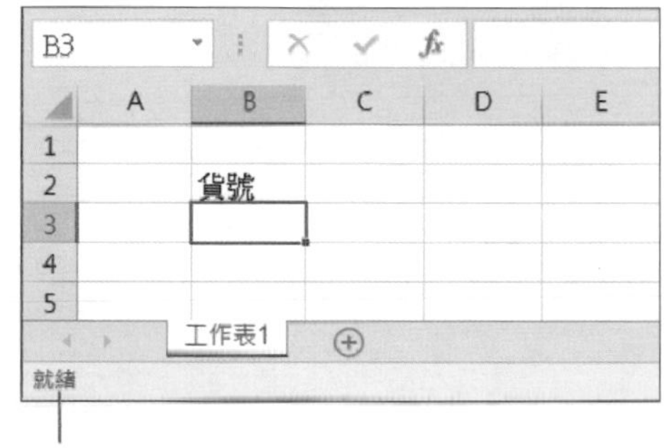
B3
A
B
C
D
E
1
2
3
4
5
貨號
工作表1
就緒

狀態列會由**輸入**變成**就緒**

在儲存格中輸入資料, 最後還要一道**確認**手續, 整個輸入動作才算完成。若要取消輸入的內容, 可按下 Esc 鍵或**資料編輯**列的**取消**鈕 ✕, 放棄輸入動作, 那麼資料便不會存入儲存格中。

此外, 輸入完內容也可以利用 ↑、↓、←、→ 方向鍵來確認並移動作用儲存格。

TIP 若按下 ↑、↓、←、→ 鍵無法移動儲存格, 反而是捲動工作表的話, 請按一下鍵盤上的 Scroll Lock 鍵, 將 Scroll Lock 燈關掉 (此按鍵位於方向鍵的上方區域, 燈號則是位於數字鍵上方), 方向鍵即可正常使用了。

在儲存格中輸入多行資料

若想在一個儲存格內輸入多行資料, 可在換行時按下 Alt + Enter 鍵, 將插入點移到下一行, 便能在同一儲存格中繼續輸入下一行資料。

STEP 01 請接續上例, 在 A2 儲存格中輸入 "訂單", 然後按下 Alt + Enter 鍵, 將插入點移到下一行:

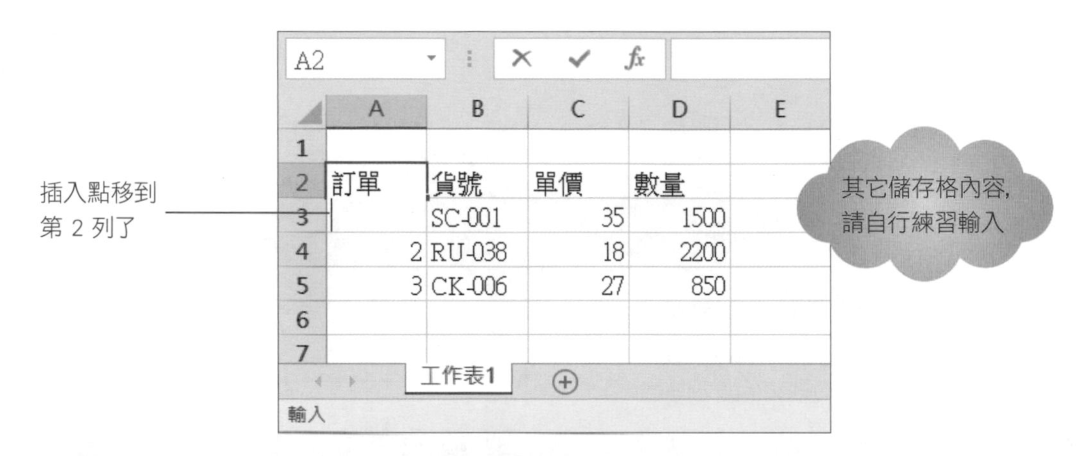

STEP 02 繼續輸入 "明細" 兩個字, 然後按下 Enter 鍵, A2 儲存格便會顯示成 2 行文字:

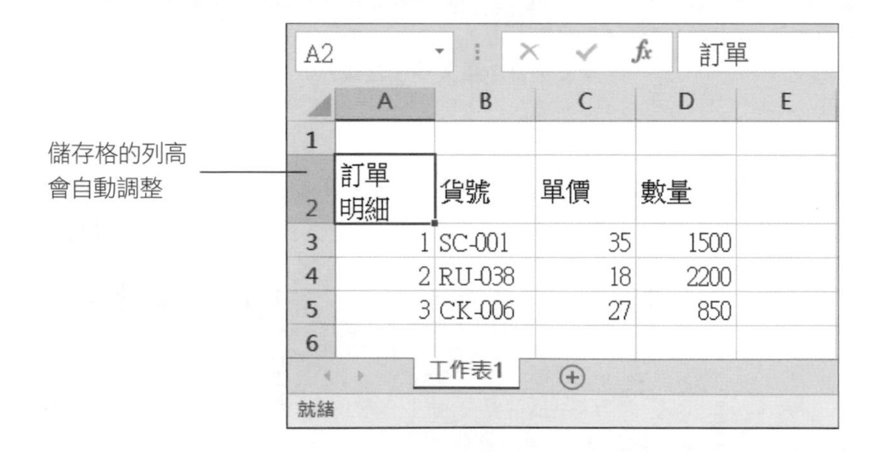

清除儲存格內容

如果要清除儲存格內的資料, 請先選取欲清除的儲存格, 然後按下 Delete 鍵。

2-2 資料的顯示方式與調整儲存格寬度

Excel 會自動判斷使用者輸入的資料型態, 來決定資料的預設顯示方式, 例如數字資料將會靠右對齊；文字資料則會靠左對齊。若輸入的資料超過儲存格寬度時, Excel 將會改變資料的顯示方式。

請開啟**範例檔案**資料夾下 **Excel** 資料夾的 E02-01 檔案。當儲存格寬度不足以顯示內容時, 數字資料會顯示成 "###", 而文字資料則由右邊相鄰的儲存格來決定如何顯示：

E2 合計

	A	B	C	D	E	F	G
1							
2	訂單明細	貨號	單價	數量	合計	付款方式	連絡窗口
3	1	SC-001	35	1500	####	月結3	陳小姐
4	2	RU-038	18	2200	####	月結60天	
5	3	CK-006	27	850	####	月結30天	
6							

當右鄰儲存格有內容時, 文字資料會被截斷

當右鄰儲存格是空白時, 文字資料會跨越到右邊

儲存格太窄, 數字會顯示成 # 字

TIP 若在儲存格中輸入 12 位數以上, 將會改以**科學記號法**來顯示。例如輸入 "012345678901 2", 就會顯示為 1.23457E+11 (E+11 意思是 10 的 11 次方)。

這時候只要調整儲存格的寬度就可以改善了。請將指標移到欄框線上, 待指標呈 ✛ 狀時, 向右拉曳以加大欄寬：

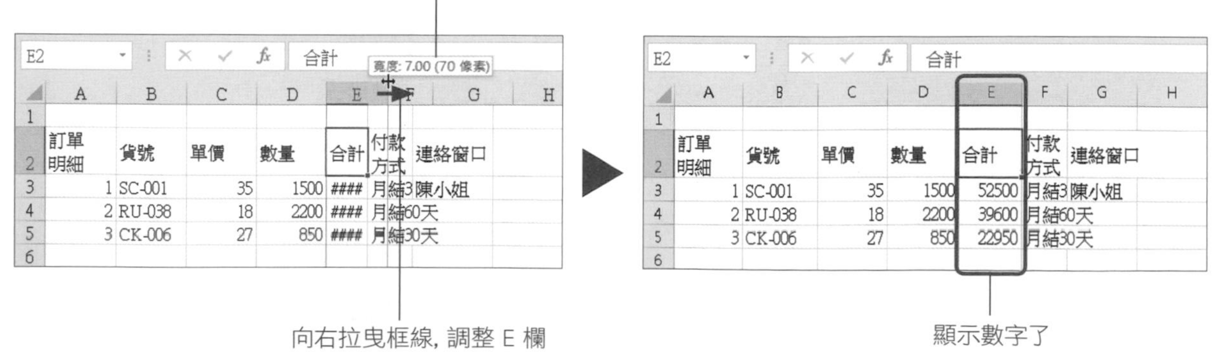
拉曳時, 指標旁會出現欄寬度 (單位：像素), 確定欄寬後放開滑鼠
寬度: 7.00 (70 像素)
向右拉曳框線, 調整 E 欄
顯示數字了

另一個好用的方法，則是直接在欄標題的右框線上雙按滑鼠左鈕，Excel 將會自動將該欄調成最適欄寬：

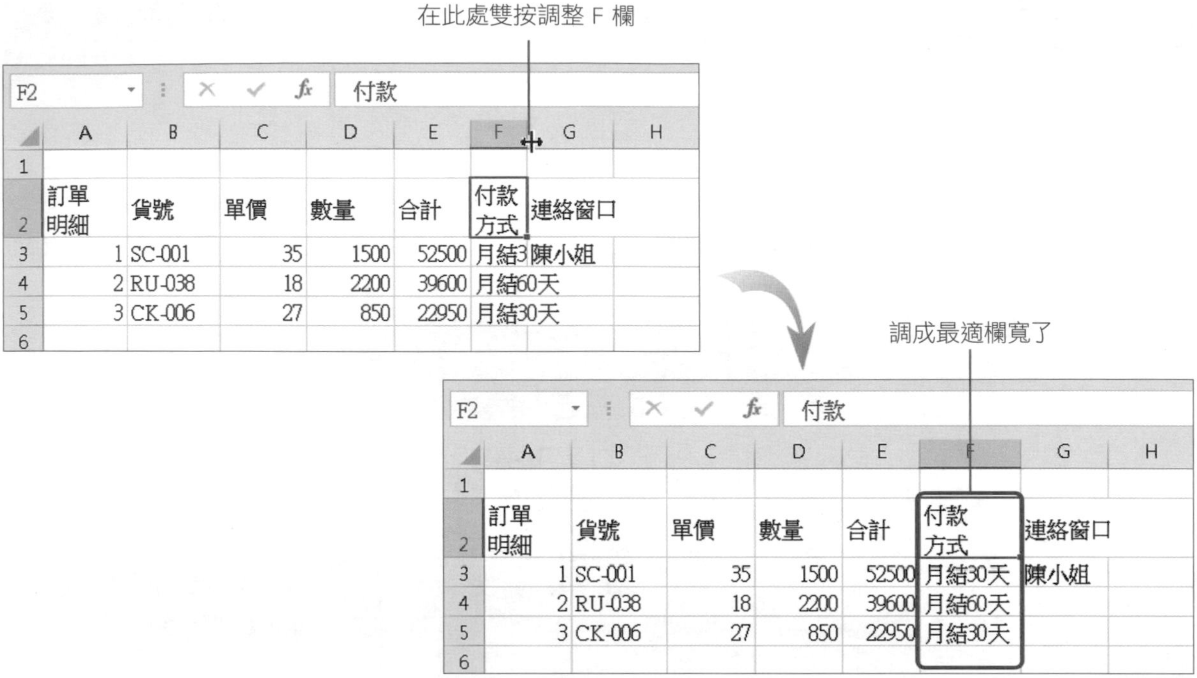

在此處雙按調整 F 欄

調成最適欄寬了

而調整列高的方法和調整欄寬一樣，只要改拉曳列下方的框線就可以了。

在此拉曳可調整列高

2-3 選取儲存格的方法

現在我們要練習選取儲存格的方法, 不論日後要複製或搬移儲存格資料、設定儲存格格式、計算數字、分析數據等, 都要先選取欲處理的儲存格, 可說是進行各項操作前的必要動作, 一起來學習如何選取吧！

選取多個儲存格

在儲存格內按一下滑鼠左鈕, 可選取該儲存格；若要一次選取多個相鄰的儲存格, 請將指標指在欲選取範圍的第一個儲存格, 然後按住滑鼠左鈕拉曳到欲選取範圍的最後一個儲存格, 最後再放開左鈕。假設我們要選取 A2 到 D5 這個範圍：

1 先點選 A2 儲存格

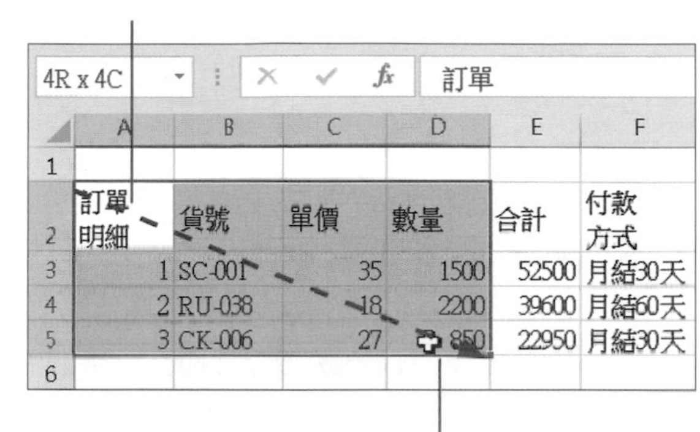

2 按住滑鼠左鈕不放, 拉曳至 D5 儲存格

選取的儲存格範圍我們會以範圍左上角及右下角的儲存格位址來表示, 如上圖選取的範圍即表示為 A2：D5。若要取消選取範圍, 只要在工作表內按下任一個儲存格即可。

選取不連續的多個範圍

如果要選取多個不相鄰的儲存格範圍, 如 B2：D2、A3：A5, 請先選取 B2：D2 範圍, 然後按住 Ctrl 鍵, 再選取第 2 個範圍 A3：A5, 選好後再放開 Ctrl 鍵, 就可以同時選取多個不連續的儲存格範圍了：

	A	B	C	D	E	F
1						
2	訂單明細	貨號	單價	數量	合計	付款方式
3	1	SC-001	35	1500	52500	月結30天
4	2	RU-038	18	2200	39600	月結60天
5	3	CK-006	27	850	22950	月結30天
6						

1 先選取 B2：D2 範圍

2 按住 Ctrl 鍵後, 再接著選取 A3：A5 儲存格

選取整欄或整列

要選取整欄或整列, 請在欄編號或列編號上按一下：

在此按一下, 可選取整個 B 欄

在此按一下, 可選取整個第 4 列

在欄編號或列編號上拉曳滑鼠跨越數欄或數列, 便能同時選取數欄或數列；若搭配 Ctrl 鍵, 可選取不相鄰的多欄或多列。

選取數列

選取不相鄰的數列

選取整張工作表

若要選取整張工作表, 按下左上角的**全選按鈕**即可一次選取所有的儲存格。

按下**全選按鈕**可選取整張工作表

	A	B	C	D	E	F	G	H
1								
2	訂單明細	貨號	單價	數量	合計	付款方式	連絡窗口	
3	1	SC-001	35	1500	52500	月結30天	陳小姐	
4	2	RU-038	18	2200	39600	月結60天		
5	3	CK-006	27	850	22950	月結30天		
6								
7								

2-4 快速輸入出現過的資料

在計算之前我們必須將資料輸入到工作表中, 然而輸入資料的方法除了逐字輸入外, Excel 還提供許多輸入資料的技巧, 學會這些方法, 將能有效提升輸入資料的工作效率。

使用「自動完成」輸入相同的資料

在輸入同一欄的資料時, 若內容有重複, 就可以透過**自動完成**功能快速輸入。請開啟一個新的活頁簿, 在**工作表 1** 的 B2 到 B4 儲存格如圖輸入內容：

	A	B	C
1			
2		訂單明細	
3		成功股份有限公司	
4		順利股份有限公司	
5			
6			

馬上來體驗**自動完成**功能的便利。請在 B5 儲存格中輸入 "成" 字, 此時 "成" 字之後會自動填入與 B3 儲存格相同的文字, 並以灰底的方式顯示：

	A	B	C
1			
2		訂單明細	
3		成功股份有限公司	
4		順利股份有限公司	
5		成功股份有限公司	
6			

若自動填入的資料正好是想輸入的文字, 按下 Enter 鍵就可將資料存入儲存格中；若不是想要的內容, 可以不予理會, 繼續完成輸入文字的工作。此例請按下 Enter 鍵填入文字。

TIP **自動完成**功能, 只適用於文字資料。

以上就是**自動完成**功能, 當你在輸入資料時, Excel 會將目前輸入的資料和同欄中其他的資料做比對, 一旦發現有相同的部份 (如在 B5 儲存格輸入 "成" 和 B3 儲存格中 "成" 相同), 就會自動為該儲存格填入剩餘的部份。

此外，當同欄中出現兩個以上儲存格資料雷同時，Excel 在無從判定內容的情況下，將暫時無法使用**自動完成**功能。當你繼續輸入至 Excel 可判斷的內容，才會顯示**自動完成**的文字內容：

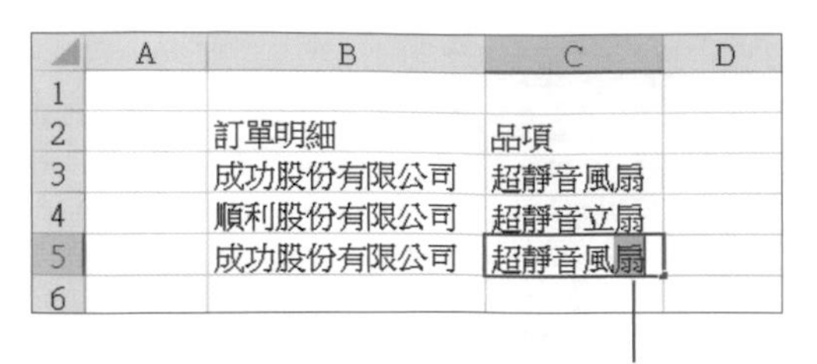

一直要輸入到"風"字，才會啟用**自動完成**功能

從下拉式清單挑選輸入過的資料

當同一欄儲存格的資料太雷同，總是必須輸入到最後，**自動完成**才能判斷出正確的內容，這時您可以改用**從下拉式清單挑選**功能來輸入。

接續上例，我們要繼續在 C6 儲存格輸入內容。請先如圖輸入 C2：C5 的內容，然後在 C6 儲存格按右鈕執行『**從下拉式清單挑選**』命令。

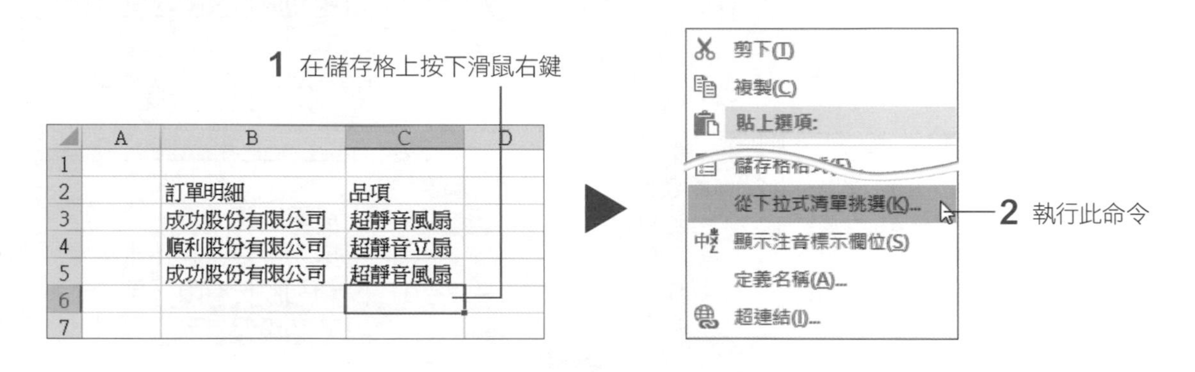

C6 儲存格下方會出現一張清單，記錄同一欄 (即 C 欄) 中出現過的資料，如："品項"、"超靜音風扇"、"超靜音立扇"，只要由清單中選取就可輸入資料了：

	A	B	C	D
1				
2		訂單明細	品項	
3		成功股份有限公司	超靜音風扇	
4		順利股份有限公司	超靜音立扇	
5		成功股份有限公司	超靜音風扇	
6				
7			品項	
8			超靜音立扇 超靜音風扇	

▶

	A	B	C	D
1				
2		訂單明細	品項	
3		成功股份有限公司	超靜音風扇	
4		順利股份有限公司	超靜音立扇	
5		成功股份有限公司	超靜音風扇	
6			超靜音立扇	
7				
8				

TIP **從下拉式清單挑選**功能與**自動完成**功能一樣，都只適用於文字資料。

2-5 快速填滿相同的內容

當您需要將相同的內容連續填入數個儲存格, 除了可複製/貼上儲存格內容外, 更有效率的方法是使用**自動填滿**功能來達成, 此功能亦可建立日期、數列等具規則性的內容, 這部份我們將在下一節說明。

假設我們想建立以下的資料內容, 先來看看哪些可以使用**自動填滿**功能來快速輸入:

員工編號	部門	姓名
1	業務部	朱小芳
2	業務部	林玲
3	業務部	王至剛
4	業務部	李立勇
5	業務部	李玉平

可建立具規律變化的資料, 詳細說明請參考下一節

可為連續的儲存格填入相同的資料

請開啟一份新的活頁簿, 首先練習操作步驟較單純的填滿功能, 看看如何在 B2:B6 範圍內填滿 "業務部"。

STEP 01 先如圖輸入內容, 然後在 B2 儲存格輸入 "業務部" 3 個字, 並維持儲存格的選取狀態, 然後將指標移至綠色框線的右下角, 此時指標會呈 **+** 狀:

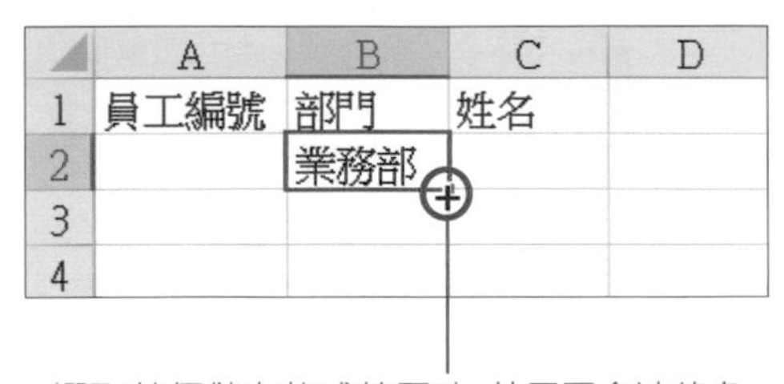

選取某個儲存格或範圍時, 其周圍會被綠色框線圍住, 右下角的小方塊稱為**填滿控點**

STEP 02 將指標移到**填滿控點**上, 按住左鈕不放向下拉至儲存格 B6, "業務部" 3 個字就會填滿 B2:B6 範圍了:

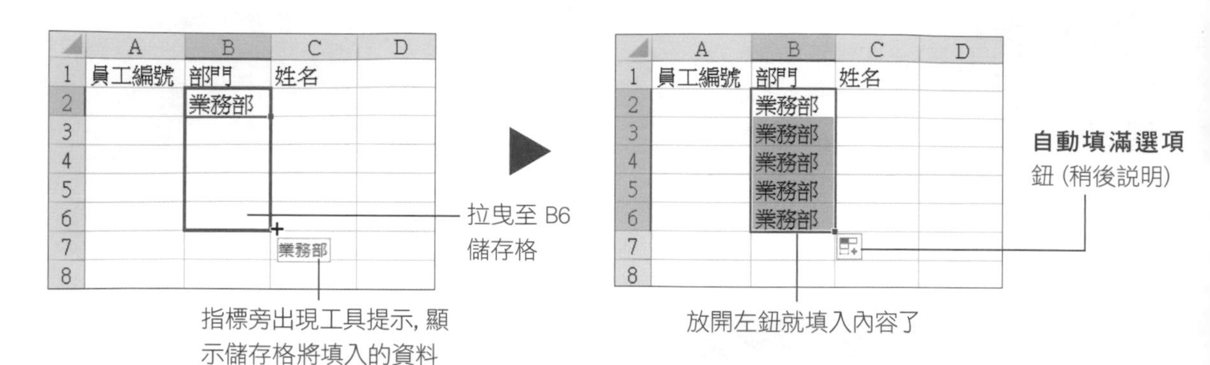

拉曳至 B6 儲存格
指標旁出現工具提示, 顯示儲存格將填入的資料
放開左鈕就填入內容了
自動填滿選項鈕 (稍後說明)

TIP 您也可以向上、左、右拉曳**填滿控點**, 讓資料填滿選取的範圍。

在剛才的操作中, 資料自動填滿 B2：B6 儲存格後, B6 儲存格旁出現了一個 鈕, 這個按鈕是**自動填滿選項**鈕, 按下此鈕可顯示下拉選單, 讓您變更自動填滿的方式：

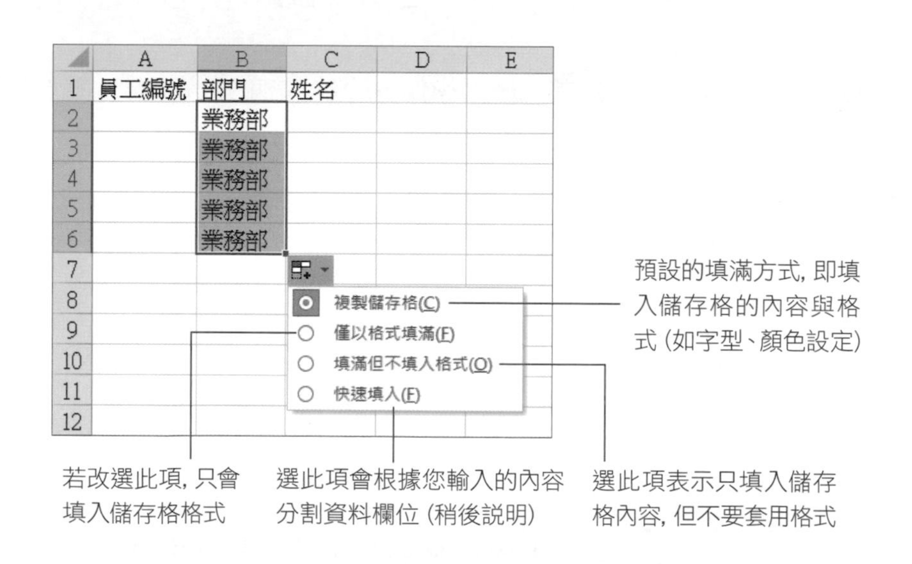

複製儲存格(C)
僅以格式填滿(F)
填滿但不填入格式(O)
快速填入(F)
預設的填滿方式, 即填入儲存格的內容與格式 (如字型、顏色設定)
若改選此項, 只會填入儲存格格式
選此項會根據您輸入的內容分割資料欄位 (稍後說明)
選此項表示只填入儲存格內容, 但不要套用格式

自動填滿選項鈕的作用, 可讓我們選擇是否要一併套用儲存格的格式設定。不過, 我們尚未設定格式, 所以不用變更, 當您選取了其他儲存格, 並進行編輯動作後, **自動填滿選項**鈕就會自動消失。待閱讀到本篇第 5 章, 學會儲存格的格式設定後, 您就會感受到此鈕的便利之處了。

用「快速填入」功能，快速將姓、名拆開在不同欄

在剛才的操作中，**自動填滿選項**鈕的選單裡有一項**快速填入**功能，它會自動分析資料表的內容，幫你填入整欄的資料，以節省你重新輸入資料的時間。例如我們想將原本包含了姓氏資料的欄位分別拆開成「姓」和「名」兩欄；或是想將含有區碼的電話號碼分成「區碼」及「電話」兩欄，就可以善用此功能快速將資料切割成兩欄。

	A	B	C	D
1	姓名	姓	名	
2	許明明			
3	張惠芬			
4	林美惠			
5	蘇鈺銓			
6	范雄坤			
7	張仲柏			
8	王麗晴			
9				

▲ 先填入如圖資料

	A	B	C	D
1	姓名	姓	名	
2	許明明	許	明明	
3	張惠芬			
4	林美惠			
5	蘇鈺銓			
6	范雄坤			
7	張仲柏			
8	王麗晴			
9				

在 C2 儲存格填入 A2 名字中的 "名"

在 B2 儲存格填入 A2 名字中的 "姓"

點選 B2 儲存格，將指標移到**填滿控點**上，按住左鈕不放向下拉至儲存格 B8，再按下**自動填滿選項**鈕，於顯示的下拉選單中選取**快速填入**，Excel 會偵測您在儲存格 B2 執行的內容，幫您將儲存格 B3：B8 填入 "姓" 的部分。您也可以使用這個方法將 "名" 的部分填入。利用這個技巧，也能輕易地將電話號碼的區碼和號碼分離。

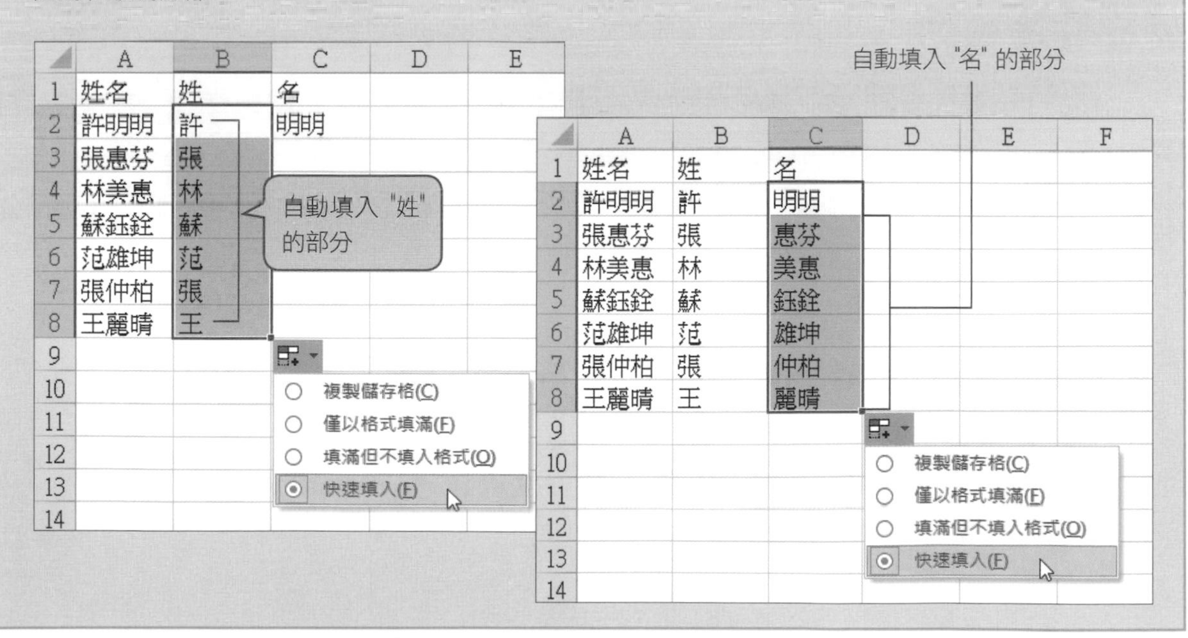

2-6 自動建立等差、日期及等比數列

這一節要繼續介紹幫助我們快速輸入資料的方法。上一節完成了自動填滿儲存格的操作，接著要練習由 Excel 自動建立各式數列，節省我們一一輸入的步驟。

首先要說明數列的類型，以便了解哪些數列可由 Excel 的功能來自動建立。Excel 可建立的數列類型有 4 種：

- **等差級數**：數列中相鄰兩數字的差相等，例如：1、3、5、7、…。
- **等比級數**：數列中相鄰兩數字的比值相等，例如：2、4、8、16、…。
- **日期**：例如：2016/01/01、2016/01/02、2016/01/03、…。
- **自動填入**：**自動填入**數列是屬於不可計算的文字資料，例如：一月、二月、三月、…，星期一、星期二、星期三、…等。Excel 已將這類型文字資料建立成資料庫，讓我們使用自動填入數列時，就像使用一般數列一樣。

以下就分別說明如何建立以上這 4 種數列。

建立等差數列

請接續上一節的練習，我們要在 A2：A6 儲存格中，建立 1、2、3、4、5 的等差數列，請如下操作：

STEP 01 在 A2、A3 儲存格分別輸入 1、2，並選取 A2：A3 範圍做為來源儲存格，也就是要有兩個初始值 (如 1、2)，這樣 Excel 才能判斷等差數列的間距值是多少：

來源儲存格

	A	B	C
1	員工編號	部門	姓名
2	1	業務部	
3	2	業務部	
4		業務部	
5		業務部	
6		業務部	
7			
8			

STEP 02 將指標移到**填滿控點**上, 按住滑鼠左鈕不放, 向下拉曳至 A6 儲存格:

	A	B	C
1	員工編號	部門	姓名
2	1	業務部	
3	2	業務部	
4		業務部	
5		業務部	
6		業務部	
7		5	
8			

指標旁的數字表示目前到達的儲存格將填入的值

STEP 03 參考指標旁的數字, 當建立到您需要的數字後請放開滑鼠, 等差數列就建立好了:

	A	B	C
1	員工編號	部門	姓名
2	1	業務部	
3	2	業務部	
4	3	業務部	
5	4	業務部	
6	5	業務部	
7			
8			

建立數列後, 會出現**自動填滿選項**鈕, 且下拉選單中的第 1 個項目略有不同:

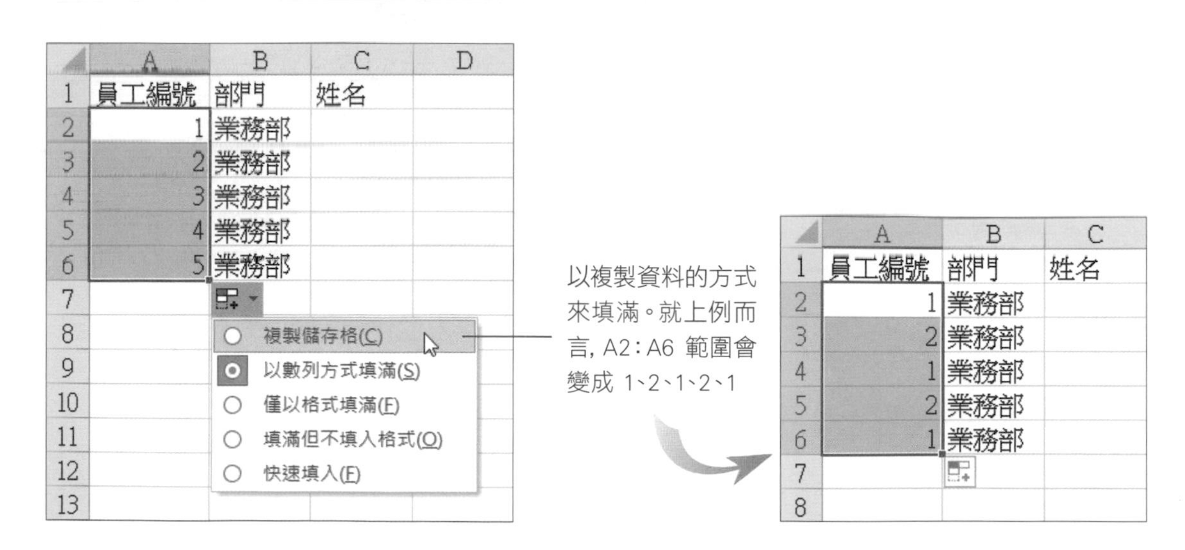

此外, 使用**填滿控點**還可以建立 "專案 1、專案 3、專案 5、專案 7…" 的文字與數字組合數列, 只要在來源儲存格輸入 "專案 1"、"專案 3", 再拉曳**填滿控點**即可完成, 請自行試試。

建立日期數列

再來試試建立日期的功能。請開啟一份新活頁簿, 假設我們要在 A1：E1 建立一個日期數列, 就可以在來源 A1 儲存格中輸入起始日期, 然後拉曳填滿控點至 E1 儲存格：

1 輸入起始日期
2 拉曳填滿控點至 E1 儲存格即可建立
2016/12/1
2016/12/5

由於我們建立的是日期數列, 所以當你按下**自動填滿選項**鈕 時, 會看到多出幾個與日期相關的選項：

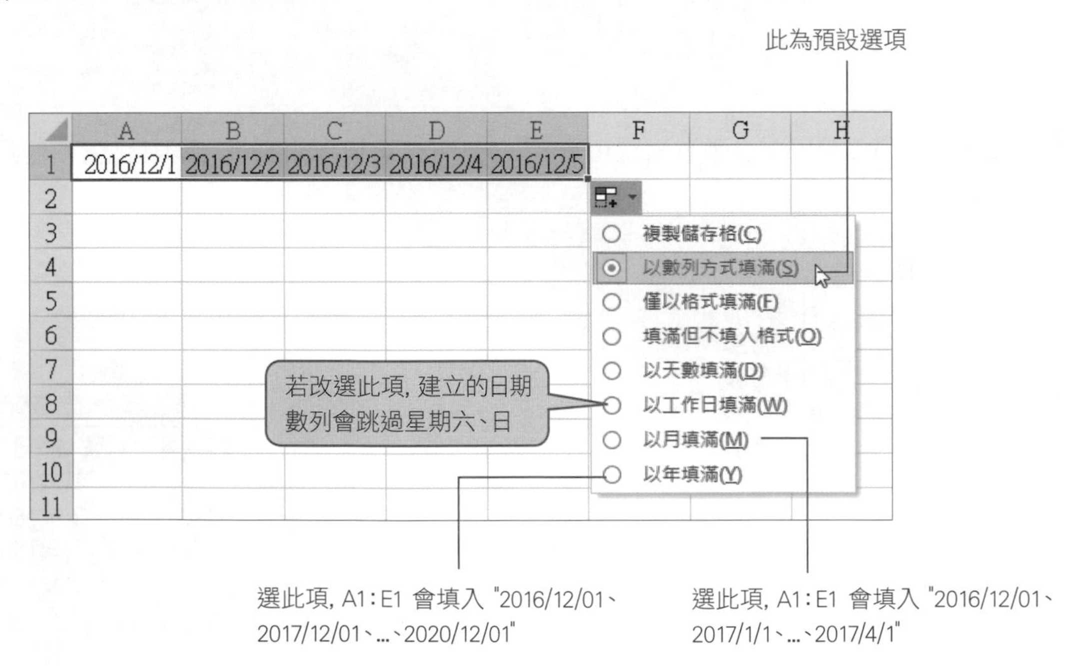
此為預設選項
2016/12/1 2016/12/2 2016/12/3 2016/12/4 2016/12/5
複製儲存格(C)
以數列方式填滿(S)
僅以格式填滿(F)
填滿但不填入格式(O)
以天數填滿(D)
以工作日填滿(W)
以月填滿(M)
以年填滿(Y)
若改選此項, 建立的日期數列會跳過星期六、日
選此項, A1:E1 會填入 "2016/12/01、2017/12/01、...、2020/12/01"
選此項, A1:E1 會填入 "2016/12/01、2017/1/1、...、2017/4/1"

建立文字資料數列

Excel 還內建許多常用的自動填入數列, 例如 "甲、乙、丙、丁…"、"一月、二月、三月…" 等, 方便我們使用**填滿控點**快速完成輸入。底下我們來練習在 A1：A8 建立 "甲、乙…辛"：

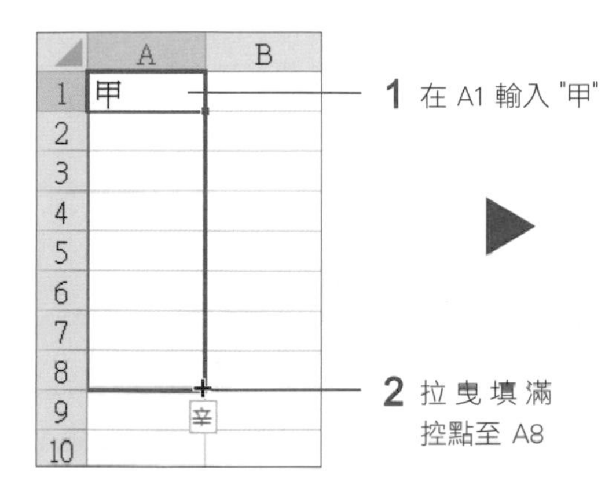

	A	B
1	甲	
2	乙	
3	丙	
4	丁	
5	戊	
6	己	
7	庚	
8	辛	
9		
10		

TIP 建立不同的自動填入數列, **自動填滿選項**鈕下拉選單中的項目也會隨數列的特性而有所不同。

建立等比數列

等比數列無法像等差數列以拉曳**填滿控點**的方式來建立, 我們實際來操作看看。例如要在 A1：A8 建立 5、25、125、… 的等比數列。請建立一份新的活頁簿：

STEP 01 在 A1 儲存格中輸入 5, 按下 Enter 鍵接著選取 A1：A8 的範圍：

	A	B
1	5	
2		
3		
4		
5		
6		
7		
8		
9		

STEP 02 切換到**常用**頁次, 按下**編輯**區的**填滿**鈕 , 由下拉選單中選擇『**數列**』命令, 開啟**數列**交談窗：

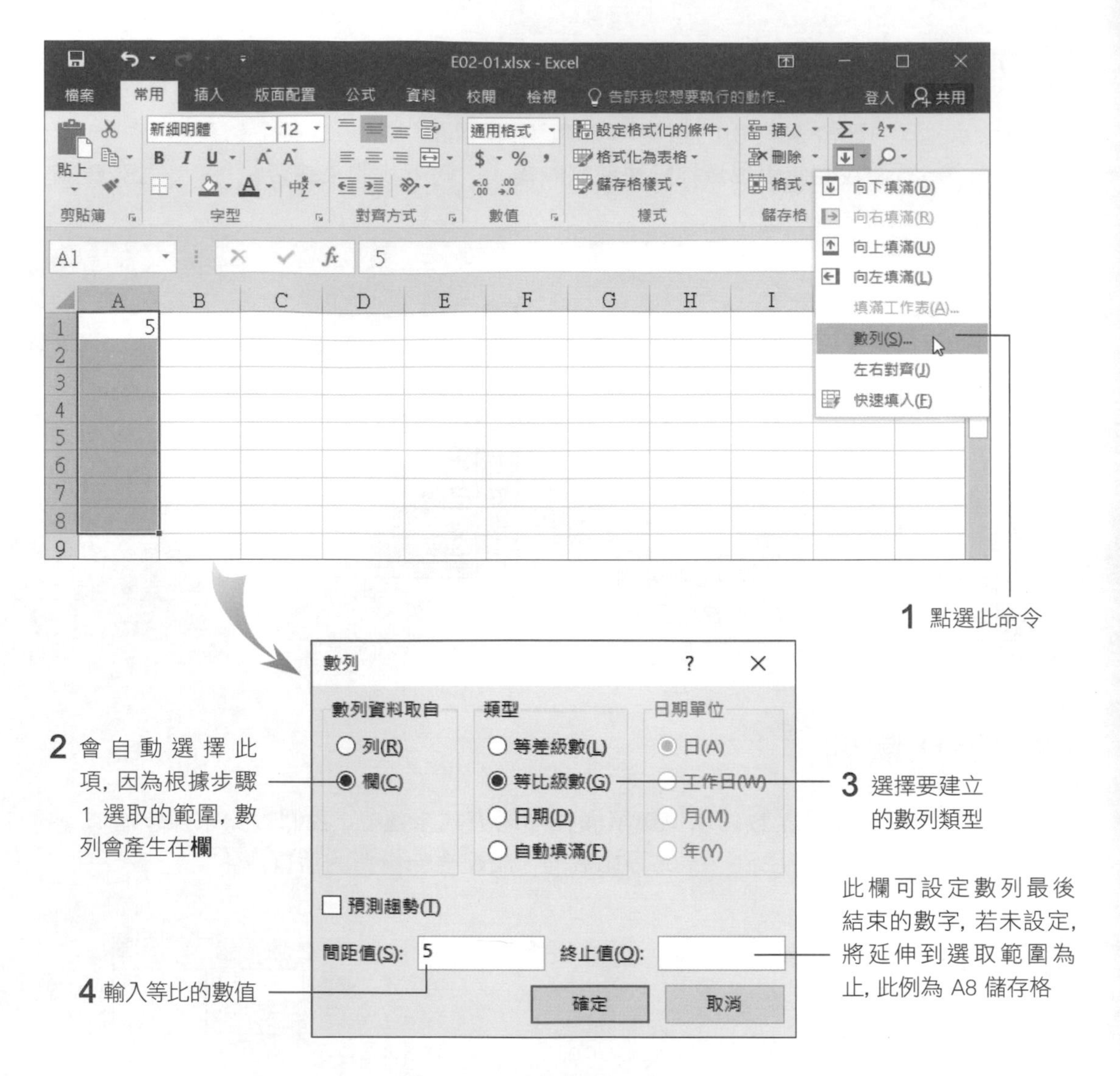

STEP 03 按下**確定**鈕，等比數列就建立完成了：

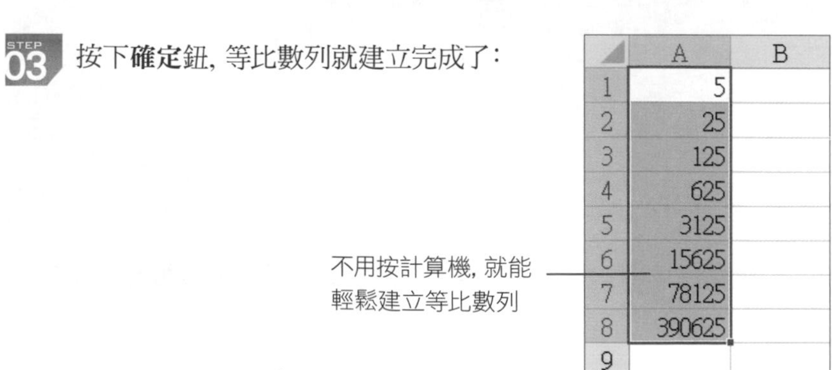

	A	B
1	5	
2	25	
3	125	
4	625	
5	3125	
6	15625	
7	78125	
8	390625	
9		

2-7 工作表的操作

學會資料的輸入方法後，當資料量多的時候，幫工作表變更一個有利辨識的名稱，或是設定頁次標籤顏色，善用這些操作可以幫助你有效率地完成工作。

為工作表重新命名

開啟一個新的 Excel 活頁簿，會自動以**工作表 1** 為工作表命名，按下左下角的按鈕 ⊕ 增加新的工作表後，Excel 會以**工作表 2**、**工作表 3**、…為工作表命名，但這類名稱無法判斷工作表內容為何，當工作表數量多時，應更改為有利於辨識內容的名稱。假設我們要在**工作表 1** 輸入各項商品的銷售統計數量，所以可以將它重新命名為 "銷售數量"。接著請雙按**工作表 1** 頁次標籤，使其呈灰底選取狀態，輸入 "銷售數量" 再按下 Enter 鍵，工作表就重新命名了。

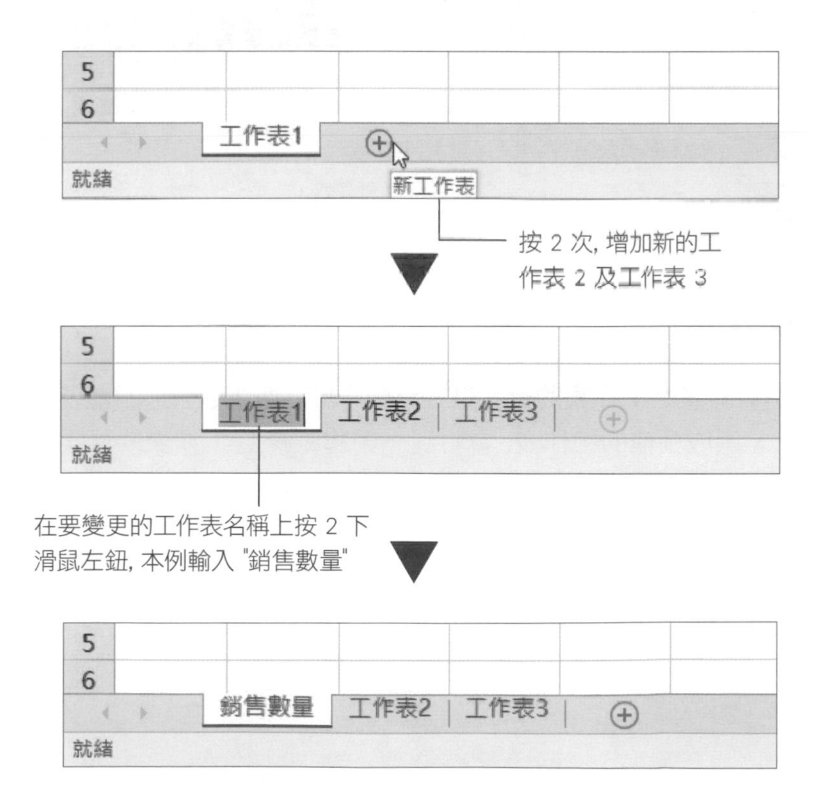

設定頁次標籤顏色

除了可以更改工作表的名稱, 頁次標籤的顏色也可以個別設定, 這樣看起來更能方便辨識。例如我們將 "銷售數量" 這個頁次標籤改為紅色：

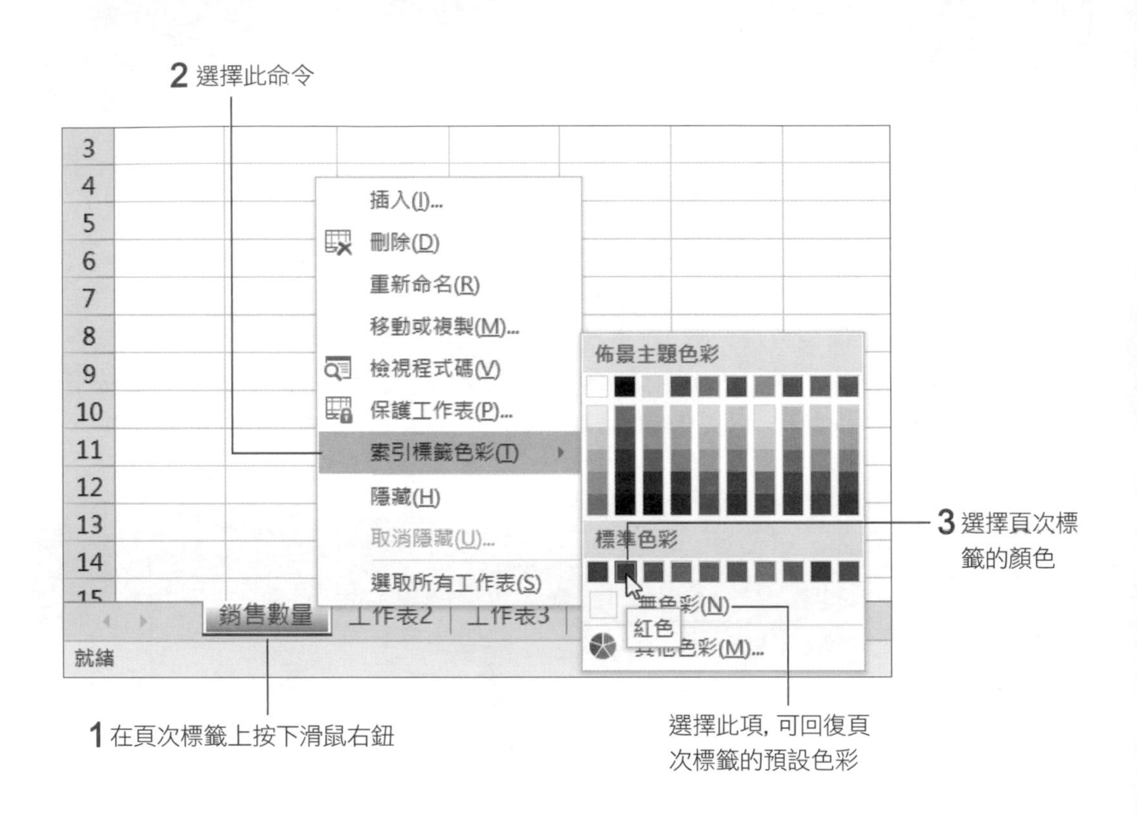

設定好之後, "銷售數量" 工作表的頁次標籤會顯示紅色漸層, 那是因為 "銷售數量" 是目前使用的作用工作表, 若選取其他的工作表, 會看到 "銷售數量" 工作表的頁次標籤呈現剛才設定的紅色了。

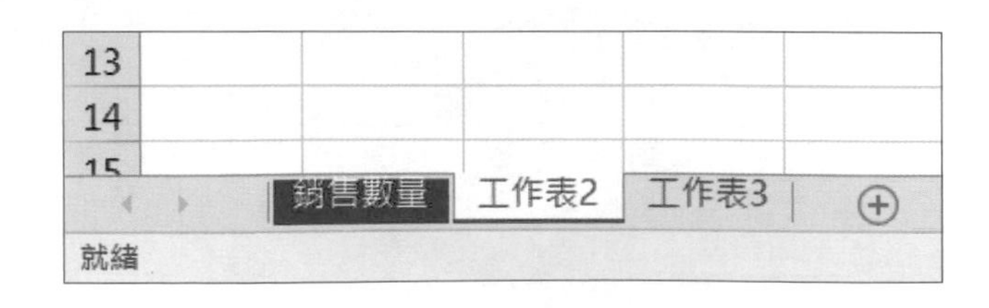

實用的知識

只在選取範圍中輸入資料

當我們在輸入資料時，只要按下 Enter 鍵，儲存格的選取框就會往下移動，如果想先輸入完第一列的各個欄位後，再輸入其他資料，可以先選取儲存格範圍後再輸入。

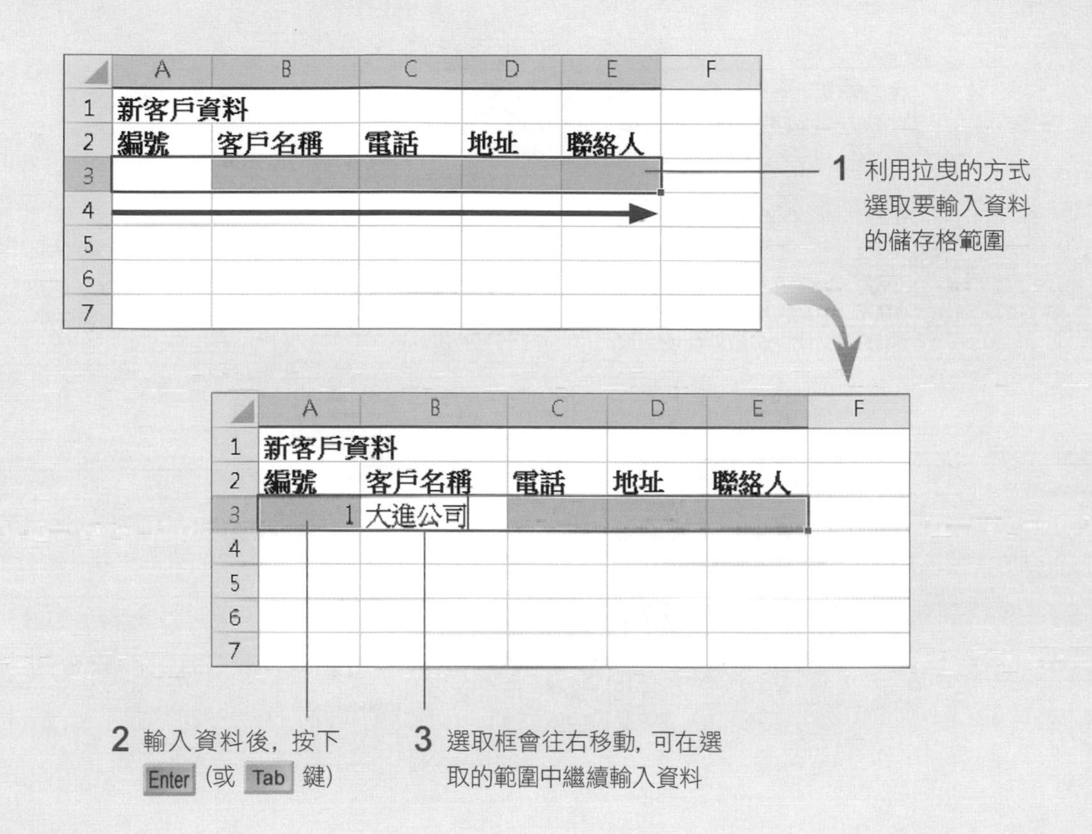

A B C D E F
1 新客戶資料
2 編號 客戶名稱 電話 地址 聯絡人
1 利用拉曳的方式選取要輸入資料的儲存格範圍
1 大進公司
2 輸入資料後，按下 Enter (或 Tab 鍵)
3 選取框會往右移動，可在選取的範圍中繼續輸入資料

TIP 在選定的範圍內輸入資料時，請不要使用上下左右方向鍵，來移動儲存格，否則會解除選取範圍。

實用的知識 在不連續的儲存格中，一次輸入相同的資料

想要一次在多個儲存格中輸入相同的資料，你不需費時地一個一個輸入。只要先選取多個儲存格後，在其中一個儲存格中輸入資料，接著按下 Ctrl + Enter 鍵，就可以一次輸入相同的資料。

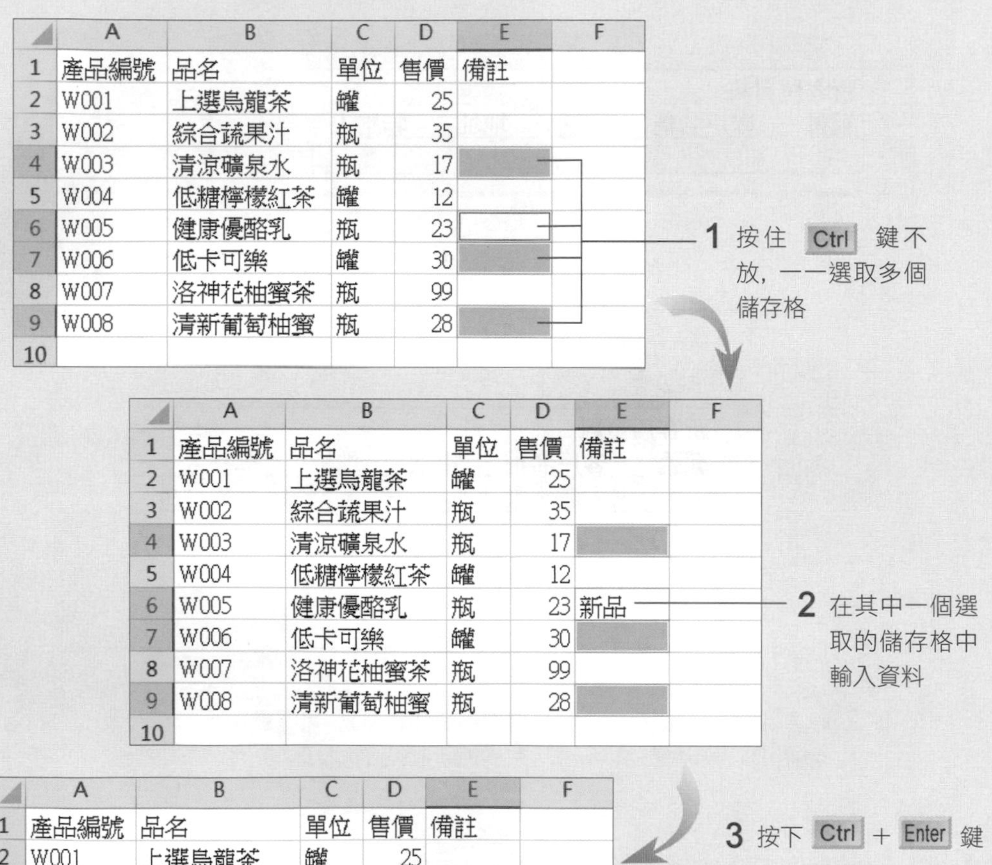

1 按住 Ctrl 鍵不放，一一選取多個儲存格
2 在其中一個選取的儲存格中輸入資料
新品
3 按下 Ctrl + Enter 鍵
選取的儲存格都輸入相同的資料

公式與函數

- 在儲存格建立公式
- 相對參照位址與絕對參照位址
- 函數的使用方法
- 函數綜合練習－依年資計算獎金
- 不需輸入公式也能得知計算結果

3-1 在儲存格建立公式

當我們需要將工作表中的數字資料做加、減、乘、除…等運算時，可以將計算的動作交給 Excel 的公式去執行，節省自行運算的時間，而且當資料有變動時，公式計算的結果還會立即更新。

公式的表示法

Excel 的公式和一般數學公式差不多，**數學公式**的表示法為：

```
A3 = A1 ＋ A2
```

若將這個公式使用 Excel 表示，則需要在 A3 儲存格中輸入：

```
= A1 ＋ A2
```

意思是 Excel 會將 A1 儲存格的值加上 A2 儲存格的值，然後將結果顯示在 A3 儲存格中。

輸入公式

輸入公式必須以等號 "=" 起首，例如 "= A1 + A2"，這樣 Excel 才知道輸入的是公式，而不是一般的文字資料。現在我們就來練習建立公式，請開啟範例檔案 **Excel** 資料夾下的 E03-01，我們已在其中輸入了兩個學生的成績：

	A	B	C	D	E	F
1		英文	生物	理化	總分	
2	王書桓	85	70	65		
3	吳依萍	75	92	81		
4						

我們打算在 E2 儲存格存放 "王書桓的各科總分"，也就是要將 "王書桓" 的英文、生物、理化分數加總起來，放到 E2 儲存格中，因此將 E2 儲存格的公式設計為 "= B2 + C2 + D2"。

STEP 01 請選定要輸入公式的 E2 儲存格, 並將指標移到**資料編輯列**中輸入等號 "=":

函數方塊　　在此輸入 "="

SUM | × ✓ *fx* | =

	A	B	C	D	E	F
1		英文	生物	理化	總分	
2	王書桓	85	70	65	=	
3	吳依萍	75	92	81		
4						

STEP 02 接著輸入 "=" 之後的公式, 請在儲存格 B2 上按一下, Excel 便會將 B2 輸入到**資料編輯列**中:

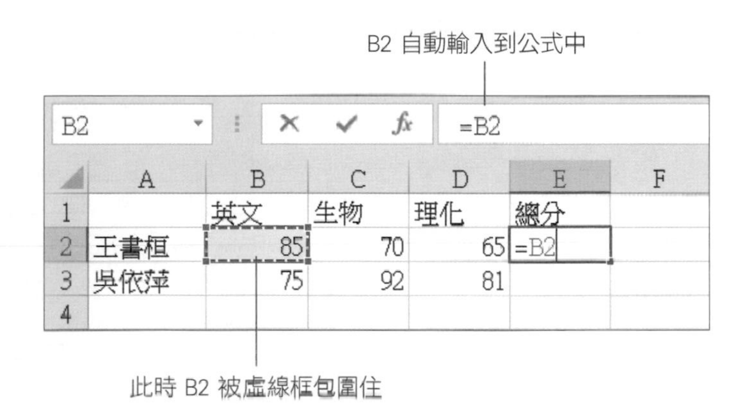

STEP 03 再輸入 "+" , 然後選取 C2 儲存格, 繼續輸入 "+" , 選取 D2 儲存格, 如此公式的內容便輸入完成了:

D2 | × ✓ *fx* | =B2+C2+D2

	A	B	C	D	E	F
1		英文	生物	理化	總分	
2	王書桓	85	70	65	=B2+C2+D2	
3	吳依萍	75	92	81		
4						

STEP 04 按下**資料編輯列**上的**輸入**鈕 ✔ 或按下 Enter 鍵, 公式計算的結果馬上顯示在 E2 儲存格中:

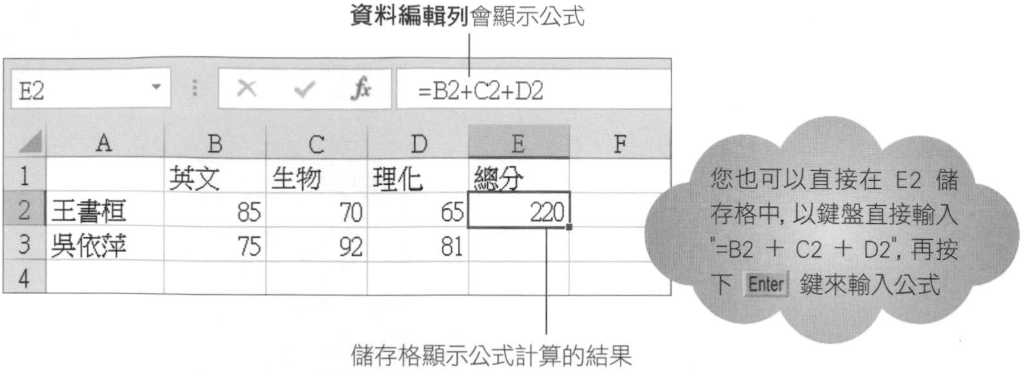

資料編輯列會顯示公式

E2 =B2+C2+D2

	A	B	C	D	E	F
1		英文	生物	理化	總分	
2	王書桓	85	70	65	220	
3	吳依萍	75	92	81		
4						

儲存格顯示公式計算的結果

您也可以直接在 E2 儲存格中, 以鍵盤直接輸入 "=B2 + C2 + D2", 再按下 Enter 鍵來輸入公式

若想直接在儲存格中查看公式, 可按下 Ctrl + ` 鍵 ( ` 鍵在 Tab 鍵的上方), 在公式和計算結果間做切換。

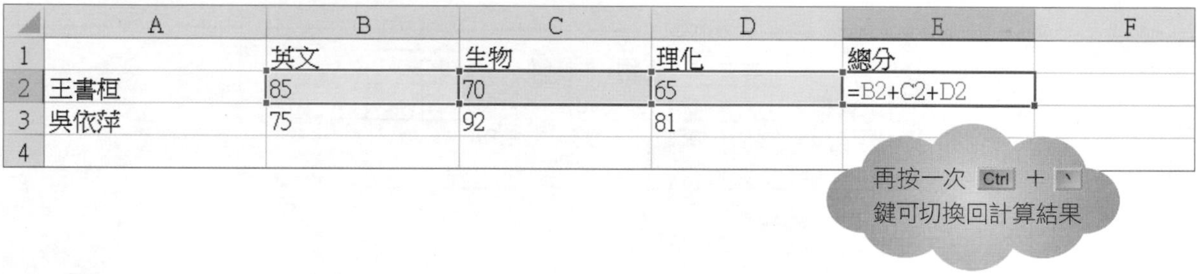

	A	B	C	D	E	F
1		英文	生物	理化	總分	
2	王書桓	85	70	65	=B2+C2+D2	
3	吳依萍	75	92	81		
4						

再按一次 Ctrl + ` 鍵可切換回計算結果

自動更新計算結果

公式的計算結果會隨著儲存格內容的變動而自動更新。以上例來說, 假設當公式建好以後, 才發現 "王書桓" 的英文成績打錯了, 應該是 "90" 分才對, 當我們將儲存格 B2 的值改成 "90", 按下 Enter 鍵後, E2 儲存格中的計算結果立即從 220 更新為 225:

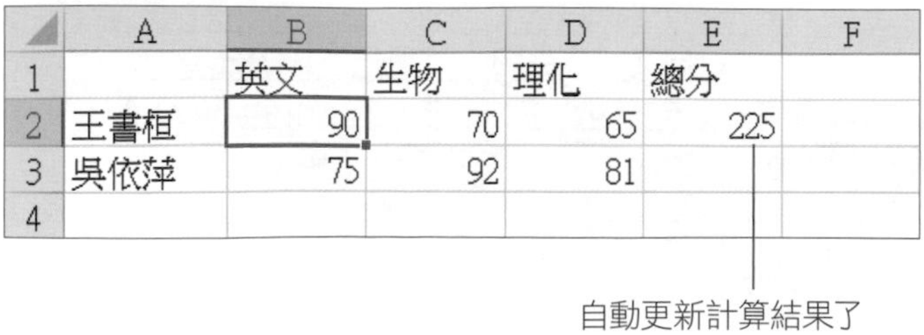

	A	B	C	D	E	F
1		英文	生物	理化	總分	
2	王書桓	90	70	65	225	
3	吳依萍	75	92	81		
4						

自動更新計算結果了

3-2 相對參照位址與絕對參照位址

公式中會運用到的位址有**相對參照位址**與**絕對參照位址** 2 種類型。相對參照位址的表示法例如：B1、C4；而絕對參照位址的表示法, 則須在儲存格位址前面加上 "$" 符號, 例如：$B$1、$C$4。

相對與絕對參照的差異

假設您要前往某地, 但不知道該怎麼走, 於是就向路人打聽。結果得知您現在的位置往前走, 碰到第一個紅綠燈後右轉, 再直走約 100 公尺就到了, 這就是**相對參照位址**的概念。

另外有人乾脆將實際地址告訴您, 假設為 "中正路二段 60 號", 這就是**絕對參照位址**的概念, 由於地址具有唯一性, 所以不論您在什麼地方, 根據這個**絕對參照位址**, 所找到的永遠是同一個地點。

將這兩者的特性套用在公式上, 代表**相對參照位址**會隨著公式的位置而改變, 而**絕對參照位址**則不管公式在什麼地方, 它永遠指向同一個儲存格。

實例說明

底下我們以實例為您說明**相對參照位址**與**絕對參照位址**的使用方式。請開啟範例檔案 E03-02, 先選取 D2 儲存格, 在其中輸入公式 "= B2 + C2" 並計算出結果, 根據前面的說明, 這是相對參照位址。以下我們要在 D3 儲存格輸入絕對參照位址的公式 "= $B$3 + $C$3"。

STEP 01 請選取 D3 儲存格, 然後在**資料編輯列**中輸入 "=B3"。

CONVERT　×　✓　fx　=B3

	A	B	C	D	E
1		11月	12月	總銷量	
2	福特房車	1215	965	2180	
3	福特房車	1215	965	=B3	
4					
5					

STEP 02 按下 F4 鍵, B3 會切換成 $B$3 的絕對參照位址：

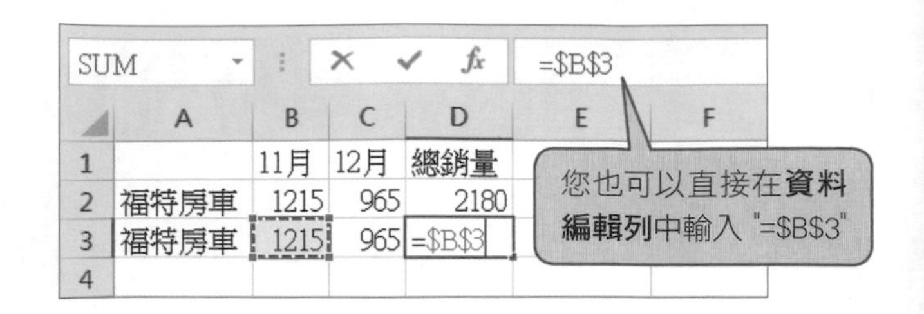

切換相對參照與絕對參照位址的快速鍵 F4

F4 鍵可循序切換儲存格位址的參照類型, 每按一次 F4 鍵, 參照位址的類型就會改變, 其切換結果如右：

F4	儲存格	參照位址 B3
第 1 次	$B$3	絕對參照
第 2 次	B$3	只有列編號是絕對位址
第 3 次	$B3	只有欄編號是絕對位址
第 4 次	B3	還原為相對參照

STEP 03 接著輸入 "+ C3", 再按下 F4 鍵將 C3 變成 $C$3, 最後按下 Enter 鍵, 公式就建立完成了：

D3 | =$B$3+$C$3 —— D3 的公式內容

	A	B	C	D	E	F
1		11月	12月	總銷量		
2	福特房車	1215	965	2180		
3	福特房車	1215	965	2180		
4						

D2 及 D3 的公式分別是由相對位址與絕對位址組成, 但兩者的計算結果卻一樣。到底它們差別在哪裡呢？請選定 D2：D3 儲存格, 拉曳填滿控點到下一欄, 將公式複製到 E2：E3 儲存格：

D2 | =B2+C2

	A	B	C	D	E	F
1		11月	12月	總銷量		
2	福特房車	1215	965	2180		
3	福特房車	1215	965	2180		
4						
5						

▶

D2 | =B2+C2

	A	B	C	D	E	F
1		11月	12月	總銷量		
2	福特房車	1215	965	2180	3145	
3	福特房車	1215	965	2180	2180	
4						
5						

計算結果不同了

■ **相對位址公式**

D2 的公式 "= B2 + C2", 使用了相對位址, 表示要計算 D2 往左找兩個儲存格 (B2、C2) 的總和, 因此當公式複製到 E2 儲存格後, 便改成從 E2 往左找兩個儲存格相加, 結果就變成 C2 和 D2 相加的結果：

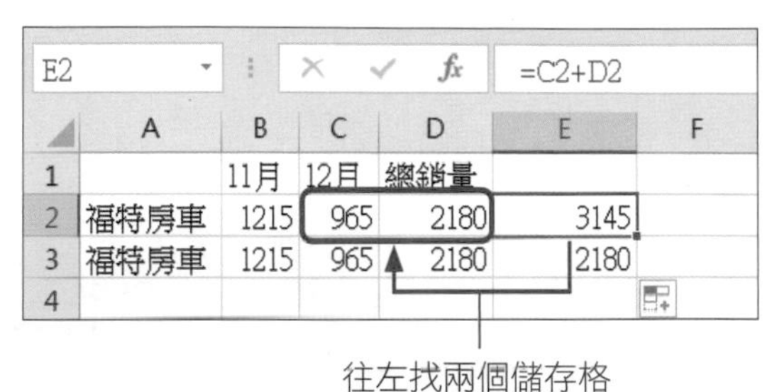

■ **絕對位址公式**

D3 的公式 "= $B$3 + $C$3", 使用了絕對位址, 因此不管公式複製到哪裡, Excel 都是找出 B3 和 C3 的值來相加, 所以 D3 和 E3 的結果都是一樣的：

還是計算 B3 和 C3 儲存格的內容

D3 =$B$3+$C$3

	A	B	C	D	E	F
1		11月	12月	總銷量		
2	福特房車	1215	965	2180	3145	
3	福特房車	1215	965	2180	2180	
4						

E3 =$B$3+$C$3

	A	B	C	D	E	F
1		11月	12月	總銷量		
2	福特房車	1215	965	2180	3145	
3	福特房車	1215	965	2180	2180	
4						

混合參照

如果在公式中同時使用相對參照與絕對參照, 這種情形稱為**混合參照**, 例如：

此公式在複製後, 絕對參照的部份 (如 $B1 的 $B) 不會變動, 而相對參照的部份則會隨情況做調整。

我們繼續沿用範例檔案 E03-02 做練習, 請依照下列步驟將 E3 儲存格中的公式改成混合參照公式 = $B3 + C3：

STEP 01 請雙按 E3 儲存格, 將插入點移至 "=" 之後, 接著按 2 次 F4 鍵, 讓 $B$3 變成 $B3。

SUM | =$B3+$C$3

	A	B	C	D	E	F
1		11月	12月	總銷量		
2	福特房車	1215	965	2180	3145	
3	福特房車	1215	965	2180	=$B3+$C$3	
4						

STEP 02 將插入點移至 "+" 之後, 按 3 次 F4 鍵將 $C$3 變成 C3, 最後按下 Enter 鍵, 公式便輸入完成。

SUM | =$B3+C3

	A	B	C	D	E	F
1		11月	12月	總銷量		
2	福特房車	1215	965	2180	3145	
3	福特房車	1215	965	2180	=$B3+C3	
4						

STEP 03 接著選定 E3 儲存格, 分別拉曳填滿控點至 F3 及 E4：

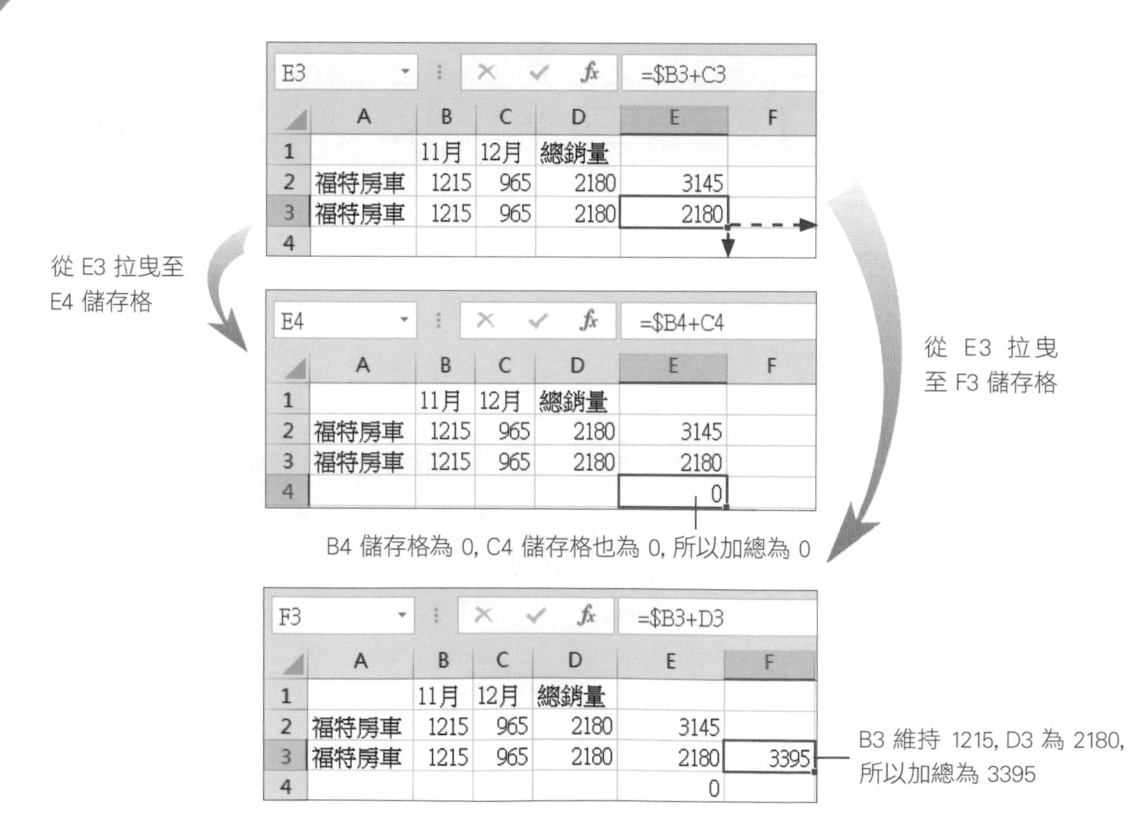
E3
=$B3+C3
從 E3 拉曳至 E4 儲存格
E4
=$B4+C4
從 E3 拉曳至 F3 儲存格
B4 儲存格為 0, C4 儲存格也為 0, 所以加總為 0
F3
=$B3+D3
B3 維持 1215, D3 為 2180, 所以加總為 3395

3-3 函數的使用方法

函數是 Excel 根據各種需要, 預先設計好的運算公式, 可讓您節省自行設計公式的時間, 底下我們就來看看如何運用 Excel 的函數。

函數的格式

每個函數都包含三個部份：**函數名稱**、**引數**和**小括號**。我們以加總函數 SUM 來說明：

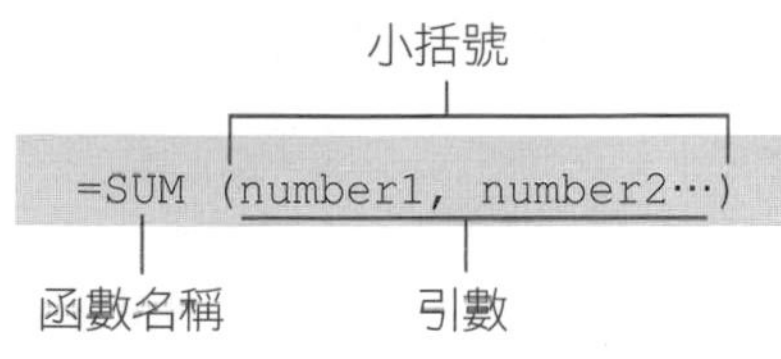

- SUM 即是**函數名稱**, 從函數名稱可大略得知函數的功能、用途。
- **小括號**用來括住引數, 有些函數雖沒有引數, 但小括號還是不可以省略。
- **引數**是函數計算時所必須使用的資料, 例如 SUM (1, 3, 5) 即表示要計算 1、3、5 三個數字的總和, 其中的 1, 3, 5 就是引數。

引數的資料類型

函數的引數不僅只有數字類型而已, 也可以是文字或以下 3 項類別：

- 位址：如 =SUM (B1, C3) 即是要計算 B1 儲存格的值 + C3 儲存格的值。
- 範圍：如 =SUM (A1：A4) 即是要加總 A1：A4 範圍的值。
- 函數：如 =SQRT (SUM (B1：B4)) 即是先求出 B1：B4 的總和後, 再開平方根的結果。

使用「函數方塊」輸入函數

函數也是公式的一種, 所以輸入函數時, 也必須以等號 "=" 起始。請開啟範例檔案 E03-03, 假設我們要在 B8 儲存格運用 SUM 函數來計算零用金的總支出。

![STEP 01] 首先選取存放計算結果的 B8 儲存格, 並在**資料編輯列**中數入等號 "="。

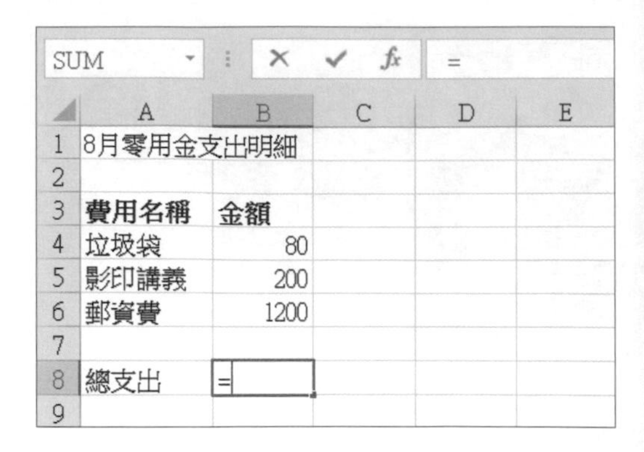

![STEP 02] **資料編輯列**左側的欄位稱為**函數方塊**, 按下**函數方塊**旁邊的下拉鈕, 在列示窗中選取 SUM, 此時會開啟**函數引數**交談窗來協助我們輸入函數:

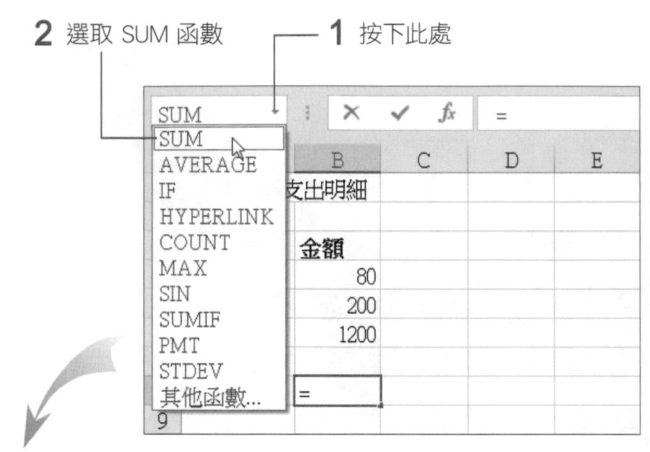

函數引數

SUM

Number1 B4:B7 = {80;200;1200;0}

Number2 = 數字

這裡會描述此函數的功能

= 1480

傳回儲存格範圍中所有數值的總和

Number1: number1,number2,... 為 1 到 255 個所要加總的數值。在所要加總的儲存格中邏輯值及文字將略過不計, 而所要加總的引數如有邏輯值及文字亦略過不計。

計算結果 = 1480

函數說明(H) 確定 取消

若按下此處, 可取得函數的進階說明

TIP **函數方塊**列示窗只會顯示最近用過的 10 個函數, 若在**函數方塊**列示窗中找不到想要的函數, 可選取**其他函數**項目開啟**插入函數**交談窗來尋找欲使用的函數。

STEP 03 再來就是要設定函數的引數。請先按下第一個引數欄 **Number 1** 右側的**摺疊**鈕 , 會自動將**函數引數**交談窗收起來, 再從工作表中選取 B4:B6 當作引數：

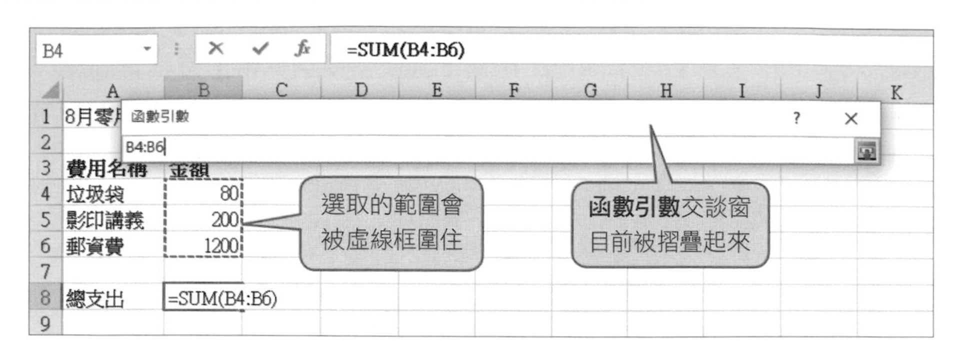

STEP 04 按一下引數欄右側的**展開**鈕 , 再度將**函數引數**交談窗展開：

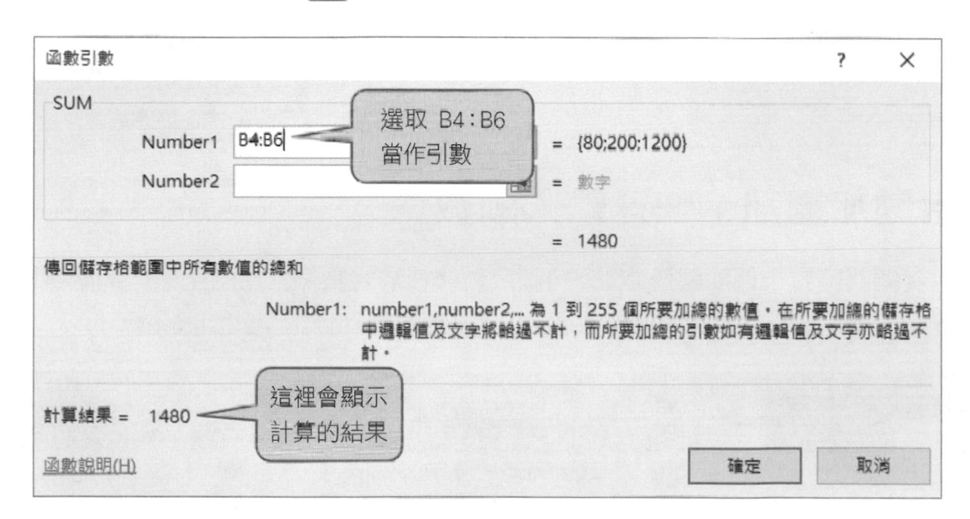

TIP 除了從工作表中選取儲存格來設定引數, 您也可以直接在引數欄中輸入引數, 省下摺疊、展開**函數引數**交談窗的麻煩。

STEP 05 按下**確定**鈕, 計算結果就會顯示在 B8 儲存格內：

B8 =SUM(B4:B6)

	A	B
1	8月零用金支出明細	
2		
3	費用名稱	金額
4	垃圾袋	80
5	影印講義	200
6	郵資費	1200
7		
8	總支出	1480
9		

剛才輸入的函數及公式

計算結果

用自動顯示的函數列表輸入函數

若已經知道要使用哪一個函數, 或是函數的名稱很長, 我們還有更方便的輸入方法。請直接在儲存格內輸入 "=", 再輸入函數的第 1 個字母, 例如 "S", 儲存格下方就會列出 S 開頭的函數, 如果還沒出現要用的函數, 再繼續輸入第 2 個字母, 例如 "U", 出現要用的函數後, 用滑鼠雙按函數就會自動輸入儲存格了：

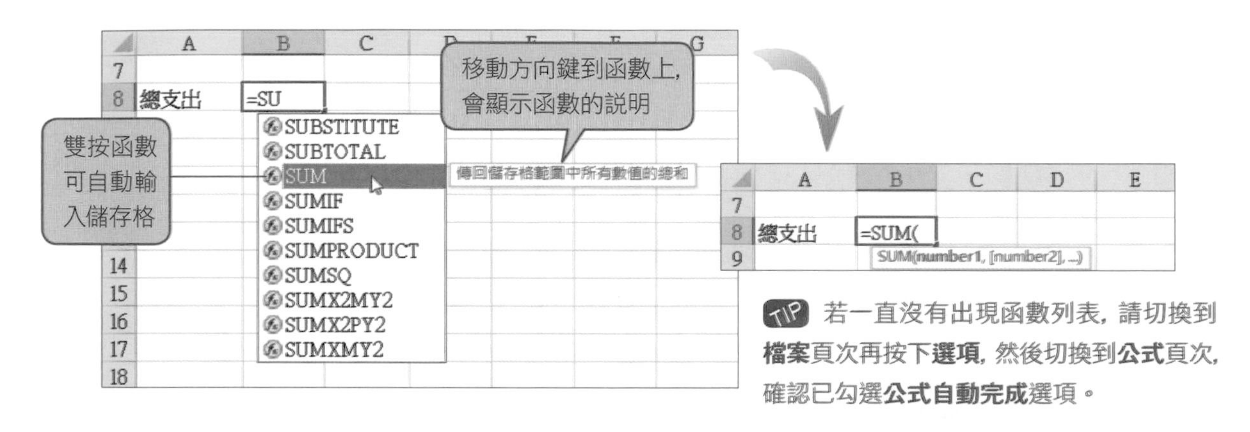

TIP 若一直沒有出現函數列表, 請切換到**檔案**頁次再按下**選項**, 然後切換到**公式**頁次, 確認已勾選**公式自動完成**選項。

利用「自動加總鈕」快速輸入函數

在**常用**頁次**編輯**區有一個**加總**鈕 Σ▾, 可讓我們快速輸入數個常用的函數。例如選取 B8 儲存格, 並按下 Σ▾ 鈕時, 便會自動插入 SUM 函數, 而且連引數都自動幫我們設定好了：

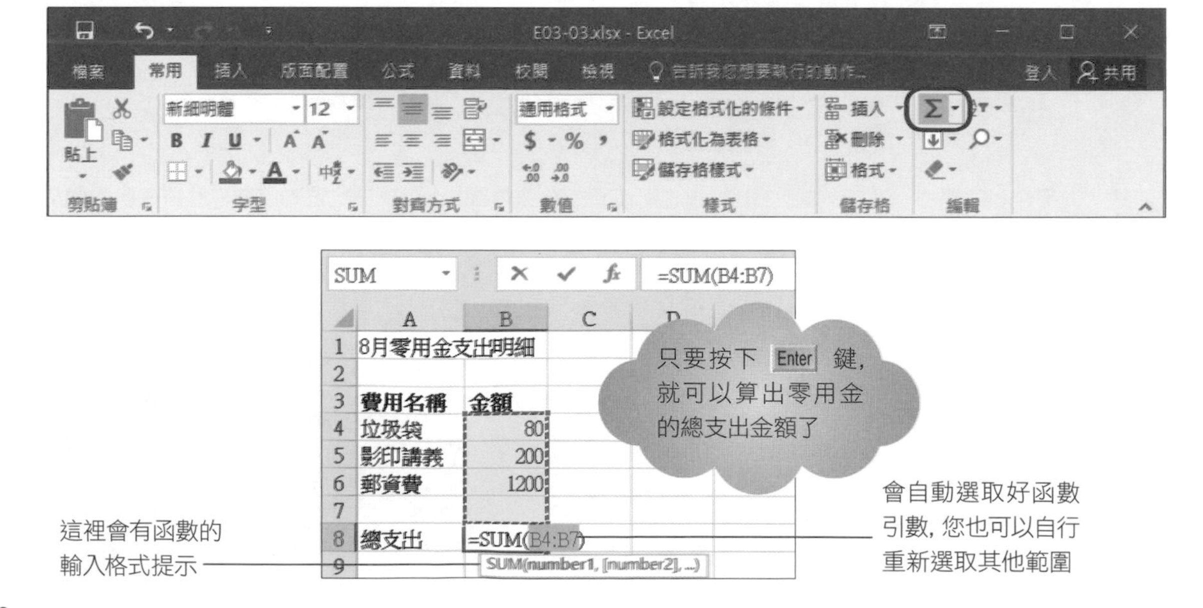

除了加總功能之外, Σ▾ 還提供數種常用的函數供我們選擇使用, 只要按下 Σ▾ 鈕旁邊的下拉鈕, 即可選擇要進行的計算：

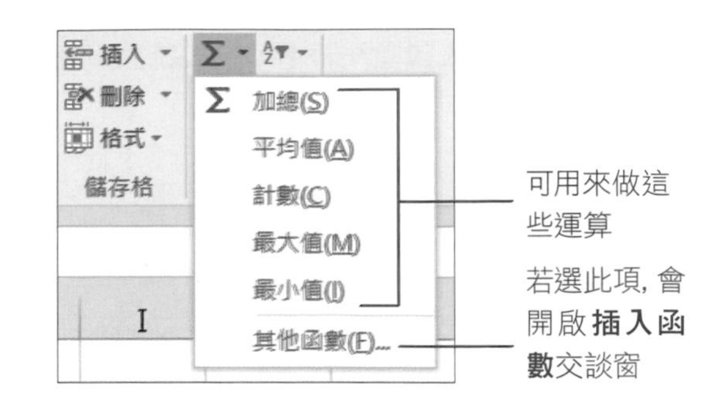

開啟「插入函數」交談窗輸入需要的函數

插入函數交談窗是 Excel 函數的大本營, 當您在**函數方塊**列示窗中找不到需要的函數時, 就可從這裡來輸入函數。請開啟範例檔案 E03-04, 現在我們要練習透過**插入函數**交談窗來輸入函數, 列出麵包店各家門市的營業額排名。

STEP 01 請選取 C4 儲存格, 然後按下**資料編輯列**上的**插入函數**鈕 *fx*, 你會發現**資料編輯列**自動輸入等號 "=", 同時自動開啟了**插入函數**交談窗：

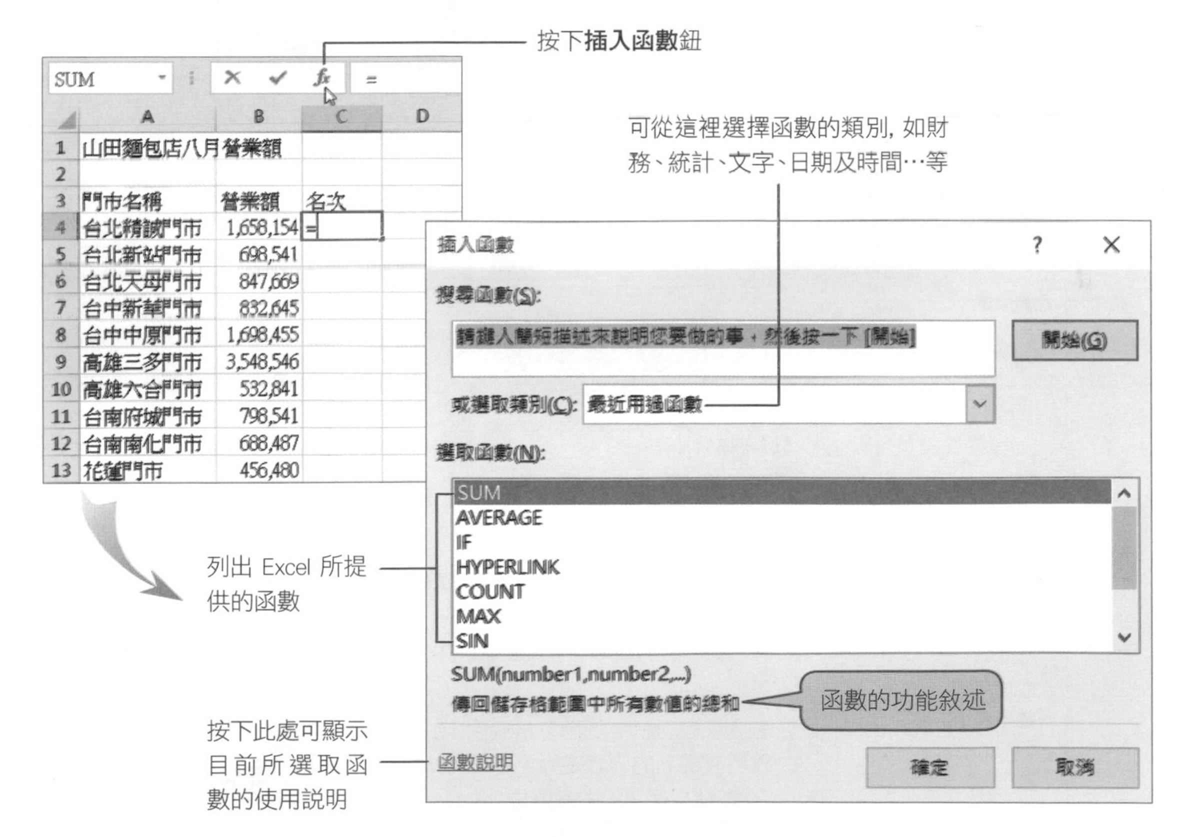

STEP 02 接著從**插入函數**交談窗中選取**統計**類別, 再選取 RANK.EQ 函數, 進行門市營業額的排名:

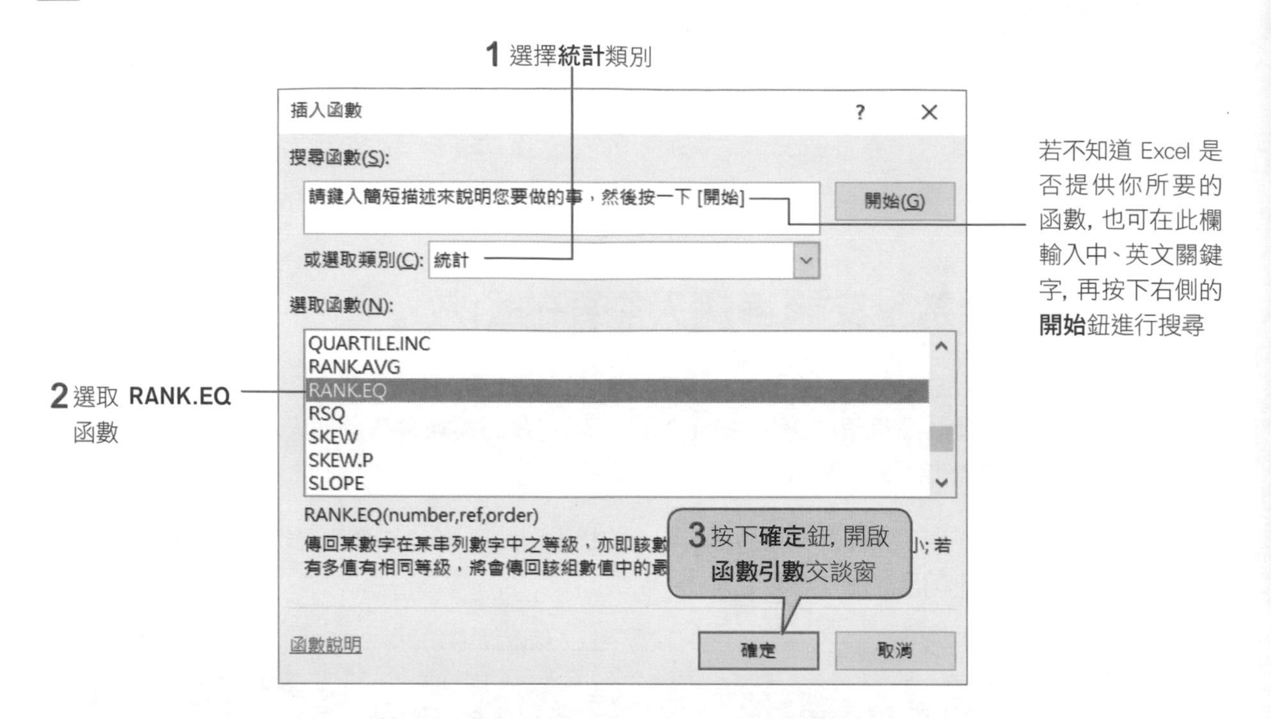

STEP 03 開啟**函數引數**交談窗後, 如下圖輸入各引數的內容:

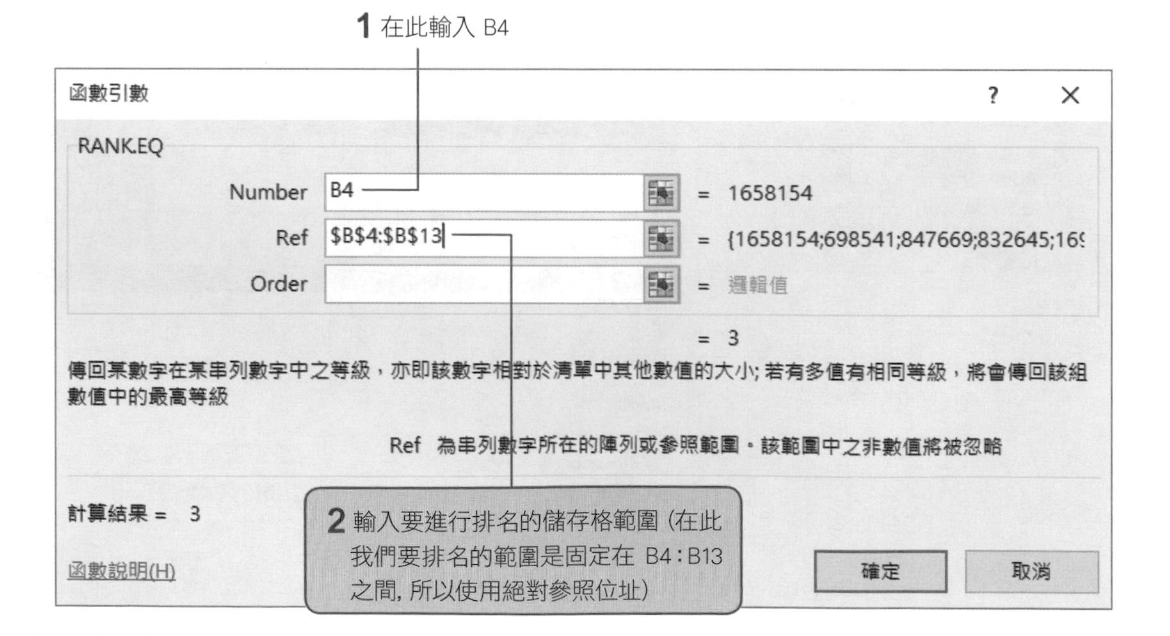

STEP 04 按下**確定**鈕即可得到計算結果。

C4 =RANK.EQ(B4,$B$4:$B$13)

	A	B	C	D	E	F
1	山田麵包店八月營業額					
2						
3	門市名稱	營業額	名次			
4	台北精誠門市	1,658,154	3			
5	台北新站門市	698,541				

計算出 "台北精誠門市" 的營業額是所有門市的第 3 名

STEP 05 請選取 C4 儲存格, 並拉曳其填滿控點到 C13 儲存格。

C4 =RANK.EQ(B4,$B$4:$B$13)

	A	B	C	D	E	F
1	山田麵包店八月營業額					
2						
3	門市名稱	營業額	名次			
4	台北精誠門市	1,658,154	3			
5	台北新站門市	698,541	7			
6	台北天母門市	847,669	4			
7	台中新華門市	832,645	5			
8	台中中原門市	1,698,455	2			
9	高雄三多門市	3,548,546	1			
10	高雄六合門市	532,841	9			
11	台南府城門市	798,541	6			
12	台南南化門市	688,487	8			
13	花蓮門市	456,480	10			
14						

計算出所有門市的營業額排名

TIP 若想變更函數引數設定, 請選取函數所在的儲存格, 然後按下**插入函數**鈕 *fx*, 展開**函數引數**交談窗來重新設定引數。

RANK.EQ 與 RANK.AVG 函數的差異

用來算排名的函數有 **RANK.EQ** 和 **RANK.AVG** 兩個, 而在 Excel 2007 (或之前) 版本則只有 **RANK** 函數。

這 3 個函數都可用來排序, 差異是在遇到相同數值時的處理方法不同。RANK.AVG 會傳回等級的平均值；RANK.EQ 則會傳回最高等級；RANK 則是 Excel 2007 之前版本的函數, 在 Excel 2013/2016 仍可使用, 其作用與 RANK.EQ 相同。

排序內容	RANK.AVG	RANK.EQ	RANK
200	2	2	2
100	3.5	3	3
100	3.5	3	3
500	1	1	1
80	5	5	5

結果與 RANK.EQ 相同

傳回 3、4 的平均等級 3.5

傳回最高等級, 所以會有 2 個 3, 沒有 4

3-4 函數綜合練習－依年資計算獎金

學會插入函數之後，我們來做個綜合練習，讓你對函數有更進一步的了解。假設我們要依年資來計算中秋節發放的獎金，年資未滿 1 年的員工沒有獎金，滿 1 年以上未滿 3 年則發放 5,000 元獎金，滿 3 年以上則發給 8,000 元獎金。

請開啟範例檔案 E03-05，再跟著以下的說明練習操作。

	A	B	C	D	E
1	員工姓名	到職日	獎金計算基準日	年資	獎金
2	蔣文文	2003/5/5	2015/11/15		
3	宋元清	2008/8/10			
4	王力偉	2009/3/16			
5	張小涵	2006/1/17			
6	許孟棋	2007/6/20			
7	陳美惠	2007/4/23			
8	江不凡	2015/5/3			
9	黃明明	2015/11/9			
10	丁小梅	2005/7/10			
11	林大偉	2005/3/7			

STEP 01 首先要進行年資的計算，請先選取 D2 儲存格，在此要使用 DATEDIF 這個函數來計算兩個日期之間的年數、月數或天數，其格式如下：

```
=DATEDIF (開始日期, 結束日期, 差距單位參數)
```

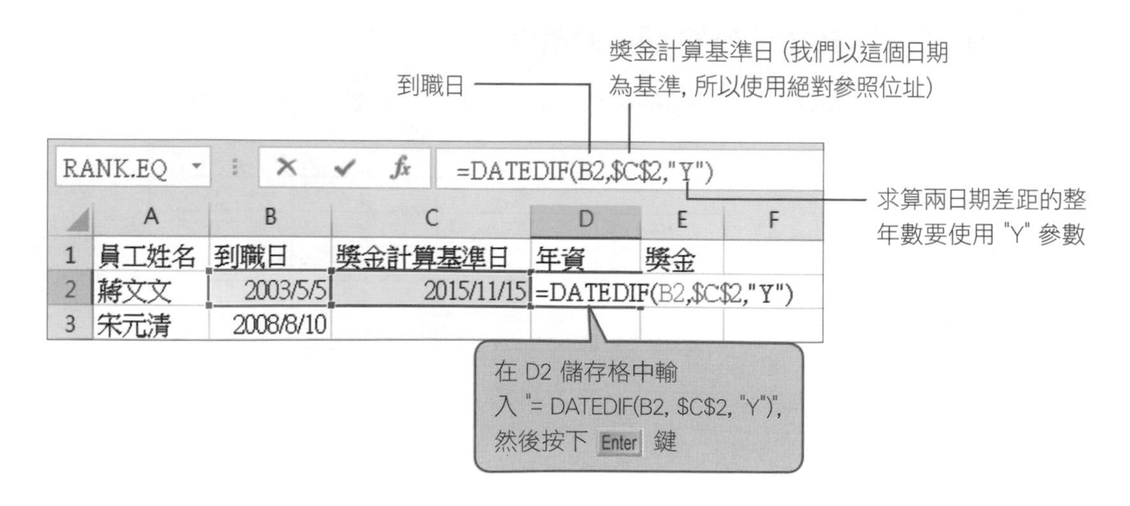

DATEDIF 的差距單位參數

在 DATEDIF 函數中，可依據想要計算的結果，搭配使用各種差距單位參數，您可以參考如右的列表。

參數	傳回的值
"Y"	兩日期差距的整年數，亦即 "滿幾年"
"M"	兩日期差距的整月數，亦即 "滿幾個月"
"D"	兩日期差距的整日數，亦即 "滿幾天"
"YM"	兩日期之間的月數差距，忽略日期中的年和日
"YD"	兩日期之間的天數差距，忽略日期中的年
"MD"	兩日期之間的天數差距，忽略日期中的年和月

我們再以右表的實際計算結果，幫助您理解參數的差異：

計算日期	基準日	公式	結果
2005/5/5 儲存格位址 A1	2010/10/5 儲存格位址 B1	=DATEDIF(A1,B1,"Y")	5
		=DATEDIF(A1,B1,"M")	65
		=DATEDIF(A1,B1,"D")	1979
		=DATEDIF(A1,B1,"YM")	5
		=DATEDIF(A1,B1,"YD")	153
		=DATEDIF(A1,B1,"MD")	0

STEP 02 計算出 "蔣文文" 的年資後，請選取 D2 儲存格，然後拉曳填滿控點至 D11 儲存格，即可算出所有員工的年資。

D2 =DATEDIF(B2,$C$2,"Y")

	A	B	C	D	E
1	員工姓名	到職日	獎金計算基準日	年資	獎金
2	蔣文文	2003/5/5	2015/11/15	12	
3	宋元清	2008/8/10		7	
4	王力偉	2009/3/16		6	
5	張小涵	2006/1/17		9	
6	許孟棋	2007/6/20		8	
7	陳美惠	2007/4/23		8	
8	江不凡	2015/5/3		0	
9	黃明明	2015/11/9		0	
10	丁小梅	2005/7/10		10	
11	林大偉	2005/3/7		10	
12					

當年資為 0 時，表示未滿一年

STEP 03 計算出年資後，就可以依年資來計算獎金，我們要用 IF 函數來判斷應發放的獎金。IF 函數可判斷條件是否成立，如果所傳回的值為 TRUE 時，就執行條件成立時的作業，反之則執行條件不成立時的作業。

```
=IF（判斷式，條件成立時的作業，條件不成立時的作業）
```

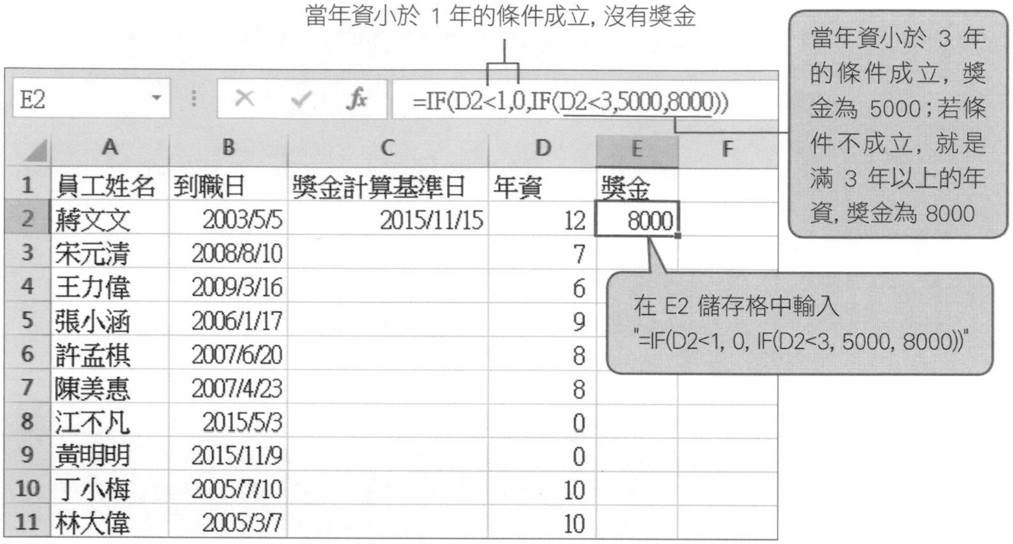

當年資小於 1 年的條件成立，沒有獎金

當年資小於 3 年的條件成立，獎金為 5000；若條件不成立，就是滿 3 年以上的年資，獎金為 8000

在 E2 儲存格中輸入 "=IF(D2<1, 0, IF(D2<3, 5000, 8000))"

E2　=IF(D2<1,0,IF(D2<3,5000,8000))

	A	B	C	D	E	F
1	員工姓名	到職日	獎金計算基準日	年資	獎金	
2	蔣文文	2003/5/5	2015/11/15	12	8000	
3	宋元清	2008/8/10		7		
4	王力偉	2009/3/16		6		
5	張小涵	2006/1/17		9		
6	許孟棋	2007/6/20		8		
7	陳美惠	2007/4/23		8		
8	江不凡	2015/5/3		0		
9	黃明明	2015/11/9		0		
10	丁小梅	2005/7/10		10		
11	林大偉	2005/3/7		10		

STEP 04 計算好 "蔣文文" 的獎金後，請將 E2 儲存格的填滿控點拉曳到 E11 儲存格，即可算出所有人的獎金。

	A	B	C	D	E	F
1	員工姓名	到職日	獎金計算基準日	年資	獎金	
2	蔣文文	2003/5/5	2015/11/15	12	8000	
3	宋元清	2008/8/10		7	8000	
4	王力偉	2009/3/16		6	8000	
5	張小涵	2006/1/17		9	8000	
6	許孟棋	2007/6/20		8	8000	
7	陳美惠	2007/4/23		8	8000	
8	江不凡	2015/5/3		0	0	
9	黃明明	2015/11/9		0	0	
10	丁小梅	2005/7/10		10	8000	
11	林大偉	2005/3/7		10	8000	
12						

3-5 不需輸入公式也能得知計算結果

這一節要介紹一個超實用的**自動計算**功能，讓您不需輸入任何公式或函數的情況下，也能快速得到運算結果，其可計算的項目包括總合、平均值、最大值、最小值…等常用的類別。

請接續使用範例檔案 E03-05 來操作，只要選取 E2：E11 儲存格，馬上就會在狀態列中看到計算結果：

	A	B	C	D	E	F
1	員工姓名	到職日	獎金計算基準日	年資	獎金	
2	蔣文文	2003/5/5	2015/11/15	12	8000	
3	宋元清	2008/8/10		7	8000	
4	王力偉	2009/3/16		6	8000	
5	張小涵	2006/1/17		9	8000	
6	許孟棋	2007/6/20		8	8000	
7	陳美惠	2007/4/23		8	8000	
8	江不凡	2015/5/3		0	0	
9	黃明明	2015/11/9		0	0	
10	丁小梅	2005/7/10		10	8000	
11	林大偉	2005/3/7		10	8000	
12						

工作表1

就緒　平均值: 6400　項目個數: 10　加總: 64000

1 選取 E2：E11 範圍

2 狀態列會自動算出此次獎金發放的總金額、平均值等計算結果

自動計算功能不僅會計算總和、平均值、項目個數，還可以計算最大值、最小值、數字計數等。若要變更目前計算的項目，可如圖操作：

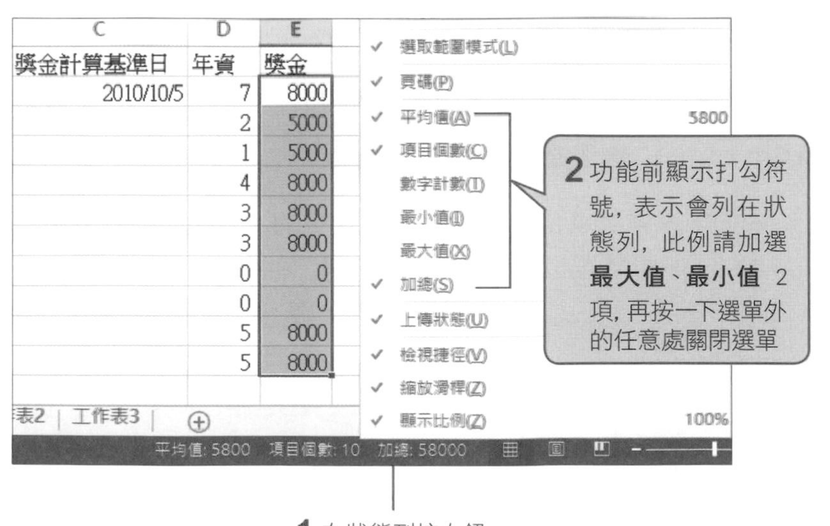

2 功能前顯示打勾符號，表示會列在狀態列，此例請加選**最大值**、**最小值** 2 項，再按一下選單外的任意處關閉選單

1 在狀態列按右鈕

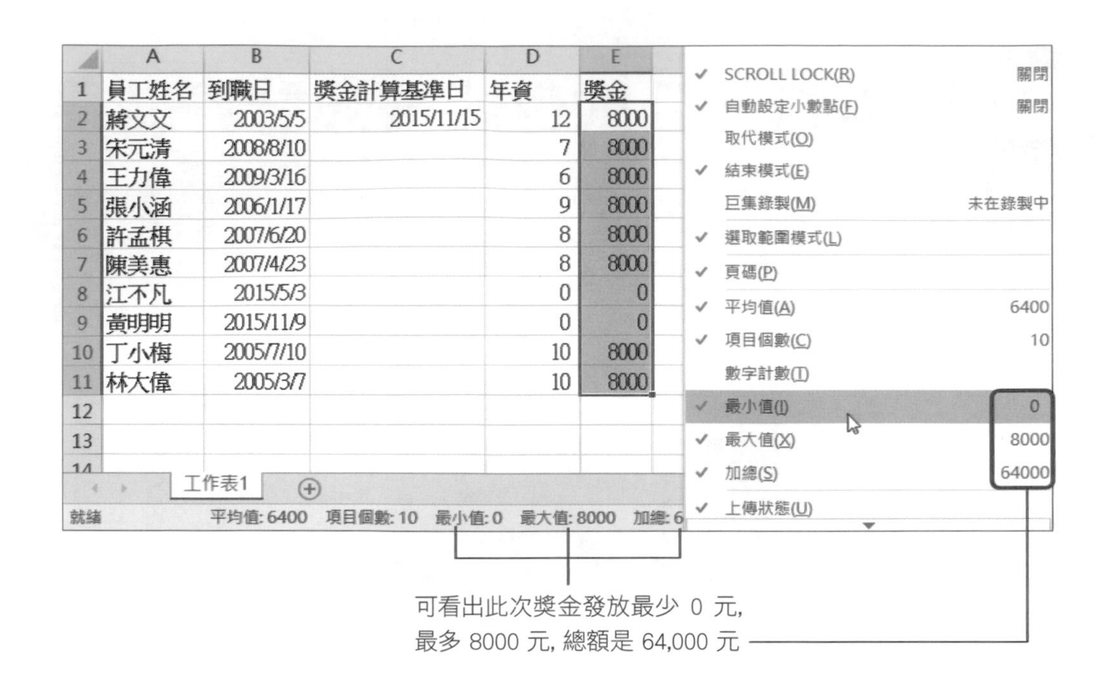

可看出此次獎金發放最少 0 元,
最多 8000 元, 總額是 64,000 元

以下說明**自動計算**各項目的作用, 提供您日後計算時參考：

- **平均值**：計算選取範圍的平均值。
- **項目個數**：計算選取範圍有幾個非空白的儲存格。
- **數字計數**：計算選取範圍內資料為數值的儲存格個數。
- **最小值**：找出選取範圍中最小的數字資料。
- **最大值**：找出選取範圍中最大的數字資料。
- **加總**：計算選取範圍內所有數值的總和。

經過了本章的練習, 相信您對 Excel 的計算功能已有了初步的認識, 尤其 Excel 的函數數量非常多, 能應用在許多財會、統計、數學的計算上。

工作表的編輯作業

4

- 複製儲存格資料
- 搬移儲存格資料
- 複製與搬移對公式的影響
- 選擇性貼上－複製儲存格屬性
- 儲存格的新增、刪除與清除
- 工作表的選取、搬移與複製
- 調整工作表的顯示比例

4-1 複製儲存格資料

當工作表中要重複使用相同的資料時, 可將儲存格的內容複製到要使用的目的位置, 節省一一輸入的時間。這一節我們要分別介紹利用工具鈕及滑鼠拉曳複製資料的操作步驟。

使用工具鈕複製資料

先來說明用工具鈕複製儲存格資料的操作。請開啟範例檔案 E04-01, 在這個範例中, 一月份的**總計**已在 G5 儲存格建立好了, 公式為 "=SUM(C5：F5)"。由於各月份**總計**欄的計算方法都是一樣的, 因此我們要用複製、貼上的方法, 將 G5 的公式複製到 G9：G11 儲存格, 計算出四到六月的總計。

STEP 01 請選取 G5 儲存格, 然後切換到**常用**頁次, 按下**剪貼簿**區的**複製**鈕 , 以複製來源資料：

檔案 常用 插入 版面配置 公式 資料 校閱 檢視 告訴我您想要執行

剪貼簿 字型 對齊方式

按下此鈕

G5 =SUM(C5:F5)

	A	B	C	D	E	F	G	H
1	零用錢支出統計表							
2								
3	季別	月份	飲食費	交通費	娛樂費	其他	總計	
4	第一季							
5		一月	3200	1200	3520	890	8810	
6		二月	3800	890	2530	1200	8420	
7		三月	3360	1230	2980	650	8220	
8	第二季							
9		四月	3550	1080	2240	1090		
10		五月	3970	1350	2810	550		
11		六月	3440	1110	1980	870		
12								

來源資料會被虛線框包圍

STEP 02 接著選取要貼上的區域 G9：G11，然後按下**常用**頁次**剪貼簿**區的**貼上**鈕，將來源資料貼上：

由於 G5 儲存格的公式使用相對參照位址，因此複製到 G9：G11 後，公式參照的位址會隨著位置調整，所以 G9、G10 及 G11 的公式分別如下：

```
G9 = SUM (C9 : F9)
G10 = SUM (C10 : F10)
G11 = SUM (C11 : F11)
```

資料複製到貼上區域後，來源資料的虛線框仍然存在，所以可再選取其它要貼上的區域繼續複製。若複製工作已完成，請按下 Esc 鍵或執行其它命令來取消虛線框。

此外, 為您補充選取區域貼上時, 2 種不同的選取方法：

- 貼上時若只選取一個儲存格, Excel 會以此儲存格做為貼上區域的左上角, 並依據您所選取來源資料的範圍決定貼上區域大小。
- 當您選取的貼上區域和來源範圍大小相同, 即來源資料的範圍多大, 就選定多大的區域貼上。

用滑鼠拉曳複製資料

我們也可以改用滑鼠拉曳的方式來複製儲存格資料。接續上例, 我們將 A8 儲存格的資料複製到 A12 儲存格：

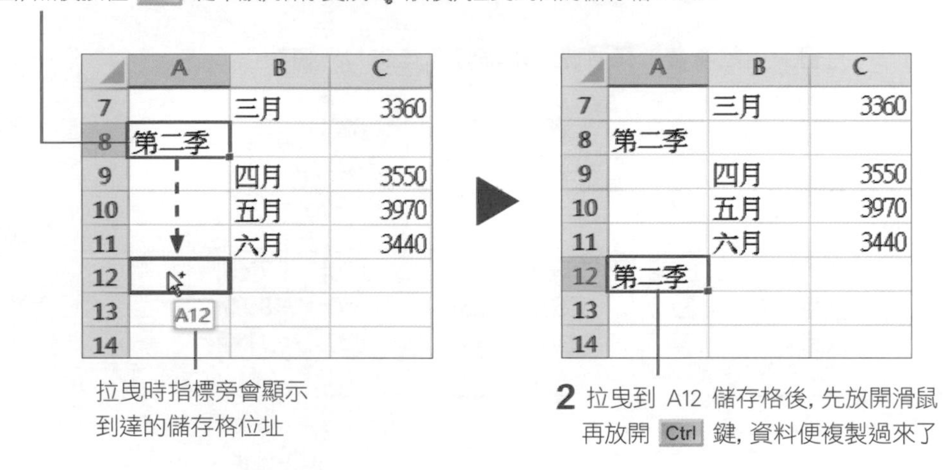

插入複製的資料

如果貼上區域已有資料存在, 我們直接將複製的資料貼上去, 會蓋掉貼上區域中原有的資料。想保留原有資料的話, 可將儲存格改以插入的方式複製。

請將範例檔案 E04-01 切換至**工作表 2**, 假設我們想將 A4 儲存格複製到 B4 儲存格, 但又要保留 B4 原有的內容, 可如下操作：

STEP 01 選取來源資料儲存格 A4, 然後按下 Ctrl + C 鍵或是按下**剪貼簿**區的**複製**鈕 複製來源資料。

	A	B	C
1	基金投資統計表 (單位:5000)		
2			
3	一月	二月	三月
4	永勝科技	富益投信	
5	貝德能源		
6			

STEP 02 選定目的儲存格 B4, 切換到**常用**頁次再如圖操作:

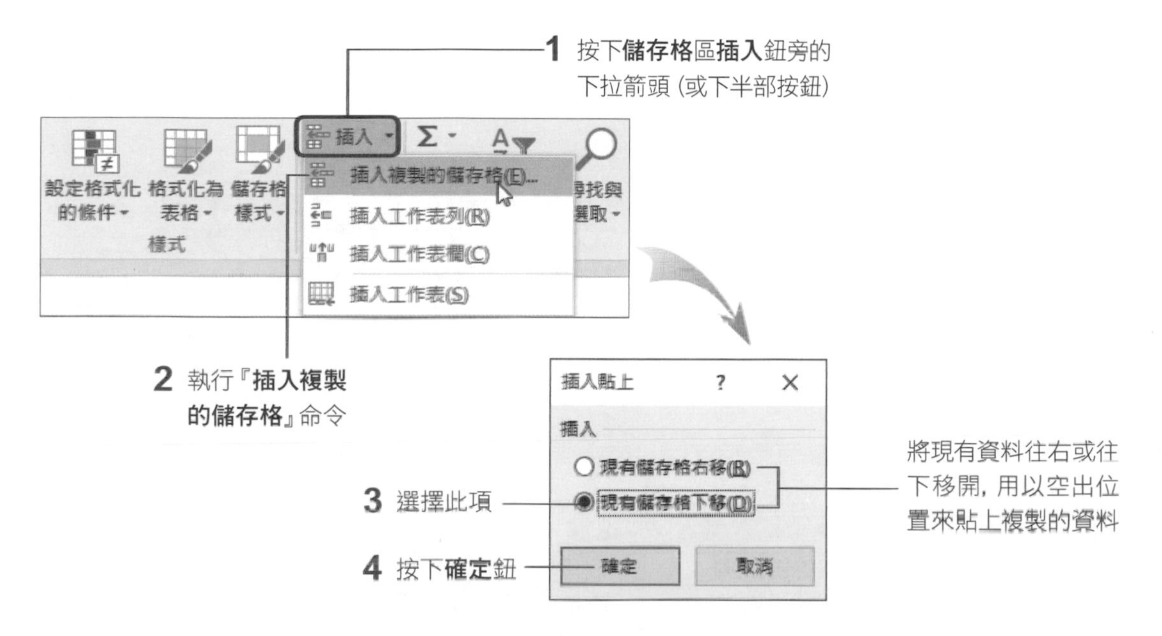

STEP 03 原有的資料 "富益投信" 會往下移一格, 而 A4 儲存格的 "永勝科技" 會複製到 B4 儲存格。

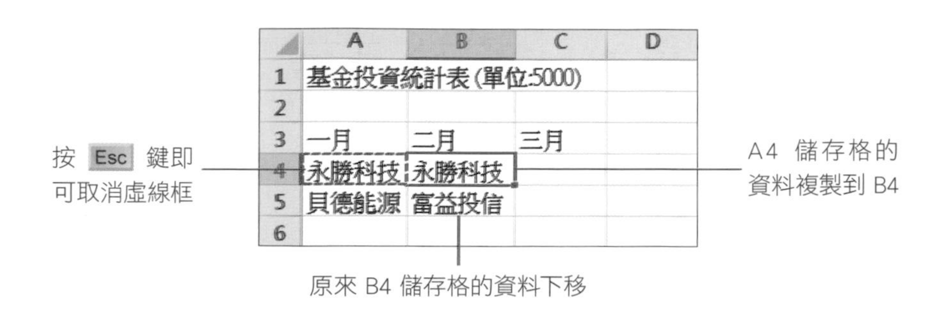

TIP 選取來源儲存格後, 將指標移至粗框線上, 按住 Ctrl + Shift 鍵不放再開始拉曳, 可直接插入複製的資料。

4-2 搬移儲存格資料

搬移儲存格資料, 就是將資料移到另一個儲存格放置, 當資料放錯儲存格, 或要調整位置時, 皆可用「搬移」的方式來修正。這一節我們同樣要介紹以工具鈕、滑鼠拉曳, 以及插入搬移等 3 種方法。

使用工具鈕搬移資料

以下介紹使用工具鈕搬移資料的方法。請開啟範例檔案 E04-02, 假設我們要將 A3：D3 的資料搬到第 5 列。

STEP 01 首先選取欲搬移的來源資料 A3：D3, 然後切換到**常用**頁次, 按下**剪貼簿**區的**剪下**鈕, 剪下來源資料：

	A	B	C	D	E
1	姓名	交通費	課輔費	雜費	
2	梁秀芸	800	3600	500	
3	沈欣慈	800	1800	300	
4	趙日翔	800	2600	600	
5					

被剪下的資料會出現虛線框

STEP 02 選取 A5 儲存格, 然後按下**剪貼簿**區的**貼上**鈕, 將來源資料搬到選取的區域：

	A	B	C	D	E
1	姓名	交通費	課輔費	雜費	
2	梁秀芸	800	3600	500	
3					
4	趙日翔	800	2600	600	
5	沈欣慈	800	1800	300	
6					

來源會變成空白

資料搬到此處

用滑鼠拉曳搬移資料

用滑鼠拉曳的方式, 同樣也可以搬移資料。接續上例, 我們將儲存格 A2：D2 的資料搬到第 6 列：

1 選取儲存格 A2:D2, 並將指標移到粗框上 (不要放在填滿控點上)

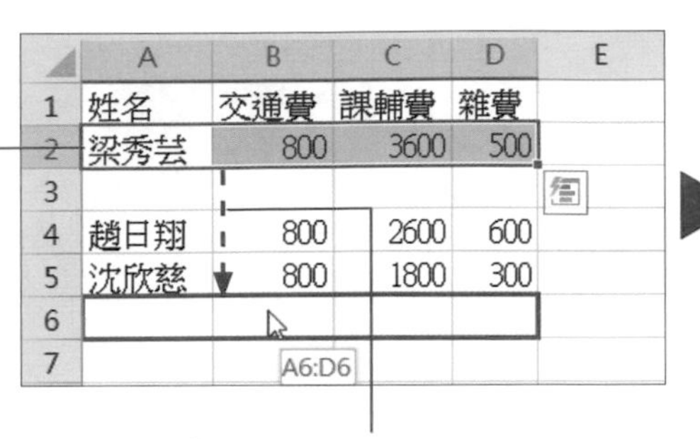

2 拉曳至 A6 儲存格後放開滑鼠

	A	B	C	D	E
1	姓名	交通費	課輔費	雜費	
2					
3					
4	趙日翔	800	2600	600	
5	沈欣慈	800	1800	300	
6	梁秀芸	800	3600	500	
7					

來源會變成空白

插入搬移的資料

若貼上區域已存有資料, 為了避免原有的資料被覆蓋掉, 可改用插入的方式來貼上。請接續上例, 假設 "梁秀芸" 和 "沈欣慈" 這兩組資料的位置要對調, 我們就用插入搬移資料的方式來修正:

STEP 01 選取欲搬移的範圍 A6:D6, 然後按下 Ctrl + X 鍵剪下資料。接著選取 A5 儲存格, 然後切換到**常用**頁次, 由**儲存格**區的**插入**鈕選擇貼上的方式:

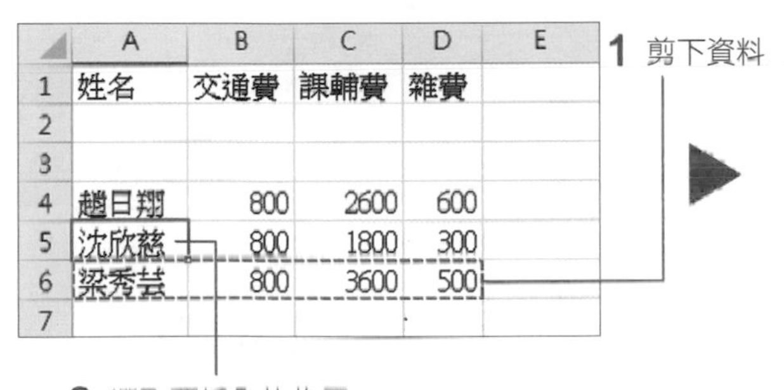

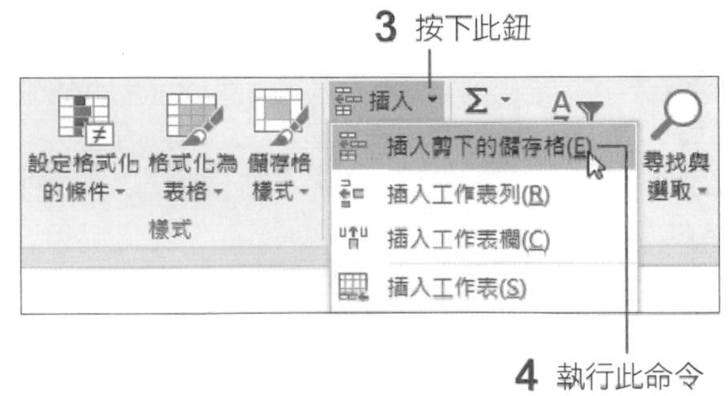

STEP 02 來源資料已插入 A5:D5 儲存格區域, 而原來的資料往下移了。

	A	B	C	D	E
1	姓名	交通費	課輔費	雜費	
2					
3					
4	趙日翔	800	2600	600	
5	梁秀芸	800	3600	500	
6	沈欣慈	800	1800	300	
7					

TIP 選取欲搬移的儲存格或範圍之後, 按住 Shift 鍵再開始拉曳, 同樣可插入搬移的資料。

4-3 複製與搬移對公式的影響

前兩節我們談了許多複製與搬移儲存格資料的技巧, 當複製或搬移單純的文字、數字資料時還算簡單, 但若是搬移、複製含有公式的儲存格時, 需注意對公式的影響。

複製公式的注意事項

將公式複製到貼上區域後, Excel 會自動將貼上區域的公式調整為該區域相關的相對位址, 因此如果複製的公式仍然要參照到原來的儲存格位址, 該公式應該使用絕對位址。以下請開啟範例檔案 E04-03 來練習：

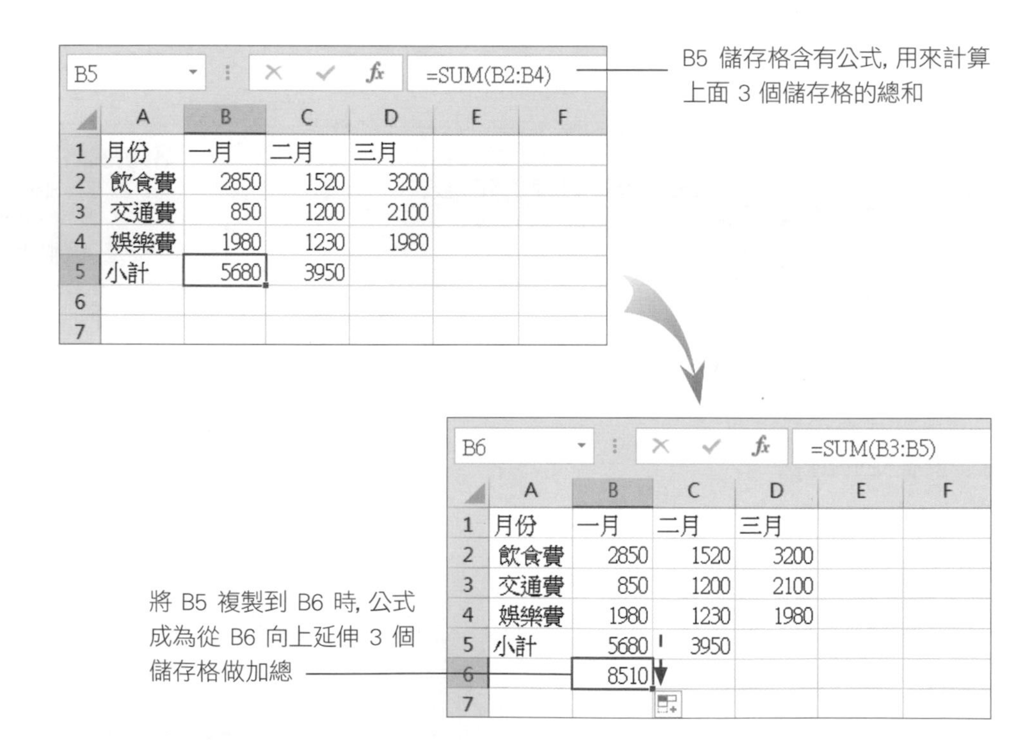

搬移公式的注意事項

若搬移的儲存格資料與公式有關，請特別注意下列幾點：

- 假如搬移的是公式，則公式中的位址並不會隨著貼上區域的位置調整，所以公式仍會參照到原來的儲存格位址。

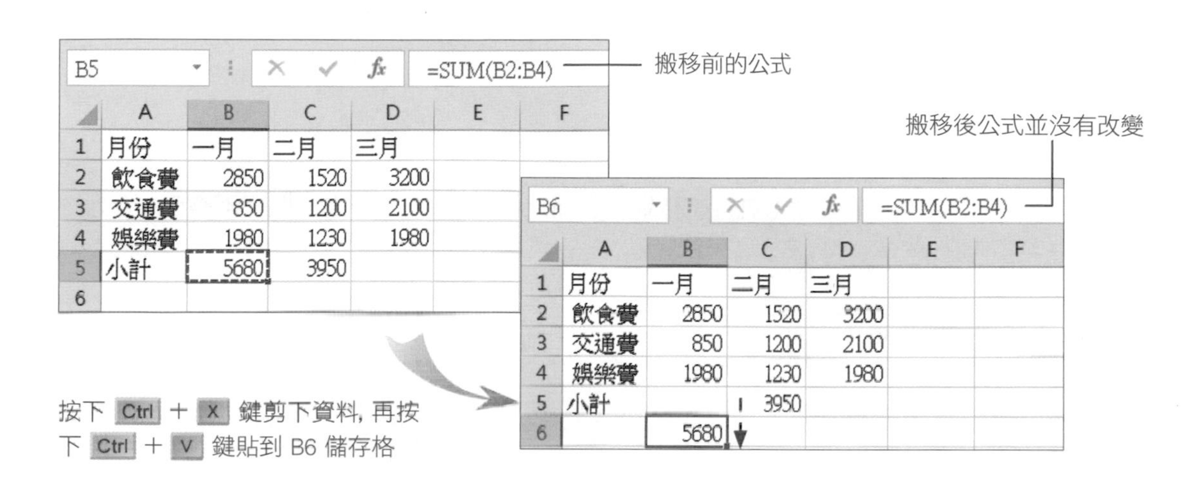

- 在公式參照的儲存格範圍中，若僅搬移其中一個儲存格，其公式參照的儲存格範圍不變：

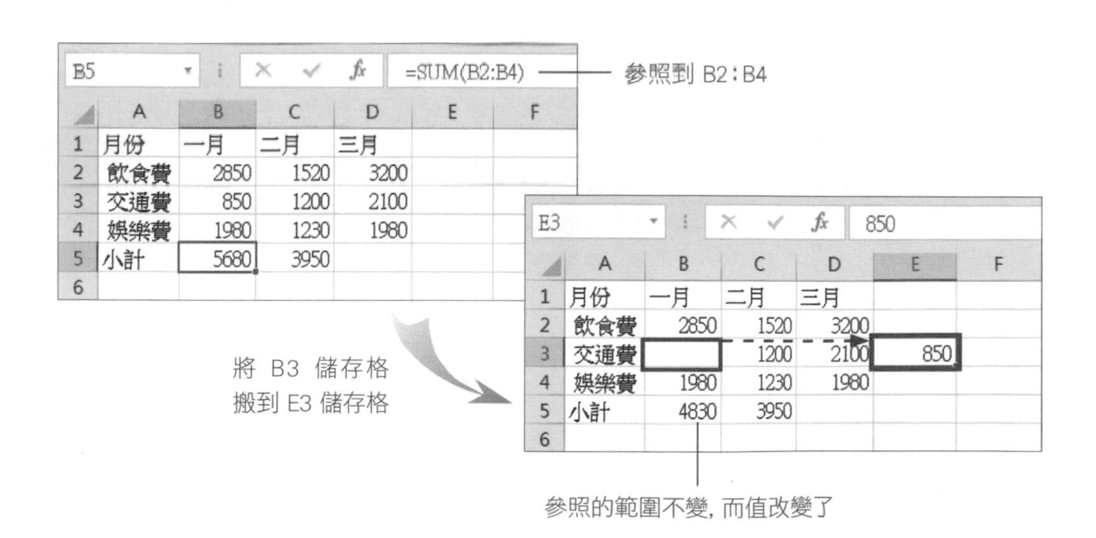

■ 若將公式參照的範圍整個搬移到別處，則公式的參照會跟著調整至新位址：

B5 =SUM(E2:E4) —— 公式變了，但值不變

	A	B	C	D	E	F
1	月份	一月	二月	三月		
2	飲食費		1520	3200	2850	
3	交通費		1200	2100	850	
4	娛樂費		1230	1980	1980	
5	小計	5680	3950			
6						

將 B2:B4 搬移到 E2:E4

■ 如果公式參照範圍內的儲存格資料被移到其它儲存格中，則公式會自動跟著調整到新位址：

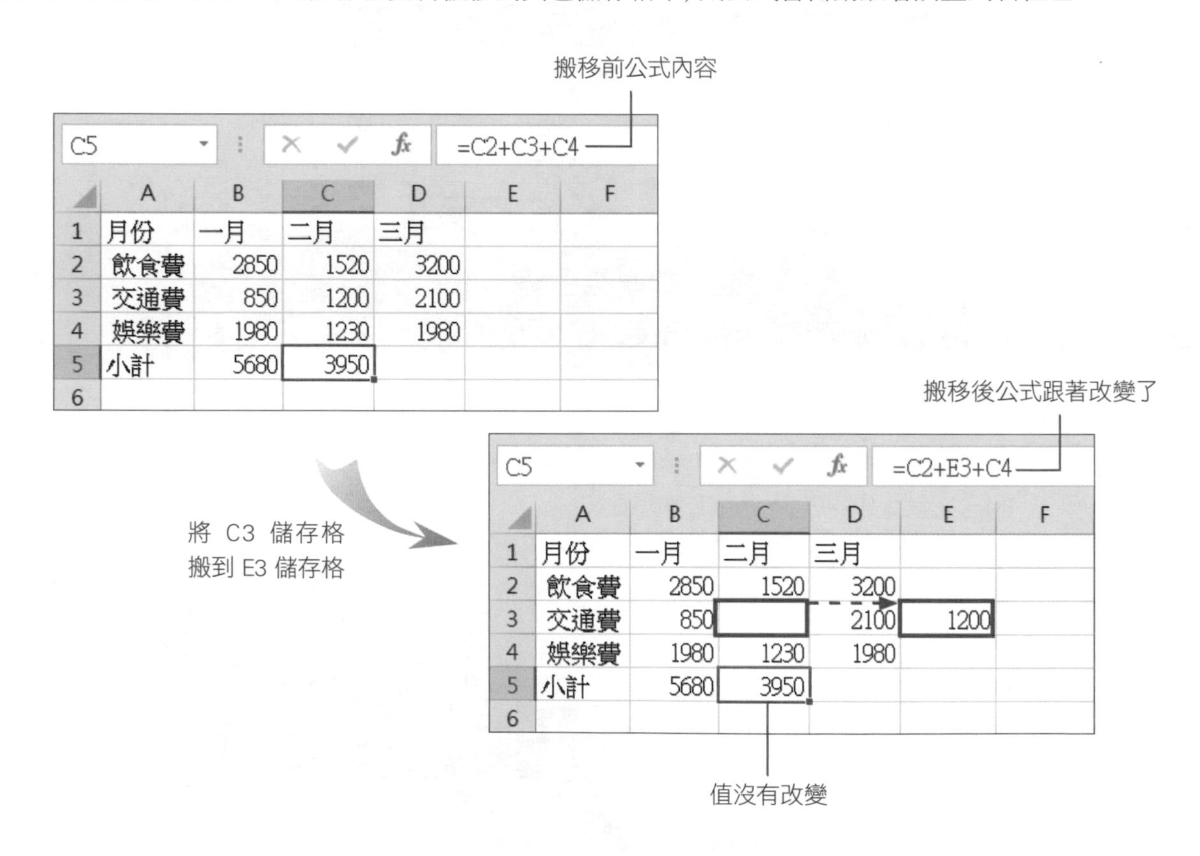

由於可能會有以上的種種情形，所以搬移儲存格資料後應該再次確認公式參照範圍中的位置是否正確，以免發生錯誤。

4-4 選擇性貼上－複製儲存格屬性

儲存格裡含有多種資料, 例如用來建立公式的儲存格, 其中就包含有公式和計算的結果；而儲存格也可以只包含單純的文字或數字資料, 這些通稱為儲存格的**屬性**。

複製儲存格屬性

請開啟範例檔案 E04-04, 以下我們使用此範例來做練習。在此要將**工作表 1** 中 D2 儲存格的「公式」及「值」兩種屬性, 分別複製到 E2 及 E3 儲存格：

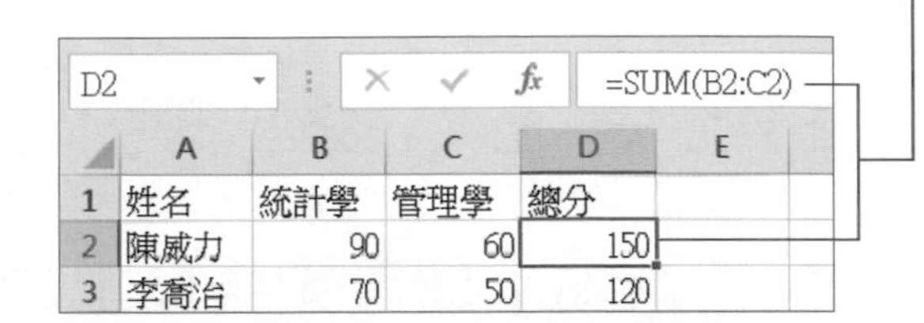

STEP 01 請先選取來源資料儲存格 D2, 並切換到**常用**頁次, 按下**剪貼簿**區的**複製**鈕, 這個動作會複製 D2 的所有屬性。

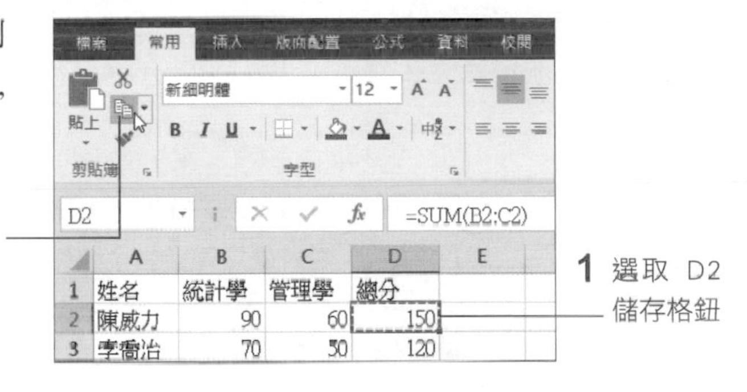

STEP 02 選取 E2 儲存格, 然後按下**剪貼簿**區**貼上**鈕的下拉選單中選取**公式**鈕, 表示將會貼上**公式**屬性：

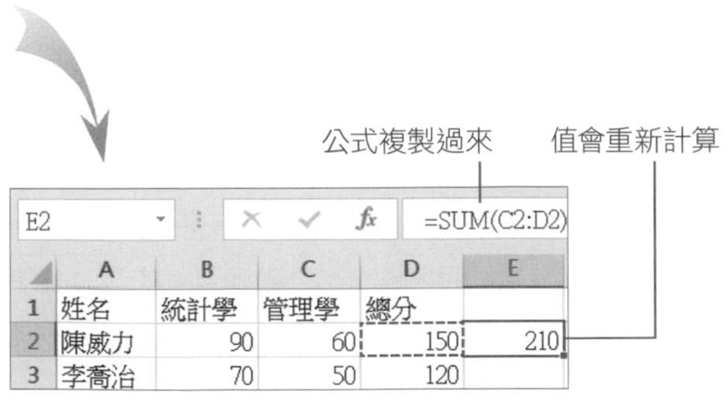

STEP 03 接著選取 E3 儲存格, 再次按下**貼上**鈕下半部, 從選單中改選擇**值** ，這次要貼上的是**值**這個屬性:

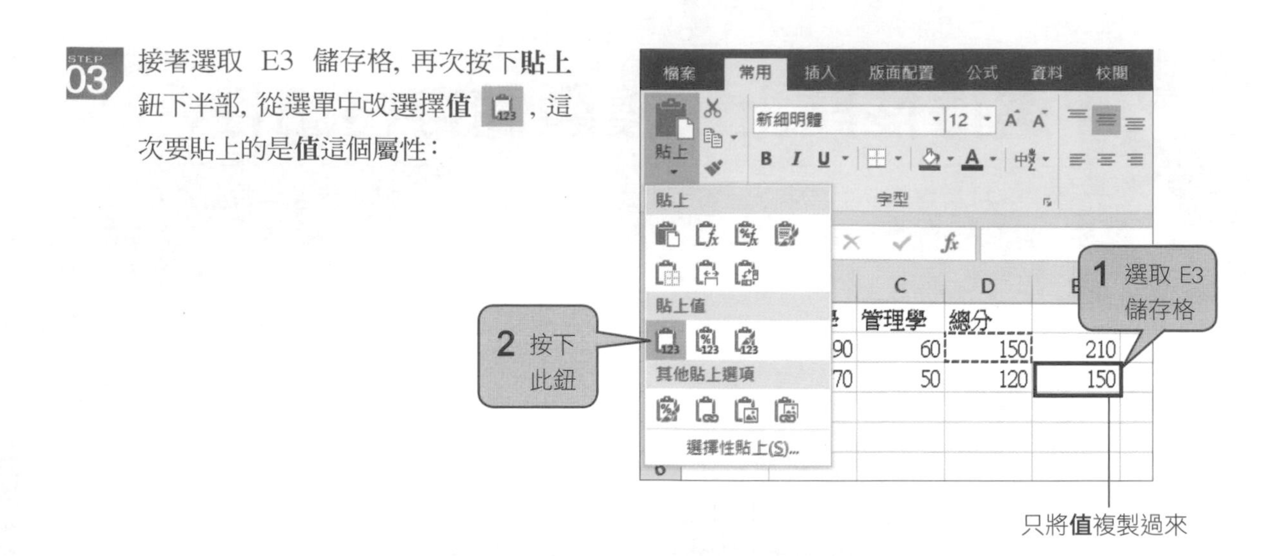

由「貼上選項」鈕設定要貼上的儲存格屬性

將儲存格的屬性貼到目的儲存格之後, 目的儲存格旁邊會出現**貼上選項**鈕 (Ctrl), 若按下此鈕, 可顯示選單來改變所要貼上的儲存格屬性：

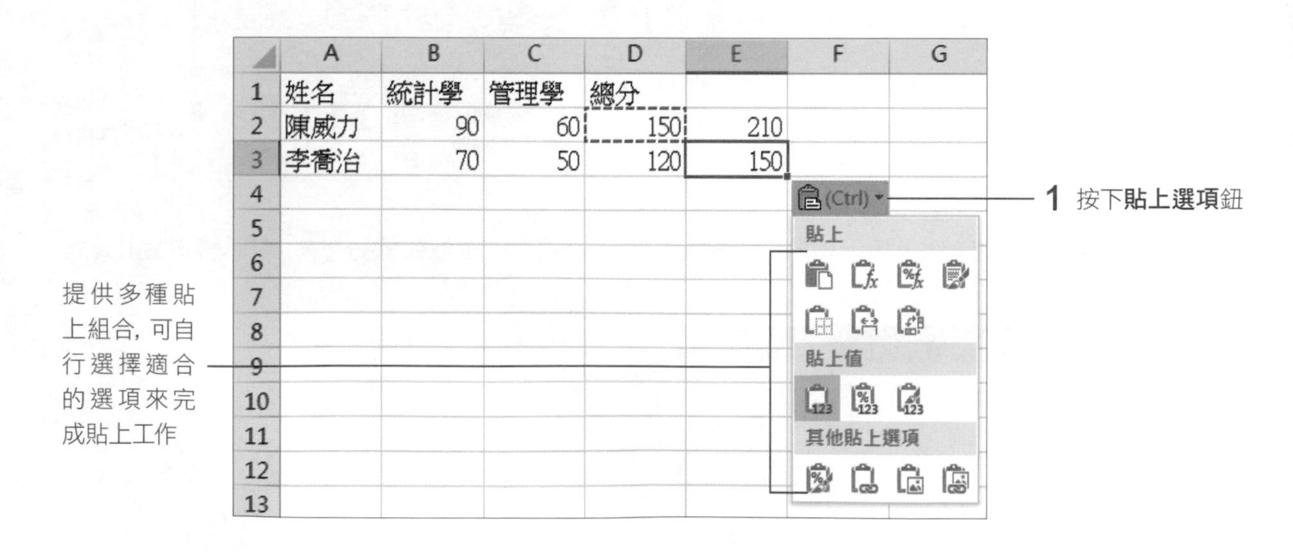

出現**貼上選項**鈕時, 當您繼續進行下一步的編輯動作後, 此鈕就會自動消失。

4-5 儲存格的新增、刪除與清除

有時候會在輸入資料的過程中發現資料漏打，需要在現有的資料間穿插放入一些資料時，就需要先在工作表中插入空白欄、列或儲存格，再於其中輸入資料；若有空白的儲存格，或用不到的內容，可將之刪除。

新增與刪除整欄、整列

請開啟範例檔案 E04-05，假設我們想在第 3 列之前加入 2 筆資料，所以必須在第 3 列前方插入空白列，在此以插入兩列的操作來說明：

STEP 01 請從第 3 列開始向下選取 2 列，即選取第 3、4 列：

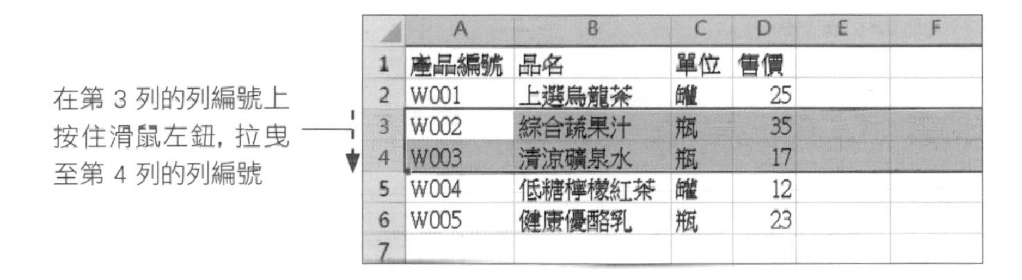

STEP 02 切換到**常用**頁次，再到**儲存格**區如下操作，便可插入兩列空白列，原選定範圍的資料會向下移動：

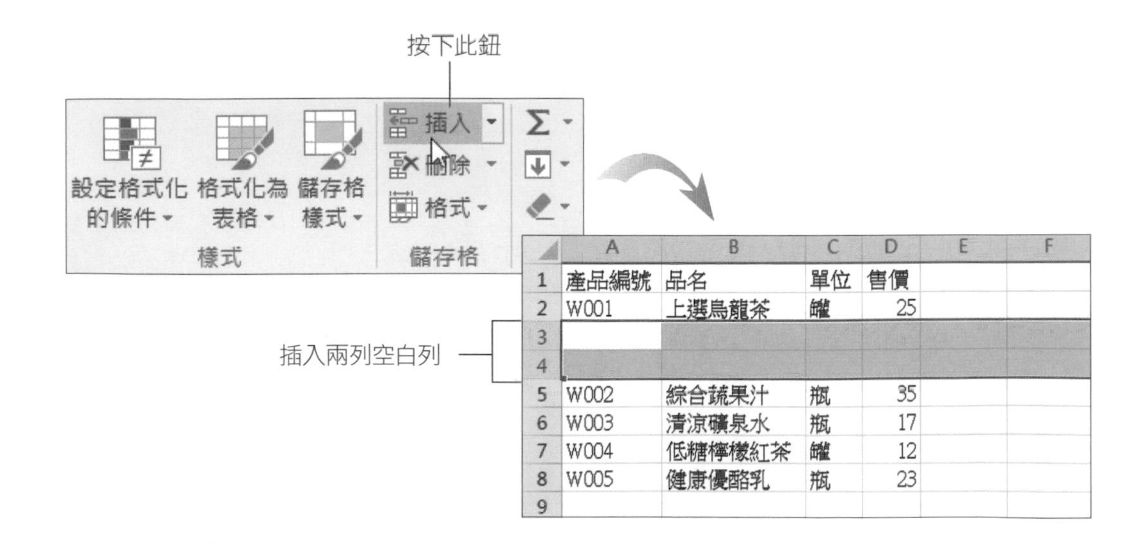

插入空白欄的方法和上述方法操作相似, 只是要從插入的地方選取欲插入的欄數, 再切換到**常用**頁次按下**插入**鈕, 即可插入空白欄。

若一下子新增了太多列 (或欄), 可將多餘的儲存格刪除。接續上例, 我們只需要新增一個產品項目, 請先選取第 4 列, 再如下操作將其刪除:

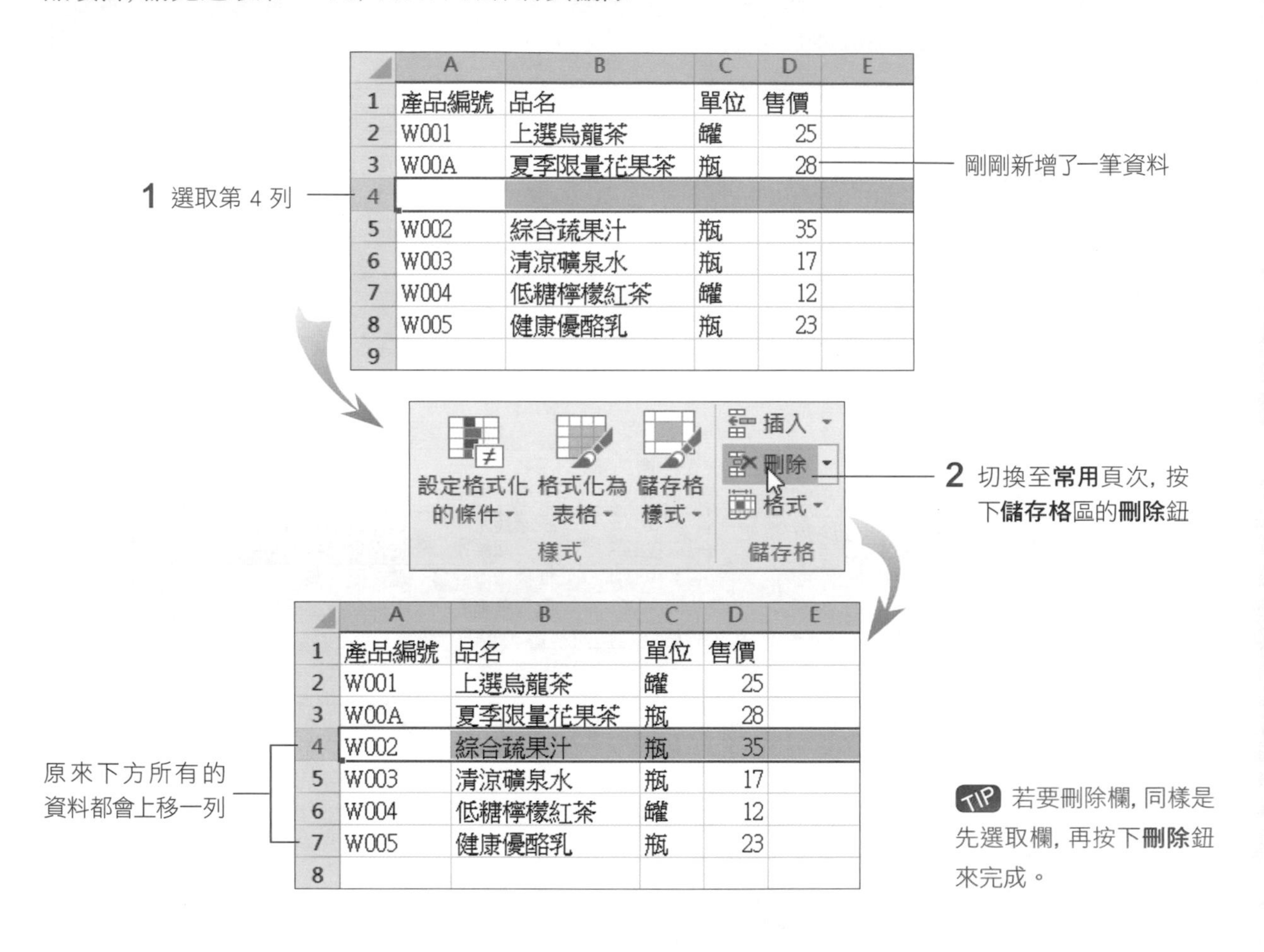

TIP 若要刪除欄, 同樣是先選取欄, 再按下**刪除**鈕來完成。

按下**刪除**鈕的向下箭頭, 可以選擇要刪除的標的:

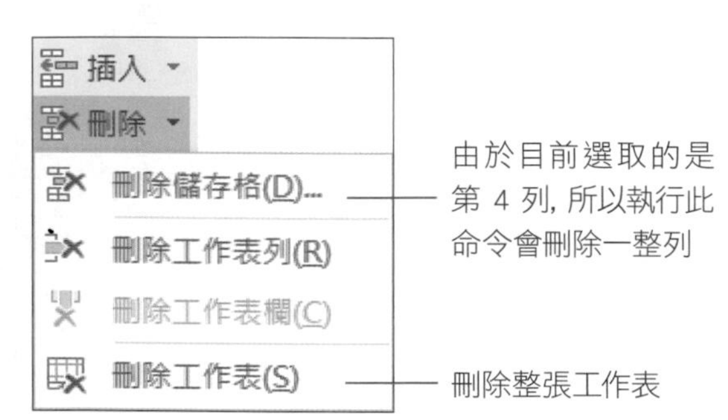

新增與刪除空白儲存格

若新增的資料不需要用到整欄或整列的範圍, 可以使用插入空白儲存格的方式, 來增加空間。

STEP 01 請接續上例, 假設要在 B4:D4 插入 3 個空白儲存格, 請先選取儲存格範圍 B4:D4:

	A	B	C	D	E
1	產品編號	品名	單位	售價	
2	W001	上選烏龍茶	罐	25	
3	W00A	夏季限量花果茶	瓶	28	
4	W002	綜合蔬果汁	瓶	35	
5	W003	清涼礦泉水	瓶	17	
6	W004	低糖檸檬紅茶	罐	12	
7	W005	健康優酪乳	瓶	23	
8					

STEP 02 切換至**常用**頁次再到**儲存格**區按下**插入**鈕的下半部, 執行『**插入儲存格**』命令, 於跳出的**插入**交談窗中執行『**現有儲存格下移**』命令:

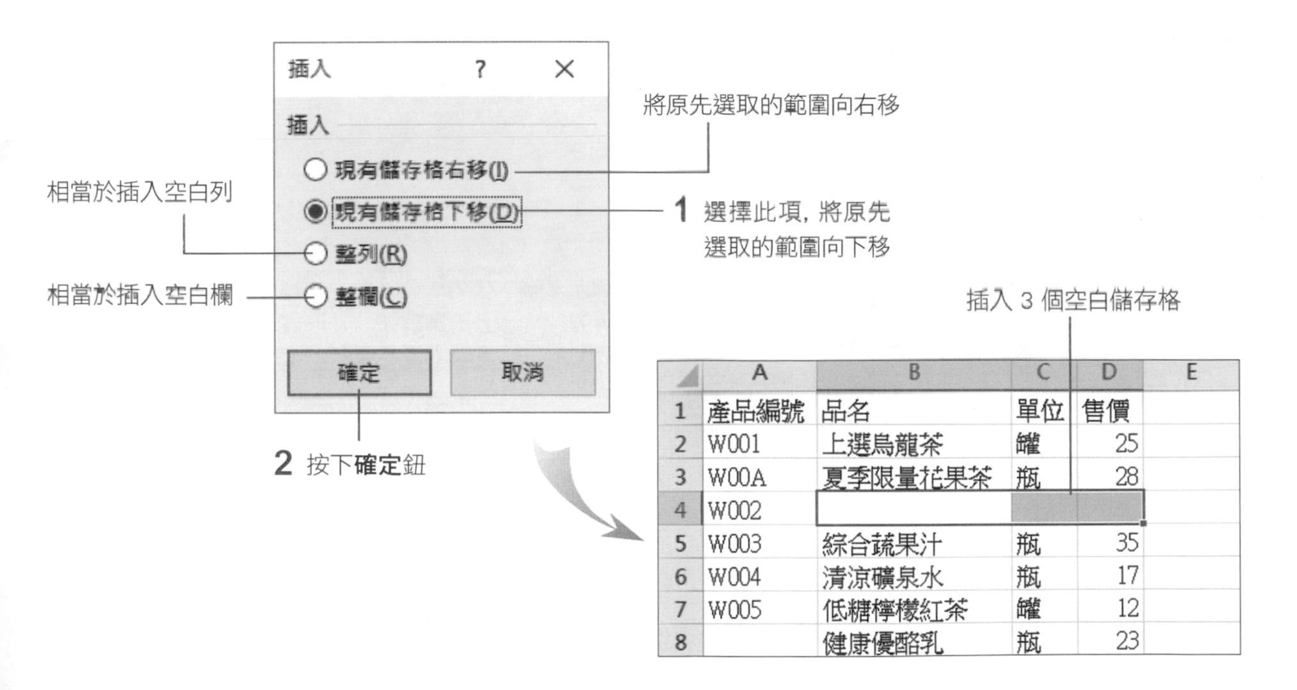

TIP 您也可以在選取儲存格後, 直接按下**插入**鈕的上半部來新增儲存格, 預設會將原有儲存格下移, 如果需要將原儲存格右移、必須增加一列 (或一欄) 時再如上操作, 開啟交談窗來選擇要進行的動作。

接續上例，我們練習將剛才插入的 3 個空白儲存格刪除：

STEP 01 請選取欲刪除的儲存格 B4:D4。

	A	B	C	D	E
1	產品編號	品名	單位	售價	
2	W001	上選烏龍茶	罐	25	
3	W00A	夏季限量花果茶	瓶	28	
4	W002				
5	W003	綜合蔬果汁	瓶	35	
6	W004	清涼礦泉水	瓶	17	
7	W005	低糖檸檬紅茶	罐	12	
8		健康優酪乳	瓶	23	

STEP 02 切換到**常用**頁次，按下**儲存格**區**刪除**鈕的下拉箭頭，執行『**刪除儲存格**』命令，開啟**刪除**交談窗來決定要用哪些相鄰儲存格來填補被刪除的儲存格：

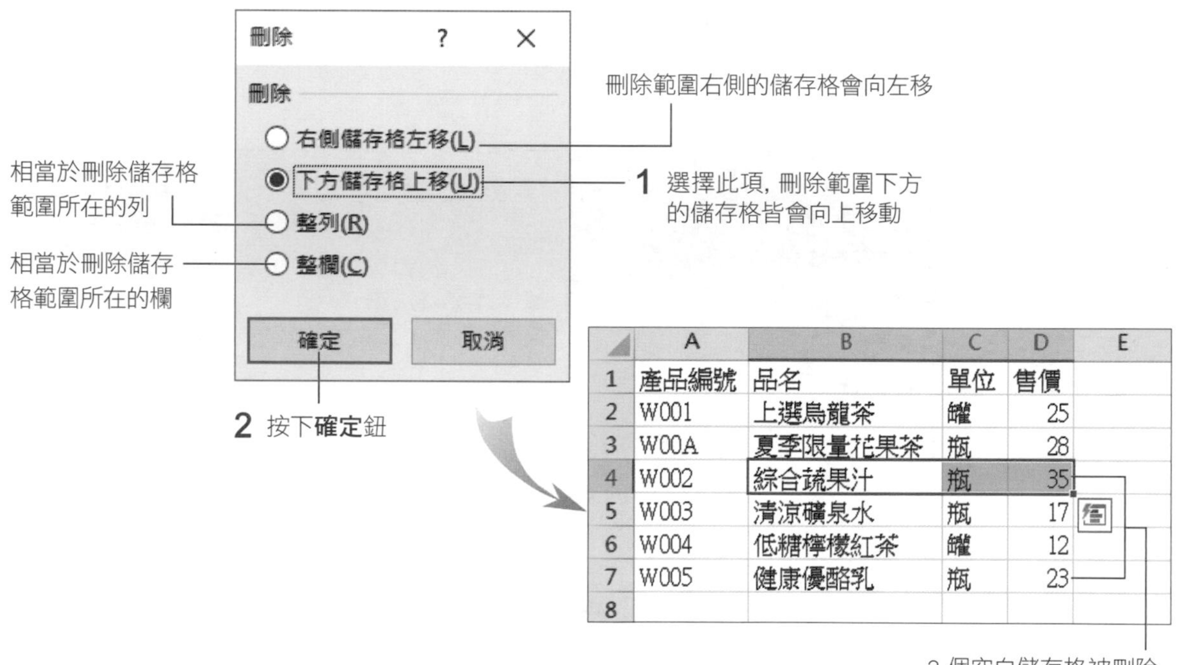
刪除
刪除
右側儲存格左移(L)
下方儲存格上移(U)
整列(R)
整欄(C)
確定
取消
刪除範圍右側的儲存格會向左移
1 選擇此項，刪除範圍下方的儲存格皆會向上移動
相當於刪除儲存格範圍所在的列
相當於刪除儲存格範圍所在的欄
2 按下確定鈕
3 個空白儲存格被刪除，而下方的資料皆上移了

	A	B	C	D	E
1	產品編號	品名	單位	售價	
2	W001	上選烏龍茶	罐	25	
3	W00A	夏季限量花果茶	瓶	28	
4	W002	綜合蔬果汁	瓶	35	
5	W003	清涼礦泉水	瓶	17	
6	W004	低糖檸檬紅茶	罐	12	
7	W005	健康優酪乳	瓶	23	
8					

TIP 直接按下**刪除**鈕的上半部，預設會將儲存格的資料上移。你可以待需要以其它方式刪除儲存格時，再如上開啟交談窗，選擇要進行的動作。

清除儲存格資料

要清除儲存格的資料時，請先選定儲存格，然後切換到**常用**頁次按下**編輯**區**清除**鈕 右側的向下箭頭，從中選擇要清除的屬性：

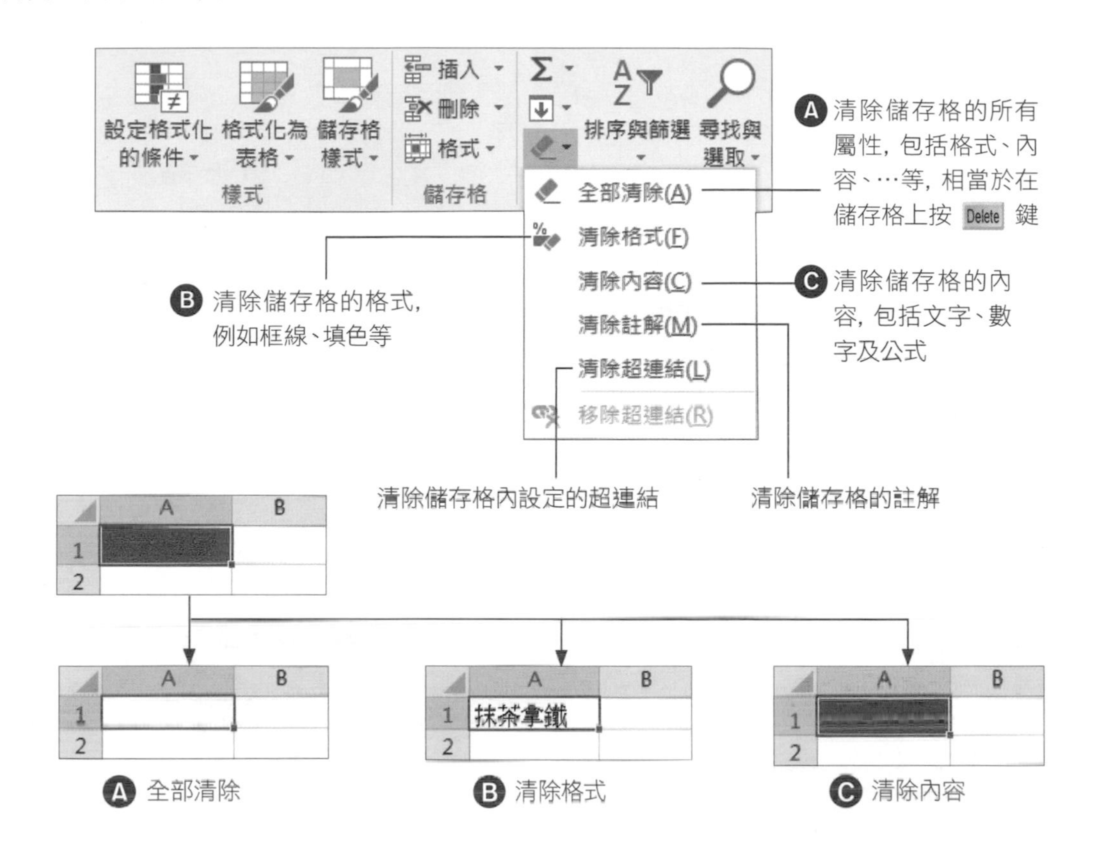

 **註解**是附加在儲存格上的附帶說明，它與儲存格的內容是分開的，註解的作用類似備忘錄，可提示使用者儲存格中資料的作用。

「清除儲存格」與「刪除儲存格」的差異

清除是將儲存格的資料擦掉，但是儲存格仍然保留在工作表中；而**刪除**則是會用相鄰的儲存格來填滿被刪除的地方，雖然外表看不出刪除的痕跡，但實際上這些儲存格已經不存在了，所以如果有公式參照範圍內的儲存格被刪除了，該公式所在的儲存格就會產生 "#REF!" 錯誤訊息，表示已找不到該參照的儲存格了。

4-6 工作表的選取、搬移與複製

介紹完儲存格的編輯作業以後, 接著告訴您工作表的編輯方式, 包括如何在活頁簿中選取工作表, 以及搬移、複製工作表等操作。

選取多張工作表

在進行各項操作前, 第一步一定是 "選取作用對象", 這一節的作用對象是 "工作表"。經過前面的練習, 相信您已經熟悉了選取與切換工作表的方法, 這裡要說明選取多張工作表的方法。請建立一份新活頁簿檔案來操作, 按下活頁簿視窗左下角的 ⊕ 鈕建立 "工作表2、工作表3" 兩個新的工作表。

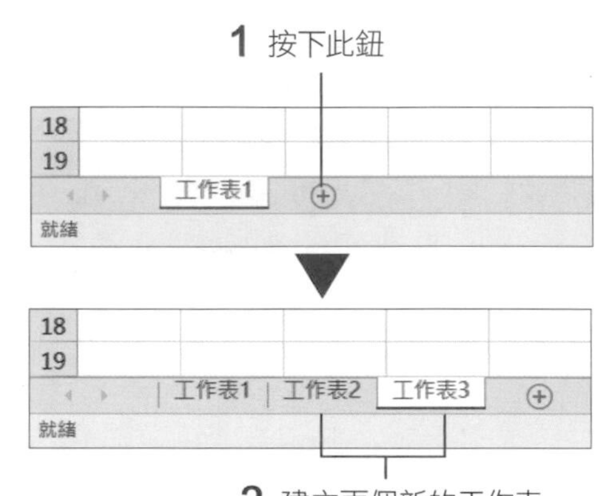

選取相鄰的工作表範圍
要選取**工作表 1** 至**工作表 2**。

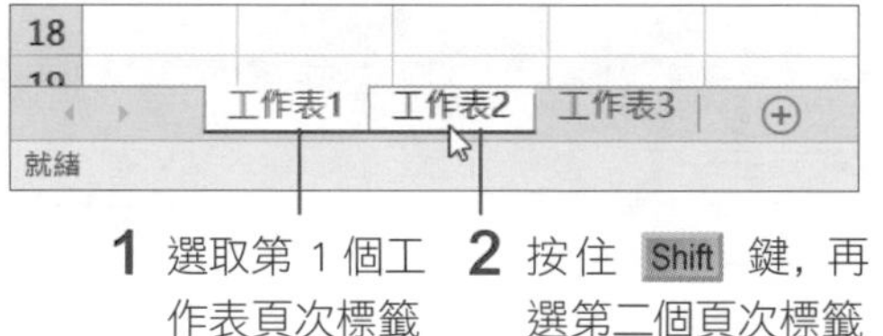

選取不相鄰的工作表範圍
要選取**工作表 1** 和**工作表 3**。

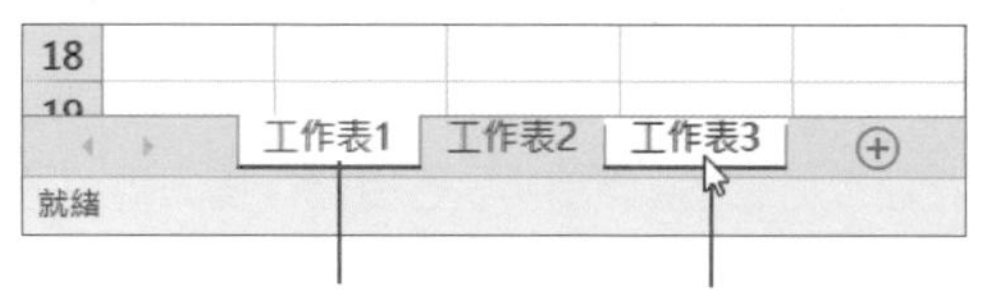

選取所有的工作表
要選取**工作表 1** 到**工作表 3**。

TIP 當你想取消工作表的選取時, 只要在工作表名稱上按滑鼠右鈕, 選擇**取消工作表群組設定**項目即可。

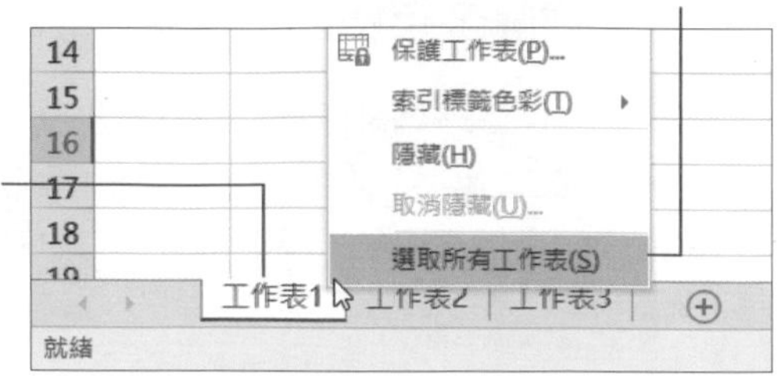

搬移工作表

我們可以搬移活頁簿中的工作表, 重新安排它們的順序。在此要將**工作表 1** 拉曳到**工作表 3** 之後, 可如下操作：

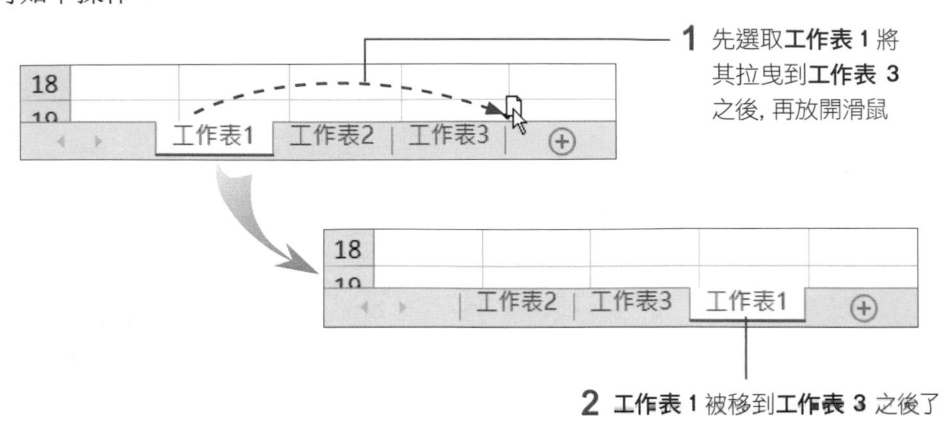

1 先選取工作表 1 將其拉曳到工作表 3 之後, 再放開滑鼠
18
工作表1
工作表2
工作表3
工作表2
工作表3
工作表1
2 工作表 1 被移到工作表 3 之後了

複製工作表

接續上例, 我們想為**工作表 2** 複製一份複本, 並將它放置在**工作表 3** 之後, 請如下操作：

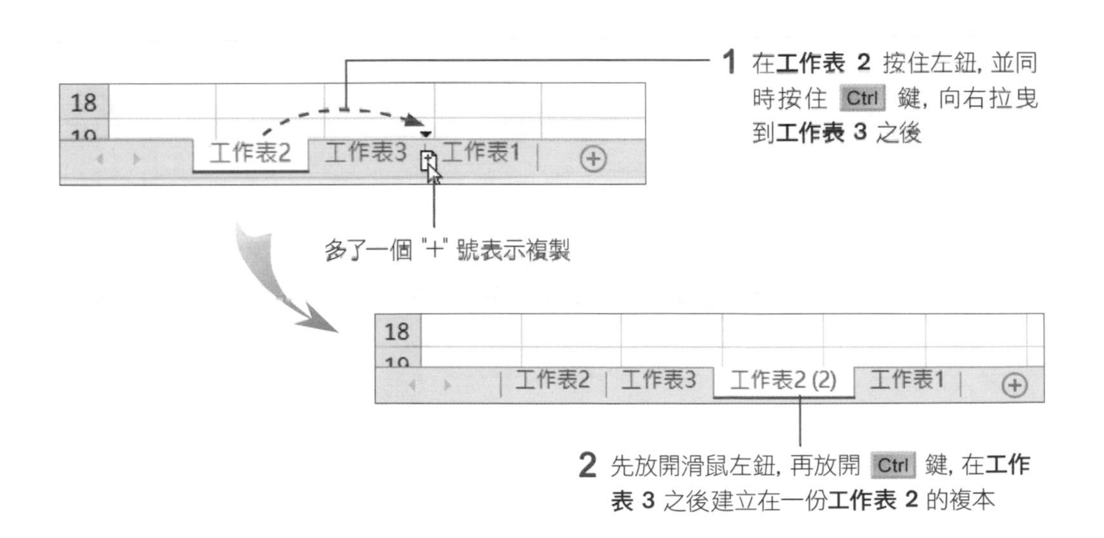

1 在工作表 2 按住左鈕, 並同時按住 Ctrl 鍵, 向右拉曳到工作表 3 之後
18
工作表2
工作表3
工作表1
多了一個 "+" 號表示複製
工作表2
工作表3
工作表2 (2)
工作表1
2 先放開滑鼠左鈕, 再放開 Ctrl 鍵, 在工作表 3 之後建立在一份工作表 2 的複本

複製的工作表會命名為**工作表 2 (2)**, 表示是**工作表 2** 的複本, 若此時再複製一次**工作表 2**, 則將被自動命名為**工作表 2 (3)**...依此類推。

4-7 調整工作表的顯示比例

在 Excel 主視窗的右下方有一個**顯示比例**工具列, 可用來調整工作表在螢幕上的顯示比例, 當我們開啟資料量多的工作表時, 可縮小比例來檢視整份工作表的全貌；要計算其中的儲存格資料, 則可放大檢視, 工作起來才不會太吃力。

請重新開啟範例檔案 E04-01, 我們使用這個檔案來練習操作方法：

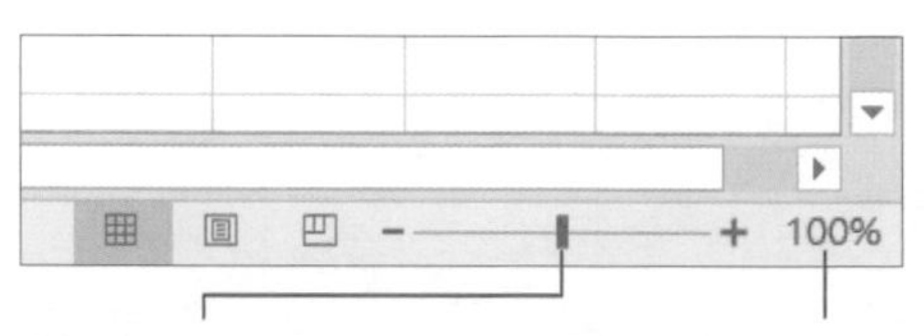

100%
將滑桿向右拉曳, 可放大顯示內容；向左拉曳, 可縮小顯示內容
目前的顯示比例。大於 100% 表示放大, 小於 100% 表示縮小

如果想將工作表中的某個內容範圍放大, 那麼請先選取要放大的範圍, 然後切換到**檢視**頁次, 在**顯示比例**區中按下**縮放至選取範圍**鈕, 即可將此範圍放大填滿至整個活頁簿視窗：

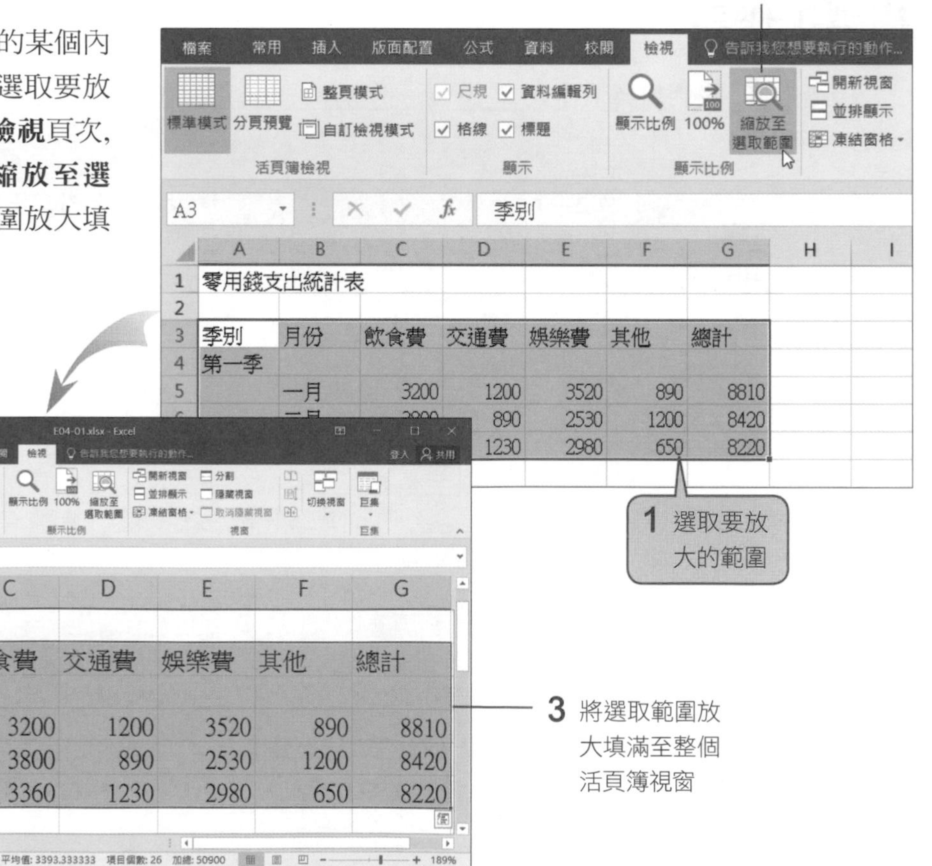

2 按下縮放至選取範圍鈕
1 選取要放大的範圍
3 將選取範圍放大填滿至整個活頁簿視窗

儲存格的美化與格式設定

- 儲存格的文字格式設定
- 數字資料的格式化
- 設定儲存格的樣式
- 日期和時間的格式設定
- 設定資料對齊方式、方向與自動換列功能
- 設定儲存格的框線與圖樣效果
- 將儲存格的數值變化建立成走勢圖

5-1 儲存格的文字格式設定

我們已經學會在儲存格輸入文字及搬移、複製資料的方法了, 這一節要來學習如何變化儲存格內的文字格式, 如：放大、加粗、換色...等, 讓工作表看起來更美觀, 也更容易閱讀。

變更儲存格內的文字格式

如果設定的對象是整個儲存格的文字, 只要選取儲存格, 或是選取儲存格範圍、整欄、整列, 再切換到**常用**頁次, 按下**字型**區的工具鈕進行設定, 文字就會套用設定的格式了。

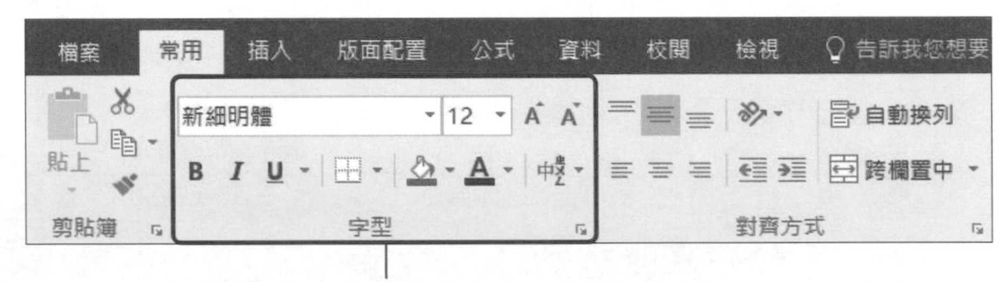

由**字型**區的工具鈕來設定文字格式

現在請開啟範例檔案 E05-01 做一個簡單的練習, 請先選取儲存格 A2：E2, 再由**字型**區的**字型**列示窗選擇**標楷體**, 標題的字型就改變了。

	A	B	C	D	E	F
1		五年甲班期中考成績表				
2	學生姓名	英文	經濟	行銷學	管理學	
3	陳信東	85	75	69	66	
4	黃依娟	87	95	62	74	
5	吳雅芳	62	86	67	81	
6	葉若雅	90	93	75	84	
7						

1 選取此範圍

	A	B	C	D	E	F
1		五年甲班期中考成績表				
2	學生姓名	英文	經濟	行銷學	管理學	
3	陳信東	85	75	69	66	
4	黃依娟	87	95	62	74	
5	吳雅芳	62	86	67	81	
6	葉若雅	90	93	75	84	
7						

2 設定成想要的字型

變更儲存格中個別的文字格式

除了變更整個儲存格的文字格式外，同一儲存格中的文字還可以個別設定不同的格式，設定時請先在儲存格上雙按滑鼠左鍵進入編輯狀態，再選取要設定的文字，然後在**字型**區設定格式。

接續上例，假設我們想為 B1 儲存格中的 "期中考" 3 個字換個顏色，就可以如下設定：

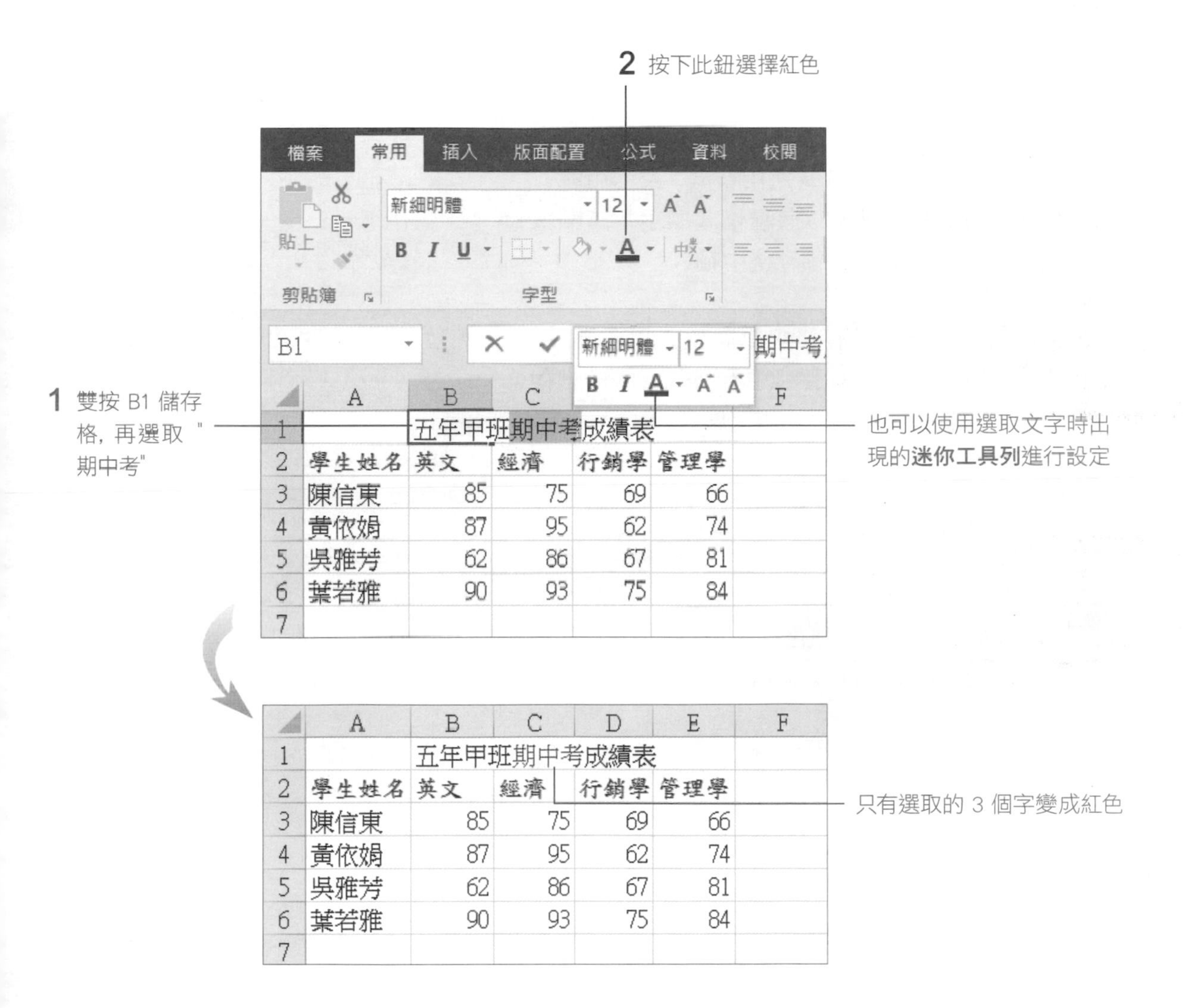

5-2 數字資料的格式化

工作表的數字資料, 也許是一筆金額、一個數量或是銀行利率…等等, 若能為數字加上貨幣符號 "$ "、百分比符號 "%"…, 更能表達出它們的特性。

直接輸入數字格式

儲存格預設的數字格式為通用格式, 表示用哪一種格式輸入數字, 數字就會以該種格式顯示。請開啟一份新活頁簿, 然後在 A1 儲存格中輸入 "$123"：

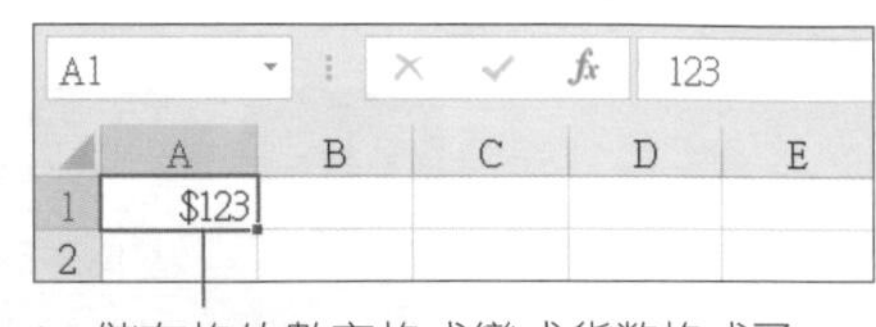

A1 儲存格的數字格式變成貨幣格式了

之後即使在 A1 儲存格中重新輸入其他數字, Excel 也會以貨幣格式來顯示。請再次選取 A1 儲存格, 然後輸入 "4567" (不要輸入 $ 符號)：

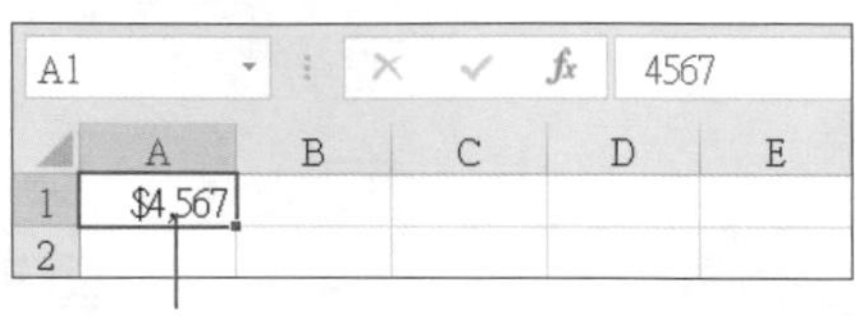

以貨幣格式來顯示

以「數值格式」列示窗設定格式

剛剛是以直接輸入的方式來設定格式, 我們也可以切換到**常用**頁次, 在**數值**區中拉下**數值格式**列示窗, 選擇適合的數值格式。繼續以 A1 儲存格為例, 我們想將剛才的 "$4,567" 改為 "$4,567.00", 請先選取 A1 儲存格, 然後如圖操作：

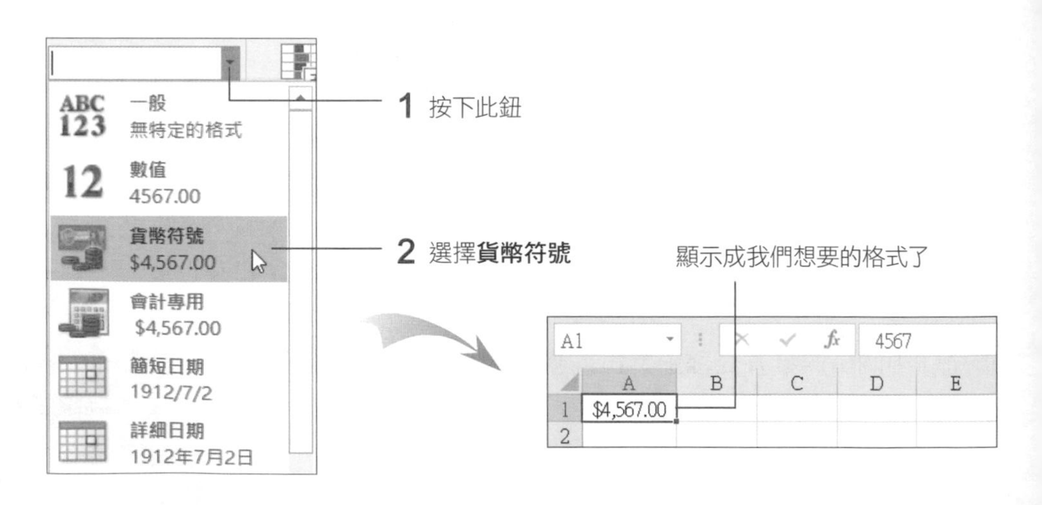

由「數值」區設定各種數字格式

在**常用**頁次的**數值**區中, 還提供多種可快速設定數字格式的工具鈕, 列舉如下：

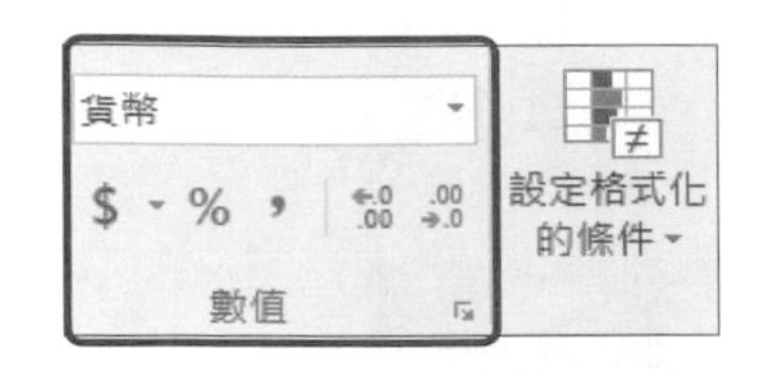

- **會計數字格式** $ ：將儲存格的數字資料設定為會計專用格式, 會加上貨幣符號、小數點及千分位、逗號。拉下**會計數字格式**旁的向下箭頭, 還可以選擇英鎊、歐元、…等貨幣格式。

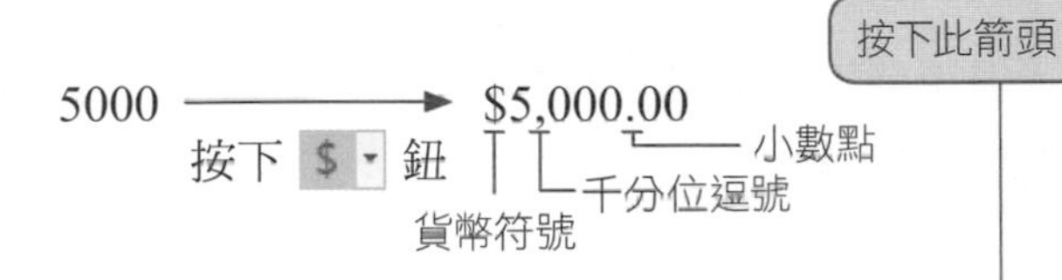

- **百分比樣式** % ：將儲存格的數字資料設為百分比格式。

0.06 ——→ 6%
按下 % 鈕

- **千分位樣式** , ：將儲存格的數字資料設為會計專用格式, 但不加貨幣符號。

12345 ——→ 12,345.00
按下 , 鈕
小數點
千分位逗號

- **增加小數位數** ：每按一次會增加一位小數位數。

6.3 ——→ 6.30
按下 鈕

- **減少小數位數** ：每按一次會以四捨五入的方式, 減少一位小數位數。

7.39 ——→ 7.4
按下 鈕

5-3 設定儲存格的樣式

將儲存格的各種格式設定組合起來, 就稱為**樣式**。Excel 預設的是**一般**樣式, 我們到目前為止所看到的儲存格, 其外觀都是根據**一般**樣式而來, 例如字型為**新細明體**, 字級大小為 **12**。

如果覺得預設的**一般**樣式太單調, 可先選取要變換樣式的儲存格或範圍, 再切換到**常用**頁次, 在**樣式**區中按下**儲存格樣式**鈕, 從中選擇喜歡的樣式, 節省自己設定各種格式的時間。

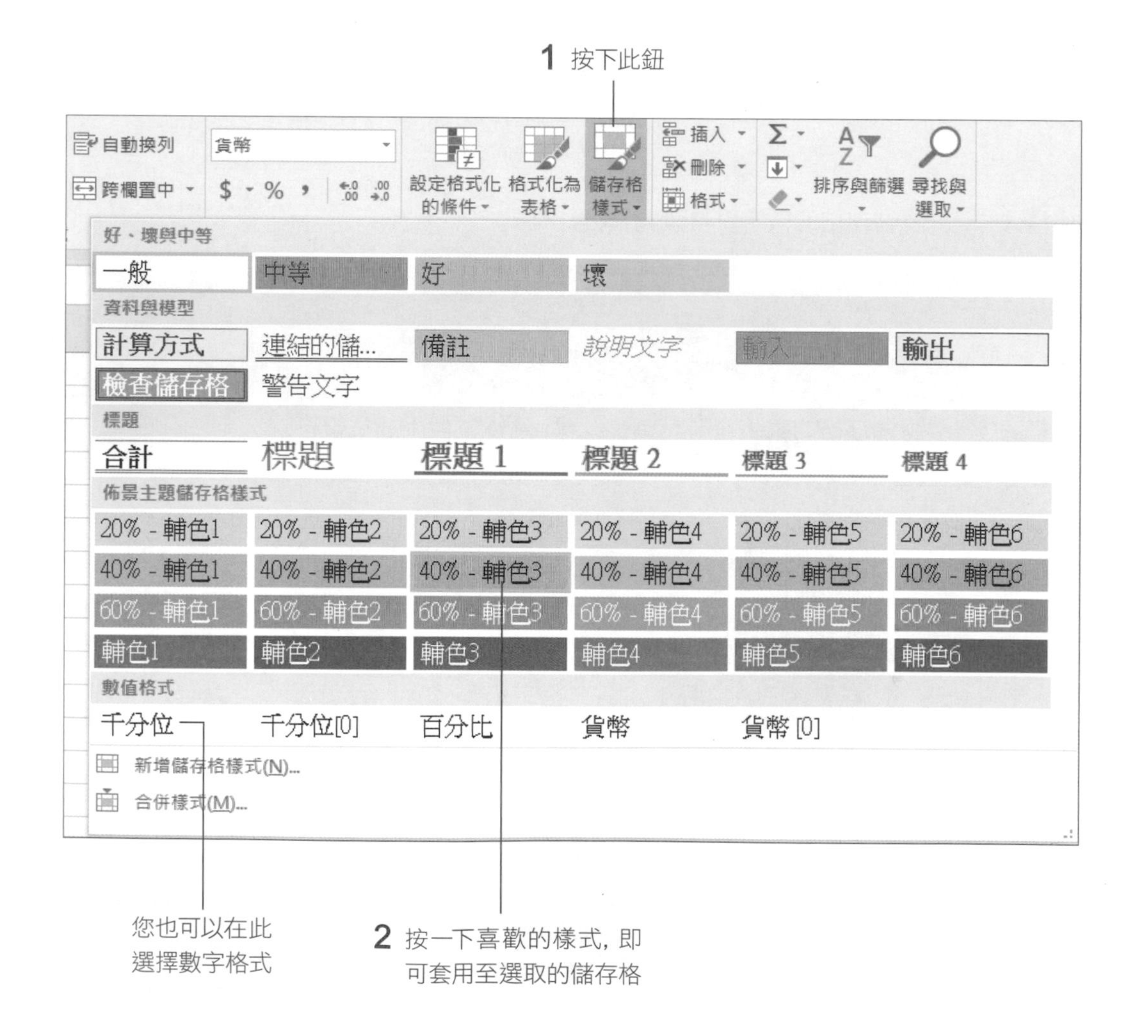

5-4 日期和時間的格式設定

日期和時間皆屬於數字資料, 不過因為它們的格式比較特殊, 可顯示的格式也有多種變化, 所以我們特別獨立一節來詳細說明。

輸入日期與時間

當您在儲存格中輸入日期或時間資料時, 必須以 Excel 能接受的格式輸入, 才會被當成是日期或時間, 否則會以文字資料格式顯示。以下列舉 Excel 判斷日期與時間格式的方式：

日期	
輸入儲存格中的日期	Excel 的判斷結果
2015 年 12 月 1 日	2015/12/1
15 年 12 月 1 日	2015/12/1
2015/12/1	2015/12/1
15/12/1	2015/12/1
1-DEC-15	2015/12/1
12/1	2015/12/1 (不輸入年份時, Excel 會自動記錄為當時的年份)
1-DEC	2015/12/1 (不輸入年份時, Excel 會自動記錄為當時的年份)

時間	
輸入儲存格中的時間	Excel 的判斷結果
11:20	11:20:00 AM
12:03 AM	12:03:00 AM
12 時 10 分	12:10:00 PM
12 時 10 分 30 秒	12:10:30 PM
上午 8 時 50 分	08:50:00 AM

TIP 輸入時間及日期時, 數字與文字間請不要空格。年份請用西元年, 若要改用民國年份顯示, 請參閱 5-9 頁的**更改日期的顯示方式**。

TIP 如果要在儲存格中輸入當天的日期, 請選取儲存格後直接按下 Ctrl + ; 鍵。

請建立一份新的活頁簿檔案, 進行以下輸入日期與時間的練習。

STEP 01 請先在 A1 儲存格中輸入 "2015年12月15日", 輸入完成按下**資料編輯列**的**輸入**鈕 ✔:

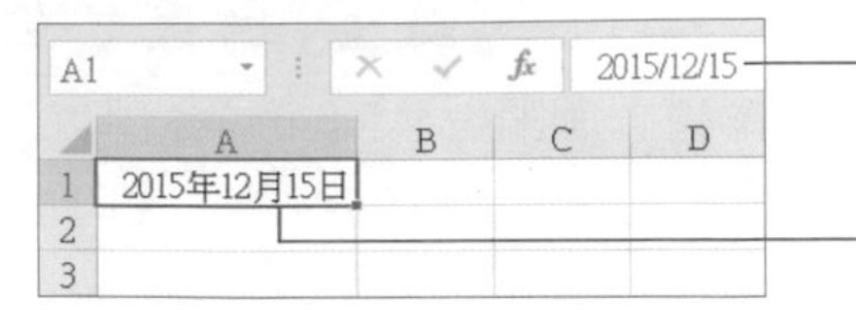

STEP 02 接著在 A2 儲存格輸入 "15時36分", 輸入完成按下**資料編輯列**的**輸入**鈕 ✔:

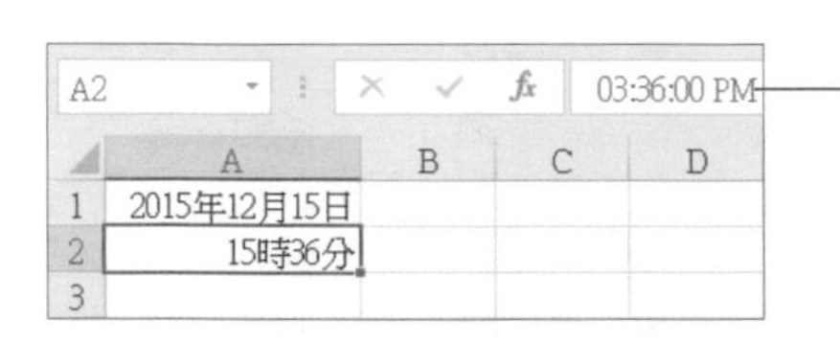

輸入兩位數字的年份

輸入日期的年份資料時, 可以只輸入年份的後兩位數字, 例如輸入 "15/12/1", Excel 會自動判斷為 2015 年 12 月 1 日。其判斷的規則為：輸入 00 到 29 的年份會被解釋成 2000 年到 2029；若輸入 30 到 99 的年份, 則會被解釋成 1930 到 1999 年。

若要輸入的兩位數年份不適用以上的規則, 例如希望輸入 31/12/1, 可判斷成 2031 年 12 月 1 日, 也可以手動變更年份的解釋方法。請執行『**開始/控制台**』命令, 按下**時鐘、語言和區域**圖示, 在**地區及語言**選項中, 按下**變更日期、時間或數字格式**開啟**地區及語言**交談窗, 然後切換到**格式**頁次, 按下**其他設定**鈕進行設定：

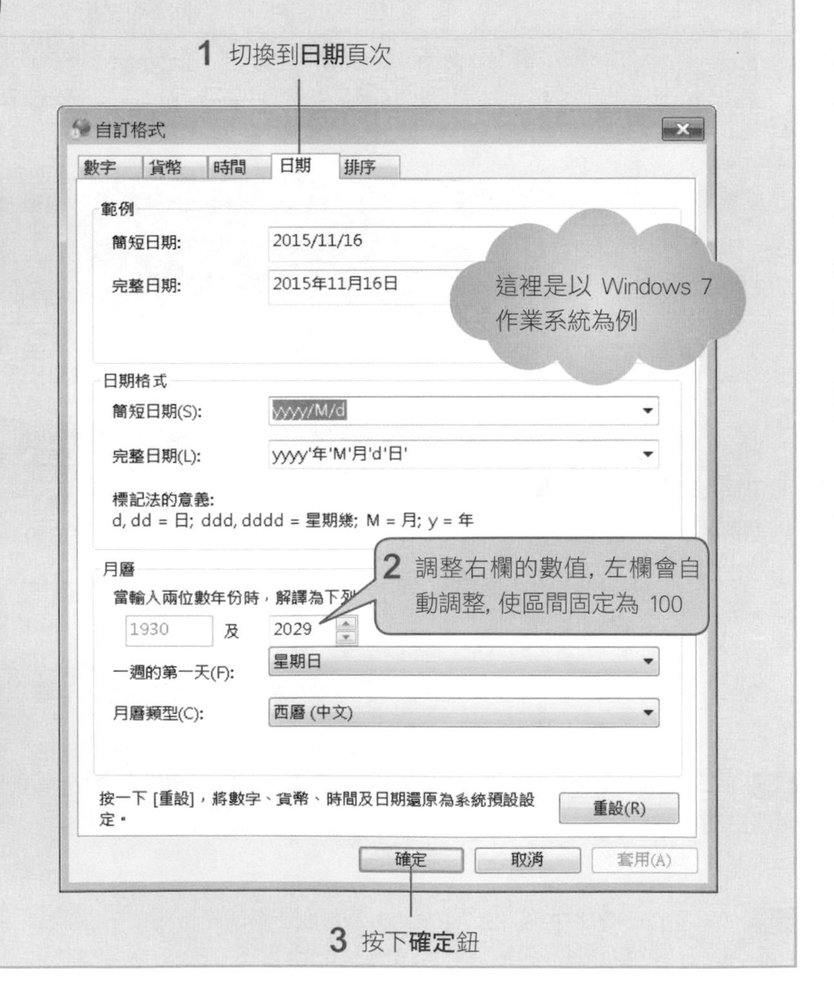

更改日期的顯示方式

輸入日期與時間資料後, 可以依據自己的需求更改顯示方式, 例如將 "2015/11/16" 改成 "民國 104 年 11 月 16 日"；將 "04:25 AM" 改成 "上午 4 時 25 分。

以下我們使用已輸入好日期及時間的範例檔案 E05-02, 來練習格式設定：

	A	B	C	D
1	開幕日期	閉幕日期	期間	
2	2015/11/16	2016/4/25		
3	04:25	03:36		
4				

STEP 01 選取 A2：B2 儲存格, 然後在儲存格上按右鈕執行『**儲存格格式**』命令：

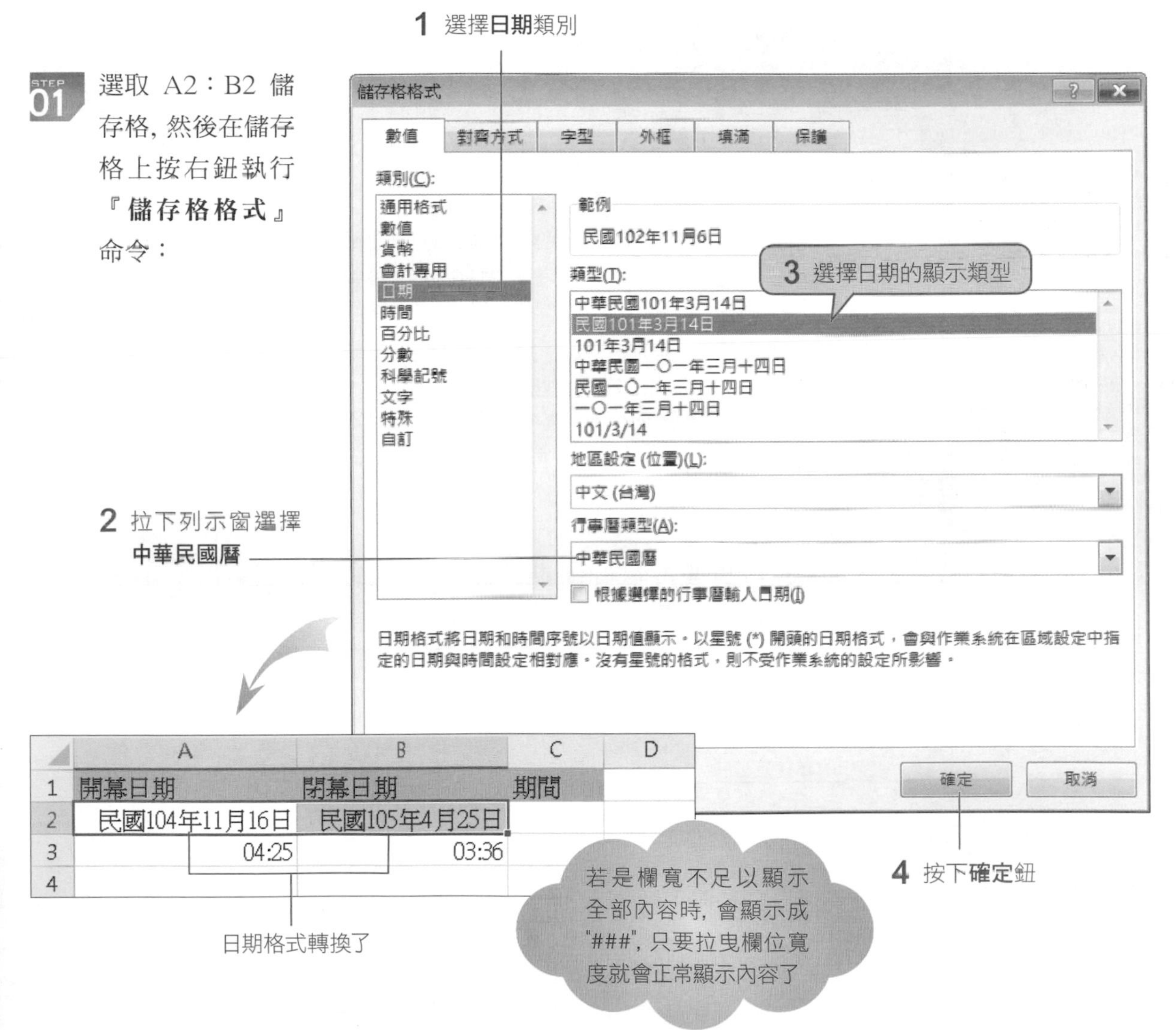

STEP 02 再來試試**時間格式**的設定方法。請選取 A3：B3 儲存格, 然後在儲存格上按右鈕執行『**儲存格格式**』命令：

計算兩個日期相隔的天數

如果想知道兩個日期的間隔天數, 或是兩個時間間隔的時數, 此時可以建立公式來計算。公式中如果要使用日期或時間資料, 必須將其視為文字以雙引號括住。例如我們想以開幕與閉幕兩日期, 計算出整個展期的天數：

```
="2015/11/16"-"2016/4/25"
```

接續上例, 在 C2 儲存格中輸入公式 "=B2-A2", 表示要計算 "民國 104 年 11 月 16 日" 到 "民國 105 年 4 月 25 日" 之間的天數, 其結果如下：

	A	B	C	D
1	開幕日期	閉幕日期	期間	
2	民國104年11月16日	民國105年4月25日	161	
3	上午4時25分	上午3時36分		
4				

展期是 161 天

計算數天後的日期

如果想知道 "民國 104 年 11 月 16 日" 之後的第 20 天是幾月幾號, 接續上例, 請在 D2 儲存格中輸入 "=A2+20" , 再按下 Enter 鍵, 便可得到答案：

	A	B	C	D	E
1	開幕日期	閉幕日期	期間	預計參展日期	
2	民國104年11月16日	民國105年4月25日	161	民國104年12月6日	
3	上午4時25分	上午3時36分			
4					

民國 104 年 11 月 16 日之後的第 20 天是民國 104 年 12 月 6 日

5-5 設定資料對齊方式、方向與自動換列功能

儲存格內文字預設的水平對齊方式為**靠左對齊**, 數字會**靠右對齊**；預設的垂直對齊是**置中對齊**, 即擺放在儲存格的垂直中央位置, 我們可以視情況調整資料的對齊方式, 或是讓儲存格內的資料自動換列。

設定儲存格資料的水平與垂直對齊方式

要調整儲存格資料的對齊方式, 最快的方法是選取儲存格, 然後切換到**常用**頁次, 按下**對齊方式**區的工具鈕來設定。

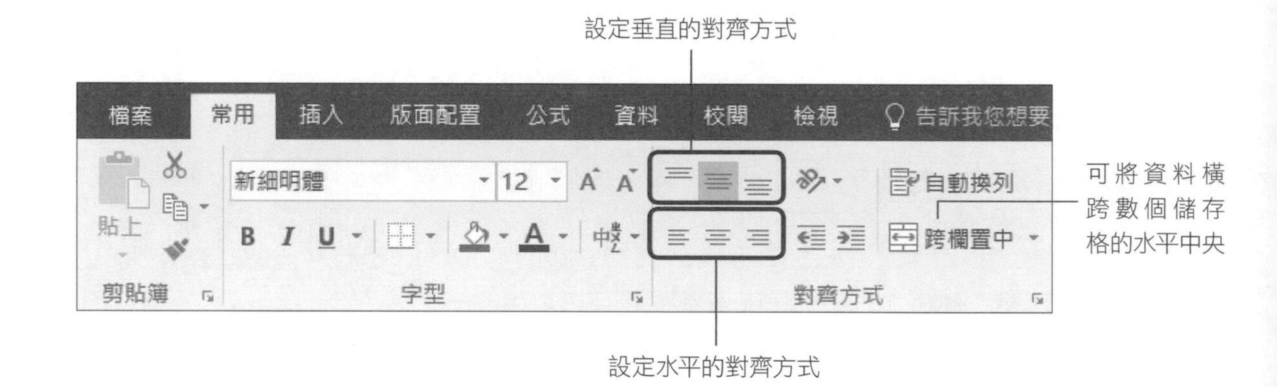

設定文字的方向

儲存格內的資料預設是橫式走向, 若字數較多, 儲存格寬度較窄, 還可以設為直式文字, 更特別的是可以將文字旋轉角度, 將文字斜著放！請開啟範例檔案 E05-03 進行操作練習。

要變更文字的方向, 請先選取儲存格 A1, 然後切換到**常用**頁次, 在**對齊方式**區按下**方向**鈕 , 執行『**儲存格對齊格式**』命令, 開啟**儲存格格式**交談窗進行設定：

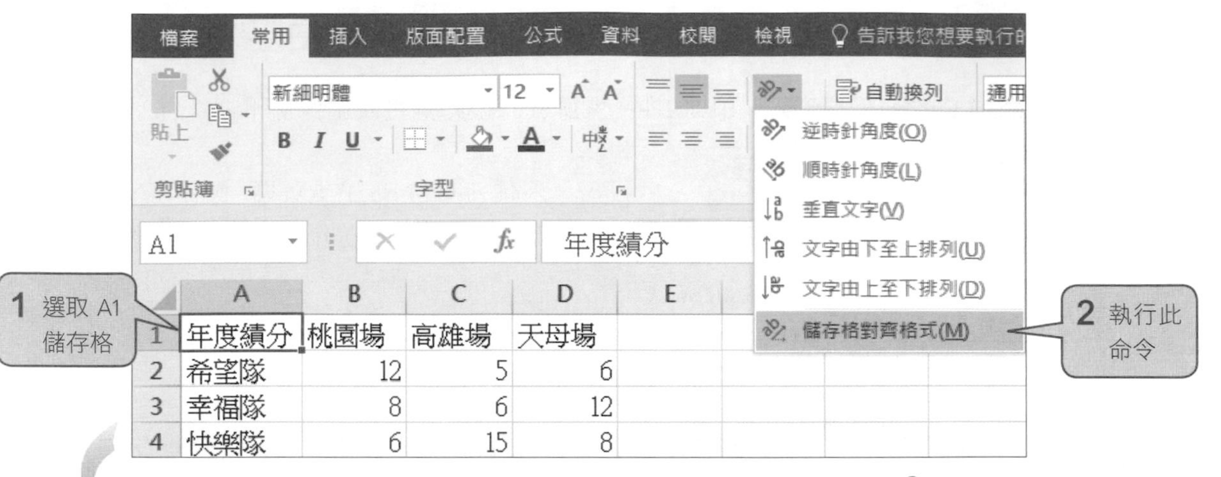

3 在此點按旋轉角度，或拉曳文字指標來調整角度

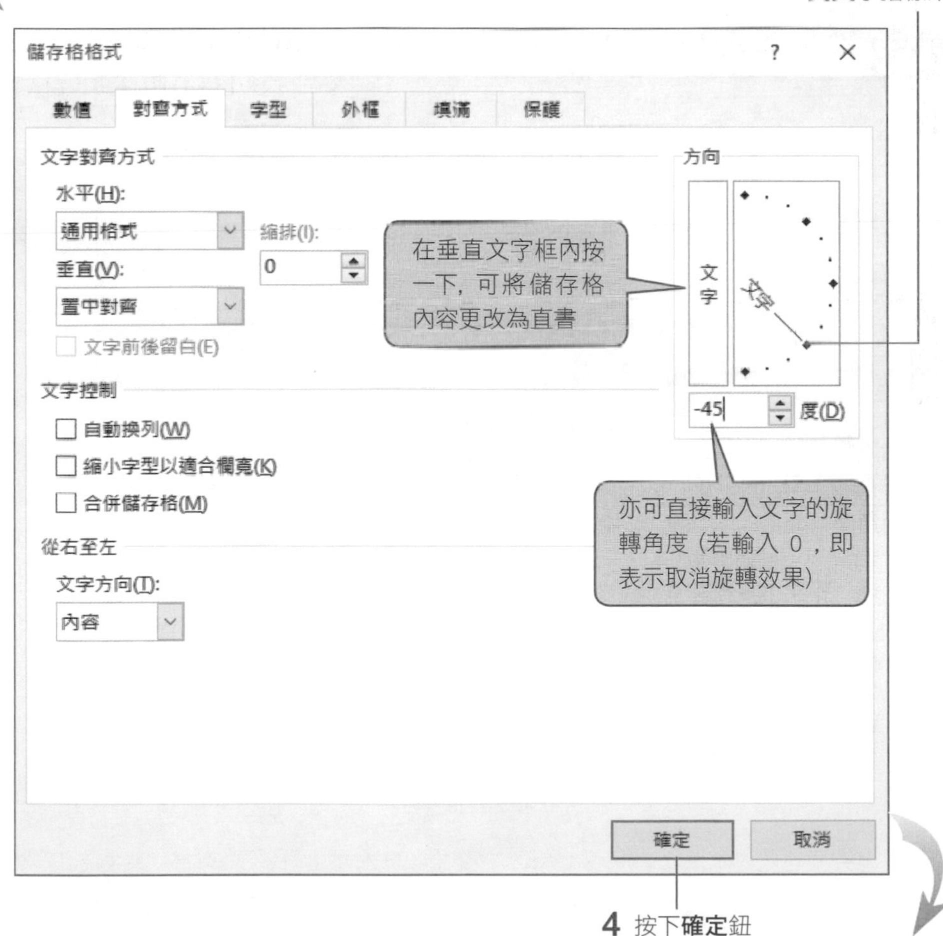

4 按下**確定**鈕

由左上至右下排列

	A	B	C	D	E
1	年度績分	桃園場	高雄場	天母場	
2	希望隊	12	5	6	
3	幸福隊	8	6	12	
4	快樂隊	6	15	8	
5					

TIP 若想恢復成橫式, 請回到上圖的**儲存格格式/對齊方式**交談窗, 將**角度**變更為 0。

接續練習將文字調整為 "直式文字", 請點選 B1：D1 切換至**常用**頁次, 在**對齊方式**區按下**方向**鈕執行『**垂直文字**』命令。

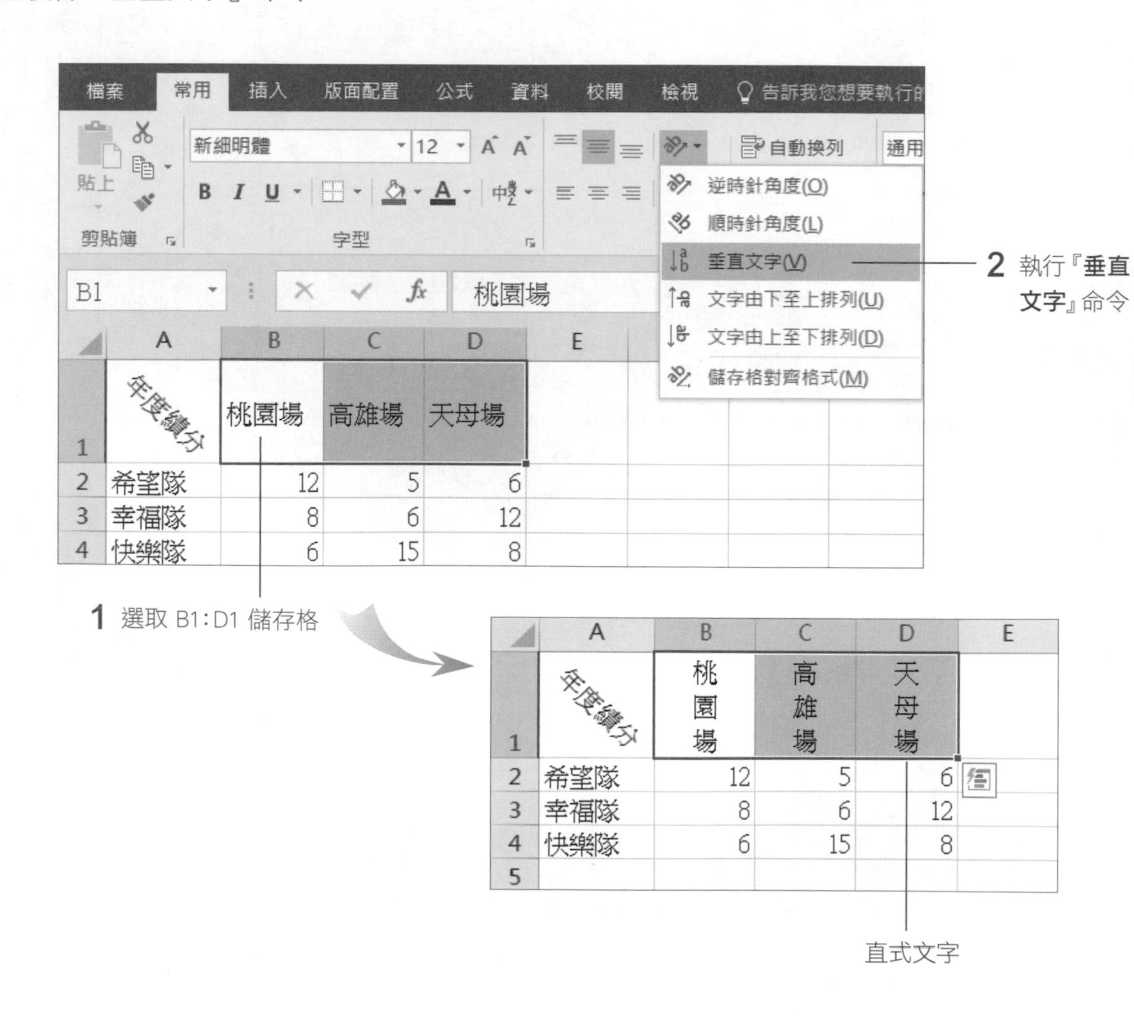

讓儲存格的文字能自動換列

有時候已將欄寬調整到最適當寬度了, 卻因某一筆資料字數太多, 而必須要重新調整。為了顧及儲存格寬度, 又要將資料完全顯示出來時, 就可使用**自動換列**功能解決。

STEP 01 請開啟範例檔案 E05-04, 目前 A1 儲存格的資料無法完整顯示, 先選取 A1 儲存格:

	A	B	C	D	E
1	餐點代號	名稱	單點價格	套餐價格	
2	M001	照燒雞腿排	$220	$280	
3	M002	紅酒燉牛肉	$180	$260	
4	M003	香溢赫酥雞	$200	$230	

STEP 02 切換到**常用**頁次, 在**對齊方式**區按下**自動換列**鈕 :

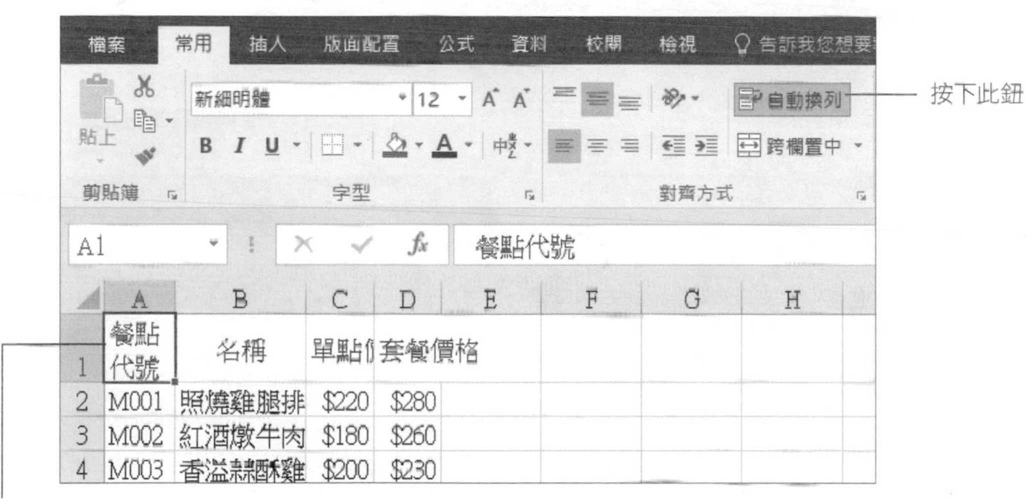

STEP 03 請練習將 C1：D1 也套用**自動換列**效果吧！

	A	B	C	D	E
1	餐點 代號	名稱	單點價格	套餐價格	
2	M001	照燒雞腿排	$220	$280	
3	M002	紅酒燉牛肉	$180	$260	
4	M003	香溢赫酥雞	$200	$230	
5					

	A	B	C	D	E
1	餐點 代號	名稱	單點 價格	套餐 價格	
2	M001	照燒雞腿排	$220	$280	
3	M002	紅酒燉牛肉	$180	$260	
4	M003	香溢赫酥雞	$200	$230	
5					

5-6 設定儲存格的框線與圖樣效果

想要強調儲存格的資料, 除了可以幫文字設定格式, 也可以為儲存格調整格式, 例如改變儲存格的框線樣式、顏色, 為儲存格填滿底色等, 若是覺得填滿底色的變化太少, 還能為儲存格設定各種圖樣變化。

為儲存格加上框線

以下接續範例檔案 E05-04 的操作, 練習儲存格的框線樣式設定。

STEP 01 請先選取 A1：D1 儲存格, 然後切換到**常用**頁次, 我們需使用**字型**區的**框線**鈕, 為儲存格加上框線的效果。

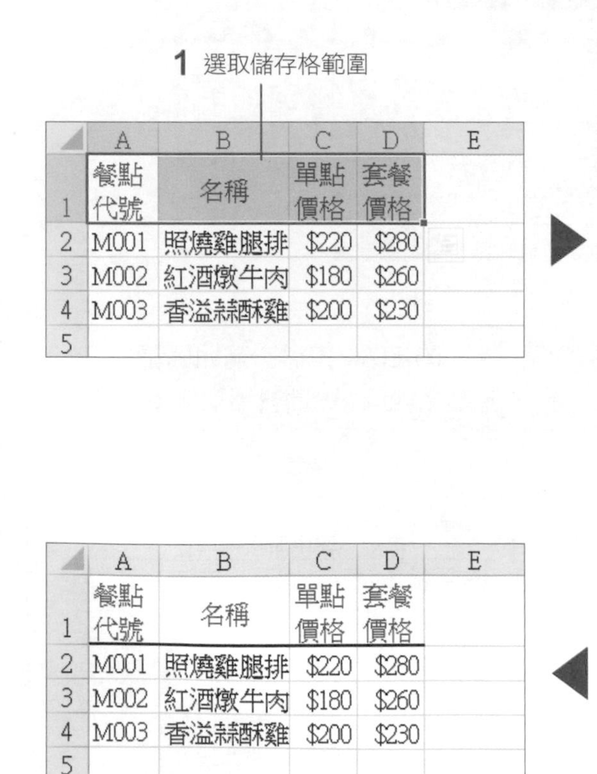

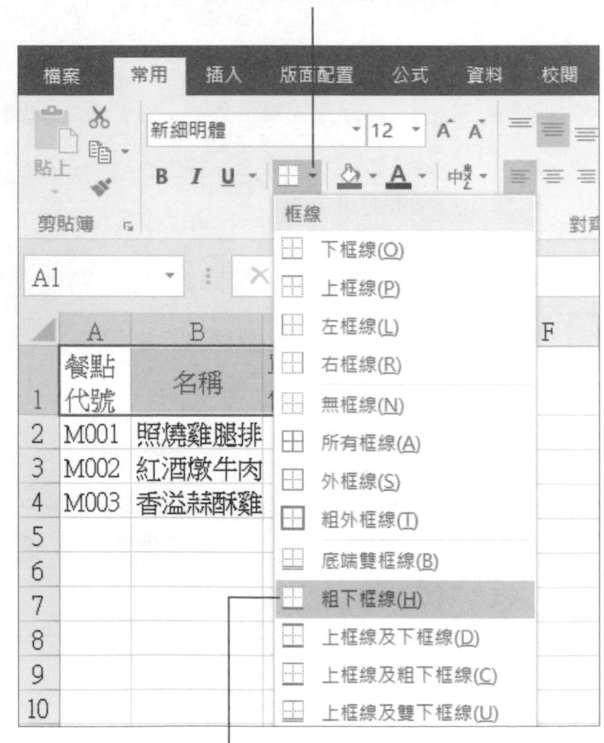

▲ 取消選取後, 即可看到效果

STEP 02 再選取儲存格 A3：D3, 然後按下**框線**鈕右側的下拉鈕, 選擇**上框線及下框線**鈕 ：

	A	B	C	D	E
1	餐點代號	名稱	單點價格	套餐價格	
2	M001	照燒雞腿排	$220	$280	
3	M002	紅酒燉牛肉	$180	$260	
4	M003	香溢赫酥雞	$200	$230	
5					

套用**上框線及下框線**

在儲存格中填色或加上圖樣效果

我們可以在填入資料後, 為想強調的內容填入底色, 或是為標題加上突顯的圖樣效果, 讓資料更醒目。請接續上例, 為 A1：D1 儲存格填入底色。

STEP 01 請選取 A1：D1, 切換到**常用**頁次, 再按下**字型**區的**填滿色彩**鈕 旁的下拉鈕, 並在色盤中挑選合適的顏色：

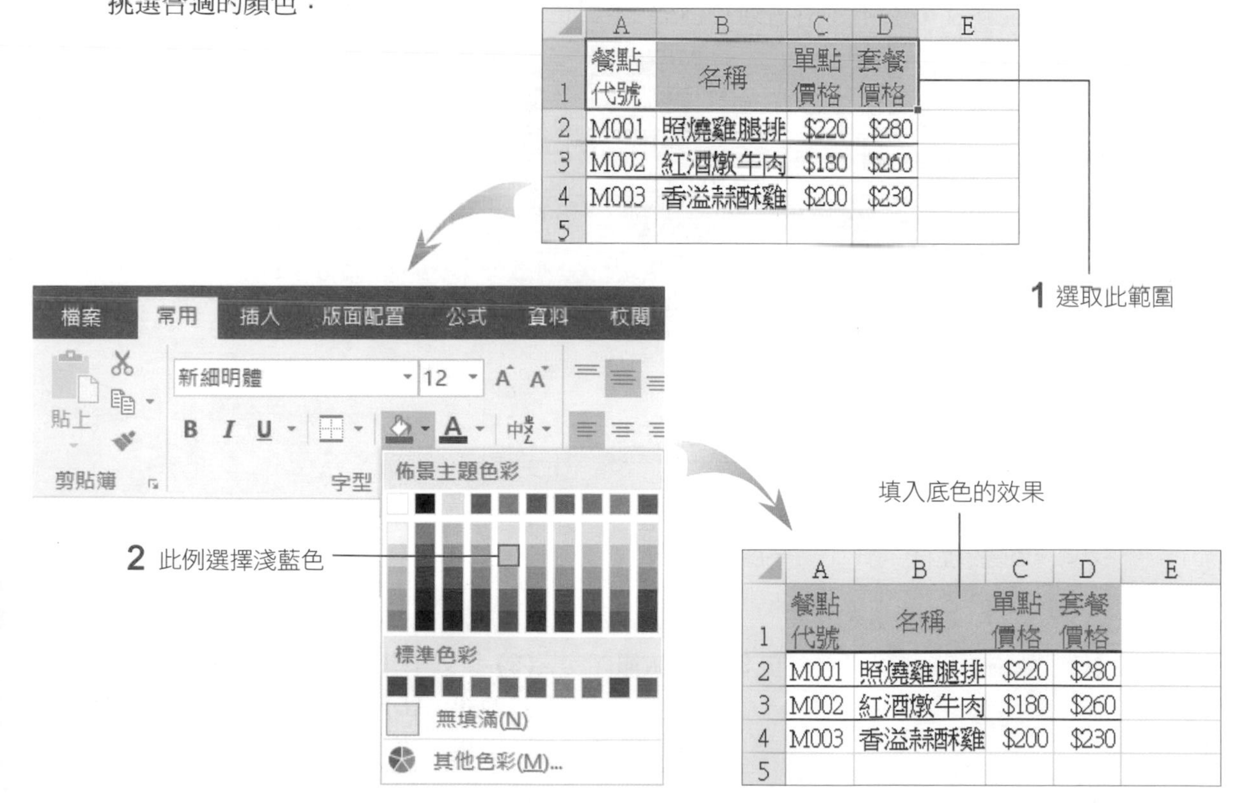

STEP 02 再來試試圖樣的變化。請同樣選取 A1：D1, 然後切換到**常用**頁次, 按下**字型**區右下角的 ↘ 鈕, 開啟**儲存格格式**交談窗, 並切換到**填滿**頁次：

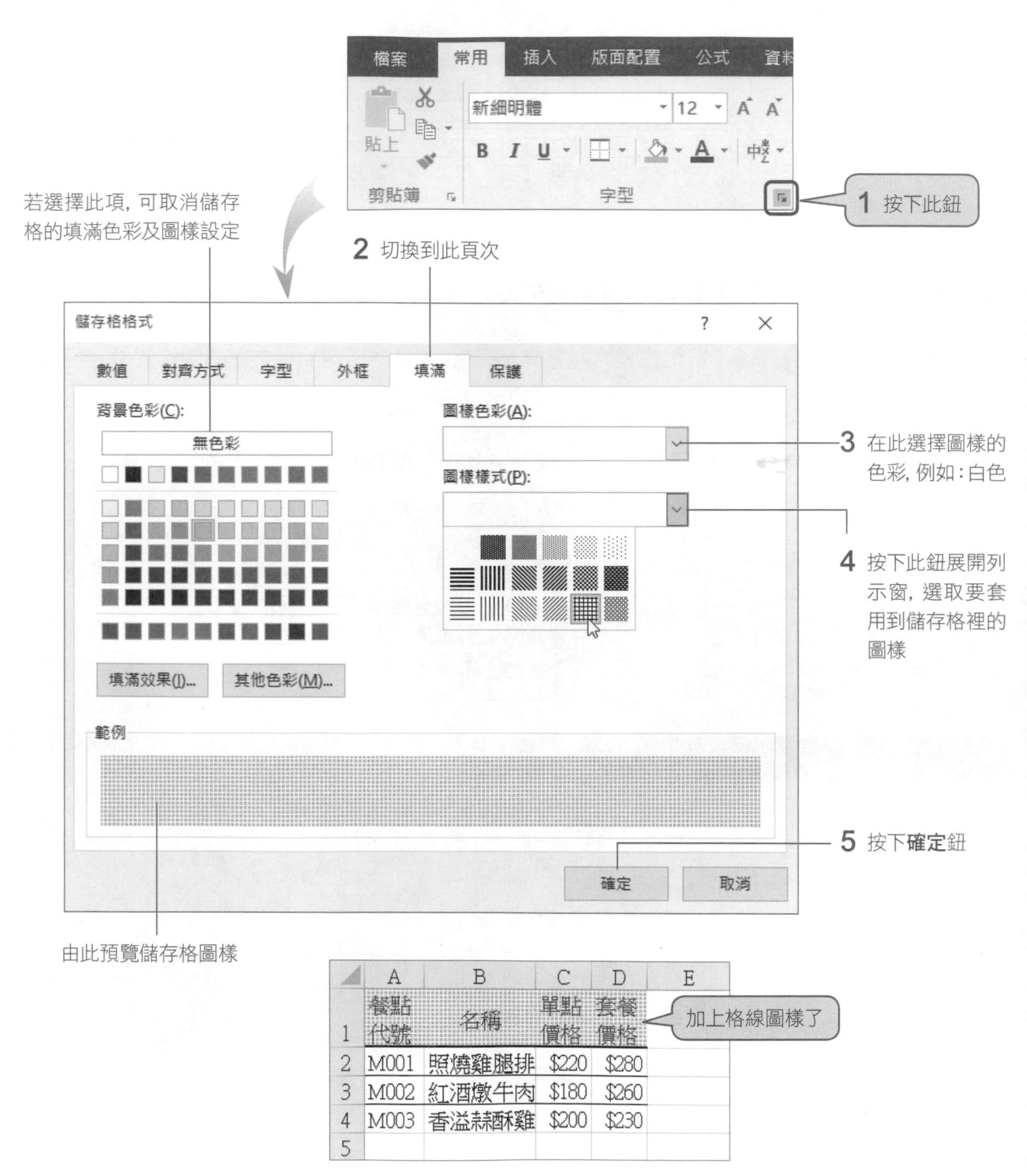

	A	B	C	D	E
1	餐點代號	名稱	單點價格	套餐價格	
2	M001	照燒雞腿排	$220	$280	
3	M002	紅酒燉牛肉	$180	$260	
4	M003	香溢赫酥雞	$200	$230	
5					

快速套用相同的儲存格格式

當您為儲存格加上字型、框線、圖樣等格式設定後，若想為其它的儲存格 (或範圍) 套上相同的格式設定，可切換到**常用**頁次，按下**剪貼簿**區的**複製格式**鈕來快速完成。

接續剛才的範例，我們要將設定好的儲存格格式複製到 A3：D3 儲存格中：

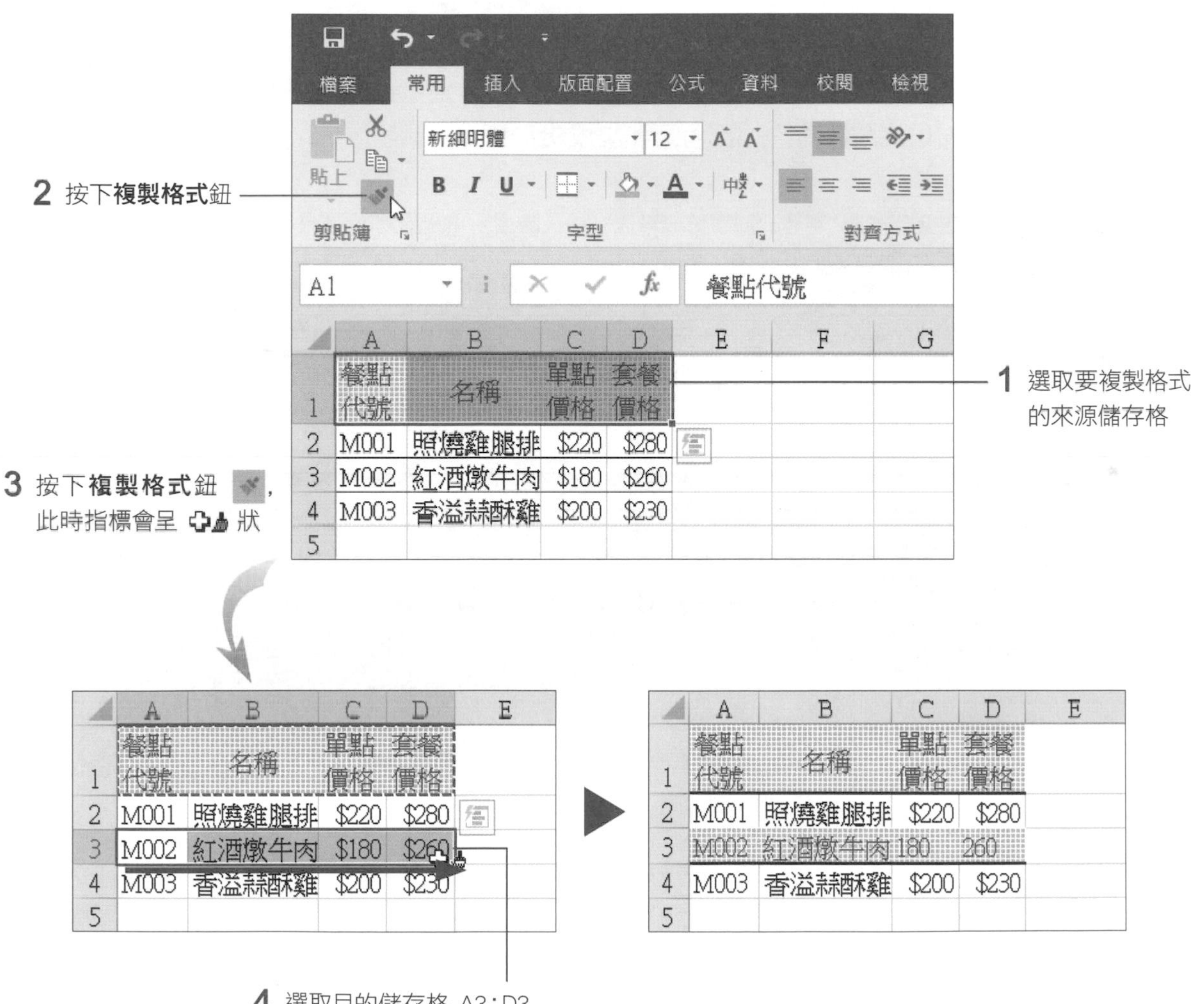

5-7 將儲存格的數值變化建立成走勢圖

學會文字的格式設定、對齊方式, 與儲存格框線、圖樣變化, 回歸原點, 最重要的還是放在儲存格裡的內容。這一節將介紹的走勢圖, 可以幫助我們將儲存格的數值圖表化, 透過儲存格上的**走勢圖**, 一眼就能洞悉數值的變化趨勢。

走勢圖可用來表現每個儲存格的數值變化, 讓我們能看到數值的高低起伏, 例如每月份的最高氣溫、每日股市的最高/最低價等, 都可以建立成**走勢圖**。

TIP **走勢圖**只能建立在儲存格內, 若想要將整份資料建立成長條圖、雷達圖等專業分析圖, 或是想加入 X、Y 座標軸, 則是屬於**圖表**的範籌, 請參考第 6 章的說明。

STEP 01 請開啟範例檔案 E05-05, 我們要用**走勢圖**畫出每項支出及儲蓄的高低走勢。首先切換至**插入**頁次, 按下**走勢圖**區的**折線圖**鈕：

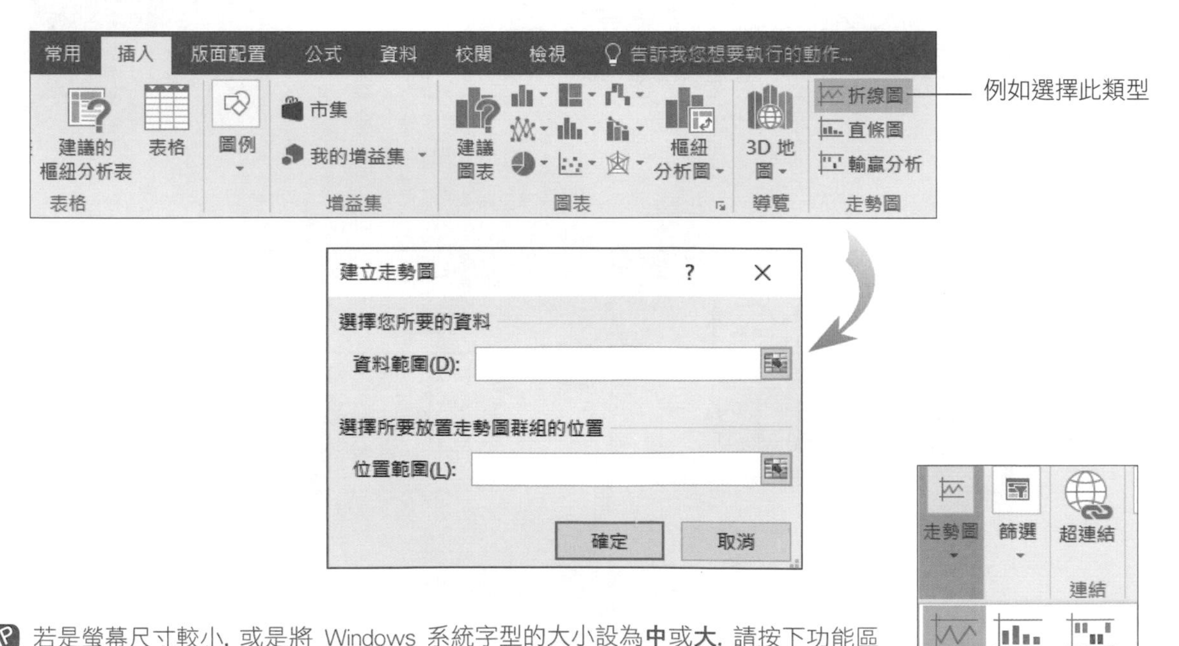

TIP 若是螢幕尺寸較小, 或是將 Windows 系統字型的大小設為**中**或**大**, 請按下功能區中的**走勢圖**鈕, 再從中選取**折線圖**。

STEP 02 開啟**建立走勢圖**交談窗後, 要選取資料範圍。請按下**資料範圍**欄的 鈕先折疊交談窗, 再選取資料範圍 B3：G10：

	A	B	C	D	E	F	G	H
1	個人每月收入及支出記錄							
2		1 月	2 月	3 月	4 月	5 月	6 月	分析圖表
3	薪資收入	35,000	35,000	35,000	35,000	35,000	35,000	
4	保險	3,600	3,600	3,600	3,600	3,600	3,600	
5	飲食費	6,700	8,000	5,000	5,200	6,500	7,600	
6	置裝費	10,300	5,200					
7	交通費	3,500	3,600					
8	娛樂費	3,000	12,000					
9	婚喪支出	6,000	4,000	-	-	2,000	6,000	
10	儲蓄	1,900	- 1,400	4,400	6,100	800		

建立走勢圖 ? ×

B3:G10

選取之後再按下此鈕展開交談窗

STEP 03 改按下交談窗中**位置範圍**右側的 鈕, 這次要選擇走勢圖要放置的位置 H3：H10：

	A	B	C	D	E	F	G	H
1	個人每月收入及支出記錄							
2		1 月	2 月	3 月	4 月	5 月	6 月	分析圖表
3	薪資收入	35,000	35,000	35,000	35,000	35,000	35,000	
4	保險	3,600	3,600	3,600	3,600	3,600	3,600	
5	飲食費	6,700						
6	置裝費	10,300						
7	交通費	3,500						
8	娛樂費	3,000	12,000	6,000	8,000	3,500	2,000	
9	婚喪支出	6,000					6,000	
10	儲蓄	1,900					4,300	

建立走勢圖 ? ×

$H$3:$H$10

走勢圖範圍會自動建立成絕對參照位置

STEP 04 再次按下 鈕展開交談窗, 並按下**確定**鈕, 就會在設定的儲存格位置看到走勢圖了。

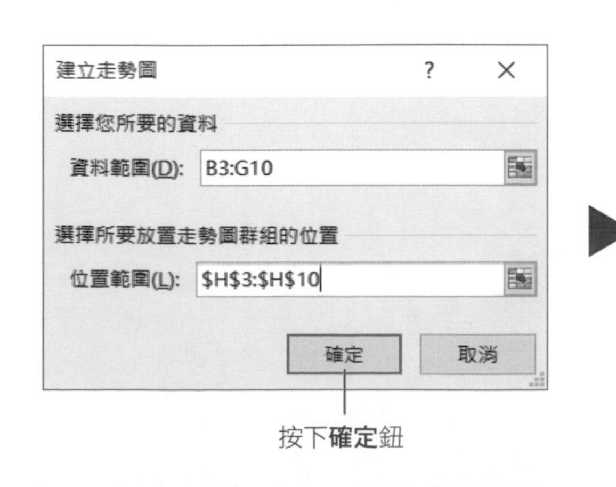

E	F	G	H
收入及支出記錄			
4 月	5 月	6 月	分析圖表
35,000	35,000	35,000	
3,600	3,600	3,600	
5,200	6,500	7,600	
7,600	15,000	8,000	
4,500	3,600	3,500	
8,000	3,500	2,000	
-	2,000	6,000	
6,100	800	4,300	

STEP 05 為看清楚走勢圖的變化，我們可以在折線上加入**標記**，或進行顏色樣式的設定。請選取 H3：H10 任一儲存格，再切換到**走勢圖工具/設計**頁次：

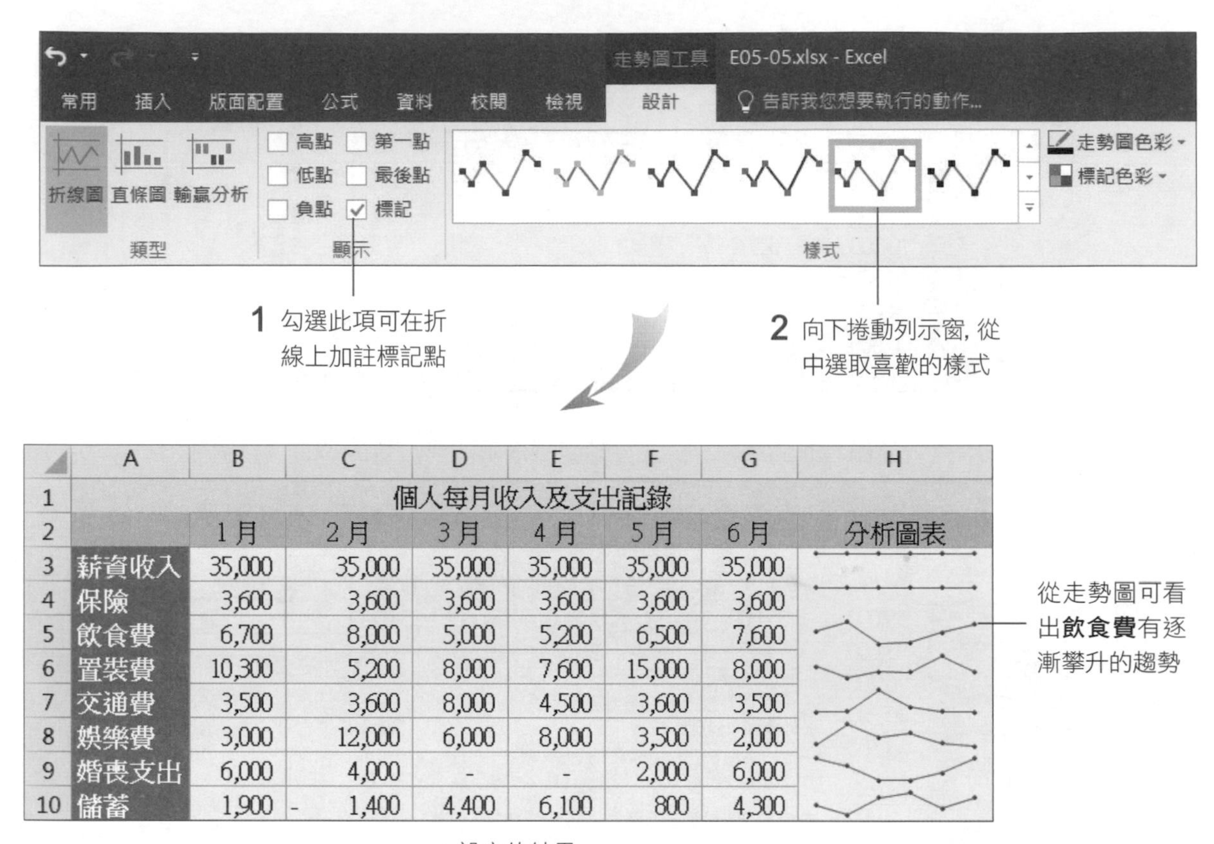

	A	B	C	D	E	F	G	H
1	個人每月收入及支出記錄							
2		1月	2月	3月	4月	5月	6月	分析圖表
3	薪資收入	35,000	35,000	35,000	35,000	35,000	35,000	
4	保險	3,600	3,600	3,600	3,600	3,600	3,600	
5	飲食費	6,700	8,000	5,000	5,200	6,500	7,600	
6	置裝費	10,300	5,200	8,000	7,600	15,000	8,000	
7	交通費	3,500	3,600	8,000	4,500	3,600	3,500	
8	娛樂費	3,000	12,000	6,000	8,000	3,500	2,000	
9	婚喪支出	6,000	4,000	-	-	2,000	6,000	
10	儲蓄	1,900	- 1,400	4,400	6,100	800	4,300	

▲設定的結果

日後不需要再參考走勢圖時，請先選取任一走勢圖儲存格，切換至**走勢圖工具/設計**頁次後，按下**群組**區的**清除**鈕的右側箭頭，執行『**清除選取的走勢圖群組**』命令。

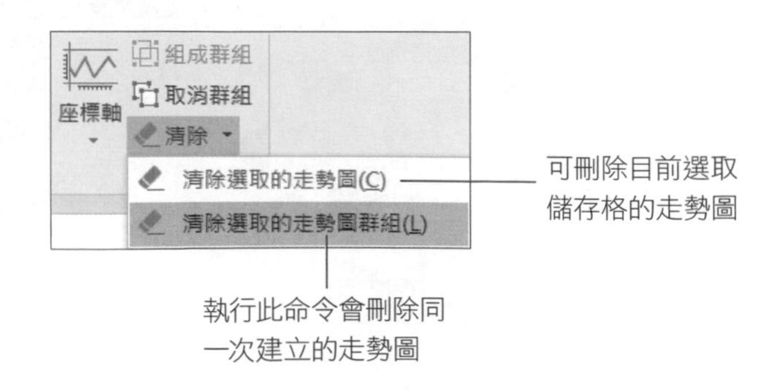

實用的知識　找出每季業績銷售前 3 名的業務員

想要強調工作表中的某些資料，例如成績達 90 分以上、銷售額未達標準、高於平均、…等，便可利用**設定格式化的條件**功能，自動將符合條件的資料以特別格式標示出來。底下我們就帶你用此功能找出每季業績前 3 名的業務員。

STEP 01 請開啟範例檔案 E05-06，選取儲存格 B3：B16，按下**常用**頁次**樣式**區的**設定格式化的條件**鈕，執行『**頂端/底端項目規則/前 10 個項目**』命令，先查詢第一季業績最好的前 3 名：

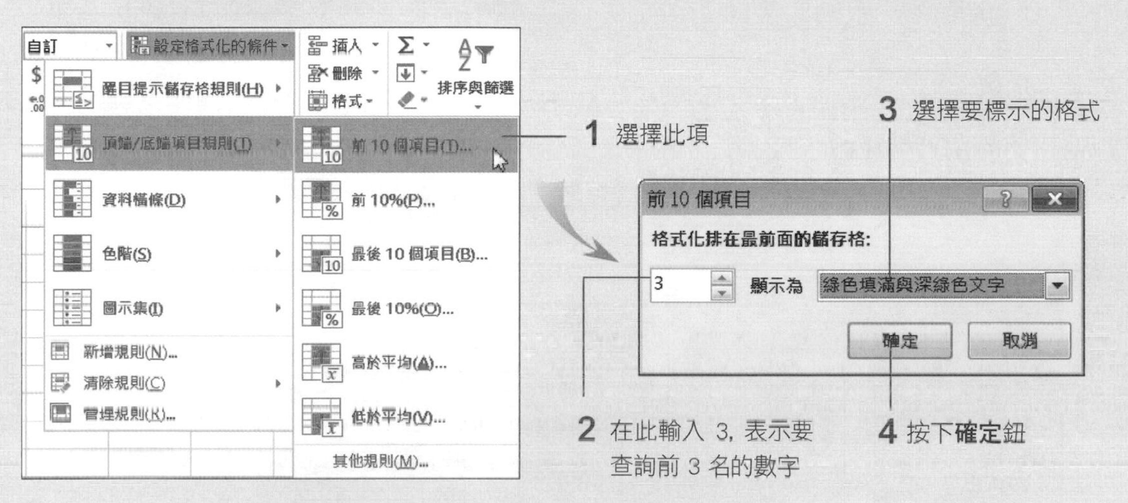

	A	B	C	D	E
1	業務員銷售業績一覽表				
2	姓名	第一季	第二季	第三季	第四季
3	趙一銘	-255	1,258	2,210	3,360
4	陳永凰	1,986	1,756	2,036	4,320
5	施夢達	2,254	1,458	1,698	3,605
6	柳柏翔	1,354	-157	2,150	3,820
7	吳美瑜	4,250	4,500	4,462	5,621
8	趙智威	856	2,100	2,100	4,082
9	洪怡伶	1,056	1,856	1,254	3,525
10	鄭志誠	1,523	-205	2,140	3,854
11	陳浩廷	2,157	1,865	2,149	4,850
12	王恩宏	2,300	2,610	1,540	3,345
13	賴景志	1,235	2,201	1,035	3,550
14	張誠家	2,412	1,834	2,000	5,213
15	柯裕其	-374	2,130	2,240	4,410
16	林思平	2,546	2,452	1,100	4,350

列出第 1 季的前 3 名了

TIP 雖然命令名稱是『**前 10 個項目**』，不過我們可自訂要找出幾個排列在前的項目。

STEP 02 接著再分別選取 C3:C16、D3:D16 及 E3:E16 儲存格範圍，用同樣的方式找出第二到第四季業績最好的前 3 名：

	A	B	C	D	E
1	業務員銷售業績一覽表				
2	姓名	第一季	第二季	第三季	第四季
3	趙一銘	-255	1,258	2,210	3,360
4	陳永凰	1,986	1,756	2,036	4,320
5	施夢達	2,254	1,458	1,698	3,605
6	柳柏翔	1,354	-157	2,150	3,820
7	吳美瑜	4,250	4,500	4,462	5,621
8	趙智威	856	2,100	2,100	4,082
9	洪怡伶	1,056	1,856	1,254	3,525
10	鄭志誠	1,523	-205	2,140	3,854
11	陳浩廷	2,157	1,865	2,149	4,850
12	王恩宏	2,300	2,610	1,540	3,345
13	賴景志	1,235	2,201	1,035	3,550
14	張誠家	2,412	1,834	2,000	5,213
15	柯裕其	-374	2,130	2,240	4,410
16	林思平	2,546	2,452	1,100	4,350

標示出每一季的前 3 名後，我們可以清楚地看出「吳美瑜」每一季業績都在前 3 名

若是想找出每季業績倒數 3 名的業務員，也可以利用**設定格式化的條件**來達成。在此以第一季的銷售業績做示範，請選取 B3：B16 範圍，按下**常用**頁次**設定格式化的條件**鈕，執行『**頂端/底端項目規則/最後 10 個項目**』命令：

最後 10 個項目
格式化排在最後面的儲存格:
3
顯示為
淺紅色填滿與深紅色文字
確定
取消
2 選擇要標示的格式
3 按下確定鈕
用不同的格式，標示出倒數 3 名的業績
1 在此輸入 3，表示要查詢最後 3 名的數字

TIP 繼續如上操作，即可查出第二季到第四季銷售業績倒數 3 名的業務員了。

建立圖表

- 建立圖表物件
- 調整圖表物件的位置及大小
- 變更已建立的圖表類型
- 變更圖表的資料範圍
- 美化圖表

6-1 建立圖表物件

工作表中的資料若用圖表來表達, 可以讓資料更具體、更容易了解。Excel 提供非常多樣的圖表類型供您使用, 只要依照資料類型選擇適當的圖表, 就能迅速製作出專業的資料圖表。

請切換到**插入**頁次, 即可在**圖表**區看到許多圖表類型。

不同類型的圖表所表達的意義也不同, 例如**折線圖**可表達趨勢走向；**直條圖**強調數量的差異。建立圖表時, 可以依自己的需求來選擇。

在工作表中建立圖表物件

首先我們來學習如何在工作表中建立圖表物件。

STEP 01 請開啟範例檔案 E06-01, 選取 A3：E7 範圍, 我們要將這些銷售資料繪製成直條圖。

	A	B	C	D	E	F
1	第一季高級房車銷售量					
2						
3	廠牌	一月	二月	三月	總計	
4	福特	1215	985	753	2953	
5	賓士	983	745	1250	2978	
6	裕隆	1536	962	1123	3621	
7	三菱	756	569	628	1953	
8						
9						

STEP 02 切換到**插入**頁次, 在**圖表**區中按下**插入直條圖或橫條圖**鈕, 選擇**群組直條圖**：

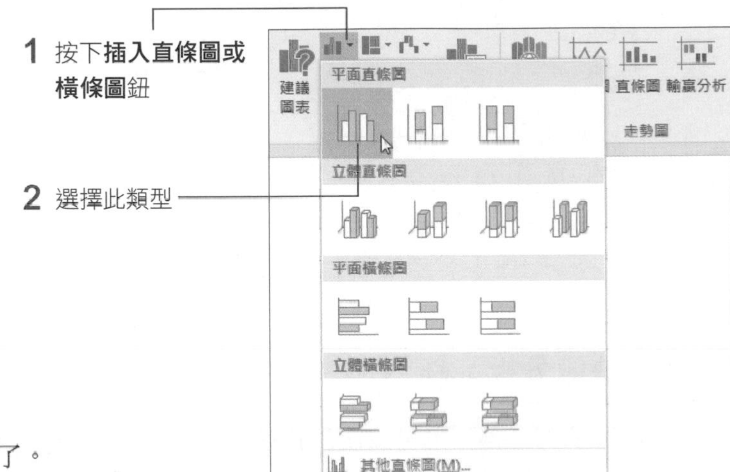

STEP 03 隨即在工作表中建立好圖表物件了。

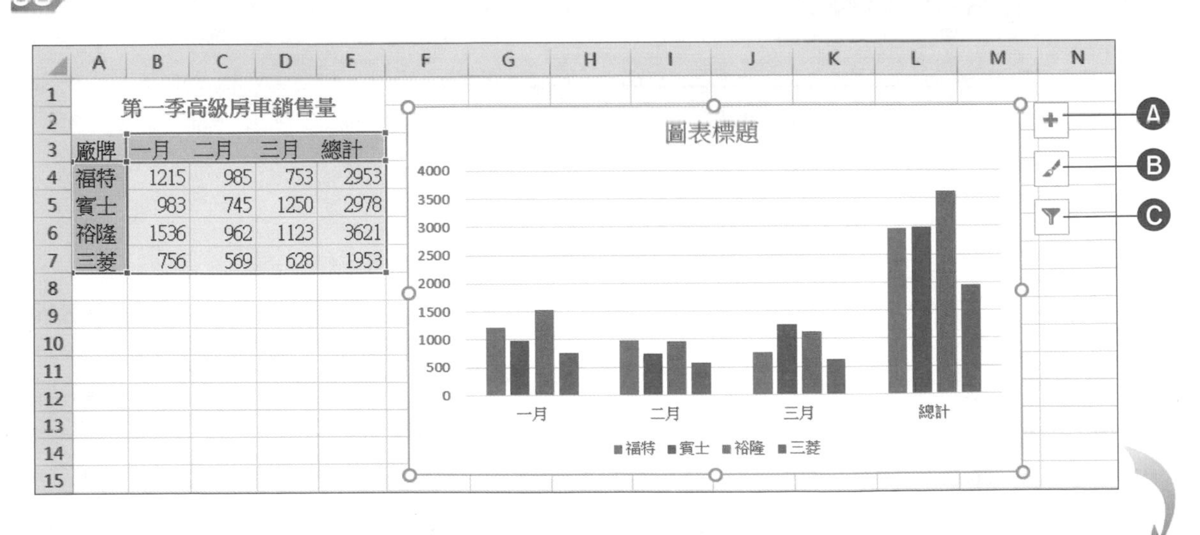

TIP 若是變更了圖表的來源資料, 圖表會自動修正內容, 不需重新繪製圖表。

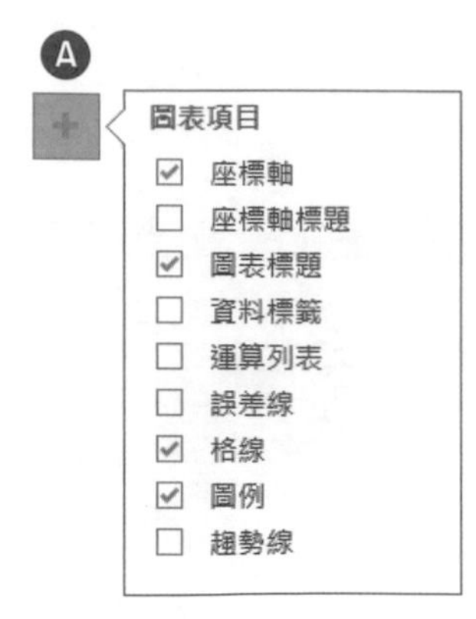

▲ **圖表項目**，用來新增、移除或變更圖表的標題、圖例、格線和標籤資料

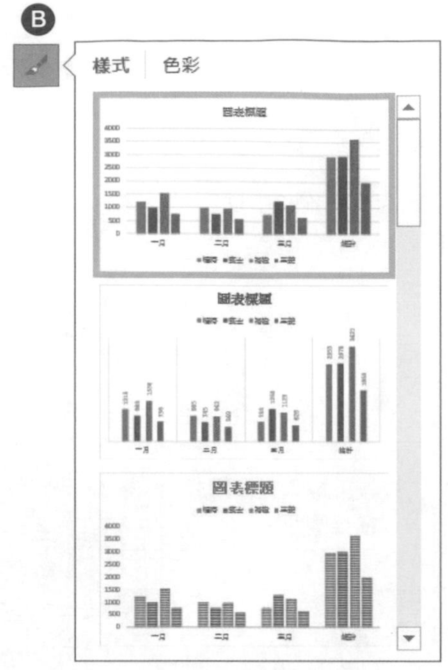

▲ **圖表樣式**，用來設定圖表的樣式和色彩配置

▲ **圖表篩選**，編輯圖表上顯示哪些資料點和名稱

使用『快速分析』鈕 建立圖表

除了上述方法外，也可以使用**快速分析**鈕 來建立圖表，選取 A3：E7 範圍後，會在選取範圍框線的右下角出現 。

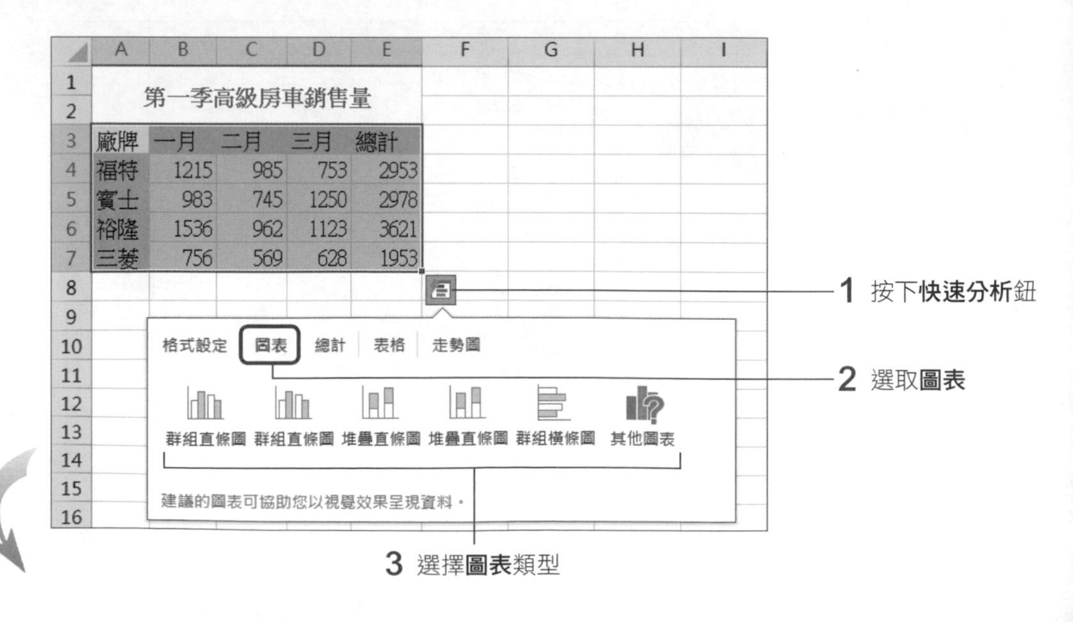

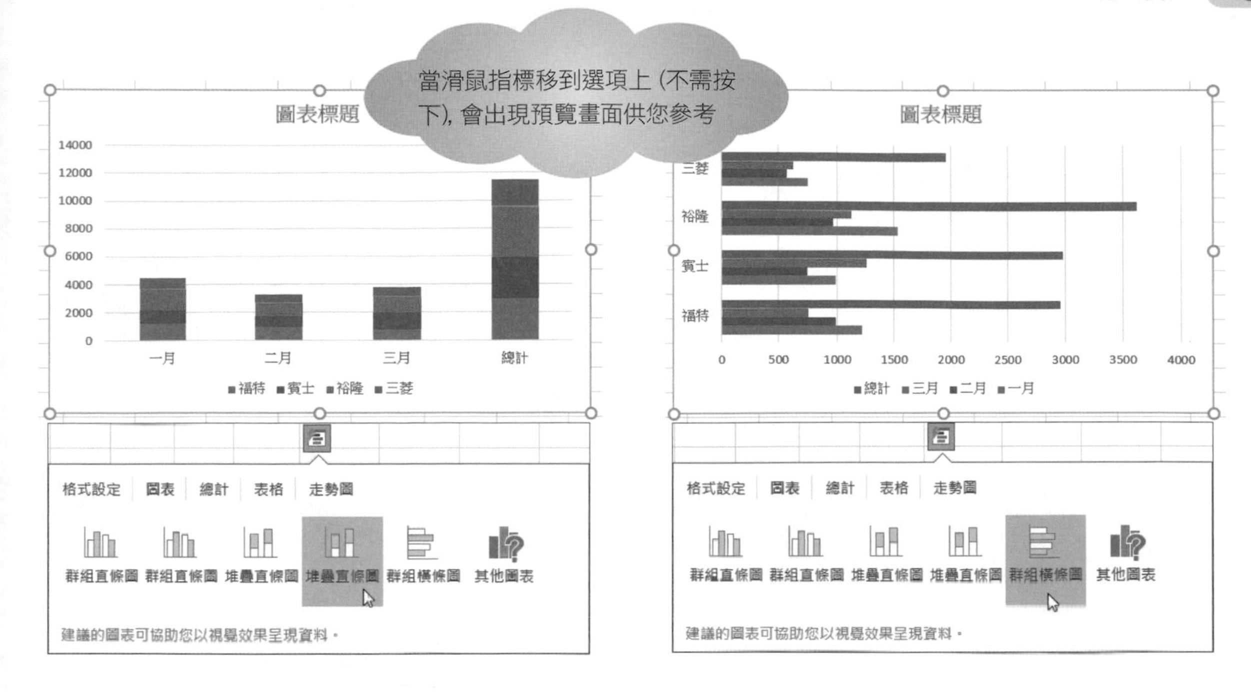

您也可以按下**其他圖表**鈕，開啟**插入圖表**交談窗，選擇您需要的圖表樣式。或是切換至**插入**頁次的**圖表**區按下**建議圖表**鈕 亦會開啟**插入圖表**交談窗。可以快速預覽資料在不同圖表中所呈現的結果，然後挑選一個能表現您想要傳達之資訊的圖表。

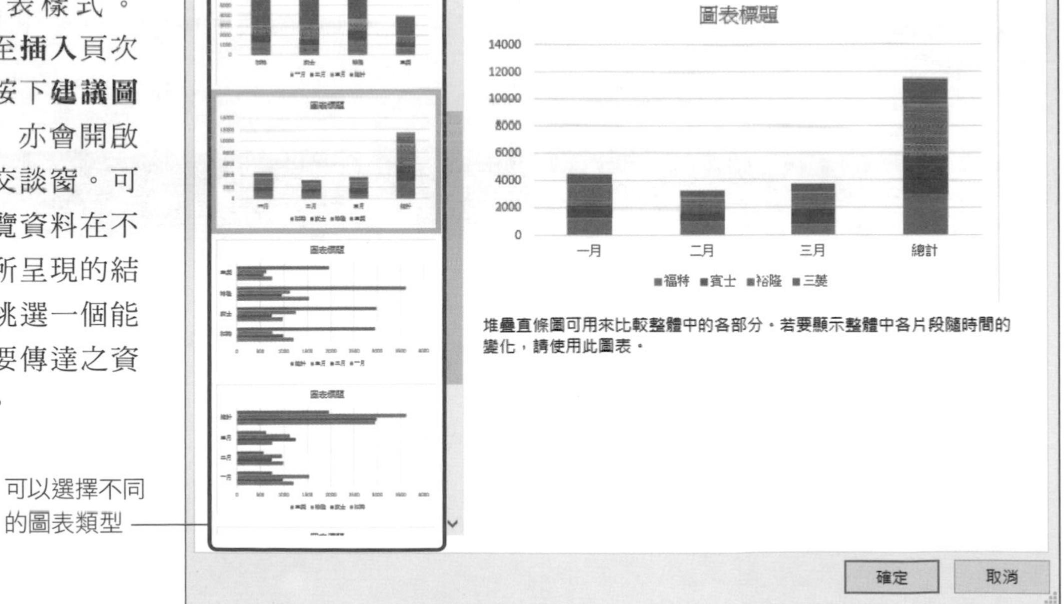

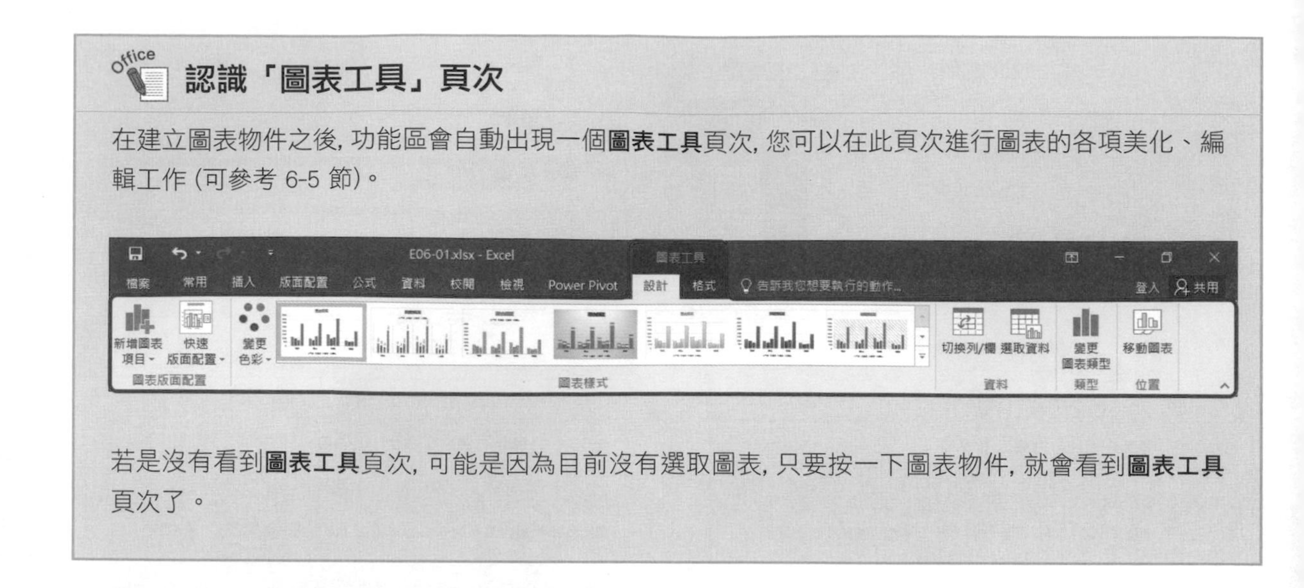

認識「圖表工具」頁次

在建立圖表物件之後，功能區會自動出現一個**圖表工具**頁次，您可以在此頁次進行圖表的各項美化、編輯工作 (可參考 6-5 節)。

若是沒有看到**圖表工具**頁次，可能是因為目前沒有選取圖表，只要按一下圖表物件，就會看到**圖表工具**頁次了。

將圖表移動到新工作表中

剛才建立的圖表物件和資料來源放在同一個工作表中，最大的好處是可以對照資料來源中的數據。但若是圖表太大，反而容易遮住資料內容，此時您可以將圖表移動到新的工作表中：

STEP 01 請先選取圖表物件後 (在圖表上按一下即可選取)，切換到**圖表工具/設計**頁次，再按下**移動圖表**鈕。

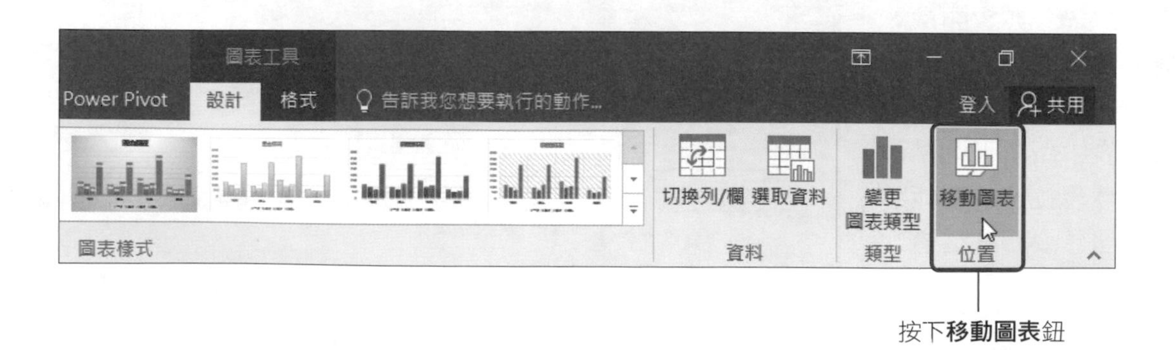

按下**移動圖表**鈕

STEP 02 開啟**移動圖表**交談窗後, 請選擇圖表要建立在**新工作表**或是移動到其他工作表中。

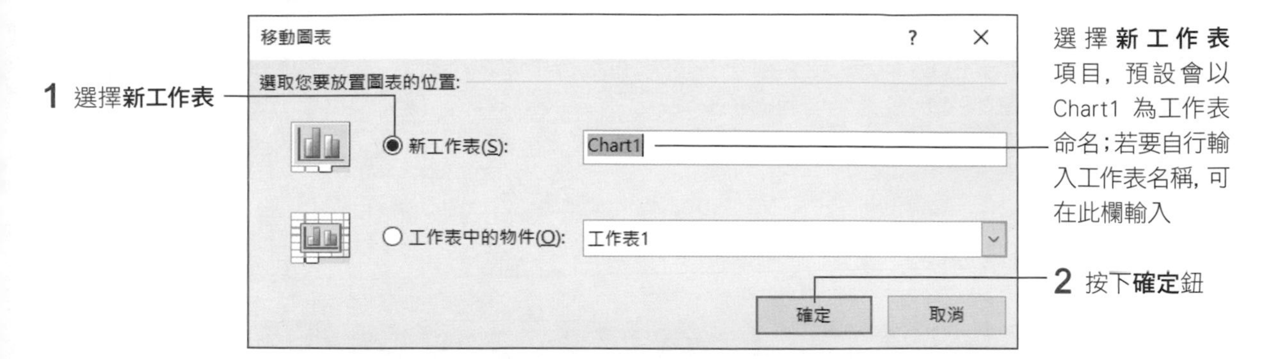

STEP 03 設定完成後, 會自動建立一個名稱為 "**Chart1**" 的新工作表, 並且顯示圖表物件。

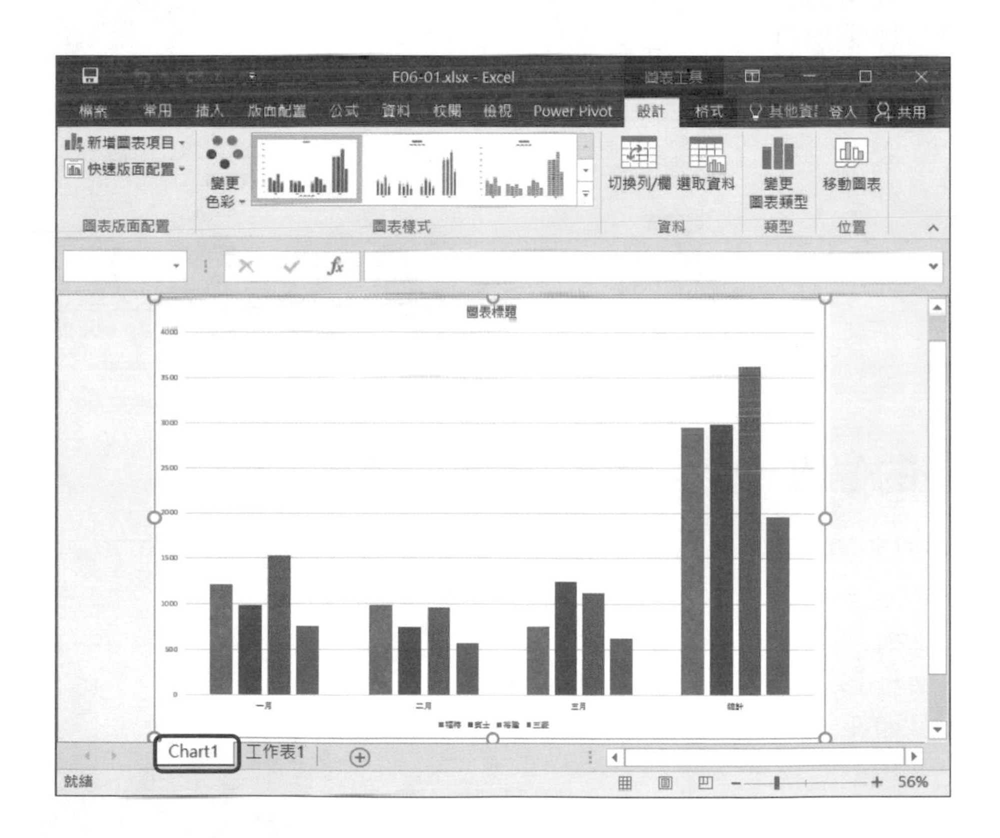

TIP 要將圖表建立在獨立的工作表中, 還有一個更快的方法, 那就是在選取資料來源 (A3：E7) 後, 直接按下 F11 鍵, 即可自動將圖表建立在 **Chart1** 工作表。

6-2 調整圖表物件的位置及大小

建立在工作表中的圖表物件, 位置和大小可能都不符合理想, 沒關係！只要稍加調整大小, 再拉曳到理想的位置就好了。這一節我們使用範例檔案 E06-02 來練習。

調整圖表的大小

如果圖表物件太大沒辦法在畫面上完整顯示, 或是圖表太小根本看不清楚, 您可以拉曳圖表物件周圍的控點來調整：

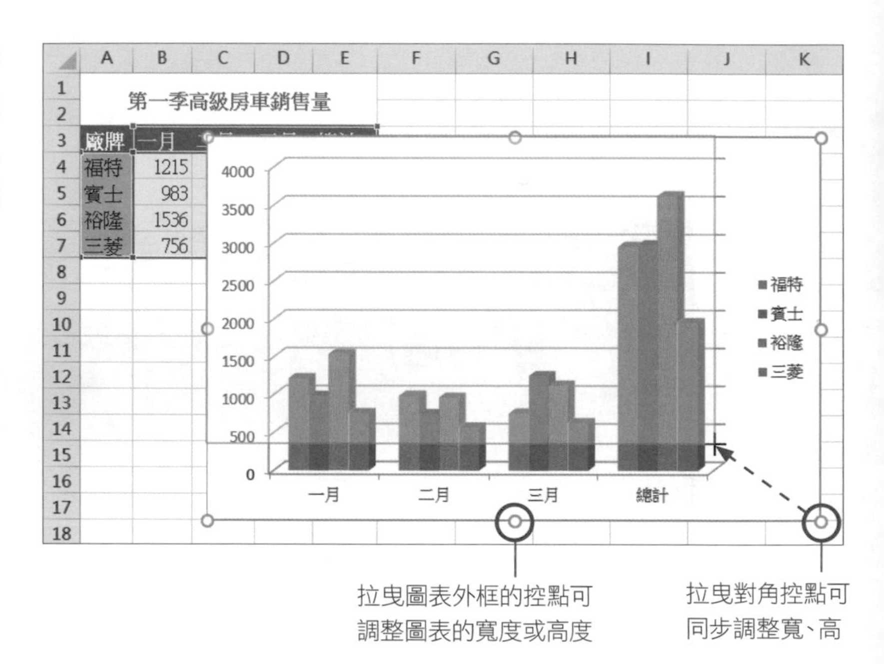

拉曳圖表外框的控點可調整圖表的寬度或高度

拉曳對角控點可同步調整寬、高

移動圖表的位置

圖表物件如果剛好覆蓋在來源資料上, 或者是擺放的位置不妥當, 您可以將指標移到圖表物件的外框上, 直接拉曳到適當的位置即可。

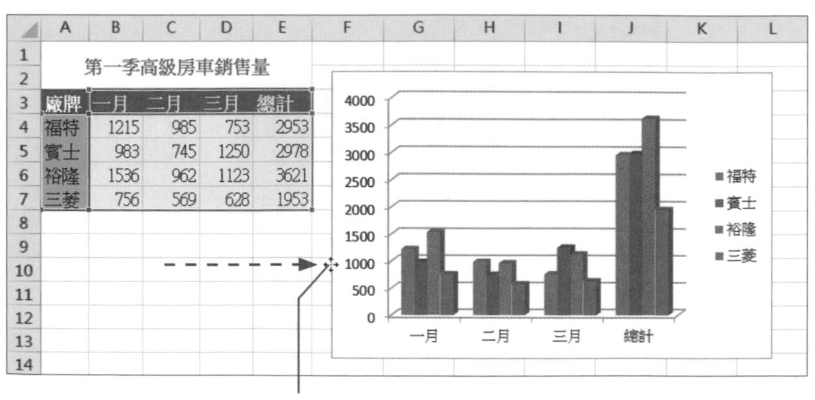

直接拉曳圖表物件的外框, 即可移動圖表

6-3 變更已建立的圖表類型

不同的圖表類型, 所表達的意義也不同。若是您覺得當初建立圖表時所選擇的圖表類型不適合, 該怎麼辦? 這一節我們先帶你了解一下選擇資料來源範圍與圖表類型的關係, 再告訴您如何替建立好的圖表更換圖表類型。

選取資料來源範圍與圖表類型的關係

每一種圖表類型都有自己的特色, 而且繪製的方法也不盡相同, 千萬別以為只要任意選取一個資料範圍, 就可以畫出各種圖表。例如, 資料範圍只包含一組數列時, 可選擇**圓形圖**來表達, 大多用在計算百分比、佔有率…等。

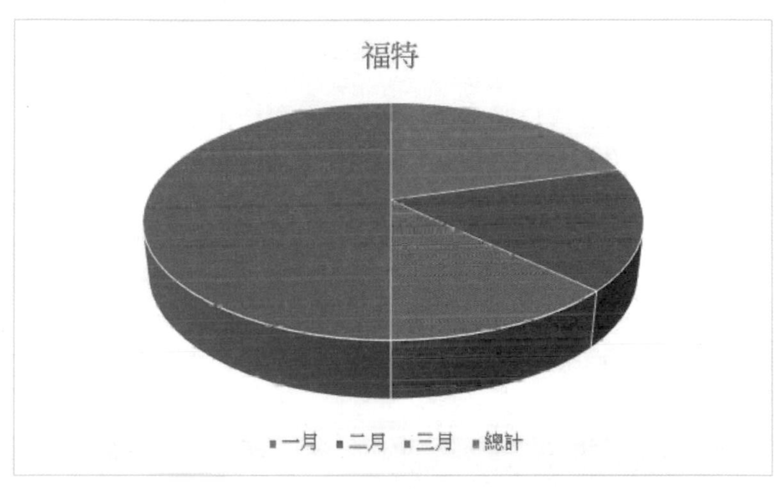

▲ 圓形圖

當選取的範圍包含兩組互相影響或有關係的數值時, 可選擇 X、Y 軸都能表現數值的**折線圖**, 常見的應用包括每年平均氣溫、股市每日賣出最高與最低點…等。

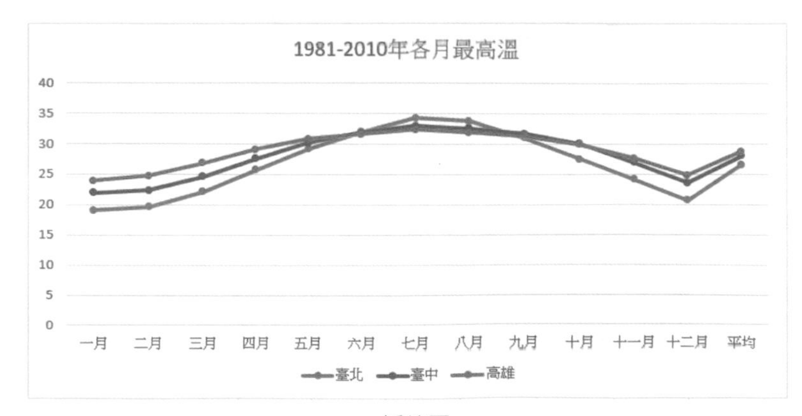

▲ 折線圖

在資料範圍包含多組類別時, 例如超過 3 個, 可以選擇每個類別都有自己數值座標軸的**雷達圖**, 常見的應用例如專業能力分析等。

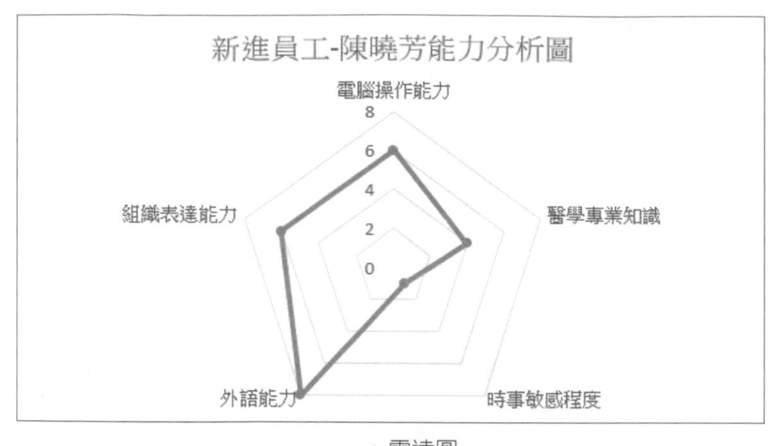

▲ 雷達圖

因此在選取資料範圍時, 應先考慮資料範圍要以什麼樣的圖表類型來表達, 又適合用什麼圖表來呈現最恰當。在徬徨無措時, 可以使用**建議圖表**, 提供適合您資料的圖表建議。

變更圖表類型

當圖表建立好以後, 若覺得原先設定的圖表類型不好, 請先選取圖表, 切換到**圖表工具/設計**頁次, 按下**類型**區的**變更圖表類型**鈕來更換。請開啟範例檔案 E06-03 來練習操作：

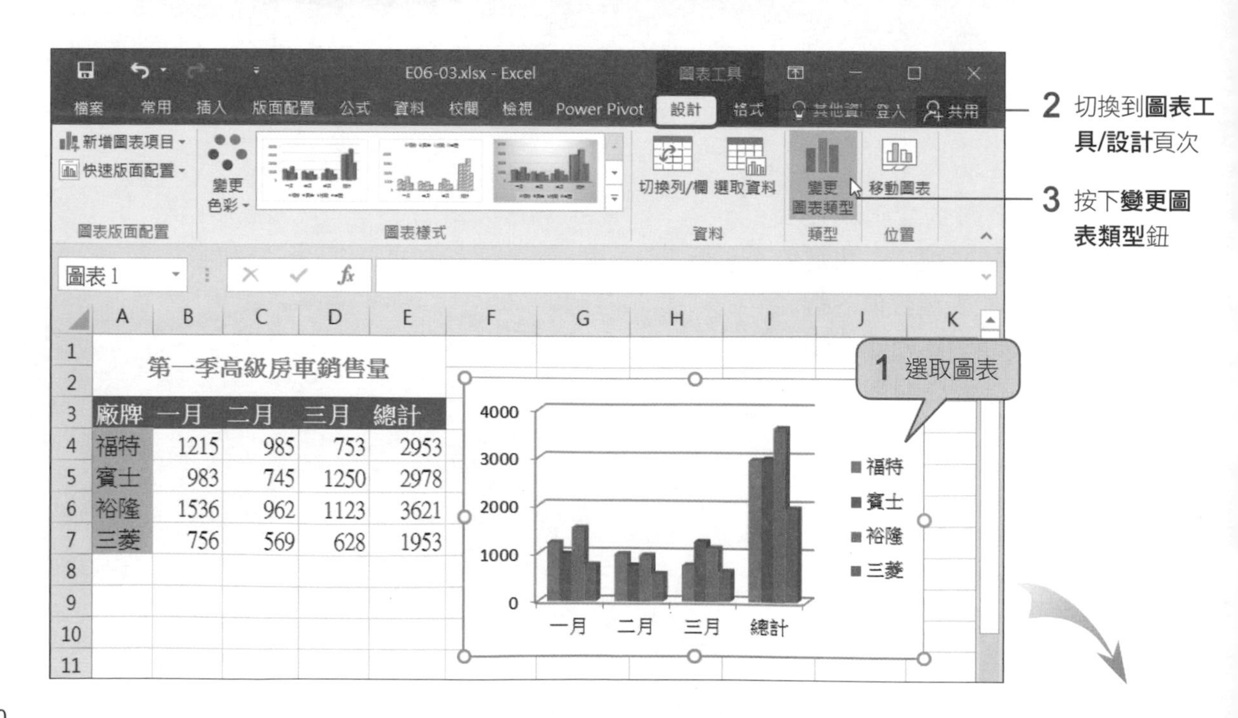

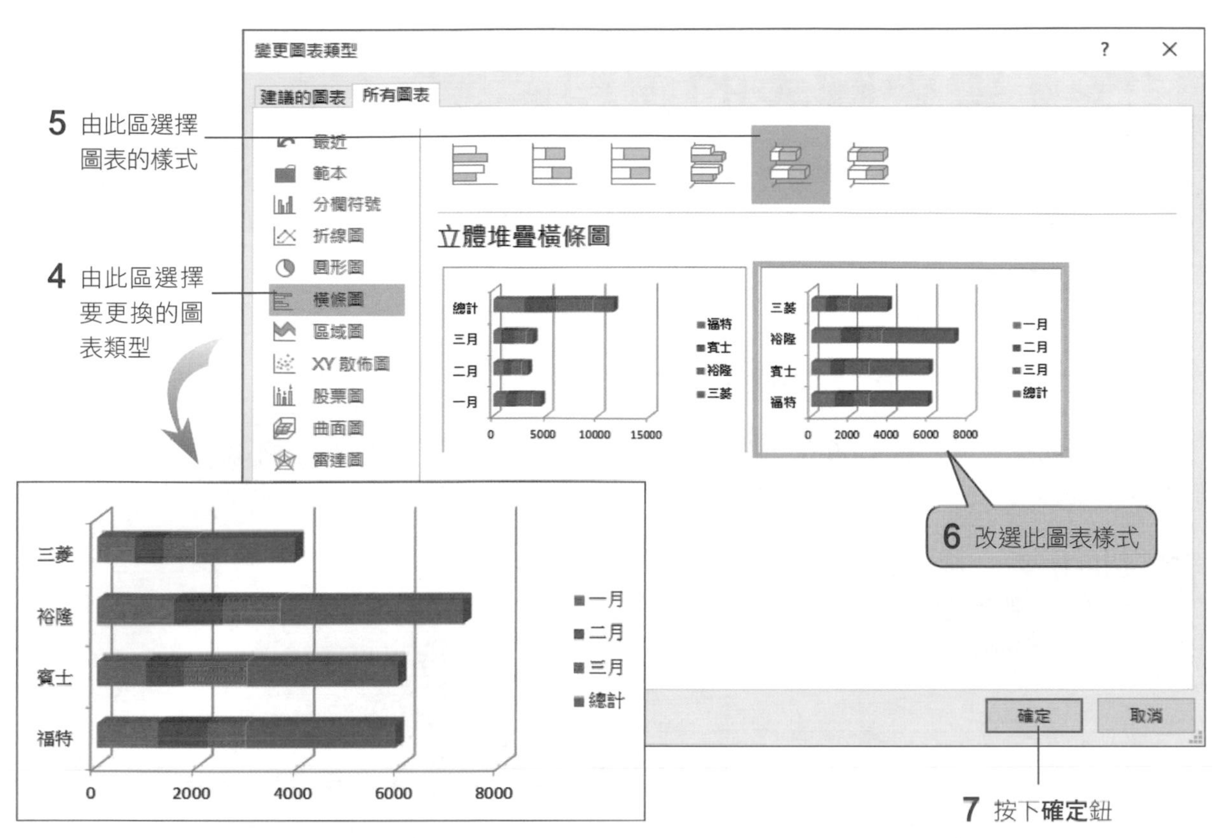

▲ 更換圖表類型了

套用相同圖表不同的版面配置

若只是對於圖表的版面配置不滿意，例如想將圖例放在下方、數值編入圖表內⋯等，則可按下**圖表工具/設計**頁次的**快速版面配置**鈕，設定相同圖表類型，不同的版面配置。

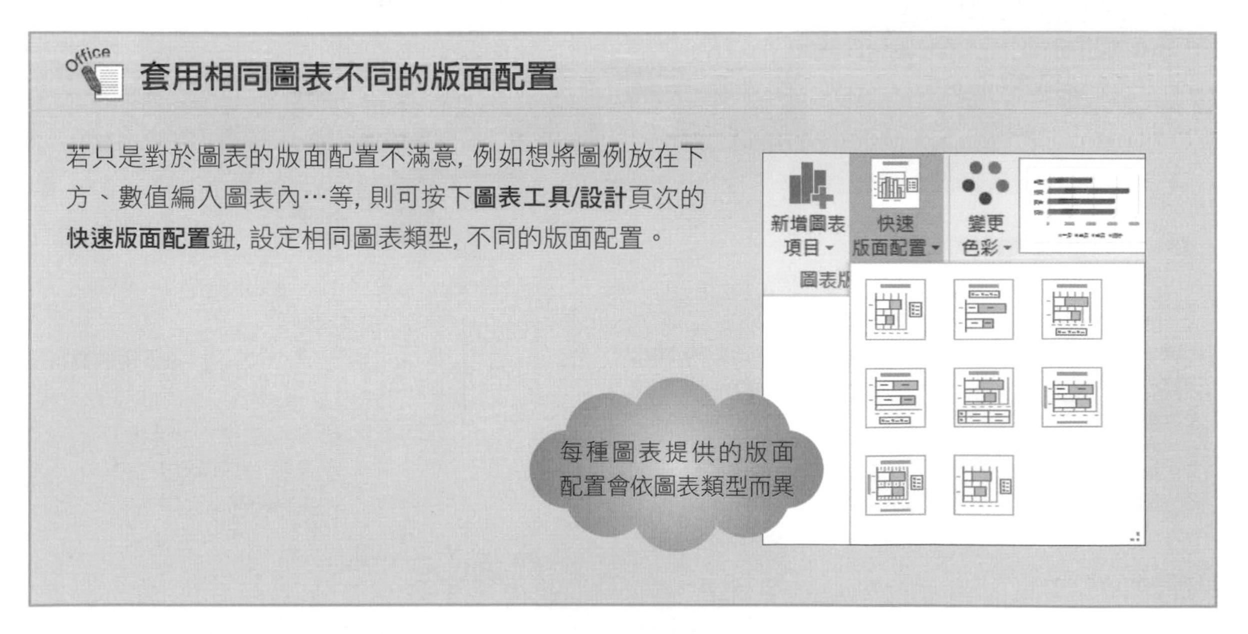

6-4 變更圖表的資料範圍

在建立好圖表之後, 才發現當初選取的資料範圍錯了, 或是想交換 X 座標軸與 Y 座標的內容, 此時您不用重新建立圖表, 只要變更建立圖表的資料範圍就行了, 這一節我們來學習這項實用的技巧。

修正已建立圖表的資料範圍

請重新開啟範例檔案 E06-03, 假設只需要 1 月到 3 月的銷售量, 而不需將第一季的總銷售量也繪製成圖表, 所以要重新選取資料範圍。

STEP 01 開啟檔案後, 請先選取要變更資料範圍的圖表:

選取圖表

4000
3000
2000
1000
0
一月 二月 三月 總計
福特
賓士
裕隆
三菱

多選了第一季總銷量的數據

STEP 02 切換到**圖表工具/設計**頁次, 然後按下**資料**區的**選取資料**鈕, 開啟**選取資料來源**交談窗來操作:

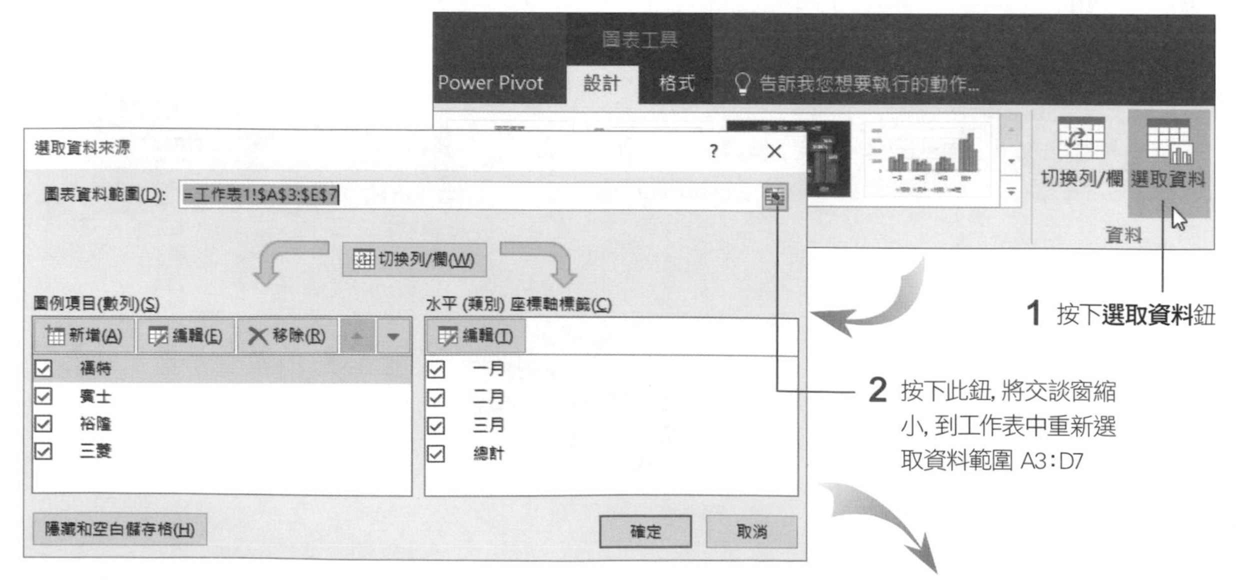

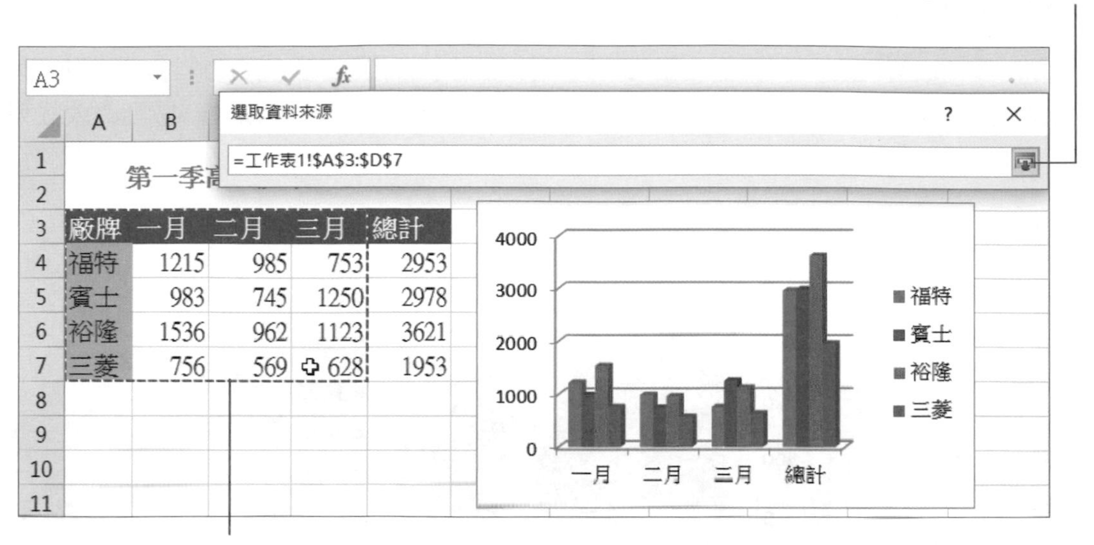

STEP 03 回到**選取資料來源**交談窗後, 按下**確定**鈕, 圖表即會自動依選取範圍重新繪圖。

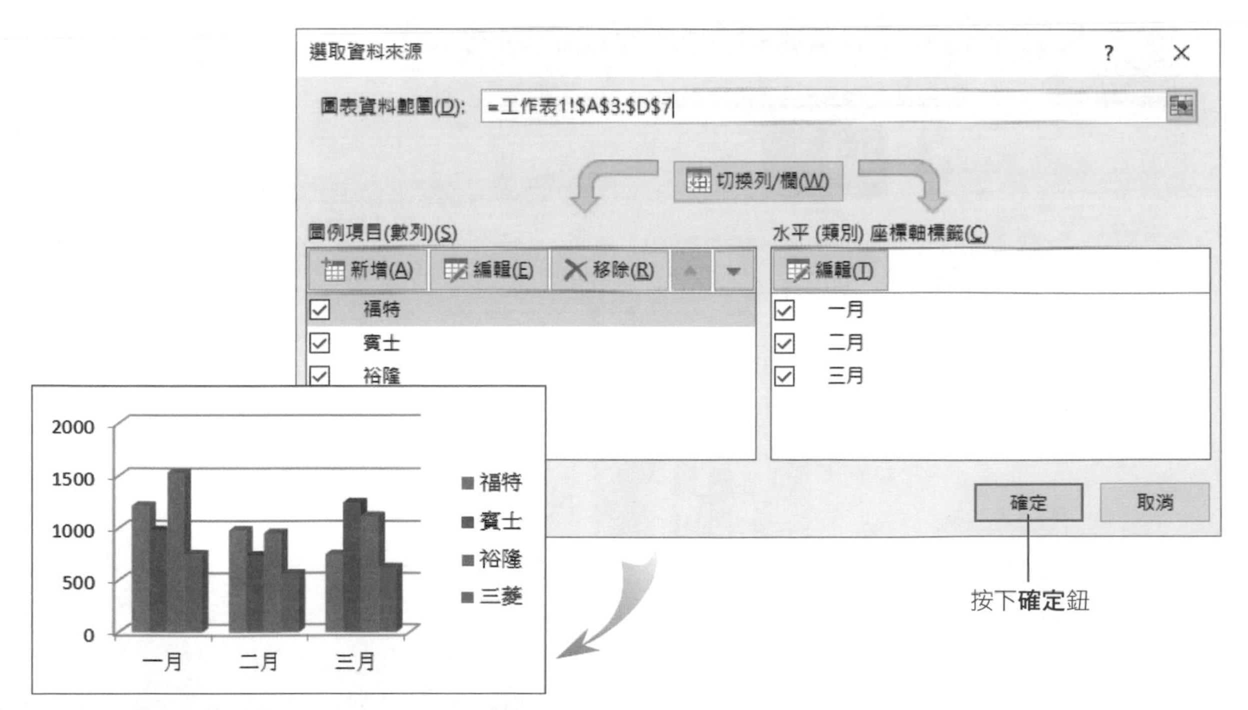

▲ 重新選取範圍後, 只剩下繪製 1 到 3 月的銷售量

變更由欄或列取得圖表資料

資料數列取得的方向有**循欄**及**循列**兩種。接續剛才的範例, 圖表的資料數列是來自**欄**, 所以 X 軸會是 1 到 3 月份；如果想將 X 軸變更為各家廠商, 那就要將資料數列改成從**列**取得。請如下操作：

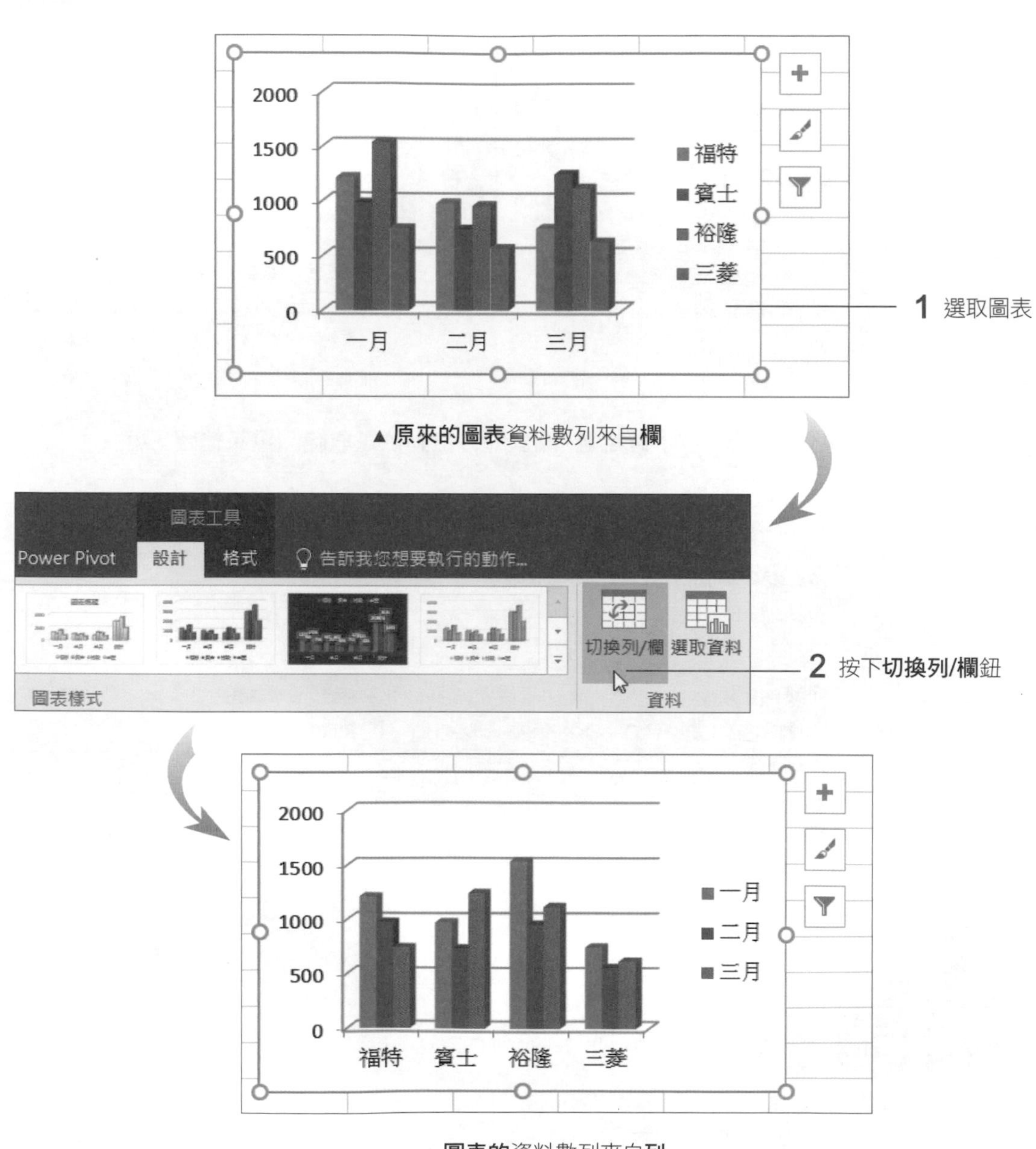

6-5 美化圖表

圖表是由多個元件組合而成, 例如：圖例、背景牆、水平座標軸等, 因此建立好圖表後, 還可以針對圖表中的各項元件做編輯或美化的工作, 讓圖表更美觀、看起來更專業。

請接續剛才的範例檔案 E06-03 操作, 我們要進行美化圖表的練習：

STEP 01 請選取**工作表 1** 的圖表物件, 然後切換到**圖表工具/設計**頁次, 首先要更換圖表樣式。

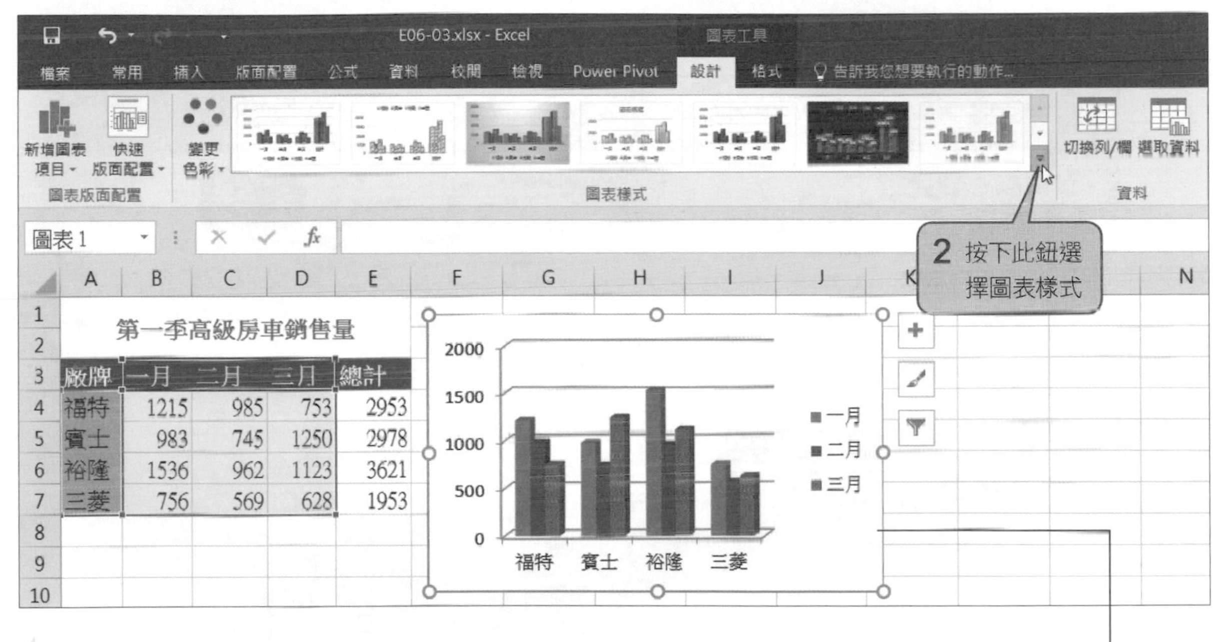

1 選取圖表, 功能區會自動切換到**圖表工具/設計**頁次

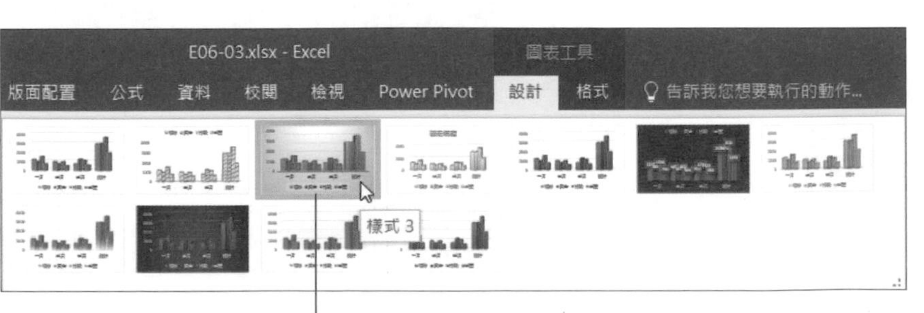

3 選擇喜歡的樣式

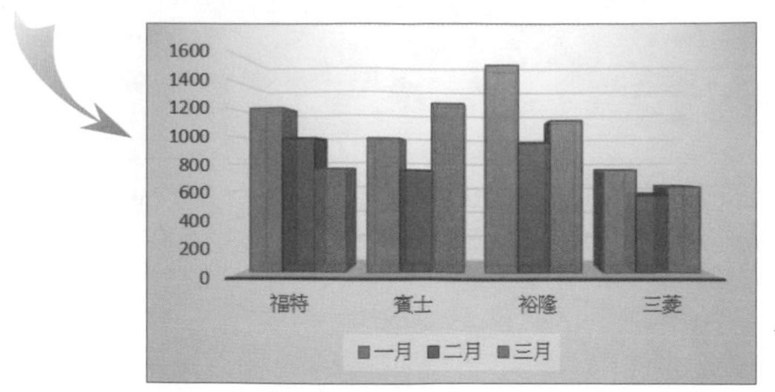

◄ 圖表套用新的樣式了

STEP 02 接著我們要更改圖例的擺放位置，請選取圖表後切換到**圖表工具/設計**頁次，在**圖表版面配置**區按下**新增圖表項目**鈕執行**圖例**命令中的**上**選項。

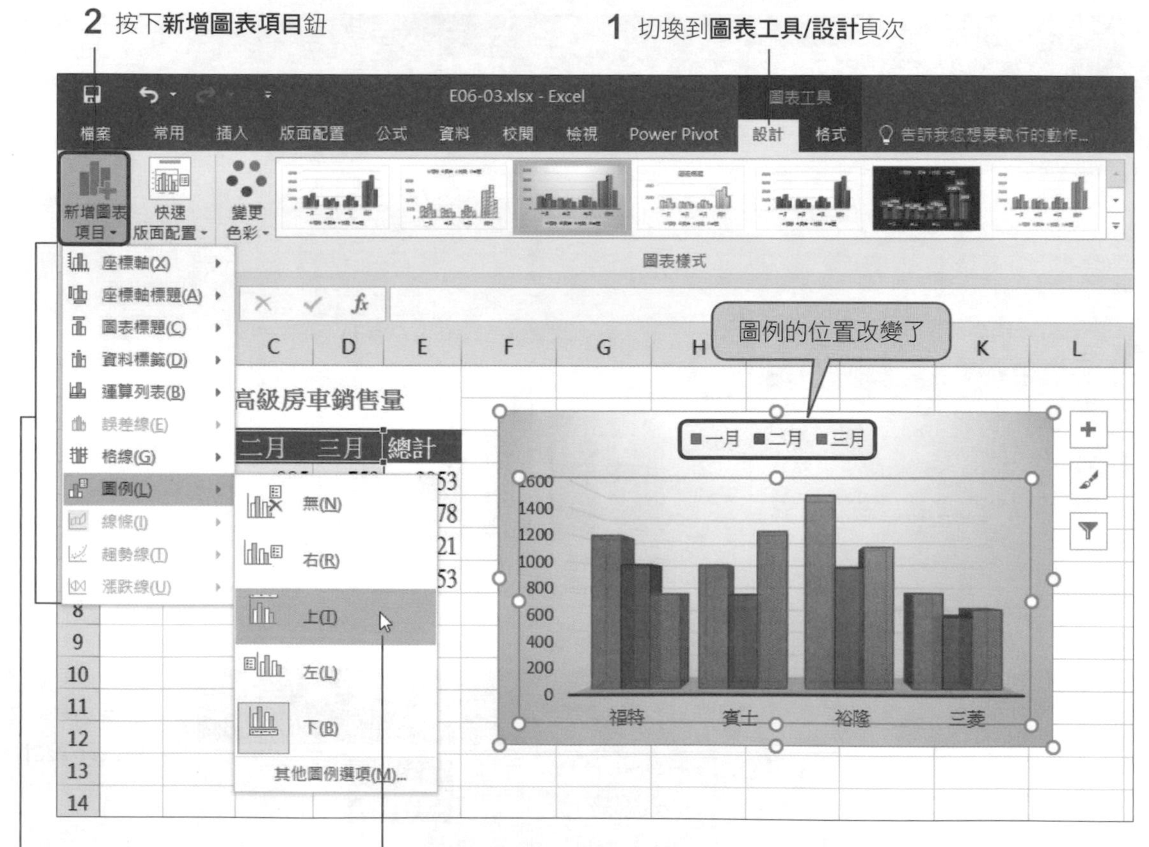

TIP 除了變更圖例的位置，您還可以切換到**圖表工具/設計**頁次中按下**新增圖表項目**鈕，或是選取圖表後，按下出現於圖表右上角的**圖表項目**鈕 ＋。可讓您快速選取並預覽圖表項目的變更，例如標題、座標軸標題或標籤…等標題是否顯示出來、…等。

STEP 03 再來變更圖表背景, 請在選取圖表後, 切換到**圖表工具/格式**頁次, 然後如下操作：

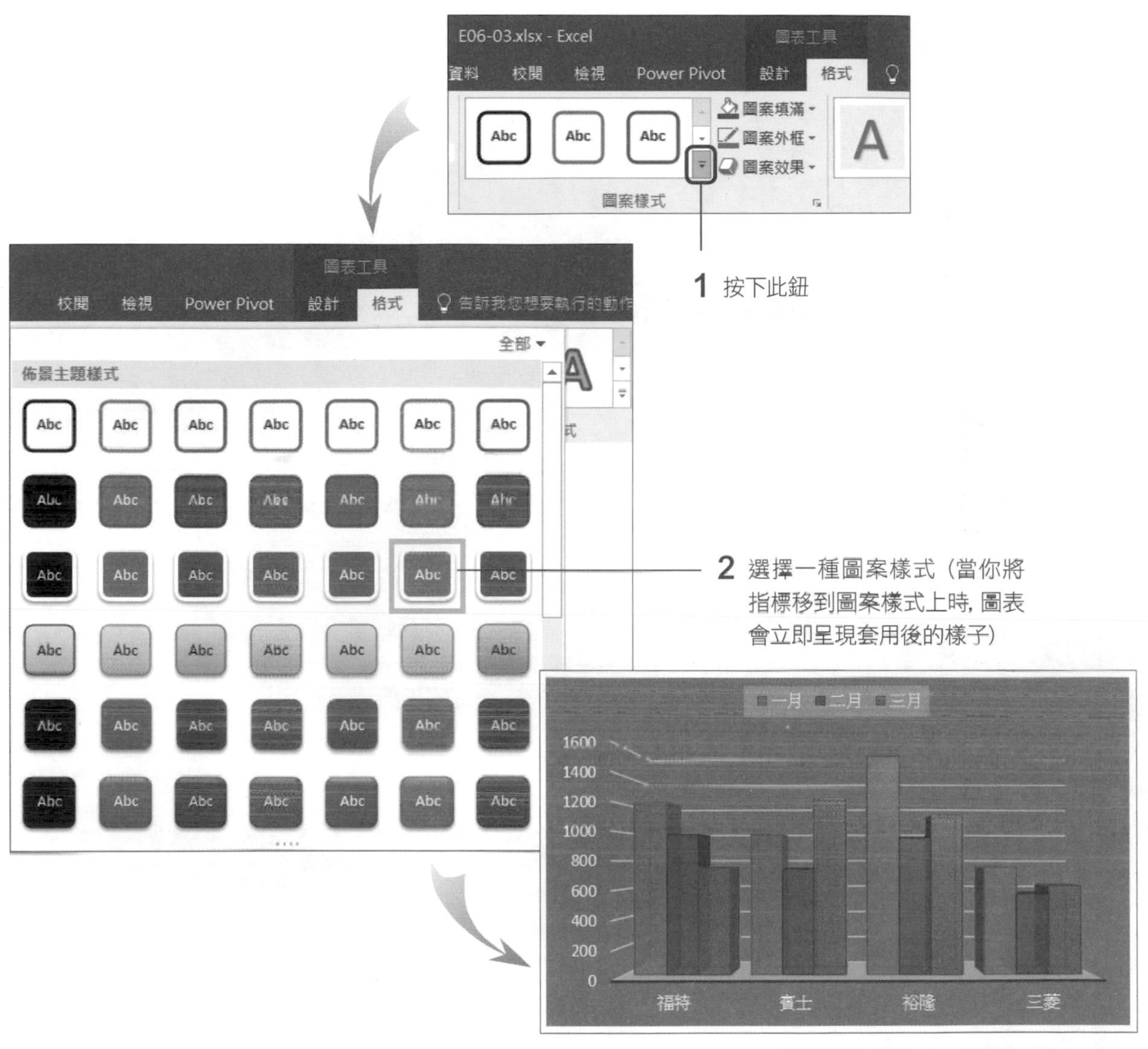

▲ 變換後的結果

STEP 04 以上皆設定好後, 還有一個常需要變更的地方, 就是水平或垂直座標軸的刻度間距, 目前垂直座標軸的最小值是 0、間距 200、最大值是 1600, 若是想將間距改為 250, 請先點選圖表, 自動切換至**圖表工具/設計**頁次後, 在**圖表版面配置**區按下**新增圖表項目**鈕, 執行**座標軸/其他座標軸選項**：

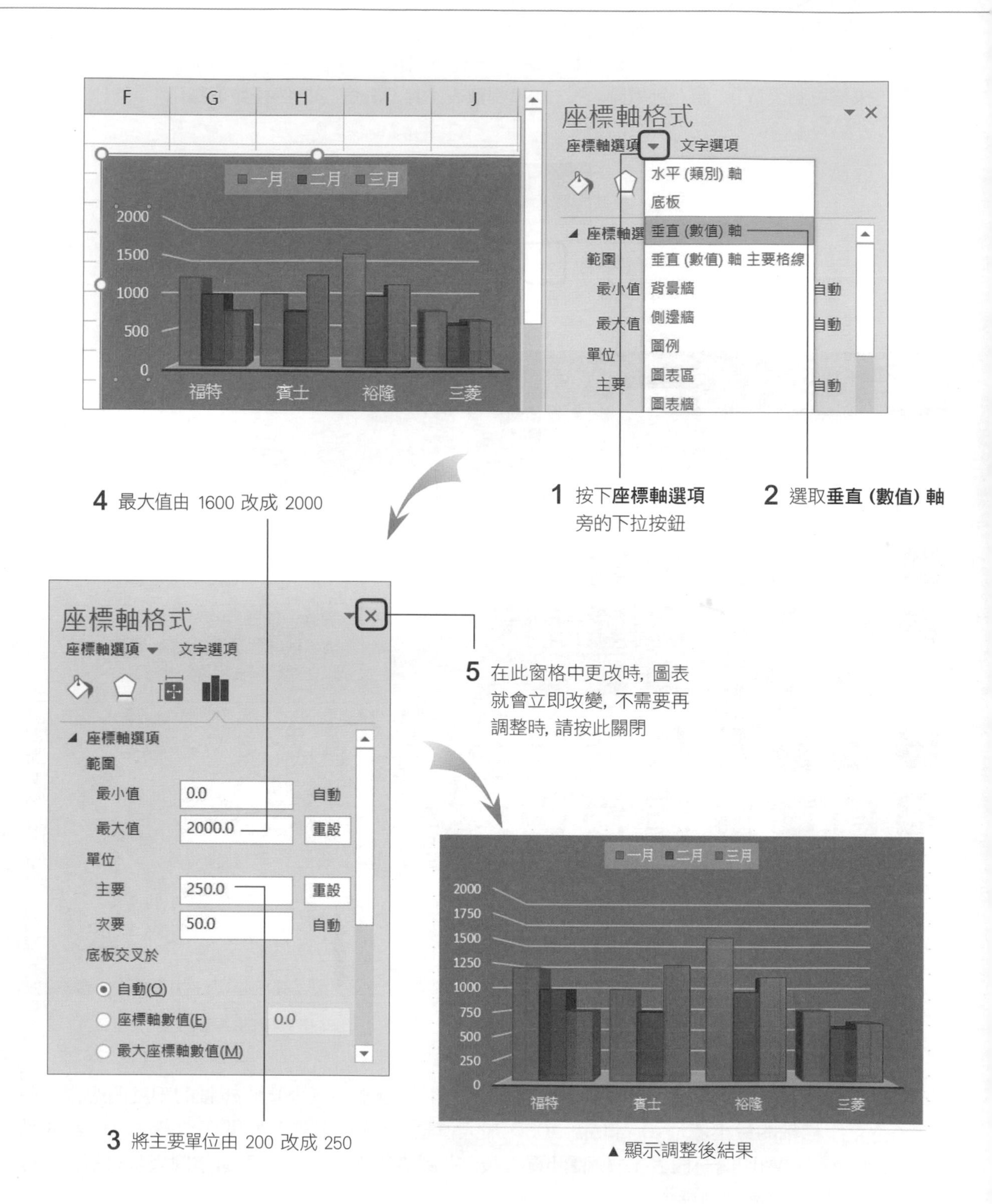
F
G
H
I
J
座標軸格式
座標軸選項
文字選項
一月
二月
三月
2000
1500
1000
500
0
福特
賓士
裕隆
三菱
水平 (類別) 軸
底板
垂直 (數值) 軸
垂直 (數值) 軸 主要格線
背景牆
側邊牆
圖例
圖表區
圖表牆
座標軸選
範圍
最小值
最大值
單位
主要
自動
1 按下**座標軸選項**旁的下拉按鈕
2 選取**垂直 (數值) 軸**
4 最大值由 1600 改成 2000
座標軸格式
座標軸選項
文字選項
座標軸選項
範圍
最小值
0.0
自動
最大值
2000.0
重設
單位
主要
250.0
重設
次要
50.0
自動
底板交叉於
自動(O)
座標軸數值(E)
0.0
最大座標軸數值(M)
5 在此窗格中更改時, 圖表就會立即改變, 不需要再調整時, 請按此關閉
一月
二月
三月
2000
1750
1500
1250
1000
750
500
250
0
福特
賓士
裕隆
三菱
3 將主要單位由 200 改成 250

▲顯示調整後結果

列印工作表與圖表

- 預覽列印結果
- 列印選項設定
- 在頁首、頁尾加入報表資訊
- 單獨列印圖表物件

7-1 預覽列印結果

在列印工作表或圖表之前，建議您先在螢幕上檢查列印的結果，若發現有跨頁資料不完整、圖表被截斷等不理想的地方，都可以立即修正，以節省紙張及列印時間。

請開啟範例檔案 E07-01，然後切換到**檔案**頁次再按下**列印**項目或按快速鍵 Ctrl + P，就可以在右方窗格預覽列印的結果：

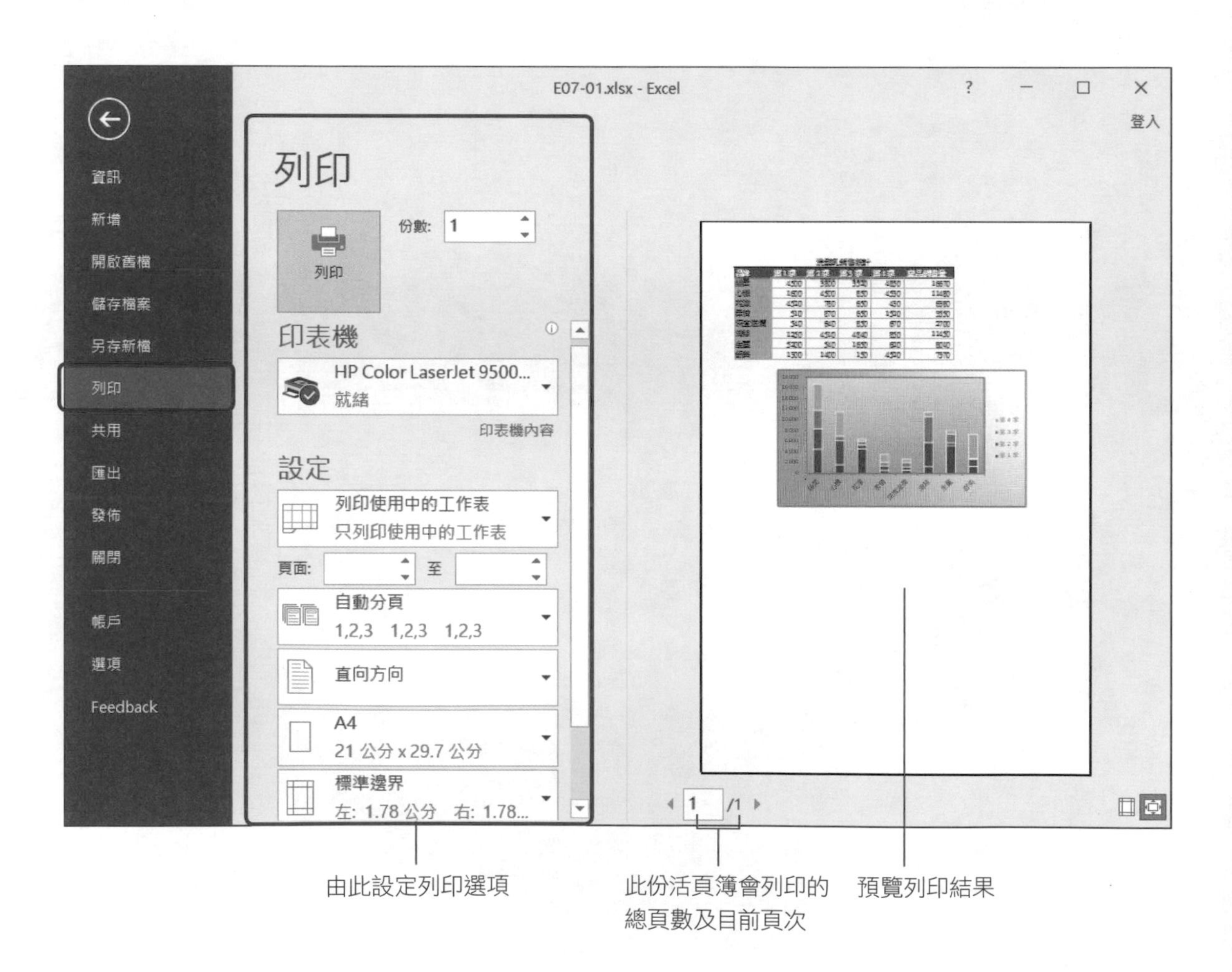

切換文件的檢視比例

列印工作表與圖表

預覽時只有 2 種比例可切換, 分別是**整頁預覽**及**放大預覽**：

- **整頁預覽**：一進入**檔案/列印**頁次就會切換至**整頁預覽**模式, 將一頁的資料完整地呈現在螢幕上。此時資料會被縮小, 所以只能看到大略的排版情況。

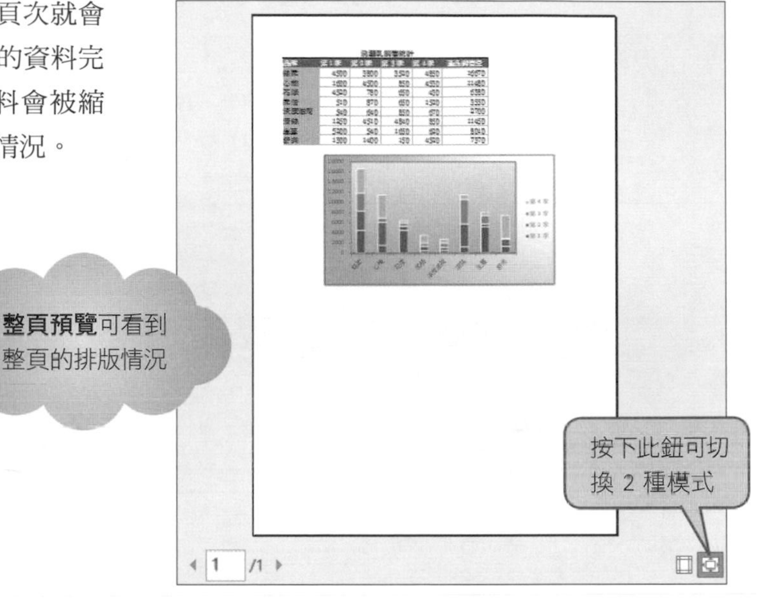
整頁預覽可看到
整頁的排版情況
按下此鈕可切
換 2 種模式

- **放大預覽**：按一下右下角的 [按鈕] 鈕, 可放大資料的檢視比例至 100%；再按一次按鈕, 則又回到**整頁預覽**比例。

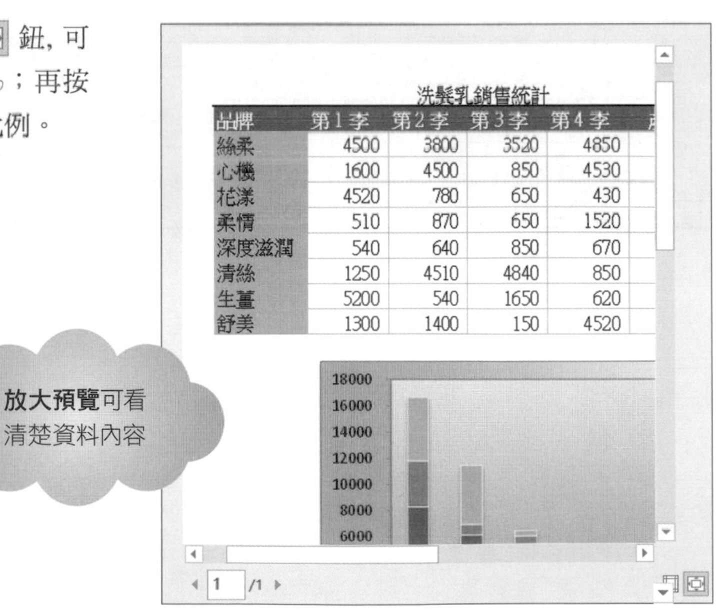
洗髮乳銷售統計
放大預覽可看
清楚資料內容

品牌	第1季	第2季	第3季	第4季
絲柔	4500	3800	3520	4850
心機	1600	4500	850	4530
花漾	4520	780	650	430
柔情	510	870	650	1520
深度滋潤	540	640	850	670
清絲	1250	4510	4840	850
生薑	5200	540	1650	620
舒美	1300	1400	150	4520

確定要列印的資料正確無誤後, 可直接按下**列印**鈕進行列印；若在**整頁預覽**時發現要列印的資料超出版面, 需要再做修改, 請再按一下 ⓔ 回到上一頁繼續編輯。

編輯時由「整頁模式」預覽列印效果

如果在編輯工作表時, 想預先知道工作表將會如何列印, 可按下主視窗右下角的**整頁模式**鈕 ▣。在此模式中, 工作表會分割成多頁文件, 方便我們檢視哪些內容將會印在同一張紙上：

有內容的頁面會顯示白色；灰色
表示沒有內容、不會進行列印

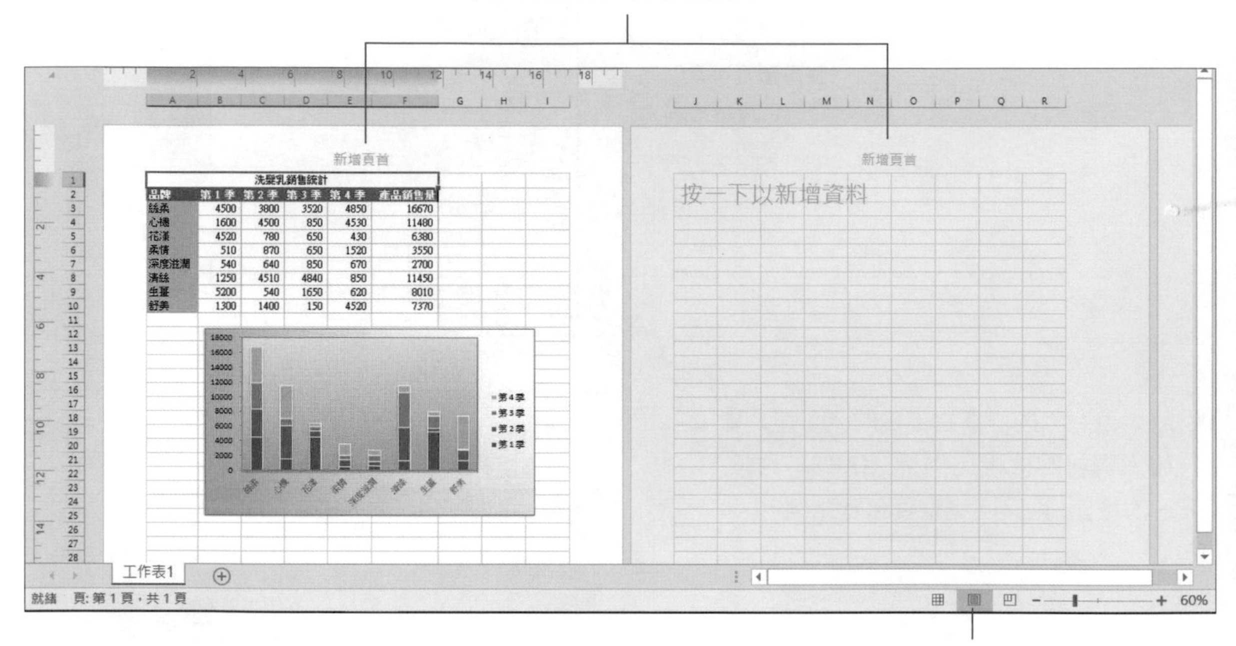

切換到此模式, 再縮小
比例, 即可預覽多頁

7-2 列印選項設定

當列印的內容很單純, 只要預覽結果後按下**列印**鈕, 就可以將工作表列印成書面文件了。若是要進一步選取欲列印的儲存格範圍、指定列印頁數, 或是多印幾份的話, 則可在**檔案/列印**頁次中設定後再列印。

選擇要使用的印表機

若安裝一部以上的印表機, 請先檢查設定的印表機名稱, 是否就是您要使用的印表機, 或是按下列示窗重新選擇：

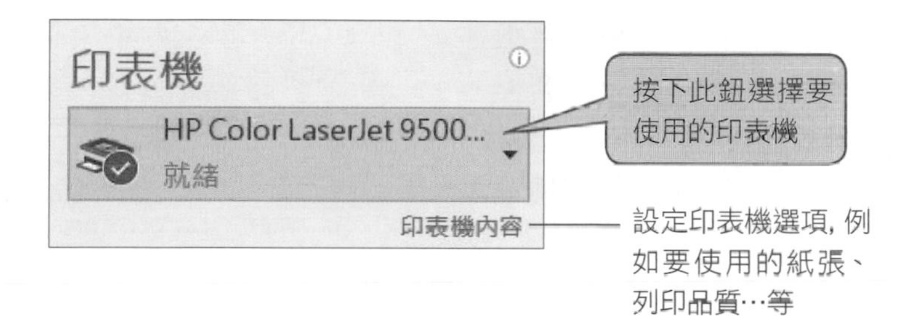

設定列印的範圍

假如工作表的資料量龐大, 您可以選擇列印全部、只印其中需要的幾頁, 或是只列印選取範圍, 以免浪費紙張：

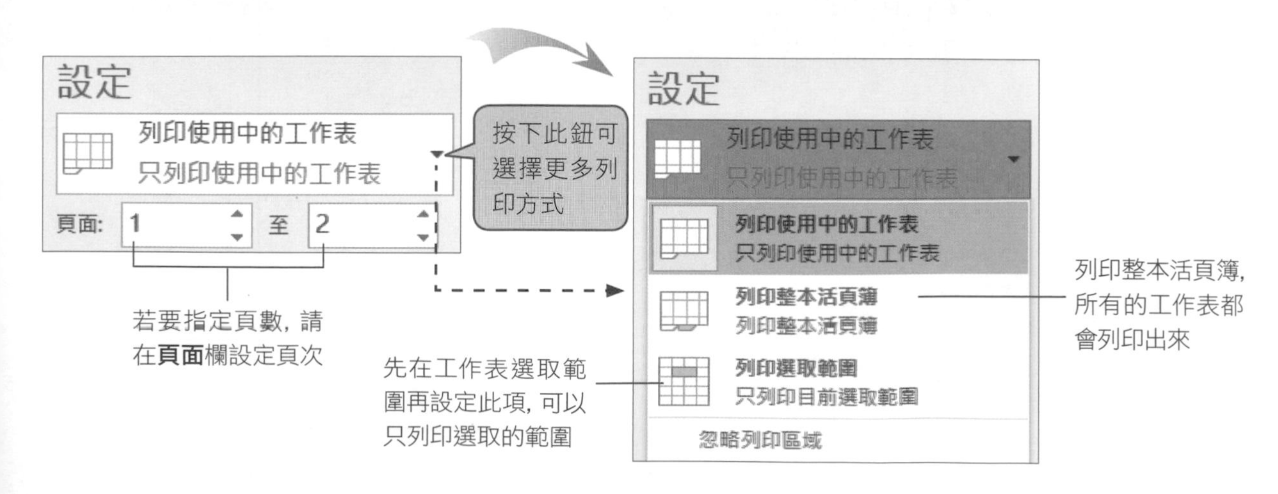

設定列印方向

有時候工作表的資料欄位較多、列數較少, 就適合採橫向列印；相反的, 若是資料列的內容比較多, 欄位較少, 則可改用直式列印：

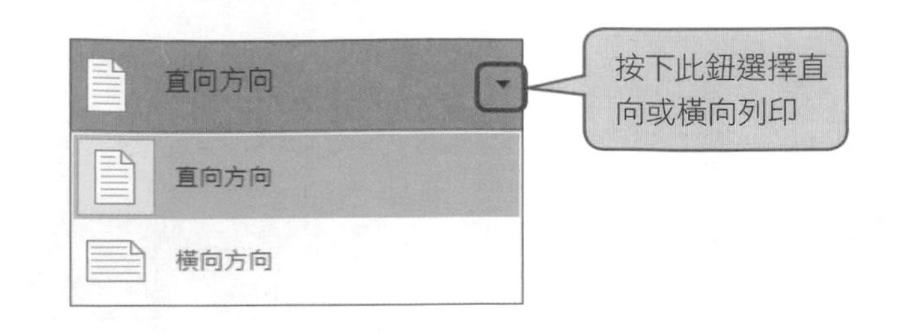

調整頁面邊界

為求報表的美觀, 我們通常會在紙張四周留一些空白, 這些空白的區域就稱為**邊界**, 調整邊界即是控制四周空白的大小, 也就是控制資料在紙上列印的範圍。工作表預設會套用**標準邊界**, 如果想讓邊界再寬一點, 或是設定較窄的邊界, 可直接套用邊界的預設值：

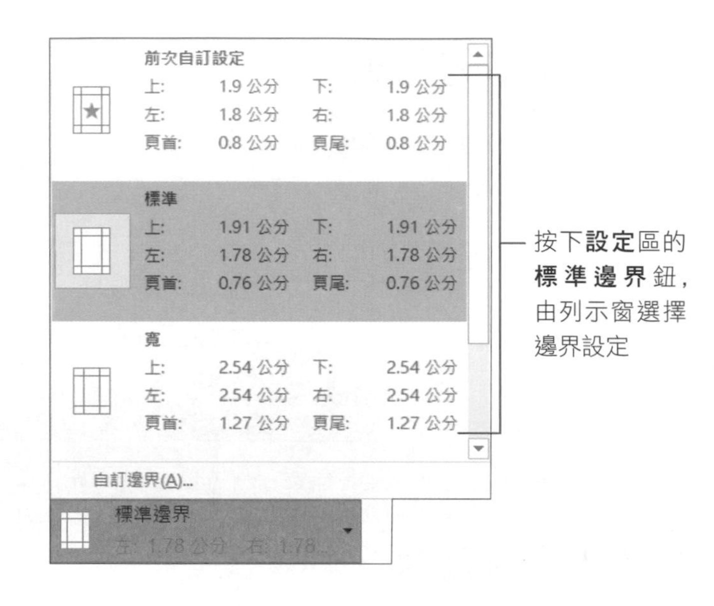

如果預設的選項不符所需, 還可以自行調整。請按下**檔案/列印**頁次右下角的**顯示邊界**鈕 , 直接在頁面上顯示邊界, 再拉曳邊界線就能調整邊界位置了。

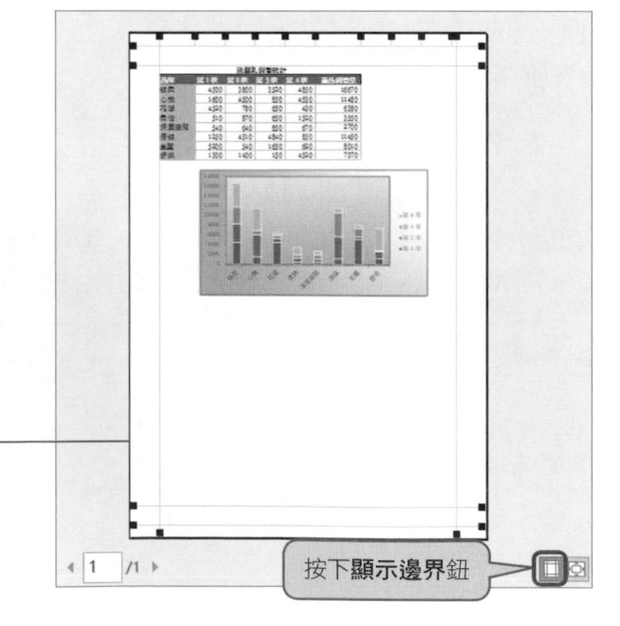

縮小比例以符合紙張尺寸

有時候資料會單獨多出一欄, 硬是跑到下一頁；或是資料只差 2、3 筆, 就能擠在同一頁了。這種情況可以試試縮小比例的方式, 將資料縮小排列以符合紙張尺寸, 不但資料完整、閱讀起來也方便。

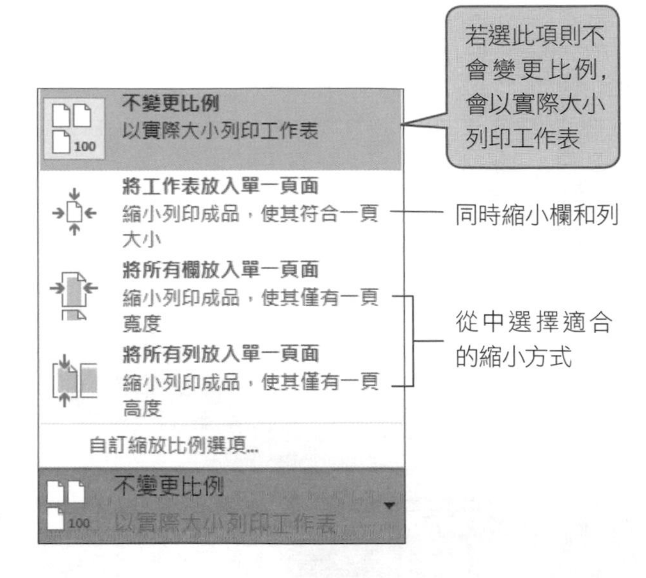

指定列印份數

列印出來的工作表可能要分給多人查閱, 或多個部門參考, 此時可在最上方的**列印**區設定**列印**數量：

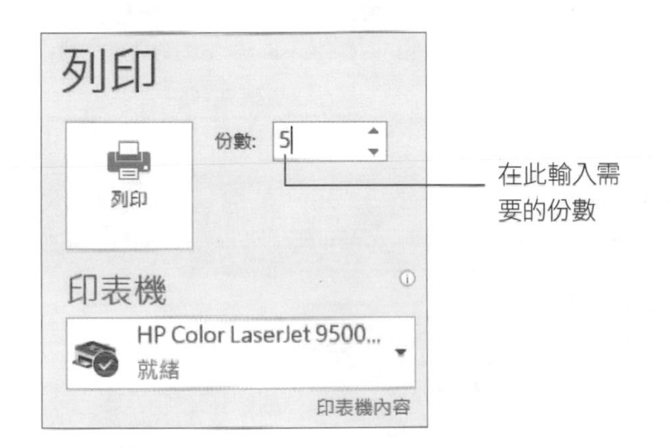

自動分頁

當您要列印多份, 可由下方選擇是否要**自動分頁**。假設要列印 5 份, 若設定為**未自動分頁**, 表示會先印出 5 張第 1 頁, 再印 5 張第 2 頁…；設定為**自動分頁**時, 一次會印出完整的第 1 份 (共 5 頁), 再列印第 2 份…, 節省手動分頁的時間。

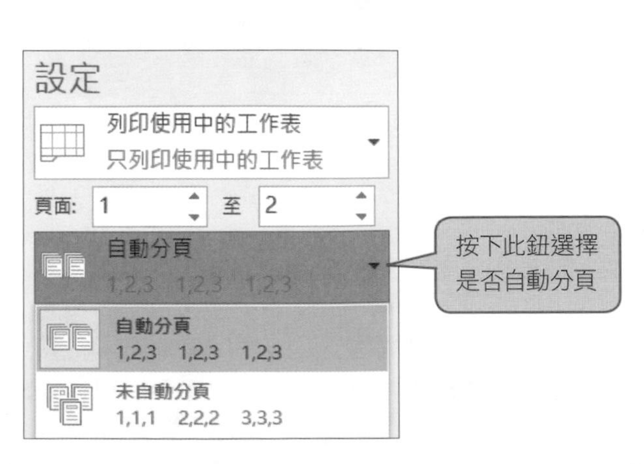

7-3 在頁首、頁尾加入報表資訊

報表除了要有資料內容外，還可以在報表的頁首及頁尾加上標題、日期、報表名稱或頁碼等，讓所有人在閱讀報表時，可以清楚地知道報表的時效性與來源出處…等各項訊息。

請切換到**檢視**頁次，然後按下**活頁簿檢視**區的**整頁模式**鈕，此時會切換到**整頁模式**，將插入點移到頁首或頁尾處自動出現**頁首及頁尾工具**頁次，您可以使用此頁次提供的各項功能設定頁首及頁尾資訊：

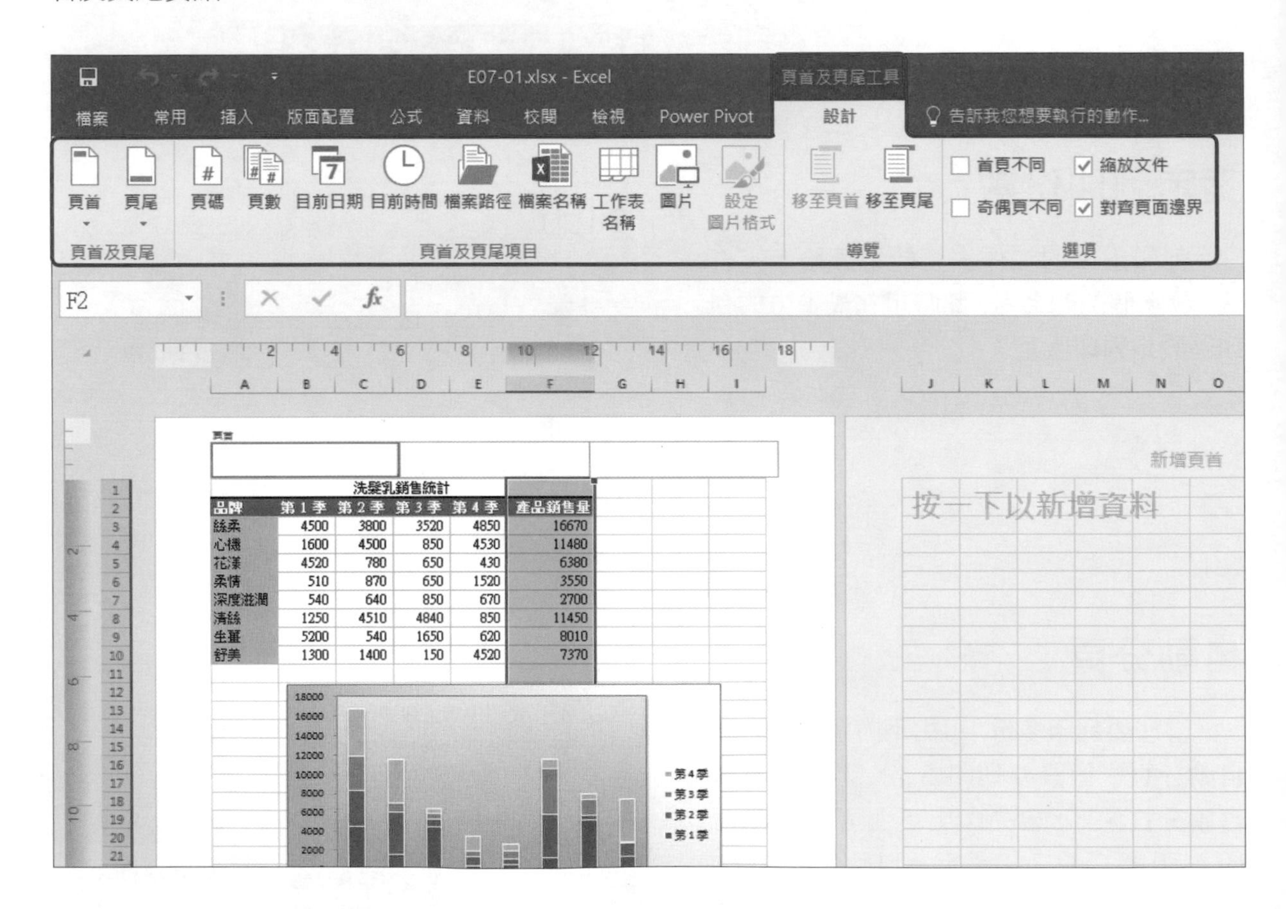

頁首及頁尾分成左、中、右 3 個區域，其作用就像靠左、置中、靠右對齊一樣，只要將滑鼠指標點按要輸入文字的方格中，即會出現插入點，讓您進行編輯。

要編輯頁首及頁尾的內容, 您可以直接在**頁首**區中輸入文字, 或是按一下**頁首及頁尾項目**區中的各項按鈕套用現成的範本。例如我們想在頁首的地方加入 "檔案名稱" 及 "目前的日期" 就可如下操作：

STEP 01 目前插入點停留在頁首的中間方格, 若尚未顯示插入點, 請先在中間的方格按一下, 再按下**頁首及頁尾項目**區的**檔案名稱**鈕。此時**頁首**區會出現 "&[檔案]", 當你按一下**頁首**區以外的地方, 即會出現正確的檔名:

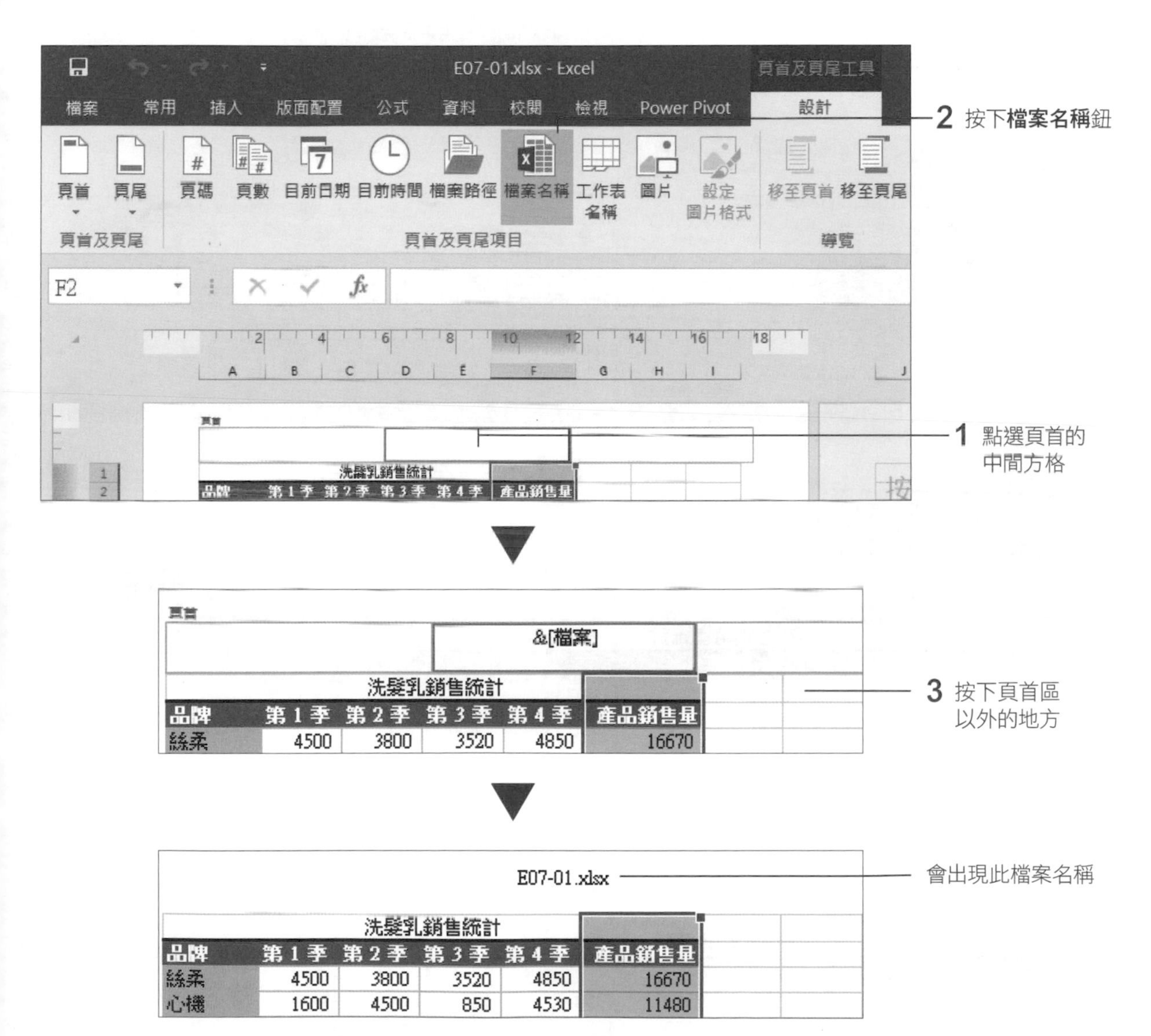

STEP 02 再按一下**頁首**區的右邊方格, 我們要在這裡繼續加入日期資訊。

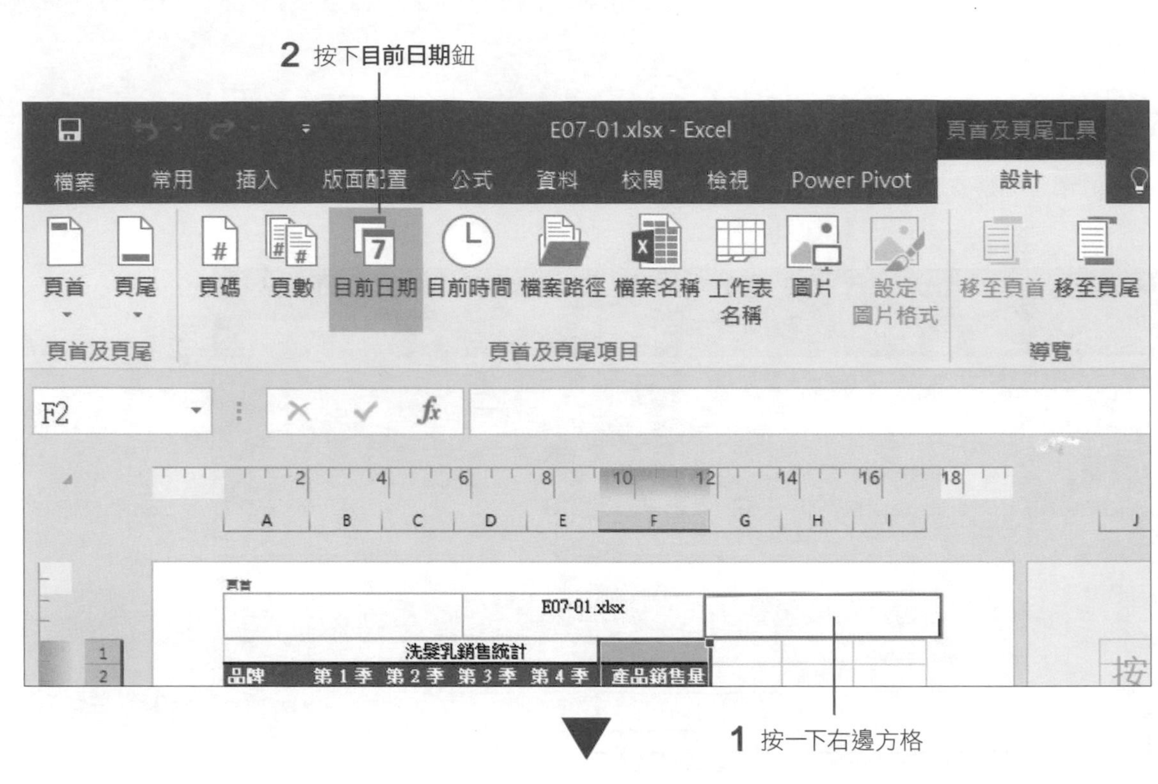

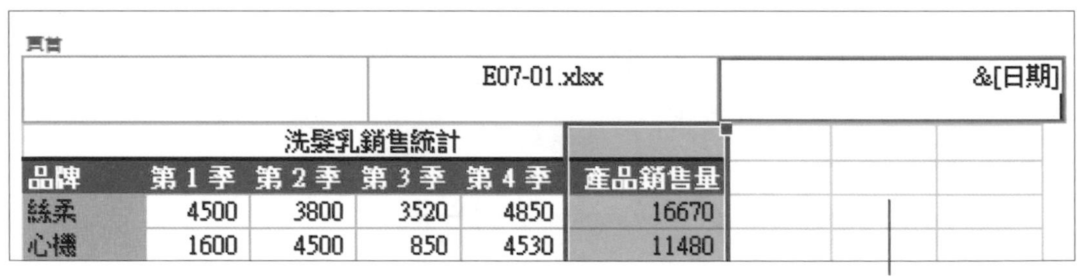

洗髮乳銷售統計					
品牌	第 1 季	第 2 季	第 3 季	第 4 季	產品銷售量
絲柔	4500	3800	3520	4850	16670
心機	1600	4500	850	4530	11480

E07-01.xlsx　　2015/11/16

洗髮乳銷售統計					
品牌	第 1 季	第 2 季	第 3 季	第 4 季	產品銷售量
絲柔	4500	3800	3520	4850	16670
心機	1600	4500	850	4530	11480

會加入當天的日期

至於設定頁尾資訊也是一樣的方法，你可以按下**頁首及頁尾工具**頁次下**導覽**區中的**移至頁尾**鈕，移到**頁尾**區中進行編輯。例如在**頁尾**區的右邊方塊加入頁碼及總頁數資訊，為了讓讀者能看出兩者的不同，因此在文件中增加了第二頁的內容。

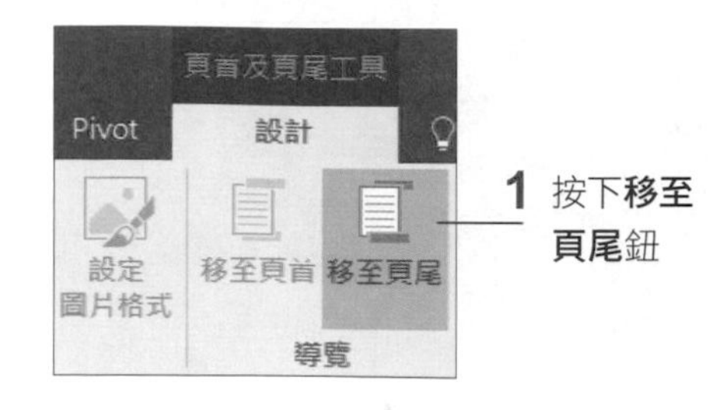

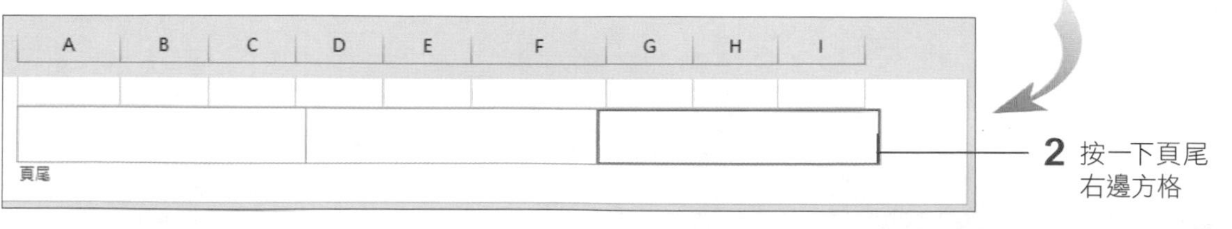

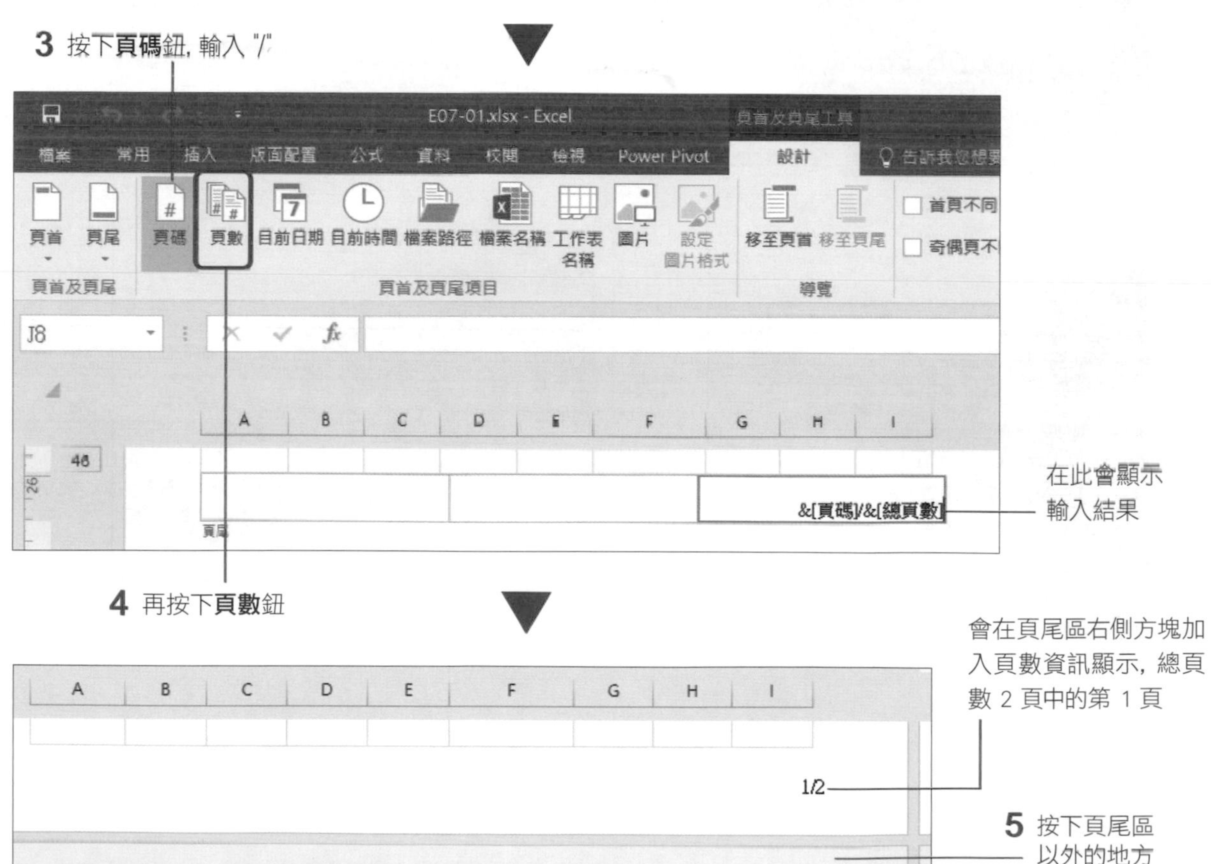

TIP 要離開頁首/頁尾的編輯狀態，只要按一下頁首/頁尾區以外的地方即可，不過此時仍然在**整頁模式**中，你可以切換到**檢視**頁次按一下**標準模式**鈕，切換回平常熟悉的工作環境。

7-4 單獨列印圖表物件

有時候只需要列印圖表, 不需要密密麻麻的工作表數字；或是已經將數字標示在圖表上了, 也不需要顯示工作表的數字, 此時我們可以單獨將圖表列印出來。

重新開啟範例檔案 E07-01 為例, 假設要單獨列印這張圖表, 請先選取下方的圖表, 再切換至**檔案/列印**頁次, 就會看到列印範圍會自動顯示為**列印選取的圖表**, 右側即是列印的結果：

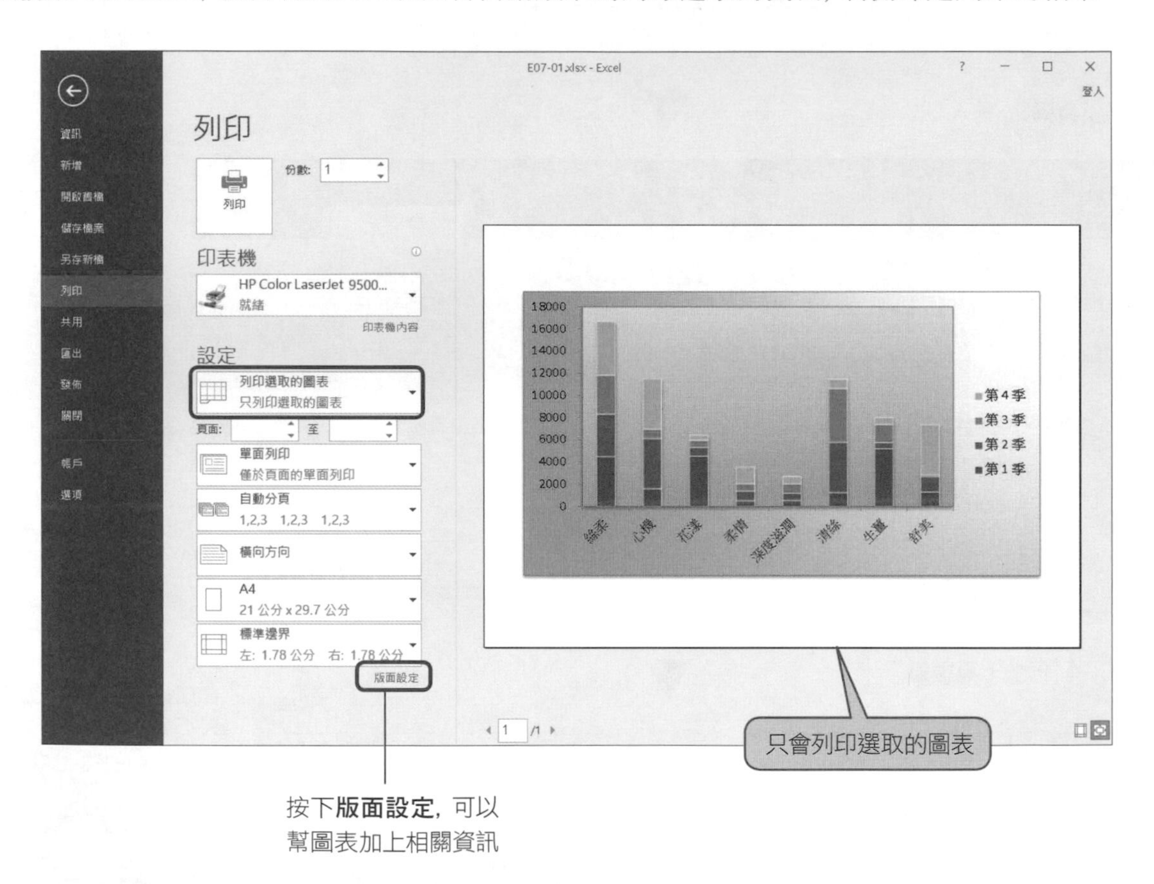

我們可以幫圖表加上檔案的相關資訊, 請直接按下上圖中央窗格下方的**版面設定**選項, 假設要在頁首加入檔案名稱；頁尾加入製作者、頁碼及日期, 可以如圖設定。切換至**頁首/頁尾**如圖設定好後, 按下**確定**鈕回到**檔案/列印**頁次, 再按下**列印**鈕即可列印圖表。

版面設定
頁面
邊界
頁首/頁尾
圖表
E07-01.xlsx
頁首(A):
E07-01.xlsx
自訂頁首(C)...
自訂頁尾(U)...
頁尾(F):
Emily, 第 1 頁, 2015/11/16
Emily
第 1 頁
2015/11/16
奇數頁與偶數頁不同(D)
第一頁不同(I)
隨文件縮放(L)
對齊頁面邊界(M)
選項(O)...
確定
取消
此資訊會顯示在文件上方
此資訊會顯示在文件下方
按下**確定**鈕

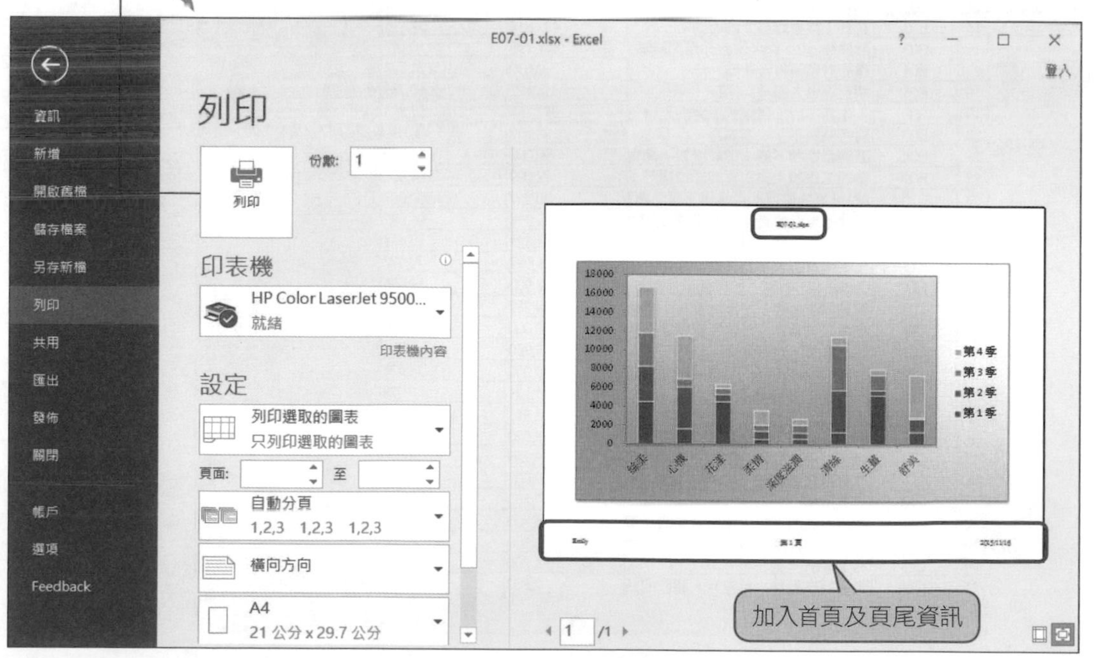
按下**列印**鈕，即可列印圖表
E07-01.xlsx - Excel
登入
資訊
新增
開啟舊檔
儲存檔案
另存新檔
列印
共用
匯出
發佈
關閉
帳戶
選項
Feedback
列印
份數: 1
印表機
HP Color LaserJet 9500...
就緒
印表機內容
設定
列印選取的圖表
只列印選取的圖表
頁面:
至
自動分頁
1,2,3 1,2,3 1,2,3
橫向方向
A4
21 公分 x 29.7 公分
第4季
第3季
第2季
第1季
加入首頁及頁尾資訊

實用的知識　每一頁重複列印表格的標題

在列印大型報表時，常遇到只有第 1 頁會出現工作表的欄、列標題，而接下去的頁數就都看不到欄、列標題的情況，這時只要設定讓欄、列標題跨頁顯示，就能解決這個問題。

請開啟範例檔案 E07-02，再切換到**檢視/分頁預覽**模式，我們已事先將這份工作表的資料分成 3 頁了：

	A	B	C	D
1	圖書銷售量統計			
2				
3	編號	書名	誠品總銷售量	金石堂銷售量
4	A01	蔡康永的說話之道	982,354	850,000
5	A02	直搗蜂窩的女孩	877,721	750,000
6	A03	還想過到我嗎：鄧惠文陪你走過愛的	687,200	884,675
7	A04	血型小將ABO	527,110	450,032
8	A05	復仇：公華二部曲	529,123	387,941
9	A06	愛麗絲夢遊仙境 & 鏡中奇緣（博客來	337,899	427,841
10	A07	英文寫作風格的要素（中英完整版）	461,758	303,547
11	A08	妳沒說再見	632,184	105,488
12	A09	管教啊，管教	187,940	475,211
13	A10	地下100層樓的家	10,000	554,782
14	B01	你可以不一樣：嚴長壽和亞都的故	15,052	506,874
15	B02	ＦＢＩ教你辦公室讀心術	437,652	37,895
16	B03	散戶勝經2：郭大俠教你用閒錢賺	441,190	30,147
17	B04	獵豹財務長投資羅盤	300,030	124,578
18	B05	胡立陽出人頭地100招	358,472	60,785
19	B06	人生基本功：建築師潘冀的砌磚哲	342,855	57,845
20	B07	別再為做不了決定抓狂	98,888	300,080
21	B08	跟誰都能聊不停：這樣說話，讓你	90,000	245,000
22	B09	讓好工作找上你：重塑工作視野 打	78,099	104,011
23	B10	帶1枝筆去旅行：從挑選工具、插	80,257	100,087
24	B11	美女攝影師愛自拍：360度零死角的	35,978	96,687
25	B12	小房子：全球37個最具創意的小型	34,424	87,458
26	B13	荒木經惟的天才寫真術	5,087	77,777
27	B14	Quotation・引號：柏林創意最前線	8,900	59,934
28	C01	感動70億人心，才是好設計：好品	59,782	350
29	C02	會拿筆就會畫：55個保證學會的素	50,000	7,000
30	C03	荒木經惟・走在東京	48,750	780
31	C04	DSLR懂這些就夠了：寫給大家的	9,999	35,428
32	C05	我的家 我自己裝潢	43,125	978
33	C06	工作！工作！：影響我們生命的重	8,811	7,945
34	C07	與絕望奮鬥：本村洋的3300個日子	8,620	4,987
35	C08	你一定愛讀的極簡歐洲史：為什麼	9,266	4,090
36	C09	非實用野鳥圖鑑：600種鳥類變身	10,001	2,854
37	C10	聽見蕭邦	7,800	3,636
38	C11	喚醒內在的天賦：享譽全美的直覺	6,800	4,523
39	C12	世界，為什麼是現在這樣子？：對	2,100	4,800
40	C13	馬奎斯的一生	4,800	1,200
41	C14	李家同談教育：希望有人聽我的話	2,500	480
42				
43				

第 1 頁　第 2 頁　第 3 頁

除了第 1 頁會顯示欄標題外，其他兩頁就不曉得一堆數字的涵義為何，所以接下來我們要讓第 1 頁的標題出現在報表的每一頁。

設定「列標題」與「欄標題」的方法相同，在此我們以設定「列標題」來示範，說明如何將 1～3 列設定為每一頁的列標題。

STEP 01 請切換到**版面配置**頁次，按下**版面設定**區的**列印標題**鈕：

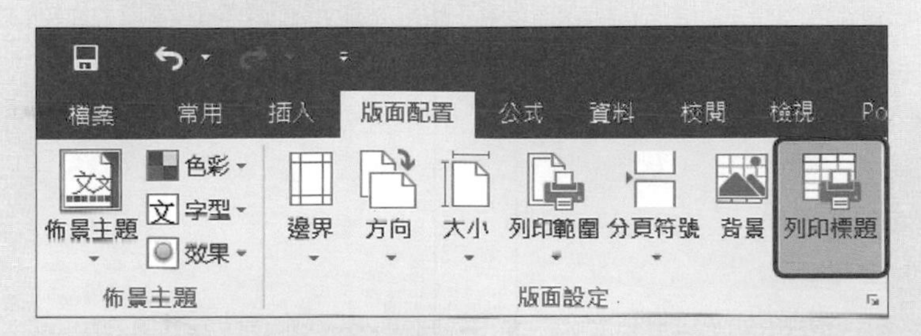

STEP 02 接著會開啟**版面設定**交談窗的**工作表**頁次，請在**標題列**欄輸入列標題範圍，也就是 "A1:D3"，然後按下**確定**鈕：

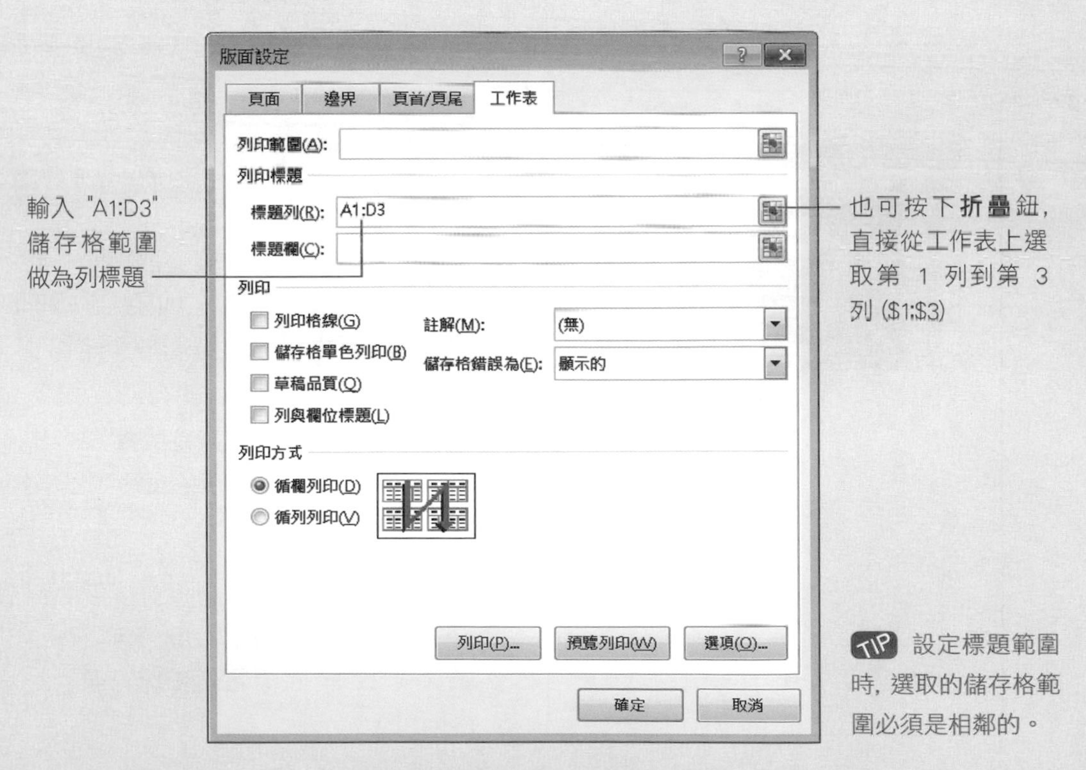

TIP 設定標題範圍時，選取的儲存格範圍必須是相鄰的。

STEP 03 請切換到**檔案**頁次再按下視窗左側的**列印**項目，就可以在預覽區中看到每一頁都加上「列標題」了：

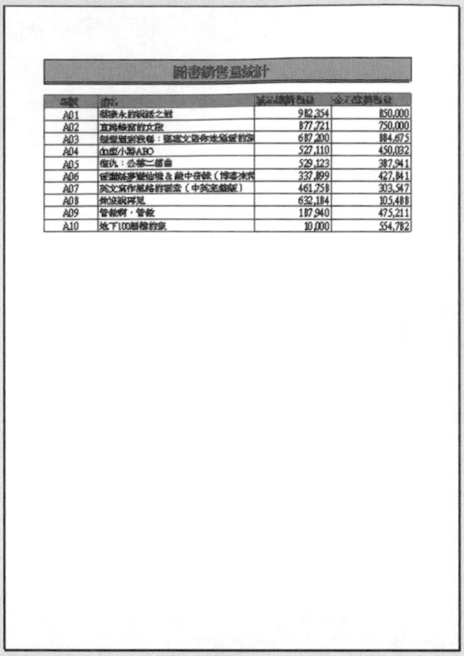

圖書銷售量統計			
編號	書名	誠品總銷售量	金石堂銷售量
A01	蔡康永的說話之道	982,354	850,000
A02	直搗蜂窩的女孩	877,721	750,000
A03	戀戀雙到我家：郭志文帶你走進愛的深	687,200	884,675
A04	血型小將ABO	527,110	450,032
A05	復仇：公爵三部曲	529,123	387,941
A06	從讀詩夢遊仙境 & 鏡中奇緣（博客來獨	337,899	427,841
A07	英文寫作風格的要素（中英完整版）	461,758	303,547
A08	快說說再見	632,184	105,488
A09	管教啊，管教	187,940	475,211
A10	地下100層樓的家	10,000	554,782

第 1 頁

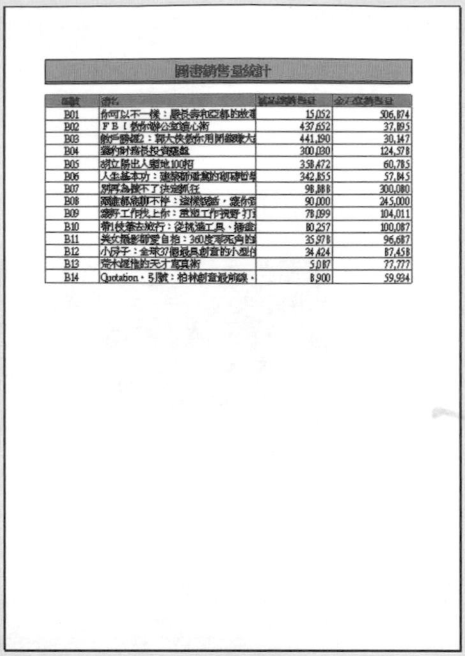

圖書銷售量統計			
編號	書名	誠品總銷售量	金石堂銷售量
B01	你可以不一樣：嚴長壽和亞都的故事	15,052	506,874
B02	ＦＢＩ教你辦公室讀心術	437,652	37,895
B03	狗戶勝經2：郭大俠教你用閒錢賺大	441,190	30,147
B04	獵豹財務長投資羅盤	300,030	124,578
B05	胡立陽出人頭地100招	358,472	60,785
B06	人生基本功：建築師潘冀的砌磚哲學	342,855	57,845
B07	別再為做不了決定抓狂	98,888	300,080
B08	讓誰都無聊不停：這樣說話，讓你到	90,000	245,000
B09	讓好工作找上你：盧迴工作視野·打	78,099	104,011
B10	帶1枝筆去旅行：從挑選工具、插畫	80,257	100,087
B11	美女攝影師愛自拍：360度零死角的	35,978	96,687
B12	小房子：全球37個最具創意的小型住	34,424	87,458
B13	荒木經惟的天才寫真術	5,087	77,777
B14	Quotation，引號：柏林創意最前線，	8,900	59,934

第 2 頁

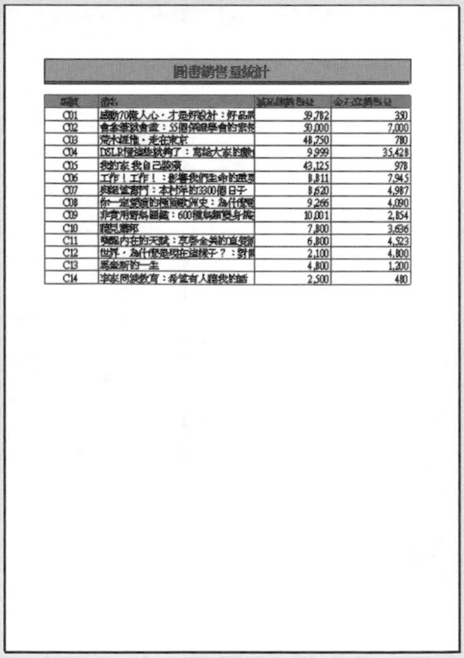

圖書銷售量統計			
編號	書名	誠品總銷售量	金石堂銷售量
C01	感動70億人心，才是好設計：好品味	59,782	330
C02	會客筆談會盡：55個保羅學會的秘密	50,000	7,000
C03	荒木經惟，走在東京	48,750	780
C04	DSLR這樣拍就夠了：寫給大家的數位	9,999	35,428
C05	我的家 我自己設計	43,125	978
C06	工作！工作！：影響我們生命的選擇	8,811	7,945
C07	與絕望奮鬥：本村洋的3300個日子	8,620	4,987
C08	你一定愛讀的極簡歐洲史：為什麼	9,266	4,090
C09	非實用野鳥圖鑑：600種鳥類變身搞	10,001	2,854
C10	鏡見潮流	7,800	3,636
C11	喚醒內在的天賦：享譽全美的直覺	6,800	4,523
C12	世界，為什麼是現在這樣子？：對照	2,100	4,800
C13	馬奎斯的一生	4,800	1,200
C14	學家同頻教育：希望有人聽我說話	2,500	480

第 3 頁

設定「列標題」與「欄標題」時，若選擇了第 1 頁的標題，則設定的標題會在第 1 頁之後的頁數出現，而第 1 頁所出現的標題是原本就有的；但若選擇第 2 頁的標題，則設定的標題會出現在第 2 頁及以後的頁數，第 1 頁則不會有標題。

若要清除設定，請再次按下**版面設定**頁次的**列印標題**鈕，開啟**版面設定/工作表**交談窗，清除**標題列**或**標題欄**的設定內容即可。

Part 3 PowerPoint

PowerPoint 入門

- 啟動與結束 PowerPoint
- 簡報的檢視模式
- 調整顯示比例

1-1 啟動與結束 PowerPoint

這一章我們要帶您認識 PowerPoint 的工作環境, 並學習簡報的基本操作, 為日後的學習暖暖身, 就從啟動 PowerPoint 開始吧!

啟動 PowerPoint 與認識主視窗

請按下**桌面**上的**開始**鈕, 再執行『**所有應用程式/PowerPoint 2016**』命令, 隨即會開啟 PowerPoint 的範本選擇畫面。此時可選擇所需要的範本, 或直接按下**空白簡報**, 建立一份空白簡報來進行編輯。

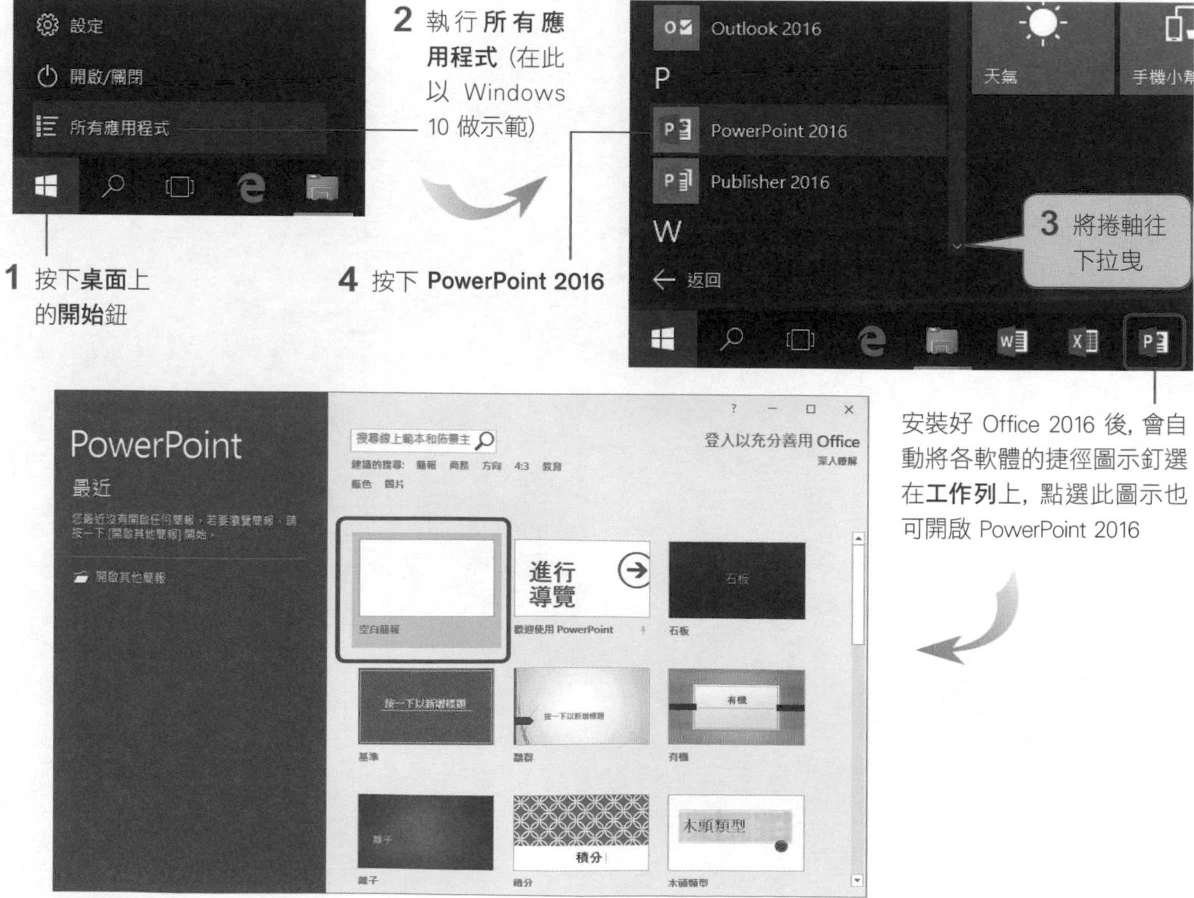

在剛才的畫面中點選**空白簡報**後，會進入 PowerPoint 的主視窗，首先我們來認識一下主視窗的各個位置區：

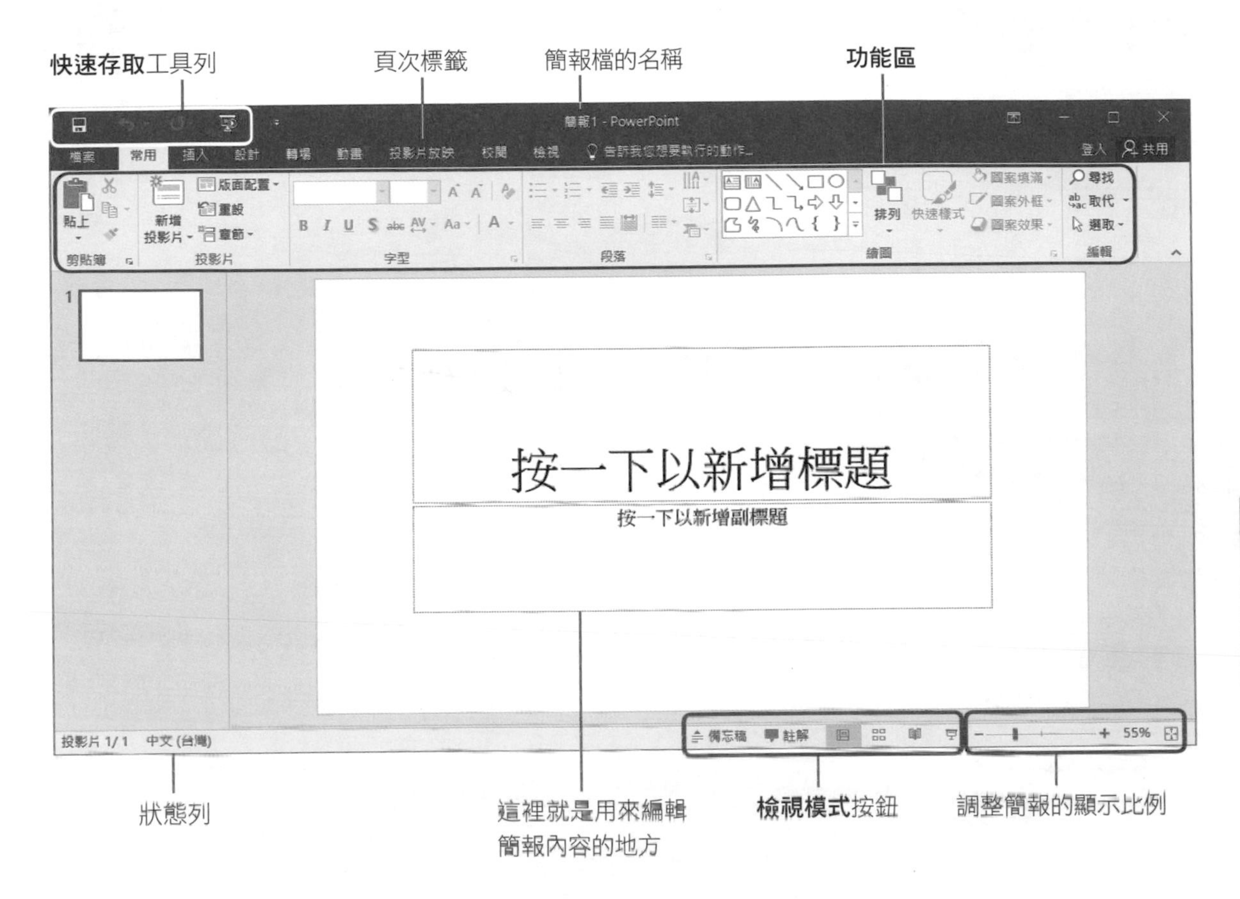

TIP 若對主視窗各工具列、功能區的相關操作尚不熟悉，可參考 Word 篇 1-1 節的介紹。

結束 PowerPoint

如果啟動了 PowerPoint 只是要先看一看環境，你可以按下視窗右上角的**關閉**鈕 ✕ 來結束 PowerPoint 程式：

按下此鈕可關閉 PowerPoint

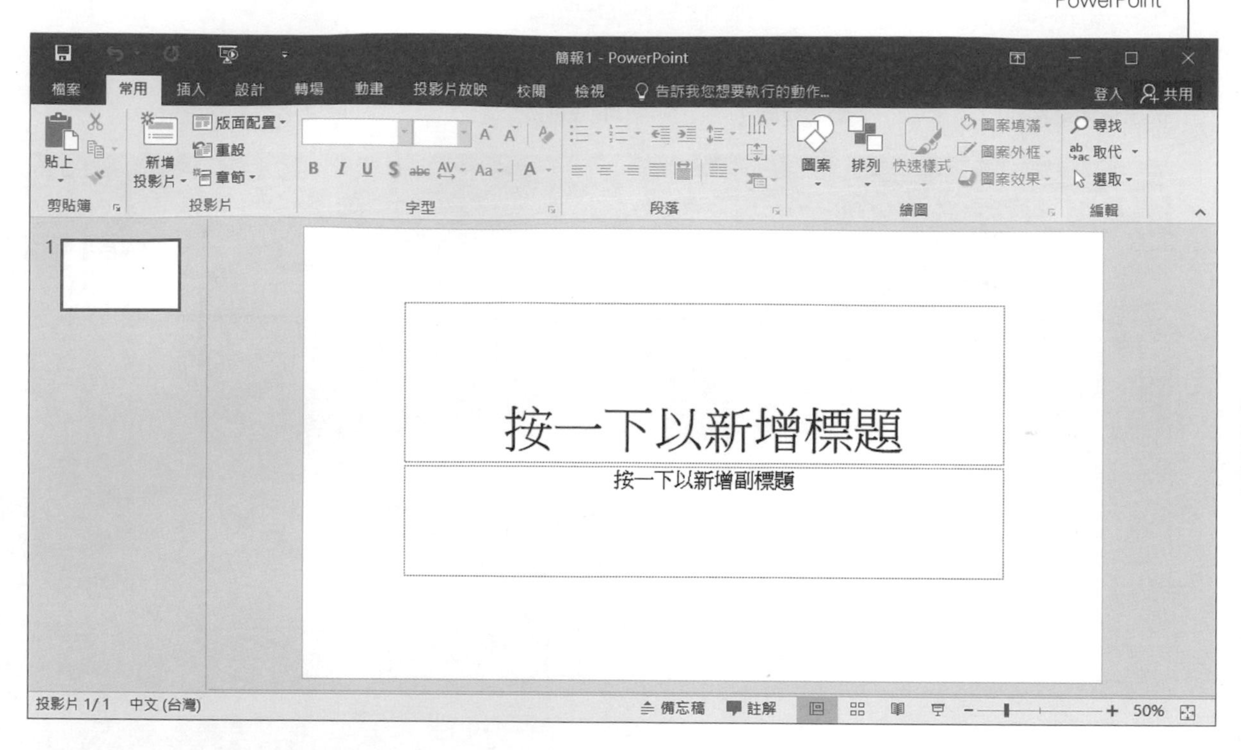

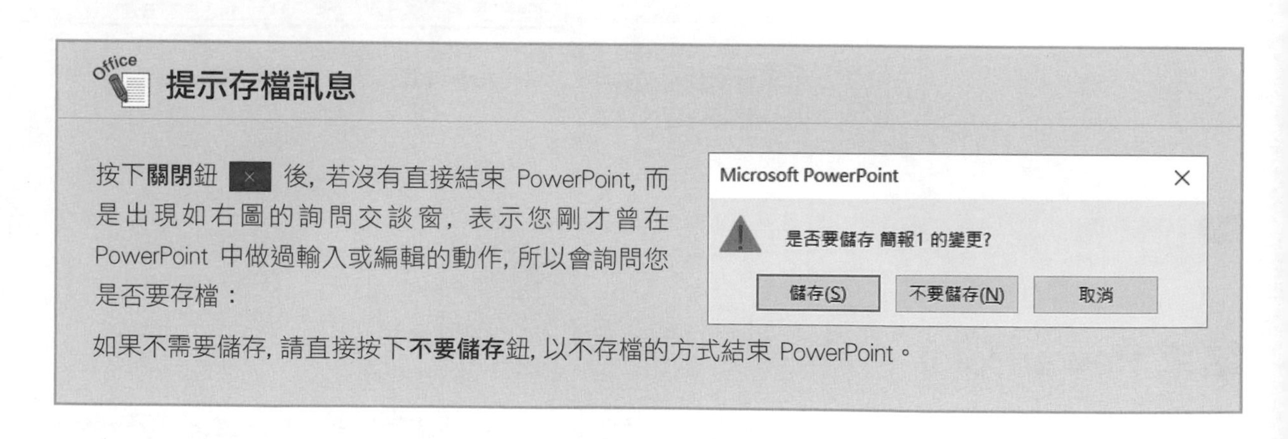

提示存檔訊息

按下**關閉**鈕 ☒ 後, 若沒有直接結束 PowerPoint, 而是出現如右圖的詢問交談窗, 表示您剛才曾在 PowerPoint 中做過輸入或編輯的動作, 所以會詢問您是否要存檔：

如果不需要儲存, 請直接按下**不要儲存**鈕, 以不存檔的方式結束 PowerPoint。

1-2 簡報的檢視模式

在 PowerPoint 中編輯簡報檔案, 可因應各種編輯情況選擇不同的檢視模式, 底下來為您介紹 PowerPoint 的各種簡報檢視模式。

開啟現有的簡報檔案

為方便您練習, 我們要開啟光碟中的簡報檔案來操作。若上一節中您已關閉 PowerPoint, 請重新啟動, 然後在 PowerPoint 主視窗中按下**檔案**頁次標籤, 進入**檔案**交談窗：

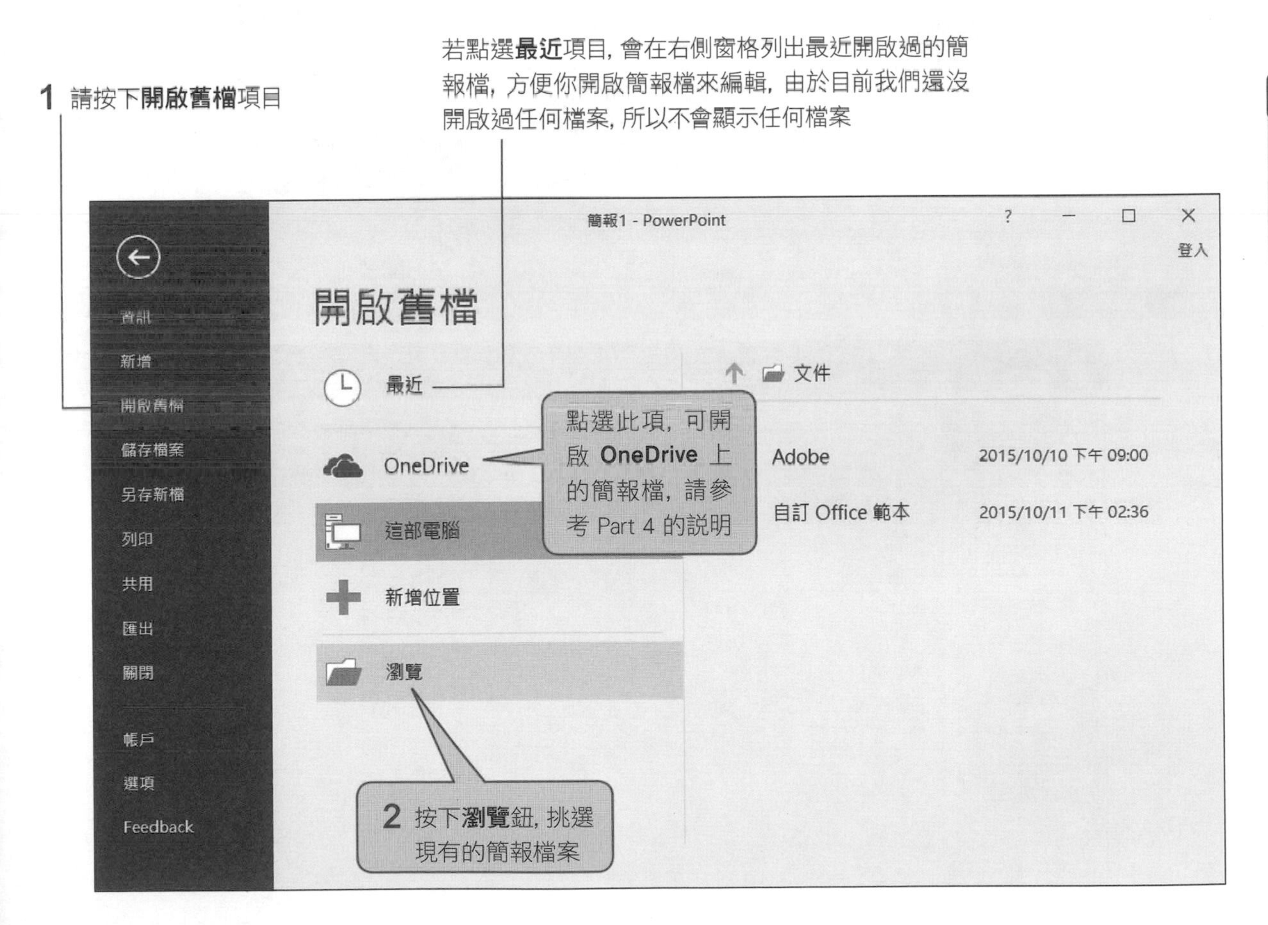

按下**瀏覽**鈕, 隨即會開啟如下的交談窗, 讓您選擇要開啟的檔案。請如下操作練習開啟範例檔案 P01-01:

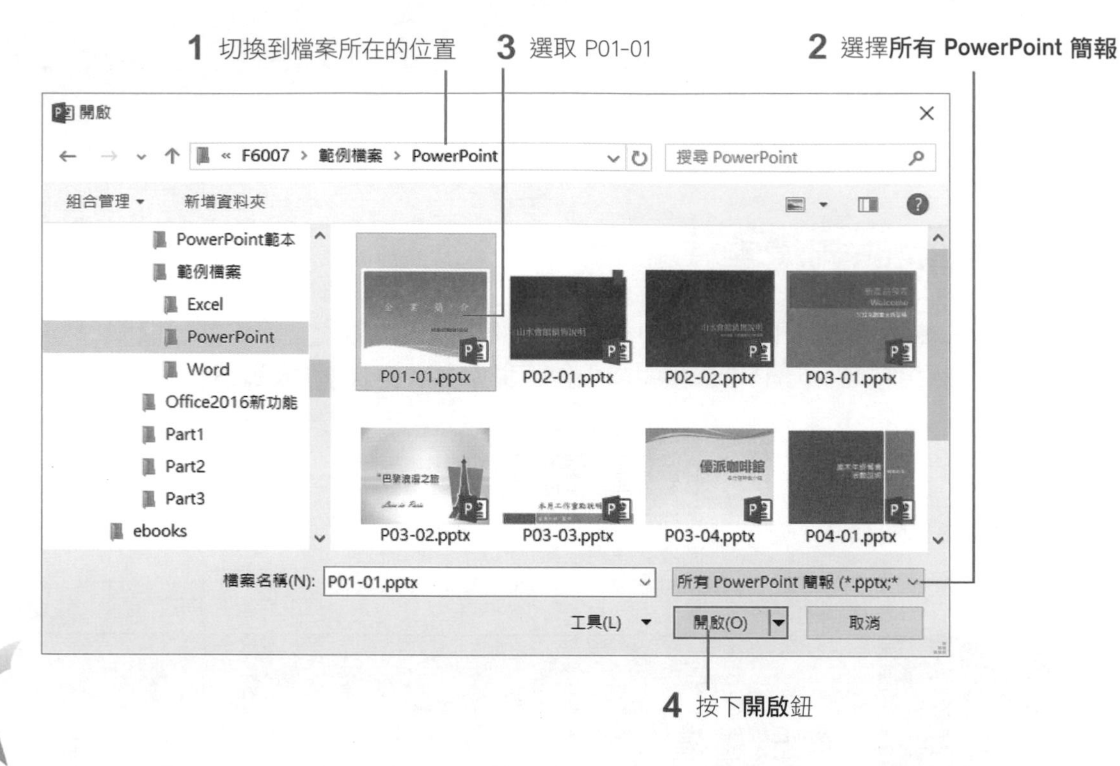

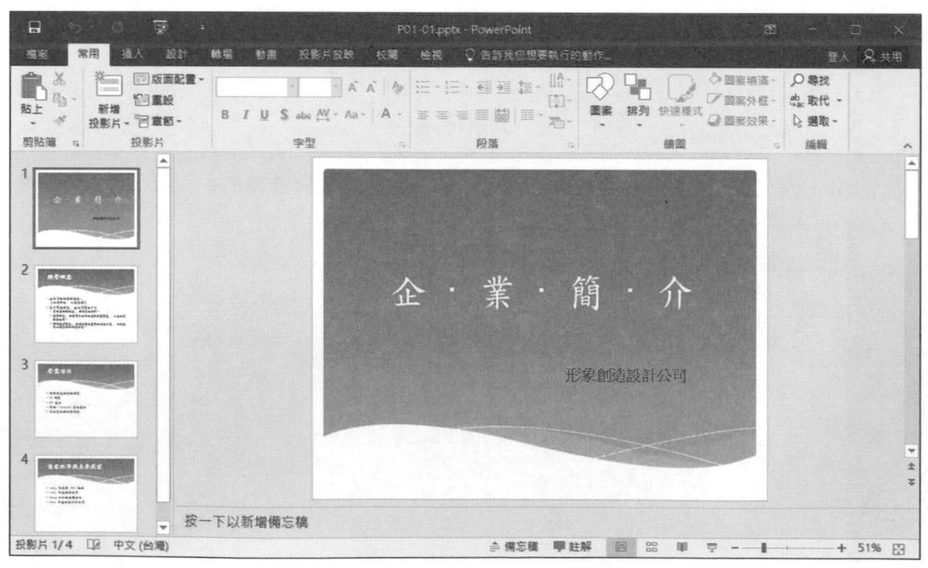

▲ 開啟範例檔案 P01-01

每次在 PowerPoint 開啟一個簡報檔案, 便會產生一個對應的檔案工作視窗。若同時開啟多個簡報檔案, 可切換到**檢視**頁次, 再按下**視窗**區的**切換視窗**鈕, 點選其中的檔案名稱來切換工作視窗：

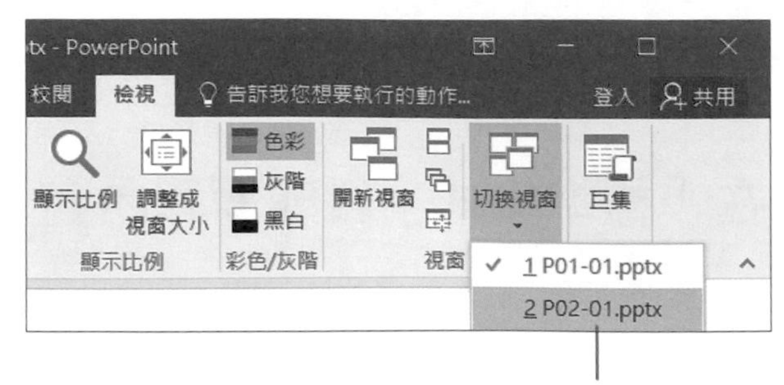

切換檢視模式的方法

PowerPoint 提供 6 種簡報檢視模式, 包括**標準模式**、**大綱模式**、**投影片瀏覽**、**備忘稿**、**閱讀檢視**及**投影片放映**。您可切換到**檢視**頁次, 再按下左方**簡報檢視**區中的 5 個模式按鈕來切換檢視模式；或是由**狀態列**上的**檢視捷徑**按鈕來進行切換：

PowerPoint 之所以要提供這麼多種檢視模式, 是為了因應不同的工作需求而設計的, 底下我們就分別來說明這些檢視模式的特色及使用時機。

在「標準模式」編輯簡報內容

標準模式是最常使用的檢視模式, 也是最適合用來編輯投影片的模式, 預設採 "三框式" 的操作介面, 您可以用滑鼠拉曳左窗格的右邊界, 或右方投影片窗格的下邊界, 來調整各個窗格所佔用的面積大小。

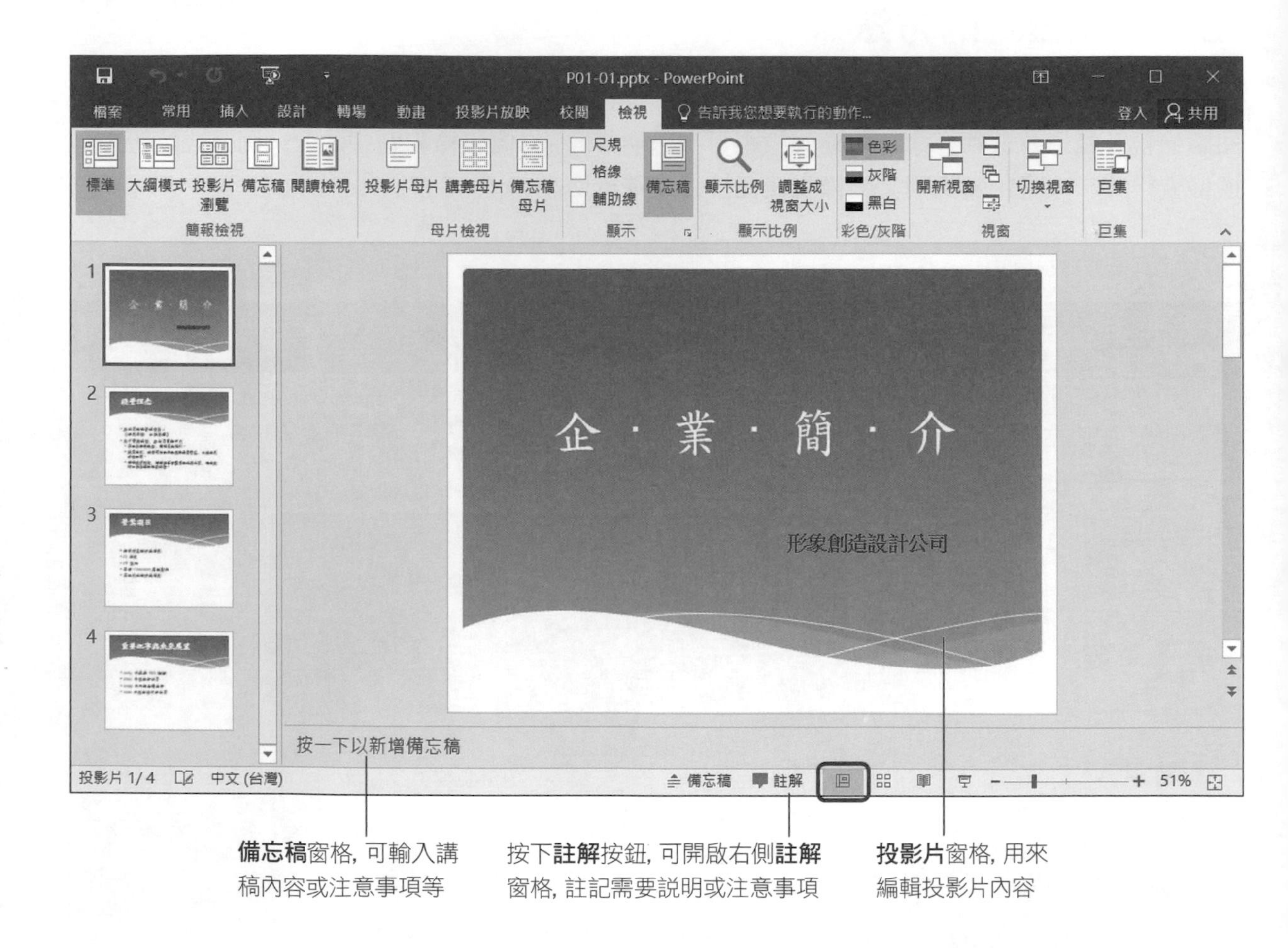

左邊窗格會顯示每張投影片的縮圖, 我們可利用這些縮圖來複製、刪除投影片, 或是調整投影片的前後順序。

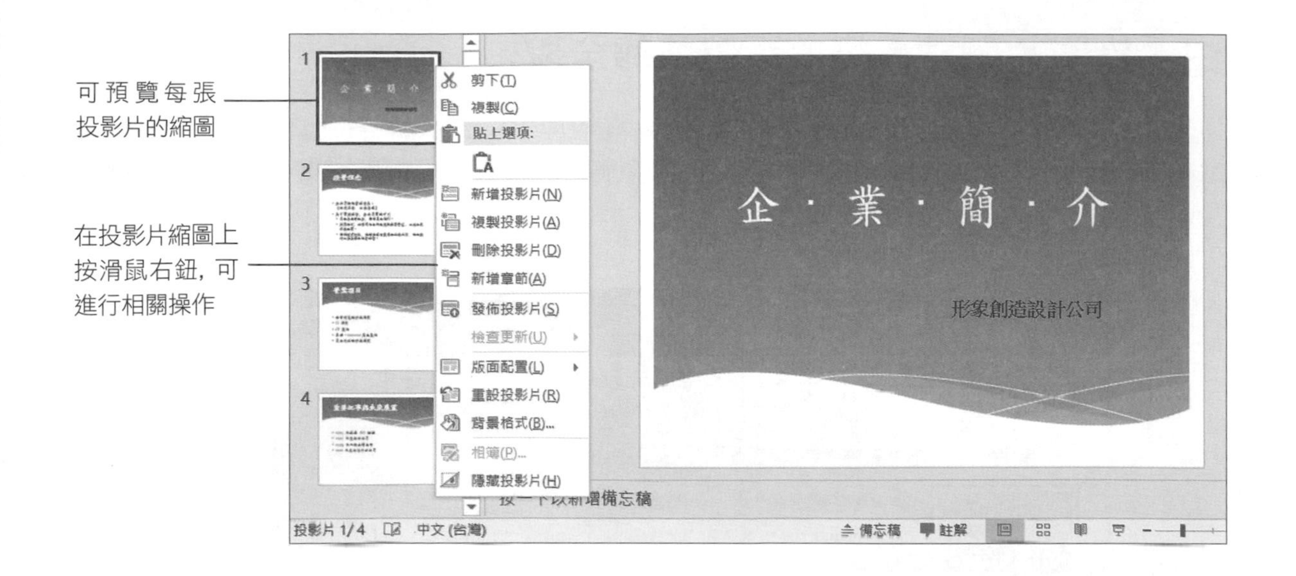

利用「大綱模式」編輯簡報文字內容

大綱模式可將文字大綱及投影片同步顯示，可直接在左側窗格中輸入及編輯文字，並可同時在右方的投影片窗格中看到投影片的變化；而在投影片窗格中編輯內容時，亦能同步從左邊的窗格檢視簡報整體的架構。

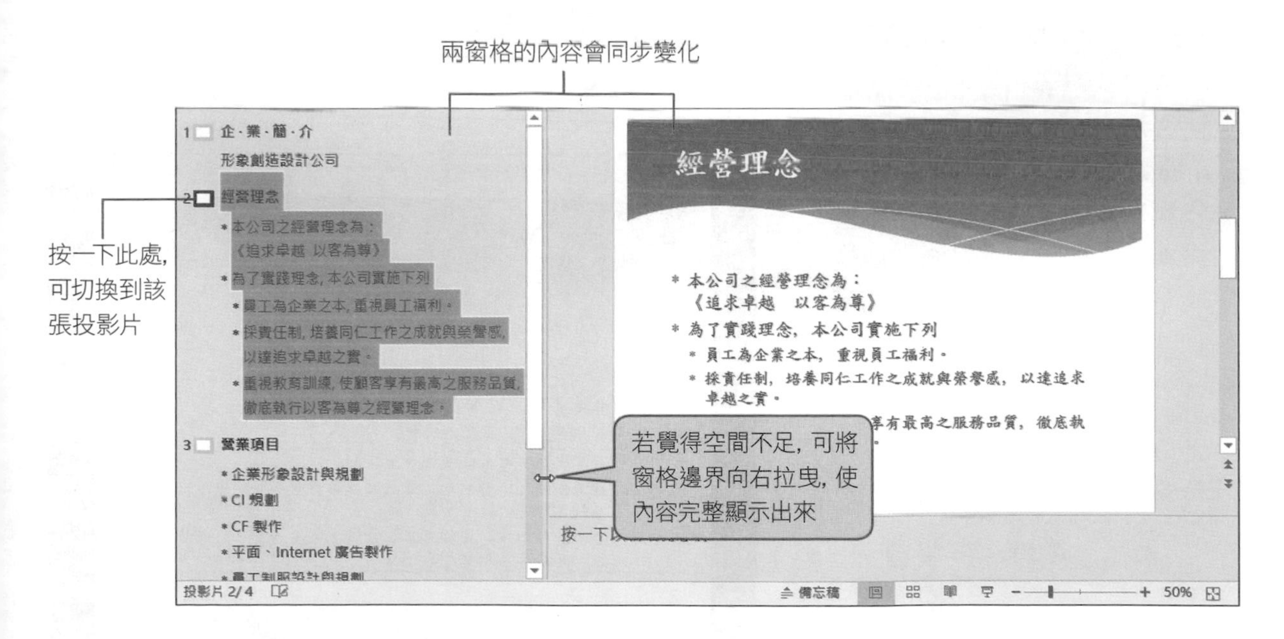

由「投影片瀏覽」模式調整簡報全貌

投影片瀏覽模式可以將多張投影片同時顯示在視窗中, 方便我們看到整個簡報的全貌, 但無法個別編輯投影片的內容。適合用來進行簡報整體性的修改, 例如刪除/複製投影片、調整投影片順序, 或是設定投影片的放映效果等。

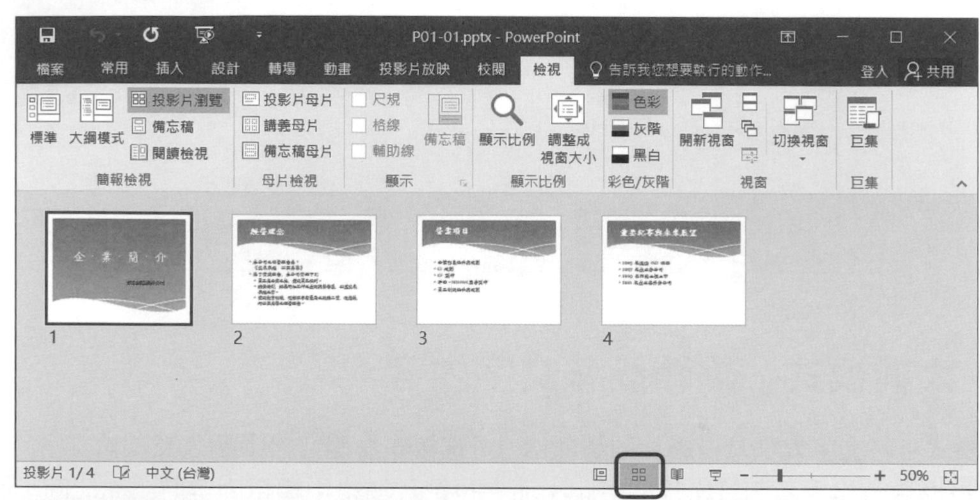

▲ **投影片瀏覽**模式

利用「閱讀檢視」模式瀏覽簡報內容

閱讀檢視模式可將整張投影片顯示成視窗大小, 並在視窗下方顯示瀏覽工具, 方便您切換上、下張投影片, 或是預覽簡報的動畫效果等。

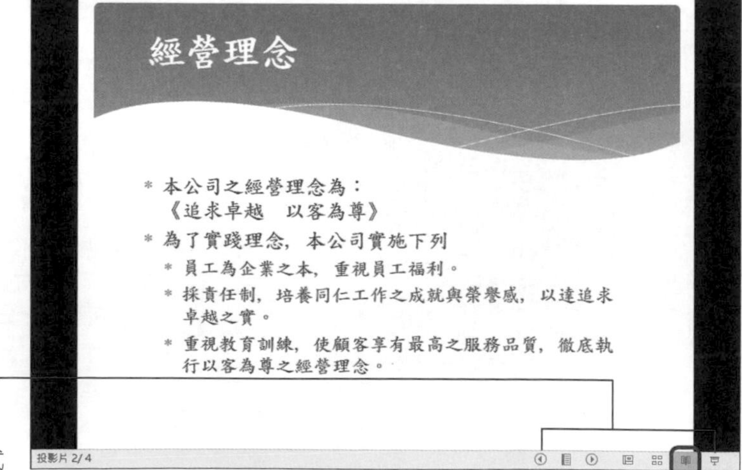

可由此切換上、下張投影片, 或切換到其它檢視模式

▶ **閱讀檢視**模式

在「備忘稿」模式中輸入備註

備忘稿模式可單獨檢視**備忘稿**的內容，每張備忘稿裡會有一張投影片縮圖，以及輸入備忘資料的地方，我們可以將想要說明，但不想放入簡報的內容在這裡備註，做為提醒自己的摘要。

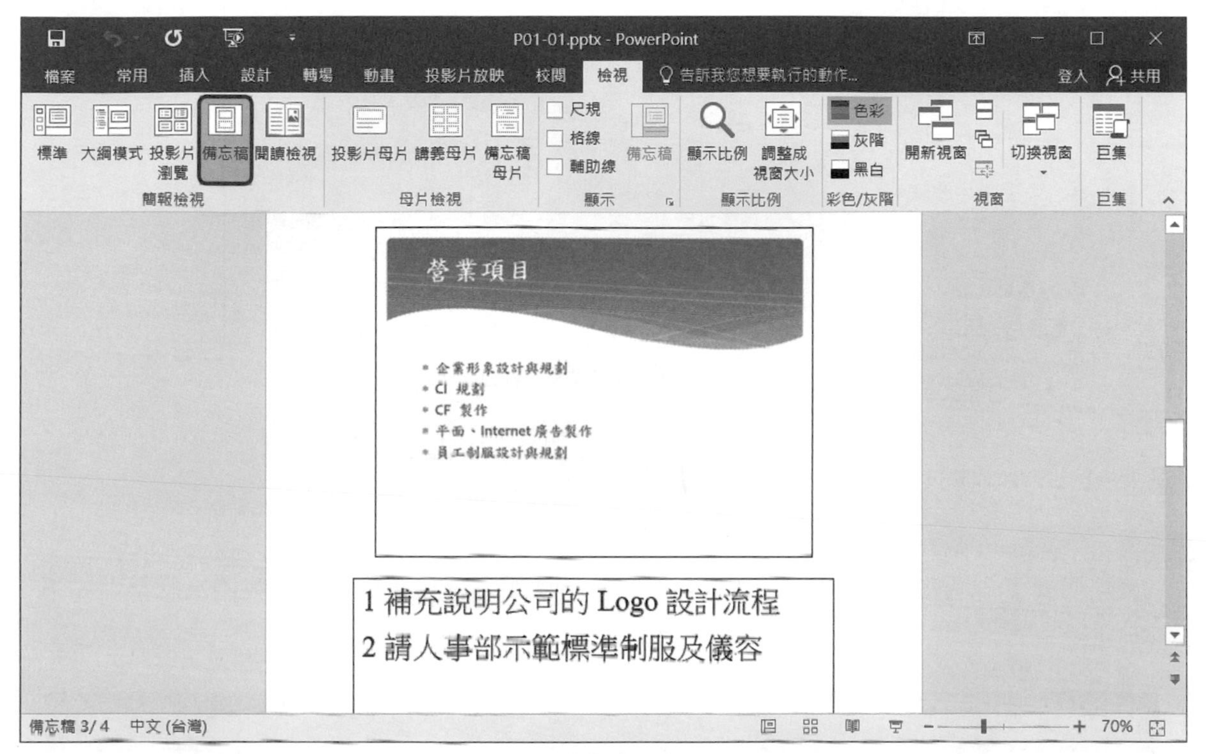

▲ **備忘稿**模式

在「投影片放映」模式播放簡報

投影片放映模式就是實際播放簡報的模式，簡報將會以全螢幕的方式一張接著一張放映。請按下主視窗右下角**投影片放映**鈕 ，就會從目前編輯的投影片開始播放；放映的過程中，可按下 Page up 和 Page Down 鍵來切換上、下張投影片，若按下 Esc 鍵則會結束放映。

▲ **投影片放映**模式

TIP 更多的投影片放映技巧, 請參考本篇 2-7 節及第 6 章的說明。

實際切換了一遍簡報檢視模式, 到底什麼時候該使用哪種檢視模式呢？我們為您整理如下：

檢視模式	使用時機
標準模式	投影片主要的編輯模式, 能同時檢視投影片縮圖和備忘稿的內容
大綱模式	可檢視簡報的整體大綱架構, 也可同時瀏覽投影片縮圖
投影片瀏覽	便於進行簡報整體調整, 如刪除、搬移或複製投影片, 以及設定投影片的播放特效
備忘稿	檢視或編輯單張投影片的備忘稿內容
閱讀檢視	以視窗大小逐一閱讀投影片內容, 並可利用瀏覽工具切換投影片、預覽動畫效果
投影片放映	以全螢幕的方式播放簡報

1-3 調整顯示比例

通常 PowerPoint 會為各檢視模式及窗格預設一個顯示比例, 不過我們隨時可依編輯需要, 自行調整檢視模式或窗格的顯示比例。例如要檢視細部的資料最好將顯示比例放大；要觀看整體外觀, 則可將顯示比例縮小。

PowerPoint **狀態列**右方的**縮放滑桿**與**顯示比例**工具, 可讓您控制各檢視模式的放大與縮小倍數；也可以按下最右側的 ⊡ 鈕, 讓畫面依照視窗或窗格大小, 自動調整為完整顯示的比例。

TIP 如果**狀態列**上沒有出現**縮放滑桿**或**顯示比例**工具, 可在狀態列上按右鈕, 勾選快顯功能表中的工具名稱, 即可顯示該工具。

當您要調整畫面的顯示比例, 可在**縮放滑桿**工具上直接用滑鼠左、右拉曳, 畫面的顯示比例就會立即變更, 直到調整為合適的大小再放開滑鼠即可。

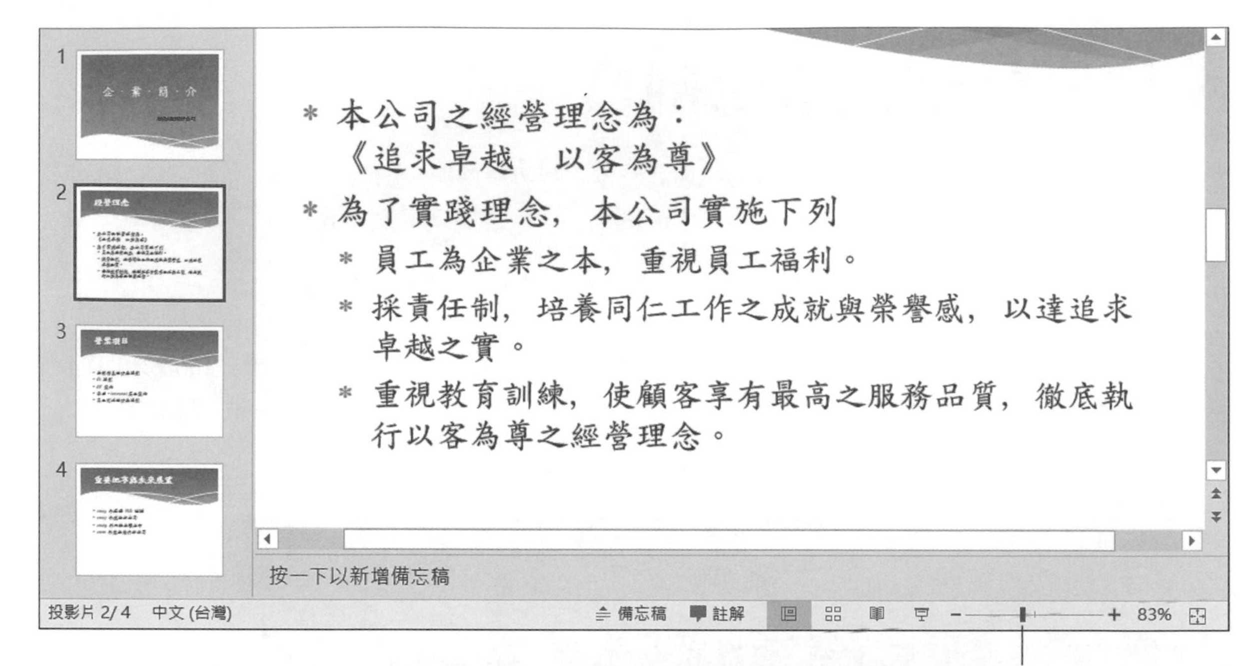

TIP 也可以按下**縮放滑桿**上的**拉遠顯示**鈕 − 或**拉近顯示**鈕 ＋，每按一下以 10% 的比例級數進行縮放。

若覺得用拉曳的方式調整比例不夠精準，也可以按下**顯示比例**鈕，開啟**縮放**交談窗，直接選擇或輸入比例。

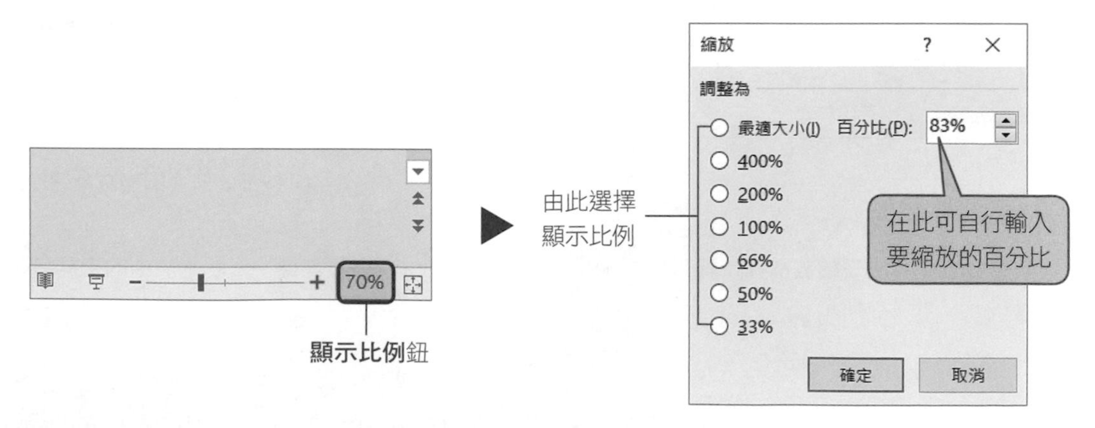

了解 PowerPoint 的操作環境後，下一章我們將逐步帶您製作出一份簡報，讓您對整個簡報製作過程建立完整的概念。

快速完成一份簡報

- 簡報製作基本流程
- 建立新簡報並輸入簡報標題
- 套用投影片版面配置
- 輸入投影片的標題與內容
- 套用佈景主題快速美化投影片
- 儲存簡報
- 放映簡報

2-1 簡報製作基本流程

本章要實地帶您製作一份簡報, 包括建立新的簡報檔案、編輯投影片內容、美化簡報、儲存檔案、放映簡報等, 讓您對製作流程有完整的認識。

我們將簡報的製作流程, 簡單整理成如下的圖表：

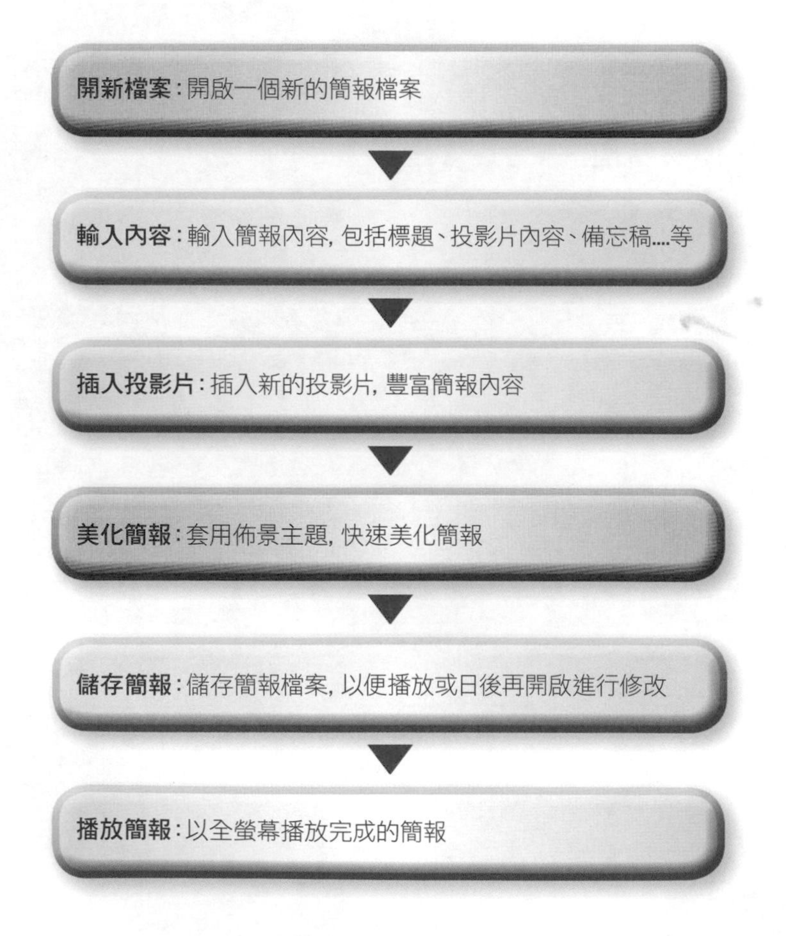

開新檔案：開啟一個新的簡報檔案
輸入內容：輸入簡報內容, 包括標題、投影片內容、備忘稿....等
插入投影片：插入新的投影片, 豐富簡報內容
美化簡報：套用佈景主題, 快速美化簡報
儲存簡報：儲存簡報檔案, 以便播放或日後再開啟進行修改
播放簡報：以全螢幕播放完成的簡報

大致了解簡報製作的流程之後, 底下就帶你實際練習一遍。

2-2 建立新簡報並輸入簡報標題

啟動 PowerPoint 後, 點選**空白簡報**範本, 會自動開啟一份空白的簡報檔案讓我們進行編輯, 而在投影片窗格中的第 1 張投影片就是**標題投影片**, 作用是點出簡報的標題。這一節我們將以一份空白的新簡報, 來練習輸入簡報標題的操作。

啟動 PowerPoint 後點選**空白簡報**範本, 隨即會看到如下的畫面。

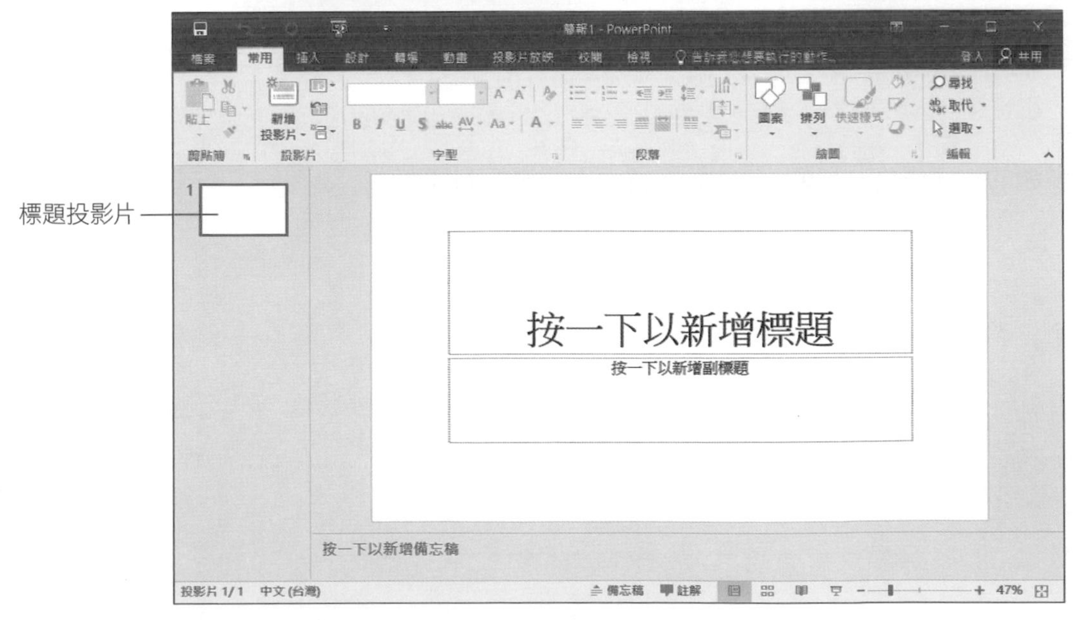

緊接著就來輸入簡報的標題與副標題。目前第 1 張投影片已規劃好簡報標題與副標題的位置, 假設我們要建立一份預售屋銷售企劃的簡報：

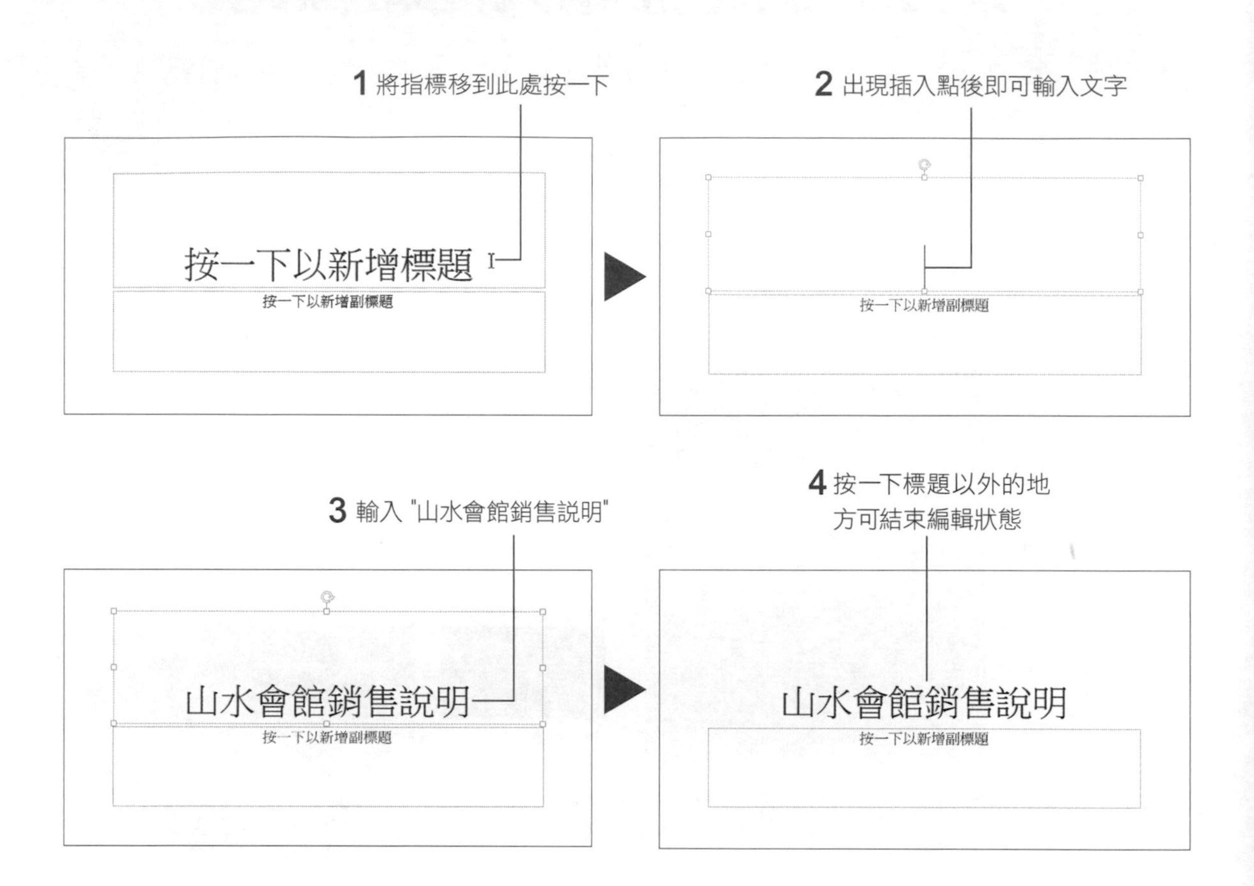

輸入副標題的方式也是一樣的, 請如圖練習輸入簡報的副標題：

建立新的空白簡報

若想要再建立另一份新的空白簡報, 可按下**檔案**頁次標籤, 再按下視窗左側的**新增**項目如下操作來建立新簡報：

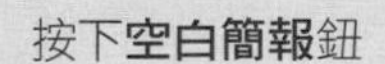

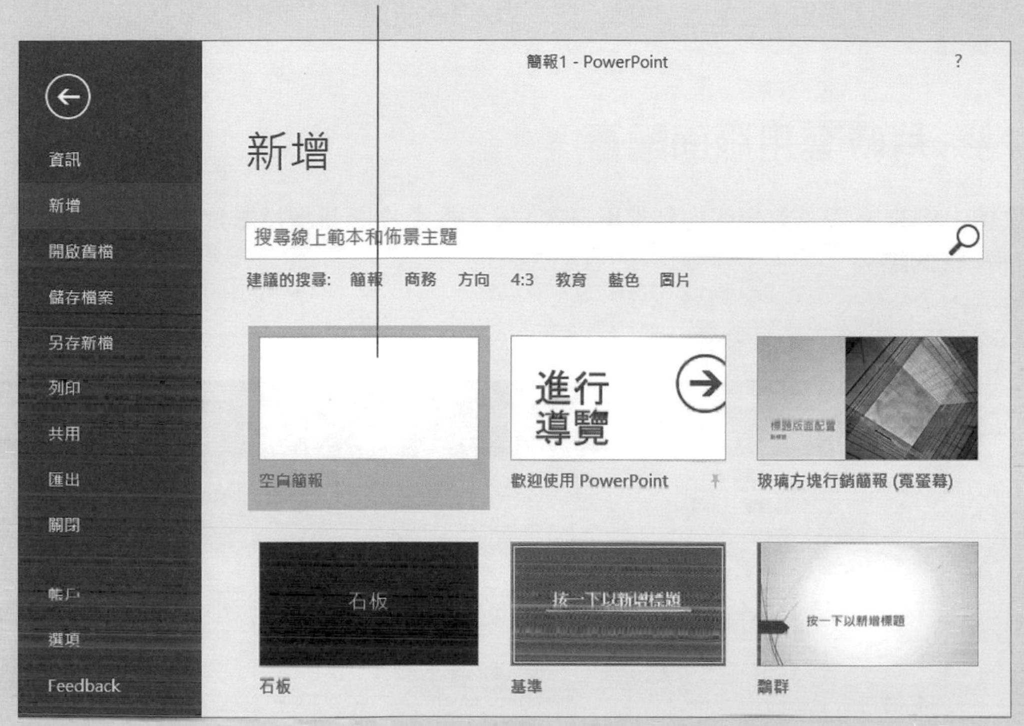

建立新簡報

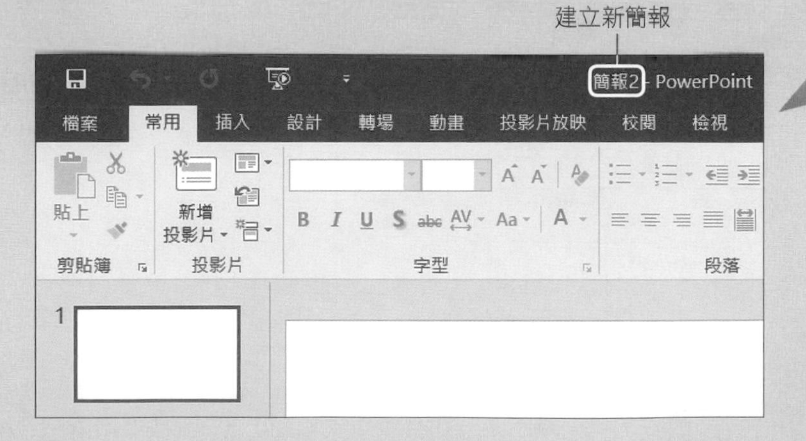

TIP 若想要快速建立一份空白簡報, 也可以直接按下 Ctrl + N 鍵。

2-3 套用投影片版面配置

PowerPoint 提供了多組投影片版面配置, 且每種版面可輸入的資料種類與編排位置皆已安排妥當, 你可以依據投影片內容, 選擇適合的版面配置樣式。設定版面配置, 可在新增投影片時選取；或等到需要變更時再進行調整。

新增投影片時套用版面配置

請接續上例來練習。首先切換到**常用**頁次, 按下**投影片**區**新增投影片**鈕的下半部, 就會看到各種版面配置的縮圖：

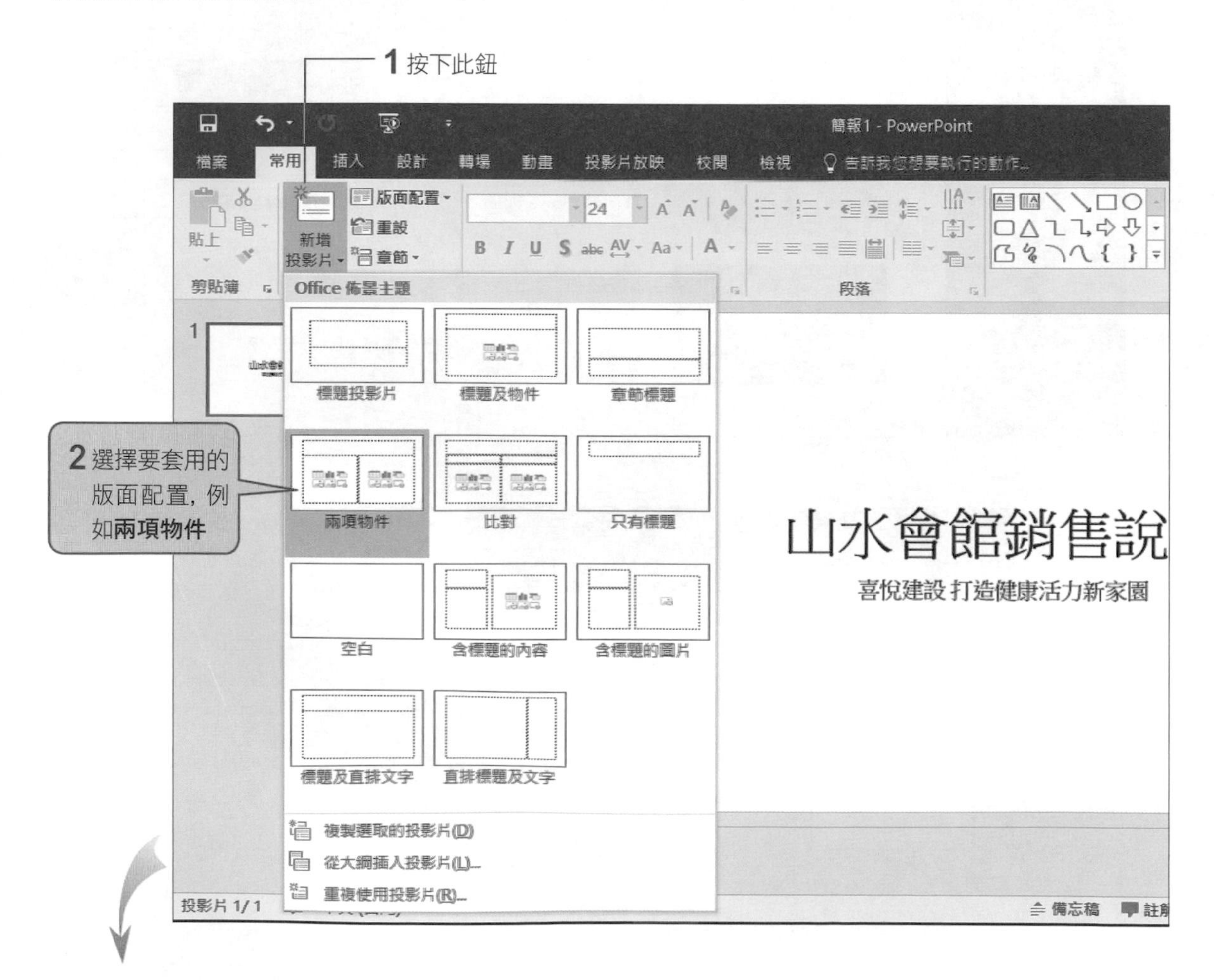

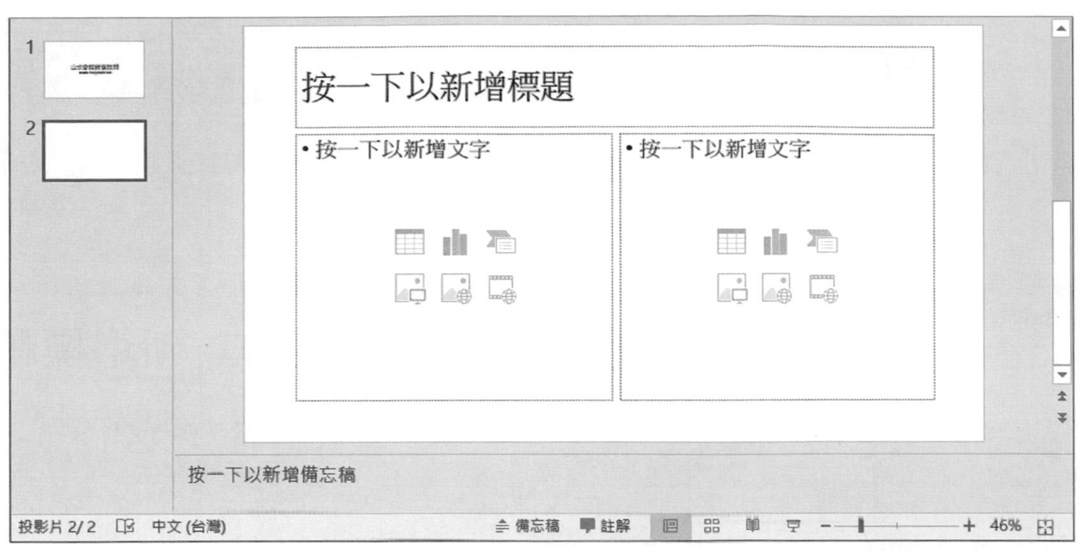

▲ 套用**兩項物件**的新投影片

如果剛才直接按下**新增投影片**鈕 (按鈕的上半部), 會新增一張套用與目前選取投影片相同版面配置的投影片；而在**標題投影片** (簡報的第 1 張投影片) 之下按鈕, 則會新增套用**標題及物件**版面配置的投影片。

你也可以在左側的**投影片**窗格中, 於投影片縮圖上按右鈕執行『**新增投影片**』命令, 新增一張套用與目前選取投影片相同版面配置的投影片。

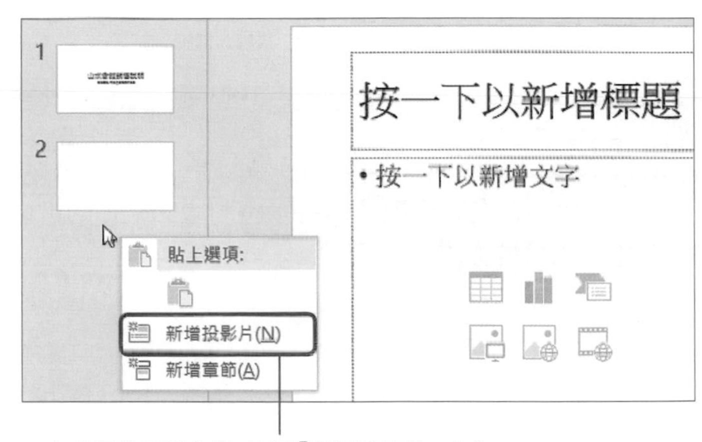

在此區按滑鼠右鈕, 執行『**新增投影片**』命令

變更版面配置

萬一要輸入投影片內容時, 才發覺之前選擇的版面配置不合適, 也可以隨時做變更。假設我們要將第 2 張投影片重新套用**標題及物件**的版面配置, 請同樣切換到**常用**頁次, 按下**投影片**區的**版面配置**鈕 , 再從中選取要套用的樣式：

刪除投影片

你可以練習在簡報中新增幾張不同版面配置的投影片, 並試著變更其版面配置, 練習完再如下刪除多餘的投影片。

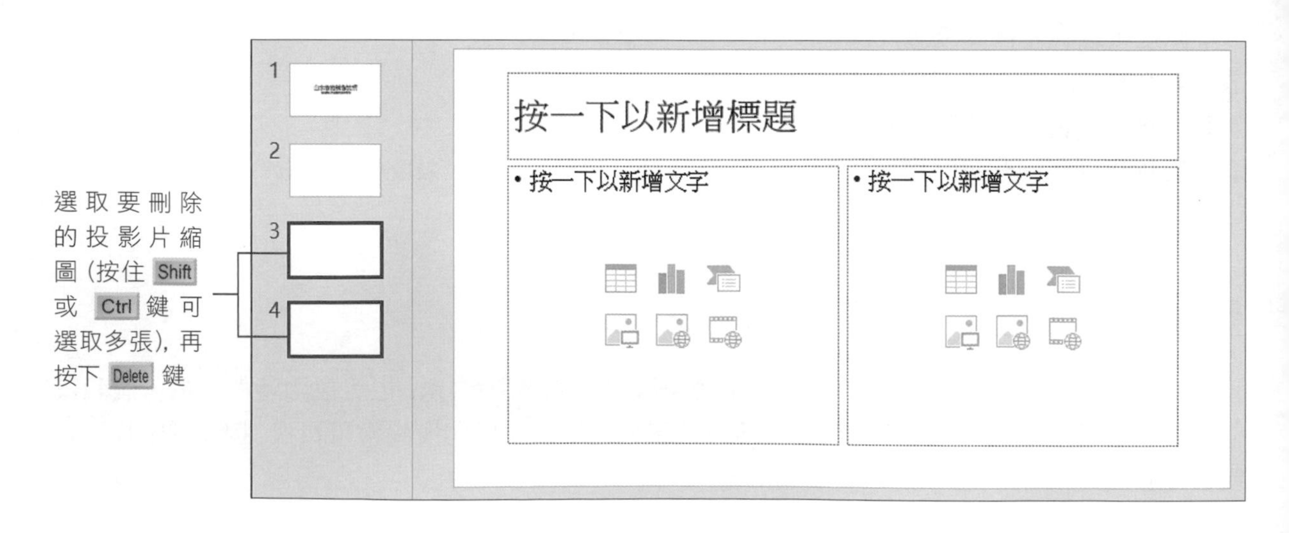

2-4 輸入投影片的標題與內容

簡報的標題編輯好了，這一節要繼續編輯投影片的內容，練習的重點是條列項目的編輯技巧，和調整條列項目的層級順序，若是想要輸入直排的文字，也可以輕鬆完成設定。請接續上例，並切換到第 2 張投影片來進行練習。

輸入投影片標題

投影片標題的編輯方法，與之前輸入簡報標題相同，請先將插入點移至標題的位置按一下，出現插入點後再輸入投影片標題：

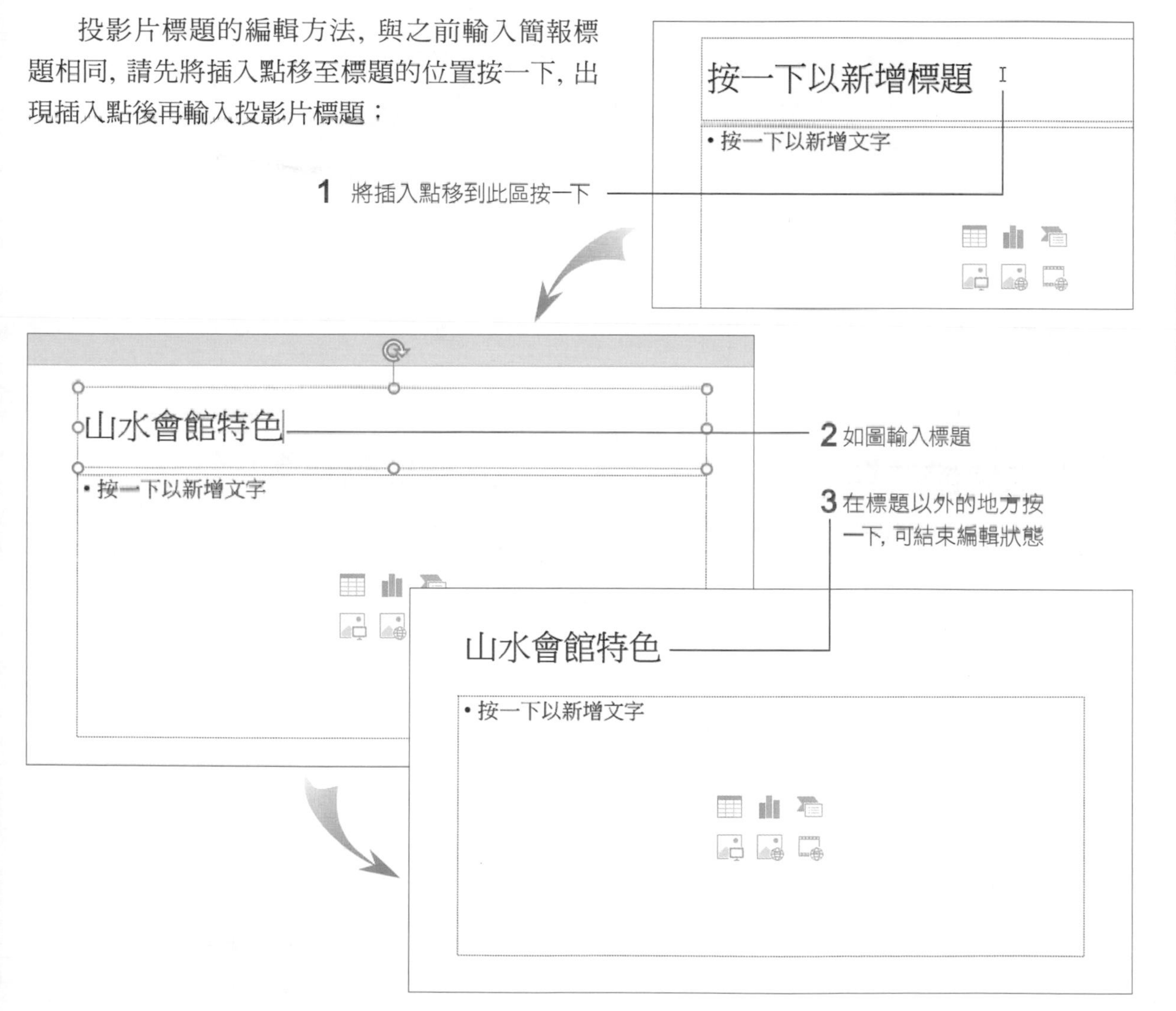
按一下以新增標題
• 按一下以新增文字
1 將插入點移到此區按一下
山水會館特色
• 按一下以新增文字
2 如圖輸入標題
3 在標題以外的地方按一下，可結束編輯狀態
山水會館特色
• 按一下以新增文字

輸入條列項目

以條列項目呈現內容, 能帶給人清楚、有條不紊的感覺, 所以簡報中常用條列項目來表示重點, 再藉由簡報者的說明, 讓聽眾更加深印象。以下就來練習條列項目的編輯技巧：

STEP 01 按一下條列項目的位置, 即會進入編輯狀態, 且插入點會出現在第 1 個項目符號之後：

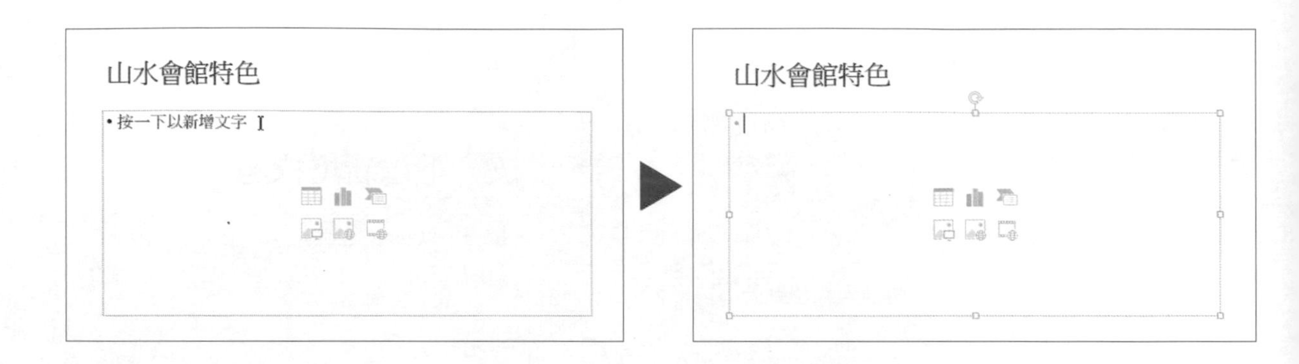

STEP 02 請輸入 "特色一：低公設、大中庭、高採光", 然後按下 Enter 鍵, 下一行即會出現另一個項目符號：

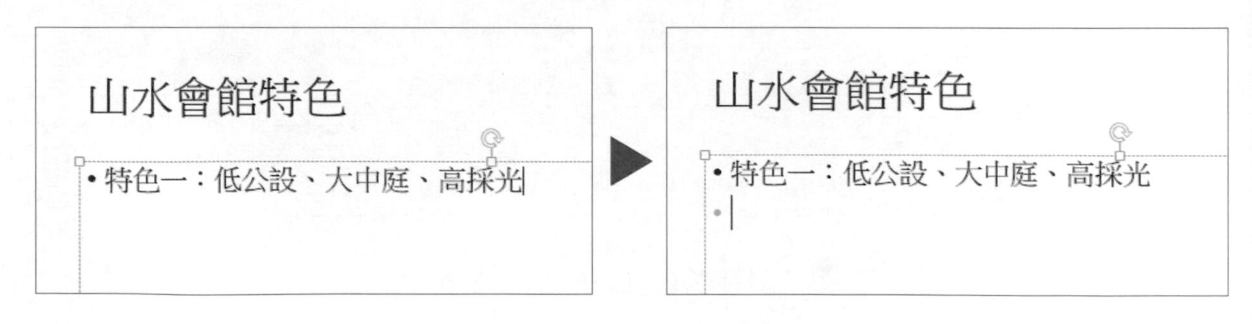

STEP 03 請依圖繼續輸入其它條列項目, 最後按一下位置區以外的地方, 結束編輯狀態。

山水會館特色

- 特色一：低公設、大中庭、高採光
- 特色二：近捷運、寧靜巷、大棟距
- 特色三：自備款低、貸款利息低

調整條列項目層級

有時候條列項目之下還需要次級細項來輔助說明, 在 PowerPoint 的條列項目最多可有 5 個層級, 剛才我們輸入的是第 1 層, 若要輸入第 2 層請如下操作：

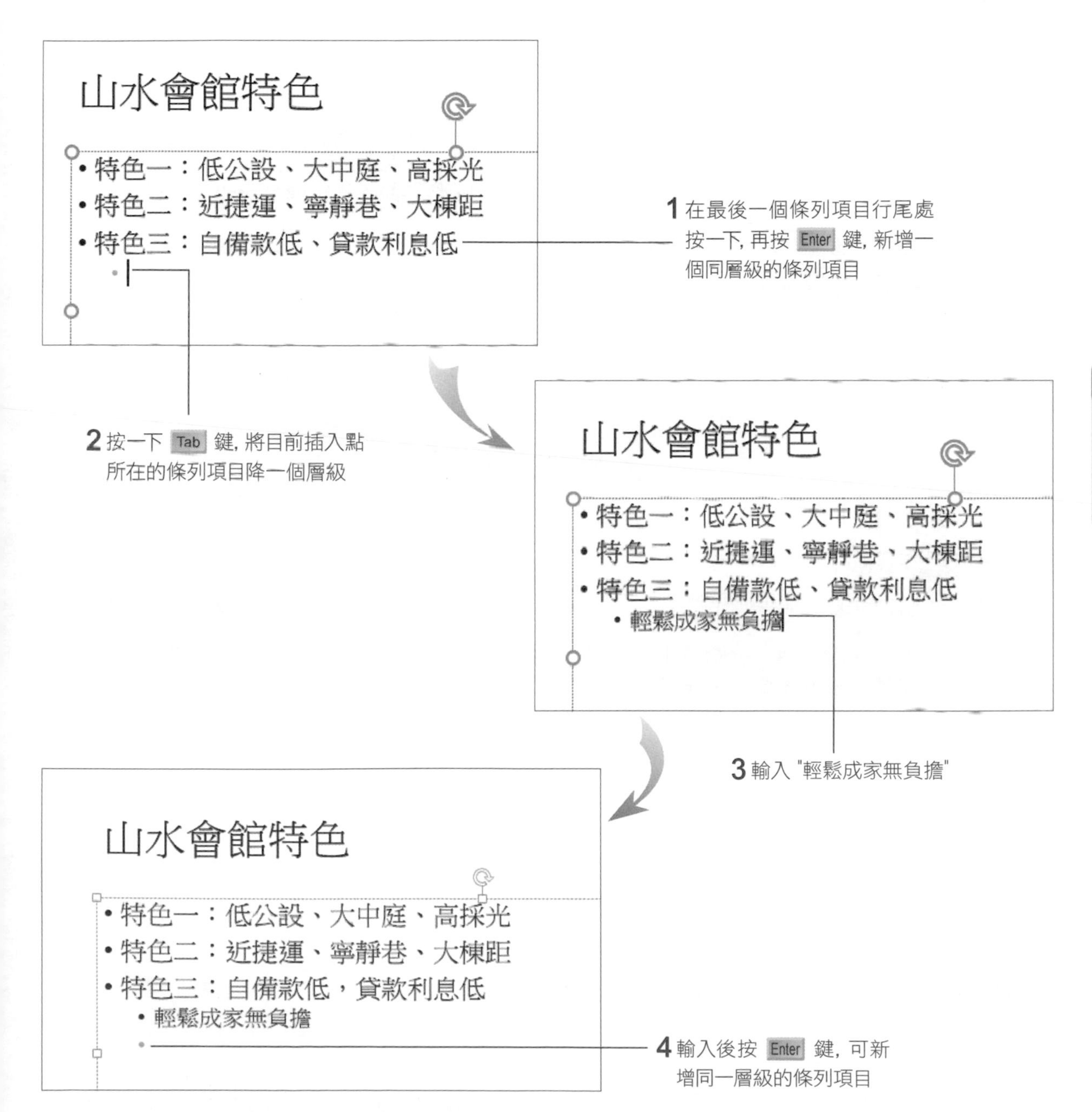

以上的練習說明了降低條列項目層級時，只要在條列項目符號之後按一下 Tab 鍵即可；反之，若是要提升層級，則要改按 Shift ＋ Tab 鍵：

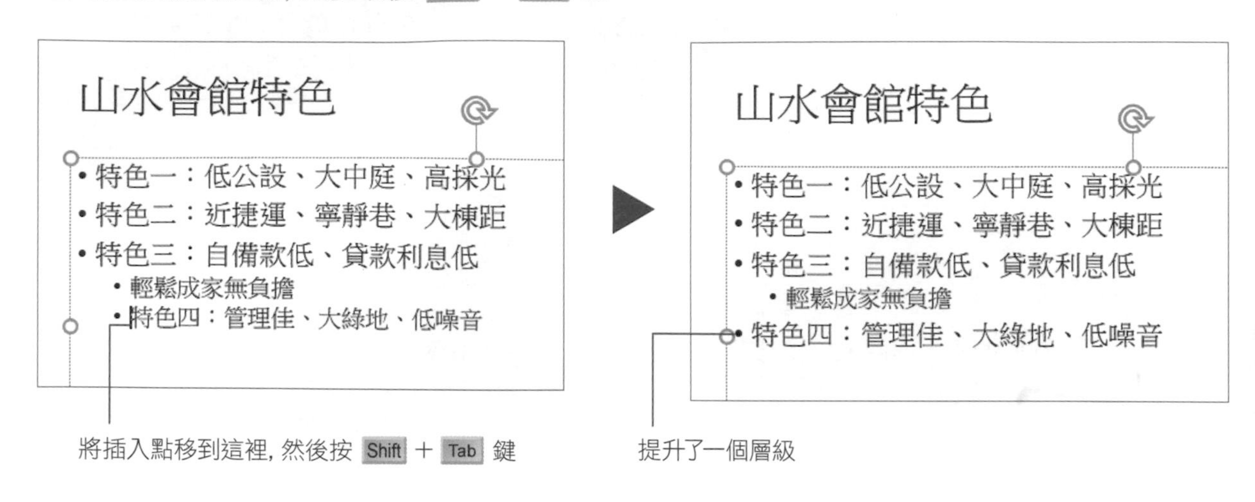

TIP 不論是要降低或提升層級，都必須先將插入點移到條列項目文字最前面，再按下 Tab 或 Shift ＋ Tab 鍵；若在文中按下 Tab 鍵，將只會有增加定位點的作用。

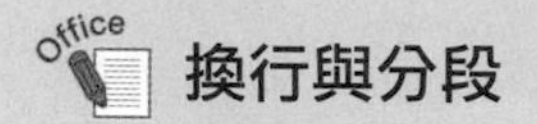

換行與分段

由於位置區的寬度有限，所以當輸入的資料到達位置區邊界時會自動換行。而在輸入條列項目時，若覺得換行的效果不佳，也可以將指標移到想換行的地方，然後按下 Shift ＋ Enter 鍵來強制換行。

或許您會問 "不能直接按下 Enter 鍵換行嗎？"，雖然按下 Enter 與按下 Shift ＋ Enter 兩者都有換行的效果，但實際上按下 Enter 鍵是將兩行分成「兩段」，所以兩段文字前都會顯示項目符號；而按下 Shift ＋ Enter 鍵是只將文字分成「兩行」，上下兩行仍屬於同一段。

項目前會顯示項目符號

• 特色三：自備款低、貸款利息低
• 輕鬆成家無負擔
• 特色四：管理佳、大綠地、低噪音

按下 Enter 鍵將文字分段

兩者屬於同一段，所以只有一個項目符號

• 特色三：自備款低、貸款利息低
輕鬆成家無負擔
• 特色四：管理佳、大綠地、低噪音

按下 Shift ＋ Enter 鍵將文字分行

輸入直排的文字位置區

文字位置區不只上述的橫排走向，還有直排走向。若您尚未建立簡報，可開啟範例檔案 P02-01 來練習，範例中第 3 頁的條列項目較多，但每項目的文字量較少，就適合採垂直走向，所以我們要將已經輸入的文字轉為直排。

首先將插入點移至文字段落間，再切換至**常用**頁次，按下**段落**區的**文字方向**鈕，就能從中選擇文字排列方式了：

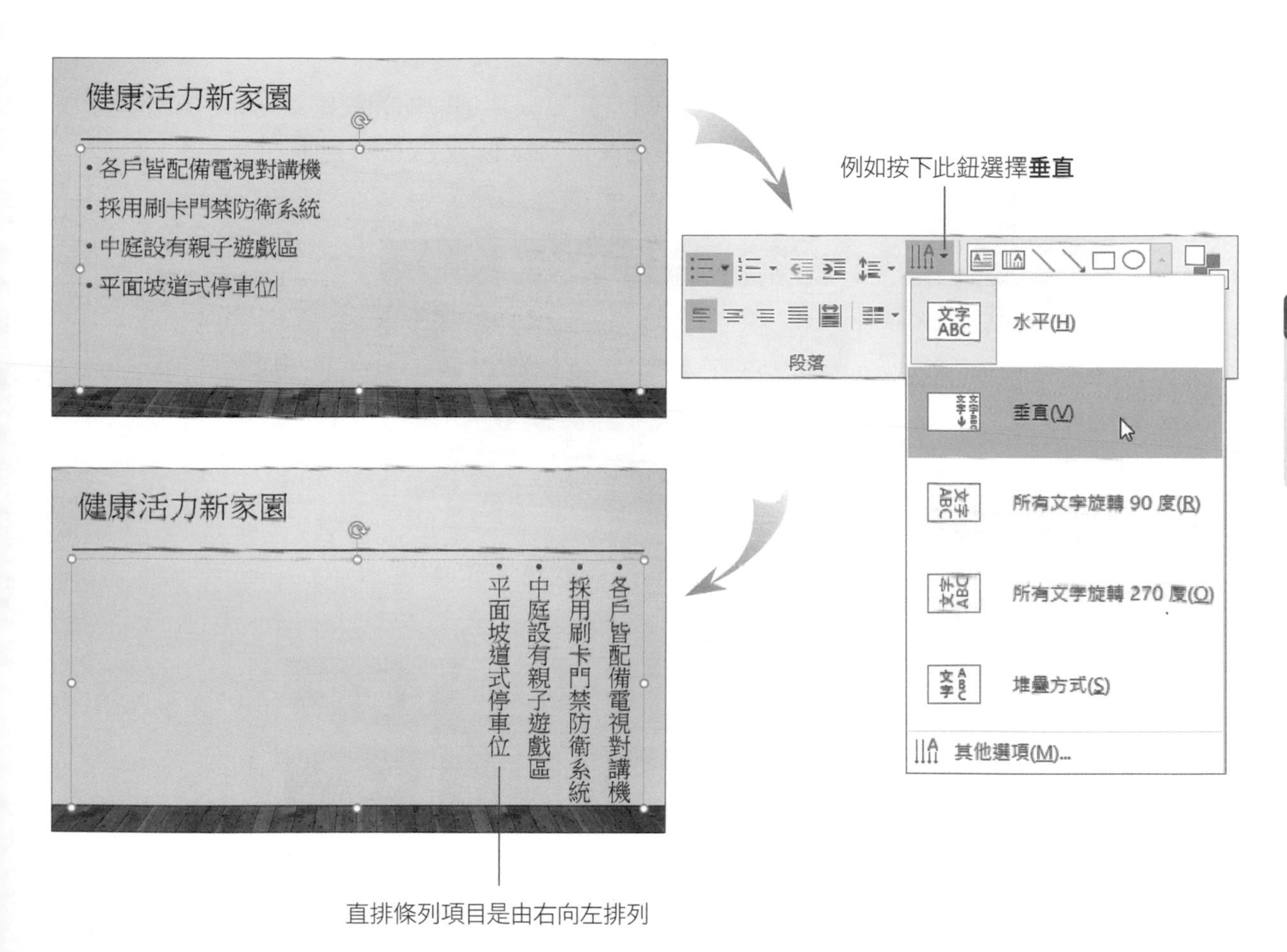

剛才的操作是將已輸入的文字調整為垂直走向，我們也可以在新增投影片時就套用**標題及直排文字** 或**直排標題及文字** ，之後輸入的條列項目就會自動套用垂直走向了。

2-5 套用佈景主題快速美化投影片

投影片的標題、內容都有了, 可是白白的陽春外觀, 實在吸引不了觀眾的目光。這一節我們就利用佈景主題將簡報做一番美化吧！

套用佈景主題

PowerPoint 提供多個精美的**佈景主題**供我們套用, 只要選取縮圖就可以立即為簡報換上美麗的新衣了。請切換到**設計**頁次, 在**佈景主題**區內按下**其他**鈕 就會看到所有的佈景主題：

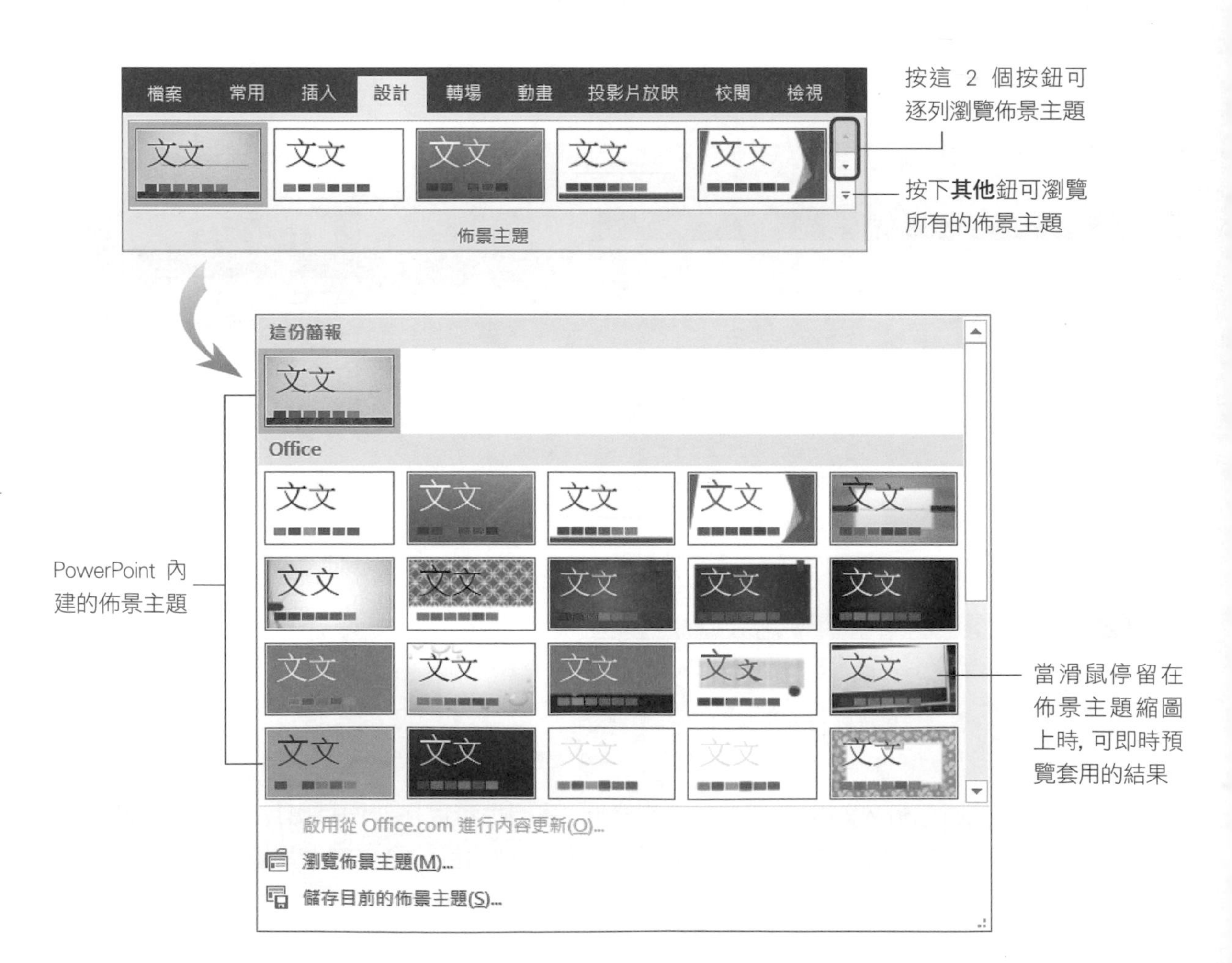

請從中點選喜歡的佈景主題, 例如**主要賽事**:

TIP 在套用佈景主題之後, 若插入新投影片, 亦會自動套用佈景主題。

若不滿意套用的結果, 可以再切換到**設計**頁次, 由**佈景主題**區中重新選取佈景主題來套用。此外, 在套用佈景主題時, 預設會套用到整份簡報中, 若只想套用到單張投影片, 則可如下操作:

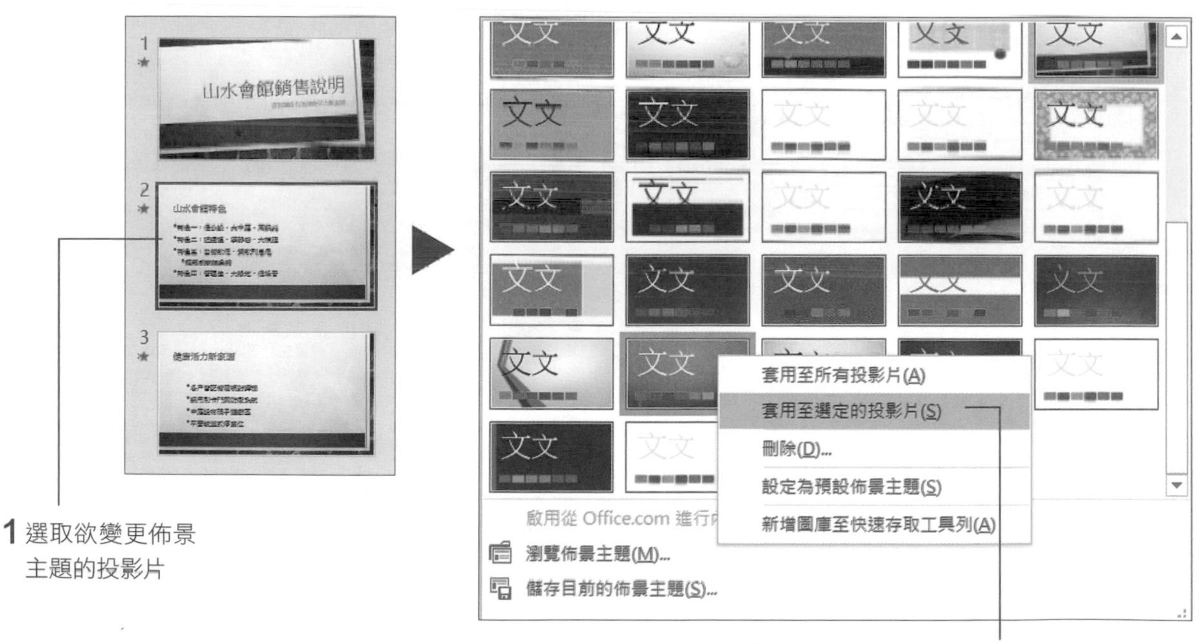

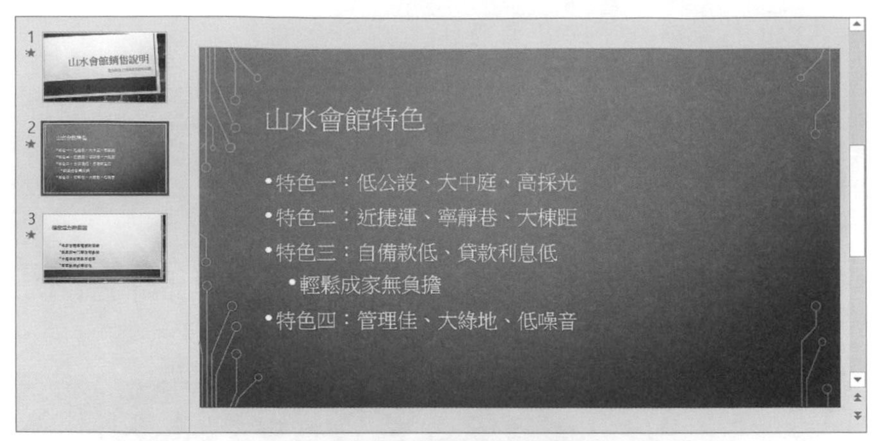

只有選取的投影片變更主題

套用書附光碟中的佈景主題

本書書附光碟收錄了多套投影片佈景主題供您練習使用, 要套用至簡報時, 請切換到**設計**頁次, 在**佈景主題**區內按下**其他**鈕 ▾, 然後執行『**瀏覽佈景主題**』命令：

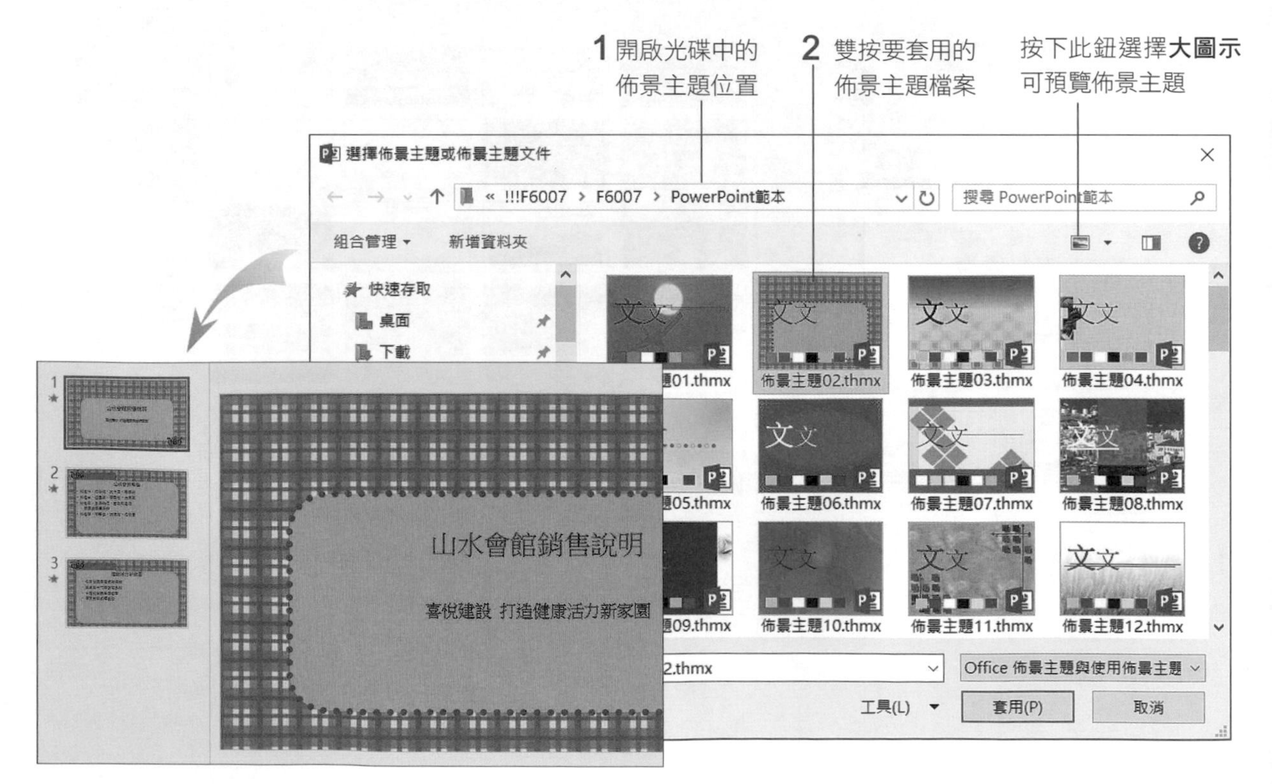

2-6 儲存簡報

簡報製作到一個段落, 請記得存檔, 否則您的心血可就白費了。儲存檔案時可按下**快速存取**工具列上的**儲存檔案**鈕 來儲存, 若該簡報是第一次存檔, 即會開啟**另存新檔**交談窗讓您設定檔案儲存的相關資訊。

開啟**另存新檔**交談窗後, 請按下**瀏覽**鈕, 然後在**檔案名稱**欄中輸入簡報檔名, 接著由**存檔類型**列示窗選擇儲存的類型, 預設是 **PowerPoint 簡報**也就是 PowerPoint 2007/2010/2013/2016 的格式, 其副檔名為 .pptx。

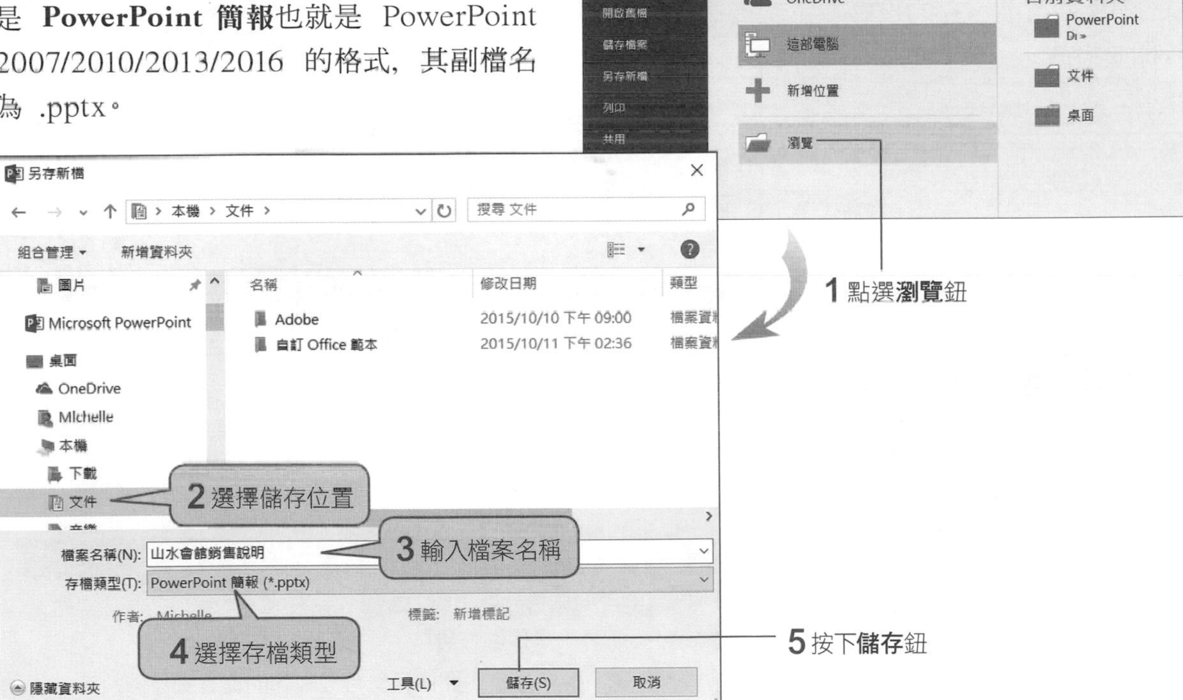

由於 PowerPoint 2007 以前的版本無法開啟 .pptx 的檔案格式, 若您的簡報檔案需要在 PowerPoint 97/2000/XP/2003 等版本中開啟, 那麼儲存時**存檔類型**請選擇 **PowerPoint 97-2003 簡報**格式。

若需要將簡報以另一個檔名儲存, 或是儲存到其它位置, 請切換到**檔案**頁次, 再按下**另存新檔**項目, 即會再次開啟**另存新檔**交談窗讓您設定存檔資訊。

2-7 放映簡報

簡報編輯的工作到一段落了，想必你一定很想看看簡報的播放效果吧！這一節就實際來播放剛才製作的簡報，驗收本章的學習成果，並利用這個簡報檔案，學習放映的各項操作技巧。你也可以開啟範例檔案 P02-02 來跟著練習。

只要按下主視窗右下角的**投影片放映**鈕 ，將簡報切換到**投影片放映**模式，即會從目前所在的投影片開始播放：

放映到最後會出現一張黑色投影片，只要再按一下滑鼠左鈕即可結束放映。

我們再將常用的播放技巧整理如下：

播放技巧	操作方式
從目前的投影片開始播放	按下主視窗右下角的**投影片放映**鈕
從第 1 張投影片開始播放	方法 1 先切換到第 1 張投影片再按下 鈕 方法 2 按下**投影片放映**頁次中**開始投影片放映**區的**從首張投影片**鈕
切換到下一張投影片	方法 1 按下滑鼠左鈕 方法 2 按下 Page Down 鍵 方法 3 向下滾動滑鼠滾輪
切換到上一張投影片	方法 1 按下 Page Up 鍵 方法 2 向上滾動滑鼠滾輪
中止播放	按下 Esc 鍵

編輯投影片的文字與位置區版面

- 設定投影片文字樣式與取代、內嵌字型
- 設定條列項目及編號樣式
- 調整段落的水平及垂直對齊方式
- 變更投影片的版面配置
- 調整投影片中的位置區

3-1 設定投影片文字樣式與取代、內嵌字型

雖然簡報套用佈景主題後, 標題、副標題、內文等文字樣式都會改變, 但有時仍會有不夠醒目或不清晰等情況, 這時只要稍加變更就能改善了；若是對投影片中的字型設定不滿意, 還可以一次取代完成, 這一節就來學習這些技巧。

首先說明如何利用 PowerPoint 的各項功能來設定文字樣式。請先開啟範例檔案 P03-01, 並切換到第 1 張投影片來看看：

設定投影片的文字樣式

這裡要介紹的編輯方法, 包括使用**常用**頁次、**迷你工具列**的按鈕來設定樣式, 以及套用**文字藝術師樣式**以突顯標題, 底下就一一為您說明。

利用功能區按鈕設定文字樣式

首先要介紹設定文字樣式時最常使用的**常用**頁次中**字型**區按鈕, 來為簡報標題設定美觀又醒目的樣式。

STEP 01 請利用範例檔案 P03-01 的標題投影片來練習, 首先如圖選定簡報標題 "新產品發表"：

STEP 02 切換到**常用**頁次, 在**字型**區進行文字的樣式設定。

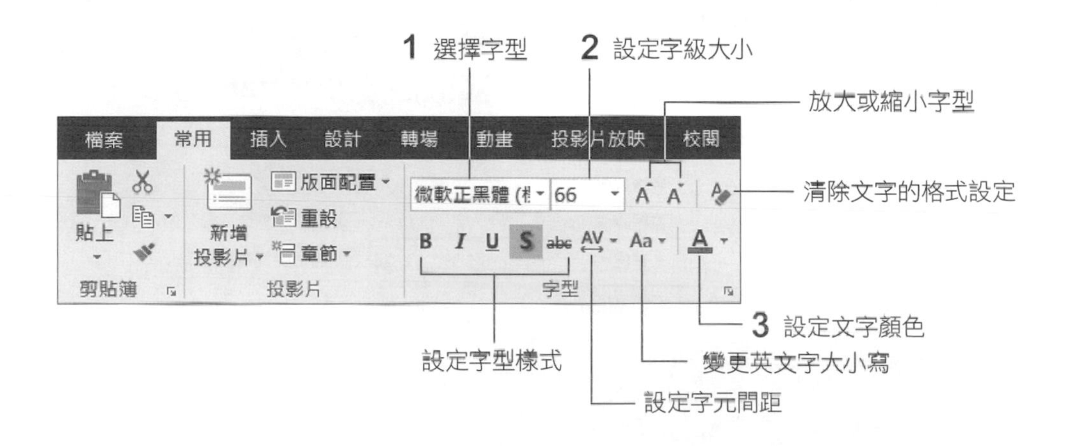

STEP 03 設定好後按一下位置區外的地方, 就能結束編輯狀態完成設定。

輸入 2^3 及 01010_2 等上、下標文字

若是需要輸入 2^3 或 01010_2 等特殊的上、下標文字時, 請按下**常用**頁次中**字型**區右下角的 鈕, 開啟**字型**交談窗來進行設定。先說明輸入 2^3：

1 先選取 "3"

2 的 3 次方, 請以 23 表示

2 開啟**字型**交談窗

字型 ? ×
字型(N) 字元間距(R)
英文字型(F): (使用中文字型)
字型樣式(Y): 標準
大小(S): 32
中文字型(T): 新細明體
所有文字
字型色彩(C) 底線樣式(U) (無) 底線色彩(I)
效果
刪除線(K) 小型大寫字(M)
雙刪除線(L) 全部大寫(A)
上標(P) 位移(E): 30% 等化字元高度(Q)
下標(B)
確定 取消

3 勾選**上標**, 並在**位移**欄輸入 30%

4 按下**確定**鈕

2 的 3 次方, 請以 2^3 表示

設定結果

若要輸入 01010_2, 則是先輸入 "010102", 然後選取 2 再開啟**字型**交談窗, 勾選**下標**並在**位移**欄輸入 -25% 即可設定完成：

效果
刪除線(K)
雙刪除線(L)
上標(P) 位移(E): -25%
下標(B)

二進位表示法：010102 ▶ 二進位表示法：01010_2

在選取文字處設定文字樣式

當您選取了文字, 在文字附近還會出現**迷你工具列**, 方便您 "就地" 設定文字樣式。接續上例, 請選取副標題的文字, 文字附近就會出現**迷你工具列**。

接著就請利用**迷你工具列**上的按鈕, 將副標題設定為 20 級、粗體的樣式：

▲ 簡報標題的文字樣式設定完成

套用「文字藝術師樣式」突顯標題

若想突顯投影片的標題, 通常我們會放大字級或套用加粗樣式, 其實還有更多的文字變化可設定, 只要套用**文字藝術師樣式**區內的**快速樣式**就行了。我們以第 2 張投影片的標題來練習：

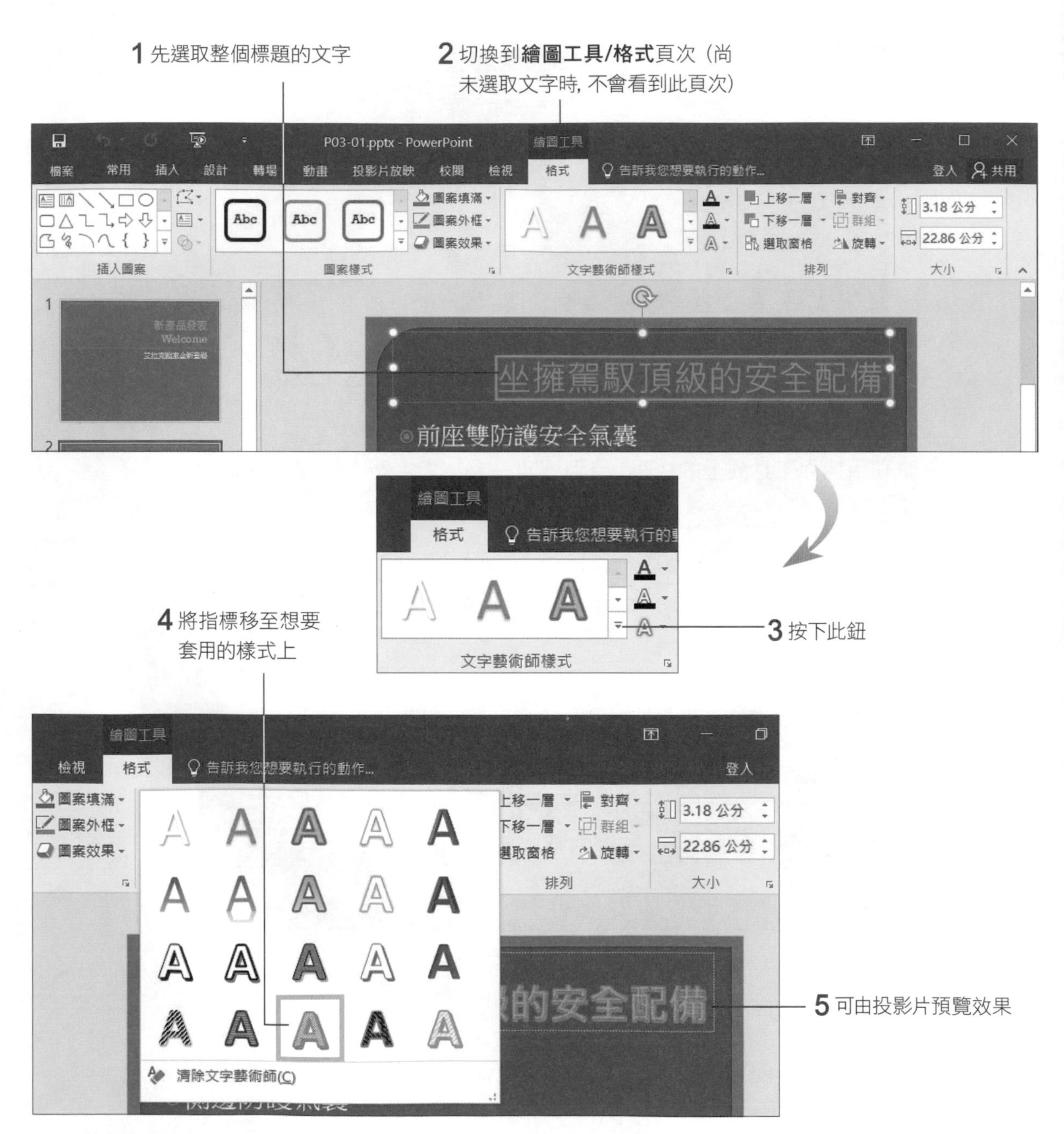

按下想要的效果縮圖就會套用了, 請再練習為第 3 張投影片套用相同的樣式吧！

若要套用其它樣式, 只要重新選取文字, 再按下效果縮圖即可重新套用。取消套用時, 請同樣按下**文字藝術師樣式**區的**其他**鈕 , 執行『**清除文字藝術師**』命令。

統一取代投影片中使用的字型

這份簡報的條列項目套用了 "新細明體", 但看來看去還是覺得 "標楷體" 比較穩重、好看, 如果想將簡報中所有的 "新細明體" 替換成 "標楷體", 你可以試試**取代字型**功能, 一次將字型替換好。

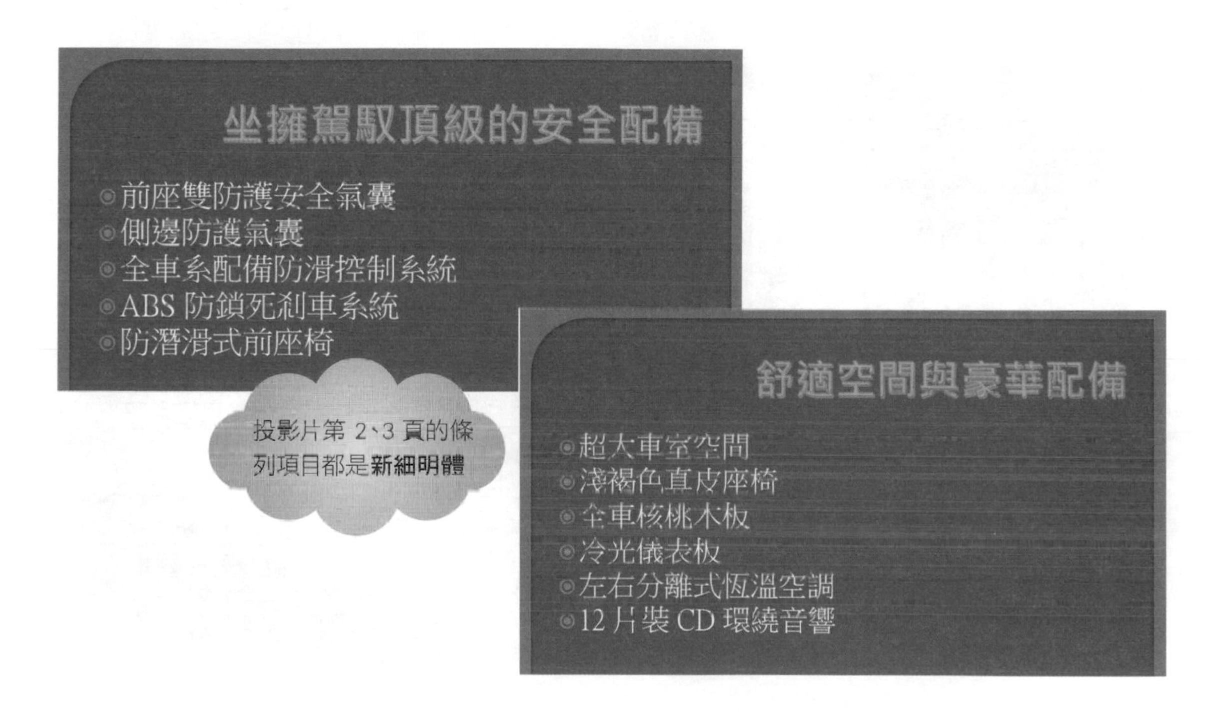

請切換至**常用**頁次, 按下最右側**編輯**區中**取代**鈕的下拉鈕, 就會看到『**取代字型**』命令：

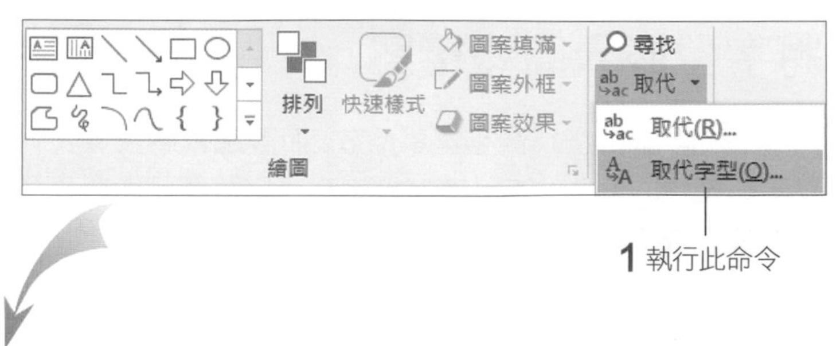

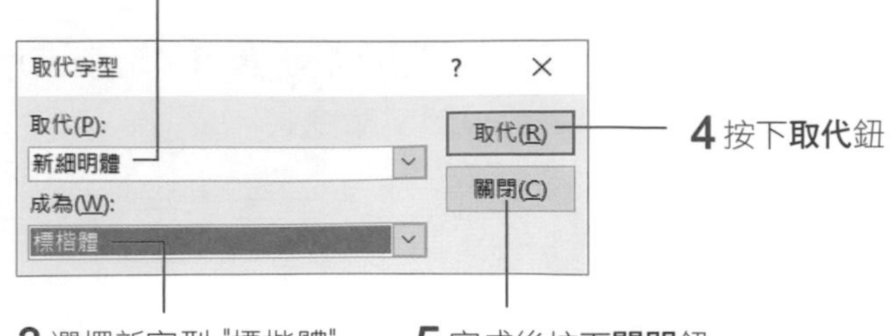

TIP 如果不知道文字套用了什麼字型, 可先選取文字位置區 (按下位置區的邊框) 再執行『**取代字型**』命令, 該字型就會自動列在**取代**欄了。

關閉交談窗再拉曳捲軸, 會看到簡報中的 "新細明體" 字型, 都替換成 "標楷體" 了。

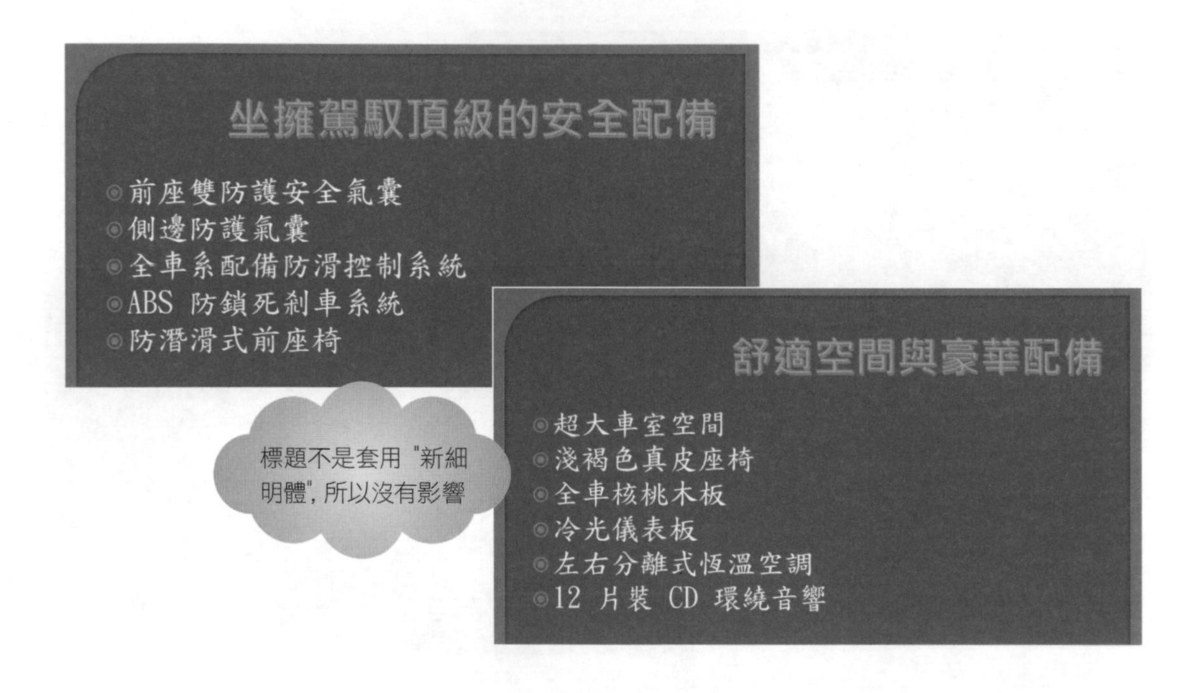

將字型嵌入簡報檔案

若要將簡報拿到其它電腦播放, 而該部電腦沒有安裝簡報中使用的字型時, 那麼將無法正確顯示簡報中的字型, 所以儲存檔案時最好將簡報中所用的字型內嵌於檔案中, 這樣即使得到另一部電腦去做簡報, 也不必擔心版面、字型會走樣。

請切換到**檔案**頁次，再按下視窗左側的**另存新檔**，按下**瀏覽**項目後，如下做設定：

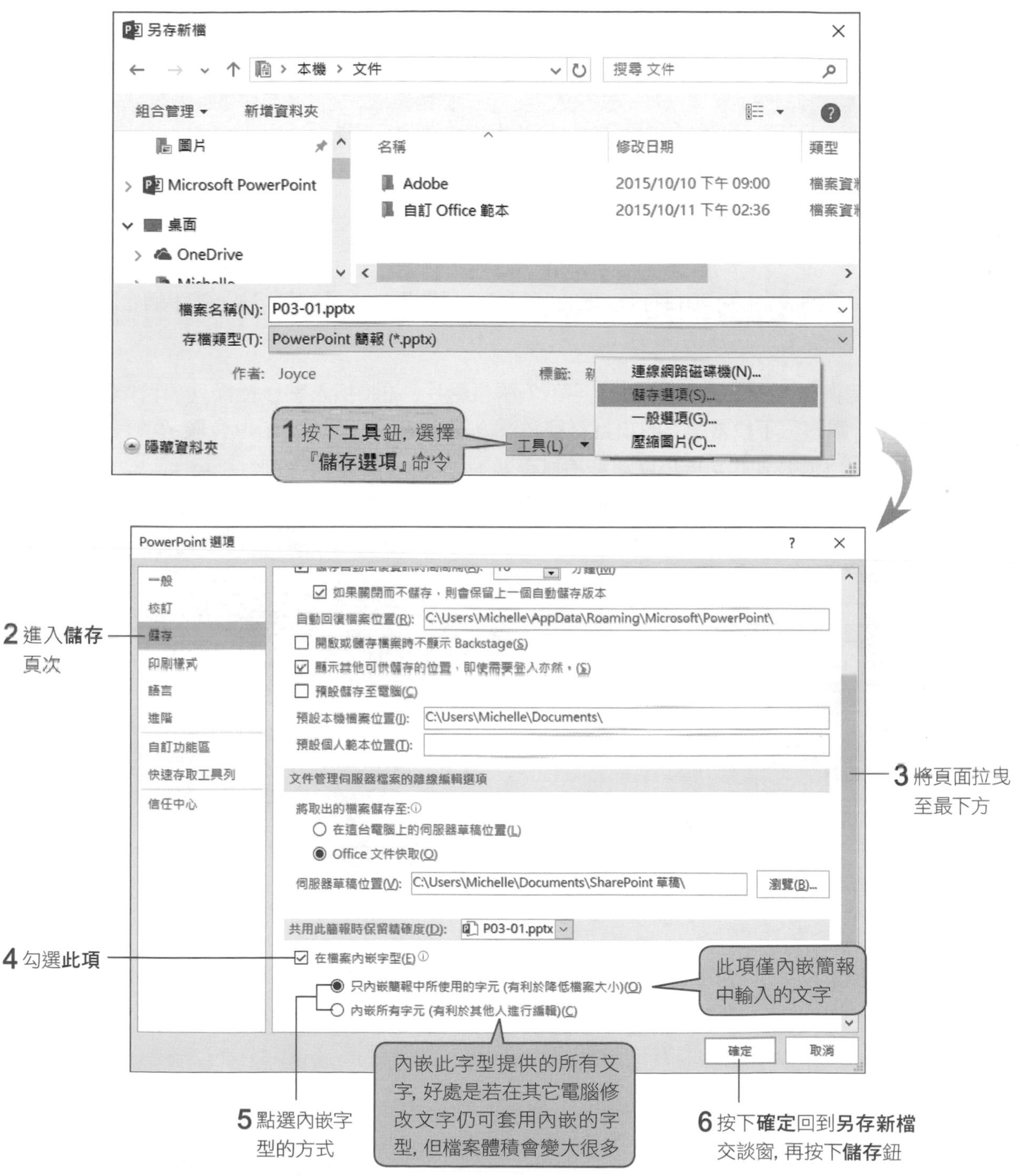

3-2 設定條列項目及編號樣式

投影片中常會用條列項目及編號來呈現內容, 讓觀眾能立即掌握重點。然而條列項目與編號樣式並非一成不變, 除了可以自由顯示、隱藏項目符號或編號外, 還可以自訂想要的符號、變更顏色, 甚至用圖片做為項目符號。

顯示/隱藏項目符號及編號

文字位置區預設會顯示項目符號, 但有時只是一段開場白或是一句口號, 並不適合加上項目符號, 這時可以將項目符號隱藏起來。

請開啟範例檔案 P03-02, 再切換至第 2 張投影片, 並將插入點移至條列項目中, 接著切換到**常用**頁次, 觀察一下**段落**區上的**項目符號**鈕 ☰▾, 目前呈按下狀態, 所以會顯示項目符號, 只要再按下 ☰▾ 鈕 (使其彈起), 就可以隱藏項目符號了。

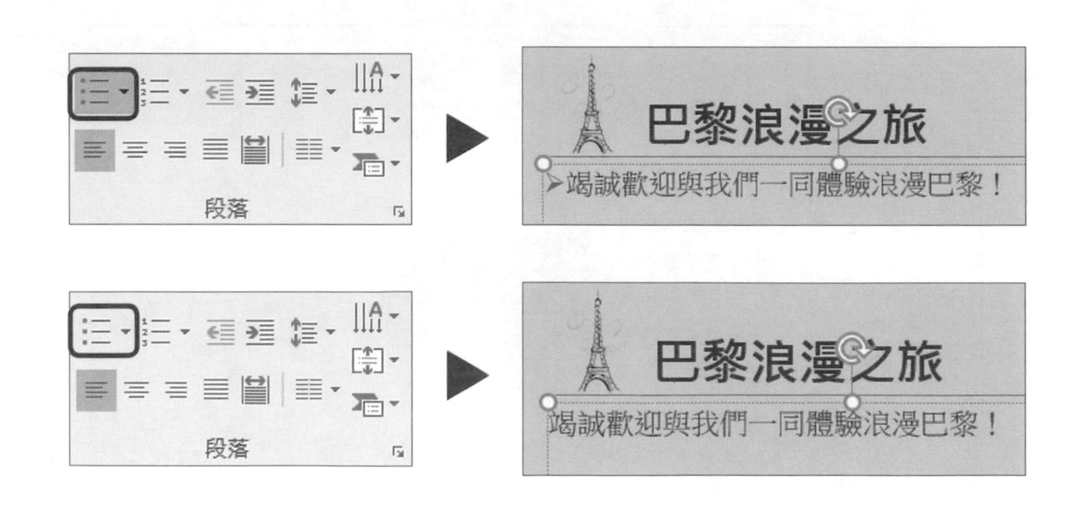

雖然這裡是以項目符號來示範操作, 若項目前套用的是**編號** ☰▾, 其操作也是相同的。

TIP 若要取消多個條列的項目符號, 可以同時選取多個條列項目, 或按下位置區的邊框以選取位置區, 再由**項目符號**鈕設定隱藏 (或顯示) 的狀態。

變更編號及項目符號樣式

簡報套用佈景主題後，通常會一併套用預設的編號及項目符號，不過有時預設的項目符號並不合適，或是有編號太小看不清楚等問題，這時就需要我們手動選擇其它適合的樣式了。

改變編號樣式

編號常用來表現項目的順序性，例如步驟 1、2、3；或是想要強調其數量時，例如：本產品具有 5 項特色...等，就可以套用編號樣式來自動編號。萬一覺得編號樣式不佳，則可自行設定樣式。

STEP 01 請切換到 P03-02 的第 3 張投影片，並選取所有的編號項目，或直接選取位置區：

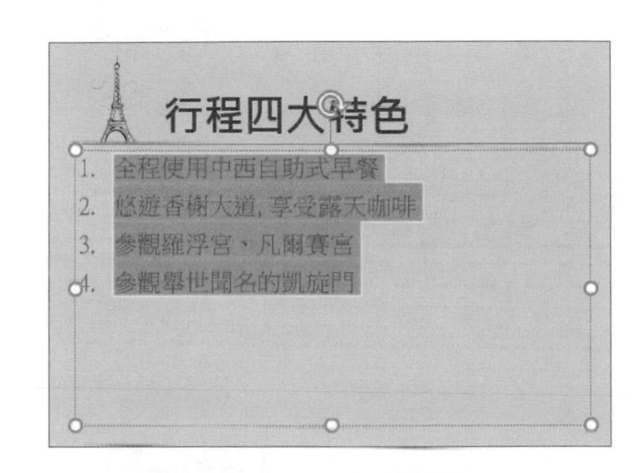

STEP 02 切換到**常用**頁次，按下**段落**區**編號**鈕 的下拉鈕，再從中選取要套用的樣式：

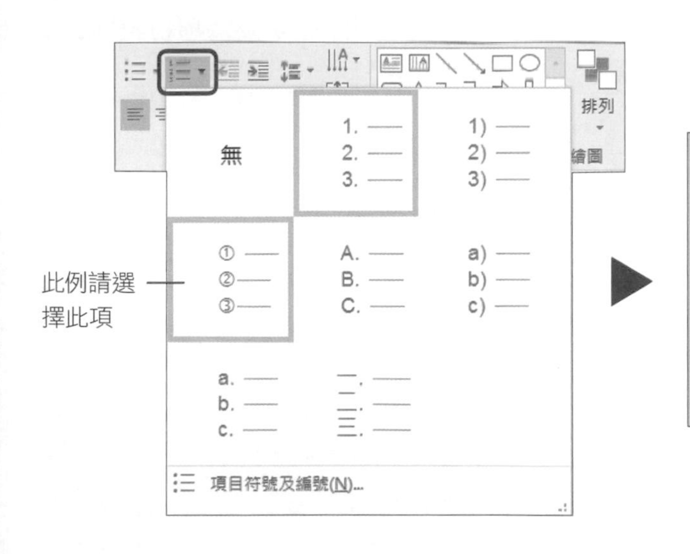

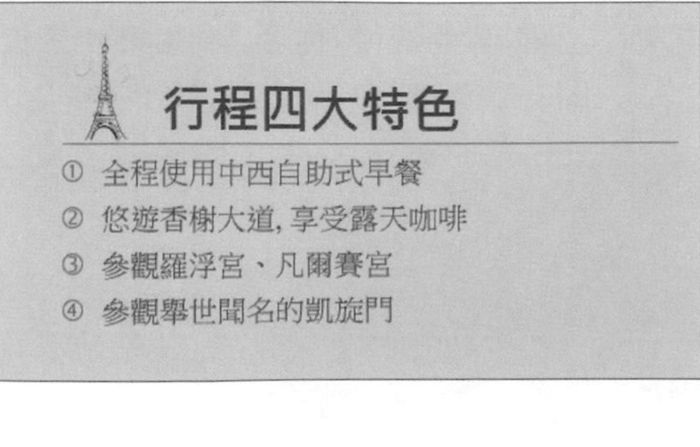

STEP 03 若是覺得編號太大、太小, 顏色不夠醒目等, 還可以稍加調整。請再次選取第 3 張投影片的項目, 然後按下**編號**鈕的下拉鈕執行『**項目符號及編號**』命令：

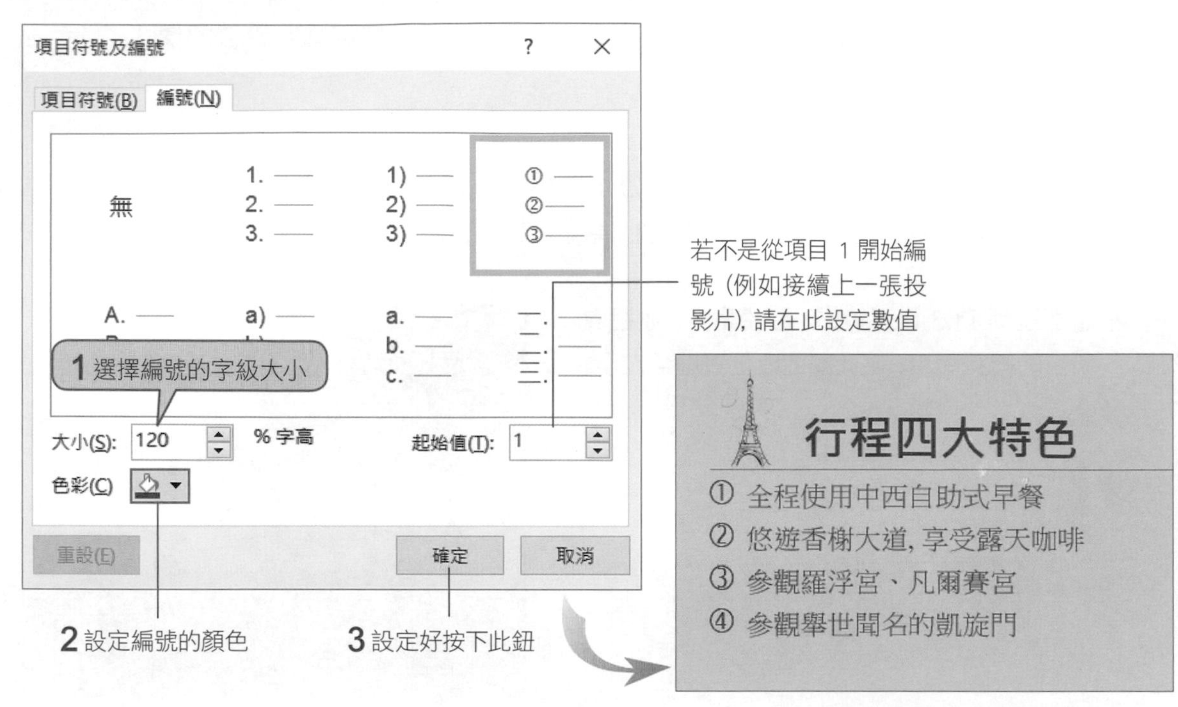

▲ 自訂的編號大小及顏色

改變項目符號

項目符號的變化就更多了, 除了預設樣式外, 還可自訂符號或是用圖片來做為項目符號, 只要稍加設定, 就能讓投影片的項目符號更符合簡報需要。

STEP 01 這個階段的練習, 你可以利用第 4 張投影片來進行, 請先選取第 4 張投影片的條列項目：

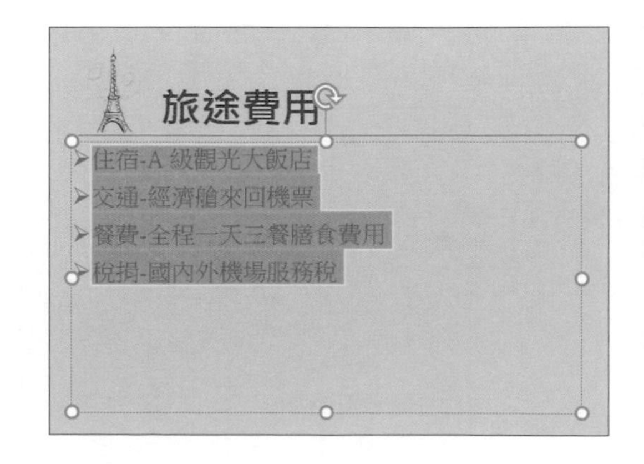

STEP 02 切換到**常用**頁次, 並按下**項目符號** 的下拉鈕, 即可從中選取要套用的樣式：

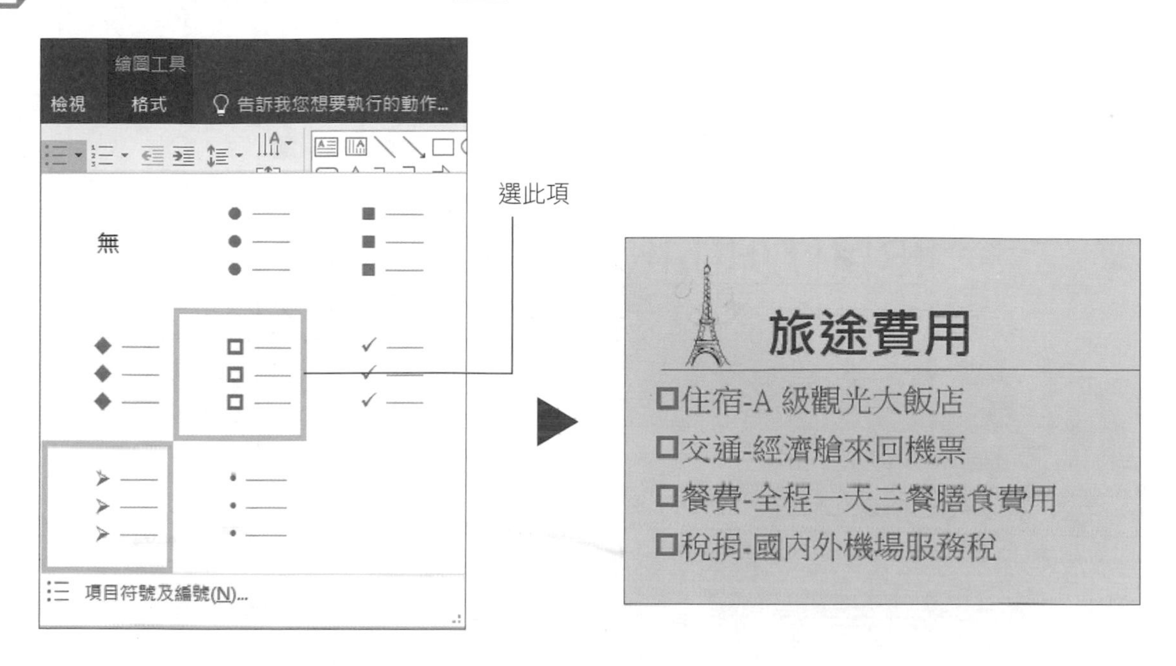

STEP 03 可套用的樣式不只這樣哦！請再次選取所有的條列項目, 然後按下**項目符號** 的下拉鈕, 執行『**項目符號及編號**』命令：

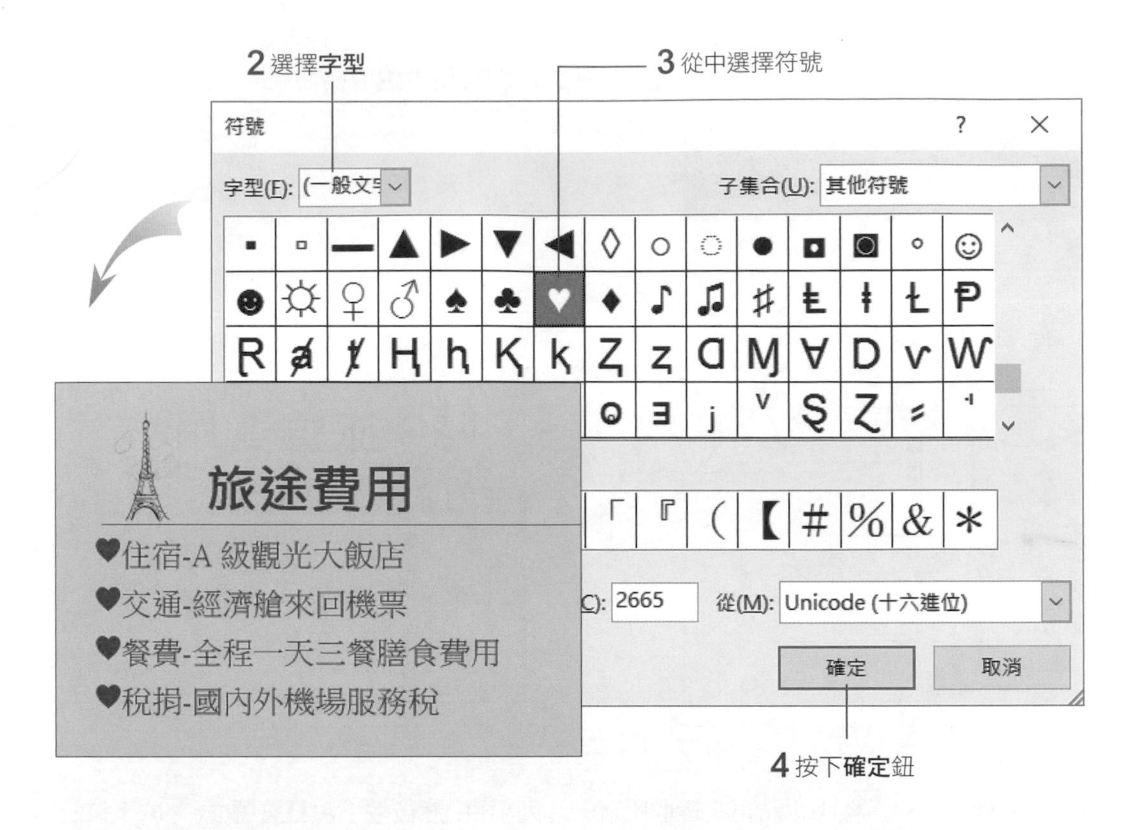

若按下**項目符號及編號**交談窗中的**圖片**鈕，則會開啟**插入圖片**交談窗，點選其中的**從檔案**項目，可從你的電腦中挑選圖片來插入。

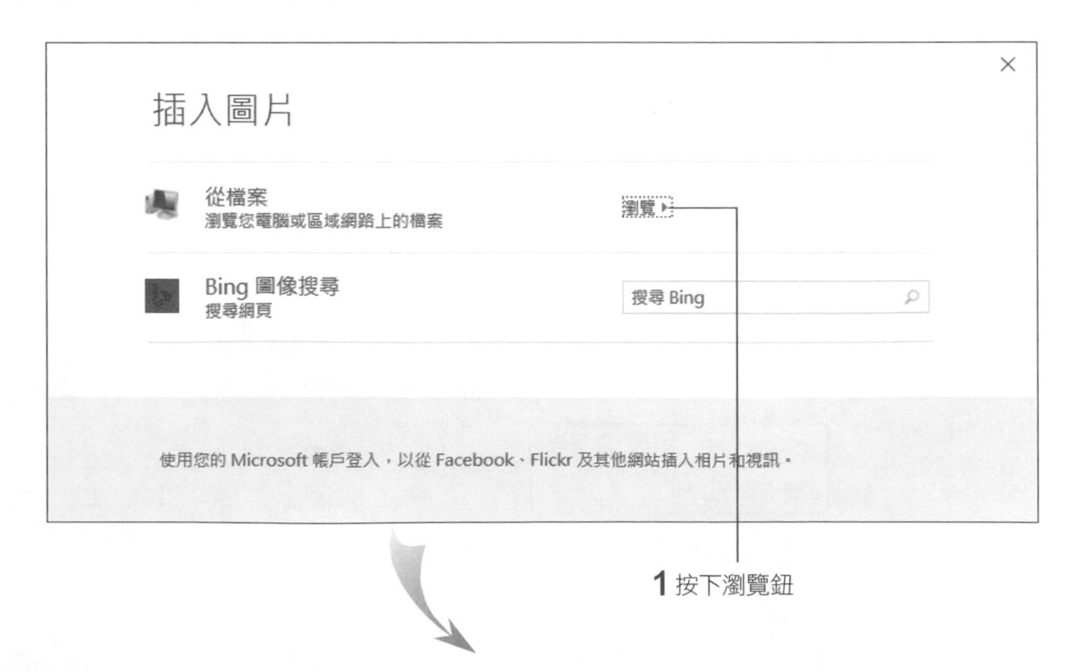

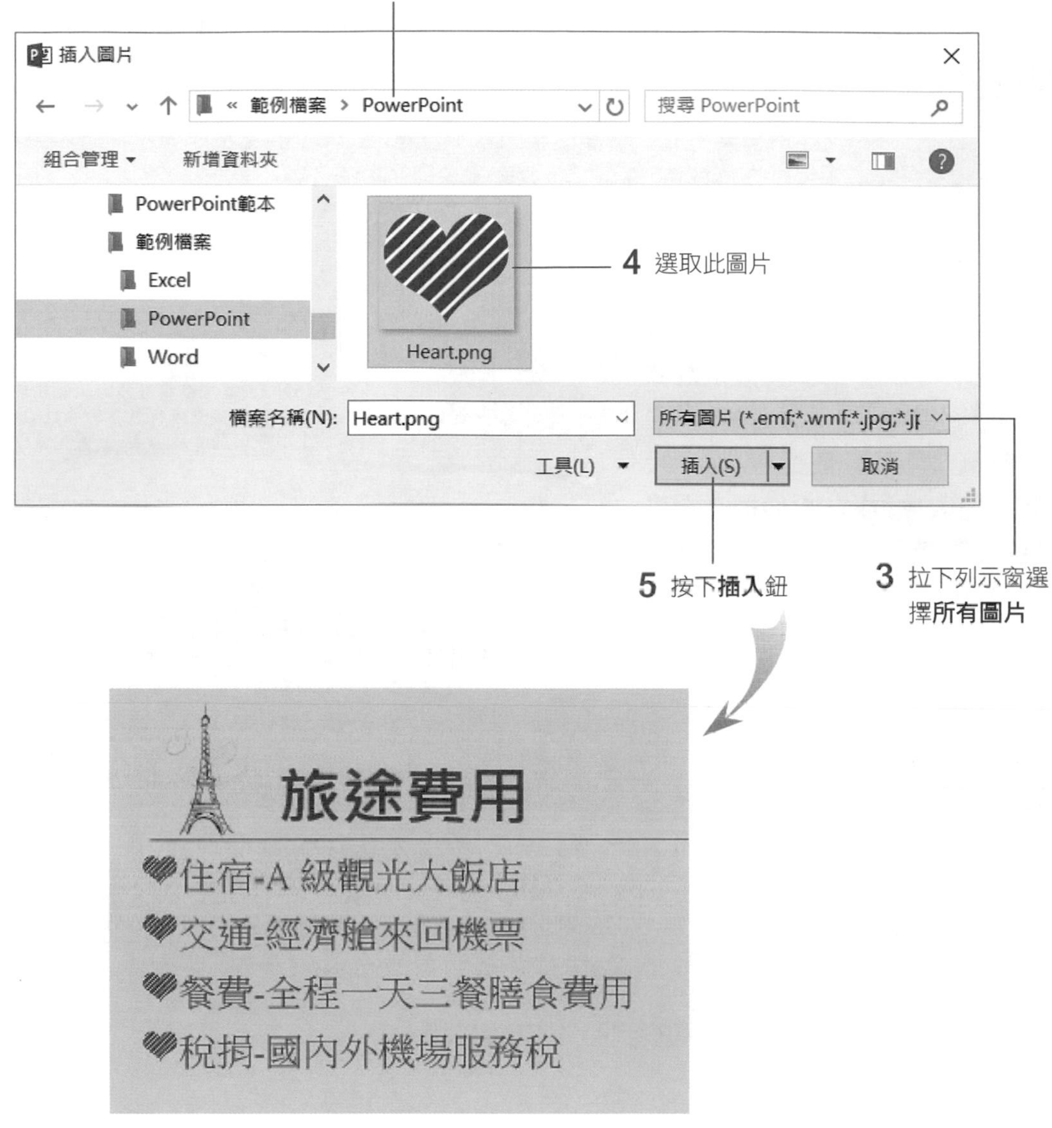
2 切換到圖片的儲存位置
插入圖片
範例檔案 > PowerPoint
搜尋 PowerPoint
組合管理
新增資料夾
PowerPoint範本
範例檔案
Excel
PowerPoint
Word
Heart.png
4 選取此圖片
檔案名稱(N): Heart.png
所有圖片 (*.emf;*.wmf;*.jpg;*.jı
工具(L)
插入(S)
取消
5 按下插入鈕
3 拉下列示窗選擇所有圖片
旅途費用
住宿-A 級觀光大飯店
交通-經濟艙來回機票
餐費-全程一天三餐膳食費用
稅捐-國內外機場服務稅

▲ 換成指定的圖片了

3-3 調整段落的水平及垂直對齊方式

投影片中段落的對齊方式, 常常左右了版面的視覺效果, 這一節我們要來談談投影片中文字的對齊方式。調整文字的水平位置時, 可設定文字要靠左、置中或靠右對齊；調整垂直位置時, 則可設定要齊上、置中或齊下。

段落的水平對齊方式

段落的水平對齊方式可設定為**靠左對齊**、**置中**、**靠右對齊**、**左右對齊**及**分散對齊**。設定時請先選取位置區, 再切換至**常用**頁次, 按下**段落**區的按鈕進行設定。在練習前, 我們先熟悉一下這些對齊的效果：

對齊方式	效果
靠左對齊	本月(6月)已進入家電用品的銷售旺季, 全體同仁必須增加檢查庫存數量的次數, 請參考公佈欄上所張貼的實施公告, 並確實遵守。
置中	本月(6月)已進入家電用品的銷售旺季, 全體同仁必須增加檢查庫存數量的次數, 請參考公佈欄上所張貼的實施公告, 並確實遵守。
靠右對齊	本月(6月)已進入家電用品的銷售旺季, 全體同仁必須增加檢查庫存數量的次數, 請參考公佈欄上所張貼的實施公告, 並確實遵守。
左右對齊	本月(6月)已進入家電用品的銷售旺季, 全體同仁必須增加檢查庫存數量的次數, 請參考公佈欄上所張貼的實施公告, 並確實遵守。
分散對齊	本月(6月)已進入家電用品的銷售旺季, 全體同仁必須增加檢查庫存數量的次數, 請參考公佈欄上所張貼的實施公告, 並確實遵守。

請開啟範例檔案 P03-03, 並切換到第 2 張投影片：

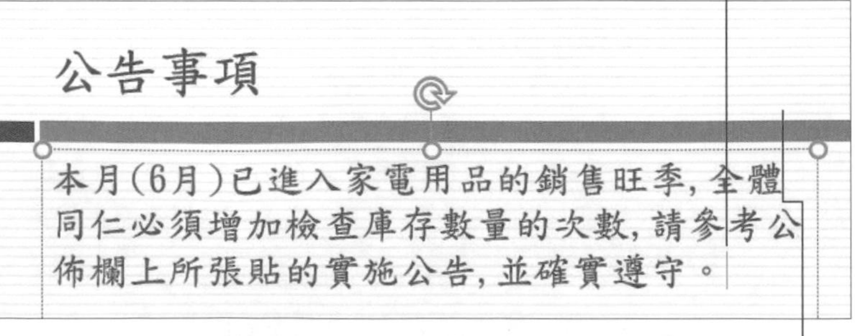

▲ 目前對齊的方式讓行尾看起來有點參差不齊

▲ 段落左右對齊了

上述的練習中，由於只要設定一個文字段落，所以將插入點移至其中就能進行設定了；若是要設定多個條列項目，可自行先選取好條列項目，或是按下位置區的框線，再進行設定。

TIP 您也可以先選取段落文字後，利用**迷你工具列**上的段落對齊鈕來設定對齊。

段落的垂直對齊方式

我們用以下兩張圖來說明段落對齊方式對版面的影響。假設投影片中只有一小段文字，若讓文字靠上對齊，版面會顯得空洞，不如設定為垂直置中，不但穩重更能達到強調的效果，這是不得不注意的版面設定重點。

公告事項

本月(6月)已進入家電用品的銷售旺季，全體同仁必須增加檢查庫存數量的次數，請參考公佈欄上所張貼的實施公告，並確實遵守。

▲ 將垂直位置設為**上**，下方一片空白

公告事項

本月(6月)已進入家電用品的銷售旺季，全體同仁必須增加檢查庫存數量的次數，請參考公佈欄上所張貼的實施公告，並確實遵守。

▲ 將垂直位置改為**中**，視覺感受大不同

在位置區輸入文字時，若文字尚未佔滿位置區，就可以設定文字要放在垂直位置的上方、中間，或是靠齊下方；一旦文字填滿位置區，那麼垂直位置設定為何，就看不出差別了。請沿用剛才的第 2 張投影片，再將插入點移至段落中：

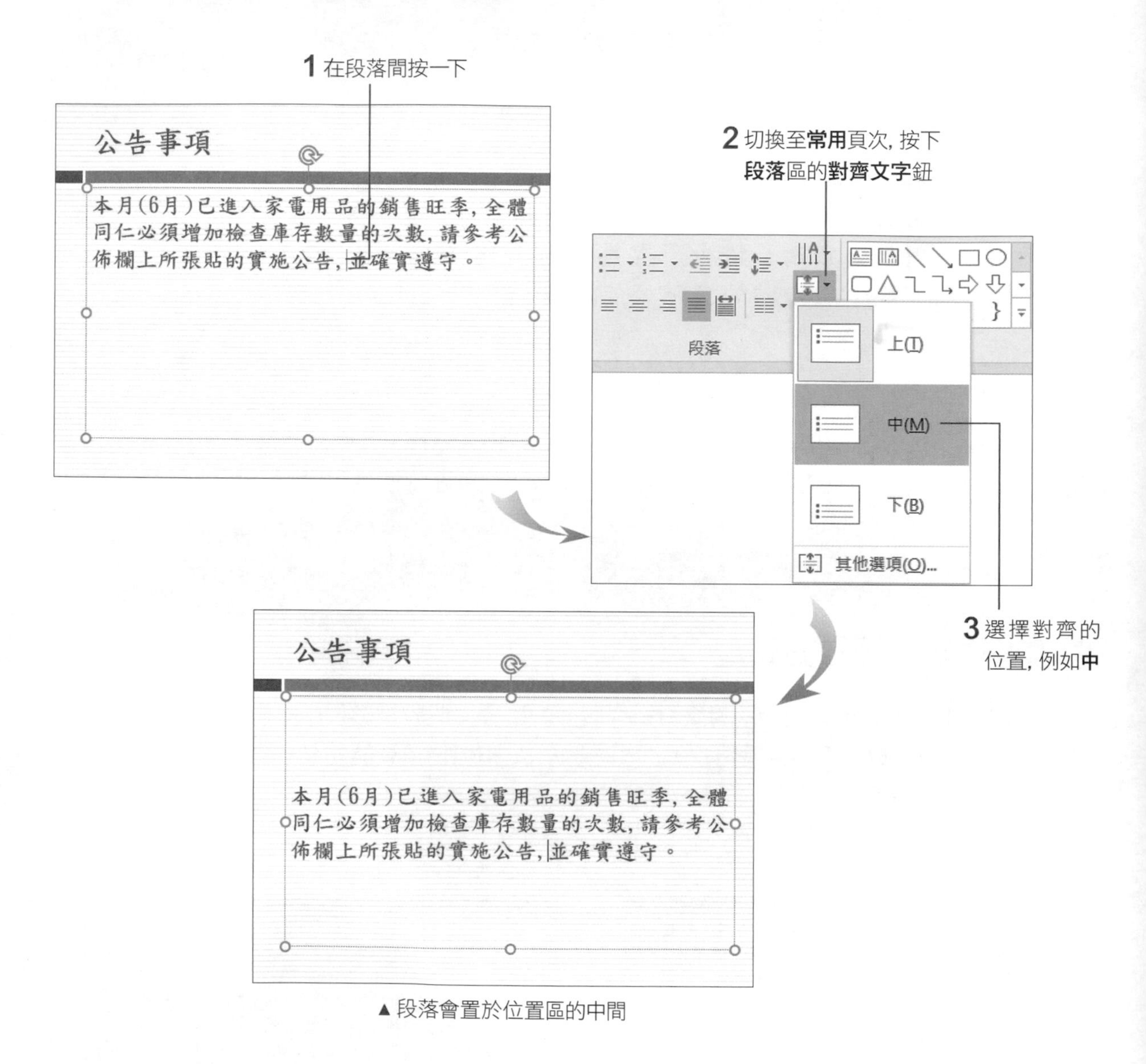

▲ 段落會置於位置區的中間

TIP 文字段落的垂直位置，會套用到整個位置區，無法單獨設定某一段落的文字垂直位置。

3-4 變更投影片的版面配置

我們曾在 2-3 節介紹過投影片的版面配置, 它可是很有變化彈性的, 如果您在編輯投影片時, 發現版面配置不合用, 隨時可更換成適合的版面配置, 而已輸入投影片中的內容也不用重新輸入, 會自動依新版面重新編排。

實際來練習看看。假設要將範例檔案 P03-04 第 2 張投影片的版面配置由**標題及物件**, 變更成右側可加入圖片的版面：

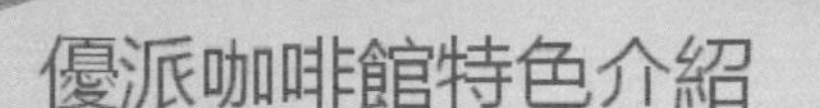

▲ 目前第 2 張投影片套用的是**標題及物件**

按下**常用**區的**版面配置**鈕, 選取要套用的版面配置, 例如**兩項物件**

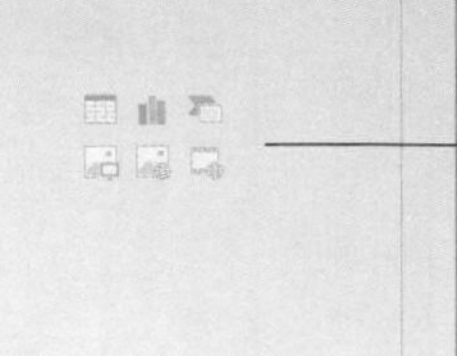

更換版面配置後, 另一個配置區可用來插入圖片、表格等, 相關操作請參考第 4 章的說明

▲ 投影片的內容會隨著新版面自動調整

3-5 調整投影片中的位置區

投影片的位置區可以依需要來調整其大小或移動位置, 讓投影片版面更符合理想。以範例檔案 P03-04 的第 3 張投影片為例, 我們希望版面能更活潑、生動, 光靠設定對齊方式是不夠的, 位置區的大小、擺放位置都要稍加調整才行。

調整位置區大小

目前第 3 張投影片的位置區, 比文字內容大得多, 先為位置區瘦身吧！

STEP 01 請將指標移至約略位置區的邊框位置, 待指標呈 狀時按下左鈕, 即可選取位置區：

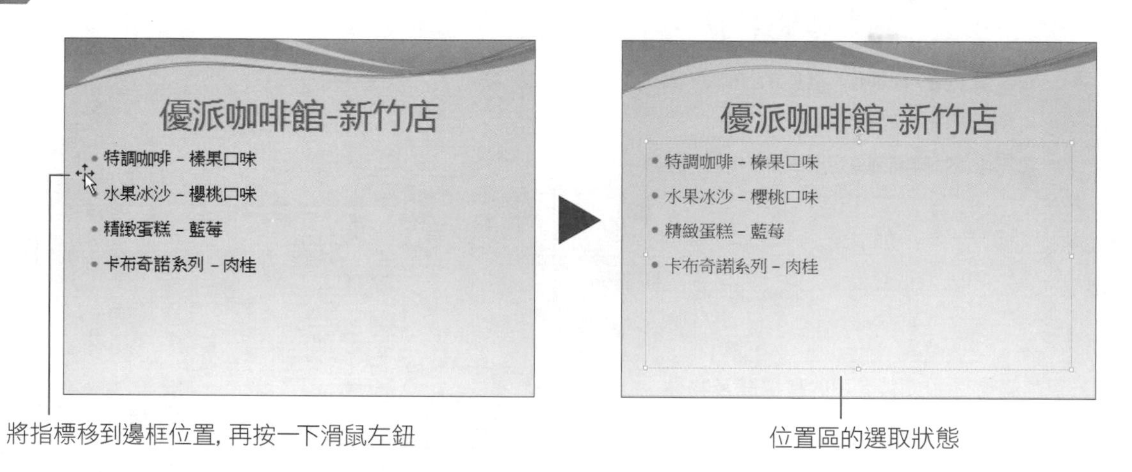

將指標移到邊框位置, 再按一下滑鼠左鈕

位置區的選取狀態

STEP 02 現在位置區的四周已顯示 8 個控點, 拉曳控點就能縮放位置區的大小了：

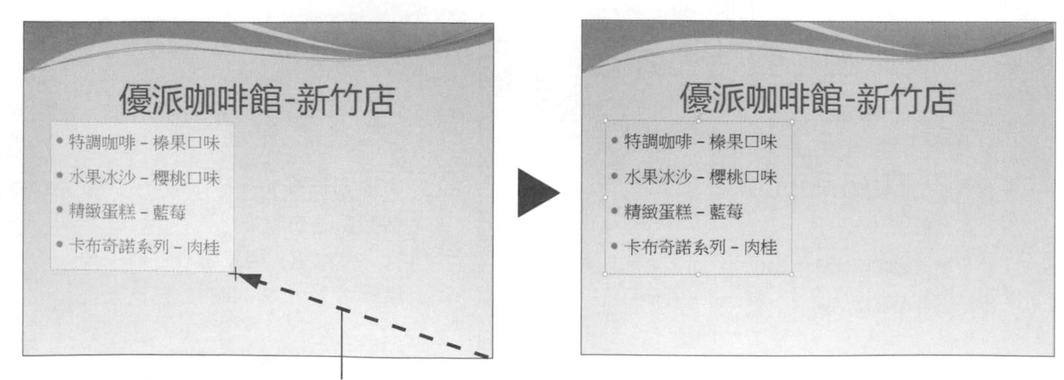

此例請將右下角的控點向左上方拉曳, 縮小位置區的大小

「自動調整選項」按鈕

調整之後文字幾乎填滿了位置區，此時若再繼續增加項目，不但文字會自動縮小以配合位置大小，位置區的左下角還會顯示**自動調整選項**鈕，提供您更多版面處理的選項：

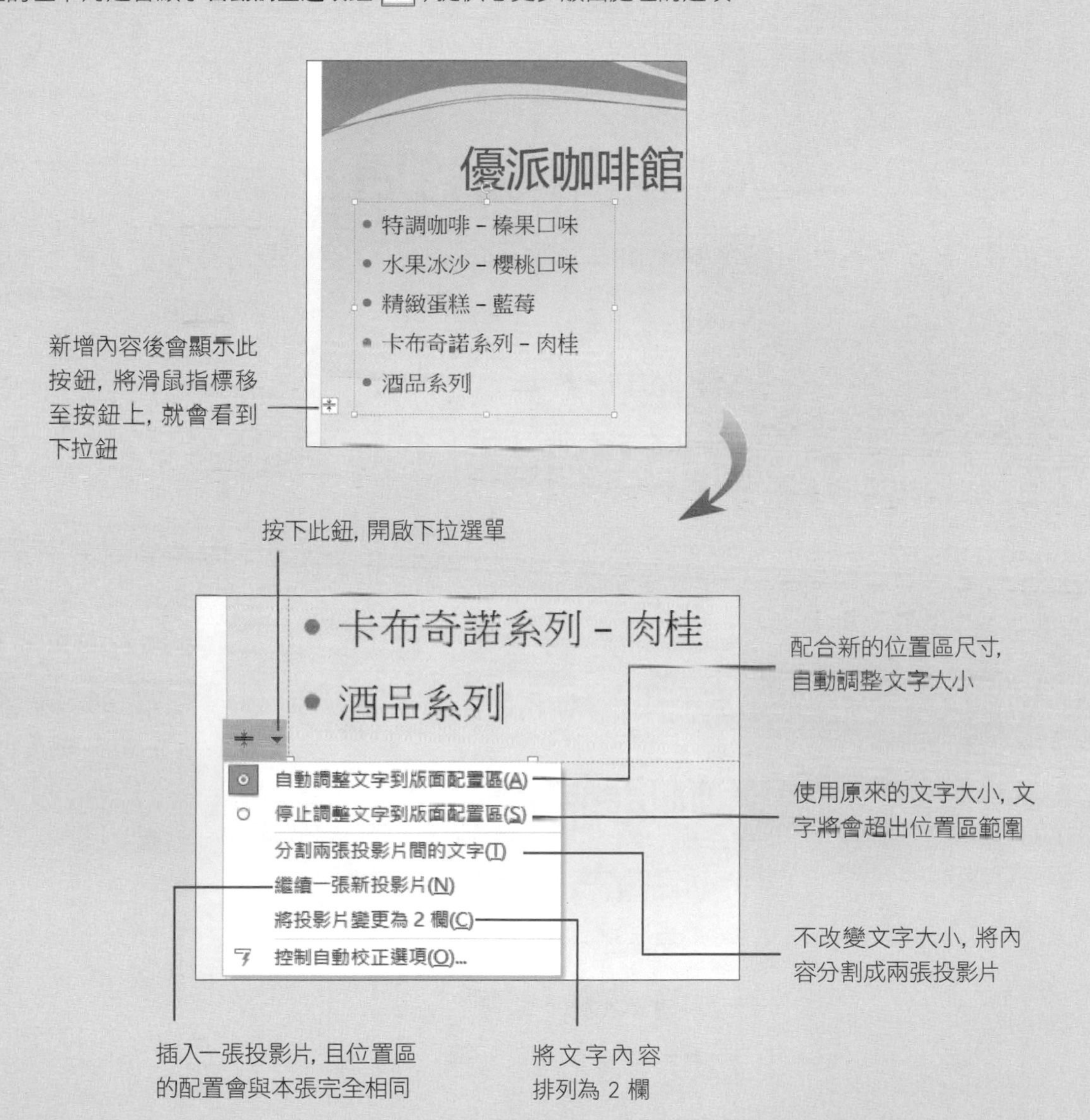
優派咖啡館
特調咖啡 – 榛果口味
水果冰沙 – 櫻桃口味
精緻蛋糕 – 藍莓
卡布奇諾系列 – 肉桂
酒品系列
新增內容後會顯示此按鈕，將滑鼠指標移至按鈕上，就會看到下拉鈕
按下此鈕，開啟下拉選單
卡布奇諾系列 – 肉桂
酒品系列
自動調整文字到版面配置區(A)
停止調整文字到版面配置區(S)
分割兩張投影片間的文字(T)
繼續一張新投影片(N)
將投影片變更為 2 欄(C)
控制自動校正選項(O)...
配合新的位置區尺寸，自動調整文字大小
使用原來的文字大小，文字將會超出位置區範圍
不改變文字大小，將內容分割成兩張投影片
插入一張投影片，且位置區的配置會與本張完全相同
將文字內容排列為 2 欄

TIP 開啟**自動調整選項**鈕的下拉選單時，每次出現的調整選項不一定相同，這是因為 PowerPoint 會視狀況來決定要顯示哪些調整項目。

搬移位置區

繼續回到我們的範例練習，現在位置區的大小調整好了，要將位置區搬移到版面的中央，讓版面看起來更平穩。

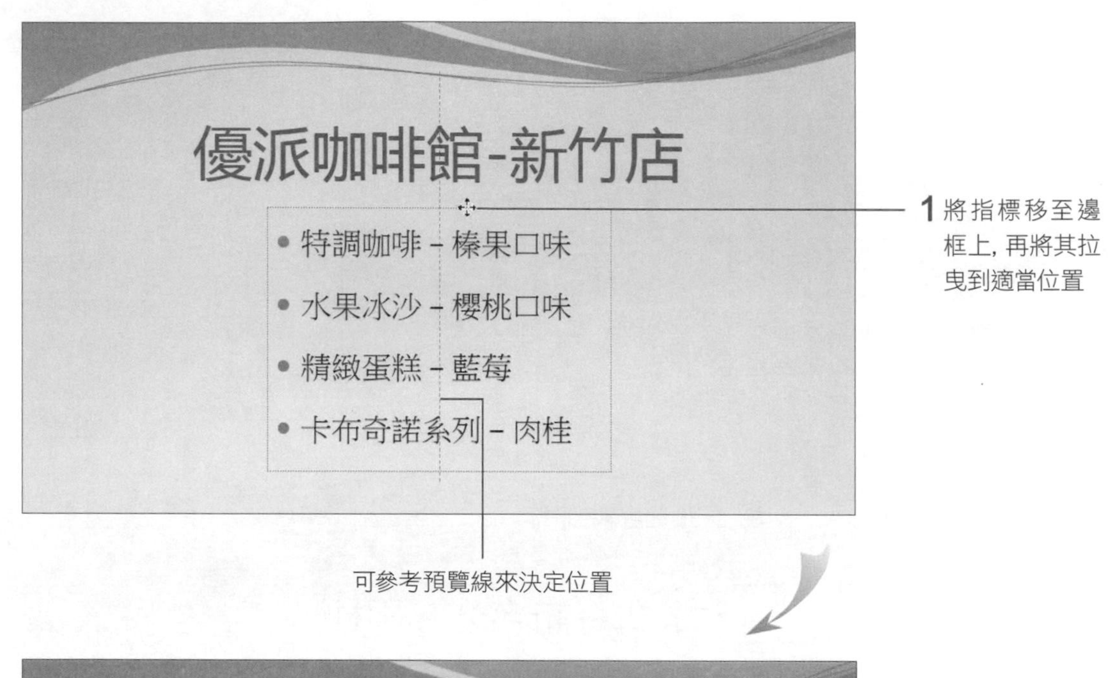

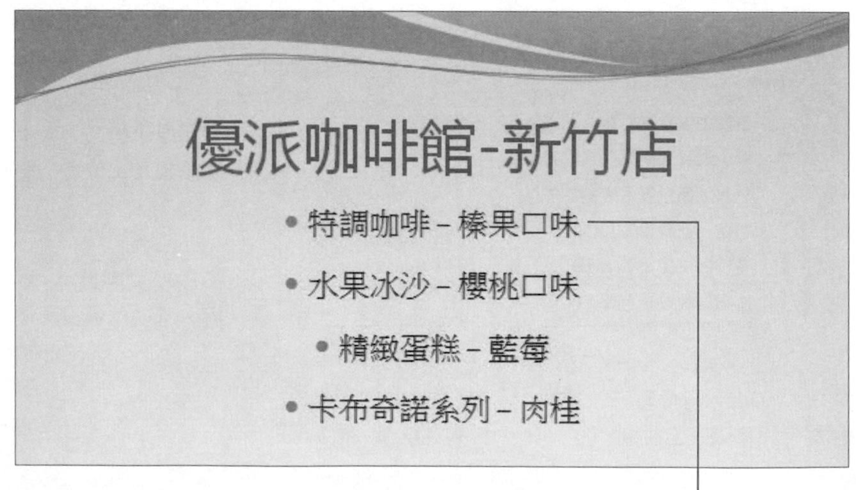

TIP 若要同時搬移多個位置區，只要按住 Shift 鍵再同時選取這些位置區，拉曳其中一個位置區的框線，即可同時移動位置。

2 再切換至**常用**頁次，按下**段落**區的**置中**鈕，即設定完成

刪除位置區

當版面配置中沒有內容, 播放簡報時位置區並不會顯示出來。不過, 為了避免干擾編輯, 如果某個位置區用不到了, 還是可以將其刪除。例如第 4 張投影片中, 我們暫時還用不到右方的物件位置區, 就可以在選取後, 再按下 Delete 鍵將它刪除:

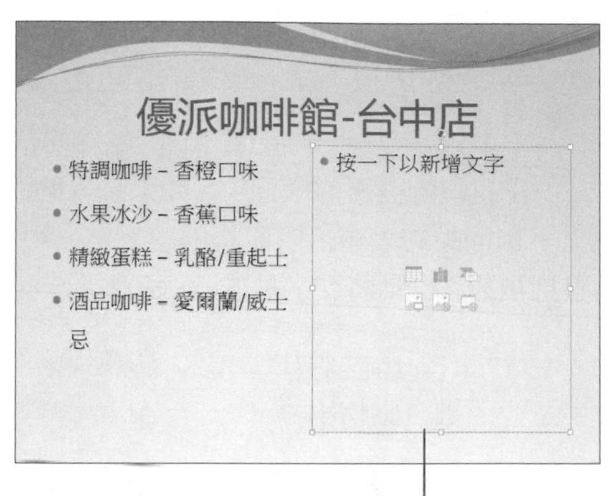

選取位置區, 然後按下 Delete 鍵將其刪除

刪除已輸入內容的位置區

如果位置區內已輸入內容, 當您按下 Delete 鍵來刪除位置區時, 只會將位置區的資料清除, 讓位置區恢復成預設的樣子。這時您必須再次選定該位置區, 並按下 Delete 鍵才能將位置區刪除。

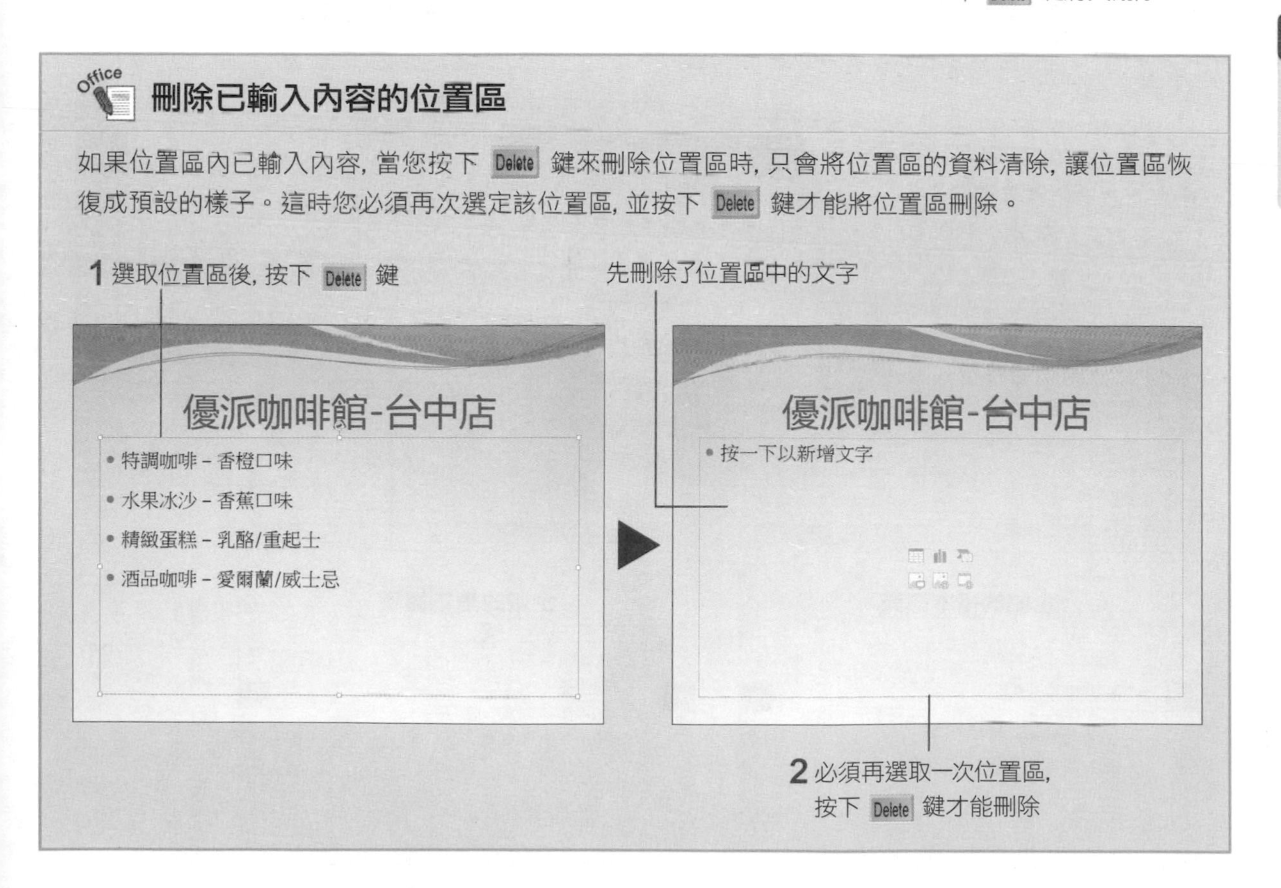

實用的知識　投影片文字量太多, 如何快速分成兩頁

在有限的投影片版面中, 如果輸入的內容超出配置區範圍, PowerPoint 便會自動調整文字和行距的大小, 以便將內容完整呈現。若不希望縮小文字及行距, 那麼可利用**自動調整選項**鈕, 自動將文字拆成兩張投影片, 節省手動複製文字、新增投影片的時間。

請開啟範例檔案 P03-05, 切換到第 2 張投影片, 這張投影片的文字量太多, 所以文字及行距被自動縮小。

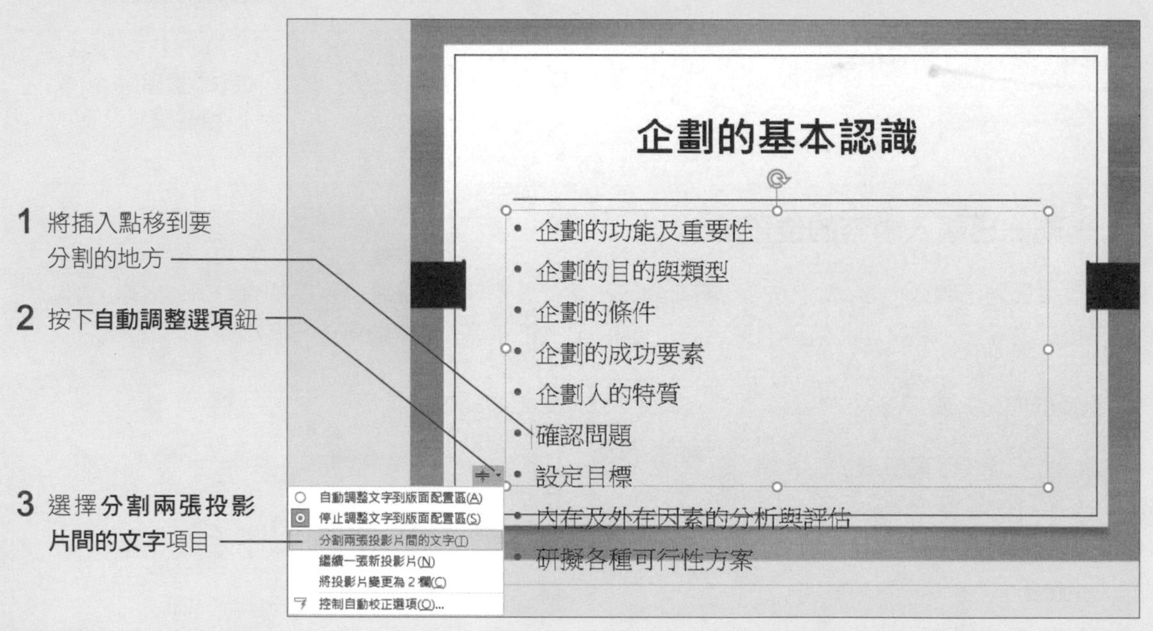

企劃的基本認識
- 企劃的功能及重要性
- 企劃的目的與類型
- 企劃的條件
- 企劃的成功要素
- 企劃人的特質

企劃的基本認識
- 確認問題
- 設定目標
- 內在及外在因素的分析與評估
- 研擬各種可行性方案
- 選擇最佳方案

自動將投影片內容分成兩張投影片, 且套用一樣的樣式, 可節省我們手動複製、調整的時間

在投影片中加入圖片、組織圖與表格

4

- 為投影片套用可插入物件的版面配置
- 插入圖片以美化投影片
- 插入視覺效果強烈的爆炸圖案
- 插入與編輯組織階層圖
- 將螢幕畫面放入投影片中
- 在投影片建立歸納資料的表格
- 在投影片中插入、剪輯影片

4-1 為投影片套用可插入物件的版面配置

要讓簡報內容豐富、具説服力, 我們常會在其中插入組織圖、表格...等, 加以輔助説明；還會適時放上相片、幾何圖形等, 讓投影片看起來更美觀、生動。這些組織圖、表格、相片等, PowerPoint 皆稱之為「物件」。

要在投影片中插入物件, 最快的方式就是套用**標題及物件**、**兩項物件**、**比對**或**含標題的內容**這 4 種投影片版面配置, 由於已經預先規劃好投影片的物件位置區, 讓我們能輕鬆地在投影片中運用物件來豐富簡報內容。你可以從**常用**頁次的**投影片**區中, 按下**版面配置**鈕來選擇適合的版面配置：

以套用**標題及物件**版面配置為例, 套用後投影片中便會建立一個如下的位置區, 只要將指標移到物件圖示上按一下, 就可插入該類物件：

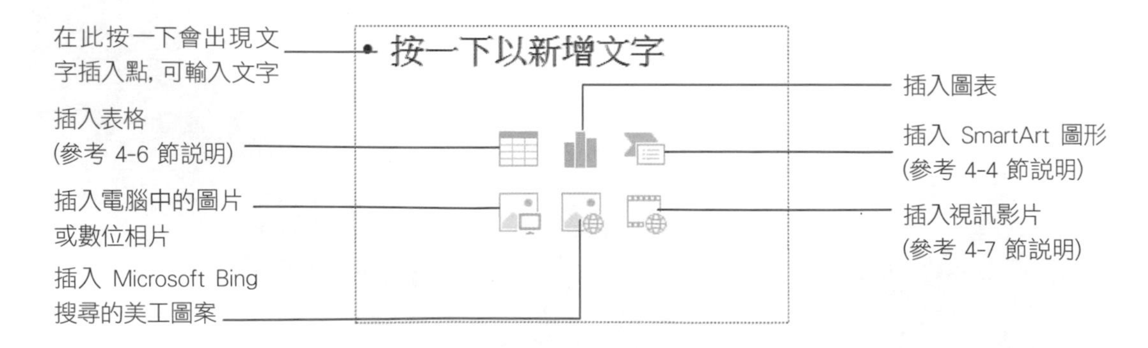

TIP 版面配置的物件位置區中, 要插入文字或物件只能擇其一, 例如在位置區輸入文字後, 物件按鈕就會消失；反之, 當您按下物件按鈕插入物件後, 將無法再輸入文字。

4-2 插入圖片以美化投影片

當整份簡報只有密密麻麻的文字時，不只主講人累，觀看的觀眾也容易感到乏味，若能適時插入圖片加以點綴，不僅能美化簡報，還能讓簡報更有看頭。

插入圖片

首先，請準備好要插入的圖片，接著開啟範例檔案 P04-01，再切換到第 2 張投影片，版面上已空出左邊的位置區，我們要在這裡插入一張符合主題的圖片。

TIP 若是沒有事先配置圖片的位置，也可以切換到**插入**頁次，按下**圖像**區的**圖片**鈕，開啟**插入圖片**交談窗來選取要插入的圖片。

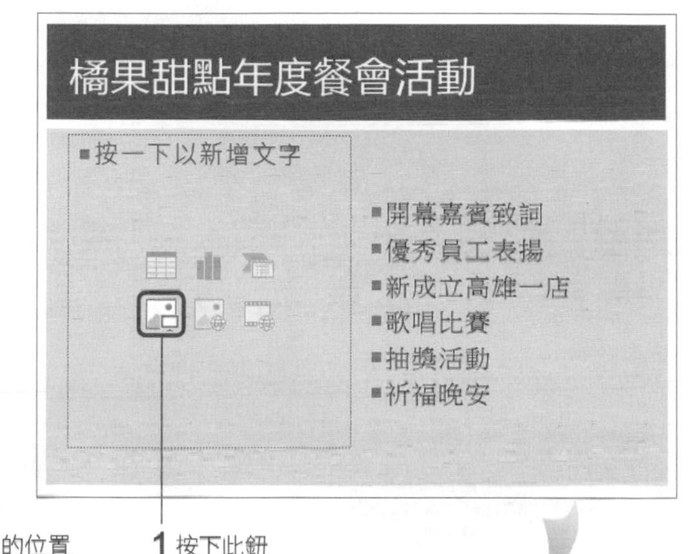

1 按下此鈕

2 切換到儲存圖片的位置

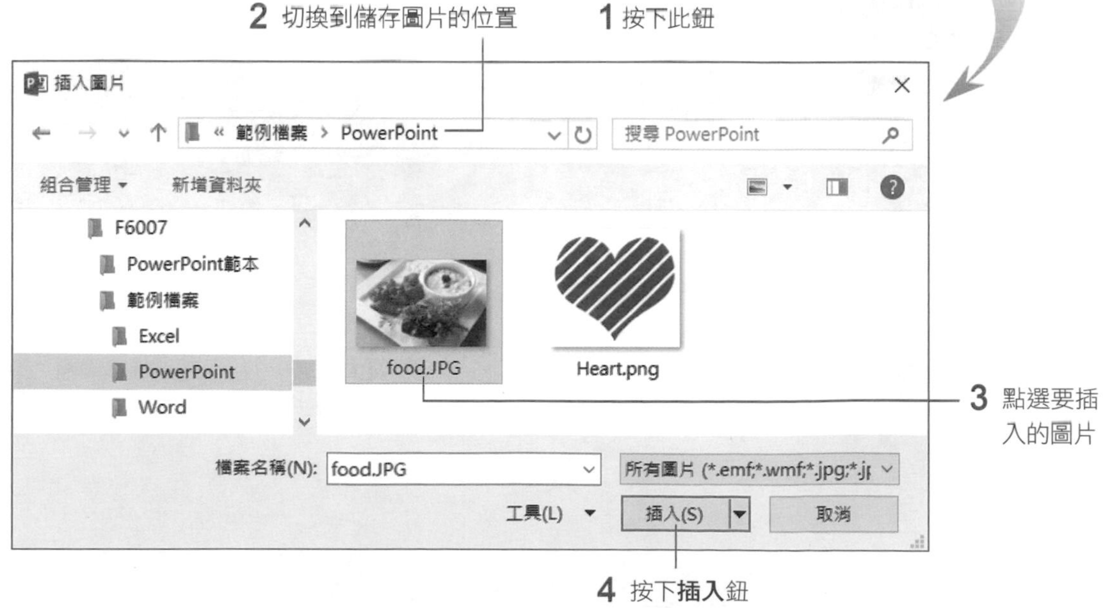

3 點選要插入的圖片

4 按下**插入**鈕

PART 03 PowerPoint

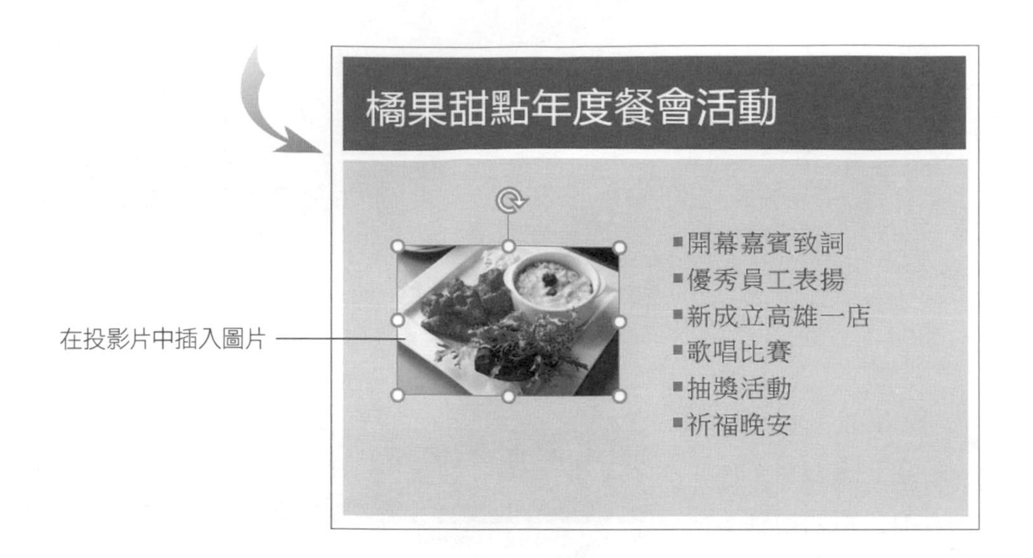

調整圖片的大小

插入圖片後，圖片的大小可能不符所需，你可以在選取圖片後，拉曳四周的控點，來調大或縮小圖片。

▲ 外往拉曳控點，可調大圖片

▲ 調大圖片後，將滑鼠指標移到圖片內，按住圖片拉曳，可移動圖片的位置

套用圖片邊框、鏡射、陰影樣式

如果覺得圖片不夠顯眼，還可以套用各種圖片樣式來美化，以此圖片為例，我們想讓圖片產生鏡射效果，使圖片更為立體。請先選取圖片，切換到**圖片工具/格式**頁次，在**圖片樣式**區中選擇要套用的樣式：

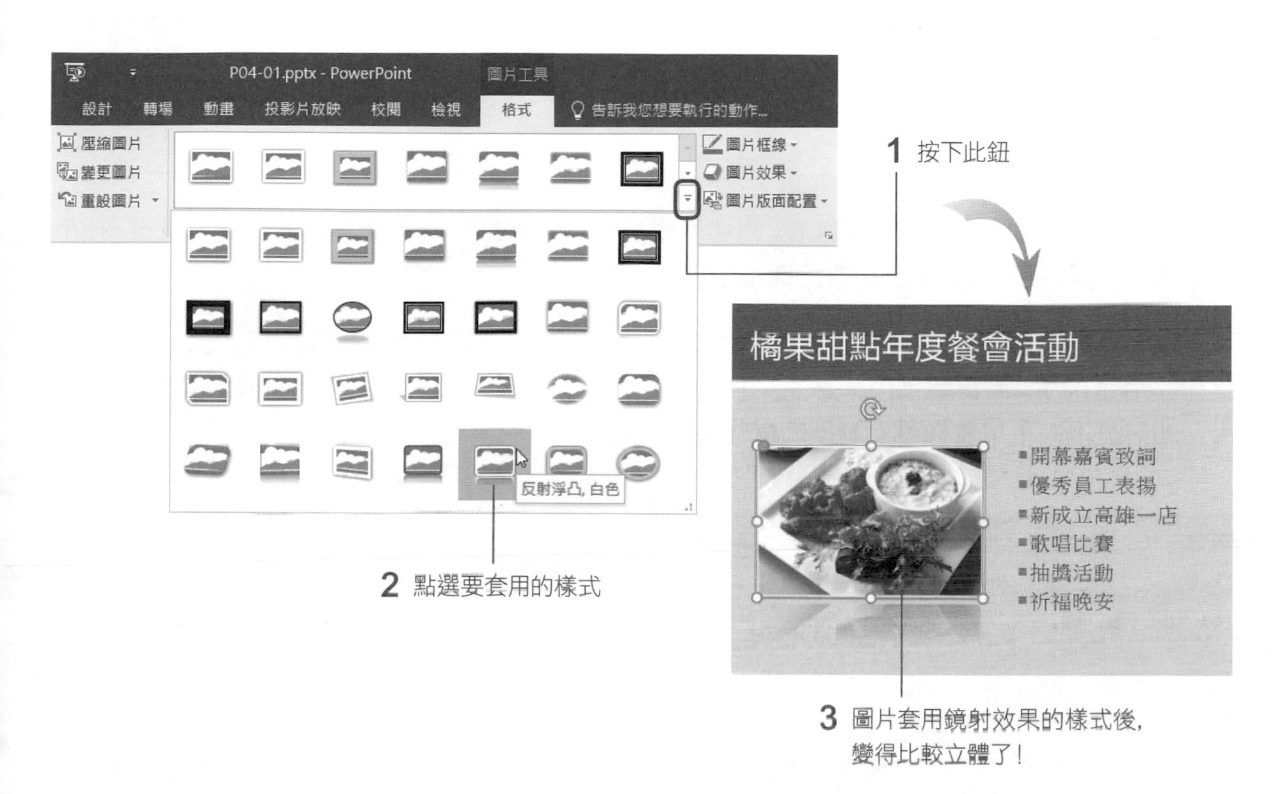

若不想套用圖片樣式，想還原成圖片原本的樣子，可在選取圖片後，按下**圖片工具/格式**頁次**調整**區的**重設圖片**鈕：

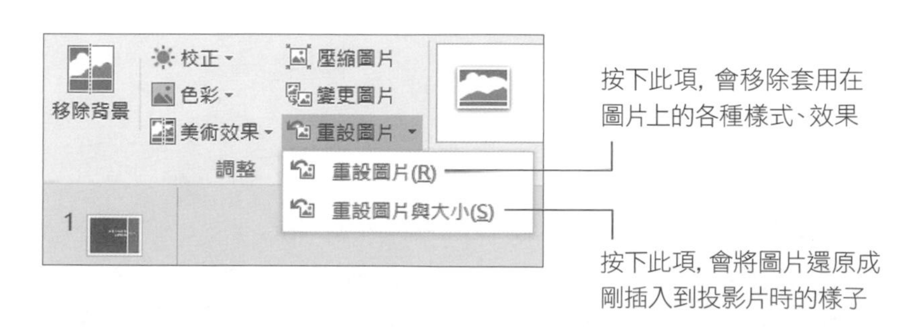

4-3 插入視覺效果強烈的爆炸圖案

在投影片上加入流程圖, 可便於講解流程；若想要加強視覺效果, 則可加上爆炸星星、雲朵、泡泡等圖案, 這些全都可以透過**插入圖案**來達成。假設我們想在範例檔案加入一個可放入文字的爆炸圖案, 就可以如下進行操作。

繪製圖案

請開啟範例檔案 P04-02 來練習, 再切換到第 3 張投影片, 將功能區切換到**插入**頁次, 按下**圖例**區中的**圖案**鈕, 就會看到所有的圖案類別。

選單中有**線條**、**矩形**、**基本圖案**、**流程圖**...等, 有的純粹是用來裝飾版面；有的則具有特殊的用途, 例如**流程圖**是用來繪製事件的處理階段, 而**圖說文字**可用在物件或圖表的補充說明。此例請選擇**星星及綵帶**類別下的**爆炸 2**：

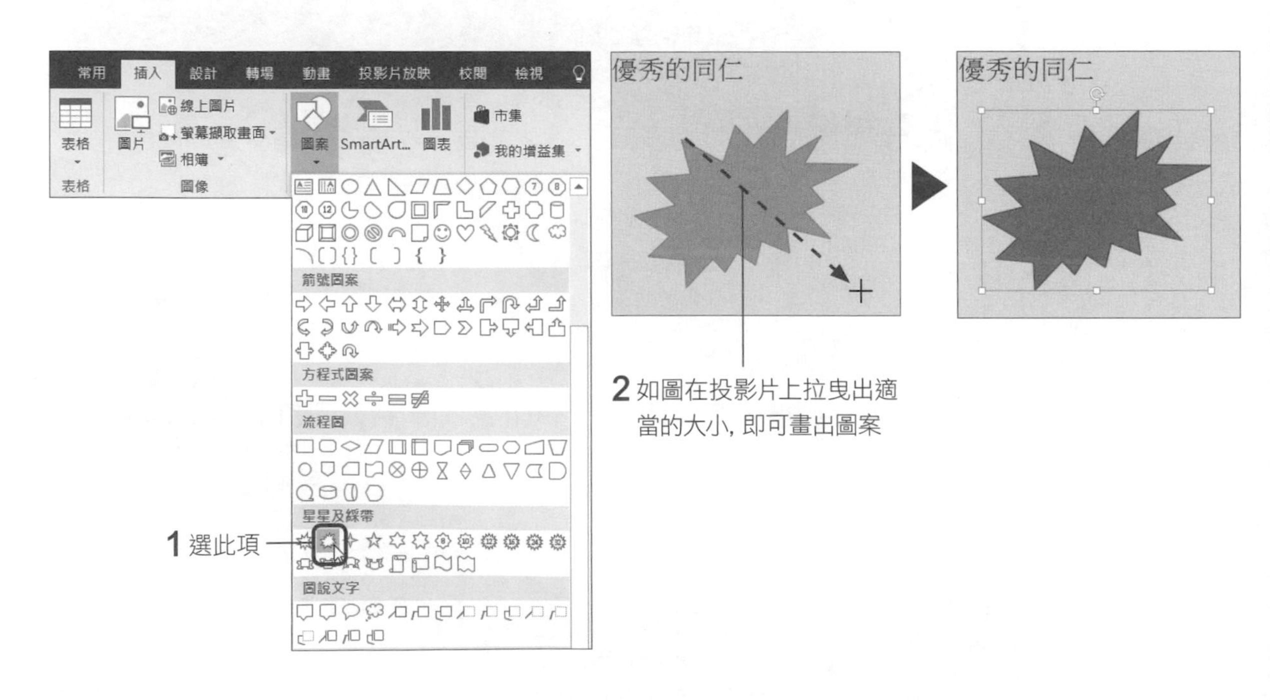

TIP 在繪製圖案時, 若同時按住 Shift 鍵再進行拉曳, 可畫出等比例的圖案。

連續繪製相同的圖案

如果要連續插入相同的圖案, 可在按下**圖案**鈕後, 於選單中要連續繪製的圖案上按右鈕, 執行『**鎖定繪圖模式**』命令, 就可以用滑鼠連續繪製出多個相同的圖案, 按下 Esc 鍵才會取消連續繪製的狀態。

變更圖案

如果覺得剛才畫好的圖案不適合, 也可以換成其它的圖案。假設我們想試試另一種爆炸圖案, 就可以先在圖案上按一下, 切換到**繪圖工具/格式**頁次, 在**插入圖案**區按下**編輯圖案**鈕 執行『**變更圖案**』命令, 重新選取圖案:

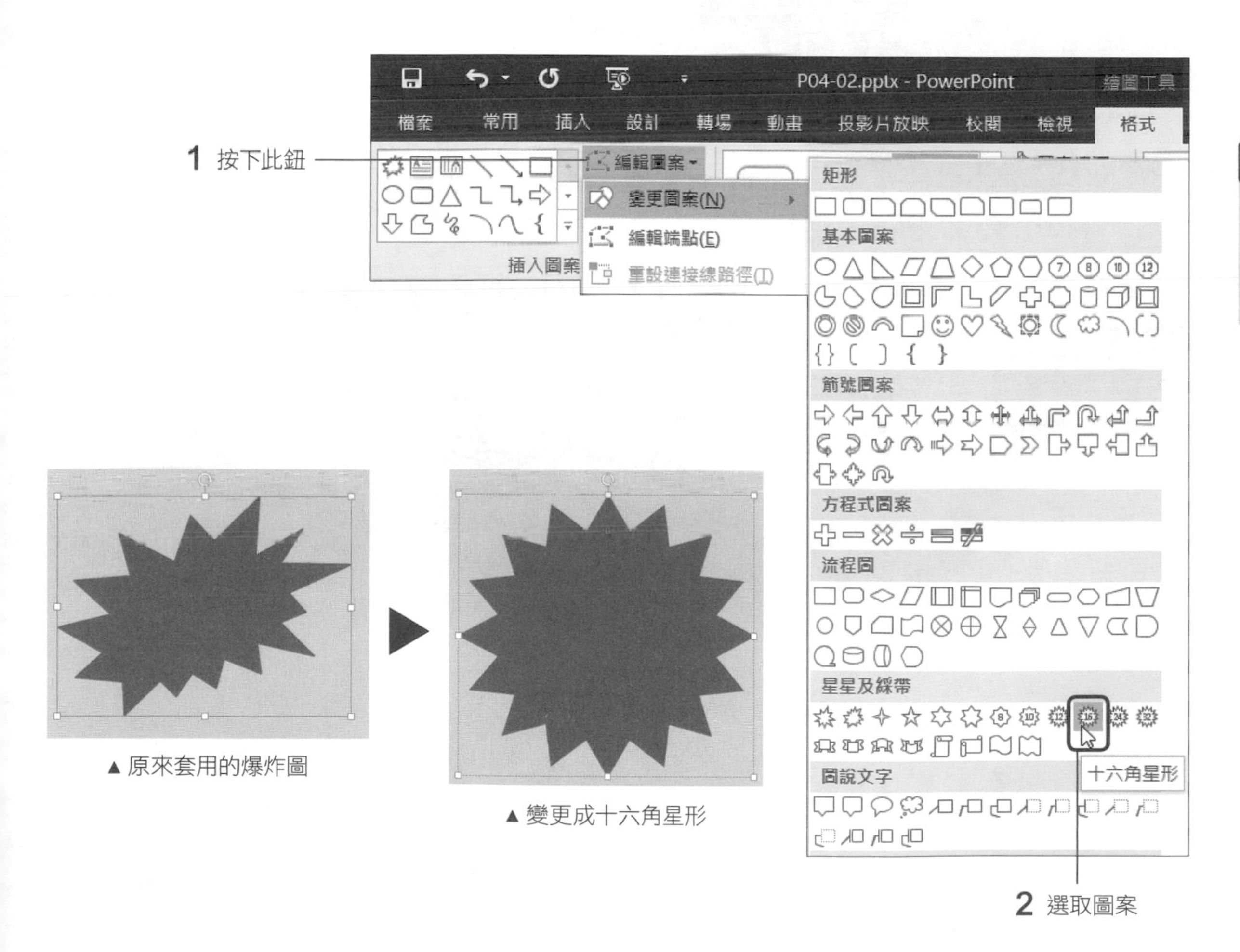

▲ 原來套用的爆炸圖

▲ 變更成十六角星形

在圖案上輸入文字

接著我們要在剛才畫好的圖案上輸入文字, 請在圖案上按右鈕, 執行『**編輯文字**』命令：

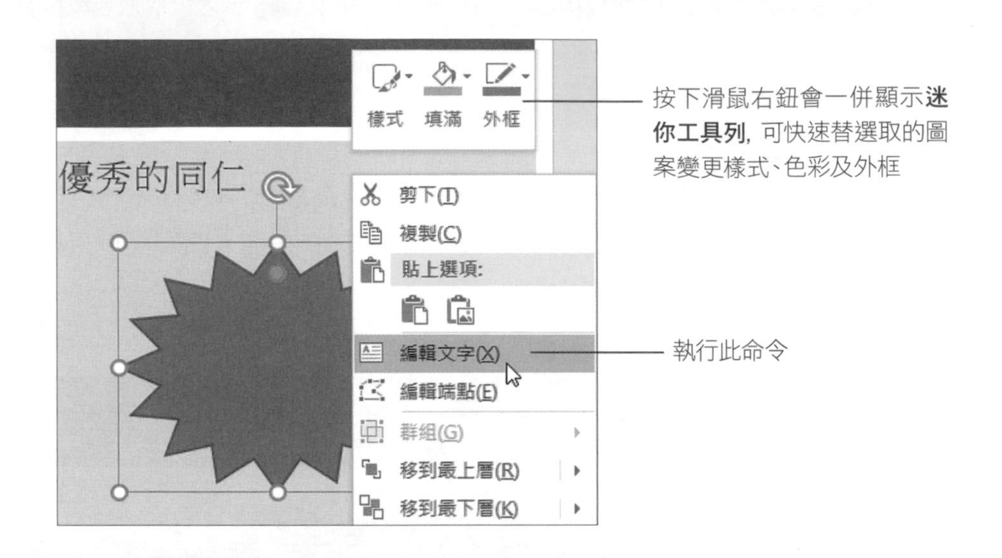

圖案上顯示插入點後, 請輸入 "年度銷售金榜排行", 再選取文字並設定適當的字型及大小, 最後按一下位置區以外的地方, 結束編輯狀態。

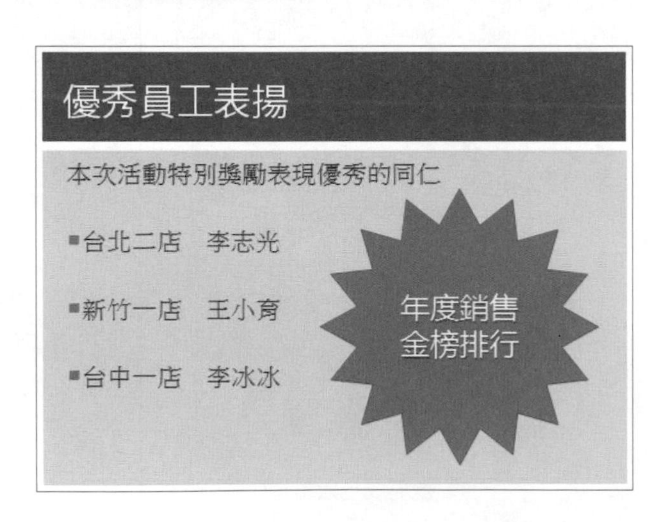

若要修改圖案上的文字, 只要在圖案的文字上按一下, 就會進入文字的編輯狀態, 其編輯方式、設定格式等方法, 都與一般文字相同。

改變圖案的外觀

圖案還有個特別的調整控點，若選定圖案時，看到一個黃色的調整控點，表示可利用此控點來改變圖案的造型，讓圖案產生不同的樣貌。

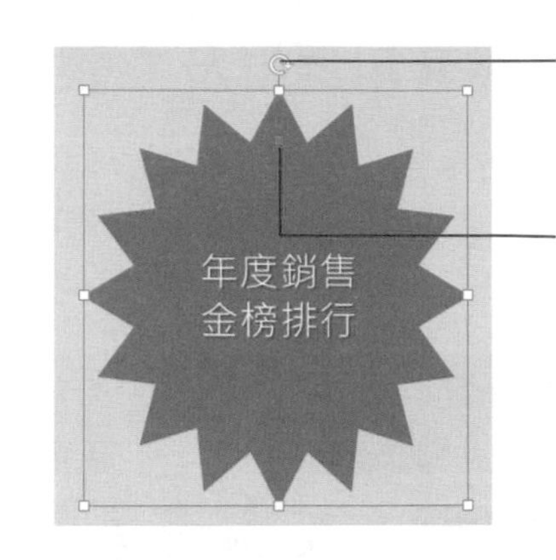
若想改變物件角度，可拉曳白色旋轉符號
拉曳調整控點可變更圖案的外觀
年度銷售
金榜排行

向內拉曳調整控點

年度銷售
金榜排行

向右拉曳白色旋轉符號

年度
銷售
金榜
排行

年度
銷售
金榜
排行

▲ 圖案向右旋轉了

不過，並非所有的圖案都有黃色的調整控點，像是直線、圓形及矩形...等簡單的圖形就不會出現黃色的調整控點。

PART 03 PowerPoint

為圖案及文字套用邊框及立體樣式

如果覺得圖案和文字不夠鮮明, 還有許多樣式可套用, 不論是要變更顏色、調整邊框粗細, 甚至要設定立體文字, 全都可以在**繪圖工具/格式**頁次中設定。請選取圖案, 再切換到**繪圖工具/格式**頁次：

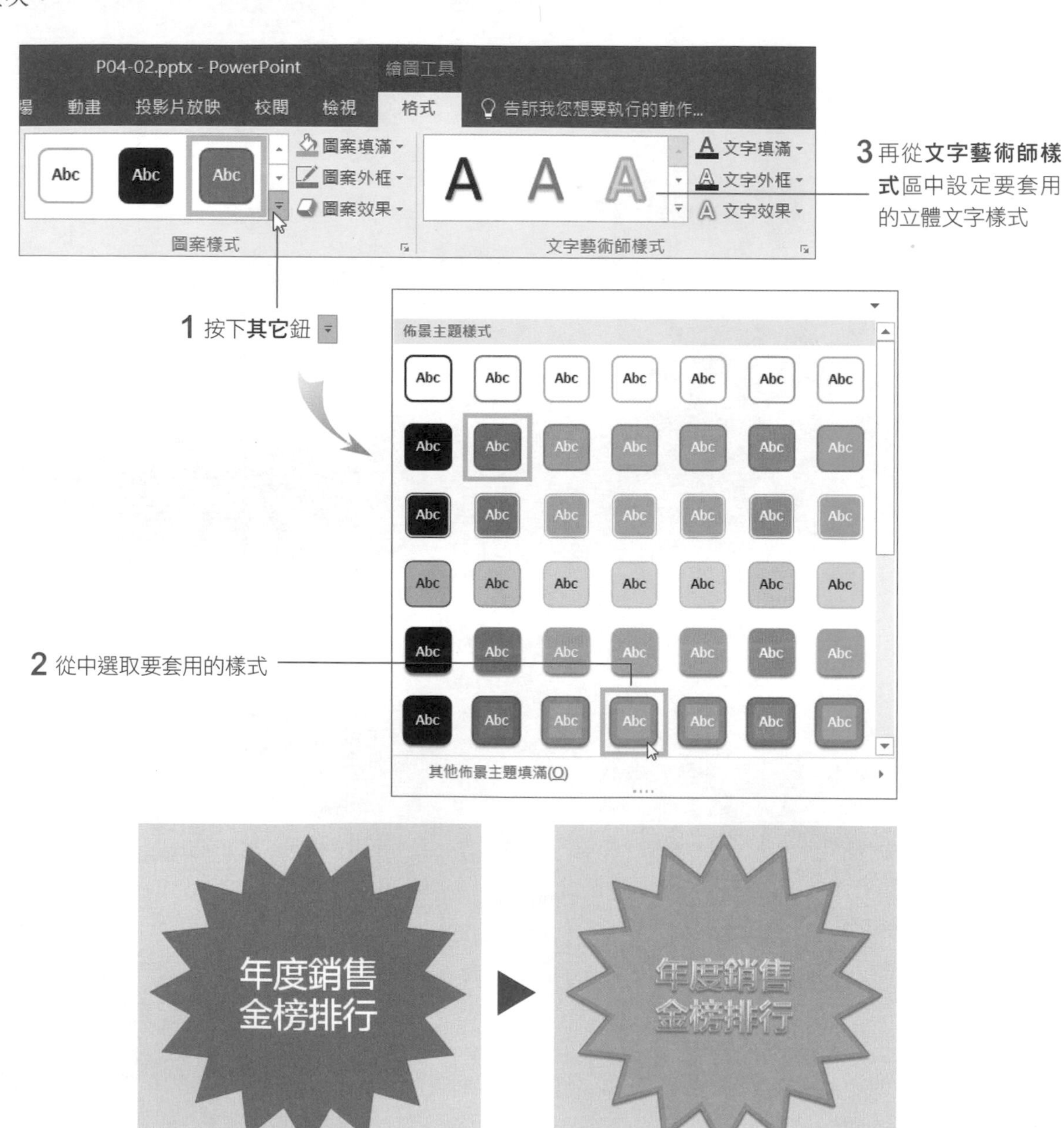

4-4 插入與編輯組織階層圖

PowerPoint 的 SmartArt 圖形, 包含多種設計精美的示意圖形, 例如流程圖、組織圖、矩陣圖、金字塔圖等, 操作時只要選取欲使用的圖形、輸入文字、套用樣式 3 個步驟, 就能幫你在短時間內建立圖形, 為簡報增添專業感。

在投影片中插入 SmartArt 組織圖

此例我們想在投影片中繪製一張如右的分店組織圖, 就可以透過 SmartArt 圖形來完成這個任務!

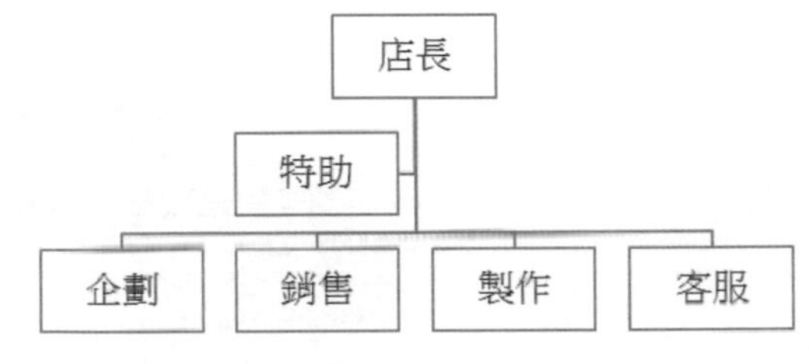

▲第 4 張投影片要加入的組織圖

STEP 01 請接續上例, 切換到 P04-02 的第 4 張投影片來練習。先按下位置區中的**插入 SmartArt 圖形**鈕 :

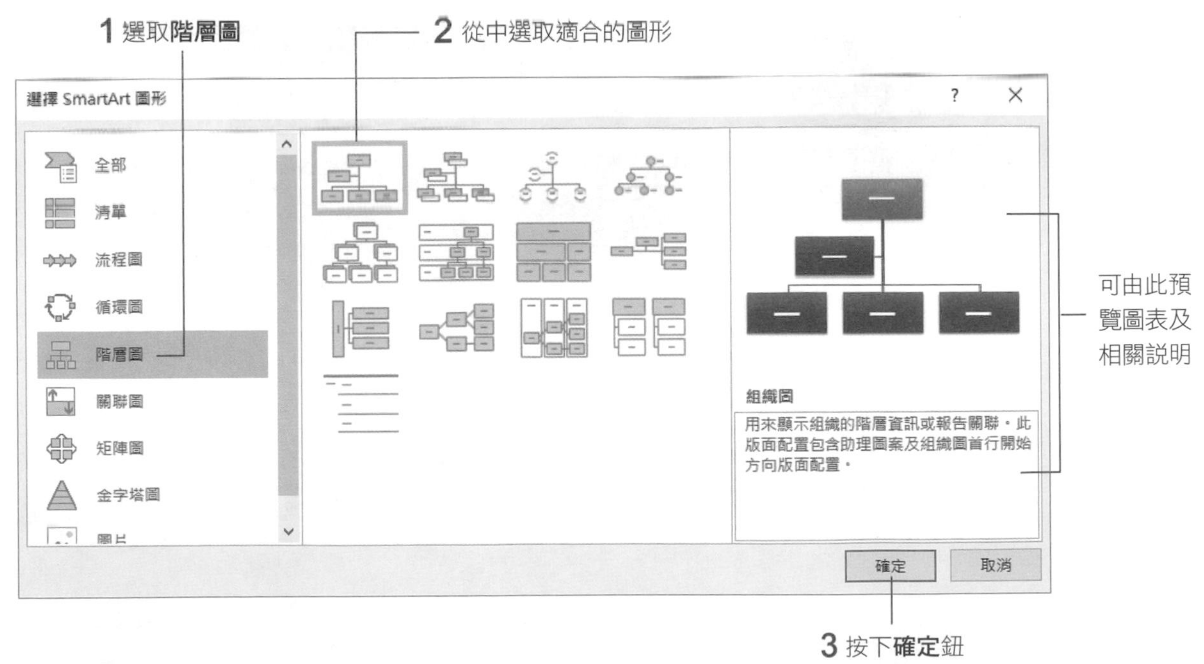

STEP 02 接著投影片中就會出現您選擇的 SmartArt 圖表, 並讓您在其中輸入文字。

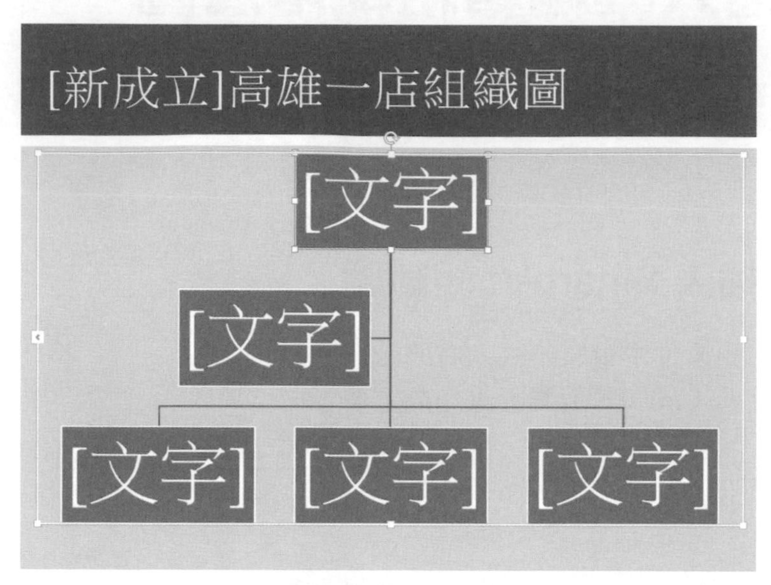

▲ 階層圖的初步架構

STEP 03 在顯示 "[文字]" 的地方按一下, 方塊就會顯示插入點讓您輸入文字, 請如下圖完成輸入：

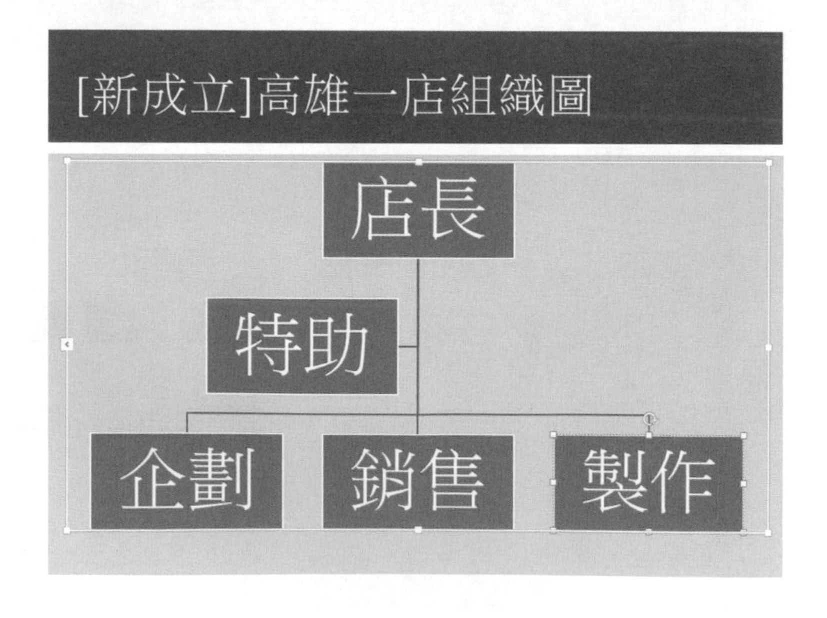

修改階層圖架構

雖然用 SmartArt 圖形可快速建立好圖表的架構, 但預設的架構常不符合使用需求, 例如要添加配置方塊、刪除不必要的配置方塊等等。以我們要繪製的組織圖來說, 最底層就還需要增加一個配置方塊, 以下就透過剛才繪製的階層圖來修改吧！

範例中要在**製作**的右側加入一個平行配置方塊, 所以請先選取**製作**方塊, 然後切換到 **SmartArt 工具/設計**頁次, 在**建立圖形**區按下**新增圖案**鈕右側的下拉鈕, 於選單中選擇『**新增後方圖案**』命令：

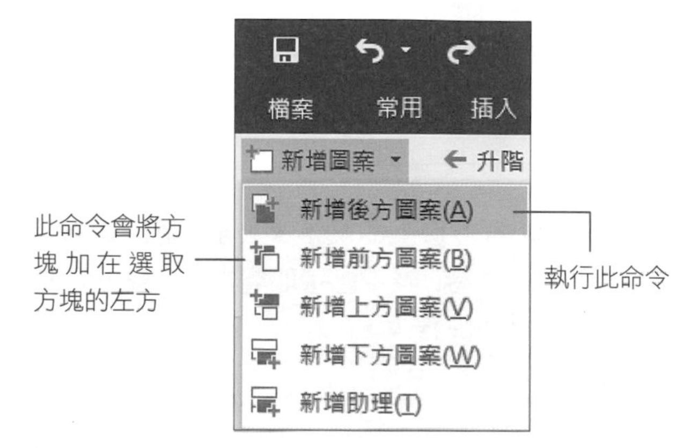

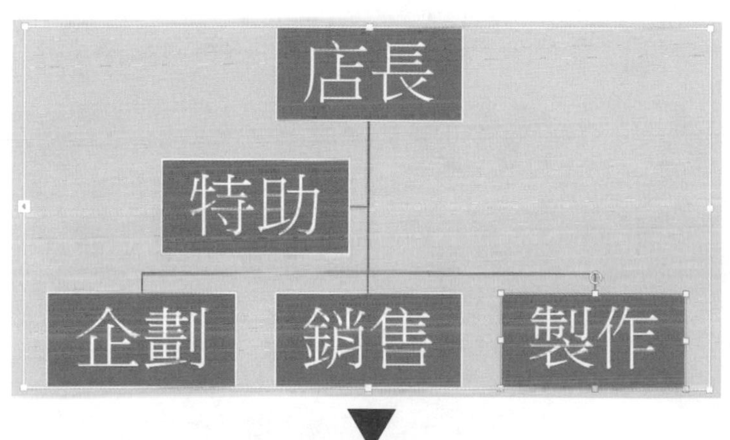

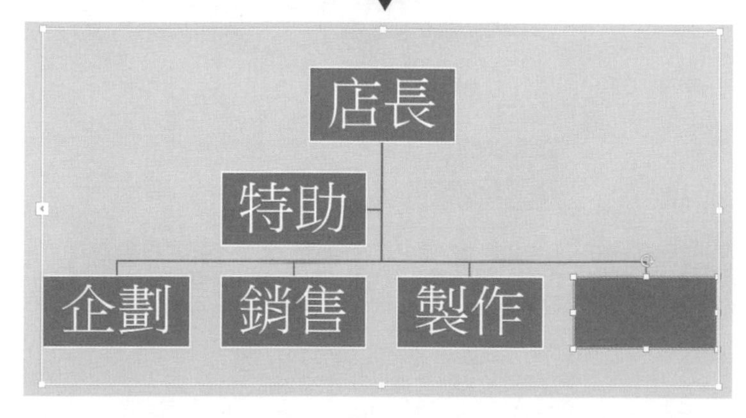

新增方塊後, 再到方塊上按右鈕執行『**編輯文字**』命令, 就可以在方塊上輸入文字了, 此例請輸入 "客服"。

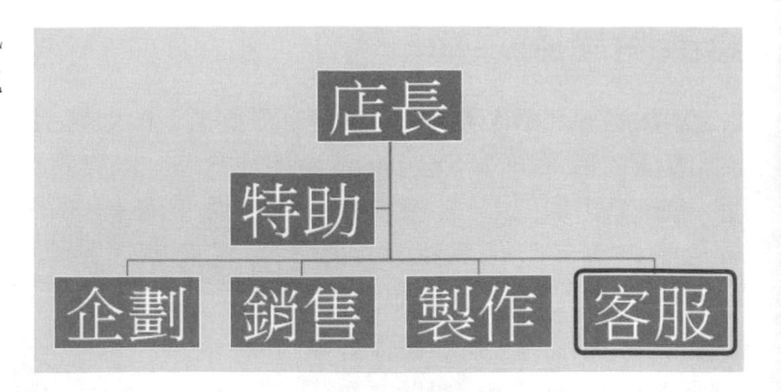

現在配置方塊上的文字太大了, 請再如下稍做調整。先在圖表範圍內的空白處按一下, 圖表四周顯示邊框時, 表示已選取圖表, 接著再到**常用**頁次的**字型**區設定文字樣式, 整個階層方塊上的文字就會一併修改。

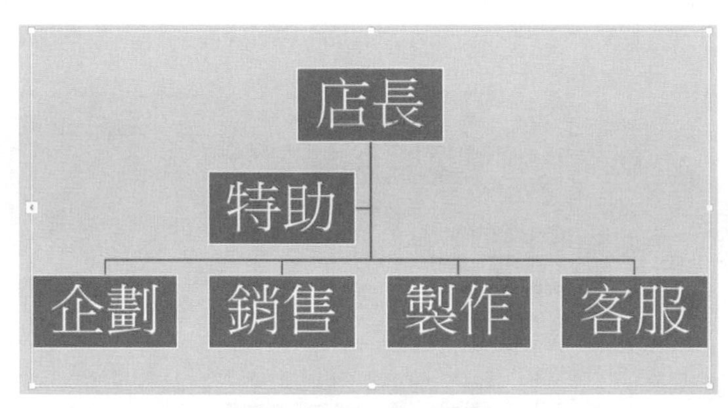

▲ 顯示框線表示已選取圖表

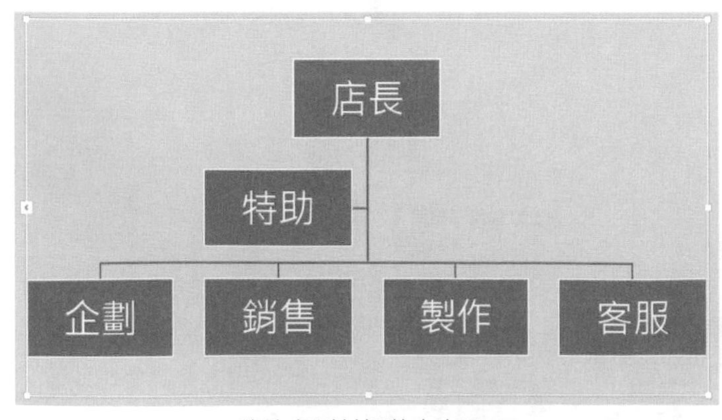

▲ 修改字型並調整大小至 36

變更階層圖的色彩

SmartArt 圖形不但可以變更顏色, 還可以變身成立體圖案。先來試試**變更色彩**功能, 請選取階層圖, 再切換到 **SmartArt 工具/設計**頁次, 按下**變更色彩**鈕從中選取想要的色彩配置：

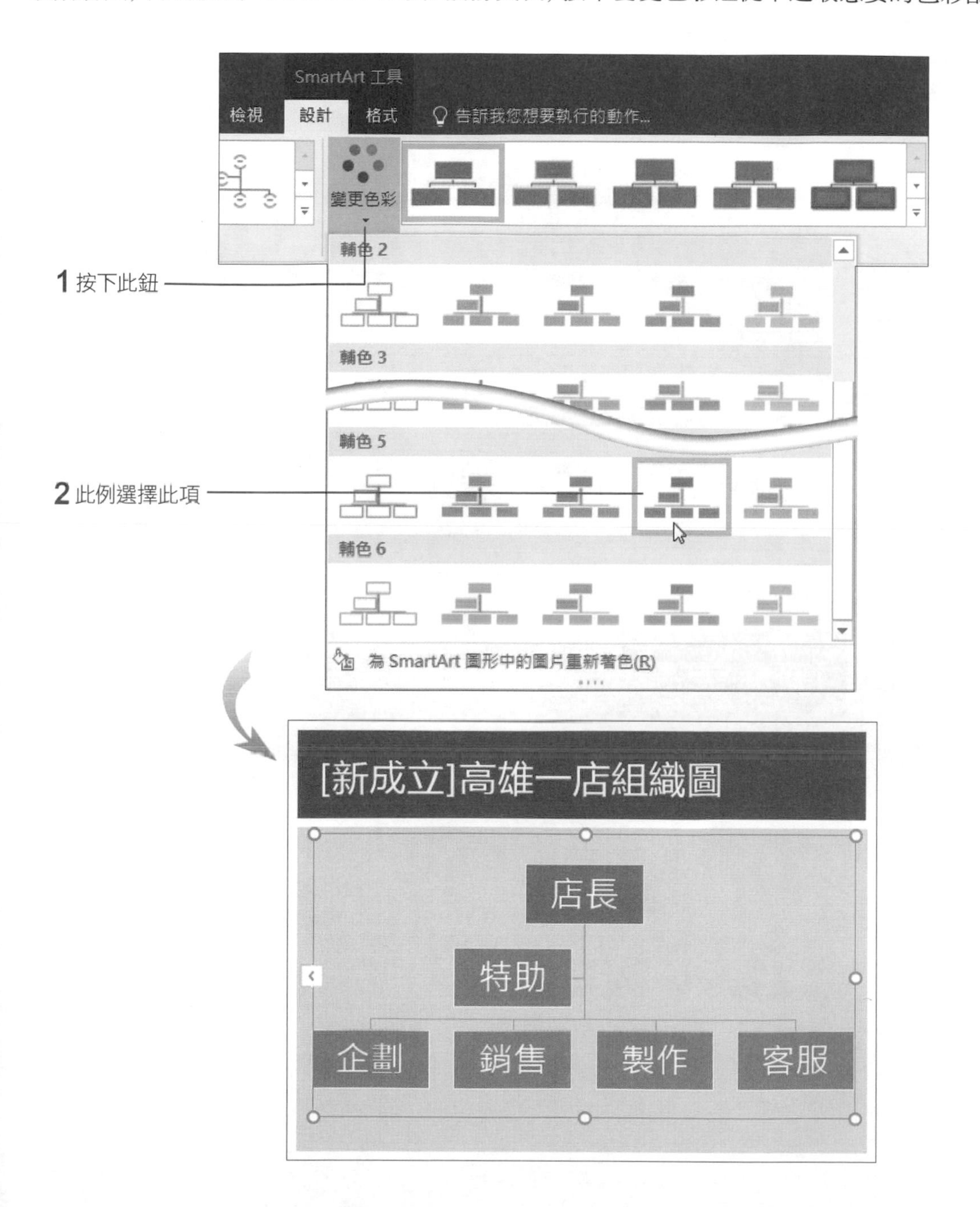

為階層圖套用立體樣式

再來要套用不同的 SmartArt 樣式, 同樣先選取階層圖, 再到 **SmartArt 工具/設計**頁次中按下 **SmartArt 樣式**的**其他**鈕 , 從中選取要套用的樣式：

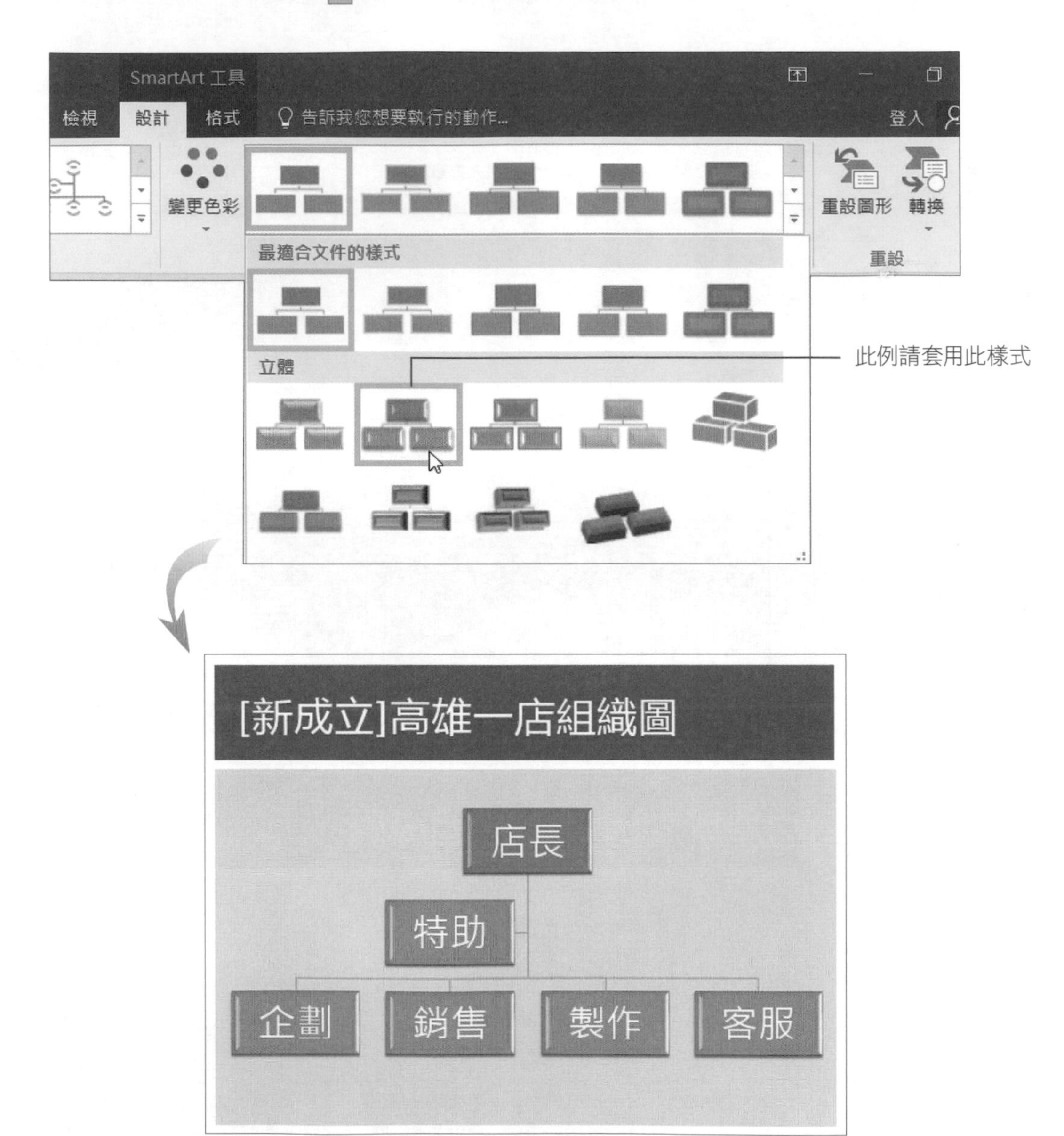

替階層圖的文字套用立體樣式

如果覺得階層圖上的文字樣式不夠顯眼, 也有許多現成的樣式可套用。請先選取投影片上的階層圖, 然後切換到 **SmartArt 工具/格式**頁次, 由**文字藝術師樣式**區來設定要套用的文字效果：

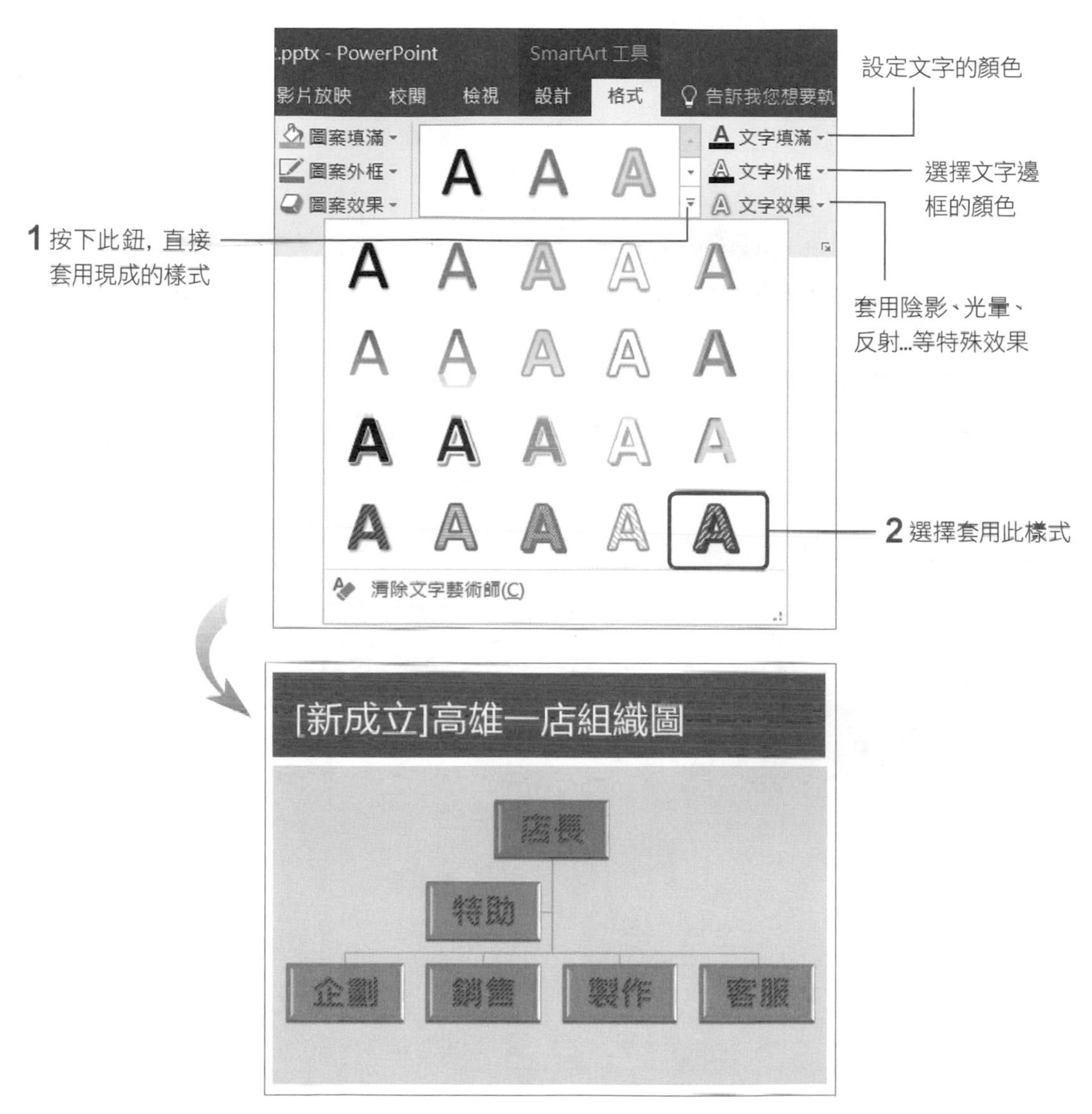

▲ 套用文字藝術師的效果

TIP 若要移除效果, 請選取階層圖, 再切換到 **SmartArt 工具/格式**頁次, 按下**文字藝術師樣式**區的**其他**鈕 , 執行『**清除文字藝術師**』命令。

4-5 將螢幕畫面放入投影片中

當你需要在簡報放入網頁畫面、地圖或軟體操作畫面, 以往我們會先安裝抓圖軟體來擷取畫面；或是按下 Print Screen SysRq 鍵拍下全螢幕, 再到影像編輯軟體裁切範圍；現在不用那麼麻煩了, 只要善用 PowerPoint 內建了**螢幕擷取畫面**功能, 就可輕鬆完成。

螢幕擷取畫面功能可抓取完整的視窗畫面, 也可以手動框選要抓取的螢幕範圍。以下就為您說明：

STEP 01 請將範例檔案 P04-02 切換到第 5 張投影片, 假設要在此頁加入餐廳的地圖, 幫助同仁搭乘交通工具前往。我們已事先在瀏覽器查詢好地圖了, 現在要把畫面放入投影片中：

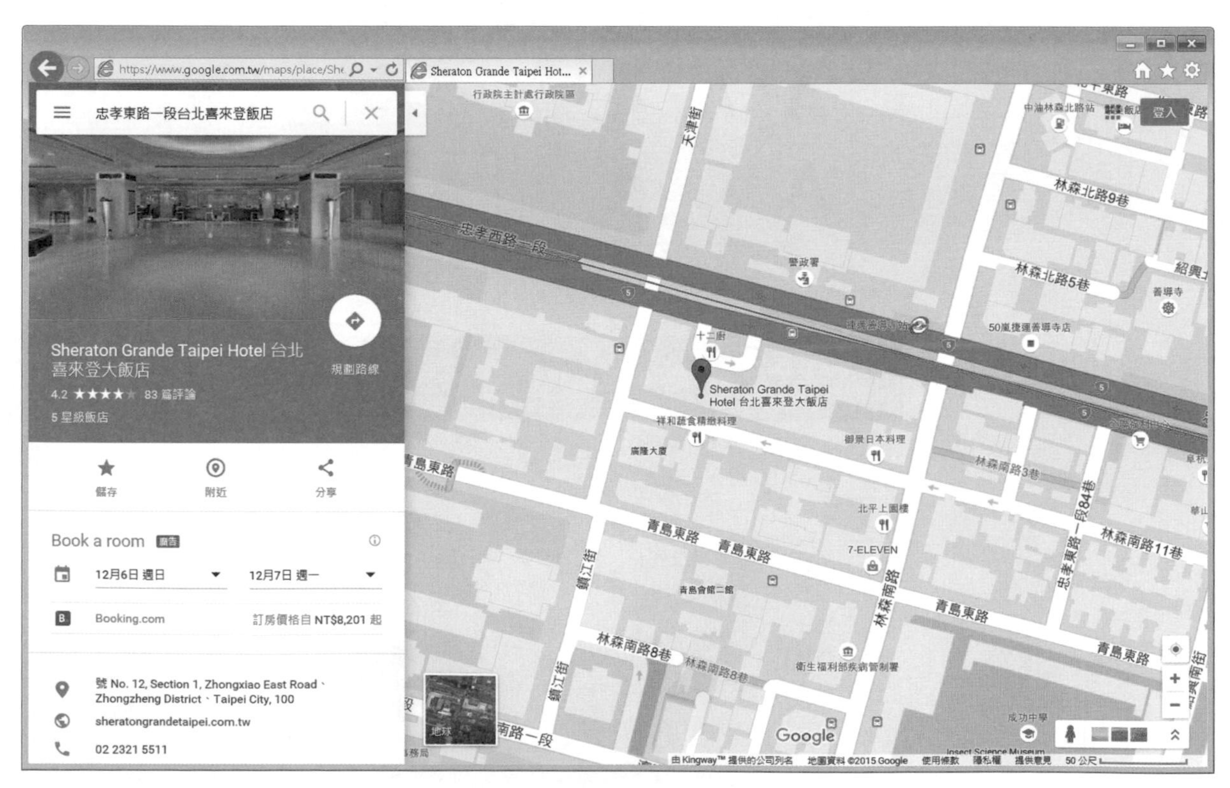

▲ 先上網找好要放入投影片的地圖

STEP 02 回到 PowerPoint 視窗, 切換到要插入螢幕畫面的投影片 (範例檔案的第 5 張投影片), 功能區則是切換到**插入**頁次, 再按下**圖像**區的**螢幕擷取畫面**鈕：

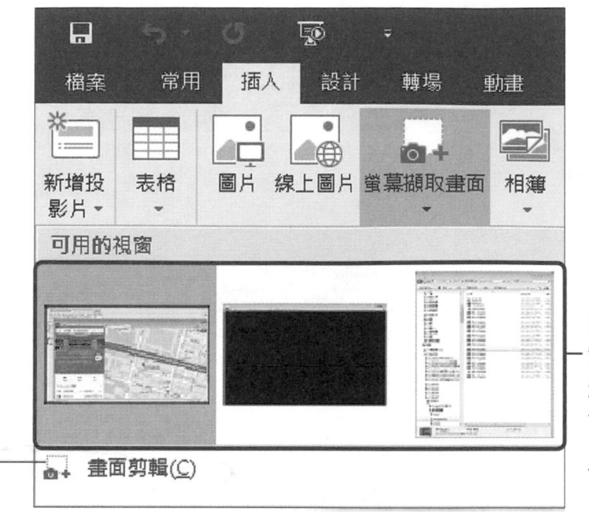

STEP 03 接著會切換到排列在最上面的視窗 (此例為 IE), 而且畫面會變成半透明的白色, 指標則變成十字狀, 請按下滑鼠左鈕拉曳, 框選出要抓取的範圍：

放開左鈕時圖片就貼到投影片上了

同樣可以拉曳控點調整圖片的大小, 或拉曳圖片調整位置

執行『**畫面剪輯**』命令後, PowerPoint 視窗會立即最小化, 讓你抓取目前桌面上的視窗畫面。若執行命令後無法看到要抓取的視窗 (被其它視窗擋住了), 請先按下 Esc 鍵取消抓取畫面的動作, 然後將 PowerPoint 視窗最小化, 並重新安排視窗順序或關閉不必要的視窗, 再回到 PowerPoint 視窗重新執行命令來抓取畫面。

視窗縮圖變黑色畫面

在測試**螢幕擷取畫面**功能時, 筆者發現有時按下**螢幕擷取畫面**鈕, 列示窗中顯示的視窗縮圖會是黑色的畫面, 若是直接按下縮圖, 就會插入一張黑色畫面的螢幕圖片：

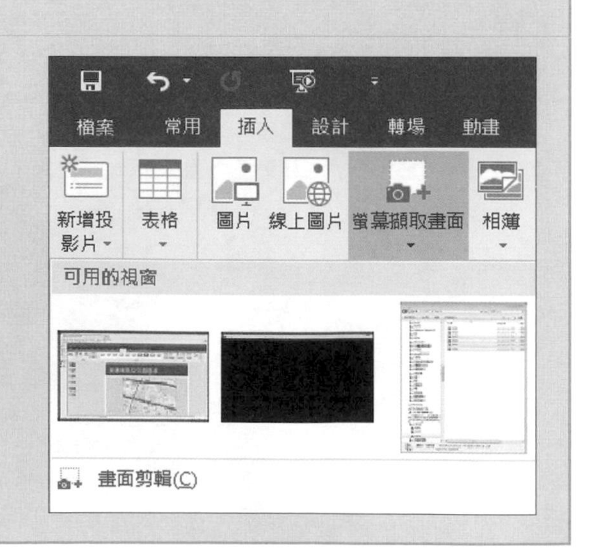

此時建議您改執行『**畫面剪輯**』命令, 並參考上述的操作來插入螢幕畫面。

4-6 在投影片建立歸納資料的表格

表格可用來歸納、整理資料，讓簡報資訊更清楚、更容易閱讀，而 PowerPoint 還提供了許多表格的樣式可套用，讓我們能輕鬆完成表格的美化工作。這一節就來學習如何在投影片中插入表格，以及表格的各種格式與樣式設定。

在投影片中插入表格

我們想在範例檔案 P04-02 的第 6 張投影片標題下插入表格，以便整理活動的相關資料，而版面配置已套用**標題及物件**，所以可直接按下 鈕來插入表格。按下按鈕後會出現如下的**插入表格**交談窗，讓您設定表格的**欄數**與**列數**，範例中要建立一個 3 欄、5 列的表格，請如下操作：

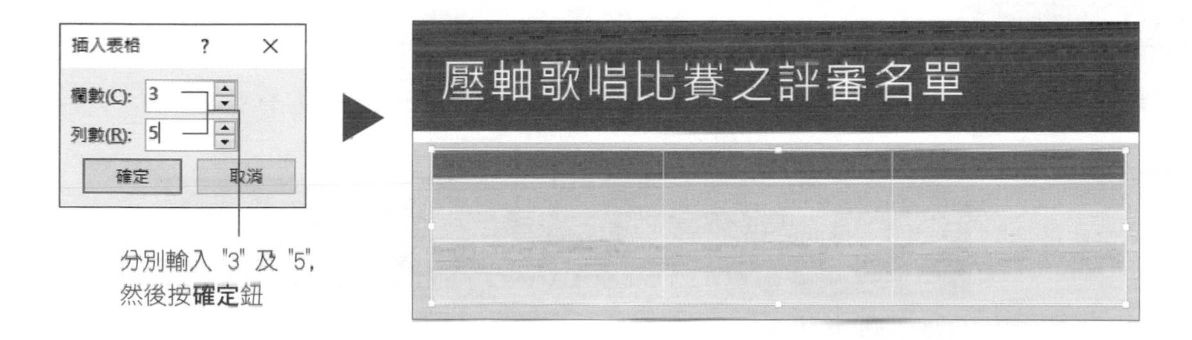

分別輸入 "3" 及 "5"，然後按**確定**鈕

輸入表格內容

插入表格之後，文字插入點會停留在左上角的第 1 個儲存格中，您可以由此開始輸入資料，例如在儲存格中輸入 "評分標準"，然後按下 Tab 鍵，將插入點移到下一欄繼續輸入：

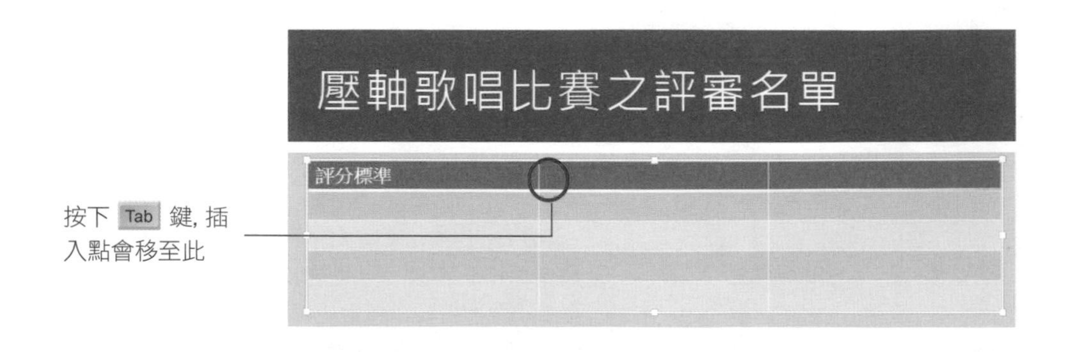

按下 Tab 鍵，插入點會移至此

請如下圖繼續輸入文字，完成所有的表格內容；若要調整表格中的文字格式，請切換到**常用**頁次，在**字型**區中進行設定。

評分標準	第1階段	第2階段
評分項目	音色50% / 音準50%	創意50% / 造型50%
評審	李育	王小玲
評審	陳芳文	陳孟如
評審	伍德	林英雄

TIP 除了使用 Tab 鍵，您也可以按下方向鍵來移動插入點的位置；或者利用滑鼠在欲編輯的儲存格中按一下，皆可在儲存格中輸入文字。

調整表格的欄寬、列高

目前表格只佔了投影片位置區的一半，我們要調整列的高度，讓表格能看起來更四平八穩。

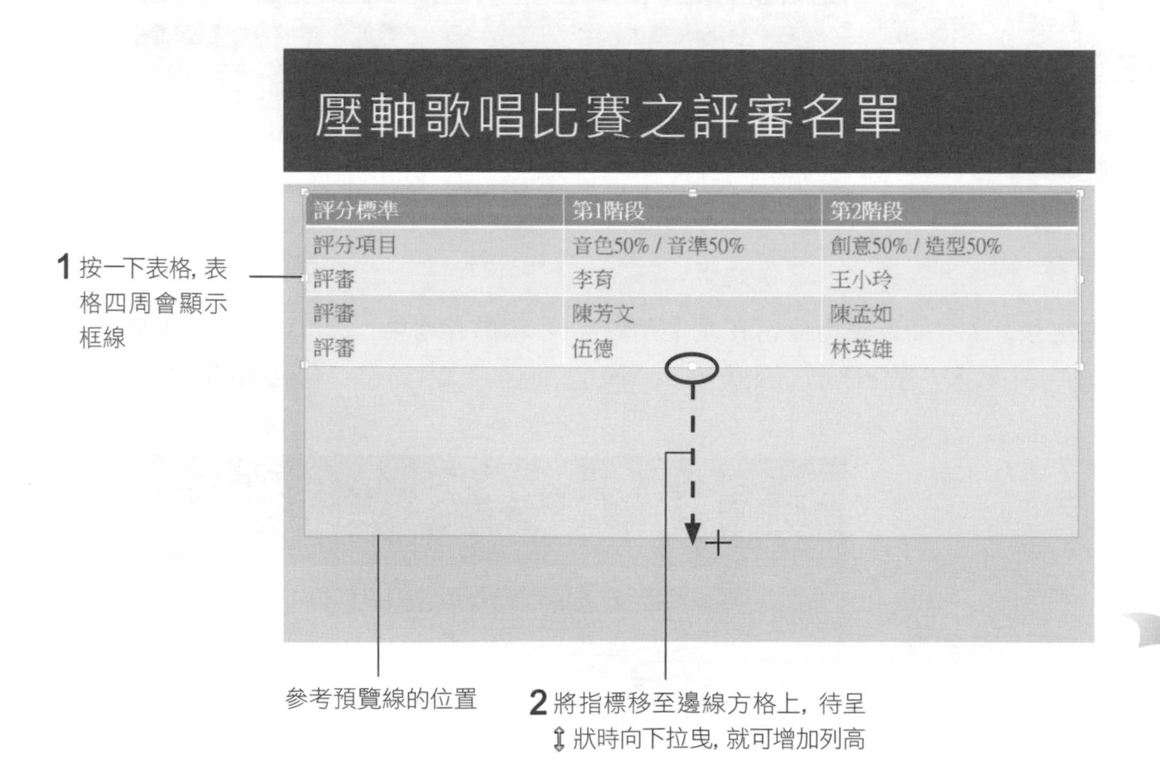

評分標準	第1階段	第2階段
評分項目	音色50% / 音準50%	創意50% / 造型50%
評審	李育	王小玲
評審	陳芳文	陳孟如
評審	伍德	林英雄

▲ 為使儲存格中的文字更加美觀, 我們再切換到**常用**頁次, 在**段落**區按下**置中**鈕 ；按下**對齊文字** 設定為**中**, 讓文字對齊儲存格水平及垂直中央的位置

TIP 將指標移到表格框線上, 待指標呈 ⇹ 狀時, 左右拉曳可調整欄寬；指標呈 ⇳ 狀時, 上下拉曳可調整列高。

調整好表格的欄寬、列高後, 若想將表格移到適當的位置, 可將指標移至表格四邊的框線上, 呈 ✥ 狀時按一下, 以選取表格, 就可以拉曳表格到理想的位置了。

套用表格配色樣式

表格目前套用了佈景主題預設的顏色, 如果對於配色不滿意, 可如下進行修改。請接續上例, 在表格邊框上按左鈕選定表格：

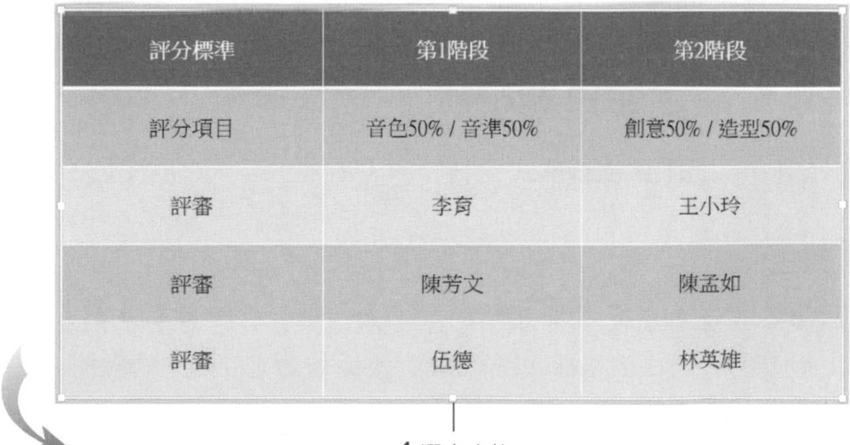

評分標準	第1階段	第2階段
評分項目	音色50% / 音準50%	創意50% / 造型50%
評審	李育	王小玲
評審	陳芳文	陳孟如
評審	伍德	林英雄

1 選定表格

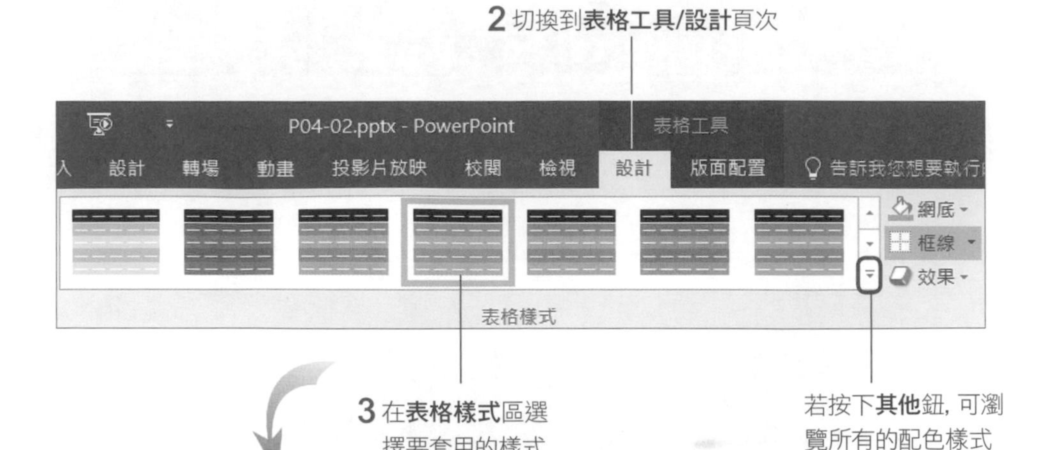

評分標準	第1階段	第2階段
評分項目	音色50% / 音準50%	創意50% / 造型50%
評審	李育	王小玲
評審	陳芳文	陳孟如
評審	伍德	林英雄

▲ 表格已套用新的樣式

為特定的儲存格設定顏色和框線

除了使用 PowerPoint 預設的表格樣式, 我們也可以自行設定表格的配色、框線等外觀。

變更儲存格的顏色

假如我們想將表格第 2 列填入不同的顏色, 請先將指標移到第 2 列的最左側, 待指標呈 ➡ 狀時按下左鈕, 以選取整列, 再由**表格樣式**區的**網底** 鈕設定要填入的顏色：

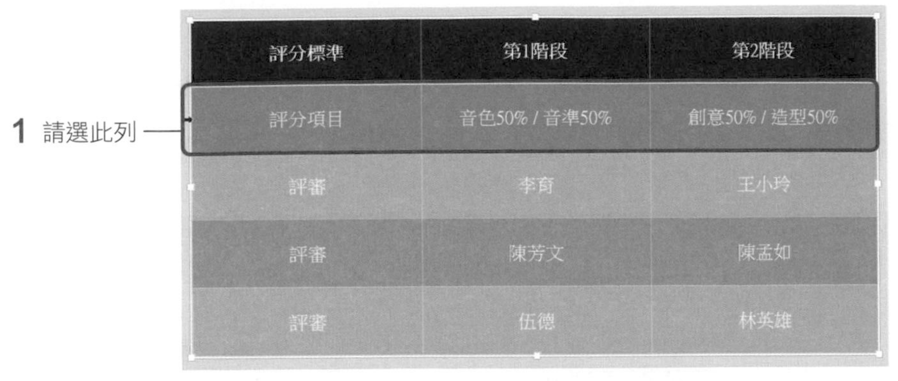

1 請選此列

評分標準	第1階段	第2階段
評分項目	音色50% / 音準50%	創意50% / 造型50%
評審	李育	王小玲
評審	陳芳文	陳孟如
評審	伍德	林英雄

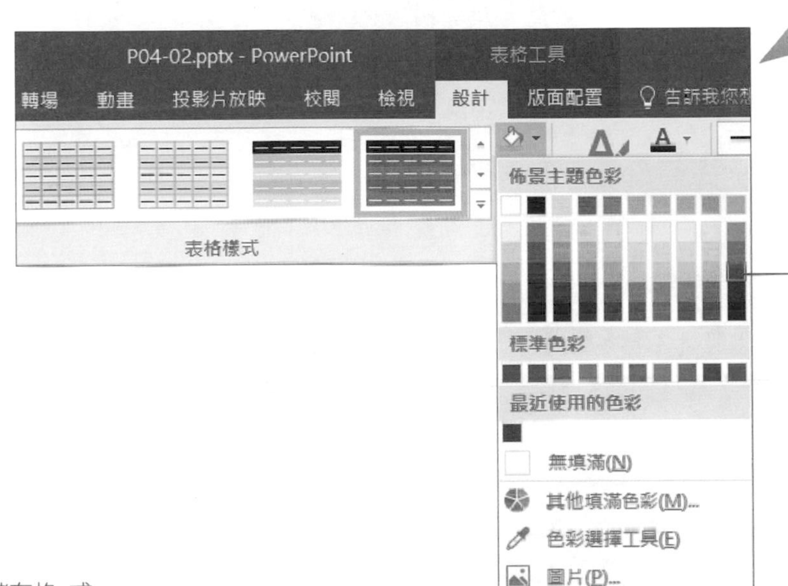

2 設定顏色

3 再按一下其它儲存格, 或位置區以外的地方, 可取消選取狀態

評分標準	第1階段	第2階段
評分項目	音色50% / 音準50%	創意50% / 造型50%
評審	李育	王小玲
評審	陳芳文	陳孟如
評審	伍德	林英雄

TIP 若要選取整欄, 請將指標移至欄的最上端, 待指標呈 ⬇ 時按下左鈕可選取該欄。

PART 03 PowerPoint

修改表格的框線樣式

範例中的表格，一旦取消表格的選取狀態，就會發現表格中間沒有區隔的框線，我們再手動為表格加上明顯的框線設定。請先選取表格，再切換到**表格工具/設計**頁次，然後如下進行設定：

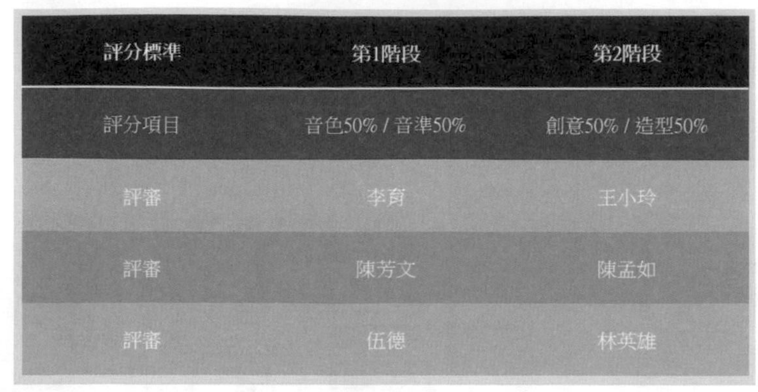

評分標準	第1階段	第2階段
評分項目	音色50% / 音準50%	創意50% / 造型50%
評審	李育	王小玲
評審	陳芳文	陳孟如
評審	伍德	林英雄

▲ 表格未選取的狀態，預設沒有框線

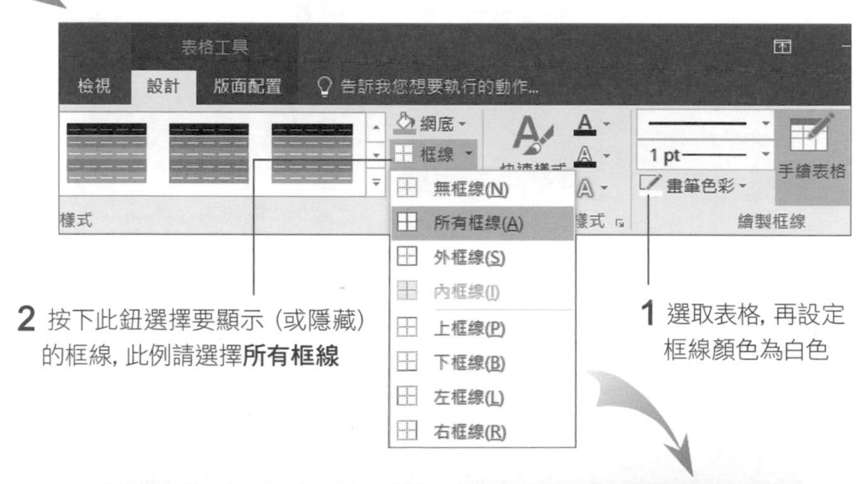

評分標準	第1階段	第2階段
評分項目	音色50% / 音準50%	創意50% / 造型50%
評審	李育	王小玲
評審	陳芳文	陳孟如
評審	伍德	林英雄

為表格套用立體效果

覺得平面的表格樣式不夠搶眼嗎？PowerPoint 還能為表格加入立體效果哦！請先選定表格, 再如下進行設定：

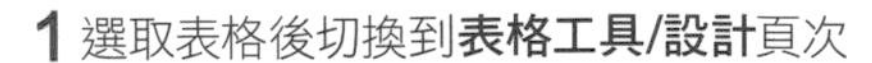

1 選取表格後切換到**表格工具/設計**頁次

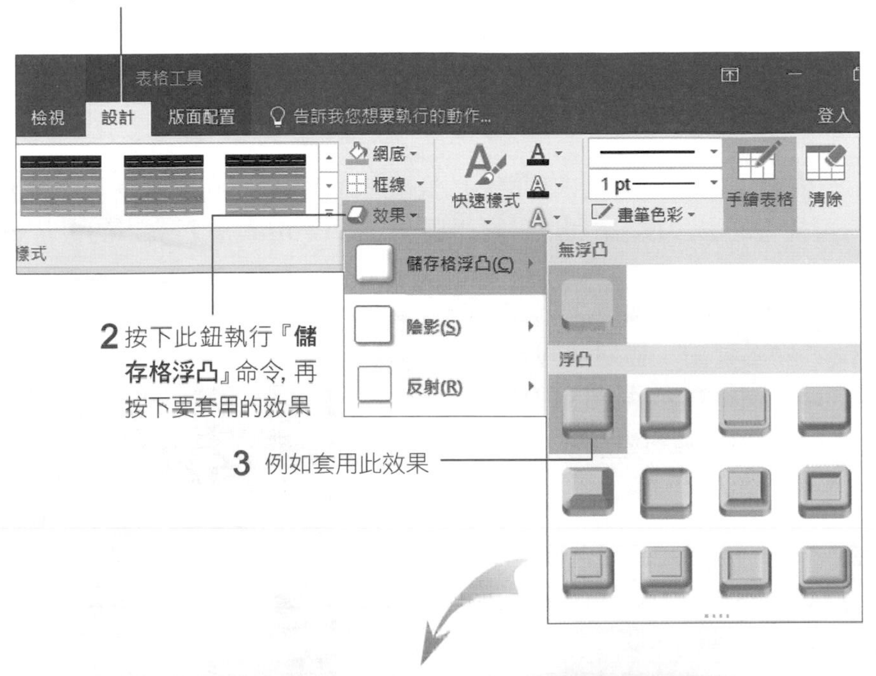

壓軸歌唱比賽之評審名單

評分標準	第1階段	第2階段
評分項目	音色50% / 音準50%	創意50% / 造型50%
評審	李育	王小玲
評審	陳芳文	陳孟如
評審	伍德	林英雄

▲ 套用**圖形**的立體效果

4-7 在投影片中插入、剪輯影片

我們還可以在簡報中加入與主題相關的影片，讓簡報內容更為豐富。而 PowerPoint 不僅支援一般常見的影片格式，還提供影片剪輯功能，可以讓我們剪出需要的段落，並提供許多影片播放設定。

插入影片

請開啟範例檔案 P04-03 並切換到第 4 張投影片，我們將在這張投影片中放入一段影片。如果現在沒有可練習的影片檔，請利用書附光碟 **PowerPoint** 資料夾下的影片檔 movie.wmv 來練習。

第 4 張投影片已套用了**標題及物件**配置，只要按下配置區中的 鈕，開啟**插入影片**交談窗，點選**從檔案**區的**瀏覽**鈕就會開啟**插入視訊**交談窗讓你選擇檔案。

選擇要插入的影片檔案，再按下**插入**鈕，影片就會放入投影片中了。若覺得影片的尺寸太大、位置需要調整，只要拉曳影片四周的控點即可調整尺寸，或直接拉曳影片調整位置：

若投影片套用的不是**標題及物件**版面配置，或是要在已輸入文字、插入圖片的投影片上插入影片，可切換至**插入**頁次，再按下**多媒體**區的**視訊**鈕來插入影片：

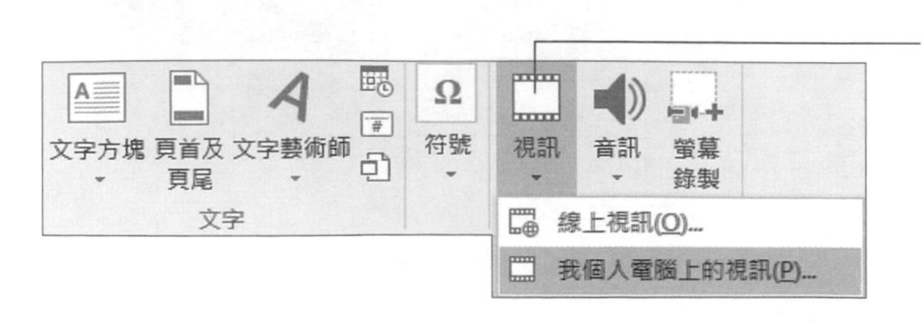

剪輯影片精華段落

錄製影片時, 通常會先試錄一段, 若要用在簡報上, 就要將試錄的內容剪掉；或是影片長度太長, 也會需要為影片瘦身, 修剪影片前、後不要的部份, 只保留中間精華的段落。

以往修剪影片都得開啟影片剪輯軟體來編輯, 而 PowerPoint 中已內建了剪輯影片的功能, 直接就能剪掉影片不要的部份, 十分方便。我們接續上例插入的影片來練習：

STEP 01 請選取投影片上的影片, 再切換至**視訊工具/播放**頁次, 並按下**編輯**區的**剪輯視訊**鈕：

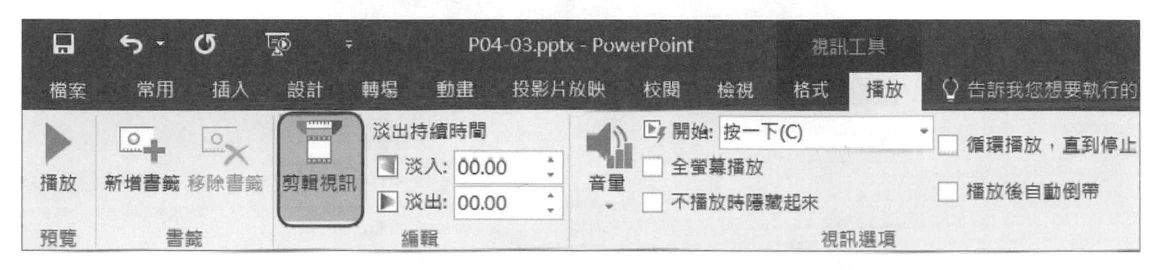

▲ 必須選取投影片上的影片檔, 才會顯示**視訊工具**頁次

STEP 02 開啟**剪輯視訊**交談窗後, 就可以利用下方的調整滑桿來修剪影片前、後不要的部份：

按下**視訊工具/播放**頁次最左側的**播放**鈕, 可預覽影片的剪輯結果；若影片包含聲音, 則可按下**音量**鈕, 調整影片的聲音大小：

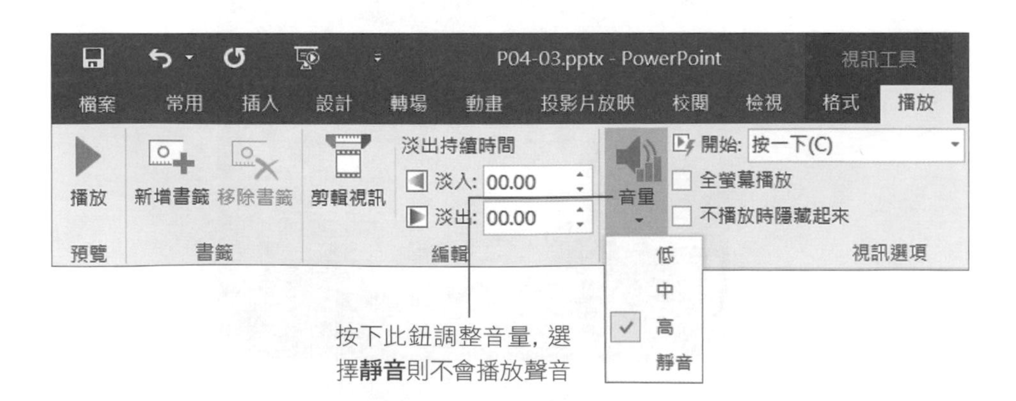

TIP 在**開始**欄可設定影片的播放方式。預設的設定為**按一下**, 表示切換到該張投影片後, 要再按一下控制面板的播放鈕才會播放影片；若設定為**自動**, 則影片會在切換到該張投影片後立即播放。

在「投影片瀏覽模式」調整與複製投影片

- 調整投影片的順序
- 跨檔案的複製技巧

5-1 調整投影片的順序

雖然在**標準模式**中可由左側的**投影片**窗格預覽投影片縮圖, 但畢竟此模式的作用是用來編輯投影片的內容, 左側窗格的空間實在有限。想要瀏覽整份簡報投影片的內容、調校其中的順序, 切換到**投影片瀏覽**模式會是最適合的檢視模式。

在「投影片瀏覽」模式瀏覽投影片內容

這裡要先帶你認識**投影片瀏覽**模式的操作環境, 請開啟要調整順序的簡報, 或利用範例檔案 P05-01 來練習。按下主視窗右下角的**投影片瀏覽**鈕 , 切換到**投影片瀏覽**模式：

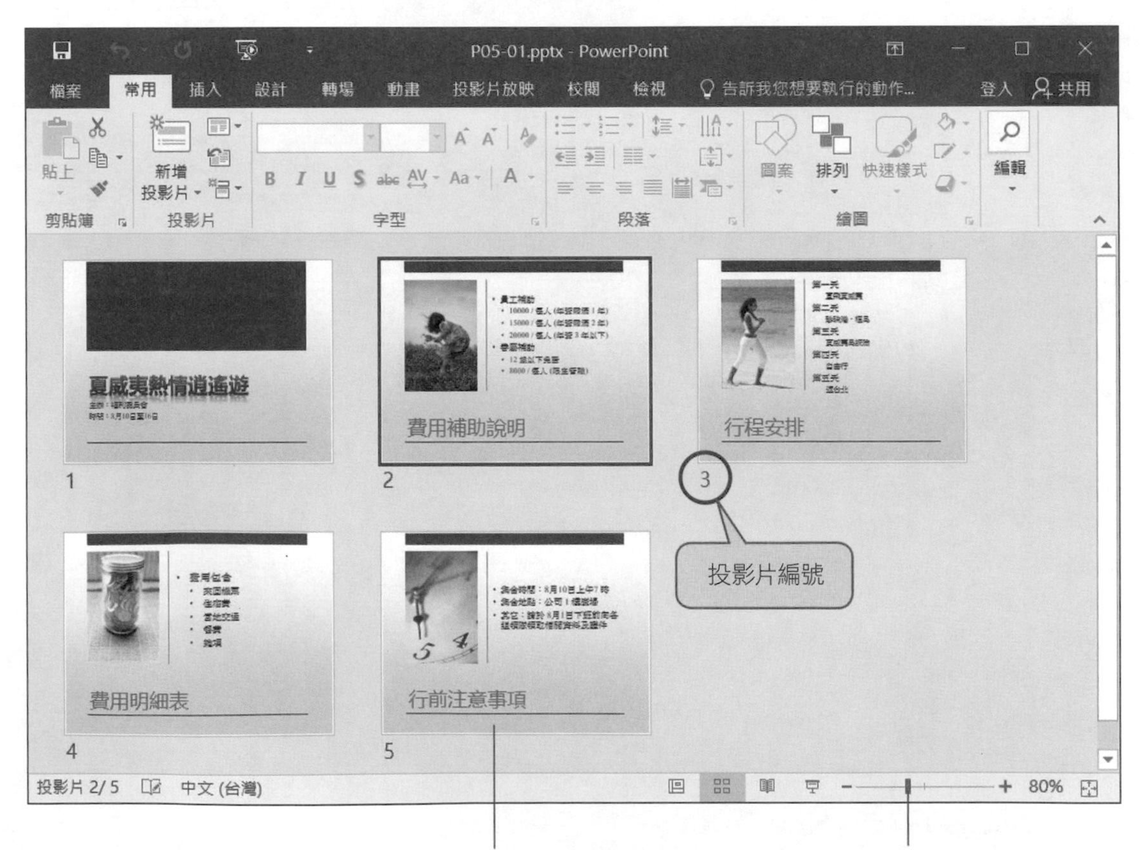

投影片瀏覽模式會以縮圖顯示整份簡報的投影片, 此時無法編輯投影片的內容

可拉曳滑桿調整縮圖大小。向左拉曳會縮小；向右拉曳會放大

調整投影片的順序

假設我們要將第 2 張投影片的 "費用補助說明" 搬到第 4 張投影片 "費用明細表" 之後, 請如下操作：

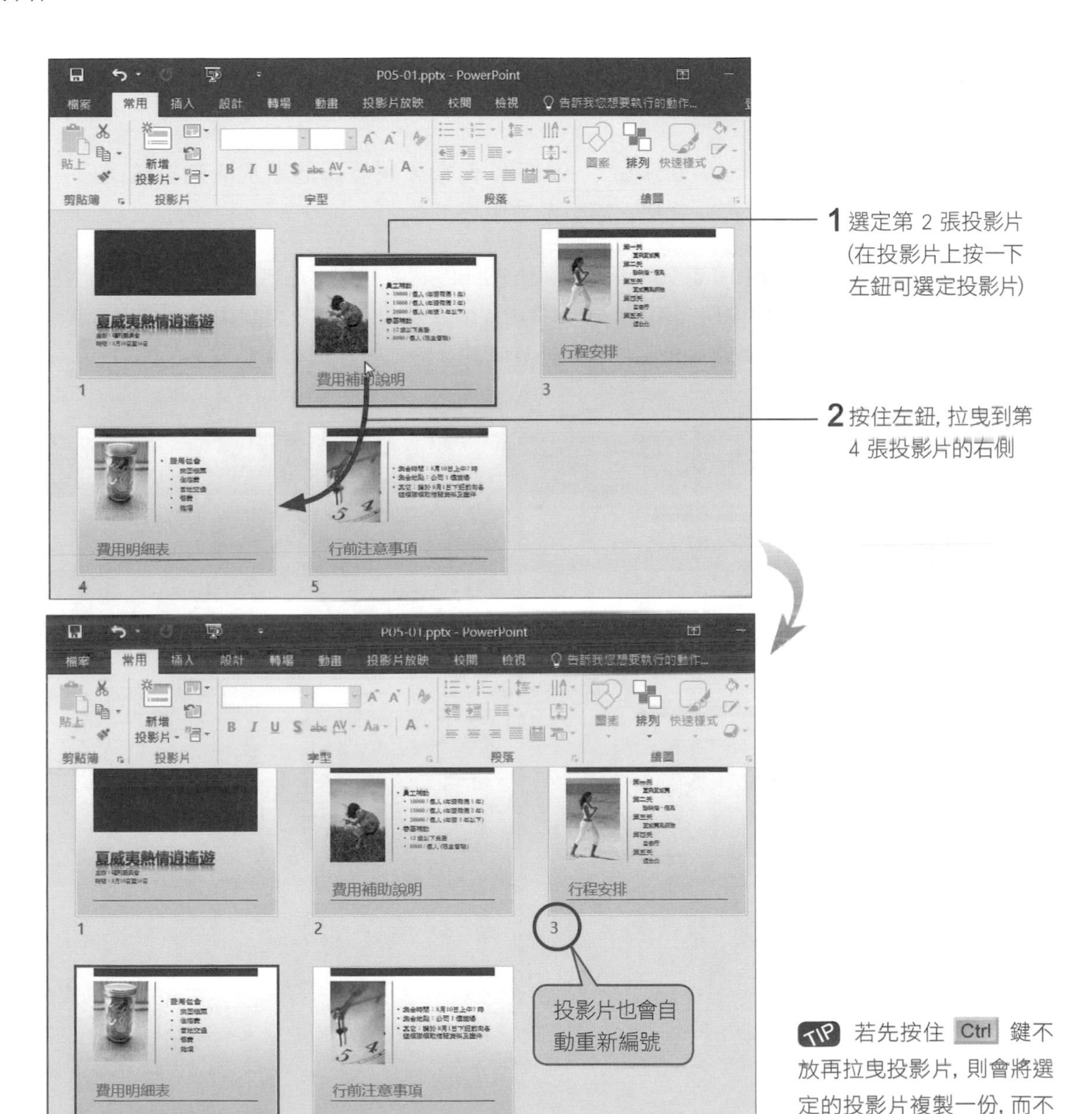

TIP 若先按住 Ctrl 鍵不放再拉曳投影片, 則會將選定的投影片複製一份, 而不是做搬移的工作。

5-2 跨檔案的複製技巧

有時候一份簡報需要多人共同製作，以提升工作效率，當各自製作完成之後，就需要將多份簡報合併在一起。這一節我們要說明複製其它簡報中投影片的技巧，即使兩份簡報使用的佈景主題不同，也能迅速統一風格。

範例檔案 P05-01 是「旅遊說明會」的簡報，但還欠缺旅遊地點及活動建議，正好手上的 P05-02 簡報有我們需要的內容，就把它複製過來用吧！

STEP 01 首先要把操作環境單純化，請先保留 P05-01 的開啟狀態，再開啟 P05-02 簡報檔案，並關閉其它不用的檔案。接著將兩份簡報都切換到**投影片瀏覽**模式，在任一視窗切換到**檢視**頁次，在**視窗**區中按下**並排顯示**鈕，讓這兩份簡報並列於螢幕上：

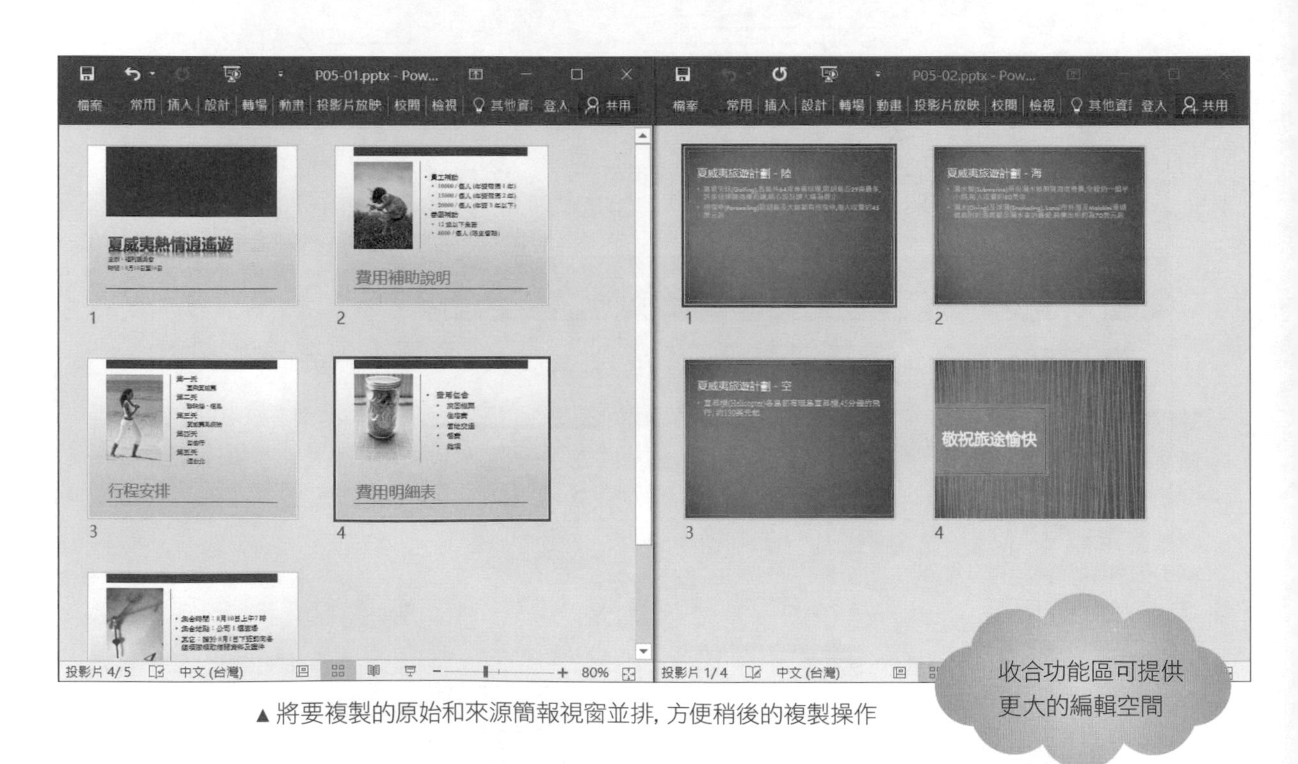

▲ 將要複製的原始和來源簡報視窗並排，方便稍後的複製操作

STEP 02 再將 P05-02 簡報中的前 3 張投影片，複製到 P05-01 第 3 張投影片之前：

1 先點選第 1 張投影片，然後按住 Shift 鍵再點選第 3 張投影片，可選取其間的所有投影片
2 將選定的投影片拉曳到 P05-01 第 3 張投影片的左側
3 放開滑鼠，便完成複製工作了
P05-01.pptx - PowerPoint
夏威夷熱情逍遙遊
費用補助說明
夏威夷旅遊計劃 - 陸
夏威夷旅遊計劃 - 海
夏威夷旅遊計劃 - 空
行程安排
費用明細表
敬祝旅途愉快
(Ctrl)
貼上選項鈕
(稍後說明)

▲ 檢視簡報的內容，就會看到投影片不但複製過來，還自動套用了該簡報的佈景主題

若您要挑選不連續的投影片來做複製，可先按住 Ctrl 鍵，然後再一一點選欲複製的投影片。

複製後保留簡報的佈景主題

將 A 簡報中的投影片拉曳複製到 B 簡報時, 預設會改套用 B 簡報的佈景主題。如果想要保留原來的投影片樣式, 你可以在複製過來後, 按下**貼上選項**鈕 (Ctrl) , 從選單中設定是否要保留原來的佈景主題：

列印與放映簡報

6

- 加入日期、頁碼和頁尾資訊
- 列印投影片
- 播放簡報
- 簡報放映特效
- 將簡報轉存成影片格式

6-1 加入日期、頁碼和頁尾資訊

做好簡報的內容之後, 我們再來談談簡報的版面資訊, 例如為投影片加上頁碼, 使觀眾了解目前說明的進度；或是加上日期, 幫助自己辨識資料建立的時間點；還可以加上簡報說明主題、主講人等, 讓簡報的版面更為完整。

請開啟要設定版面資訊的簡報, 或是開啟範例檔案 P06-01 來進行以下的練習。將功能區切換到**插入**頁次, 再按下**文字**區的**頁首及頁尾**鈕, 開啟**頁首及頁尾**交談窗進行相關的設定：

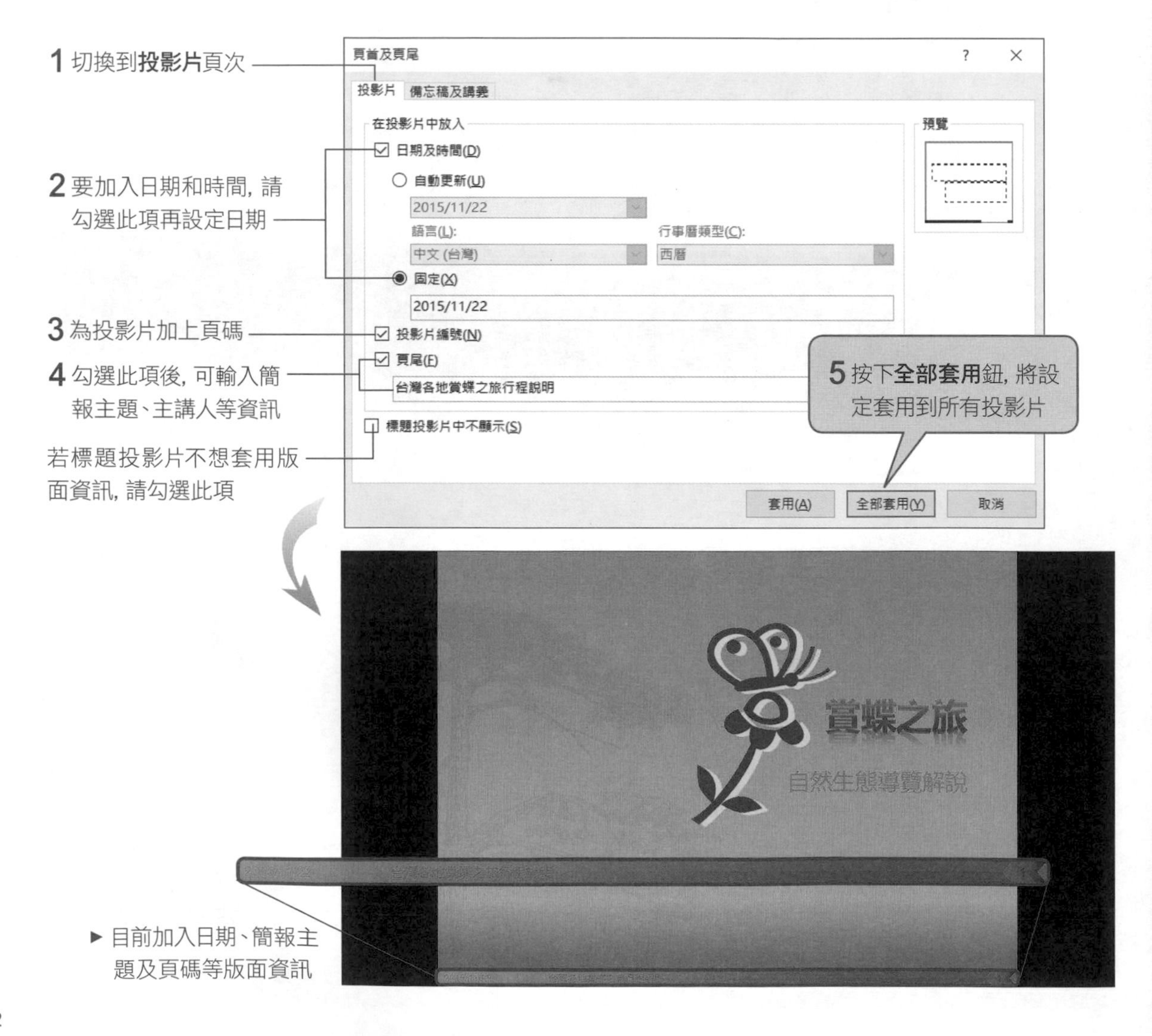

▸ 目前加入日期、簡報主題及頁碼等版面資訊

在剛才開啟的**頁首及頁尾**交談窗中，在日期和時間的顯示方式選項，選取**自動更新**會填入當天的日期，且每次開啟時都會更新成當天的日期；選取**固定**可自行輸入日期。

如果覺得文字太小，顏色也不夠清晰等，還可以手動變更文字的格式。以標題投影片為例，請將指標移至頁尾資訊上，待指標呈 ✥ 狀時按一下即可選取一個文字方塊，然後按住 Shift 鍵再選取另外兩個文字方塊，並如下進行設定：

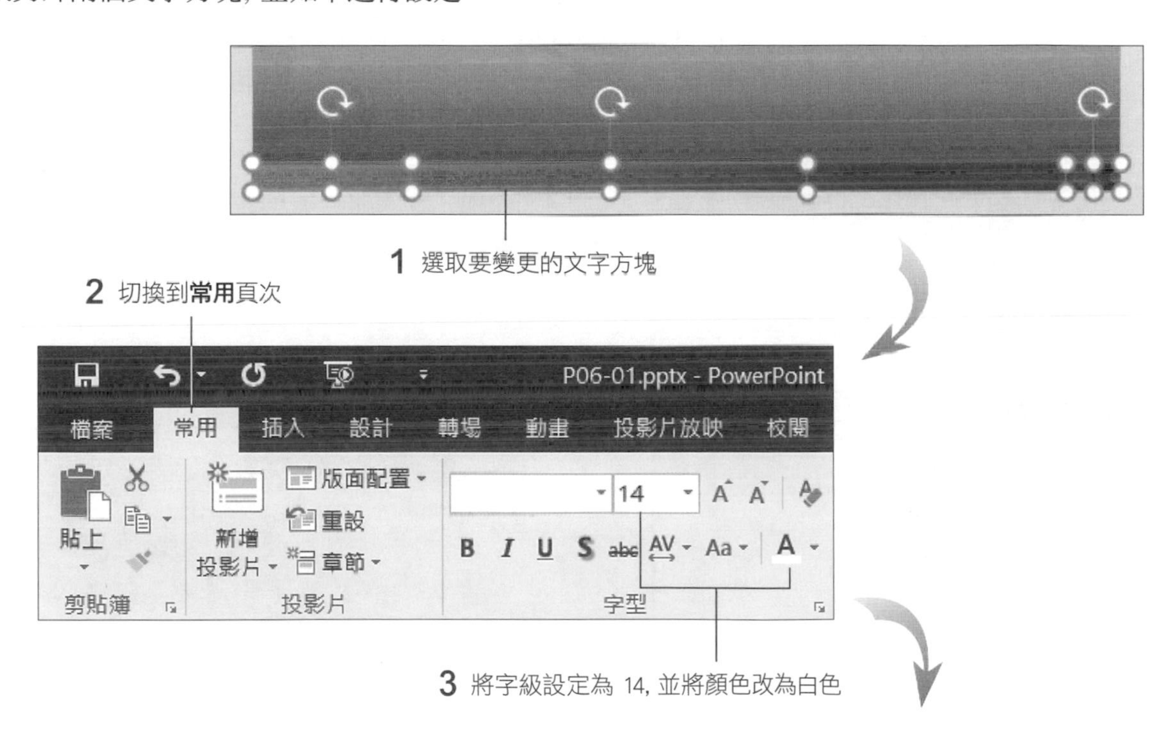

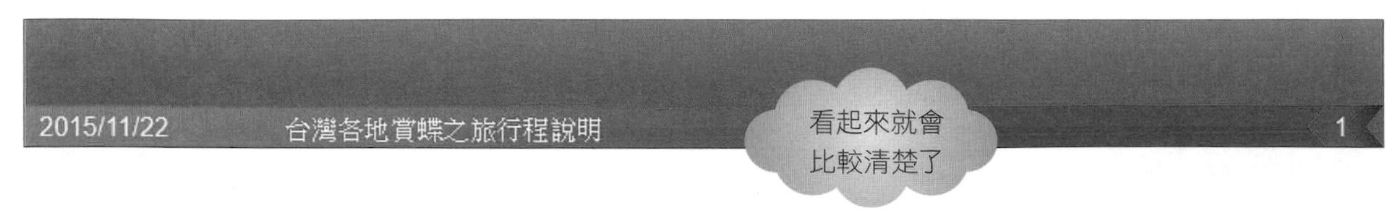

若有其它需要修改的頁面，就請您自行完成了。

6-2 列印投影片

除了準備簡報的投影片、講稿內容之外, 我們還能為觀眾準備書面文件, 不僅讓觀眾在聽講時能掌握重點, 還能自行翻閱或做筆記。這一節就為您介紹如何將簡報列印成書面文件。

預覽列印

我們同樣利用範例檔案 P06-01 來練習。請切換到**檔案**頁次, 再按下視窗左側的**列印**項目, 就可以在其中預覽列印的結果, 並進行列印的相關設定。

列印投影片講義

投影片的列印版面可設定為**全頁投影片**、**備忘稿**、**大綱**和**講義** 4 種, 你可以視需求來選擇, 假設我們希望一頁印 3 張投影片, 並留點空間讓觀眾做筆記, 就可以選擇**講義**版面。

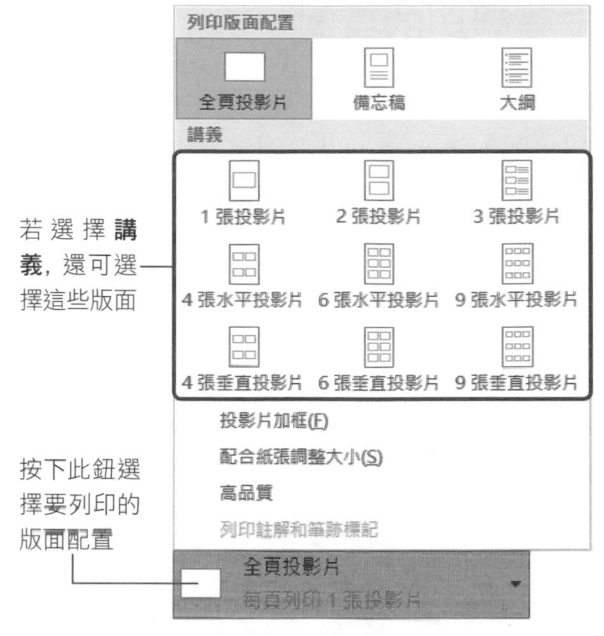

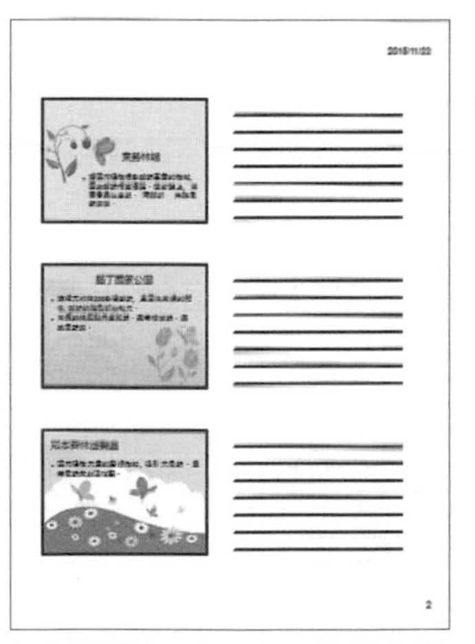

選擇**講義**類別下的 **3 張投影片**

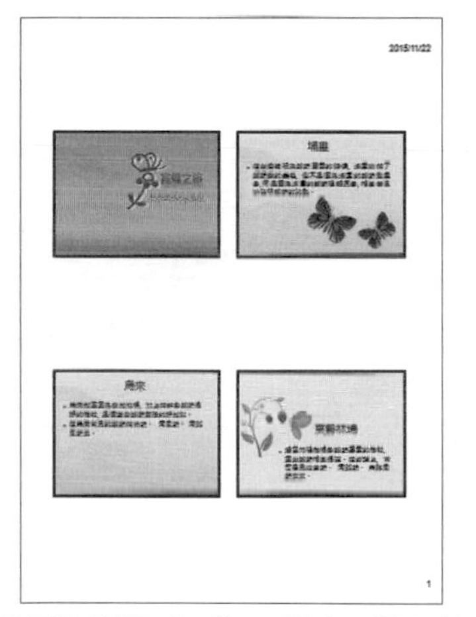

選擇**講義**類別下的 **4 張水平投影片**

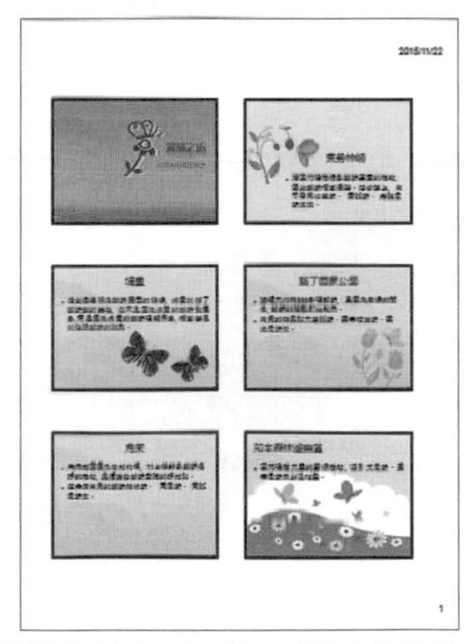

選擇**講義**類別下的 **6 張垂直投影片**

其中 "水平" 和 "垂直" 是指投影片的排列方式, 請看如右的示意圖您就會明白了：

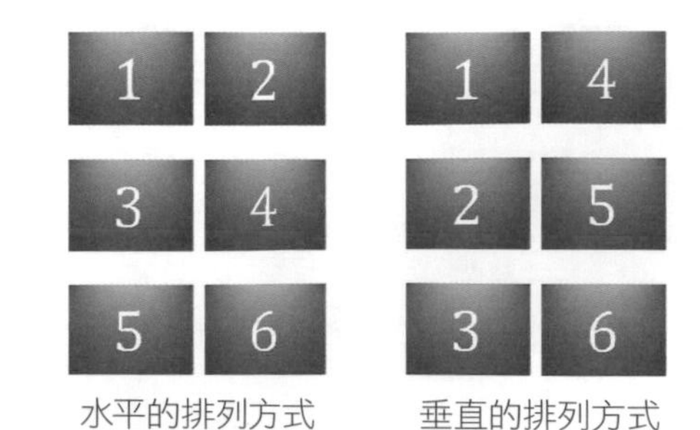

水平的排列方式　　垂直的排列方式

指定要列印的頁數

當簡報的頁數很多，而目前只要列印部份頁面；或是列印的過程中，有幾頁印壞了，都可以指定列印範圍，而不需整份重印。

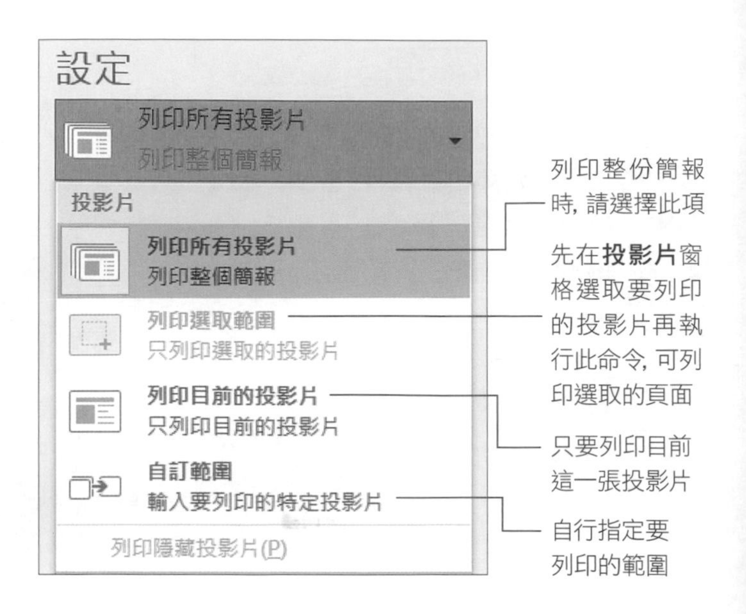

若要指定列印的範圍，請執行『**自訂範圍**』命令，然後在其下的**投影片數**欄輸入要列印的投影片編號，不同頁數再以逗點 "," 區隔，例如要列印 2、5、6 頁，就可以如圖設定：

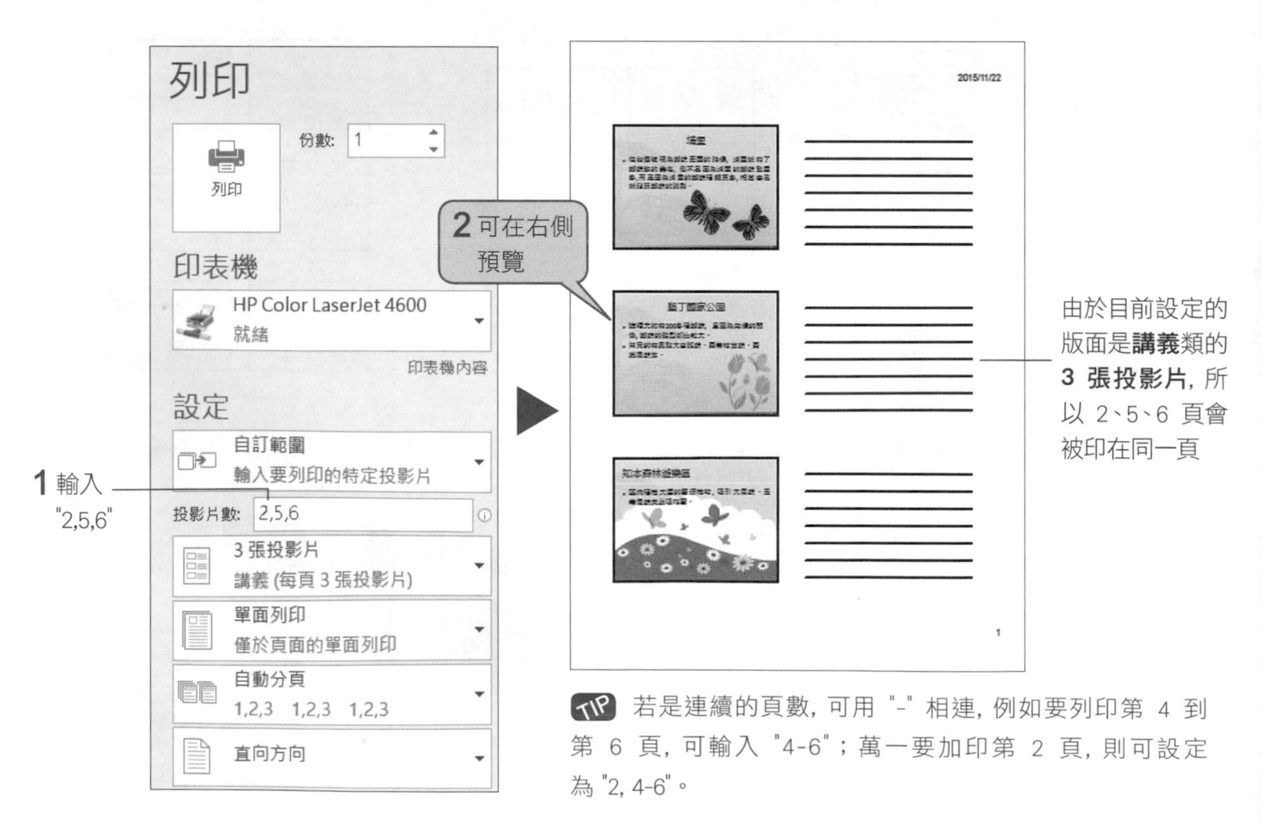

TIP 若是連續的頁數，可用 "-" 相連，例如要列印第 4 到第 6 頁，可輸入 "4-6"；萬一要加印第 2 頁，則可設定為 "2, 4-6"。

設定要印成彩色或黑白投影片

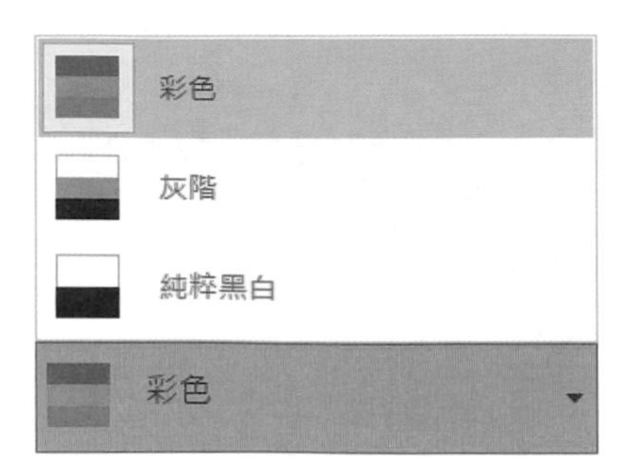
彩色
灰階
純粹黑白
彩色
按下此鈕設定色彩模式

按下**彩色**鈕可設定要將投影片印成彩色、黑白或灰階。例如需要列印多份, 又想節省墨水時, 可選擇最清晰、不列印背景圖片的**純粹黑白**模式；如果覺得**純粹黑白**模式不夠精緻的話, 則可選擇將彩色轉換成不同濃淡灰色的**灰階**模式。

埔里
在台灣被稱為蝴蝶王國的時候, 埔里就有了蝴蝶鎮的美名, 倒不是因為埔里的蝴蝶數量多, 而是因為埔里的蝴蝶種類眾多, 相當容易就發現蝴蝶的蹤影。
▲ **彩色**模式

埔里
在台灣被稱為蝴蝶王國的時候, 埔里就有了蝴蝶鎮的美名, 倒不是因為埔里的蝴蝶數量多, 而是因為埔里的蝴蝶種類眾多, 相當容易就發現蝴蝶的蹤影。
▲ **灰階**模式

埔里
在台灣被稱為蝴蝶王國的時候, 埔里就有了蝴蝶鎮的美名, 倒不是因為埔里的蝴蝶數量多, 而是因為埔里的蝴蝶種類眾多, 相當容易就發現蝴蝶的蹤影。
▲ **純粹黑白**模式

設定列印的份數

完成所有的列印設定之後可以進行列印了。不過, 無論此次需要列印多少份, 都建議您可以先列印一份, 確定內容、設定都沒有問題之後, 再列印多份。

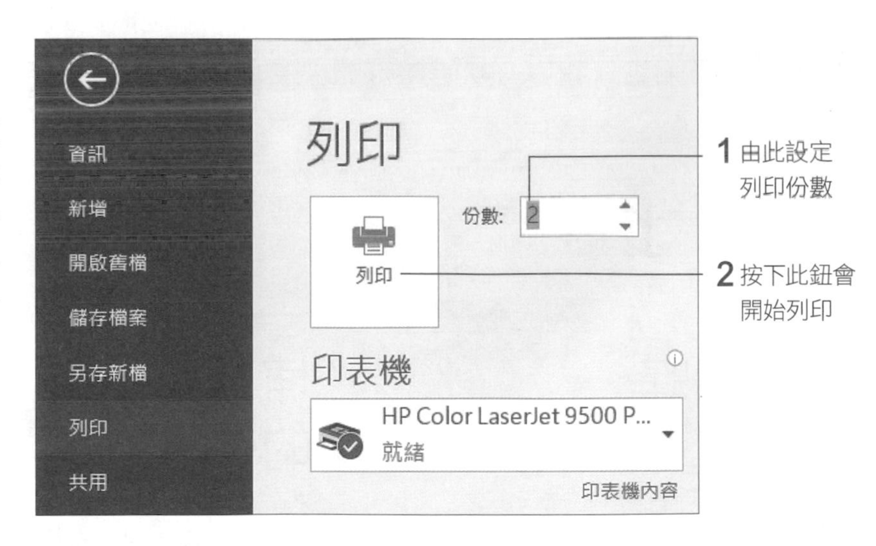
資訊
新增
開啟舊檔
儲存檔案
另存新檔
列印
共用
列印
份數: 2
列印
印表機
HP Color LaserJet 9500 P...
就緒
印表機內容
1 由此設定列印份數
2 按下此鈕會開始列印

若要列印一份以上, 還可以設定是否啟動**自動分頁**功能。**未自動分頁**是印完所有份數的第 1 頁, 再列印所有份數的第 2 頁；**自動分頁**的列印順序則是印完一份完整的簡報, 再接續列印下一份, 省去手動分頁的麻煩。

6-3 播放簡報

簡報做好了，參考資料也列印完成了，接著就來學習如何播放簡報吧！這一節要介紹播放簡報時的換頁控制；將滑鼠轉換為畫筆，以便輔助說明；還可以將滑鼠轉換成簡報時不可或缺的雷射筆。

放映簡報與換頁控制

播放簡報最快的方法，是先切換到第 1 張投影片，再按下主視窗右下角的**投影片放映**鈕，就會開始播放簡報。

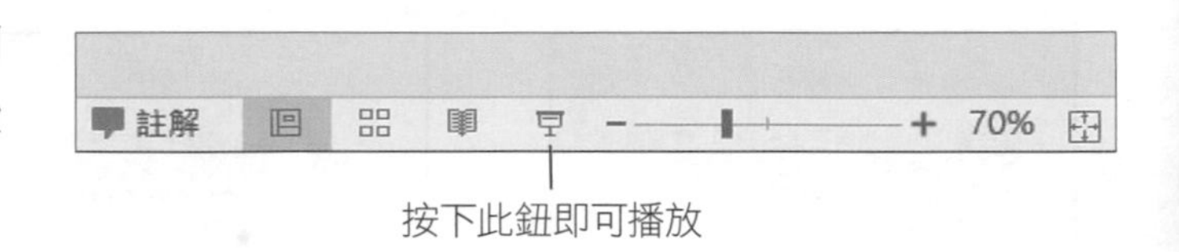

播放時按一下滑鼠左鈕或 Enter 鍵，會播放下一頁投影片，也可以按下 Page Down 換到下一頁；若是要返回前一頁，則可按下 Page up 鍵。我們曾在本篇的 2-7 節，以表格整理出所有的簡報播放技巧，您可以再翻回該處復習播放簡報的方法。

另一種常見的情況，是當觀眾提問時，我們可能需要迅速移動到某一頁來加以說明，這時可在投影片上按右鈕，利用快顯功能表來開啟要切換播放的頁面：

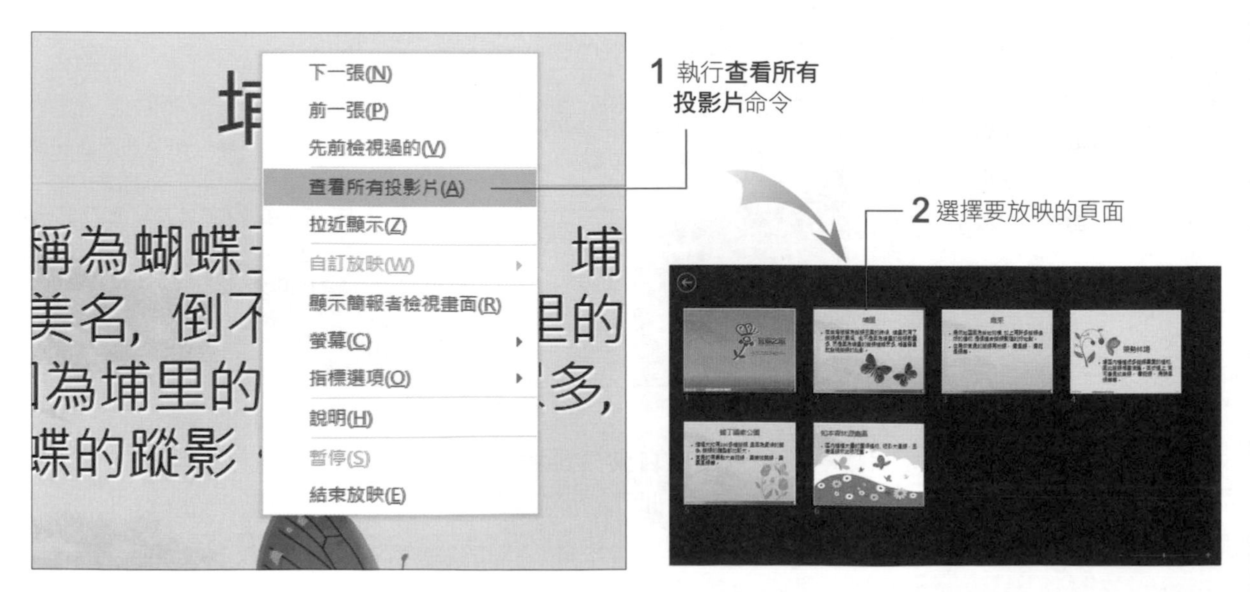

簡報時運用螢光筆加強重點

播放簡報時, 還可利用畫筆或螢光筆隨時在投影片上加註提示, 而 PowerPoint 準備的那支筆, 正是播放時常要用到的滑鼠。只要在放映時按下滑鼠右鈕執行『**指標選項**』命令, 即可從選單中選擇要使用雷射筆、畫筆或螢光筆。雷射筆的圓圈可發出紅光, 適合集中觀眾的焦點指向正確的方向, 而**畫筆**較細, 適合用來書寫文字或符號；**螢光筆**較粗, 適合用來標示文字重點。

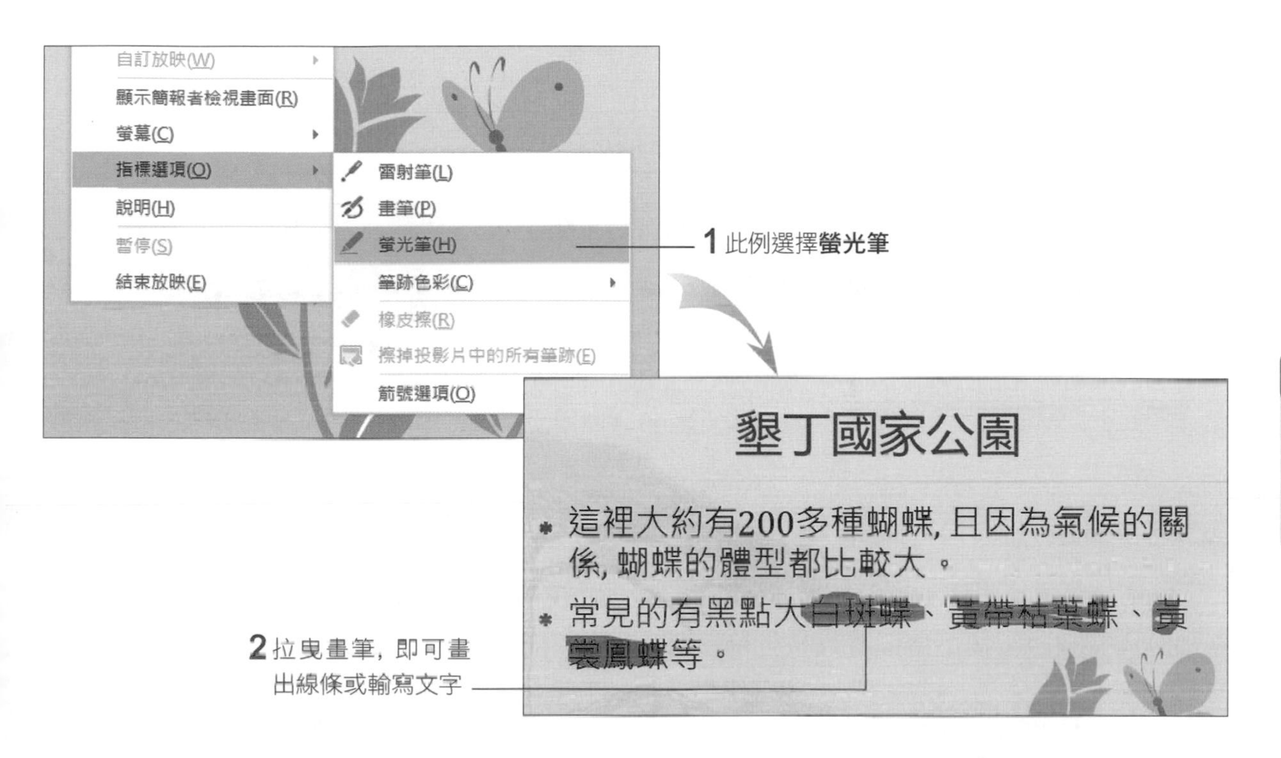

想要將**雷射筆**、**畫筆**或**螢光筆**回復成滑鼠指標時, 請在投影片上按右鈕執行同一個已選功能的項目, 即可回復。

TIP 若要更改畫筆顏色, 可在放映時按右鈕執行『**指標選項/筆跡色彩**』命令, 就可以從中改選其它的畫筆顏色了。

清除筆跡

如果簡報過程畫了太多線段, 加註過多文字, 反而會造成閱讀的困難, 想要清除投影片的筆跡, 請在投影片上按右鈕執行『**指標選項**』命令：

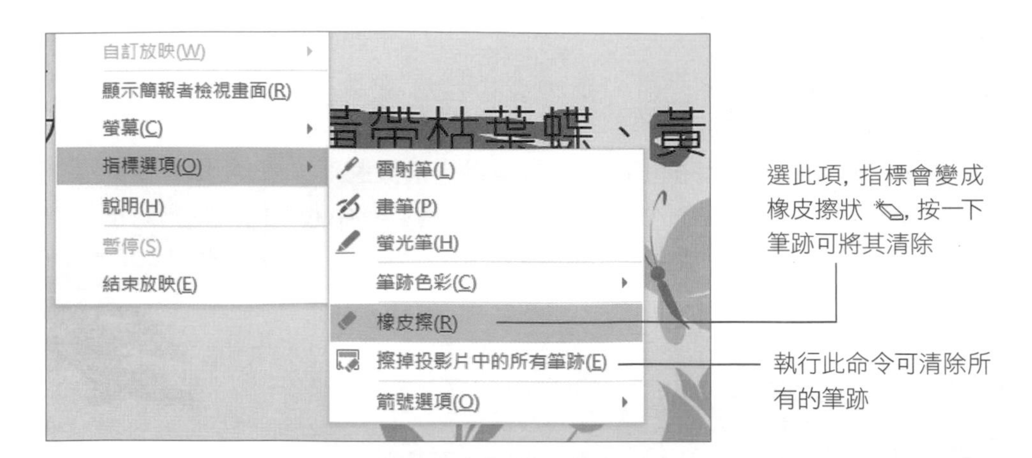

當結束播放時，若還有筆跡尚未清除，將會顯示如右的交談窗，詢問你是否要將筆跡儲存起來：

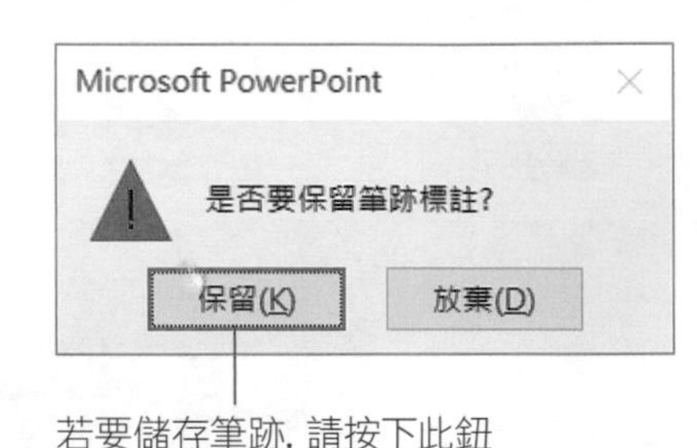

若要儲存筆跡，請按下此鈕

TIP 在播放簡報的過程中，按住 Ctrl 鍵，再按下滑鼠左鈕拉曳，滑鼠指標就會暫時切換成雷射筆。

使用「拉近顯示」集中焦點

使用**拉近顯示**功能來集中焦點播放簡報時，可以將簡報的特定部分放大，將焦點集中在這些部分。在放映時按下滑鼠右鈕執行**拉近顯示**命令，即可拉近需要放大的部分，以便作細節說明。

▲ 選擇投影片中需要拉近的範圍

知本森林遊樂區
區內種植大量的蜜源植物，
帶鳳蝶來此吸花蜜。

▲ 拉近的結果，按 Esc 鍵可回復

TIP 簡報放映時，指標移到左下角，會出現播放功能快顯按鈕，可讓簡報者快速切換。

6-4 簡報放映特效

為了讓簡報更吸引人, 你可以替投影片加上特殊的換頁效果；想要有更多的變化, 還可以為投影片的內容套用動畫效果, 設定後肯定能讓簡報有更精彩的演出。

投影片切換特效

首先我們來設定投影片的換頁效果及音效。請接續上例, 利用範例檔案 P06-01 來練習。按下功能區的**轉場**頁次, 如下操作將效果套用至投影片。

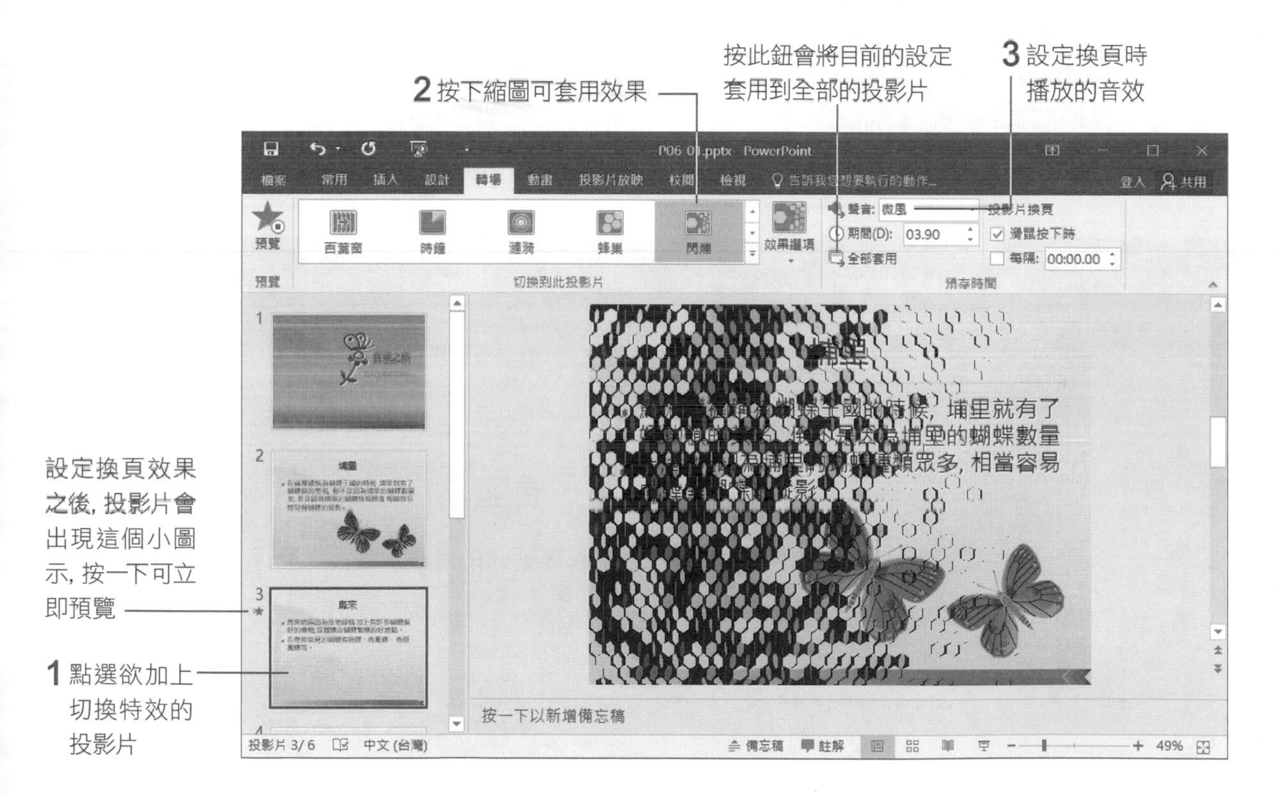

依照這個方法設定要播放特效的投影片, 就可以開始播放令人耳目一新的簡報了。

若想移除轉場動畫，請先選取要移除換頁效果的投影片，然後從**轉場**頁次的**切換到此投影片**區中選擇**無**縮圖，就會移除套用的換頁效果；而取消音效的設定，則是將**聲音**欄設定為 **[靜音]**。

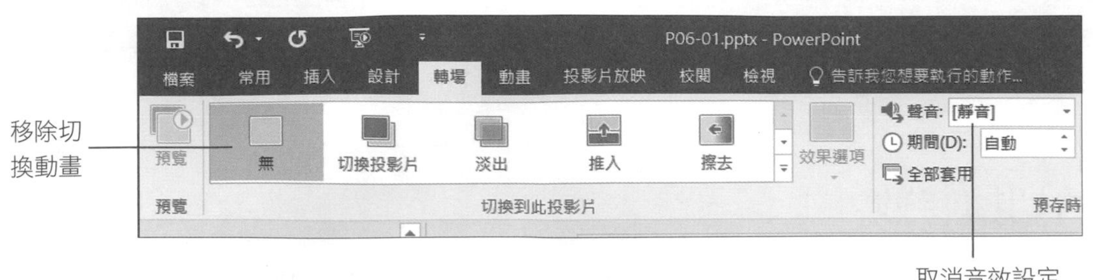

為圖片、文字設定動畫效果

投影片的文字、圖片等內容，也可以加上動畫效果，例如在說明條列項目時，讓文字一項項的出現；或是圖片能以旋轉的方式出現在投影片中等，都可以在**動畫**頁次中設定完成。請接續上例，並切換到第 2 張投影片，然後將功能區切換到**動畫**頁次：

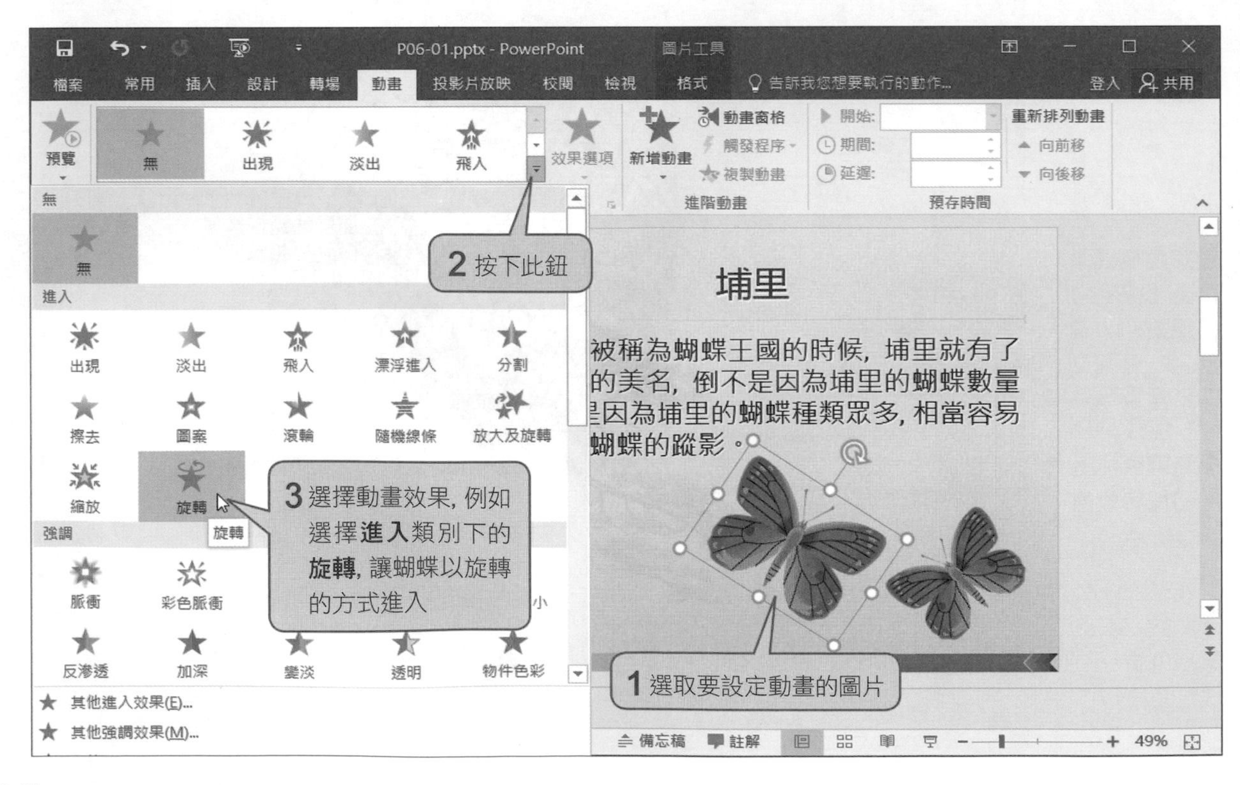

按下要套用的動畫縮圖, 會立即播放一次動畫, 讓您確定效果是否滿意。

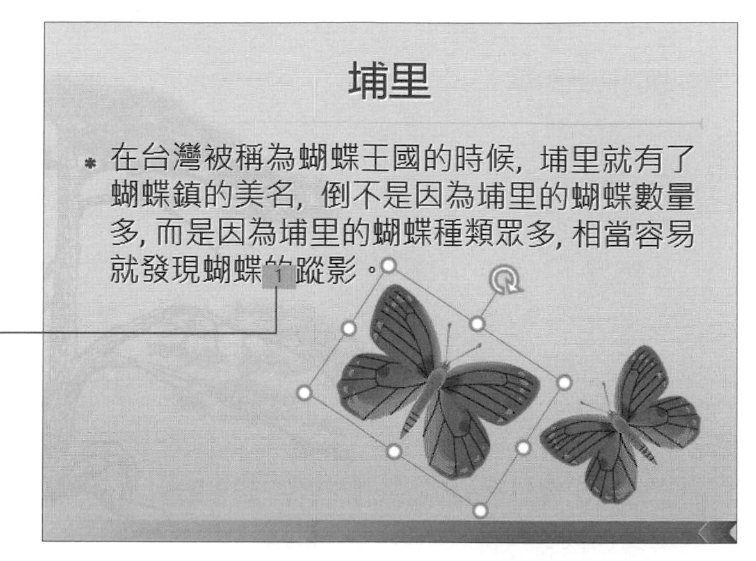
埔里
在台灣被稱為蝴蝶王國的時候, 埔里就有了蝴蝶鎮的美名, 倒不是因為埔里的蝴蝶數量多, 而是因為埔里的蝴蝶種類眾多, 相當容易就發現蝴蝶的蹤影。
1

套用動畫效果後, 圖片附近會出現數字, 表示播放的順序

若要移除動畫效果, 請選取要移除的內容, 再由**動畫**列示窗將效果設定為**無**。

複製投影片的動畫

當投影片上有數個物件要套用相同的動畫效果時, 你不用一個個選取、設定, 可善加利用**複製動畫**功能來快速設定完成。以上例來說, 我們已設定好左側蝴蝶的進入動畫, 右側蝴蝶也想套用相同的效果：

2 按下此鈕, 指標會呈 狀

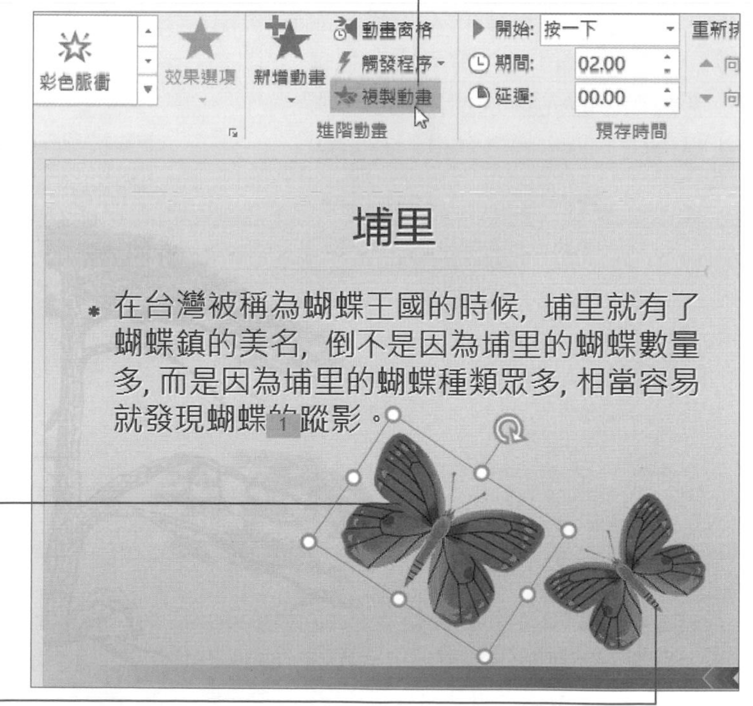
彩色脈衝
效果選項
新增動畫
動畫窗格
觸發程序
複製動畫
進階動畫
開始: 按一下
期間: 02.00
延遲: 00.00
預存時間
重新排
埔里
在台灣被稱為蝴蝶王國的時候, 埔里就有了蝴蝶鎮的美名, 倒不是因為埔里的蝴蝶數量多, 而是因為埔里的蝴蝶種類眾多, 相當容易就發現蝴蝶的蹤影。
1

1 選取已設定好動畫的物件

3 點選要套用的物件, 就設定好動畫了

設定好之後，我們會在投影片上看到動畫的播放順序：

由數字判斷動畫的順序

上述的練習只複製到另一個物件，如果還有 2、3 個物件都要套用相同的效果，請在步驟 2 時改成雙按**複製動畫**鈕，再一一點選要套用的物件，就能將動畫連續複製給多個物件了，結束複製請按下 Esc 鍵。

目前的蝴蝶動畫是按一下滑鼠左鈕（或 Enter 鍵）才會播放，所以切換到此張投影片後要按一下左鈕才會出現第 1 隻蝴蝶，要看到第 2 隻蝴蝶還要再按一下左鈕。但我們希望切換到這一張投影片時，能先後飛進這兩隻蝴蝶，因此要再如下設定觸發動畫的時間點：

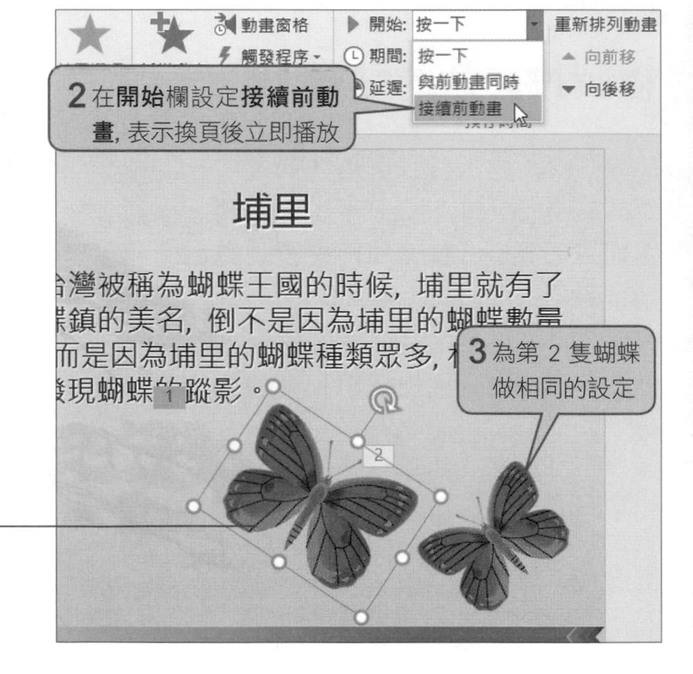

設定好之後，放映簡報時切換到此張投影片，就會自動接續播放 2 段蝴蝶動畫了。

此外，當你為文字位置區設定動畫後，文字將會一個段落一個段落的播放。不過，要提醒您！雖然簡報設定了切換及內容動畫會更加豐富，但過多的效果，可能會讓觀眾看的頭昏眼花，還是得適可而止才行。

6-5 將簡報轉存成影片格式

若簡報需要拿到展示會場上播放，我們可以將簡報轉存成影片格式，只要電腦已安裝可播放影片的軟體（例如 Media Player）就能播放簡報，而且每張投影片還能自動換頁，非常適合用來展示商品、播放相片。

請開啟範例檔案 P06-02，再切換到**檔案**頁次，在開啟的交談窗左側按下**匯出**項目，我們要將簡報 (*.pptx) 轉換成視訊檔案格式 (*.mp4)：

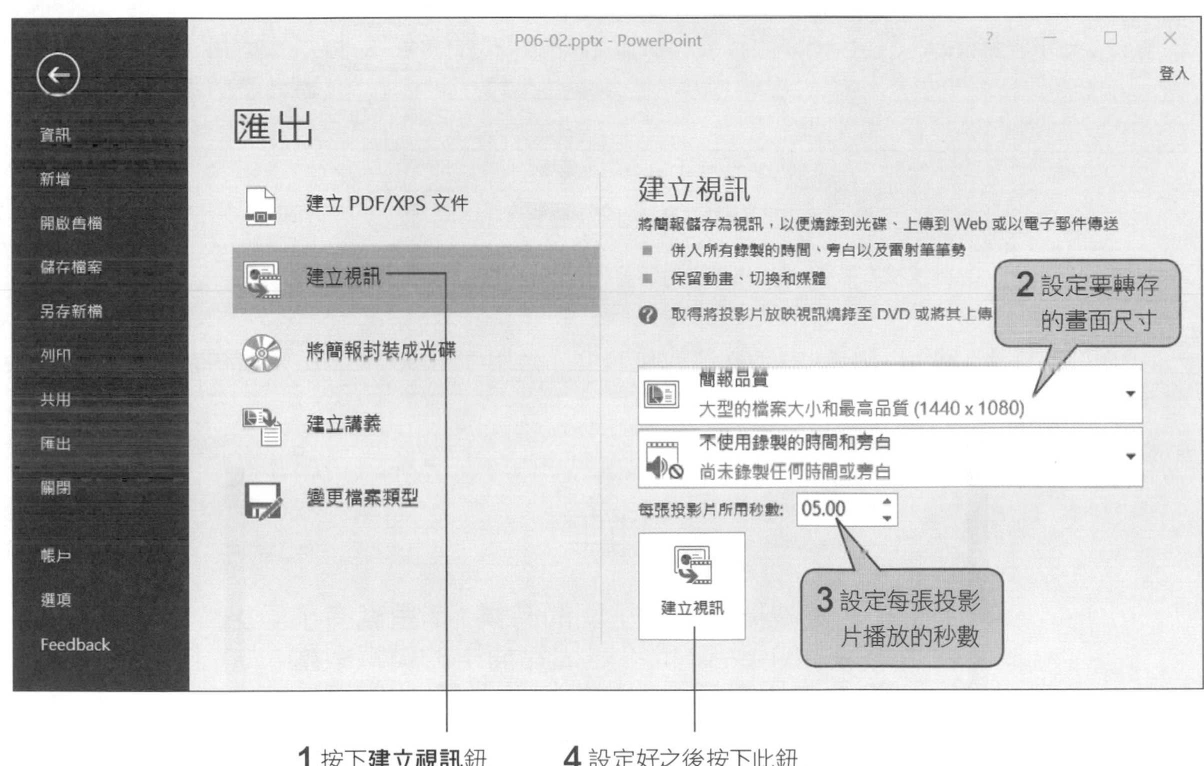

1 按下**建立視訊**鈕　　4 設定好之後按下此鈕

接著會請你設定視訊檔要儲存的位置及名稱，按下**儲存**鈕後就會開始進行轉換，由**狀態列**可看到目前的轉換進度：

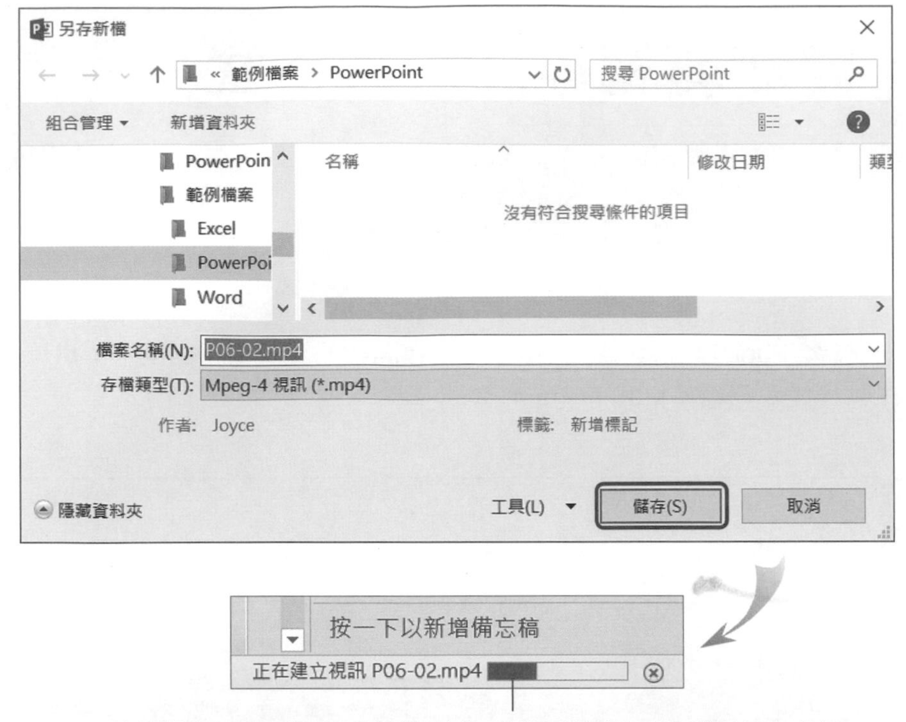

轉換檔案需要一點時間, 請耐心等待。簡報頁數愈多, 需要的時間會愈長

轉換好的檔案, 就可以用影片播放軟體放映了, 以下是用 Windows 10 內建的播放器來播放。

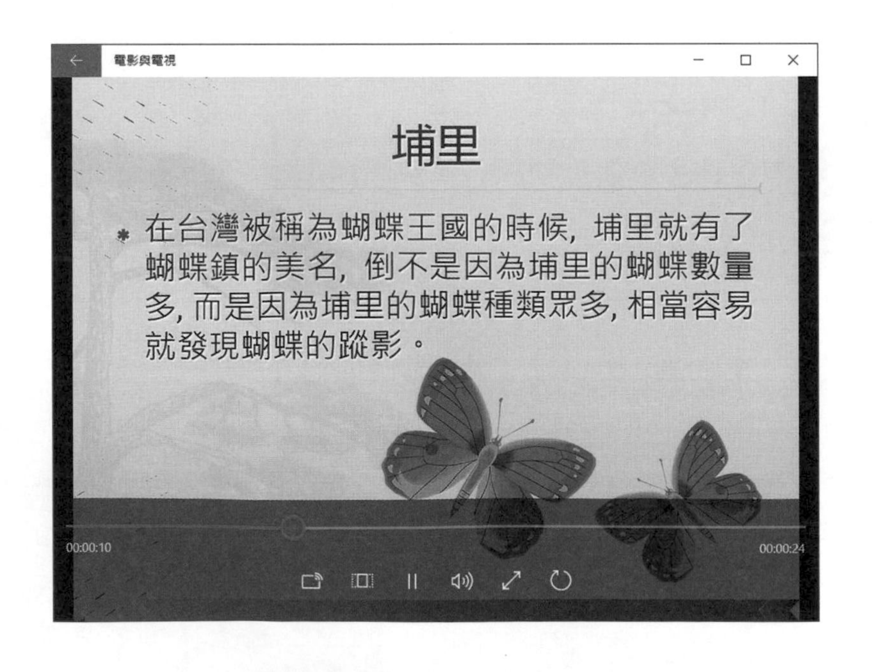

Part 4 雲端儲存與編輯

OneDrive 基礎操作

- 申請 OneDrive 帳號
- 在 OneDrive 中建立、刪除資料夾

1-1 申請 OneDrive 帳號

Office 自 2013 開始緊密地與雲端服務整合，只要電腦連上網路，就可以直接將 Word、Excel 及 PowerPoint 文件儲存到 **OneDrive** 網路硬碟中。不論你在哪裡，只要可連上網路，就能用電腦、筆電、甚至是智慧型手機等裝置，存取 **OneDrive** 上的 Office 文件。而且就算電腦中沒有安裝 Office 軟體，也能直接在 **OneDrive** 中開啟檔案，並進行編輯。

註冊 OneDrive 帳號

OneDrive 是**微軟**公司提供的免費網路硬碟服務，在使用此服務存放你的檔案前，請先開啟瀏覽器連上「http://onedrive.live.com」網站，註冊 **OneDrive** 帳號。註冊後，即可擁有 15 GB 的免費硬碟空間。取得 **OneDrive** 帳號後，你可以用這組帳戶登入**微軟**公司提供的所有服務，例如 Skype、Outlook、Windows 市集、Xbox Live、…等。

若你曾經註冊過 Hotmail、Outlook.com 帳號，可按下**登入**鈕，用之前註冊的帳號來登入

1 按下**註冊**鈕建立新帳號

2 按下**建立 Microsoft 帳戶**鈕

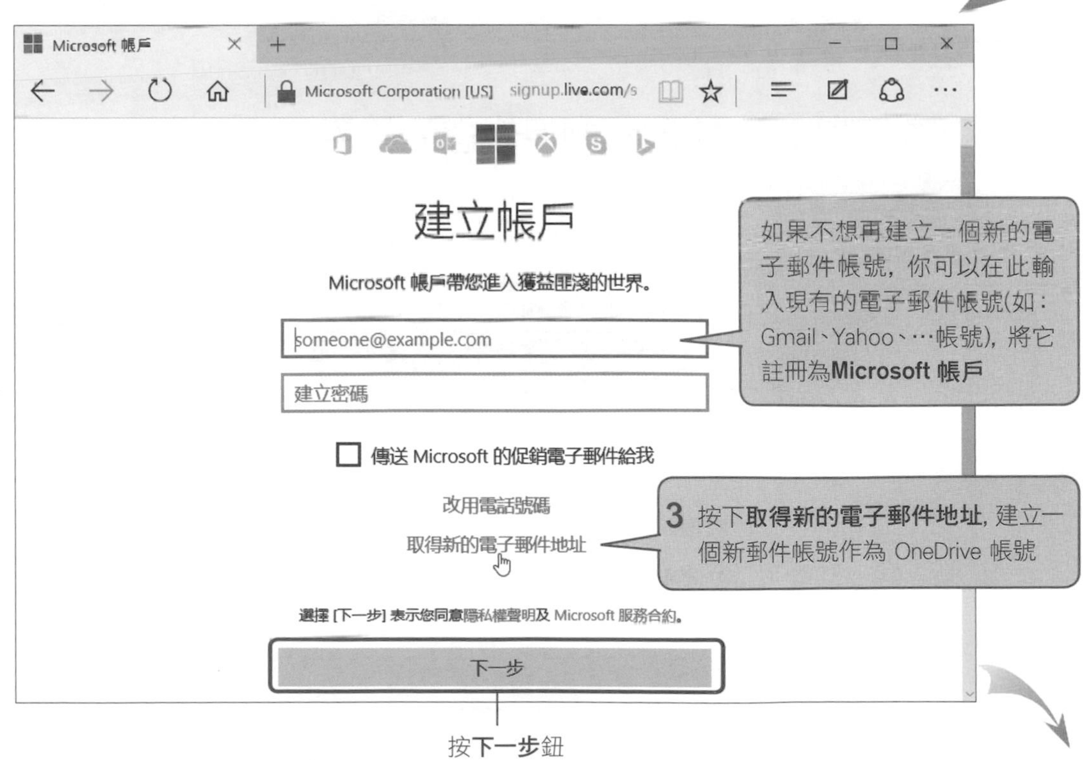

如果不想再建立一個新的電子郵件帳號，你可以在此輸入現有的電子郵件帳號(如：Gmail、Yahoo、…帳號)，將它註冊為**Microsoft 帳戶**

3 按下**取得新的電子郵件地址**，建立一個新郵件帳號作為 OneDrive 帳號

按**下一步**鈕

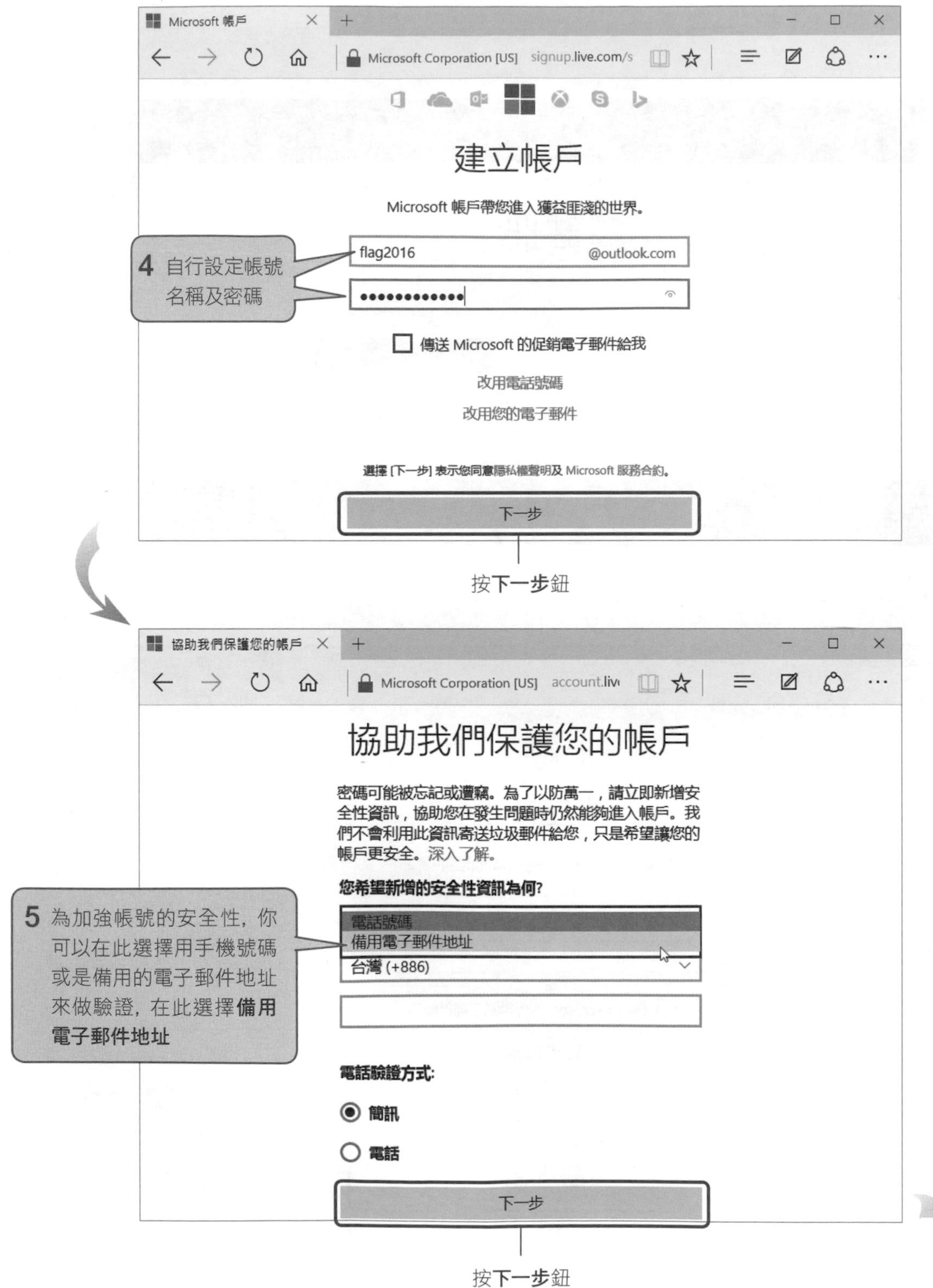
Microsoft 帳戶
Microsoft Corporation [US]
signup.live.com/s
建立帳戶
Microsoft 帳戶帶您進入獲益匪淺的世界。
flag2016
@outlook.com
4 自行設定帳號名稱及密碼
傳送 Microsoft 的促銷電子郵件給我
改用電話號碼
改用您的電子郵件
選擇 [下一步] 表示您同意隱私權聲明及 Microsoft 服務合約。
下一步
按下一步鈕
協助我們保護您的帳戶
Microsoft Corporation [US]
協助我們保護您的帳戶
密碼可能被忘記或遭竊。為了以防萬一，請立即新增安全性資訊，協助您在發生問題時仍然能夠進入帳戶。我們不會利用此資訊寄送垃圾郵件給您，只是希望讓您的帳戶更安全。深入了解。
您希望新增的安全性資訊為何?
電話號碼
備用電子郵件地址
台灣 (+886)
5 為加強帳號的安全性，你可以在此選擇用手機號碼或是備用的電子郵件地址來做驗證，在此選擇備用電子郵件地址
電話驗證方式:
簡訊
電話
下一步
按下一步鈕

協助我們保護您的帳戶
Microsoft Corporation [US] account.live
協助我們保護您的帳戶
密碼可能被忘記或遭竊。為了以防萬一，請立即新增安全性資訊，協助您在發生問題時仍然能夠進入帳戶。我們不會利用此資訊寄送垃圾郵件給您，只是希望讓您的帳戶更安全。深入了解。
您希望新增的安全性資訊為何?
備用電子郵件地址
@flag.com.tw
下一步，我們會傳送安全性驗證碼到您的備用電子郵件地址。
下一步
現在略過 (7 天之後必須輸入)
使用規定
隱私權與 Cookie
登出
© 2015 Microsoft
6 輸入備用的電子郵件帳號
按下一步鈕

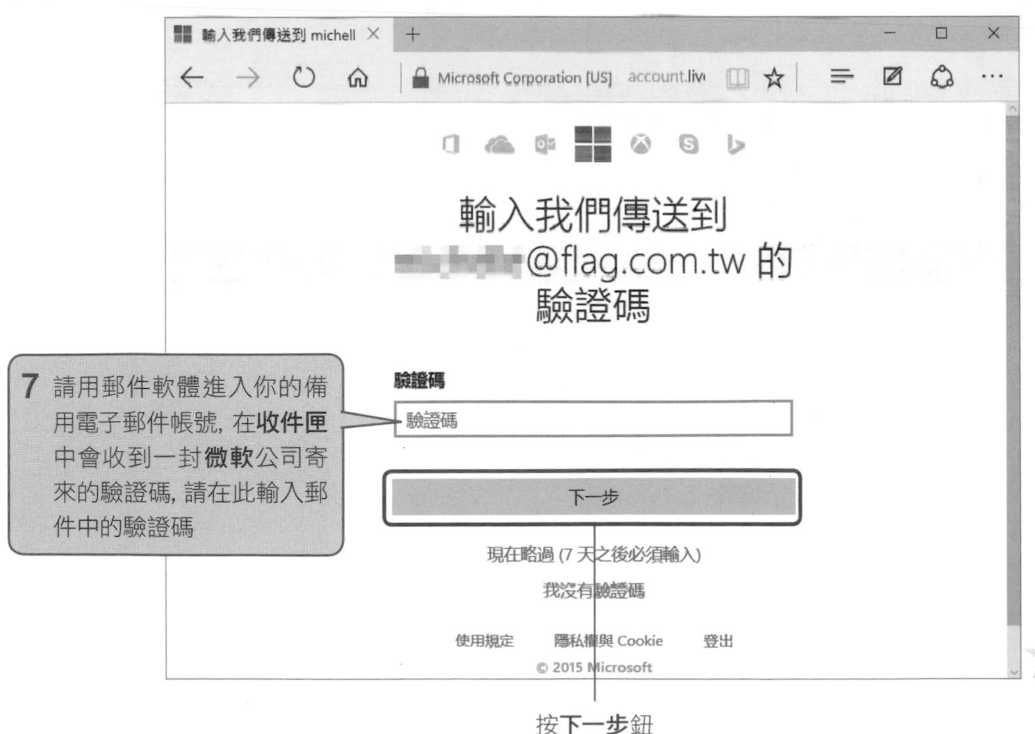
輸入我們傳送到 michell
Microsoft Corporation [US] account.live
輸入我們傳送到
@flag.com.tw 的
驗證碼
驗證碼
驗證碼
下一步
現在略過 (7 天之後必須輸入)
我沒有驗證碼
使用規定
隱私權與 Cookie
登出
© 2015 Microsoft
7 請用郵件軟體進入你的備用電子郵件帳號, 在收件匣中會收到一封微軟公司寄來的驗證碼, 請在此輸入郵件中的驗證碼
按下一步鈕

PART 04
雲端儲存與編輯

▲ OneDrive 帳號申請成功, 進入主畫面

認識 OneDrive 介面

進入個人的 **OneDrive** 主畫面後, 我們來認識一下基本的操作環境：

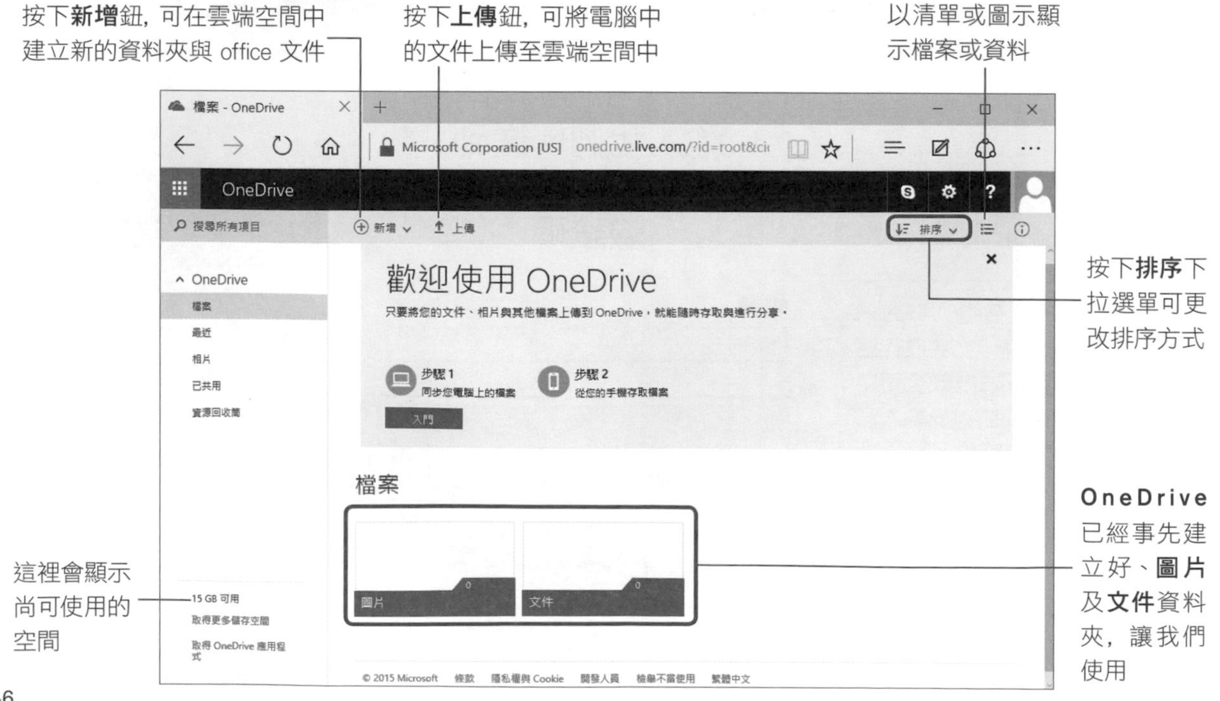

1-2 在 OneDrive 中建立、刪除資料夾

對 **OneDrive** 的主畫面有初步的了解後, 現在我們將帶你學習建立與刪除資料夾, 以便日後存放與管理檔案。

建立資料夾

首先教大家如何建立資料夾, 請開啟瀏覽器進入「http://onedrive.live.com」網頁, 登入帳號密碼後, 按下**新增**鈕, 選取**資料夾**項目, 即可新建一個資料夾。

1 按下**新增**鈕

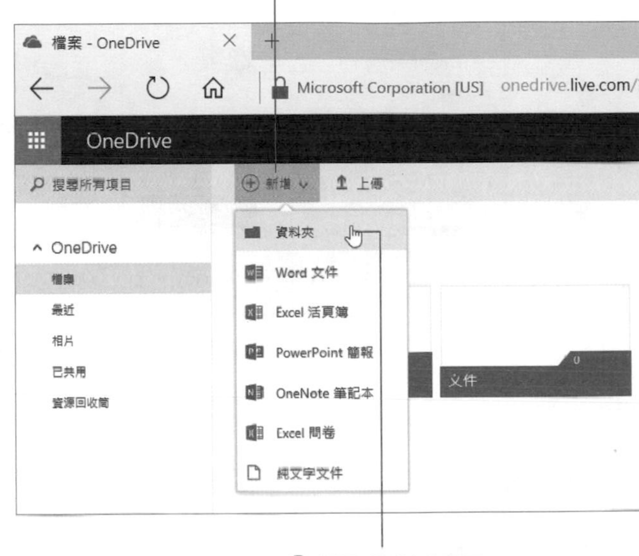

2 選取**資料夾**項目

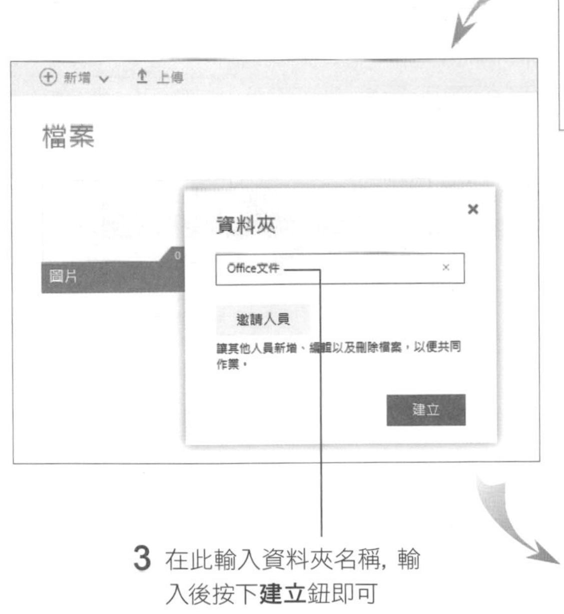

3 在此輸入資料夾名稱, 輸入後按下**建立**鈕即可

新建的資料夾

刪除資料夾

剛才我們學會建立一個新的資料夾，如果暫時用不到想將其刪除，請如下操作：

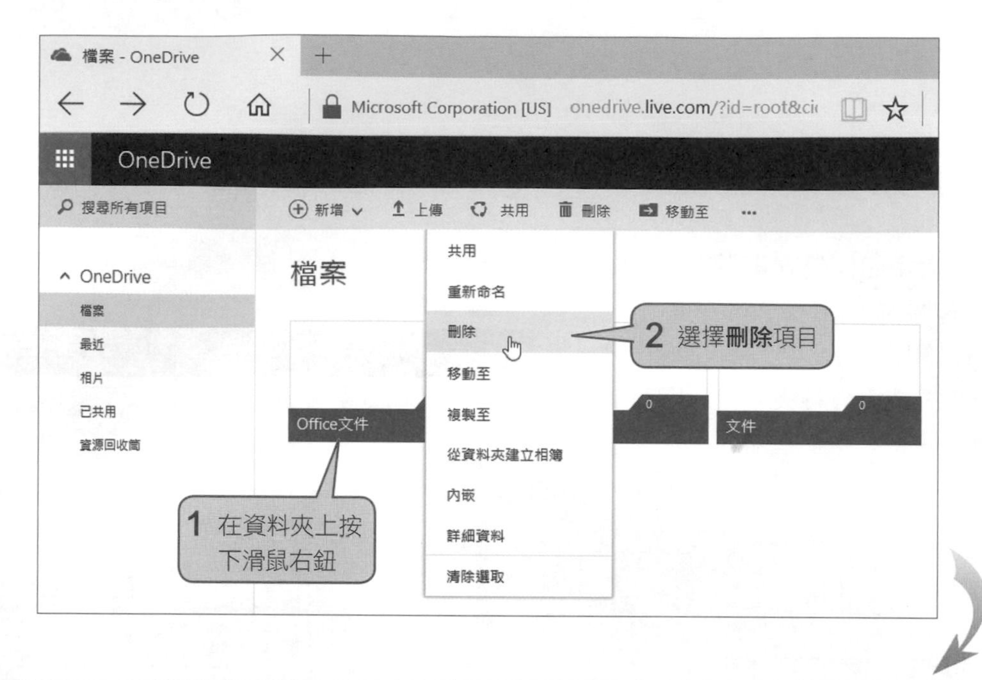

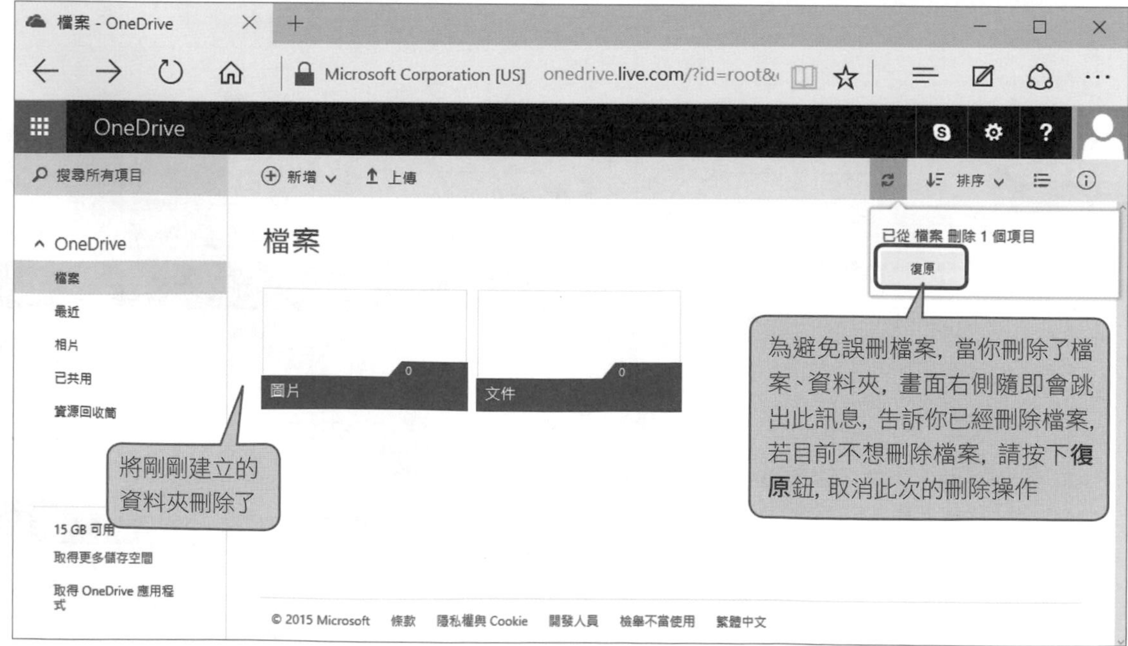

儲存、編輯與共用 OneDrive上的 Office 文件

- 將文件儲存到 OneDrive 網路空間
- 從 OneDrive 修改文件內容
- 與他人共用 OneDrive 的文件

2-1 將文件儲存到 OneDrive 網路空間

上一章我們已經教你註冊好 OneDrive 帳號，現在我們就可以將檔案儲存到 OneDrive 網路空間裡，這樣一來不論你在哪裡，只要電腦能連上網路，就可以隨時開啟或編輯 OneDrive 中的文件，不需再用隨身碟來儲存。

直接從「另存新檔」交談窗中儲存到 OneDrive

底下我們就以一份 Word 文件做示範 (你可以開啟範例檔案 **Word** 資料夾下的文件來練習)，說明如何在**另存新檔**交談窗中將文件儲存到 OneDrive。

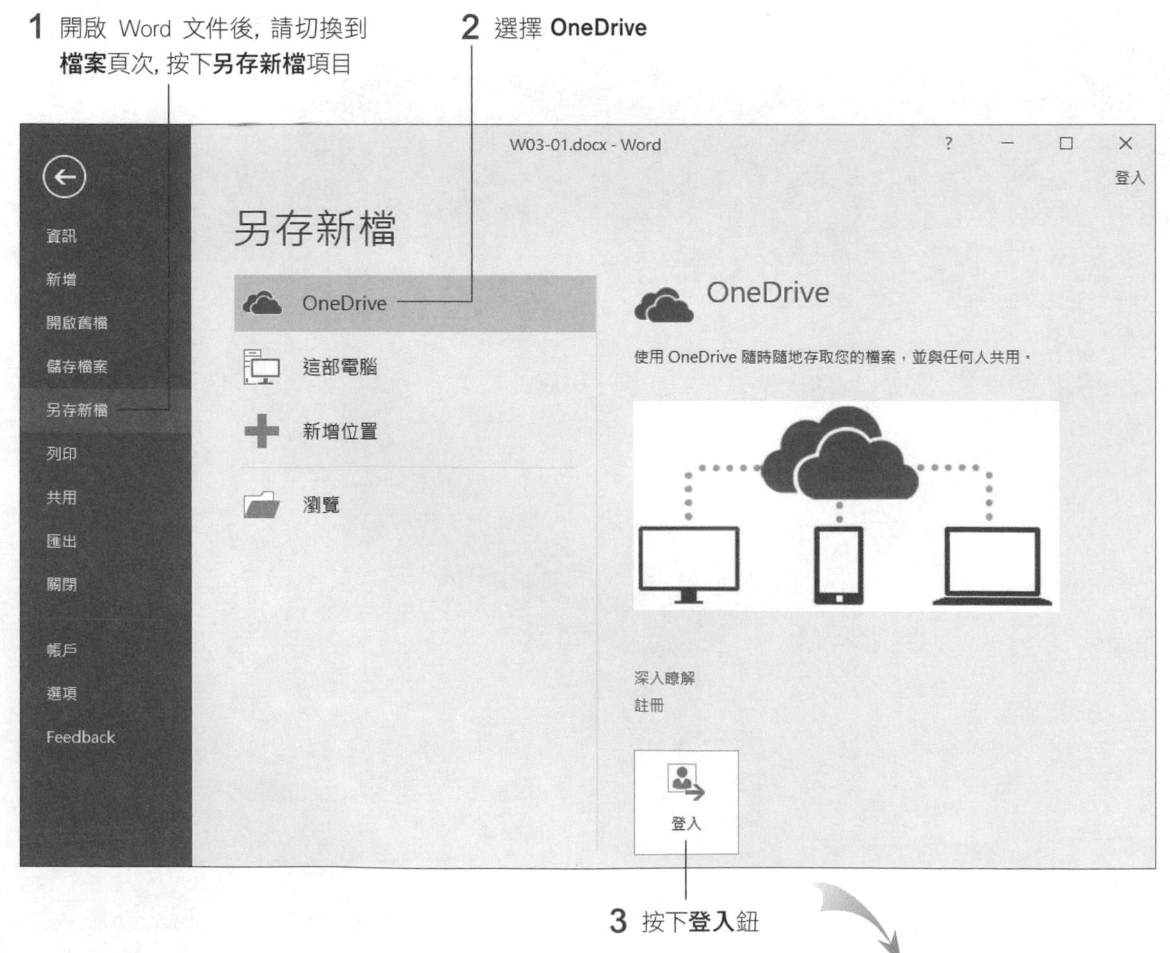

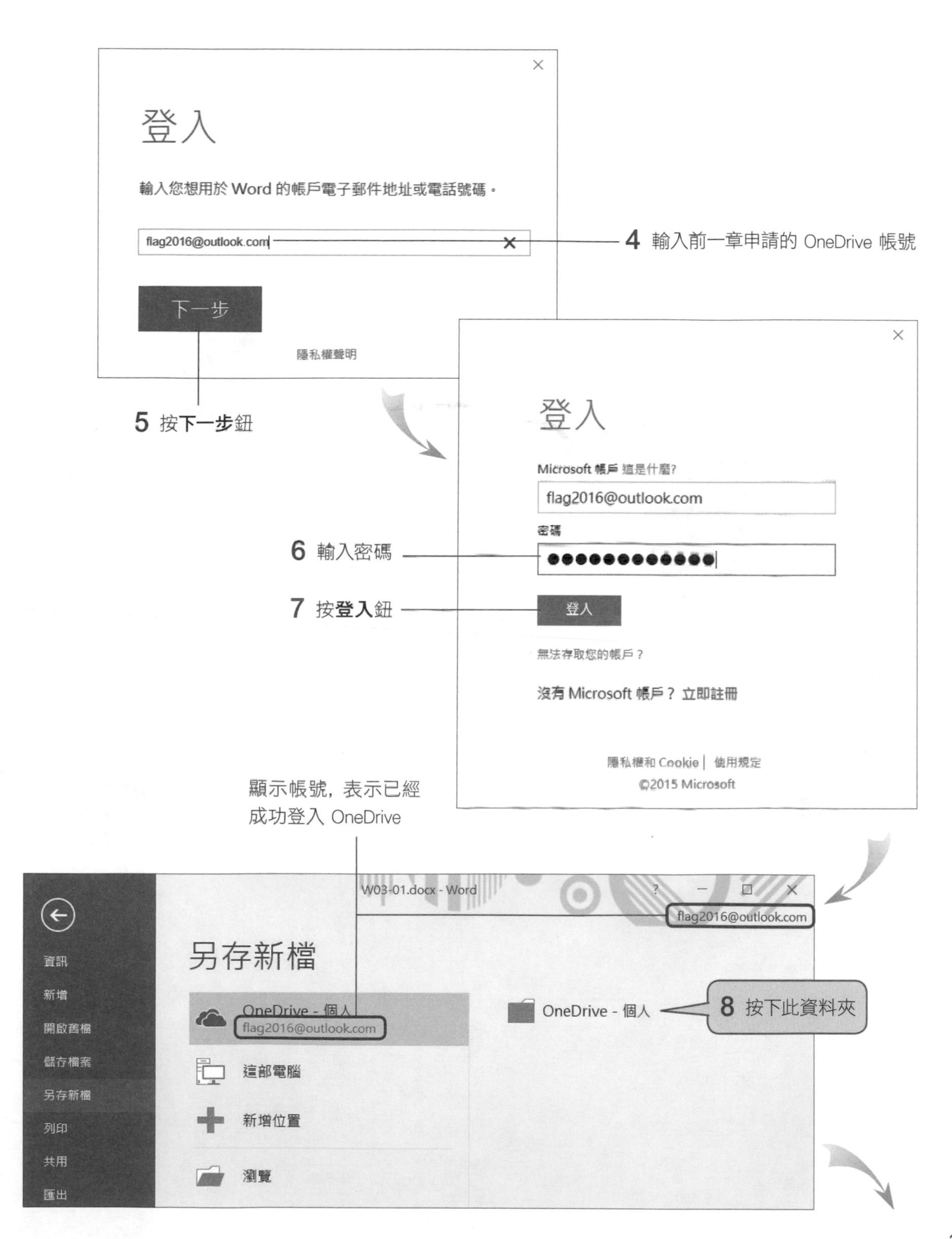
登入
輸入您想用於 Word 的帳戶電子郵件地址或電話號碼。
flag2016@outlook.com
下一步
隱私權聲明
4 輸入前一章申請的 OneDrive 帳號
5 按下一步鈕
登入
Microsoft 帳戶 這是什麼?
flag2016@outlook.com
密碼
6 輸入密碼
7 按登入鈕
登入
無法存取您的帳戶？
沒有 Microsoft 帳戶？ 立即註冊
隱私權和 Cookie | 使用規定
©2015 Microsoft
顯示帳號，表示已經
成功登入 OneDrive
W03-01.docx - Word
flag2016@outlook.com
資訊
新增
開啟舊檔
儲存檔案
另存新檔
列印
共用
匯出
另存新檔
OneDrive - 個人
flag2016@outlook.com
這部電腦
新增位置
瀏覽
OneDrive - 個人
8 按下此資料夾

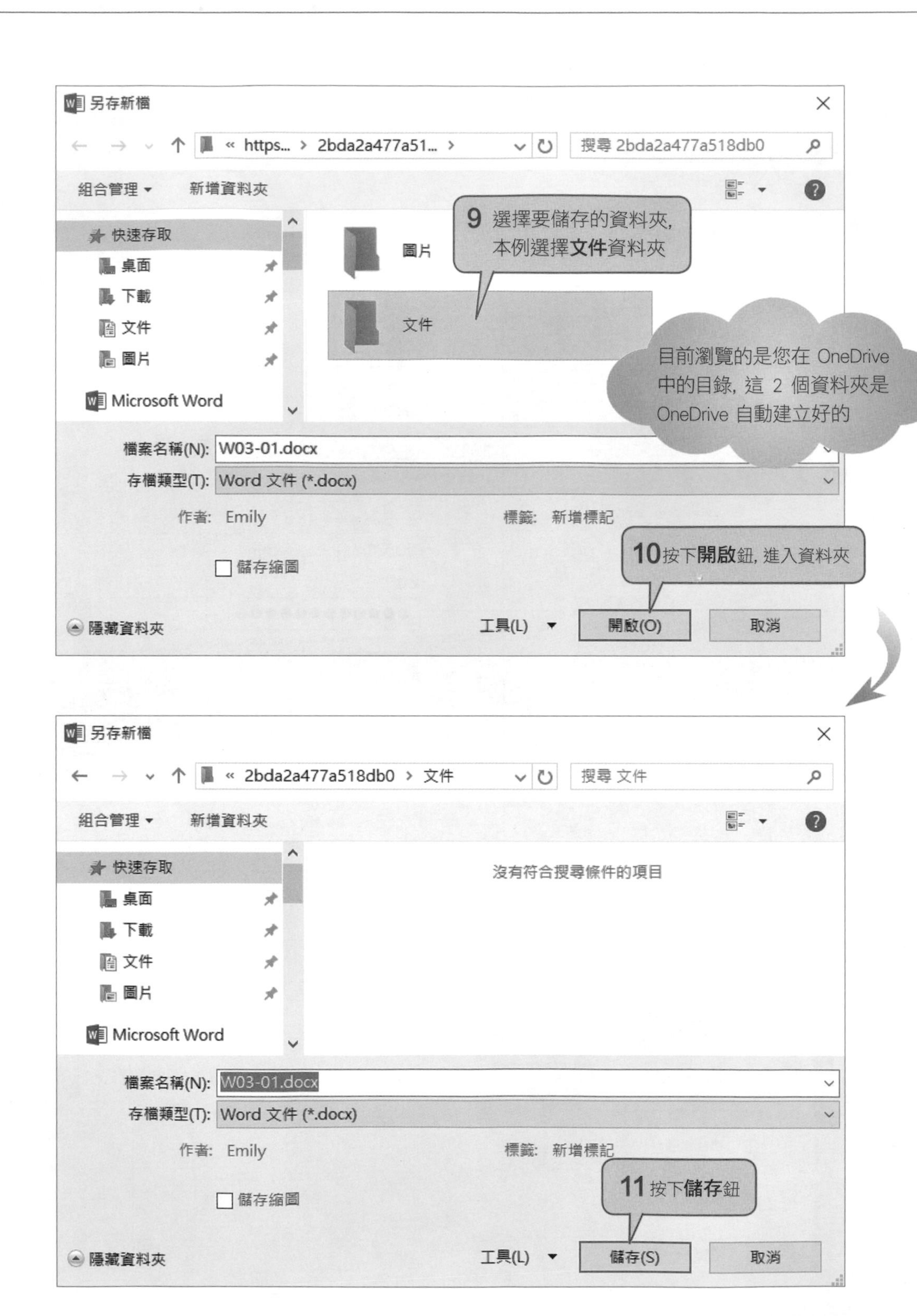
另存新檔
https... › 2bda2a477a51... ›
搜尋 2bda2a477a518db0
組合管理
新增資料夾
快速存取
桌面
下載
文件
圖片
Microsoft Word
圖片
文件
9 選擇要儲存的資料夾，本例選擇**文件**資料夾
目前瀏覽的是您在 OneDrive 中的目錄，這 2 個資料夾是 OneDrive 自動建立好的
檔案名稱(N): W03-01.docx
存檔類型(T): Word 文件 (*.docx)
作者: Emily
標籤: 新增標記
儲存縮圖
10 按下**開啟**鈕，進入資料夾
隱藏資料夾
工具(L)
開啟(O)
取消
另存新檔
2bda2a477a518db0 › 文件
搜尋 文件
組合管理
新增資料夾
快速存取
桌面
下載
文件
圖片
Microsoft Word
沒有符合搜尋條件的項目
檔案名稱(N): W03-01.docx
存檔類型(T): Word 文件 (*.docx)
作者: Emily
標籤: 新增標記
儲存縮圖
11 按下**儲存**鈕
隱藏資料夾
工具(L)
儲存(S)
取消

將檔案儲存到 OneDrive 後，請開啟電腦中的瀏覽器，連到 OneDrive 網站，登入你的帳號、密碼後，就可以看到剛才上傳的文件。

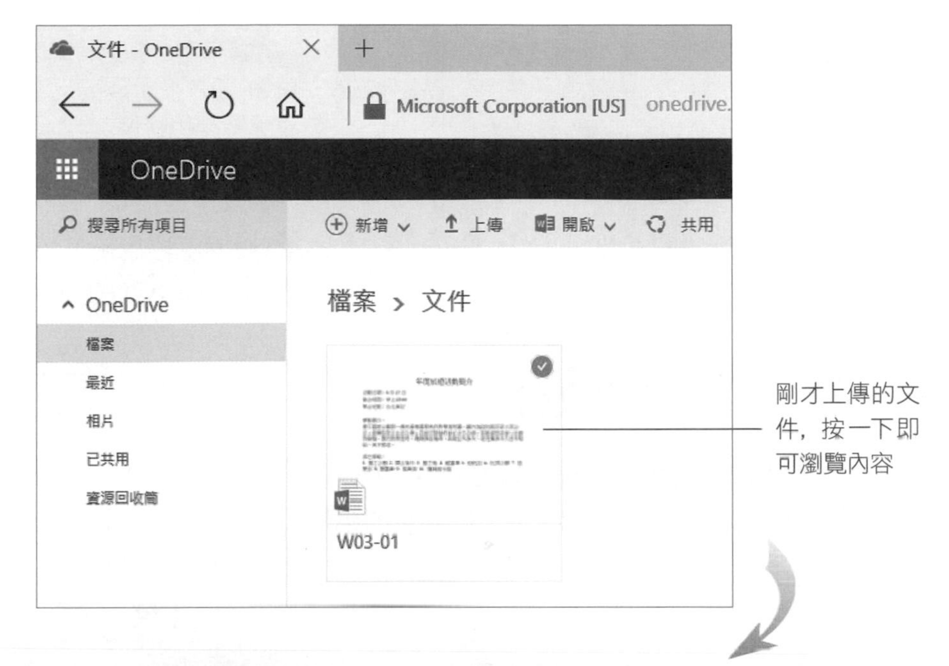

剛才上傳的文件，按一下即可瀏覽內容

2-2 從 OneDrive 修改文件內容

剛才學會了將 office 文件上傳到 OneDrive。這節來學習如何開啟與修改 OneDrive 上的文件。

要修改已上傳至 OneDrive 的文件有 2 種方法, 第 1 個方法可以直接在 OneDrive 中編輯文件。第 2 個方法是在電腦上的 Word 直接開啟 OneDrive 上的文件來編輯。

在 OneDrive 上修改文件內容

若你的電腦中沒有安裝 Office 軟體, 可以在 OneDrive 中直接修改文件內容。雖然功能沒有像電腦中的 Office 軟體這麼完整, 但簡單的編輯是可以做得到的。

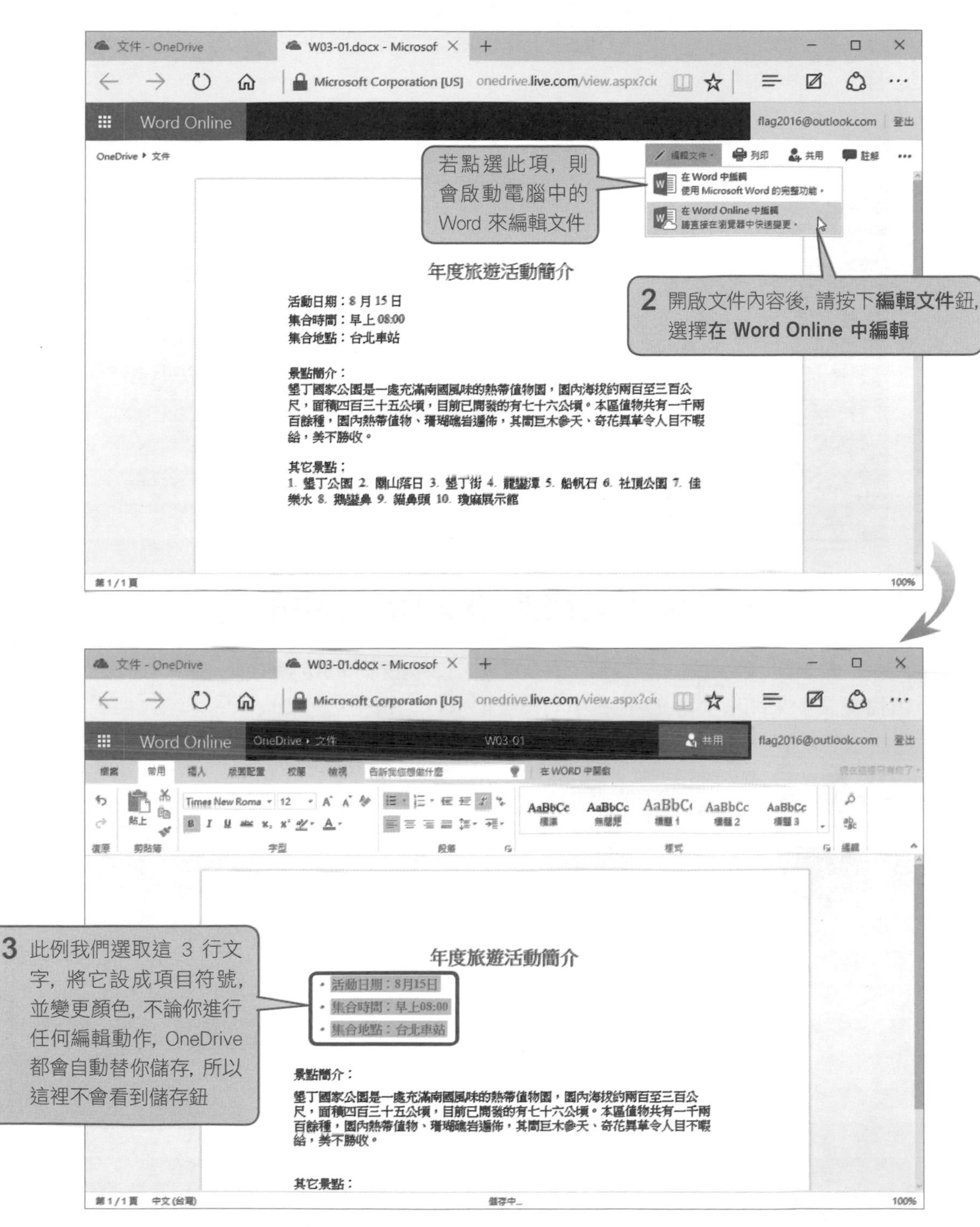
若點選此項，則會啟動電腦中的 Word 來編輯文件
2 開啟文件內容後，請按下編輯文件鈕，選擇在 Word Online 中編輯
3 此例我們選取這 3 行文字，將它設成項目符號，並變更顏色，不論你進行任何編輯動作，OneDrive 都會自動替你儲存，所以這裡不會看到儲存鈕
Word Online
年度旅遊活動簡介
活動日期：8月15日
集合時間：早上08:00
集合地點：台北車站
景點簡介：
其它景點：

▲ 進入編輯畫面後，就可以跟平常使用 Word 一樣編輯文件了

若要將文件另存一份，可按下畫面左上角的**檔案**頁次，再按下**另存新檔**鈕，這裡的操作和 Word 一樣。

用電腦中的 Word 開啟與修改 OneDrive 中的檔案

除了剛才介紹從 OneDrive 編輯文件的方法外，如果你的電腦中有安裝 Word，也可以透過**開啟舊檔**交談窗來開啟 OneDrive 中的檔案並進行編輯。

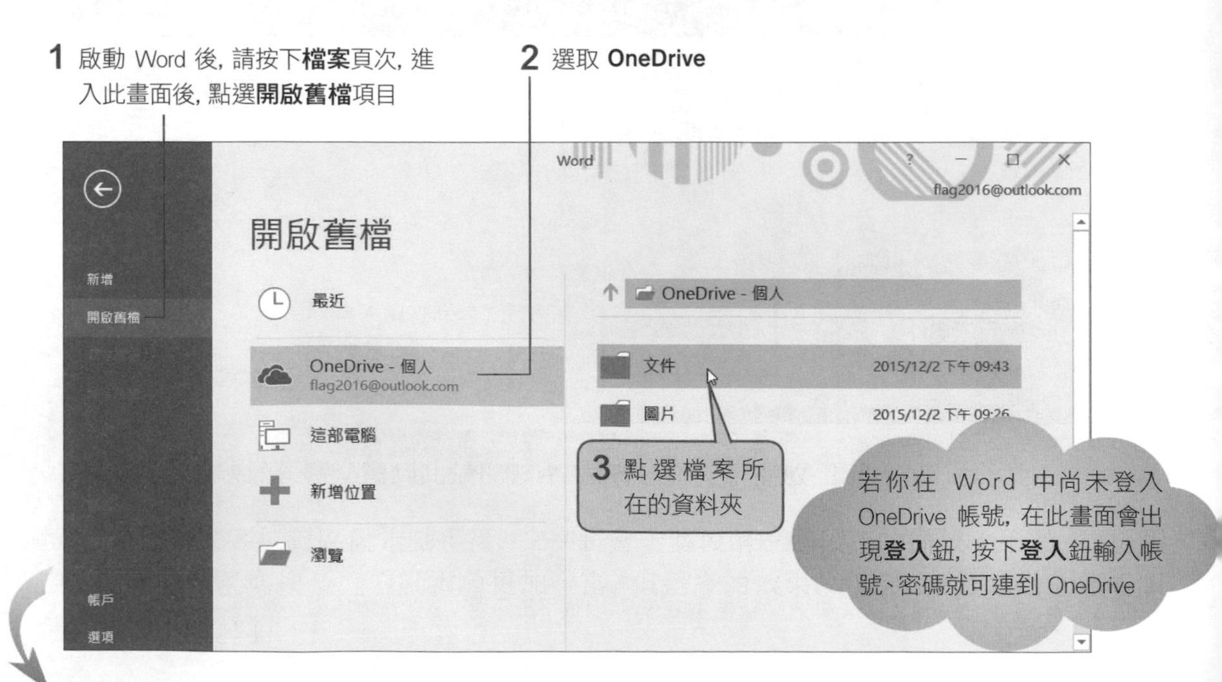

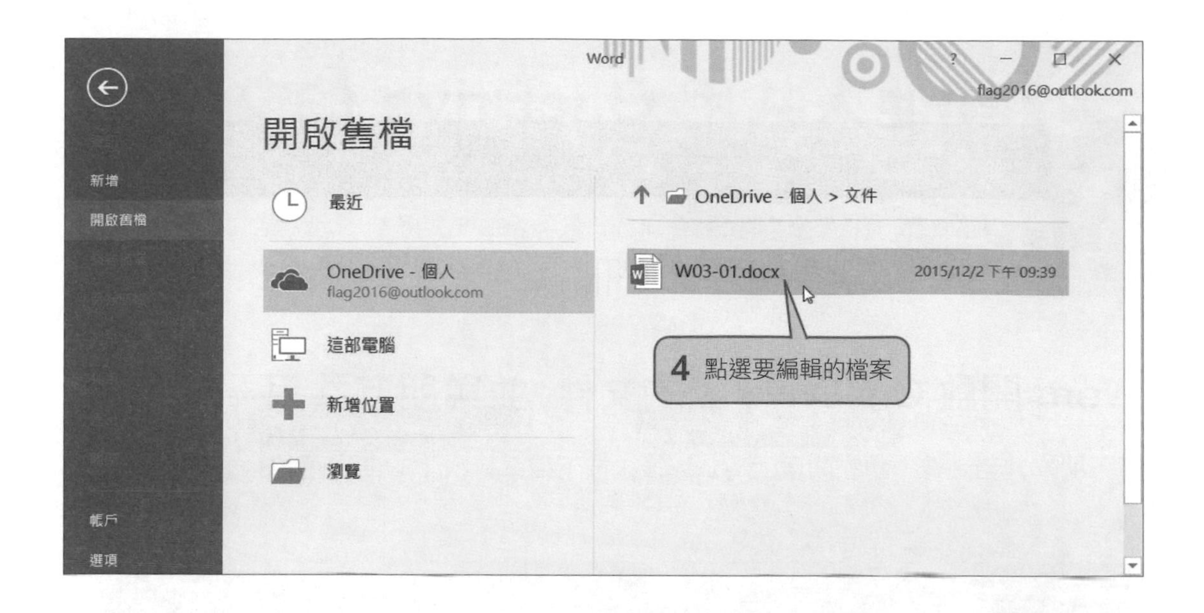

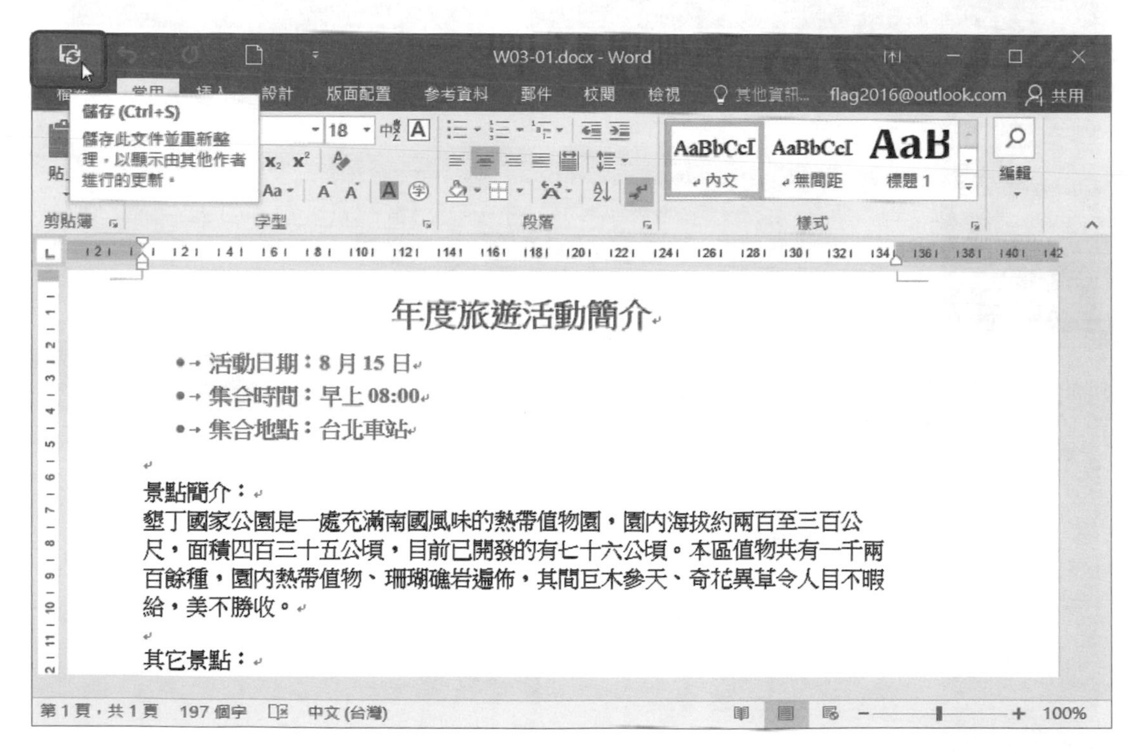

▲ 成功開啟儲存於 OneDrive 硬碟中的檔案了，編修後，記得按下左上角的**儲存**鈕，就會自動更新 OneDrive 中的文件了

2-3 與他人共用 OneDrive 的文件

OneDrive 除了方便自己隨時連上網路來編輯文件外, 更方便的是可以跟同事、朋友共同瀏覽、編輯文件的內容, 本節將教你與朋友共用 OneDrive 的文件。在此以共用 Word 文件做示範, Excel、PowerPoint 的文件其操作方法相同。

用 Word 開啟 OneDrive 上的文件, 並與朋友共用

要與朋友共用文件, 請在開啟 Word 後, 按下**檔案**頁次下的**開啟舊檔**, 並登入 OneDrive 帳號。

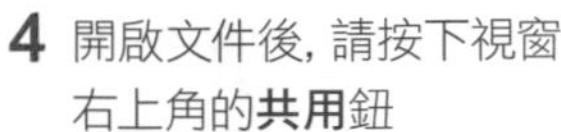
4 開啟文件後, 請按下視窗
右上角的**共用**鈕

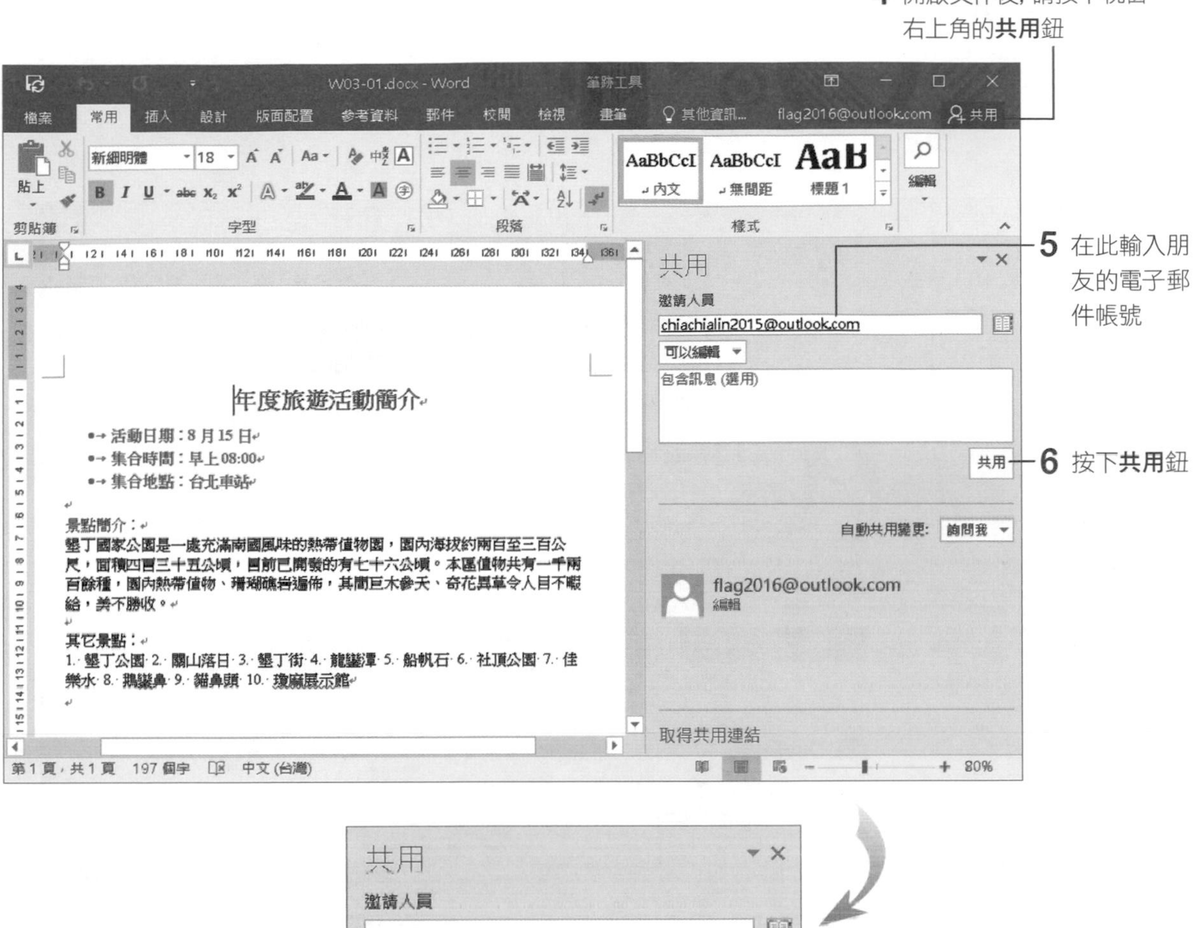
5 在此輸入朋
友的電子郵
件帳號
6 按下**共用**鈕

接著會出現「正在傳
送電子郵件並與您
邀請的人共用」訊息
出現人員名稱表
示此人也可編輯
這份共用的文件

檢視與編輯共用的文件

邀請朋友共用文件後，朋友會收到一封共用的電子郵件通知，當朋友開啟這封郵件後，按下**在 OneDrive 中檢視**鈕，即可開啟與編輯共用的文件：

3 朋友正在編輯文件
Outlook.com - chiachialin2…
W03-01.docx - Microsoft …
Microsoft Corporation (US) https://onedrive.live.com/view.asp
搜尋
Word Online
OneDrive ▸ 文件
W03-01
共用
LinChiaChia
登出
檔案
常用
插入
版面配置
校閱
檢視
告訴我您想做什麼
flag2016@outlook.com 也在編輯
若有人同時編輯這份文件，這裡會顯示正在編輯的帳號
Times New Roman
12
貼上
AaBbCc 標準
AaBbCc 無間距
AaBbC 標題 1
復原
剪貼簿
字型
段落
樣式
景點簡介：
墾丁國家公園是一處充滿南國風味的熱帶植物園，園內海拔約兩百至三百公尺，面積四百三十五公頃，目前已開發的有七十六公頃。本區植物共有一千兩百餘種，園內熱帶植物、珊瑚礁岩遍佈，其間巨木參天、奇花異草令人目不暇給，美不勝收。
其它景點：
1. 墾丁公園
2. 關山落日
3. 墾丁街
OneDrive 會隨時進行文件的儲存，因此在此畫面中不會看到儲存檔案的相關按鈕
第 1 / 1 頁
字數統計: 關閉
中文 (台灣)
已儲存至 ONE
100%

Memo

簡報佈景主題綜覽

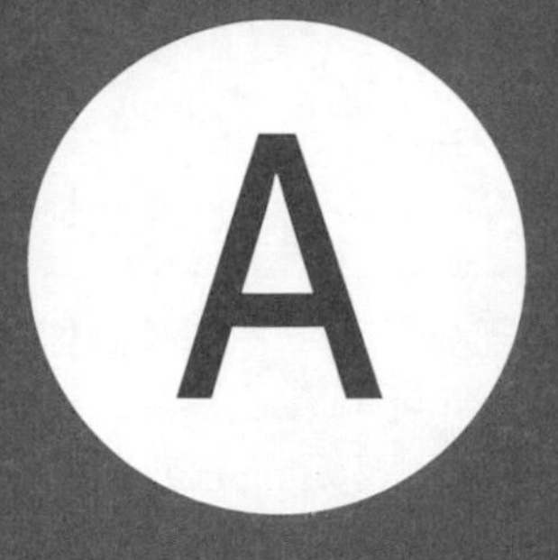

本書光碟特別準備了 60 組精美的簡報佈景主題, 提供您在練習或製作簡報時套用至投影片, 關於使用說明可參考 PowerPoint 篇 2-5 節, 所有的佈景主題則列於此附錄, 方便您瀏覽、查閱。

佈景主題 01　佈景主題 02　佈景主題 03　佈景主題 04

佈景主題 05　佈景主題 06　佈景主題 07　佈景主題 08

佈景主題 09　佈景主題 10　佈景主題 11　佈景主題 12

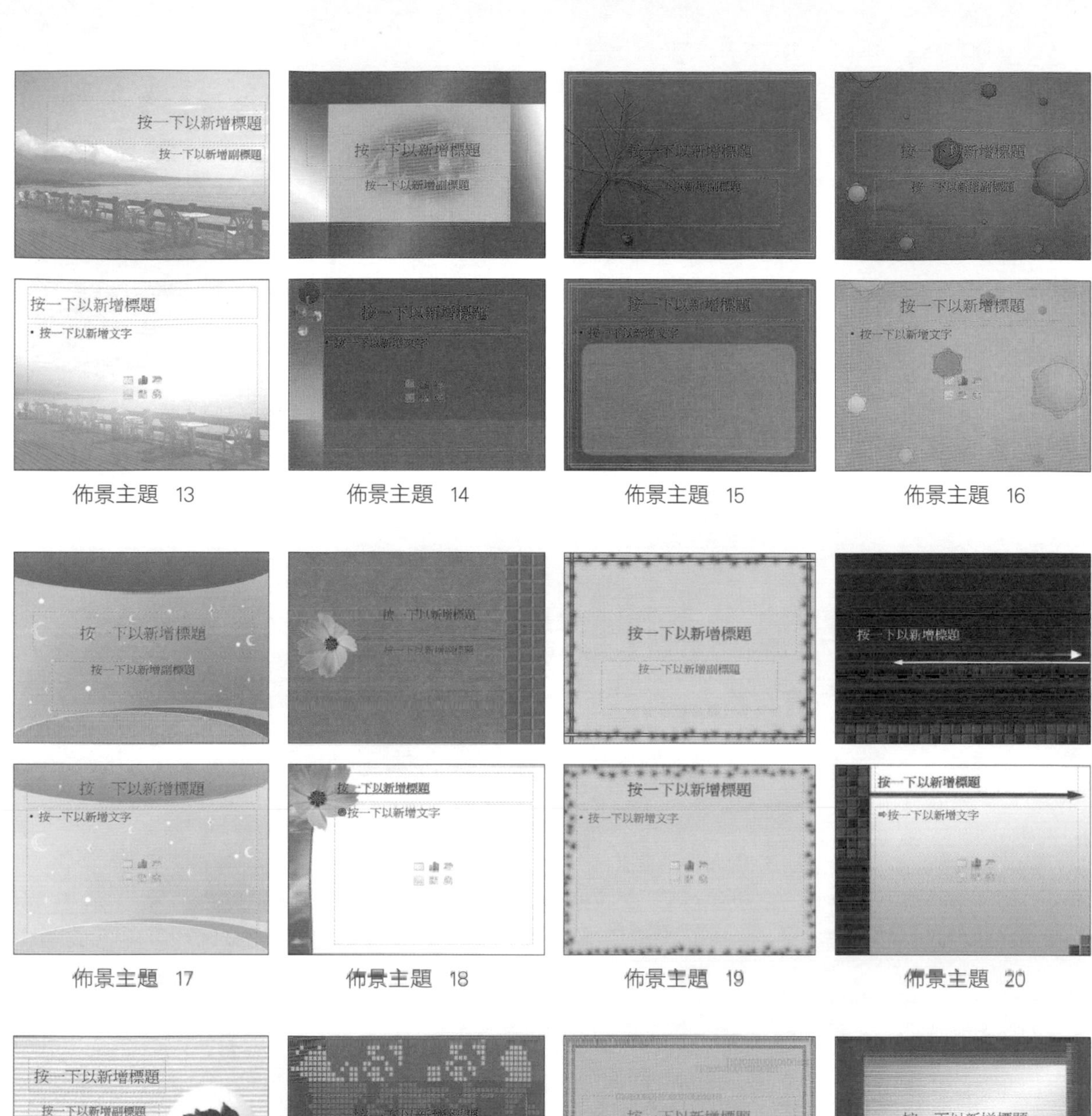

佈景主題 13　佈景主題 14　佈景主題 15　佈景主題 16

佈景主題 17　佈景主題 18　佈景主題 19　佈景主題 20

佈景主題 21

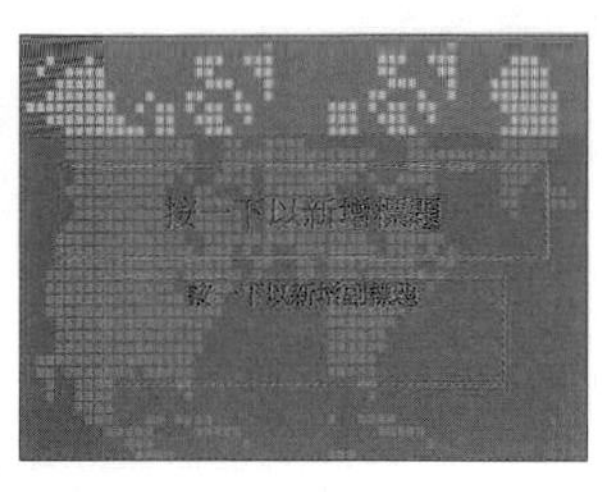

佈景主題 22

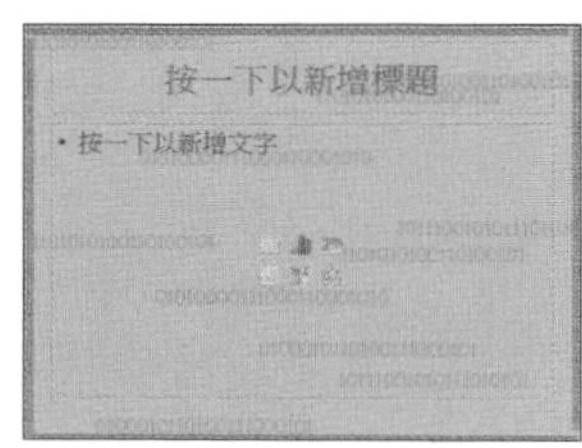

佈景主題 23

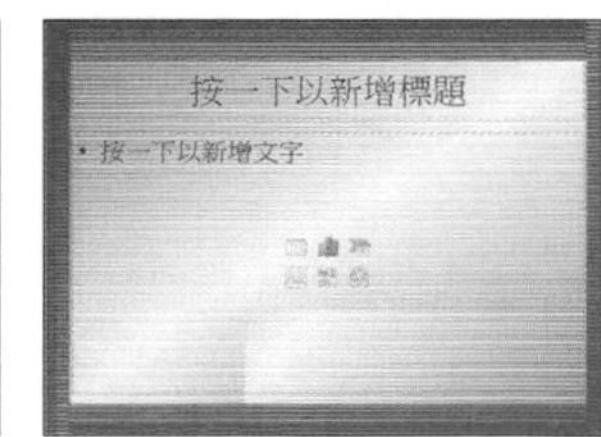

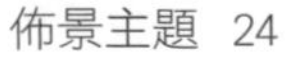

佈景主題 24

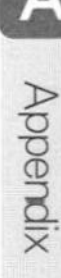

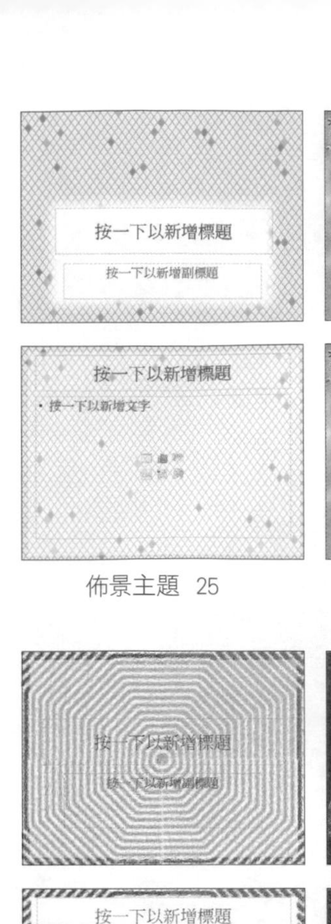

佈景主題 25

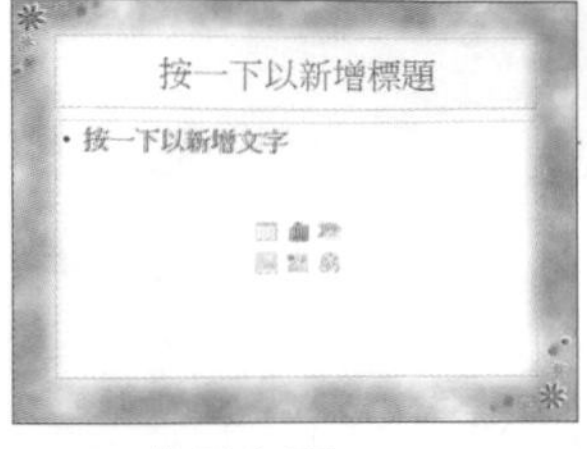

佈景主題 26

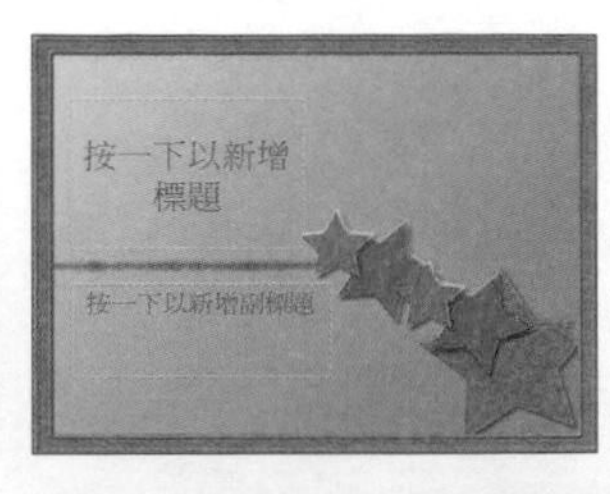

佈景主題 27

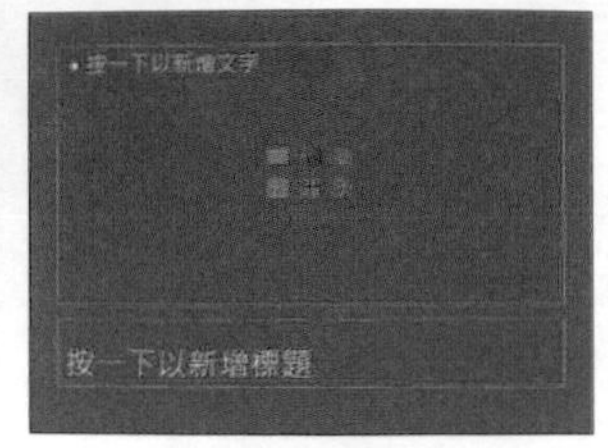

佈景主題 28

佈景主題 29

佈景主題 30

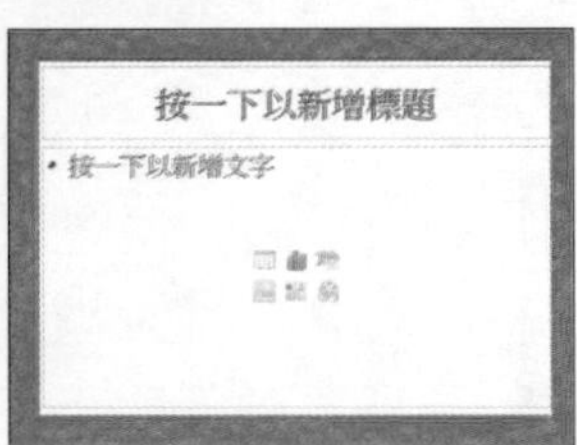

佈景主題 31

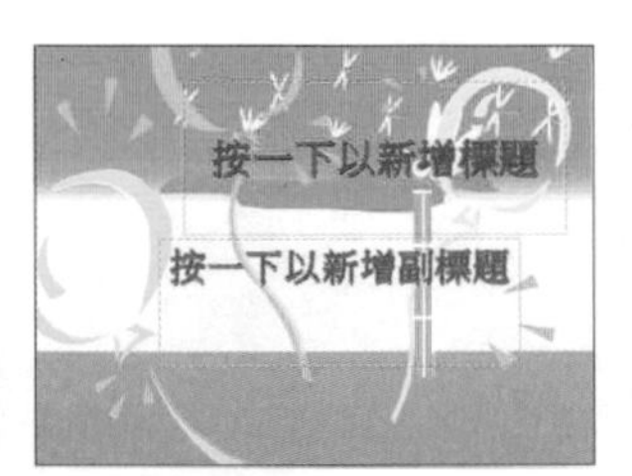

佈景主題 32

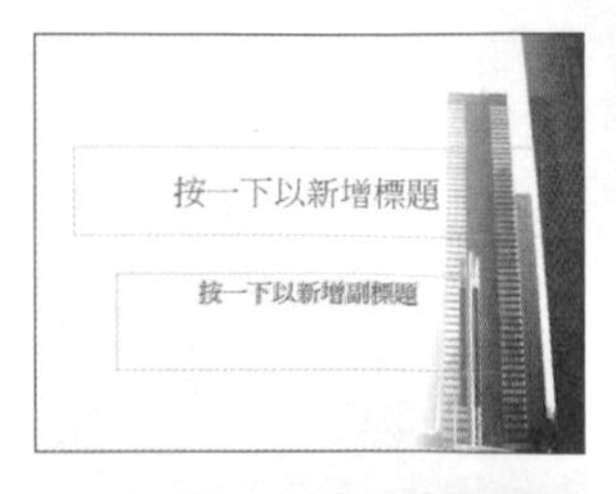

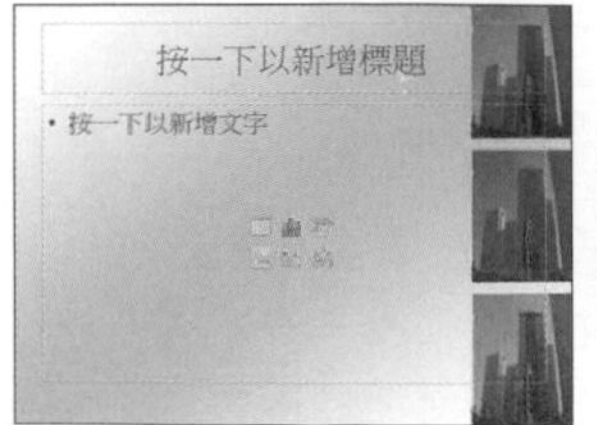

佈景主題 33

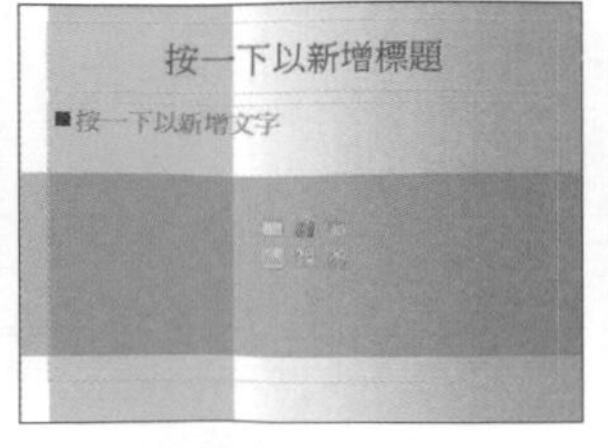

佈景主題 34

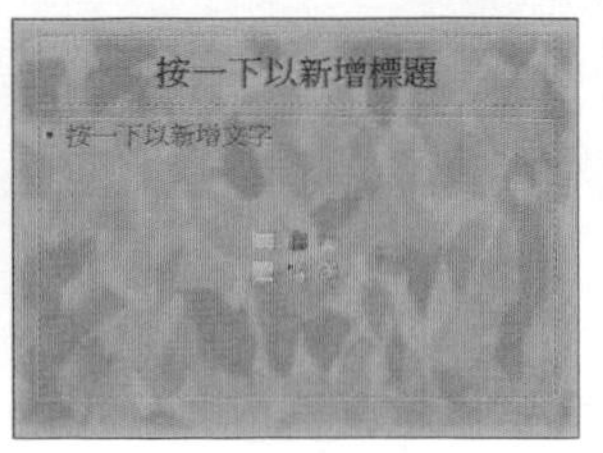

佈景主題 35

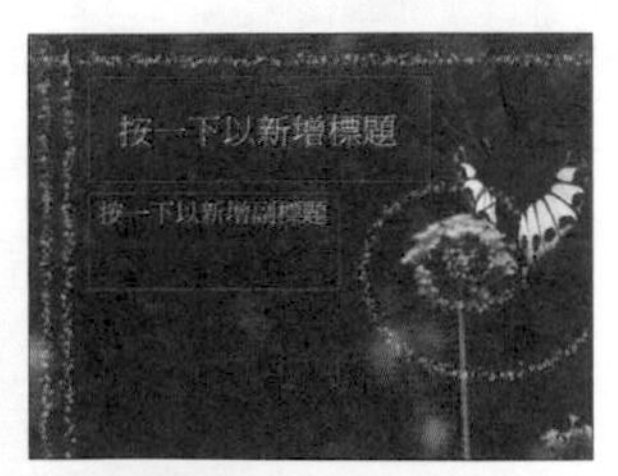

佈景主題 36

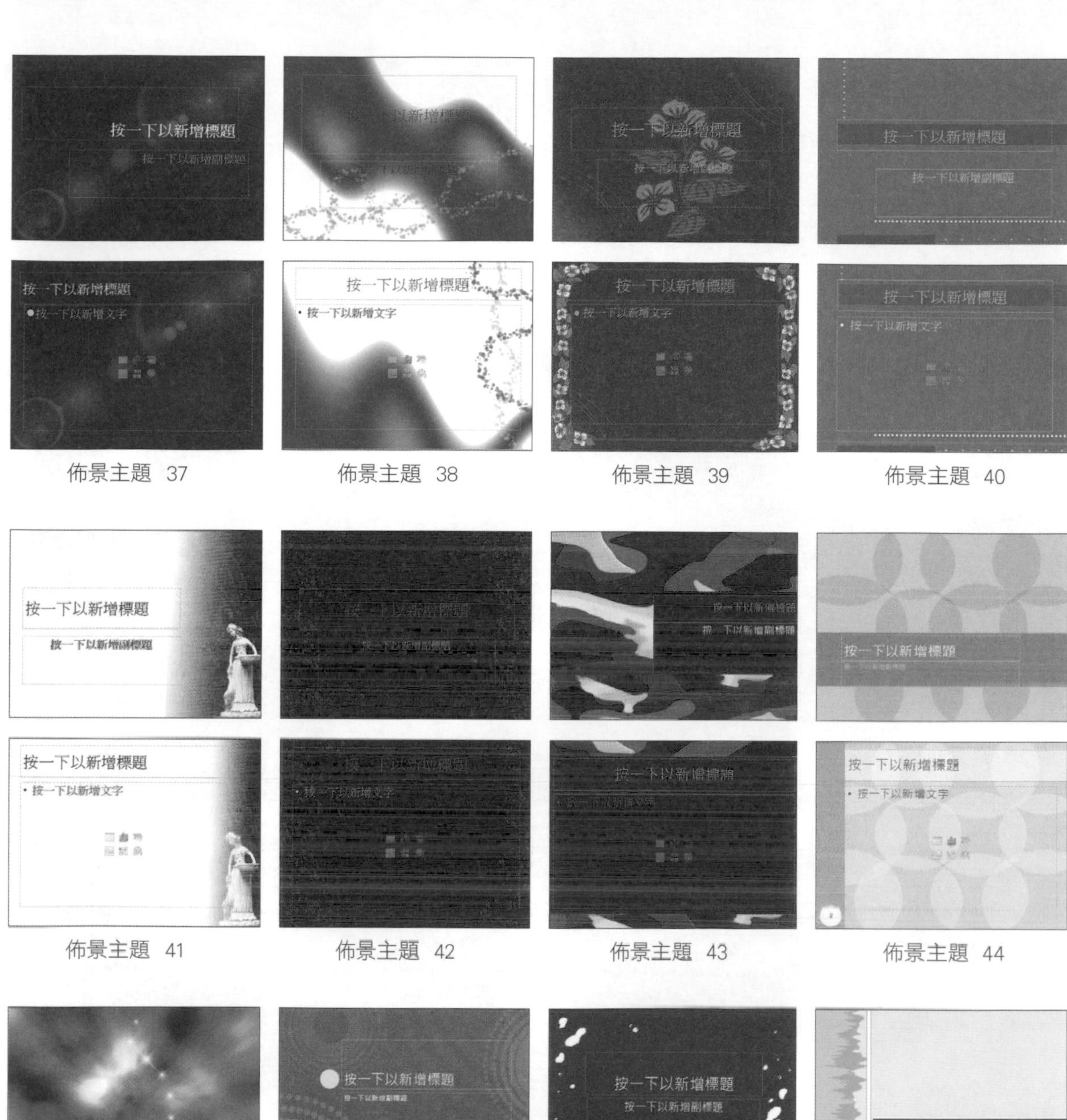

佈景主題 37　　佈景主題 38　　佈景主題 39　　佈景主題 40

佈景主題 41　　佈景主題 42　　佈景主題 43　　佈景主題 44

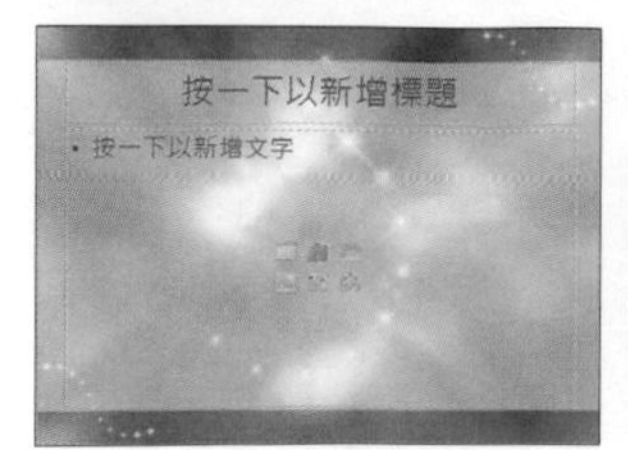

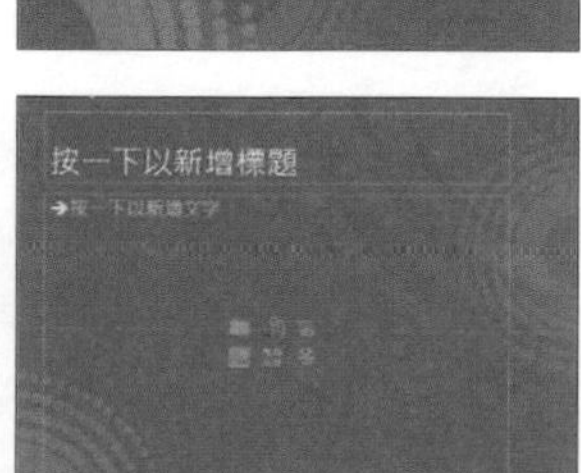

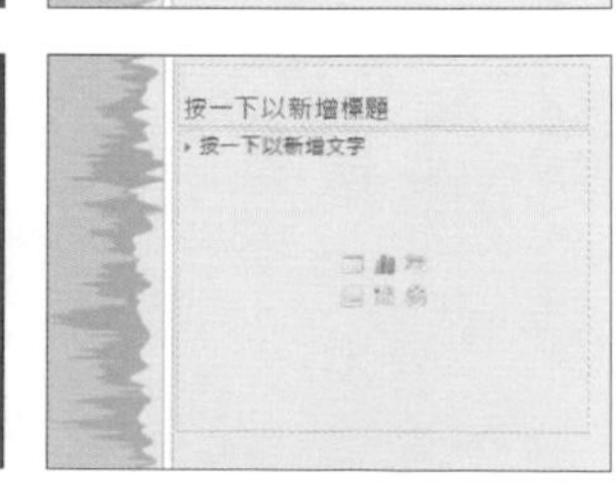

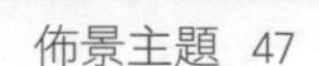

佈景主題 45　　佈景主題 46　　佈景主題 47　　佈景主題 48

A Appendix

佈景主題 49

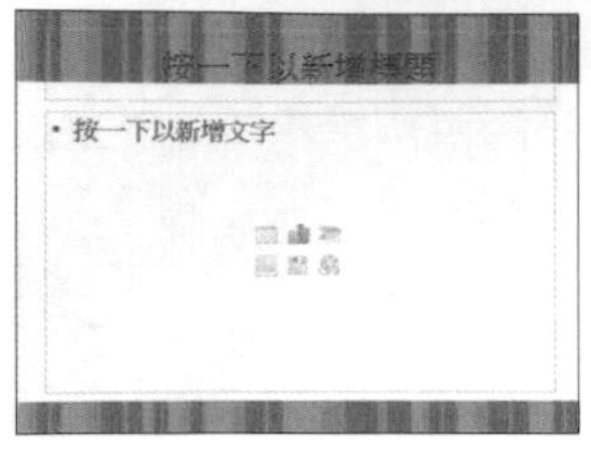

佈景主題 50

佈景主題 51

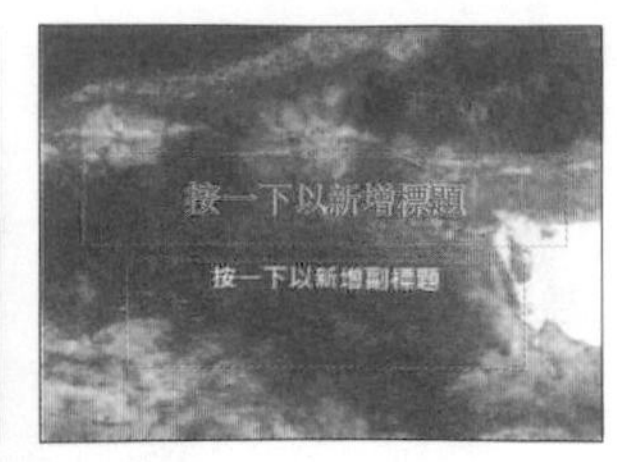

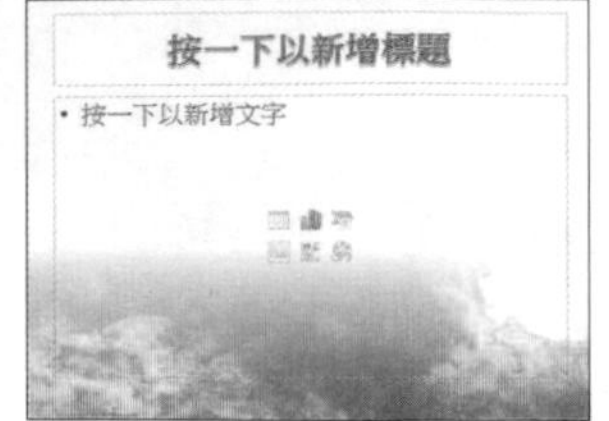

佈景主題 52

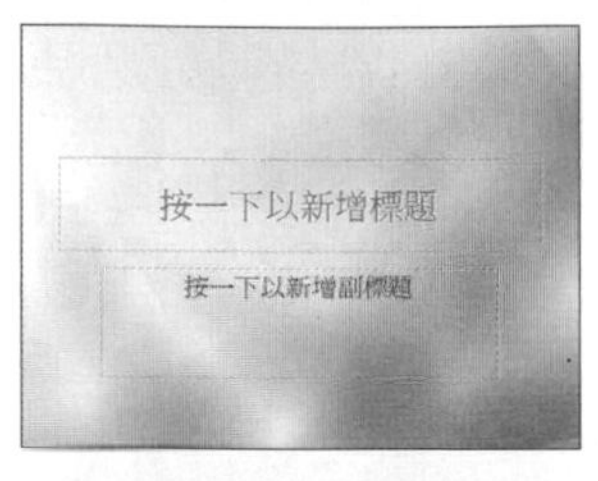

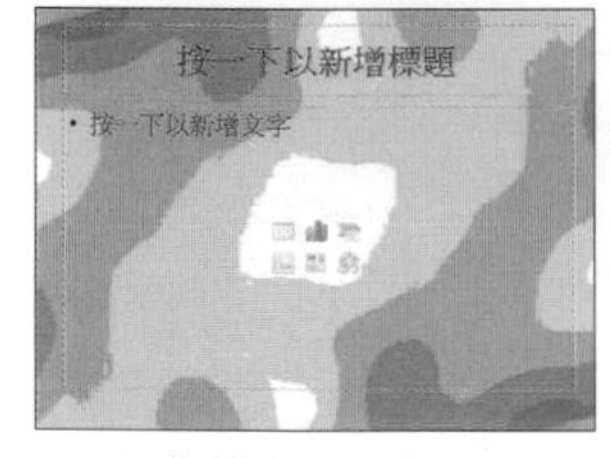

佈景主題 53

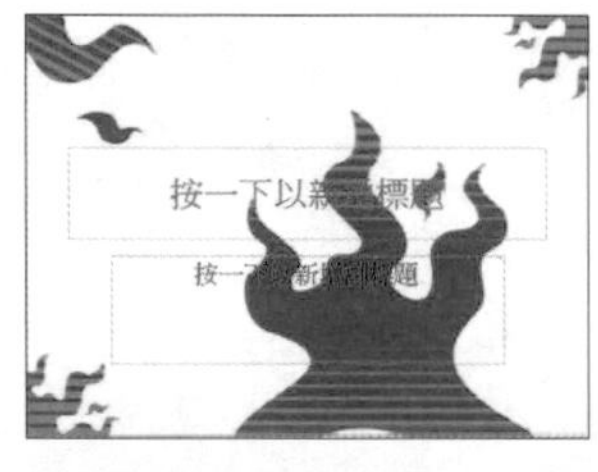
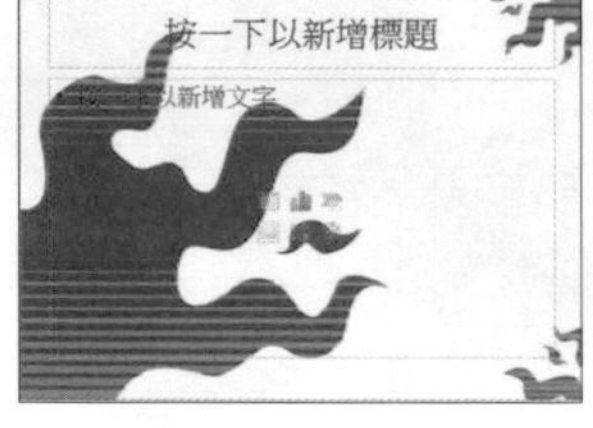

佈景主題 54

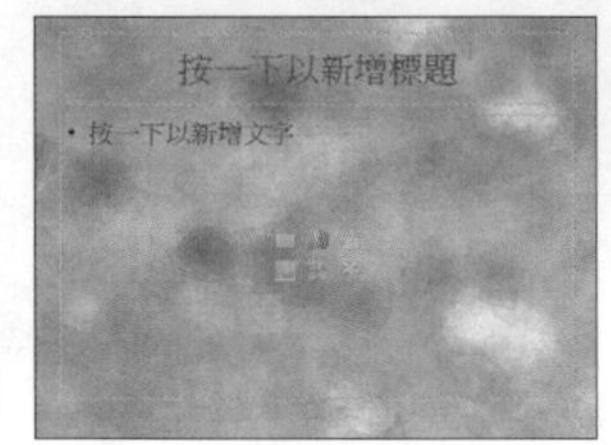

佈景主題 55

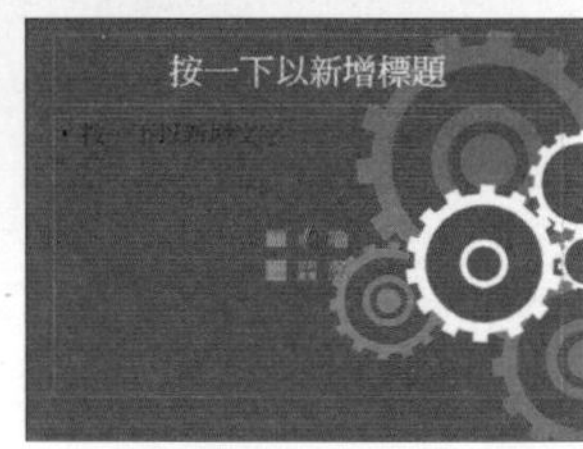

佈景主題 56

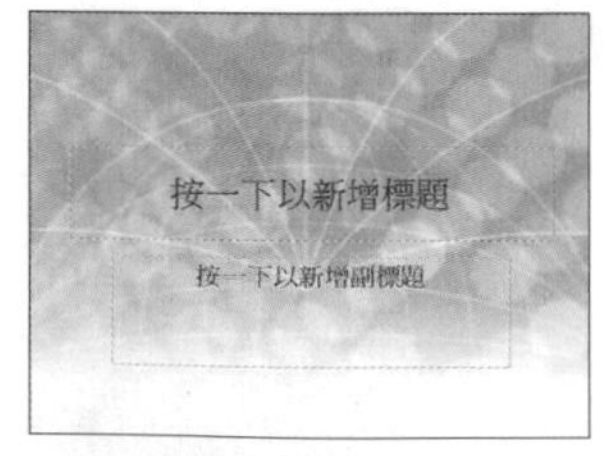

佈景主題 57

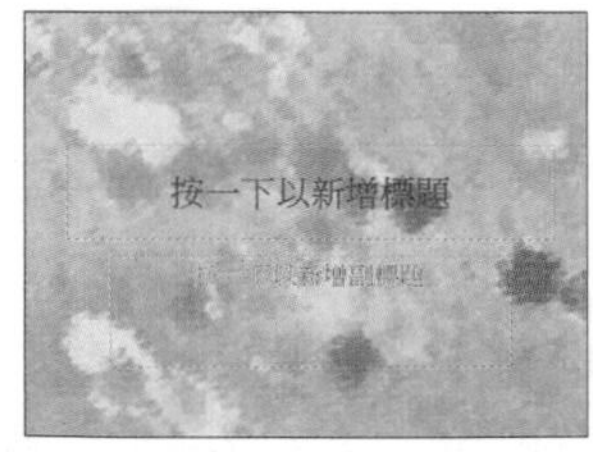

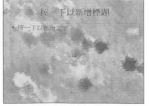

佈景主題 58

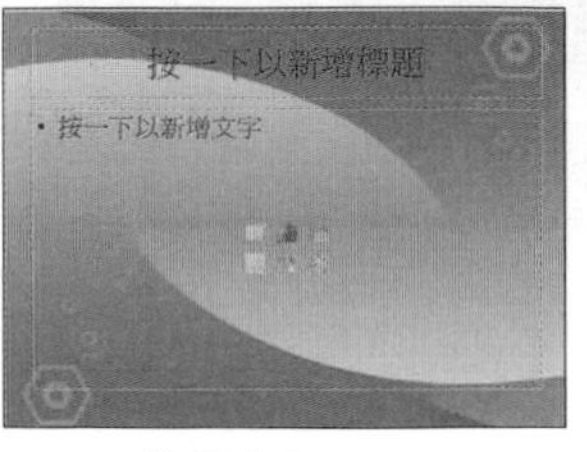

佈景主題 59

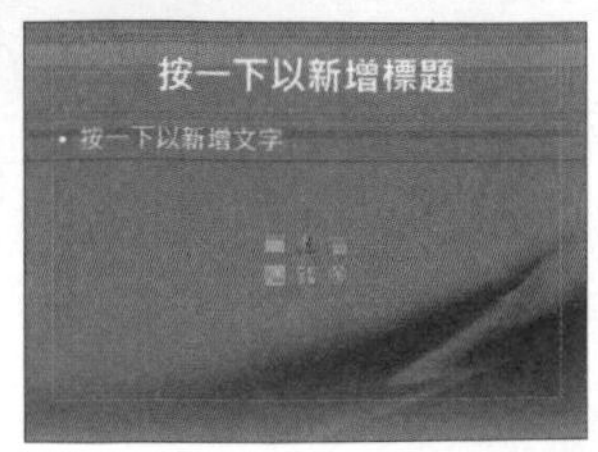

佈景主題 60